HYDROGEN AND FUEL CELL
DISTRIBUTED POWER SUPPLY SYSTEM

氢能及燃料电池
分布式供能系统

李善化　主编

中国电力出版社
CHINA ELECTRIC POWER PRESS

内 容 提 要

本书深入探讨了氢能及其载体，以及燃料电池技术。内容涵盖氢能的基本概念，氢气及其载体的生产、储存及运输技术，各种燃料电池及其分布式供能系统的应用，碳中和及碳循环的重要性，氢能及其载体的发电技术，以及氢能领域的最新技术发展等。书中详细介绍了氢能产业的各个环节，为读者提供了全面的知识体系和深入的技术分析。

本书适合新能源领域、氢能行业、设计规划、工程技术人员等作为参考书籍，同时也为新能源领域的各级领导、技术管理人员、大专院校能源相关专业的师生提供参考。

图书在版编目（CIP）数据

氢能及燃料电池分布式供能系统 / 李善化主编.

北京 ：中国电力出版社，2025.4. -- ISBN 978-7-5198-9059-9

Ⅰ.TM911.42

中国国家版本馆 CIP 数据核字第 2024WE7104 号

出版发行：中国电力出版社

地　　址：北京市东城区北京站西街 19 号（邮政编码 100005）

网　　址：http://www.cepp.sgcc.com.cn

责任编辑：畅　舒

责任校对：黄　蓓　常燕昆　王海南　张晨获

装帧设计：王红柳

责任印制：吴　迪

印　　刷：三河市万龙印装有限公司

版　　次：2025 年 4 月第一版

印　　次：2025 年 4 月北京第一次印刷

开　　本：787 毫米 ×1092 毫米　16 开本

印　　张：41.75

字　　数：715 千字

印　　数：0001-1000 册

定　　价：190.00 元

《氢能及燃料电池分布式供能系统》
编委会

前　言
Preface

在全球能源需求持续攀升，碳中和目标愈发紧迫的背景下，氢能作为一种安全、经济、环保的能源选择，其潜力日益凸显。当前，清洁氢能正受到前所未有的政治和商业推动，被誉为"未来能源之星"。全球范围内，关于氢能的政策和项目数量正在迅速增长。此时，正是我们扩大氢能技术规模、降低成本并广泛推广其应用的关键时期。

氢能是储存可再生能源的高效方式，能够以低成本在数天、数周甚至数月内储存电力。它能够实现从太阳能、风能资源丰富地区到数千公里外城市的远程可再生能源传输。作为一种清洁、高效、可再生的替代能源，氢能在推动低碳经济发展和应对全球变暖方面扮演着重要角色。

各国政府和企业正日益重视和支持氢能的发展，以推动绿色能源的开发和应用。为加快氢能产业发展，国际能源机构（IEA）等众多国际组织以及多个国家和地区出台了相应的政策、法规和扶持资金。尽管氢能市场目前仍处于起步阶段，但其环保性、高效性以及不断拓展的技术和应用领域，预示着其巨大的发展潜力。预计未来几十年内，氢能将在各个领域发挥更加重要的作用。

《氢能产业发展中长期规划（2021—2035年）》于2022年3月23日由国家发展和改革委和国家能源局联合发布，旨在通过创新驱动、自主发展，推动氢能产业技术、产品、应用和商业模式的全面创新，突破技术瓶颈，增强产业链供应链的稳定性和竞争力。作为全球最大的氢生产国和可再生能源装机容量最大的国家，中国在氢能产业上具有显著的发展优势。目前，国内氢能产业正处于蓬勃发展的阶段，已初步掌握氢能制备、储运、加注、燃料电池和系统集成等关键技术和生产工艺，并在部分地区实现了燃料电池汽车的小规模示范应用。

近年来，氢能在清洁能源系统中的广泛应用备受关注。这主要得益于其零温室气体排放特性以及多种低碳能源制造途径，如可再生能源、生物质和核能。结合碳捕集、利用和储存技术，氢能甚至可以实现化石燃料的低碳生产。

氢的灵活性和可持续性对于构建灵活、可持续的能源未来具有重要意义。它既可以用于各种新的用途，替代当前燃料和原料，也可以作为电力使用的补充。例如，在交通运输、建筑供暖、钢铁生产和电力供应等领域，已具备将氢能转化为氢基载体燃料的技术，如合成甲烷、合成液体燃料、氨合成、甲基环己烷和甲醇等。这些技术有助于加强和连接不同部分的能源系统。通过生产氢气，可再生能源可以被转化为化学燃料，实现长距离低碳能源输送；同时，电力可以通过氢能储存来平衡每周或每月的供需波动。

氢能作为清洁能源的应用前景广阔，其政治关注度和技术发展速度均达到前所未有的高度。在全球能源对话中，氢能已成为不可或缺的一部分，众多国家和企业均将其视为未来能源格局中的重要角色。氢气的生产方式多种多样，包括水电解、天然气蒸汽重整、煤炭气化、生物质气化和光解水等。其中，利用太阳能、风能和核电等可再生能源生产氢气，进一步提升了氢能的清洁能源地位。

本书旨在全面介绍氢能及相关技术的发展现状、前景以及技术细节。书中将详细阐述氢能的基本概念、各国氢能技术发展概况、氢能生产、存储和传输技术、燃料电池与分布式供能系统以及氢能及其载体在发电方面的应用。

编者
2025 年 1 月

目 录

Contents

第一章

氢　能

第一节 氢能基础

一、氢能技术

氢能技术是指氢气制造、存储与输送、分配及最终应用技术。氢能作为一种清洁、高效、可再生的替代能源，被认为是未来实现低碳经济和应对全球变暖的重要选择之一。在氢能系统中，制氢是氢能应用的基础，储能和输送是氢能可规模应用的关键，燃料电池则是氢能应用的重要核心技术。氢能作为商品，成为与电能并重且互补的终端能源。

目前，氢能的利用主要集中在交通运输、能源储存、发电以及工业生产等领域。作为一种不排放温室效应气体和空气污染物的绿色能源，氢能的开发和应用越来越受到世界各国政府和企业的重视和支持。

（一）氢能的概念

氢能是指利用氢气（H_2）和氧气（O_2）进行化学反应生成水（H_2O）时释放出的能量。如图 1.1-1 所示，氢和氧进行电化学反应时，会引起能量变化。

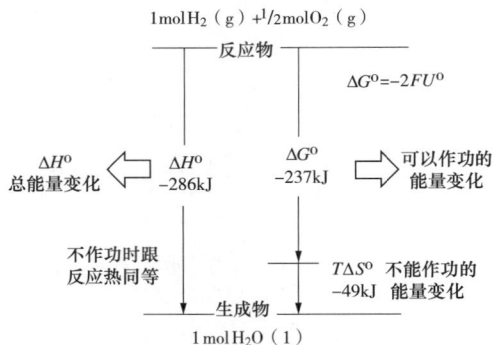

$$1mol\,H_2\,(g) + {}^1/2mol\,O_2\,(g)$$

反应物

$\Delta G^o = -2FU^o$

ΔH^o 总能量变化　　ΔH^o −286kJ　　ΔG^o −237kJ　　可以作功的能量变化

不作功时跟反应热同等　　　$T\Delta S^o$ −49kJ 不能作功的能量变化

生成物

$$1\,mol\,H_2O\,(1)$$

图 1.1-1　氢和氧电化学反应时能量变化示意图

注 资料来自《水素・燃料電池ハンドブック》。

氢与能源的历史可以追溯到很久以前。1800 年，英国科学家威廉・尼科尔森（William Nicholson）和安东尼・卡莱尔（Anthony Carlisle）发现了电解水的过程，从而制造出了氢气和氧气。1806 年，法国工程师弗朗索瓦・伊萨克・德里瓦（François Isaac de Rivaz）制造了世界上第一台由氢气和氧气混合物驱动的内燃机。1783 年，法国物理学家雅克·夏尔（Jacques Charles）用充满氢气的气球进行了第一次飞行。19 世纪末至 20 世纪初，氢气被用来为飞艇提供升力。1960 年代，美国利用氢燃料电池为阿波罗和双子座太空任务提供电力，并将人类送上月球。

如今，随着全球能源需求的增长和碳排放的减少，利用氢能作为清洁、安全和可负担的能源的潜力越来越受到重视。氢能可以帮助人类解决各种关键的能源挑战。它提供了一系列脱碳方法，包括交通运输、化工、钢铁等行业。它还有助于改善空气质量和加强能源安全。

以氢为载体的未来能源循环系统示意图如图 1.1-2 所示。

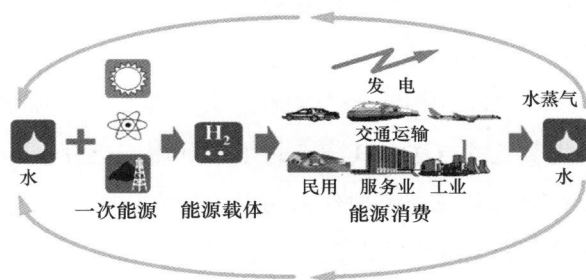

图 1.1-2　以氢为载体的未来能源循环系统示意图

（二）氢能的发展

已有的技术使氢能以不同方式生产、储存、输送和使用能源。从各种燃料能够生产氢，包括可再生能源、核能、天然气、煤炭和石油。氢能就像液化天然气（LNG）一样可以用管道作为气体运输，也可以用汽车、船舶作为液体运输。氢能可以转化成电力和甲烷，为家庭、商业、工业提供动力，也可以转化成汽车、卡车、船舶和飞机的燃料。

氢能使可再生能源作出更大的贡献。它有可能帮助可再生能源（如太阳能光伏和风电）的负荷变化，太阳能光伏和风电并不总是与需求相匹配。氢是储存可再生能源的主要选择之一，而且有望成为几天、几周甚至几个月内储存电力的成本最低的选择。从拥有丰富太阳能和风能资源的地区，到几千千米外的城市。

研究基于可再生能源及先进核能的制氢技术、新一代煤催化气化制氢和甲烷重整/部分氧化制氢技术、分布式制氢技术、氢气纯化技术，开发氢气储运的关键材料及技术设备，以实现大规模、低成本氢气的制取、存储、运输和应用一体化，同时标准化和推广加氢站现场储氢和制氢模式。

1. 氢能技术发展的主要方面

（1）制氢技术。制氢技术是指从各种原料中提取或制造出纯净或富含氢的物质或混合物的技术。目前，制氢技术主要有以下几种途径：

1）化石能源转化。这是目前最常用也是最成熟的制氢方式，主要包括天然气蒸汽重整、煤炭水汽转化、油品部分裂化等方法。这些方法都需要消耗大量的化石能源，并产生大量的二氧化碳排放，因此不利于环境保护和碳中和目标。

2）电解水制氢。这是一种利用电流将水分解为氢和氧的方法，其优点是可以利用可再生能源（如太阳能、风能等）作为电力来源，从而实现零排放的制氢过程。这种方法的缺点是需要高效、低成本的电解设备和稳定、充足的电力供应，目前还存在一定的技术和经济难题。

3）生物制氢。这是一种利用生物体（如微生物、藻类等）或生物质（如农林废弃物、有机垃圾等）产生氢气的方法，其优点是可以利用广泛存在的生物资源，同时也可以处理一些有机废弃物，实现资源循环利用。这种方法的缺点是制氢效率较低，氢气纯度较差，还需要进一步提高和优化。

（2）氢能基础设施。氢能基础设施是指支持氢能生产、储存、运输和利用的各种设施和系统，包括液化氢设备、储氢罐、输氢管道、加氢站等。当前，全球氢能基础设施的建设正在逐步加快，尤其是在我国等世界各国有明显增长。不过，整体水平相对仍然较低，建设成本较高，这也是限制氢能快速普及和发展的一个重要因素。

（3）燃料电池。燃料电池是一种将化学能直接转换为电能的装置，在氢能利用中具有重要作用。燃料电池可用于交通运输、发电、备用电源等领域。目前，燃料电池技术逐渐成熟，各种类型的燃料电池产品已广泛应用于商业领域。

（4）交通领域。交通领域是氢能应用的重点和突破口之一，尤其是一些汽车巨头和公共交通系统开始推出和使用氢燃料电池汽车。此外，部分研究还致力于开发氢燃料电池船舶、火车和飞机。虽然这些技术尚不完善，但它们展示了氢能在未来交通领域的广泛应用潜力。

总之，氢能作为一种环保、高效的替代能源，其技术不断发展，应用领域不断拓展。尽管如今氢能市场规模尚处起步阶段，但未来发展潜力巨大。随着各国政府和企业对氢能的重视和投入，预计未来几十年氢能将在各个领域发挥更多的作用。

2. 现有的氢能市场

氢是一种轻、可储存、反应性强、单位质量含能高、工业规模可随时生产的能源。近年来，人们对氢能在清洁能源系统中的广泛应用越来越感兴趣，这主要取决于以下原因：

（1）氢能可以在不直接排放空气污染物的情况下使用。

（2）氢能可以利用多种低碳能源制造。其潜在供应包括可再生能源、生物质和核能生产的氢。

（3）如果结合碳捕集、利用和储存（CCUS）技术，以及减少化石能源开采和供应期间的排放，化石能源的低碳生产也是可能的。

3. 氢能具有灵活性、可持续性

氢能在如下两方面促进一个具有灵活性、可持续性的能源未来：

（1）可以使用其他较清洁的生产方法和从更多不同的能源来源生产氢。

（2）氢能可以用于各种新的用途，以取代目前的燃料和原料，或作为在这些用途中更多使用电力的补充。

在运输、供暖、钢铁生产和电力方面，氢可以以纯氢形式使用，也可以转化为氢基载体燃料，包括合成甲烷、合成液体燃料、氨、甲基环乙烷和甲醇。在这两种方式中，氢能都有可能加强和连接能源系统的不同部分。通过产生氢气，可再生能源可以作为化学燃料，低碳能源可以远距离输送供应，电力可以储存起来，以解决每周或每月的供需不平衡问题。

4. 氢能需求量在增长

自 1975 年以来全球氢的年需求量如图 1.1-3 所示。2018 年制氢量约为 7000 万 t（70Mt-H_2/a），主要用于炼油和化肥氨生产，另有 4500 万 t（45Mt-H_2）用于工业，而无需与其他气体分离。

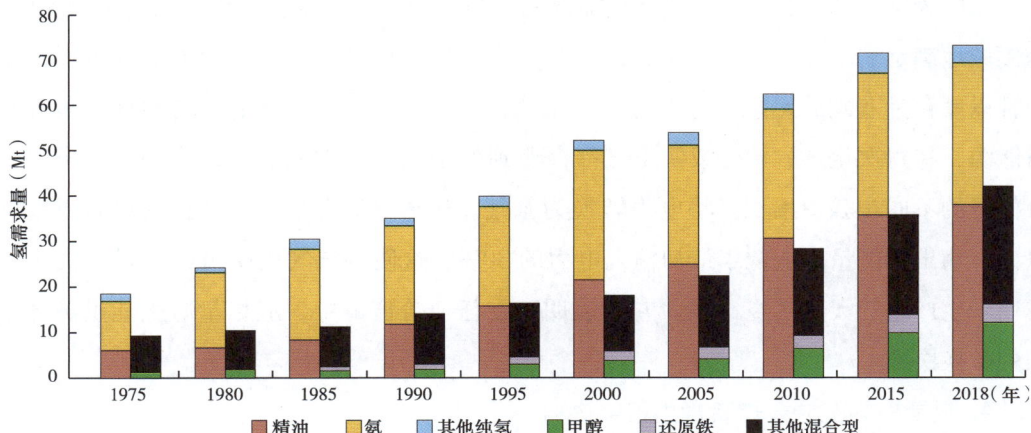

图 1.1-3 自 1975 年以来全球氢的年需求量

注 资料来自 IEA *The Future of Hydrogen 2019*。

（三）氢能是二次能源

1. 氢能跟电能一样也是二次能源

氢能是一种化学能源载体。作为能源载体，这意味着氢的潜在作用与电的作用相似。氢能和电能都可以通过各种途径生产能源，两者都是通用的，可用于许多不同的应用。使用氢能或电能生产不会产生温室气体、微粒、硫化物或地面臭氧等污染物。如果将氢用于燃料电池，它只会生成水。然而，如果从煤炭、石油或天然气等矿物燃料生产氢和电力，在上游的二氧化碳浓度都很高。只有使用可再生能源或核能作为最初的能源投入，或使用 CCUS 装备将矿物燃料工厂中的二氧化碳捕集和储存，才能实现无碳清洁能源的利用。

2. 氢能与电能的区别

氢能与电能的关键区别在于氢是一种化学能载体，由分子而非电子组成，而电能由电子组成。氢能是由分子组成的，稳定，储存和运输时不容易损失；而电能是由电子组成，不稳定，储存和输送时容易损失。电池储存化学能，是通过特殊化学物质的组合，在阴极和阳极上积累离子和电子，而这些化学物质的稳定性通常较差。电池中的化学能随着时间的推移迅速降解，而分子可以长期储存，可以通过船舶运输，燃烧产生高温，并且可以与现有的基础设施和商业模式相匹配。氢由于其分子性质，还可以与碳、氮等其他元素结合，制成易于处理的氢燃料，可用作工业原料，有助于减少排放。

3. 以电能为基础的脱碳能源系统是以流量为基础

以电为基础的脱碳能源系统将更加以流量为基础，基于流量的能源系统必须实时、跨领域地满足需求和供应。由于距离较远，供应容易中断，化学能给能源经济增添了一种以库存为基础的元素，从而对能源系统作出了重大贡献。所有能源载体，包括化石能源，在每次生产、转化或使用时都会遇到效率损失。就氢而言，这些损失可以在价值链的不同步骤中累积。将电力转换为氢气，运输并储存后，再转换为燃料电池的电力，输出的能量可能低于最初输入电力的 30%。这使得氢气比使用更"贵"的电力或用于生产它的天然气更昂贵。它还表明，在任何价值链中，应尽量减少能量载体之间的转换次数。

4. 氢能作为能源载体转换为各类燃料

氢可以作为能源载体或工业原料使用，可以以纯氢的形式使用，也可以与其他物质混合生成氢燃料和原料。氢燃料和原料可以来源于任何氢气的来源，无论是电力、生物质还是矿物燃料，而且可以在发动机、涡轮机和化学工艺等各种应用中使用。这些燃料和原料包括合成甲烷、合成液体燃料、甲醇等衍生产品，这些产品都是含碳和氢的化合物。还包括氨，氨可以用于身体的免疫系统，氢与氮结合可以制成化学原料或潜在的燃料。

通过分析氢燃料和氢基燃料及原料的生产和使用情况，我们发现它们都对氢的需求有所贡献，它们都能够促进能源安全和碳减排，尽管不同的生产途径会导致不同的二氧化碳浓度。将电力转换为其他能源或化学品通常需要通过电解水产生氢气。任何种类的燃料、化学品、电力或热量都可以通过这种方式产生。例如，"电制气" P2G（power to gas）是指通过电解产生氢气，或者将电解产生的氢气与二氧化碳结合生成甲烷。同样地，动力转换液体（power-to-Liquids）是指生产氢基液体燃料的过程。将电解产生的氢气与其他物质混合生成的氢燃料有时被称为"电制燃料"，在太阳能发电的特殊情况下则被称为太阳能燃料。

（四）关于氢的颜色

近年来，人们使用颜色来表示不同的氢源。例如，用煤制造的氢被称为黑色氢，用天然气制造的氢被称为灰色氢，用褐煤制造的氢被称为棕色氢。然而，通常有以下标准命名：

（1）灰色氢（gray hydrogen）：指由于没有控制二氧化碳（CO_2）而产生的氢气（典型的蒸汽重整制氢过程会产生与 CO_2 有关的副产品和燃烧排放物）。

（2）蓝色氢（blue hydrogen）：指在生产过程中对二氧化碳（CO_2）进行了控制的氢气（例如通过碳捕集、利用和储存技术实现）。

（3）绿色氢（green hydrogen）：指只利用低碳电源（如可再生能源和核能）进行电解水制氢的氢气。

使用矿物燃料来生产氢气，通过使用 CCUS（碳捕集利用和储存）技术减少二氧化碳排放量。"绿色"一词通常用于指使用可再生能源生产的氢气。一般来说，生物质、核电或不同电网类型所生产的氢气没有明确定义的颜色。不同生产路径因所使用的能源、地区和 CCUS 技术而差异巨大，没有使用颜色术语来描述它们对环境的影响。

二、氢气的物理化学性质

（一）氢气的物理性质

（1）状态：在标准大气压力下（0℃、101.325kPa），氢是一种无色无味的气体。

（2）密度：氢气的密度极低，仅为 1.008g/L（0℃、101.325kPa），远低于空气。

（3）溶解性：氢在水中的溶解度很低，仅为 1.6mg/L（20℃）。

（4）消光比：在紫外线下，氢气具有高度的消光率。

（5）导热性：氢气的导热性能极好［0.1685W/（m·K），27℃］，约为空气的 7 倍。

（6）化学活性：氢气的化学活性较低。

氢的物理性质见表 1.1-1。

表 1.1-1　　　　　　　　　　　氢的物理性质

序号	项目	单位	氢气	跟其他燃料比较
1	气体密度	kg/m³	0.089（0℃，0.1MPa）	天然气的 1/10
2	液体密度	kg/m³	70.79（-253℃，0.1MPa）	天然气的 1/6
3	沸点	℃	-252.76（0.1MPa）	低于液化天然气温度 90
4	单位质量能量（LHV）	MJ/kg	120.1	汽油的 3 倍
5	能量密度（LHV）	MJ/L	0.01	天然气的 1/3
6	相对能源密度（液态 LHV）	MJ/L	8.5	LNG 的 1/3
7	火焰速度	cm/s	346	甲烷的 8 倍
8	空气中着火范围（体积比）	%	4~77	甲烷的 6 倍
9	自然温度	℃	585	汽油是 220
10	着火能量	MJ	0.02	甲烷的 1/10

注　资料来自 IEA *The Future of Hydrogen 2019*。

氢可以以气态、液态、固态三种形态存在。气态氢，就是氢气。液态氢，氢气在 -253℃ 以下可以液化，成为较好的氢能载体，但液态氢会发生汽化现象，为了防止汽化损失，保温绝热十分重要。固态氢是通过液态氢进一步冷却，在零下 259.2℃ 以下变成白色的固态。

（二）氢气的化学性质

氢是元素周期表中的第一个元素，其原子序数为 1，原子量为 1.0079，是最轻的元素。氢原子由一个质子和一个电子组成，没有中子。氢原子有三种同位素：普通氢（H）、重氢（D）和超重氢（T）。它们的原子核分别含有 1 个、2 个和 3 个质子，电子数相同。普通氢占自然界中氢的 99.985%，重氢占 0.015%，超重氢极少见。

1. 氢原子结构

氢原子 H 是最基本的原子结构，仅由一个质子构成的原子核和围绕原子核的一个电子组成。氢原子结构模型与氢分子示意如图 1.1-4 所示。

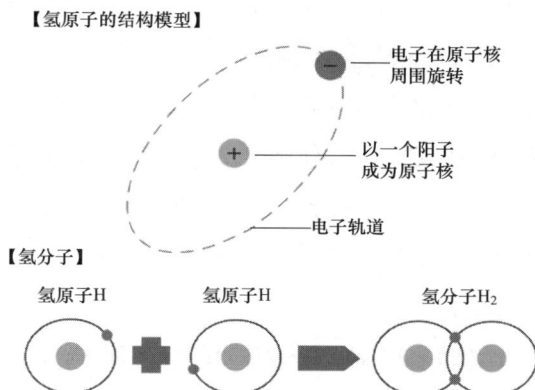

图 1.1-4 氢原子结构模型与氢分子示意图

如图 1.1-4 所示，H_2 是最简单的双原子分子，其成键模型可以简单描述为两个氢原子各提供一个电子，形成一个共价键，两个电子自旋相反。因此，H_2 呈抗磁性。在两个电子自旋相反的条件下，两个氢原子构成的体系能量在某一确定的核间距达到最小值。

2. 氢反应

氢反应通常是指涉及氢气或氢原子参与的化学反应。氢（H）是周期表中的第一个元素，原子序数为 1，具有一个电子。氢在宇宙中是最丰富的元素，约占总质量的 75%。由于氢原子的简单结构及其在宇宙中的丰度，许多氢反应在自然界和工业领域都具有重要意义。

以下是一些常见的氢反应类型：

（1）氢化与脱氢反应。氢化是指氢气（H_2）与其他元素或化合物结合形成新的化合物的过程。脱氢是指化合物失去氢原子而转化为其他物质的过程。这两种过程都是氢反应的重要类型，被广泛应用于有机化学、催化剂等领域。

（2）水的电解。水的电解是指在电流的作用下，水分子被分解为氢气和氧气的过程。这是一个重要的氢反应示例，因为它提供了一种将水资源转化为可燃料氢气的有效方法。这在燃料电池和氢能发电领域具有重要应用。

（3）哈伯-博士工艺。这是一个在化肥生产中非常关键的氢反应。在这个过程中，高温高压下，在催化剂（如铁）的作用下，氮气（N_2）和氢气（H_2）反应生成氨

（NH$_3$）。氨是制造硝酸、尿素等肥料的关键原料。

（4）与卤素的反应。卤素是指元素周期表上第七族元素，包括氟、氯、溴、碘等。它们与其他元素形成化合物时，通常以单质形式存在。卤素与其他元素反应时，通常具有较强的还原性。例如，卤素可以与金属或非金属元素直接发生反应，生成卤化物。卤素也可以与水发生反应，生成酸性或碱性溶液。

（5）燃烧反应。燃烧反应是指一种物质与空气或纯净的氧发生剧烈反应，并放出大量热能和光能的过程。燃烧反应通常伴随着火焰或爆炸现象。燃烧反应也是一种特殊类型的氧化还原反应，其中一种物质捐出电子，另一种物质接受电子。

当氢与空气或纯净的氧发生燃烧时，会生成水，并放出大量热能和光能。这种反应可以用以下化学方程式表示

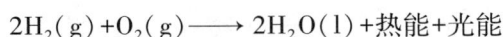

$$2H_2(g) + O_2(g) \longrightarrow 2H_2O(l) + 热能 + 光能$$

（6）与金属的反应。金属是指具有金属性的元素，如铁、铜、锌等。金属通常具有较高的导电性和导热性，以及较强的反射光线的能力。金属与其他元素反应时，通常具有较强的还原性，即容易捐出电子。

氢能与许多金属形成金属氢化物。金属氢化物有多种类型，通常可以分为离子型、共价型、金属型三类：

1）离子型金属氢化物，是由氢原子与活泼金属（如锂、钠、钾等）结合形成的化合物。这种氢化物特别容易与水反应，同时生成氢气和相应的金属氢氧化物。例如

$$2LiH(s) + 2H_2O(l) \longrightarrow 2LiOH(aq) + H_2(g)$$

2）共价型金属氢化物，是由氢原子与过渡金属（如锌、铁等）结合形成的化合物。这种氢化物通常具有较低的导电性和导热性，而且不易与水反应。例如

$$ZnH_2(s) + 2H_2O(l) \longrightarrow Zn(OH)_2(s) + H_2(g)$$

3）金属型金属氢化物，是由氢原子与贵重金属（如钯、铂等）结合形成的化合物。这种氢化物具有较高的导电性和导热性，而且能够吸收和释放大量的氢气。例如

$$P_d + H_2(g) \longrightarrow P_dH_x(s)$$

（7）与有机物质的反应。有机物质是指含有碳元素的化合物，除了碳酸盐和一些简单的无机碳化合物之外。有机物质是生命的基础，也是许多工业产品的原料。有机物质与其他元素或化合物反应时，通常具有较复杂的反应机理和反应类型。

氢和有机物质之间的相互作用非常广泛。这些反应通常包括加氢、脱氢和取代等过程。例如：

1）加氢：是指有机物质在催化剂（如镍）的作用下，与氢反应生成饱和化合物的

过程。例如

$$C_2H_4(g)+H_2(g)\longrightarrow C_2H_6(g)$$

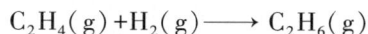

2）脱氢：是指有机物质在催化剂（如铬）的作用下，失去氢原子生成不饱和化合物或芳香化合物的过程。例如

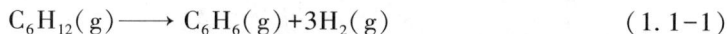

$$C_6H_{12}(g)\longrightarrow C_6H_6(g)+3H_2(g) \tag{1.1-1}$$

3）取代：是指有机物质中的一个或多个原子被其他原子或基团取代的过程。例如

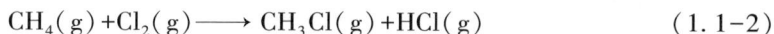

$$CH_4(g)+Cl_2(g)\longrightarrow CH_3Cl(g)+HCl(g) \tag{1.1-2}$$

总之，氢与各类物质的相互作用在工业、能源和环境保护领域具有广泛的应用。例如，制取氨哈-博世工艺（Haber-Bosch）、生产甲醇（CO 加氢法）、液态有机氢携带体技术等。此外，氢能技术是未来环保、高效能源体系的重要组成部分，氢气燃料电池也是一种潜力巨大的能源转化装置。

三、利用氢能的意义

（一）氢能在"双碳"目标中的重要性

越来越多的国家制定了宏伟的温室效应气体减排目标和计划，低碳能源领域也随之增加，氢能的吸引力持续增长。2015 年，《巴黎气候变化协定》的 195 个签署国商定，将努力提高减排力度，力争实现所有部门的净零排放。2018 年，政府间气候变化专门委员会（Intergovernmental Panel on Climate Change）发现，全球二氧化碳人为净排放量需要在 2050 年前后达到净零。

1. 温室效应气体减排的严重性

自工业革命以来，全球平均地面气温持续上升，从 1880 年到 2012 年增加了约 0.85℃（见图 1.1-5）。根据政府间气候变化专门委员会（IPCC）的报告，这种气温上升很可能是人为温室效应气体（GHG）的影响导致的。如果温室效应气体的排放持续增加，到 21 世纪末，地球气温可能上升高达 4.8℃。普遍认为，这种气温上升将导致世界各地发生严重的极端降雨、热浪等极端天气事件，并趋于频繁和长期化。

根据 2022 年国际能源署（IEA）的报告，2021 年全球能源相关二氧化碳排放量达到了历史最高水平，为 366 亿 t（$36.6Gt-CO_2$），年增长率也达到了新高。这反映出由新冠疫情大流行导致的恶劣天气影响下的经济强势反弹，同时也表明全球能源系统尚未经历重大结构变革，以实现能源使用与排放的脱钩。这样的排放增长趋势与 2030 年实现国家和非发达国家减排承诺以及达到净零排放的目标存在矛盾。

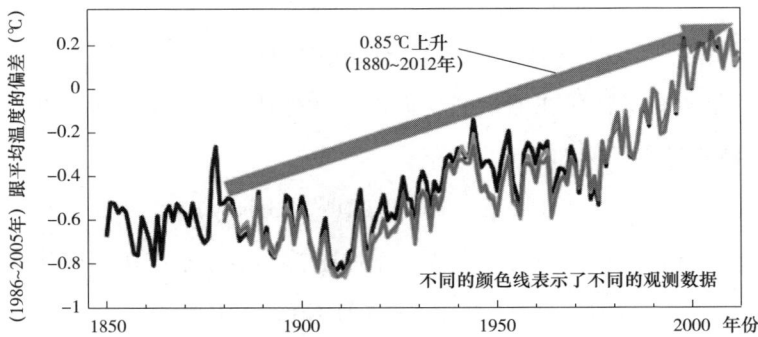

图 1.1-5　世界平均温度变化（陆域+海域）（1850~2012 年）

　　我国要积极把握应对这些环境问题的全球潮流，推进在实现与气候变化问题以外的 SDGs 要素相匹配的同时，为解决全球环境问题做出贡献的非连续性创新。

　　2. 氢能为实现可持续发展目标（SDGs）的社会做贡献

　　在当今社会，全球可持续发展思维日益受到关注，不仅仅是气候变化问题。2015 年，在联合国峰会上，国际社会一致通过了可持续发展目标（SDGs），并确定了面向 2030 年的共同目标。在这种情况下，除了应对气候变化外，SDGs 需要与其他因素相一致地推动气候变化对策。此外，英国、法国、德国等国家已公布了禁止销售内燃机汽车的方针，世界各国正在积极应对以气候变化问题为中心的环境问题。在企业投资方面，人们对注重环境、社会和企业治理的 ESG 投资越来越重视。此外，共享经济的发展、大规模引进可再生能源以及海洋塑料垃圾等问题也是重要的全球趋势。

　　鉴于上述情况，技术开发致力于实现"脱碳社会"，对实现可持续发展的社会至关重要，以解决气候变化问题。根据与全球限制升温到 1.5℃ 的目标一致的路径（气候专门委员会，2018 年），欧洲联盟正在考虑将净零排放作为 2050 年的目标，并致力于在 21 世纪中叶将排放量减少至接近零的水平，这将大大缓解难以减少的排放源的挑战。目前，对用户最终能源需求的四分之三仍来自含碳燃料，而非电力。此外，许多化学产品和其他产品的原料含有碳成分，在生产加工过程中会产生二氧化碳排放。

　　目前，利用碳捕集、利用和储存化石能源生产氢气的 16 个项目正在运行，每年生产 70 万 t 氢气。另有 50 个项目正在开发中，如果实现，到 2030 年，年产氢量可能增加到 900 万 t 以上。加拿大和美国在化石能源生产氢气方面处于领先地位，占全球产能 80% 以上，尽管英国和荷兰正在推动成为该领域的领导者，并占正在开发项目的主要部分。国际能源署（IEA）认为：

　　（1）到 2050 年，需要推动创新技术的发展，确立能够实现全球零排放的革新技术，并致力于实现"脱碳社会"。要从温室效应气体中排放量最高的 CO_2 开始研究和减少。

（2）为了实现可持续发展，必须推进"循环经济""生物经济""可持续能源"等三个社会系统的有机融合和一体化发展。

（3）目标是让未来 100、200 年甚至更长时间里的社会依然富裕、环保，与自然和谐共存。

（4）为了确保自然界和生态系统的多样性能够持续发展和维持。

（5）在满足现代社会需求的同时，要确保不损害未来一代的社会需求，相反，要将更好的社会传承给下一代。

（二）氢能能够确保可再生能源持续快速发展

1. 氢能贡献于解决可再生能源的负荷变化难题

可再生能源成本的降低是推动氢气潜力上升的力量之一。随着太阳能和风能成本的降低，它们在未来初级能源组合中的预期份额也随之上升。然而，太阳能和风能的高比例下会面临产出变化的挑战。一些国家和地区已经制定了大胆的未来电力占比目标，例如澳大利亚州到 2025 年、福岛县到 2040 年、瑞典到 2040 年、加利福尼亚到 2045 年、丹麦到 2050 年均实现 100%。此外，一些国家还制定了雄心勃勃的减排目标，这些目标指向同一方向。

2. 氢能贡献于可再生能源储存

由于氢能可以在不同部门储存或使用，因此将电力转化为氢能有助于在时间、地理和空间上实现可变能源供求的匹配。此外，还有其他替代方法，如抽水蓄能、电池和电网升级等。如果可再生能源变得足够便宜和广泛，那么它就可以成为一种可持续能源。碳氢化合物不仅用于提供低碳电力，还可以替代运输、供暖和工业原料中的化石能源。事实上，几乎任何形式的碳氢化合物都可以替代化石能源。所有这些技术共同支持低碳能源的增长，使氢气成为一项重要的技术之一，应用于整体能源系统。

当然，费用问题非常重要，电费是影响电解制氢成本的主要因素。近年来，太阳能和风能成本的急剧下降，降低了可再生氢的实际和预期价格。例如，与 2010 年相比，公用项目规模的太阳能光伏资本成本减少了 75%，而陆上风力发电的成本降低了大约 1/4。这使得更多的潜在最终用户密切关注可再生氢是否成为满足需求和减少环境影响的竞争性方法。

（三）氢能在清洁能源技术发展中起着关键作用

自 21 世纪初以来，若干清洁能源技术已成为重要的新兴产业。太阳能光伏和风力发电最初以直接发电为主，但如今每年约有 1240 亿美元的政府支持和私人资本投资进入这些行业（国际能源机构，2019 年）。我国的电动汽车行业也经历了从政府支持的研究和试点项目到自主发展的过程。这些经验使得投资者对政府在这样的市场中的作用和影响更加有信心。氢能作为一项潜在的清洁能源技术，目前主要依靠政府资助的项目来实施，其规模和方式正在逐渐扩大。

全球已有大约 1.12 万辆氢动力汽车上路，并有超过 2 万辆氢燃料电池叉车投入使用，这得益于氢气在储存领域的特殊优势。然而，主要问题在于加氢站的数量仍然相对较少，目前只有 80 个加氢站（国际能源机构，2015 年）。然而，现在已经有 381 个加氢站正在运营中（AFC TCP，2018 年）。截至 2021 年底，日本已安装了约 45 万套家用燃料电池热电联供系统（ENE-FARM 系统），该系统使用天然气作为燃料。据报道，燃料电池的成本相较于 2015 年仅为 1/3（相较于 2005 年的 1/10）。燃料电池的 ENE-FARM 系统使用寿命高达 6 万~8 万 h，固定式燃料电池可运行 8 万 h。

近年来，为能源和气候目的而生产氢气的项目数量激增。自 2000 年以来，全球已有约 230 个项目投入运作，利用电能转化为氢气，以满足各种能源和气候需求。这些项目使用水电解槽，于 2017 年和 2018 年投入使用，总的资本成本约为 100 亿美元。每年的投资额在 2000 万~3000 万美元之间，而且还需要投资储油罐、加氢基础设施、管道和其他设备，所以项目的总投资额会更高。在这些项目中，碱性和质子交换膜（PEM）电解质是常用的。此外，有望提高效率的固体氧化物电解质电池也开始进入该市场。迄今为止，安装的电解槽容量没有超过 10MW（模块 2~4MW）且通常较小。

我国 2022 年有多个大型制氢项目投产和运营，包括陕西榆林煤制氢项目、广州石化副产氢项目、洛阳石化制氢项目、河南中原石化甲醇制氢项目、兰州新区光伏制氢项目、河北中石油天然气华北分公司燃料电池项目以及浙江中石化宁波镇海煤焦制氢项目。

（四）氢能供应链的形成与发展

1. 氢能生产技术的成熟和发展

氢气可以通过多种方法制备，包括水电解、天然气重整、生物质气化等。其中，水电解是最常见的制氢方法，但其能源消耗较高，需要大量电力供应。制氢技术的不断完善和成熟对氢能供应链的发展至关重要。

2. 储氢技术的发展

氢气是一种极易挥发的气体，需要进行高压或低温储存。目前已经研发出多种储氢技术，包括压缩氢气储存、液态氢储存、吸附氢气储存等。氢气具有极低的能量密度，需要高效、安全的储存方式。储氢技术的研究和创新，例如高压氢气储存、氢化物储氢、液氢储存等，为氢能供应链的形成提供了重要保障。

3. 氢能运输网络的建设

氢气的运输需要专门的管道和车辆。近年来，一些国家已开始尝试建设氢气管网和氢气动力车辆，如中国、日本和韩国等。

4. 加氢站建设的推广

氢能汽车的推广离不开加氢站的建设。因此，需要政府和企业共同投资建设加氢站，并设计可持续、高效的商业模式。

5. 氢燃料电池技术

氢燃料电池是将氢气与氧气反应产生电能的装置，具有高效、环保、安全等优点。目前已应用于汽车、船舶、飞机等多个领域，但其成本较高，需要进一步降低。

综上所述，氢能供应链的形成需要制氢、储氢、运输、加注等多个方面的关键技术支撑和政策扶持，只有这些因素协调发展，才能形成完整的氢能产业链。

总之，氢能供应链是一个将制氢、储氢、运输、加注等环节组合成一个完整系统，从而实现氢能商业化的概念。

第二节　制氢技术

一、制氢技术概述

（1）蒸汽重整制氢法：这是目前最常用的制氢技术。该方法将甲烷（天然气）和蒸汽混合，然后在高温和高压下反应，产生氢气和一氧化碳。这种方法也可以用于处理其他烃类化合物。

（2）煤气化制氢法：该方法利用煤炭等碳质物质的化学反应，将其转化为可燃气体，包括氢气、一氧化碳和二氧化碳。该方法可以使用煤炭、石油和生物质作为原料。

（3）电解水制氢法：该方法利用电力将水分解成氢气和氧气，可以利用可再生能源如风能、太阳能等进行电解。电解水法需要大量电力，但不需要化石能源，因此是一种非常清洁的制氢方法，尽管成本较高。

（4）工业生产中的副产氢：钢厂、炼油厂和化工厂等工业领域常见的制氢厂家，其生产过程中会产生氢气副产物。

（5）生物质发酵制氢法：该方法利用微生物将有机物质转化为氢气，可利用废弃物和农业废弃物等生物质作为原料。生物质发酵法也是一种非常环保的制氢技术。

制氢技术在未来能源领域具有广阔的应用前景。然而，不同的制氢技术都有各自的优缺点，需要根据具体的应用场景选择合适的方法。

图 1.2-1 展示了生产氢和氢基产品的潜在途径。我国制氢技术路径发展趋势见表 1.2-1。我国大型制氢项目见表 1.2-2。

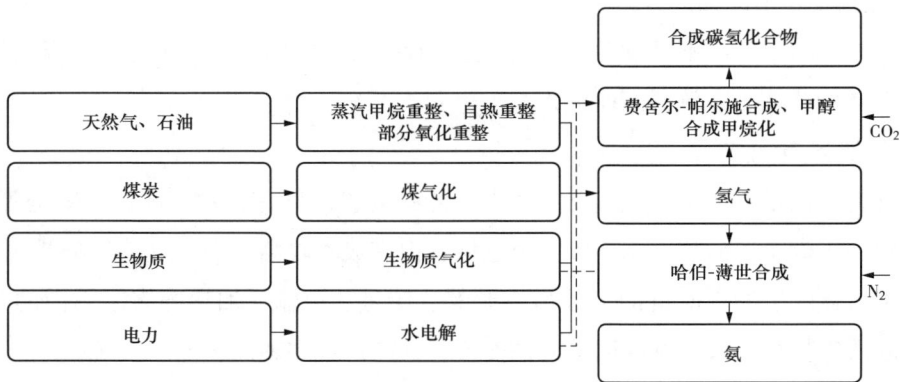

图 1.2-1　生产氢和氢基产品的潜在途径

表 1.2-1　　　　　　　　　　我国制氢技术路径发展趋势

制氢技术路径		
2025 年	2035 年	2050 年
•工业副产氢提纯为主 •可再生能源电解水制氢试点运行	•以可再生能源电解水制氢半集中化制氢为主 •CCUS 技术产业化 •工业副产氢提高利用效率	•以可再生能源电解水制氢集中化制氢为主 •工业副产氢提纯，化石能源+CCUS 为辅

表 1.2-2　　　　　　　　　　我国最近大型制氢项目

序号	项目名称	项目简介	制氢技术	投产时间
1	陕西榆林煤制氢项目	陕西榆林清水工业园全球最大的煤制氢项目，是榆林化学公司 180t 乙二醇工程配套项目，由中国西南化工设计研究院提供技术，全套设计及关键设备原料气总处理能力 $5.7×10^5 m^3/h$（标况下），总制氢能力为 $4.8×10^5 m^3/h$（标况下）	煤制氢	2022 年 9 月

续表

序号	项目名称	项目简介	制氢技术	投产时间
2	广州石化副产氢项目	该项目是助力奥港澳大湾区氢能产业项目，项目持续提升高纯度氢生产机充装效率，2022年8月累计制纯氢71.5t，2022年9月制纯氢624t	副产氢	2022年8月
3	洛阳石化制氢项目	洛阳停产7年的制氢装置投料开车成功生产出纯度99.98%氢气 $4\times10^4\,\mathrm{m^3/h}$（标况下），并降低制氢成本30%	副产氢	2022年4月
4	河南中原石化甲醇制氢项目	中原石化烯烃一部甲醇裂解制氢装置投料开车成功，该装置设计能力为 $250\,\mathrm{m^3/h}$（标况下），满足聚乙烯、聚丙烯装置高负荷时氢气供应。当装置运行状况改变，乙烯装饰不开车的情况下也依然确保聚乙烯、聚丙烯装置的正常运行	副产氢	2022年3月
5	兰州新区光伏	2022年全球首套千吨级规模太阳燃料合成示范项目在兰州新区绿色化工园区一次性试车成功。该项目由中国化学工程于中科院大连化学物理研究所、兰州新区石化产业投资有限公司联合开发。该项目由太阳能光伏发电、电解水制氢、二氧化碳加氢合成甲醇三个基本单元构成。将二氧化碳作为碳资源，实现二氧化碳的积极减排，生产的太阳燃料甲醇，不同于传统煤、天然气所制得的甲醇，实现了零排放	光伏电解水	2022年1月
6	河北中石油天然气华北分公司燃料电池项目	2022年1月中石油天然气华北分公司 $2000\,\mathrm{m^3/h}$（标况下）燃料电池项目开车成功，并通过考核验收。该装置目前在稳定运行中，高纯度氢产品已销售至中石油华北加氢站	工业副产氢	2022年1月
7	浙江中石化宁波镇海煤焦制氢项目	浙江中石化宁波镇海炼化公司煤焦制氢装置全流程一次打通，并成功产出合格的氢气，该装置以水煤浆为原料（由煤、水和添加剂按一定比例通过物理加工得到的一种洁净能源），每小时可产氢气 $12\times10^4\,\mathrm{m^3/h}$（标况下）	煤制氢	2022年1月

二、天然气、煤、石油等化石能源制氢

化石能源制氢是传统的制氢方法，也是目前主流的制氢方式。由于该方式离不开对化石能源的依赖，仍会排放二氧化碳等温室效应气体，因此制造的氢气并不属于清洁氢能范畴。化石能源制氢主要包括煤制氢、天然气制氢、石油制氢、甲醇制氢等，其中煤制氢和天然气制氢是化石能源制氢的主要方式。

化石能源制氢的特点：

（1）实用化状况：已进入实际应用阶段，国内外已有多个项目运行；

（2）环境性：使用化石能源制氢会产生 CO_2 排放；

（3）稳定性：制氢装置具备大规模生产能力；

（4）经济性：采用常规工艺，应用广泛，经济效益良好；

（5）注意事项：制氢纯度为95%~97%，适用于燃料电池和工业用途。

（一）煤制氢

煤炭目前仍是我国主要能源之一，也是制氢的主要原料。虽然煤焦化副产的焦炉气可用于制氢，但国内制氢主要采用煤气化技术。煤气化制氢的过程通常包括煤气化、煤气净化、CO转换和氢气提纯等主要环节。煤制氢技术经过多年发展，成熟应用于煤化工、石化、钢铁等行业。尤其是化工和化肥行业一直在使用该技术生产氨。然而，煤制氢工艺的二氧化碳排放量约为天然气制氢的4倍，需要采用碳捕集与封存（CCS）技术才能实现减排。根据国际能源署（IEA）的数据，加入CCS技术后，煤制氢的资本支出和燃料成本分别增加5%和130%。我国煤炭资源相对丰富、成本较低，采用配备CCS技术的煤制氢工艺可作为向清洁制氢的合理过渡。

煤制氢的高二氧化碳排放强度意味着，要使煤炭中的氢在低碳能源系统中具有未来性，就需要采用碳捕集技术。使用CCUS带来了一些挑战，因为煤所生成的氢与碳的比值相对较低（煤的氢碳比为0.1:1，而甲烷的氢碳比为4:1），并且含有大量杂质（如硫、氮和矿物）。

通过煤气化获得的合成气体可以供联合循环发电厂使用，而且假设煤气化发电厂配备CCUS技术，其所产生的电力可以被认为是低碳能源。如果增加水气转换装置，合成气体还可以用于产生更多的氢气，从而使煤气化工厂能够在产生电力和氢气之间进行转换，从而获得更高的利润。然而，目前还不存在同时生产氢气和电力的大规模商业单位。

目前，我国绝大多数的煤制氢都采用煤气化生产，主要用于制氨。使用煤炭是最廉价的生产方式，成本为人民币0.6~0.7元/m³（约合1美元/kg-H₂）。我国国家电力投资公司是世界上最大的氢气生产公司，每年可生产800万t（8Mt-H₂/a）左右，相当于当今全球专用氢产量的12%。与CCUS一起使用煤炭目前看来可能是我国生产更清洁氢气成本最低的一种方式。

煤制氢是一种利用煤炭等碳资源进行氢气生产的技术，主要通过化学反应将煤炭等碳质物质转化为氢气、一氧化碳、二氧化碳等化学品。煤是一种来自压缩和部分分解过程的有机物，主要成分是碳、氢和氧。制取氢气的方法包括煤气化和煤转化。在煤气化中，将煤加热到高温，生成一种称为合成气的气体，它由氢气和一些碳气化产物组成。这个合成气可以被分离出来，纯化为氢气。在煤转化中，煤被加热成为液体或气体，产生氢气和其他化学物质。

1. 煤制氢方法及其工艺流程

煤制氢工艺是以煤为还原剂，水蒸气为氧化剂，在高温下将碳转化为一氧化碳（CO）和氢气（H_2）为主的合成气，然后经过燃气净化、一氧化碳（CO）转化以及氢气（H_2）提纯等主要生产环节中制氢。即，通过煤炭作为原料生产氢气的技术，主要分为两类：煤炭气化和煤炭分解。下面详细介绍这两种方法及其工艺流程。

（1）煤炭气化：煤炭气化是将煤炭在高温和压力下与水蒸气和空气或氧气反应，生成一种气体混合物，其中包含大量的一氧化碳、氢气和二氧化碳等成分。一般来说，煤炭气化可以分为固定床、流化床、喷气床和上升流床等不同类型，其中固定床和流化床是应用最广泛的两种。

固定床煤炭气化工艺主要包括以下步骤：

1）煤炭的预处理：包括粉碎、干燥、筛分等处理，以使煤炭颗粒达到适合气化反应的要求。根据煤进入气化炉时的煤粒度不同分为块煤（13～100mm）气化、碎煤（0.5～6mm）气化及煤粉（<0.1mm）气化等工艺。

2）煤炭气化反应：将预处理好的煤炭放入气化炉中，在高温（700～1300℃）和高压（0.1～10MPa）的条件下，通过一系列的化学反应，将煤炭转化成一种气体混合物，其中包含大量的一氧化碳、氢气和二氧化碳等成分。

3）气体的净化和纯化：将气体混合物经过净化和纯化等处理，去除其中的杂质和不需要的成分，得到高纯度的氢气。

煤炭气化的优点是可以利用廉价的煤炭等原料生产氢气，满足不同领域对氢气的需求，如氢燃料电池车、化学工业和金属加工等领域。然而，煤炭气化也存在一些问题，比如能源消耗和二氧化碳等废气排放。

（2）煤炭分解：煤炭分解是在高温下对煤炭进行加热分解，产生气体和固体两种产物，其中含有大量的氢气。这种方法需要高温条件，通常使用电弧和高频感应进行加热。

煤炭分解工艺主要包括以下步骤：

1）煤炭的预处理：同样需要进行粉碎、干燥和筛分等处理。

2）煤炭分解：将预处理好的煤炭放入分解炉中，在高温（1000～1500℃）条件下加热分解，生成气体和固体两种产物，其中含有大量的氢气。

3）气体的净化和纯化：对气体混合物进行净化和纯化处理，去除杂质和不需要的成分，得到高纯度的氢气。

煤炭分解的优点是能够生产高纯度的氢气，同时减少废气排放，对环境的影响相对较小。但由于需要高温条件，能耗较高，而且煤炭分解产生的固体产物需要处理，成本较高。

煤制氢工艺如图 1.2-2 所示。

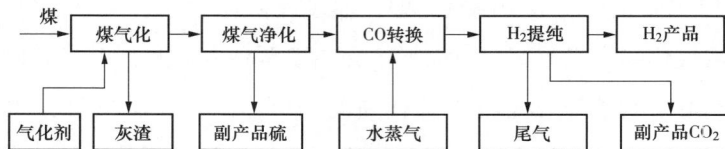

图 1.2-2　煤制氢工艺示意图

注　资料来自 IEA *The Future of Hydrogen 2019*。

总的来说，煤制氢工艺是利用煤炭为原料生产氢气的技术，可以满足不同领域对氢气的需求。然而，煤制氢也存在一些问题，如能源消耗和废气排放，需要在工艺设计和生产实践中不断改进和优化。

2. 煤制氢成本

资本支出约占煤炭氢气生产成本的 50%，燃料占 15%~20%（见图 1.2-3）。因此，煤的供应和成本在决定煤制氢的项目生存能力方面起着重要作用。

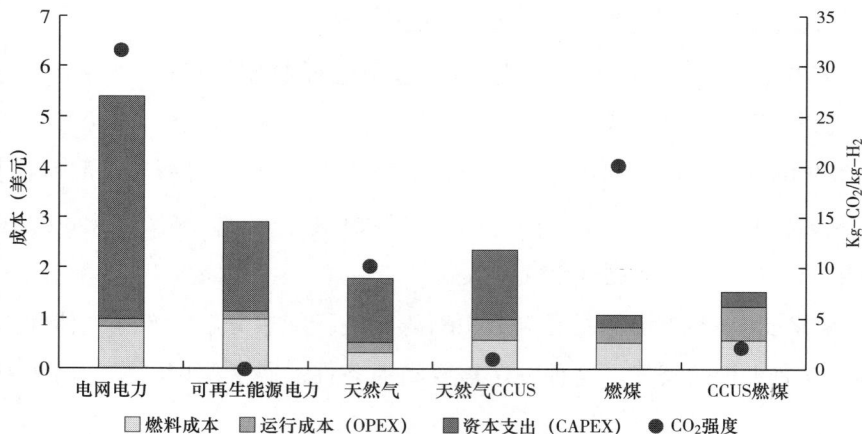

图 1.2-3　我国氢气生产成本

注　资料来自 IEA *The Future of Hydrogen 2019*。

煤制氢与 CCUS 有望在短期内保持中国最低成本的清洁氢气生产路线。减少碳足迹将是煤基氢在低碳环境中的前景的关键因素。在煤制氢生产中加入 CCUS 预计将增加 5% 的资本支出和燃料成本，以及 130% 的运营成本。在我国和印度，由于其已有的煤炭开采基础设施和缺乏廉价的国内天然气，装有 CCUS 的煤制氢技术被视为中期内清洁氢供应的高性价比选择，同时，为能源转型提供最佳过渡方案。

3. 煤制氢的将来

煤制氢技术可能在未来的能源转型中扮演重要角色。以下是关于煤制氢未来发展前景的几点论述：

（1）氢能源的发展趋势：氢能源是一种清洁能源，其燃烧仅产生水。在未来的能源转型中，氢能源有望成为重要的能源选择之一。其中，煤制氢技术可以利用现有的煤炭资源进行生产，以满足氢能源的需求。因此，煤制氢技术在未来的氢能源发展中可能起到重要作用。

（2）煤炭资源的优势：全球范围内煤炭资源储量丰富，同时煤炭价格相对较低。在煤制氢技术中，煤炭是一种常用的原料，可以利用现有的煤炭资源进行生产，具有经济优势。此外，相对于其他化石能源如石油和天然气等，煤炭资源更为分散，能够提供更加稳定的能源供应。

（3）技术优势的提升：过去几年，煤制氢技术取得了一些技术突破和发展。在煤炭气化工艺中，采用高效的气化剂和气化反应催化剂可以提高反应速率和产氢效率。在煤炭分解工艺中，采用高效的加热方式和反应器结构也可以提高分解效率。这些技术的发展将有助于提高煤制氢的经济性和环保性，进一步推动其发展。

综上所述，煤制氢技术在未来的能源转型中具有一定的潜力和前景。随着技术的进一步发展和政策环境的改善，煤制氢技术有望成为未来清洁能源的重要组成部分。

（二）天然气制氢

1. 天然气制氢工艺

天然气制氢目前是全球主要的氢气来源之一。与煤制氢相比，天然气制氢的产量更高，排放的温室效应气体更少，是化石原料制氢中更理想的方式。工业上使用的天然气制氢技术主要有蒸汽重整法、部分氧化法以及天然气催化裂解制氢。然而，我国目前约40%的天然气仍依赖进口。国内主流的工业制氢方式仍然是煤制氢，天然气制氢的发展仍面临挑战。降低成本和技术突破也是天然气制氢的两个关键因素。

天然气制氢是一种常见的制氢方法，其原理是通过水蒸气重整反应将天然气中的甲烷（CH_4）转化为氢气（H_2）。具体来说，天然气（主要成分为甲烷）在高温下与水蒸气反应，生成一系列反应产物，其中包括二氧化碳（CO_2）、一氧化碳（CO）、氢气（H_2）和一些轻质烃类。这个过程称为水蒸气重整（SMR）反应。SMR 反应式如下

$$CH_4 + H_2O \longrightarrow CO + 3H_2$$

在该反应中，甲烷和水蒸气在催化剂（如镍）的作用下反应，生成一氧化碳和氢

气。随后，一氧化碳进一步通过水气转换反应 WGS（Water Gas Shift）被转化为二氧化碳和氢气

$$CO+H_2O \longrightarrow CO_2+H_2$$

最终，SMR 和 WGS 反应共同产生大量的氢气和二氧化碳。其中，二氧化碳可以通过吸收或储存来减少对环境的影响，而纯净的氢气可以用于燃料电池、工业生产和其他应用。

总之，天然气制氢是一种高效、成本低廉的制氢方法，但同时也需要考虑如何控制 CO 和 CO_2 的生成以及如何回收和处理这些产物。

2. 天然气制氢工艺及其特点

天然气制氢工艺是一种将天然气转化为氢气的过程，它是一种高效、低污染的制氢方法，广泛应用于工业和能源生产领域。

表 1.2-3 比较了不同甲烷重整方式的特点。

表 1.2-3　　　　　　　　　甲烷重整方式比较

序号	项目	反应式	备注	
1	水蒸气重整反应 SR（Steam Reforming）	$CH_4+H_2O \longrightarrow CO +3H_2$（吸热反应）	优点	高浓度制氢，75%以上干气标准，高效率、安全、稳定制氢
			缺点	正常状态时间长，能耗大
2	部分氧化反应 POX（Partial Oxidation Reforming）	$CH_4+\frac{1}{2}O_2 \longrightarrow CO +2H_2$（发热反应）	优点	正常状态时间短，反应温度低，能耗小
			缺点	氢浓度低，35%以下干气标准，效率低运行控制难，热斑点产生频度高
3	自热重整反应 ATR（Autthernal Reforming）	$CH_4+H_2O \longrightarrow CO +3H_2$ $CH_4+\frac{1}{2}O_2 \longrightarrow CO +2H_2$	优点	正常状态时间短，因为吸热/发热同时发生热管理方便
			缺点	氢浓度低，55%以下，运行控制难
4	CO_2 重整反应 CDR（Cabon Dioxi Reforming）	$CH_4+CO_2 \longrightarrow 2CO+ 2H_2$（吸热反应）	优点	反应物用 CO_2，温室气体排放少
			缺点	高 CO 生成量及反应温度高，效率低，焦炭生成频度高，能耗大

（1）水蒸气重整法是一种常用的天然气制氢工艺。其基本原理是在高温下将天然气与水蒸气反应，产生氢气和一氧化碳。反应产物再经过水气转移反应进一步转化为氢气和二氧化碳。蒸汽重整法具有高产氢效率、反应稳定性好、设备简单易操作等特点，是目前最为成熟的天然气制氢工艺之一。

天然气是一种在地下形成的天然燃料，主要成分是甲烷（CH_4）。制取氢气的方法通常是通过蒸汽重整反应，将天然气中的甲烷与水蒸气反应，生成氢气和二氧化碳。这个过程需要高温高压，因此需要大量能源。

水蒸气重整工艺示意图如图 1.2-4 所示。

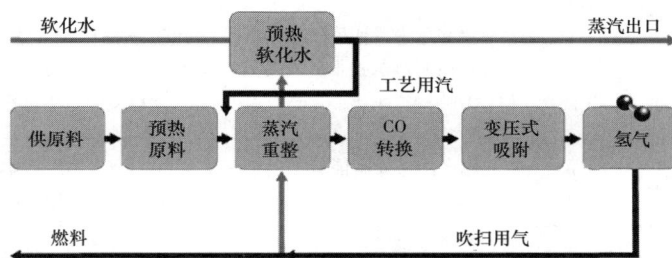

图 1.2-4　蒸汽重整工艺示意图

注　资料来自 ICEF *Industrial Heat Decarbonization Roadmap 2019*。

目前，甲烷重整多采用水蒸气重整方式。长期以来，化学工业中重要的甲醇和氨合成所需的基础原料合成气体就是甲烷，即天然气重整生产。因此，对水蒸气重整工艺进行了较长时间的工艺开发和改进。

（2）部分氧化法是另一种常用的天然气制氢工艺。其基本原理是在高温下将天然气与氧气反应，产生氢气和一氧化碳。部分氧化法具有反应速度快的特点，能够同时产生一氧化碳和氢气。然而，该工艺在反应过程中需要大量消耗氧气，因此制氢成本较高。

（3）选择性氧化法是一种新型的天然气制氢工艺。其基本原理是在催化剂的作用下，将天然气和氧气选择性地反应，产生氢气和二氧化碳。选择性氧化法具有产物纯度高和制氢效率高的特点。然而，催化剂的稳定性和寿命是该工艺亟待解决的问题。

总体来说，天然气制氢工艺具有高效、低污染和设备简单易操作的特点。然而，制氢成本仍然是制约其广泛应用的关键因素。因此，降低制氢成本是该工艺亟待解决的问题。

利用重整技术制氢可由来自石油化学制品等各种物质制造，也可使用低碳氢如家畜粪尿、污水污泥及废塑料等作为原料进行氢制造处理。不同的氢源使用不同的重整技术，主要包括水蒸气重整（SR）、自热重整（ATR）、部分氧化（POX）和膜反应（MR）。表 1.2-4 展示了几种常用的重整制氢技术的概要及其特点。

表 1.2-4 几种实用重整制氢技术概要及其特点

序号	技术分类	技术概要	特点
1	水蒸气重整（SR）	甲烷通过金属催化剂，高温（700℃）以上蒸汽重整制造氢的技术	可以通过生物质重整，也可在寒冷地区使用。制氢效率高、成本低，因为是吸热反应，所以需要大量热能
2	部分氧化（POX）	通过调整氧量和压力，使甲烷或塑料等烃不完全燃烧而制造氢技术，以使其不成为水和 CO_2	用于废塑料的重整器，将通用塑料废弃物气化，分离氢和二氧化碳。系统复杂，发热反应，所需热能小
3	自热重整（ATR）	组合 SR 和 POX，在提高能效的状态下制造氢的技术	能量效率、制氢效率高、蒸汽启动性优异，但工艺上需要氧气，装置结构复杂
4	膜反应（MR）	利用载有钯合金等氢透过性高金属的膜，纯化高纯度的氢精制技术	跟现有的重整器相比，反应工艺过程减少。为实现实用化，需要降低膜成本和长寿命化

3. 天然气制氢的成本

天然气制氢的成本受到多种技术和经济因素的影响，其中天然气价格和资本支出（CAPEX）是最重要的两个因素。燃料成本是最大的成本组成部分，占生产成本的 45%~75%。

图 1.2-5 展示了 2018 年不同地区使用天然气的制氢成本情况。

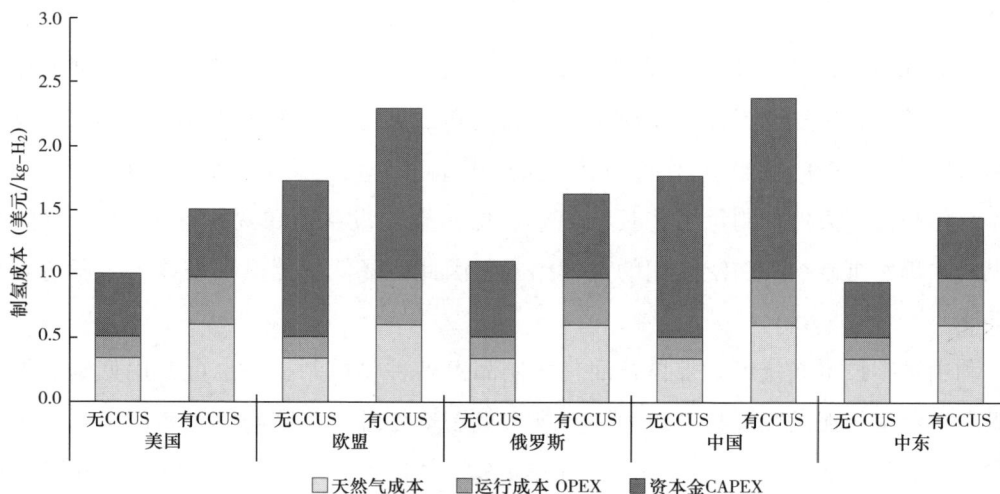

图 1.2-5　2018 年不同地区使用天然气的制氢成本

注 资料来自 IEA *The Future of Hydrogen 2019*。

4. 天然气制氢的未来

天然气制氢是一种重要的新型能源技术，可将天然气转化为可再生、清洁、高效的能源。随着环保和能源安全问题日益凸显，天然气制氢技术有着广阔的发展前景。

（1）全球天然气资源丰富。目前全球天然气资源储量约为 190 万亿 m^3，是一种非常丰富的能源资源。天然气作为一种便宜且相对清洁的化石能源，在开发和利用方面具有广阔前景，通过天然气制氢可有效利用该资源，并提高能源利用效率。

（2）天然气制氢技术具有良好的环保性能。天然气制氢不会产生二氧化碳等有害气体，并且燃烧产生的废气中二氧化碳的排放量比燃煤或燃油要少得多，对环境的影响也更小。同时，天然气制氢技术还可以有效减少大气污染物的排放，对改善空气质量具有重要意义。

（3）天然气制氢技术应用广泛。目前已广泛应用于交通运输、燃料电池、发电等领域，尤其在交通运输领域，天然气制氢技术已成为一种受欢迎的新型能源。未来随着技术的进步和应用场景的拓展，天然气制氢技术的应用前景将更广阔。

（4）天然气制氢技术具有经济优势。相较于传统的煤炭、石油等能源，天然气的价格相对较低，并且天然气制氢技术的成本也在逐渐降低。这意味着未来天然气制氢技术将更具竞争力，对促进经济发展也具有积极意义。

总之，天然气制氢技术的未来发展前景十分广阔，具备丰富的资源、良好的环保性能、广泛的应用场景以及经济优势。随着技术不断进步和应用场景的扩大，天然气制氢技术将为能源转型提供清洁解决方案。

（三）石油制氢

石油是一种在地下形成的有机物，主要由碳和氢组成。石油中的氢气可以通过裂解或重整反应来提取。在裂解中，将石油加热并分解成许多小分子，其中包括氢气。在重整反应中，石油中的烃类经加热和反应后产生氢气和二氧化碳。石油裂解指的是利用石油作为原料进行加热分解，生成氢气的过程。其原理是通过高温高压条件下，将石油中的高分子链断裂成低分子链，并在催化剂的作用下，使其中的碳氢化合物发生加氢反应，产生大量氢气。

在石油裂解制氢的过程中，最常用的催化剂是镍铁合金，它能促进碳氢化合物的加氢反应，同时还能防止催化剂中毒。此外，还需要控制反应的温度和压力，以确保反应效果、稳定性和安全性。

石油裂解制氢具有制氢效率高、成本低、反应速度快等优点，因此在各个领域得到广泛应用。例如，在工业生产中，石油裂解可用于合成氨、合成甲醇等化学物质的生产；在汽车行业中，石油裂解可用于为燃料电池提供氢气等方面。

然而，需要注意的是，使用化石能源制氢会产生大量二氧化碳等温室气体，这种方法对环境有负面影响。因此，为了减少这些排放，可以采用碳捕集和储存技术处理二氧化碳，并开发更环保的制氢技术，如可再生能源制氢。

三、可再生能源制氢

（一）可再生能源

可再生能源指的是那些来自自然能源的能源，其在利用过程中不会减少，并且不会对环境造成永久性破坏。这些能源包括太阳能、风能、水能、生物能和地热能等，具有无限可持续性和环保性。近年来，由于全球能源消耗的增加和环境污染问题的加剧，各国开始加强对可再生能源的投资和利用。

太阳能是可再生能源的一种重要形式，光热发电利用太阳能产生的热能转化为电能；而光伏发电则利用光伏电池将太阳能转化为电能。

太阳能的发展得益于技术不断进步和成本的下降。近年来，光伏发电的成本已经降至 0.07~0.10 美元/kWh，而光热发电的成本则在 0.15~0.20 美元/kWh 之间。随着技术的不断创新和产业链的完善，太阳能的成本还将进一步降低，未来太阳能有望成为全球能源供应的主要来源之一。

风能是另一种重要的可再生能源。风能的主要利用方式是风力发电，即利用风轮机将风能转化为电能。与太阳能类似，风能的发展也得益于技术的不断进步和成本的下降。近年来，风力发电的成本已经降至 0.04~0.05 美元/kWh。随着技术的不断创新和产业链的完善，风能的成本还将进一步降低，未来风能有望成为全球能源供应的主要来源之一。

生物能是指通过植物、动物等生物体的生长和代谢过程中产生的能量进行收集和利用。生物能的主要形式包括生物质能、生物油和生物气等。生物质能是指利用植物、农作物等有机物质进行热能和电能的生产；生物油是指利用植物油、动物油等进行燃料的生产；生物气是指利用有机废弃物、污泥等进行气体的生产。生物质可以以不同的方式生产氢。在生物化学途径中，微生物在有机材料上工作，产生沼气（称为厌氧消化）或酸、醇和气体的混合物（发酵）。生物质的热化学气化过程类似于煤气化过程，将生物质转化为一氧化碳、二氧化碳、氢和甲烷的混合物。

（二）风能和太阳能制氢方法

1. 风能制氢

风能制氢是通过使用风力涡轮机将风能转换为电能，然后使用电解水技术将水分解为氢和氧。风能涡轮机通常用于为电解水设备提供稳定的电力供应，以便可以不间断地将水分解成氢和氧。这种方法的主要优点是可以利用风能的稳定性和可再生性，而且由于水分解是一种可逆反应，因此在需要时可以将氢和氧再次结合形成水，从而产生电能，实现能量的存储和转换。

2. 太阳能制氢

太阳能制氢是利用太阳能将水分解成氢和氧。这种方法通常使用太阳能电池板将太阳能转换为电能，然后使用电解水技术将水分解为氢和氧。这种方法的主要优点是可以利用太阳能的稳定性和可再生性，而且可以在任何地方进行，包括在没有电力供应的地方。此外，使用太阳能制氢还可以减少对化石能源的依赖，并减少温室气体的排放。

总的来说，利用风能、太阳能等可再生能源制氢是一种高效、可持续、环保的方式，有望成为未来能源转型的关键技术之一。我国太阳能和风能制氢和氨发展需要考虑具有成本效益的氢供应链，考虑到不同技术备选方案的具体地点。这适用于两个方面：氢的生产和氢基产品的生产。

我国拥有丰富的可再生能源资源，这些资源通常位于远离大型工业集群、人口稀少的大片地区。在一些省份，太阳能（青海）或风能（河北和福建）的生产成本最低，而在新疆和西藏，两者结合使用效果最好。计算太阳能和风能的适当规模需要考虑到电解槽、氢缓冲器储存和哈伯-博施工艺回路的大小，以及持续运行哈伯-博施工艺时使用更昂贵的"坚实"电力。尽管成本存在差异，但在所有省份，太阳能和风能的混合使用可以获得最佳性能。

两种资源之间的混合减少了氢缓冲储存的大小，减少了对更昂贵的固态电力的需求，哈伯-博施回路和电解槽只是稍微增加了氢缓冲储存的容量系数。

（三）生物质能源制氢

生物质能源制氢是一种利用生物质作为原料，通过化学或生物学反应产生氢气的过程。生物质能源包括植物、农业废弃物、食品废弃物、林业废弃物、生活垃圾等可生物降解的有机物。利用这些生物质能源制氢可以实现可持续能源的生产，减少对化石能源的依赖，同时也可以减少温室气体的排放，对环境保护具有积极意义。

生物质能源制氢的方法有多种，以下是其中两种常见的方法：

生物法制氢利用微生物在无氧条件下发酵生物质，产生氢气。该方法的反应方程式为

$$C_6H_{12}O_6 \longrightarrow 2CH_3COOH \longrightarrow CO_2 + 2H_2$$

即，生物质经过发酵反应首先产生乙酸，然后乙酸通过进一步反应分解成二氧化碳和氢气。这种方法的优点是原料来源广泛，生产成本较低，但是需要复杂的微生物培养和维护。

生物质气化制氢工艺流程 1.2-6 所示。

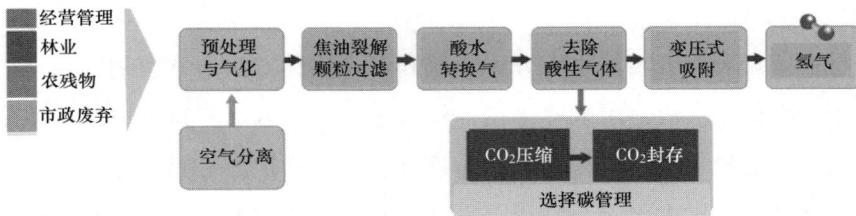

图 1.2-6　生物质气化制氢工艺流程

注　资料来自 ICEF *Industrial Heat Decarbonization Roadmap 2019*。

污水处理生物质制氢的氢站示意如图 1.2-7 所示。

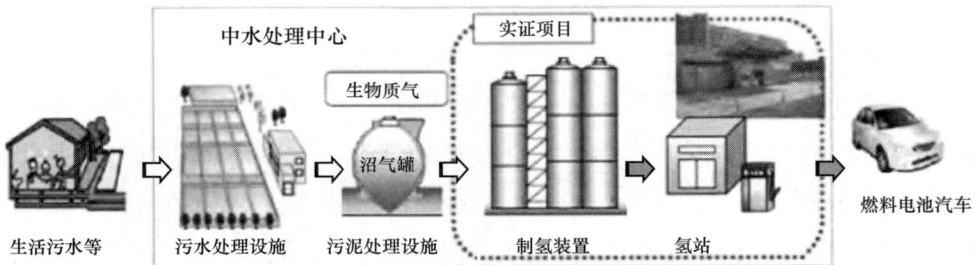

图 1.2-7　污水处理生物质制氢的氢站示意图

（四）太阳光催化剂制氢

太阳光催化剂制氢是一种利用太阳能进行水的分解反应，产生氢气的技术。该技术通过使用太阳光催化剂将太阳能转化为化学能，使水分子发生分解反应，从而产生氢气和氧气。这种技术具有清洁、高效、可持续等优点，被视为未来制氢技术的发展方向之一。

太阳光催化剂制氢的过程一般分为以下几个步骤：

（1）吸光：太阳光催化剂吸收太阳光的能量，激发电子的跃迁，并在其表面形成

电子-空穴对。

（2）活化：吸收光能的电子在催化剂表面移动，从而活化了水分子。在水分子中，H 原子的电子云被电场引导到光催化剂表面，形成活化的氢离子（H^+）。同时，氧原子的电子云被引导到光催化剂表面，形成活化的氧离子（O^{2-}）。

（3）分解：在光催化剂的表面上，H^+ 和 O^{2-} 结合形成水分子，同时产生氢气和氧气。

在太阳光催化剂制氢中，光催化剂的种类和性能是关键因素。常用的光催化剂包括 TiO_2、$SrTiO_3$、WO_3、$BiVO_4$ 等。这些光催化剂可以通过改变其晶体结构、添加稀土元素、掺杂杂质等方式，调控其能带结构、光吸收性能、电子传输性能等，提高其制氢效率和稳定性。

图 1.2-8 展示了光催化及制氢的示意图。

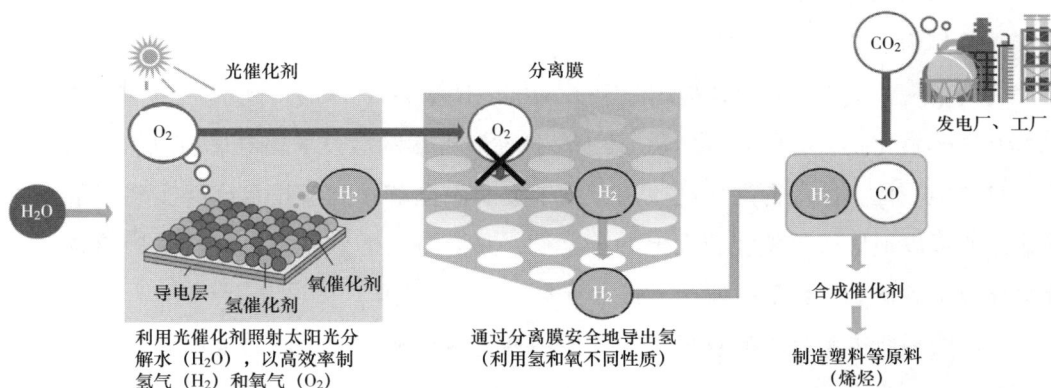

图 1.2-8　利用光催化及制氢示意图

注 资料来自日本经济产业省资源能源厅 2023 年 9 月 8 日出版《可再生能源及新能源》《2022—日本が抱えているエネルギー問題（後編）》。

太阳光催化剂制氢的优点是不需要消耗化石能源，产生的氢气具有清洁、环保的特点，可以应用于氢燃料电池、工业生产等领域。同时，这种技术还可以应用于太阳能电池和光催化污水处理等领域。然而，太阳光催化剂制氢的实际应用还面临着催化剂的成本、稳定性、效率等方面的挑战，需要进一步的研究和发展。

当太阳光照射光催化剂时，可以直接从水中制取氢气。实现实用化需要像太阳能发电一样受天气影响，这是一种期望的技术，因为它可以制造无碳氢气。

太阳光催化剂制氢工艺的特点如下：

（1）实用化状况：该工艺目前处于研究开发阶段。

（2）环境性：在制氢过程中不会产生 CO_2。

（3）稳定性：受天气影响。

（4）经济性：与太阳能发电类似，在该工艺中利用太阳能和水的运行成本低廉，但投资和占地面积较大。

（5）注意点：提高制氢效率是关键。在实用化的工厂中，光催化剂的转换效率需要达到10%才能实现（目前约为1%，2019年已达到7%，预计在2021~2025年将达到10%）。此外，还存在着大规模化以及与可再生能源负荷变化相关的问题。

四、电解水制氢

电解水制氢是使用直流电将水分子分解为氢气和氧气，分别在阴极和阳极析出，从而产生高纯度的氢气（纯度大于99%）。这是目前发展潜力最大的绿色氢能生产方式，尤其是利用可再生能源进行电解水制氢，其碳排放最低，与全球低碳减排的能源发展趋势最为一致。

目前电解水制氢主要采用以下三种方法：碱性电解（AWE）、质子交换膜（PEM）电解和固体氧化物（SOEC）电解。其中，碱性电解水制氢技术相对最为成熟，成本最低，更具经济性，已经得到广泛应用。质子交换膜电解水制氢技术已经实现了小规模应用，并可以适应可再生能源发电的波动性，具有较高的效率和良好的发展前景。固体氧化物电解水制氢目前主要用于技术研究，尚未商业化。

质子交换膜电解装置的双极板需要使用镀金或镀铂的钛材料，电堆核心也需要使用稀有金属。由于阳极容易氧化，为了提高耐用性，还需要使用稀有金属铱。目前，全球年产稀有金属的数量非常有限。阴极侧也需要使用稀有金属铂。稀有金属占据了质子交换膜电解装置电解系统整体成本的近10%。高成本和供应链限制是目前推广质子交换膜电解装置电解技术的主要制约因素。为了避免关键材料供应短缺和降低成本，质子交换膜电解装置电解技术的发展也将致力于减少稀有材料的使用，并使用价格较低的常见材料替代稀有金属。

利用可再生能源电解水制氢已经在工业用途中普及化。

（一）电解水制氢原理

电解水制氢是一种利用电解反应将水分解成氢气和氧气的方法。在电解水制氢过程中，将水放置在一个电解池中，其中包含两个电极：一个称为阴极，另一个称为阳极。这两个电极分别连接到一个电源，通常是直流电源。

当电流通过电解池时，会在水中引起化学反应。电流在电极上流过时，通过电解反应将水分解成氢气和氧气。具体来说，阴极上的电子将水中的氢离子（H^+）还原为氢气（H_2），而阳极上的电子则将水中的氧离子（O^{2-}）氧化成氧气（O_2）。

这些化学反应可以用以下方程来表示

$$2H_2O + 2e^- \longrightarrow H_2 + 2OH^-$$

$$2H_2O \longrightarrow O_2 + 4H^+ + 4e^-$$

整个反应需要消耗能量，因此，电解水制氢需要一个能源来驱动这个过程。通常使用的能源是电力，例如来自太阳能电池板或电力网的电能。此外，电解水制氢还需要适当的电解池和催化剂来促进反应并提高反应效率。

总之，电解水制氢是一种将水分解成氢气和氧气的化学反应，需要外部能源的输入，同时也需要电解池和催化剂的帮助来促进反应。

电解水制氢的原理示意如图 1.2-9 所示。

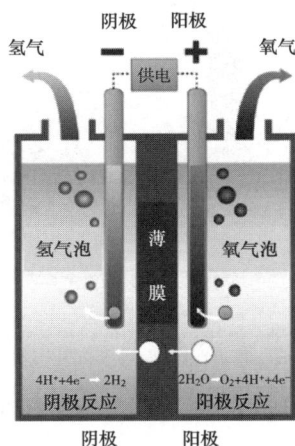

图 1.2-9 电解水制氢原理示意图

注 资料来自 ICEF *Industrial Heat Decarbonization Roadmap 2019*。

（二）电解水制氢方法类型及其特点

电解水是一种将水分子分解成氧气和氢气的化学反应。这种方法可以用来生产氢气，而氢气可以作为一种清洁、高效和可再生的燃料，在各种应用中使用，包括汽车燃料电池、能量存储和工业过程等。

目前，主要的电解水制氢方法有以下几种类型：

（1）碱性电解（alkaline electrolysis）：这种方法是最早被使用的电解水制氢技术。它使用氢氧化钾或氢氧化钠等碱性电解质将水分解成氧气和氢气。碱性电解具有高效、低成本和技术成熟的特点，但是需要使用高温和高压氢气。

（2）酸性电解（acidic electrolysis）：这种方法使用硫酸或磷酸等酸性电解质将水分解成氧气和氢气。酸性电解的优点是可以在较低的温度和压力下工作，但是效率低于碱性电解。

（3）固体氧化物电解（solid oxide electrolysis）：这种方法使用固体氧化物作为电解质，将水分解为氧气和氢气。这种方法具有高效、高温和高压的特点，但它需要使用高温热源提供能量。

（4）质子交换膜电解（polymer electrolyte）：这种方法使用膜来分离氢气和氧气，以防止它们再次混合。这种方法具有高效、高选择性和低成本的特点，但它需要使用高质量的膜。

碱型电解水装置和质子交换膜型（PEM）电解水装置的结构示意如图1.2-10。

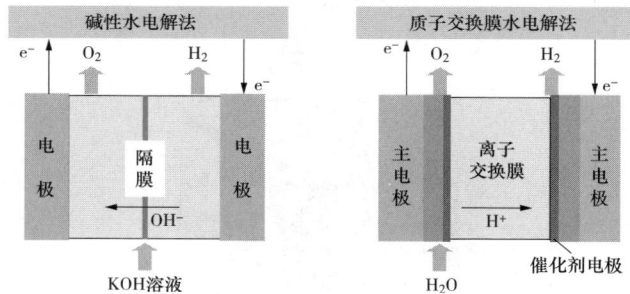

图1.2-10　碱型电解水装置和质子交换膜型（PEM）电解水装置的结构示意图

总的来说，电解水制氢技术具有清洁、高效和可再生的特点，可以为未来能源转型提供解决方案。然而，每种方法都有其优点和缺点，需要根据具体应用场景进行选择。

目前已实用化的电解水装置有使用氢氧化钾强碱溶液的碱型电解水装置和使用纯水的质子交换膜型（PEM）电解水装置两种。从成本和运行时间的观点来看，碱型电解水装置更为优越；从受气象影响较大的再生能源的灵活性和紧凑性的观点来看，质子交换膜型（PEM）电解水装置更为优越。此外，作为研究阶段的产品，还有固体氧化物型电解水（SOEC）装置。

电解水制氢工艺是利用电流通过碱性溶液生成氢气和氧气。其特点如下：

（1）实用化状况：已经进入实用化阶段，产品被销售给工业部门，大规模装置正在研究开发中。

（2）环境性：使用电解水电源，利用可再生能源制造氢气，不会产生 CO_2。

（3）稳定性：电解水电源要求稳定性，在利用可再生能源时，输出功率不稳定。

（4）经济性：理论上，制造 $1m^3$ 的氢气需要 3.6kWh（目前为 5~6kWh）。只有当电价相当便宜时，成本才会低。

（5）注意事项：提高制氢效率，解决大规模化和对应可再生能源负荷变化等问题。

（三）电解水制氢设备结构

电解水制氢设备是将水通过电解反应分解成氢气和氧气的设备。其基本结构主要包括以下几个部分：

（1）电解槽：电解槽是整个设备的核心部分，通过电解反应将水分解成氢气和氧气。电解槽通常采用两个电极（阴极和阳极）和一个隔膜构成。电极和隔膜之间形成的空间称为电解室。阴极放置于电解室底部，阳极放置于电解室顶部，而隔膜则分隔开两个电解室，使得氢气和氧气分别从两个电解室中产生。

（2）电源系统：电源系统提供电解所需的直流电源。通常使用的是高压直流电源，能够为电解反应提供所需的电能。

（3）冷却系统：电解过程中会产生热量，需要通过冷却系统将热量散发出去，以保持电解槽的温度稳定。

（4）氢气和氧气的收集和分离系统：氢气和氧气在电解槽中产生后，需要被分离和收集。收集系统通常包括氢气和氧气收集罐以及各自的出口管道。分离系统主要包括氢气和氧气分离器，将氢气和氧气分别分离出来。

（5）控制系统：控制系统用于控制电源系统、冷却系统、收集和分离系统等各个部分的运行。可以通过控制系统来调整电解槽的电压、电流和温度等参数，以实现氢气和氧气的产生。

总之，电解水制氢设备的结构较为简单，但需要各个部分的协调配合才能实现高效的制氢过程。

（四）电解水制氢经济性

电解水制氢是一种相对环保、可持续、低碳的制氢方法，但其经济性仍然存在挑战。

首先，电解水制氢的能源成本较高。电解水制氢需要大量的电能，如果使用传统的燃煤、燃油等化石能源发电，那么制氢的能源成本就较高。因此，为保证电解水制氢的经济性，需要采用低碳的电力来源，如太阳能、风能、水力等可再生能源。

其次，电解水制氢的设备成本也较高。制氢设备需要高品质的材料和高技术含量的制造工艺,这些都会增加制氢设备的成本。同时,制氢设备的规模也会影响其成本。较小规模的设备成本相对较低,但在大规模的生产中,其经济性可能受到挑战。

最后,电解水制氢的市场需求也不稳定。随着可再生能源的快速发展和氢能源的应用逐渐普及,电解水制氢的市场需求逐渐增加。但目前电解水制氢的市场需求仍不稳定,且面临来自其他制氢方法的激烈竞争。

综上所述,尽管电解水制氢具有可持续、环保、低碳等优势,但其经济性仍需要进一步提升。在政策支持、技术创新、市场需求等方面共同作用下,电解水制氢将有望实现经济可行性,推动氢能源的广泛应用。

目前存在三种主要的电解槽技术:碱性电解槽、质子交换膜电解槽和固体氧化物电解槽。碱性电解槽是一种成熟的、已经实现商业化的技术。自20世纪20年代以来,它一直被用于化肥和氯工业中的氢生产。碱性电解的特点是避免使用珍贵材料,并且与其他电解槽技术相比,其资本费用相对较低。

质子交换膜电解槽和固体氧化物电解槽能够高压生产氢气,使其在城市密集地区比碱性电解槽更具吸引力。它们能够生产高度压缩的氢气,用于分散式生产和在加油站储存(3~6MPa,无需额外的压缩机,在某些系统中可达10~20MPa,而碱性电解槽则为0.1~3MPa),并提供灵活的操作,包括提供频率储备和其他电网服务的能力。它们的运行范围从零负荷到设计容量的160%(因此可能使电解槽超负荷运行)。然而,要使它们正常运行,厂房和电力电子设备需要设计得当,因为它们需要昂贵的电极催化剂(如铂、铱)和膜材料,它们的寿命比碱性电解质短。目前,它们的总成本高于碱性电解质,且应用范围较小。

SOEC是最成熟的电解技术,尽管有些公司正在计划将其推向市场,但其尚未商业化。国有企业采用陶瓷作为电解质,这种材料成本低并且能在高温下工作,具有很高的电力效率。由于它们使用蒸汽进行电解,所以需要额外的热源。如果所生产的氢用于合成碳氢化合物(如电力制液体燃料和电力制气体燃料),则可以回收这些合成过程产生的余热(例如Fischer-Tropsch合成、甲烷化),以产生蒸汽,供进一步进行电解。另外,核电站、太阳能热或地热系统也可作为高温电解的热源。与碱性电解质和质子交换膜电解质不同,SOEC电解质可以逆向操作,将氢转化为电,这意味着它可以提供电能。结合储氢设施,它可以平衡电网服务,从而提高设备的总体利用率。此外,使用SOEC电解液对蒸汽和二氧化碳进行共电解,可以产生气体混合物(一氧化碳和氢),随后可以转化为合成燃料。开发SOEC电解装置的一个关键挑战是解决高温操作导致的材料耐高温问题。

（五）电解水制氢前景

电解水制氢是一种将水分解成氢气和氧气的技术，产生的氢气可以用于燃料电池、化学工业、氢气储存等领域。以下是电解水制氢的发展前景：

（1）可持续性：电解水制氢是一种可持续的制氢技术，因为水是一种可再生资源，而且该过程不产生二氧化碳等温室气体，有助于减少环境污染和气候变化。

（2）能源转型：随着对化石燃料的依赖程度不断降低，氢气作为一种清洁、高效、可再生的能源，将成为未来能源转型的重要选择。通过电解水制氢技术，可以将清洁能源如太阳能、风能等转化为氢气，并在交通运输、工业生产等领域使用。

（3）发展迅速：电解水制氢技术已经得到广泛的研究和应用。许多国家和地区已经在进行大规模的电解水制氢项目，如欧洲、日本、中国等。未来随着技术的提高和成本的降低，电解水制氢技术将变得更加成熟和普及化。

（4）经济性：尽管目前电解水制氢技术的成本较高，但随着技术的不断成熟和规模的扩大，成本将逐步降低。未来，电解水制氢技术有望成为一种具有经济竞争力的制氢技术。

总的来说，电解水制氢技术在未来将有广阔的发展前景，尤其是在清洁能源和氢气经济方面。同时，也需要不断加强技术研发和成本降低，以便更好地推动该技术的应用和发展。

五、电解水制氢项目实例

（一）我国电解水制氢项目

1. 兰州新区"液态太阳能燃料合成示范项目"

液态太阳能燃料合成为可再生能源转化为绿色液体燃料甲醇提供了全新途径。该方法利用太阳能等可再生能源产生的电力进行电解水制备"绿色"氢能，然后将二氧化碳加氢转化为"绿色"甲醇等液体燃料，被形象地称为液态阳光。

该项目由中国科学技术大学连续化学研究所研发，于2020年10月在兰州新区获得中国石油和化学工业联合会组织的科技成果认定，该项目包括太阳能光伏发电、电解水制氢以及二氧化碳加氢合成甲醇等三个基本技术单元，并配套建设了总功率为10MW的光伏发电站，总投资约为1.4亿元。

兰州新区液态太阳能燃料合成示范项目如图1.2-11所示。

图 1.2-11　兰州新区液态太阳能燃料合成示范项目

2. 张家口海珀尔制氢项目

该项目由张家口海珀尔在望山园区独家展开，旨在示范应用氢能产业的制氢、储氢和加氢技术。项目内容包括建设一座制氢站和配套加氢站。制氢站采用了风电电解水技术，在 2019 年底投产后，预计可生产 1600 万 m^3 氢气。该项目可为 300 辆氢燃料电池公交车提供氢燃料补给（见图 1.2-12）。

图 1.2-12　在海珀尔制氢厂内氢燃料电池公交车加氢站

张家口海珀尔制氢、加氢项目的二期工程于 2021 年 3 月 20 日开工，年产能可达 1 亿 m^3 氢气。项目建成后，每天可为 1500 辆氢燃料电池客车提供氢燃料供给，以满足 2022 年冬奥会对氢燃料的需求。

3. 北京 5000MW 风、光、氢、储一体化项目

北京京能电力股份有限公司的 5000MW 风、光、氢、储一体化项目已于 2021 年建

成投入使用，总投资达 230 亿元。其中，光伏方面的投资占据了 200 亿元，而绿色能源岛的投资则为 30 亿元。

该项目充分利用了煤矿塌陷区的闲置土地、工业建筑屋顶以及其他政策允许的区域，建设了 5000MW 分布式光伏发电设施。这些光伏设施采用了"自发自用+余电上网"的模式，为工业园区内的企业或周边居民提供日常所需的电力。

同时，项目还充分利用了风光电的优势，规划建设了一个绿色能源岛，其中包括 2 万 m^3/h 的水制氢及制氧设施，以及 20 万 m^3/h 的制氮设施。这个绿色能源岛通过管网或运输车辆，为宁东煤化工园区、国际化工园区以及环保产业园中的大型企业供应氮气、氢气和压缩空气。

4. 北方氢谷风光制氢项目

白城市阳光电源 1GW 风光储能项目于 2020 年 8 月启动建设，总投资约 55.1 亿元。该项目的核心包括 300MW 智能风力发电、700MW 智能光伏发电、200MW 智能氢能以及 100MW/200MWh 智能储能系统。项目中的北方氢谷风光制氢项目，总投资 1.2 亿元。

5. 察北可再生能源电解水制氢项目

2019 年 11 月 7 日，察北管理区与中国氢能有限公司签署了可再生能源电解水制氢项目的合作协议。该项目总投资 22.9 亿元，旨在建设电解水制氢配套电站、自用配电网、电解水制氢设施、日产 5t 液化氢、氢气和液氢储运及贸易系统、加氢服务站、氢能汽车服务等重点板块。一旦项目完全实施，将建成 300MW 光伏电站，年产氢气 4200t、氧气 2100t，液化氢年产能达 1800t，并将拓展加氢、氢能汽车等领域服务。该项目的实施将极大推动可再生能源制氢、液氢及新能源物流等产业的发展，为探索可再生能源电解水制氢的道路、推动能源产业多元化发展，以及为全市建设国际知名的"氢能之都"做出贡献。

6. 西部首个规模化电解水制氢示范项目

四川省与中央企业合作发展座谈会暨项目于 2020 年 11 月 17 日签约。该项目计划建设规模为 6000m^3/h，分两期进行。一旦全部建成，该项目每年将产出 4286t 氢气和 34286t 氧气，并消耗 2.52 亿 kWh 的电力。这个项目将成为西部地区首个规模化电解水制氢示范项目。

（二）欧洲电解水项目

在欧洲，正在积极研究利用可再生能源中利用率较高的海上风能和潮汐能。此外，还在研究用氢气替代系统来输送海上风能的方案。

项目概要：利用海上风力制造氢气，通过管道输送到德国本土的赫尔戈兰岛；预计到2035年安装10GW电解水装置，制造约100万吨的绿色氢气；参与企业包括德国RWE、西门子、MHI VESTAS、Shell和vattenfall等。

欧洲可再生海上风电场如图1.2-13所示。

图 1.2-13 欧洲可再生海上风电场

注 资料来自德国 RWE 公司 Aquavetus。

欧洲可再生海上风电制氢示意图如图1.2-14所示。

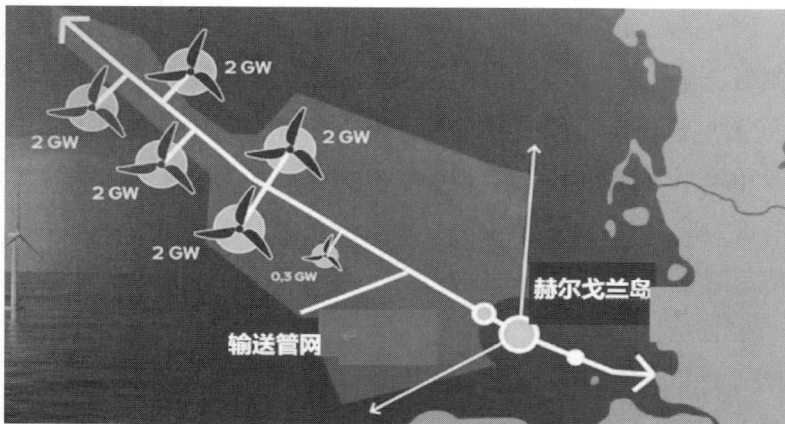

图 1.2-14 欧洲可再生海上风电制氢示意图

注 资料来自德国 RWE 公司 Aquavetus。

（三）加拿大

加拿大即将兴建一座20MW的电解水制氢工厂。Evolugen和Gazifère Inc.计划在Outaouais地区启动该项目，并负责其建设和运营。这个工厂将产生的氢气注入魁北克的天然气分销网络。据报道，该工厂将建在加蒂诺市的马森区，与Evolugen的水力发电设施相邻，以确保电解槽持续供电。预计每年将生产约 3000t 的绿色氢气。这将减少每年约 1.5 万 t 的温室气体排放，并为当地带来重大的经济效益，包括新增就业机会和额外的收入。

（四）日本电解水制氢项目

在福岛氢能研究中心建设了电解水制氢系统，使用 20MW 的太阳能发电设施以及来自电网的电力，在全球最大的 10MW 级可再生能源动力制氢装置中进行水的电解。它具有每小时生产、存储和供应高达 1200m³ 氢气的能力（额定功率运行）。福岛电解水制氢系统全景如图 1.2-15 所示。

图 1.2-15 东芝福岛电解水制氢系统全景

（五）国外电解水装置实装模块

国外电解水装置实装模块见表 1.2-5。

表 1.2-5 国外电解水装置实装模块

序号	项目	主要输送方法	主要氢需求	电解水装置有关		
				电解水规模	设置场所	利用电力
1	日本 EOS 旭 ST 等	电解水装置（不输送）	交通等	150kW（旭 ST 预计扩大到兆瓦级）	需求地内	系统电力+地区电源
2	德国 REFHYNE	电解水装置（不输送）	炼油厂脱硫工艺（将来制造 SAF 等）	10MW，将来 100MW	需求地内	
3	荷兰鹿特丹港	国际氢气 SC+电解水装置（管网）	地区内外广范围供给（工业、输送、家庭等）	2025 年 500MW，2030 年 2GW	需求地靠大型电源	海上风电

序号	项目	主要输送方法	主要氢需求	电解水装置有关		
				电解水规模	设置场所	利用电力
4	挪威、德国 Sunfire HYLINK	高温水蒸气电解装置（SOEC）	炼油厂脱硫工艺、炼铁还原、化工、交通等	标况下 750m³/h	需求地内	可再生能源的电
5	挪威、德国 Sunfire HYLINK	大型碱性电解水	炼油厂脱硫工艺、炼铁还原、化工、交通等	标况下 2160m³/h，扩展到 10MW	需求地内	可再生能源的电
6	日本 FH2R 福岛能源研究中心	电解水装置（压缩氢）	氢站、定置用燃料电池等	10MW	大型电源附近	PV+系统电力
7	德国 Aquaventus	电解水装置（管网）	大部分未定	2035 年 10GW	大型电源附近	海上风电
8	美国 ACEP（dvanced Clean Energy Project）	电解水装置（不输送）	作为季节性调节的氢气发电	1GW（将来）	岩盐层附近	系统剩余电

注 资料来自 IEA *Global Hydrogen Review 2021*。

1. 欧洲电解水模块

Sunfire 是一家成立于 2010 年的德国创业公司，将可再生能源转化为氢气、合成气体和合成燃料（e-Fuel），以达到整体脱碳的目标，替代传统的化石能源使用。该公司提供高温水蒸气电解（SOEC）和碱性电解两种电解解决方案。碱性电解是研究历史悠久、成本效益较高的技术，主要适用于大规模氢项目。SOEC 电解需要在 850℃的高温下运行，可以利用工厂的余热进行供能。

（1）Sunfire HYLINK 高温水蒸气电解装置（SOEC）：该公司的 SOEC 电解系统被称为 Sunfire HYLINK SOEC，其制氢能力为 750m³/h，电耗为 3.6kWh/m³。

（2）SUNFIRE-HYLINK 碱性大型电解装置：SUNFIRE-HYLINK 碱性大型电解装置经有几十年的验证，系统运行和加压氢输出性能佳，成本低，根据需求可扩展性，10MW 模块化设计可有效扩展至大型电解能力，系统运行时间经过验证超过 30 年。

SUNFIRE-HYLINK 碱性大型电解装置外形如图 1.2-16 所示。

SUNFIRE-HYLINK 碱性大型电解装置主要性能见表 1.2-6。

图 1.2-16　SUNFIRE-HYLINK 碱性大型电解装置外形

表 1.2-6　　　　　　　　SUNFIRE-HYLINK 碱性大型电解装置主要性能表

序号	项目		单位	数据
1	制氢	制氢能力	m^3/h	2160
		制氢能力	kg/h	195
		调节范围	%	25~100
		氢纯度	%	99.98
2	电力	电功率	kW	2680
		单元电耗（DC）	kWh/m^3	4.46~4.64
		堆电耗（AC）	kWh/m^3	4.23~4.48
3	原料	原料软水	m^3/h	1.85
		电解质	—	25%KOH 水溶液
4	其他	设备寿命	h（a）	90000（30）
		占地面积	m^2	300
		环境温度	℃	−20~40

2. 日本电解水装置模块

日立造船株式会社在 2018 年 6 月 15 日宣布成功开发了日本最大的氢气发生器，它可用于兆瓦级可再生能源的制氢，并利用兆瓦级发电设施中的多余功率来生产氢气。该设备已于 2018 年进行验证试验，并于 2019 年开始销售。日立造船成功开发的兆瓦级制氢设备的外形如图 1.2-17 所示。

制氢装置通过电解水生产高纯度氢气，可以利用风电、太阳能等可再生能源剩余电力进行电解水制氢并储存氢气。这是日本国内最大的制氢装置之一，可将电力

图 1.2-17　日立造船成功开发的兆瓦级制氢设备外形图

转换为兆瓦级电力。该装置的核心部分是一个大型电解槽，结合了日立造船公司的电解技术与压滤机技术。由于电解水设备被放置在移动式集装箱中，成本得到了降低。

装置的主要参数如下：

（1）装置名称：氢发生装置 HYDROSPRING（R）（质子交换膜型）；

（2）主要参数：额定制氢能力为 200m³/h；纯度为 99.999%（干）；

（3）尺寸：40 英尺集装箱，长 12.2m×宽 2.4m×高 2.6m。

装置的特点：

（1）高安全性：不仅电力和水在内部生产，且能按时大量生产氢气；

（2）高便利性：设置在集装箱内，便于搬运，无需搬运、保管或更换气瓶；

（3）高效率及负荷变化跟踪性：采用质子交换膜型电解槽，能高效制氢，并能跟踪风电、太阳能等可再生能源的急剧变化。

东芝的自立型氢能供给系统 H$_2$ One（见图 1.2-18）具有以下特点：通过东芝独有的氢 EMS 技术，能利用可再生能源和氢气提供无碳（CO$_2$）电力。

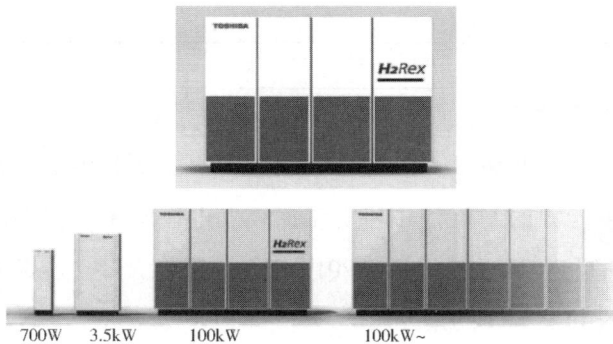

图 1.2-18　东芝的自立型氢能供给系统 "H$_2$ One"

H_2 One 系统由太阳能发电系统、蓄电池、制氢装置、储氢合金罐和纯氢燃料电池组成。在夏季太阳能发电时间较长时，利用剩余电力进行电解水制备氢气，并将氢气储存在储氢合金罐中。在冬季使用纯氢燃料电池发电，从而同时获得电力和热水。

六、各种制氢技术的经济性、环境性分析

（一）制氢技术经济分析

1. 制氢技术分析汇总

制氢技术的汇总如图 1.2-19 所示。

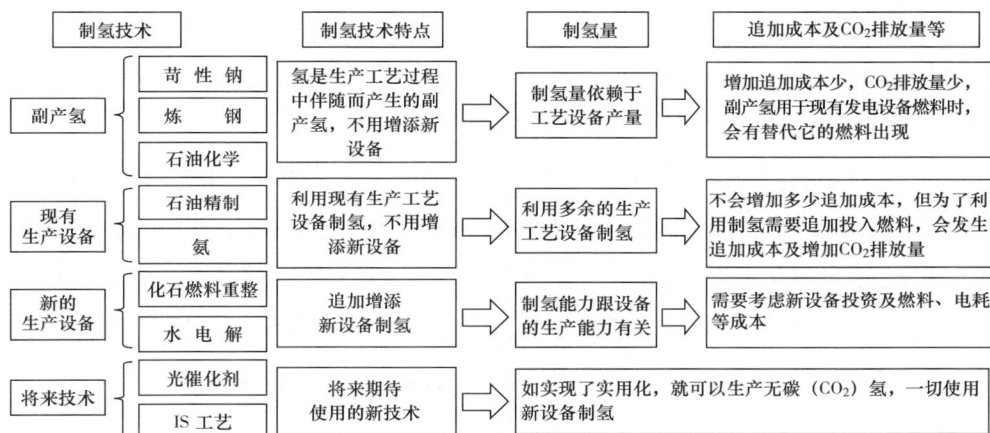

图 1.2-19 制氢技术的汇总

2. 制氢技术经济分析

制氢是一项重要的能源生产过程，目前有多种制氢方法，以下是其中一些方法的经济性及环境性分析。

（1）碱性电解水法：碱性电解水法是目前最常用的制氢方法之一，其经济性较高，可以在大规模生产中使用。该方法需要的设备和技术都已成熟，因此成本相对较低。另外，该方法产生的氢气纯度高，符合工业和交通领域的应用要求。

然而，碱性电解水法的环境影响较大，生产过程中需要大量的电力，其主要来源是化石能源，因此会产生大量的二氧化碳和其他温室气体，加剧全球气候变化。此外，该方法还需要使用高浓度的氢氧化钾等碱性电解质，这些化学品可能对环境造成负面影响。

（2）重整天然气法：重整天然气法是一种使用天然气作为原料的制氢方法，经济性较高，能够在工业和交通领域中广泛应用。该方法产生的氢气纯度较高，符合各种

应用的要求。此外，该方法的生产过程相对简单，设备投资较低。

然而，重整天然气法也存在一些环境问题。该方法需要大量的天然气作为原料，因此可能导致天然气资源的枯竭。另外，在生产过程中会产生大量的二氧化碳等温室效应气体，加剧全球气候变化。此外，重整天然气法还会产生一些有毒有害物质，对环境和人体健康造成危害。

（3）生物质气化法：生物质气化法是一种以生物质为原料的制氢方法，具有很高的环境友好性。该方法可以利用农业、林业和城市垃圾等废弃物作为原料，实现废物资源化利用。生物质气化法还可以通过调整反应条件，生产不同纯度的氢气，适用于各种领域的应用。

然而，生物质气化法的经济性相对较低，设备投资和运营成本较高。另外，在生物质气化过程中，也会产生一些有害物质和温室气体，对环境造成一定影响。此外，生物质气化法的原料来源也可能面临一些问题。

（4）太阳能光解水法：太阳能光解水法是一种使用太阳能将水分解成氢气和氧气的制氢方法，具有很高的环境友好性。该方法产生的氢气纯度高，不需要额外的清洁工艺。此外，该方法使用的原料是水和太阳能，不会对环境造成污染，并且原料来源非常丰富。

然而，太阳能光解水法的经济性较低，设备和技术成本较高。太阳能转化效率和设备的制造和维护成本都是目前该技术面临的挑战。此外，在夜间或阴天无法利用太阳能进行水分解，这也限制了该技术的应用。

综上所述，不同的制氢方法都有其优点和局限性，选择最适合的方法需要考虑多方面因素，如经济性、环境影响、原料来源等。在未来，可能需要综合多种制氢方法，以实现高效、环保和可持续的氢气生产。

3. 低碳氢的成本挑战

在世界大部分地区，用化石能源生产氢是目前成本最低的选择。根据区域天然气价格，用的氢气水平化成本在 $0.50 \sim 1.70$ 美元/kg-H_2 之间。在大多数地方使用可再生能源的成本要高得多，为 $3.00 \sim 8.00$ 美元/kg-H_2。事实上，可再生能源电力成本可以占整个生产成本的 $50\% \sim 90\%$，这既取决于电力成本，也取决于可再生能源的满负荷供电时间。然而，随着可再生能源电力和电解槽成本的下降，预计生产方式之间的价格差距将迅速缩小。对二氧化碳排放定价（例如通过碳价格）可以进一步缩小差距，从而推高化石能源生产的氢气成本。例如，碳价格为 100 美元/t-CO_2 相当于不含 CCUS 的天然气生产成本增加 0.90 美元/kg-H_2，不含 CCUS 的煤气化成本增加 2.00 美元/kg-H_2。

在高捕集率（90%～95%）下，使用 CCUS 可以大大降低 CO_2 价格对化石能源制氢成本的影响。根据天然气价格，CCUS 天然气的生产成本为 1.00～2.00 美元/kg-H_2 比没有 CCUS 高约 0.50 美元/kg-H_2。因此，为了弥补这一成本差距，将需要 70 美元/t 的二氧化碳价格。

同时，降低低碳电力成本对降低电解制氢成本至关重要。氢生产成本 1.00 美元/kg-H_2，2030 年美国 Hydrogen Earthshot 计划的目标——转化为 20 美元/MWh 的电力价格，没有任何资本支出或固定运营成本（效率为 70%，热值较低）。因此，要达到这一目标的制氢成本，电力价格必须低于 20 美元/MWh，以允许增加资本支出和运营费用。

在太阳能资源丰富的地区，电解槽的满负荷时间相对较高，太阳能光伏可以低于这一成本阈值。事实上，2019 年和 2020 年中东公用事业规模太阳能光伏的投标确保了 14～17 美元/MWh（尽管这些价格非常针对市场，反映了有利的融资条件）。

此外，提高电解槽效率的技术改进减缓了电力成本对制氢成本的影响。效率的提高不仅限于电解槽本身，如果可变可再生能源是主要电力源，那么优化整流器和逆变器等部件在部分负载下预期运行至关重要。因此，2030 年后氢生产的预计成本非常不确定，将取决于扩大规模、边干边学和其他技术进步的影响。

（二）制氢 CO_2 排放量比较

（1）制氢工艺中产生的 CO_2 排放量最少的是利用可再生能源的电解水法。

（2）另外，副产氢（苛性钠、钢铁、石化），其产量仅次于可再生能源，CO_2 排放量也较少。已有的副产氢用于锅炉等作为燃料使用时，作为替代燃料，与使用化石能源工况相比，排放量也是较少的。

各种制氢方法 CO_2 排放量的比较见表 1.2-7。

表 1.2-7　　　　　　　　　　制氢方法 CO_2 排放量的比较

序号	项目	制氢工艺	CO_2 排放系数（kg-CO_2/m^3-H_2）	备注
1	制氢技术	苛性钠	0.89～1.16（替代重油、煤）	
		炼钢副产氢	1.00～1.28（替代重油、煤）	（1）为了从焦炉气分离氢采用 PSA 法； （2）系统电力排放系数 350g-CO_2/kWh
		石油化学	无法得到	

序号	项目	制氢工艺	CO$_2$排放系数（kg-CO$_2$/m^3-H$_2$）	备注
2	现有生产设备	石油精制	城市煤气0.95，LPG1.08，石脑油1.13	（1）重整效率按70%；（2）重整之后氢精制采用PSA法；（3）系统电力排放系数350g-CO$_2$/kWh
		氨		
3	新生产设备	化石能源等重整		（1）电解效率70%；（2）系统电力排放系数350g-CO$_2$/kWh
		电解水	100%可再生电力，系统电力1.78	
4	将来技术	光催化剂	制氢阶段不排放CO$_2$	
		IS工艺	根据热源排放量决定	

注 资料来自IEA *Global Hydrogen Review 2021*。

不同制氢技术对二氧化碳的影响差别很大。没有CCUS的天然气中氢的碳强度约为没有CCUS的煤的一半。电解的CO$_2$强度取决于电输入的CO$_2$强度。发电时的转换损耗意味着使用天然气发电与直接使用天然气或煤炭生产氢气相比，燃煤电厂的二氧化碳浓度更高。这就意味着电解的二氧化碳含量要相同或更低于没有CCUS的天然气产生氢气的强度，因此每千瓦时电力的CO$_2$强度必须低于185g二氧化碳（g-CO$_2$/kWh），略高于现代联合循环燃气发电厂排放的一半。

第三节　高温化学热分解制氢

一、高温化学热分解制氢概述

（一）高温热化学制氢法分类

高温热化学制氢法是一种利用高温下的化学反应来产生氢气的方法。其主要原理是将水和某些化学物质（例如金属、金属氧化物、硫化物等）加热至高温，促使它们发生化学反应从而制取氢气。

一般而言，高温热化学制氢法可分为以下几种类型：

（1）金属氧化物还原法：此方法利用金属氧化物在高温下与水反应产生氢气。例如，将氧化铝（Al$_2$O$_3$）加热至约1100℃，然后加入水蒸气，将发生以下反应

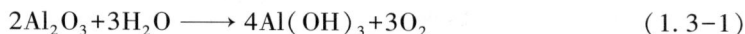

$$2Al_2O_3+3H_2O \longrightarrow 4Al(OH)_3+3O_2 \tag{1.3-1}$$

（2）金属硫化物分解法：金属硫化物分解法是一种利用金属硫化物在高温下分解的方法，从而释放氢气。例如，当硫化钠（Na_2S）在约700℃的高温条件下加热时，会发生以下反应

$$2Na_2S \longrightarrow 4Na+3S+2H_2 \tag{1.3-2}$$

（3）金属还原法：金属还原法利用金属在高温下与水反应生成氢气。例如，将锂（Li）加热至约400℃，然后加入水蒸气，发生如下反应：

金属还原法的优点是可以高效制取氢气，无需电力，成本相对较低。但存在一些缺点，如高温需要大量能源，反应产物可能造成环境污染。因此，在实际应用中需综合考虑成本和环保等因素。

这种方法是利用金属在高温下与水反应，从而产生氢气。例如，将锂（Li）加热至约400℃，然后加入水蒸气，会发生如下反应

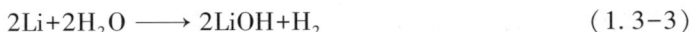

$$2Li+2H_2O \longrightarrow 2LiOH+H_2 \tag{1.3-3}$$

（二）高温热化学制氢工艺

高温热化学制氢工艺，全称为高温热化学水分解制氢法（high temperature thermo-chemical water splitting hydrogen production process），是一种利用高温热化学反应分解水分子以产生氢气的技术。

该工艺的核心反应是二氧化碳还原反应（carbon dioxide reduction，CDR）和水分解反应（water splitting，WS），这两个反应在高温条件下进行，共同实现氢气的制备。

具体来说，该工艺可分为以下三个步骤：

（1）热解步骤：将二氧化碳和水分别加热至高温，使其分解为氧气、氢气以及一些其他副产物。其中，二氧化碳分解的反应式为$CO_2 \longrightarrow CO+\frac{1}{2}O_2$，水分解的反应式为$2H_2O \longrightarrow 2H_2+O_2$。该步骤产生的氢气是下一步骤的反应物。

（2）二氧化碳还原反应（CDR）步骤：将产生的氢气与二氧化碳再次加热，促使其发生CDR反应，生成一氧化碳和水蒸气。反应式为$CO_2+H_2 \longrightarrow CO+H_2O$。产生的一氧化碳和水蒸气将作为下一步骤的反应物。

（3）水分解反应（WS）步骤：将产生的一氧化碳和水蒸气再次加热，使其发生WS反应，生成二氧化碳和氢气。反应式为$CO+H_2O \longrightarrow CO_2+H_2$。该步骤产生的氢气可被收集和储存，用于作为燃料或其他用途。

在整个工艺中，能量的输入主要是热能，因此需要高温的热源。此外，该工艺还

需要催化剂来促进反应速率，以及一些分离技术来提取产生的氢气和其他副产物。该工艺的优点包括氢气纯度高、反应效率高、可利用产生的副产物等。然而，该工艺的成本较高，目前仍需要进一步的研究和发展。

热化学循环制氢是一种利用加热化学反应制取氢气的工艺。主要包括水热化学循环制氢和硫化氢热化学循环制氢两种方法。水热化学循环制氢是指在含有添加剂的水系统中，经历多个不同温度下的反应阶段，最终将水分解为氢气和氧气的化学过程。这一过程仅消耗水和一定热量，参与的元素或化合物可再生和反复利用，形成封闭循环系统。而硫化氢热化学循环制氢目前仍处于研究阶段，其不仅可以产生氢气和有用的化工原料硫黄，还有望减少硫化氢污染。

相较于直接热解水制氢，热化学循环制氢在较低温度（800~1000℃）下进行，因此能源匹配、设备装置耐温要求以及投资成本等问题相对容易解决。这使得热化学循环制氢成为潜力较高的制氢工艺，可能具有最低能耗和最合理的特点。同时，这种方法也可以与高温核反应堆提供的温度相匹配，便于实现工业化。结合太阳能是最理想的途径，可成为最经济的制氢工艺。

自20世纪60年代以来，世界各国大量投入研发，已研发出百余种热化学循环流程。然而，要使水分解制氢，需要投入相当于生成水时焓的能量，其中的自由能需要通过电力供给施加。碱性电解法是已经成熟的实用技术，效率高，但制氢热效率受到发电效率的制约。另一方面，直接热分解方法是在水分解时自由能为负的情况下进行，无需输入能量。然而，这种方法需要极高的超高温度，对装置材料提出了非常苛刻的要求。高温化学热分解法通过多种反应组合利用比直接分解所需温度更低的热能来分解水。

（三）水的热化学分解法的原理

水的热化学分解法原理可通过图 1.3-1 中的 ΔG-T 线图来描述。为简便起见，以水蒸气为原料，并忽略了反应的 ΔH 和 ΔS 的温度关联性。假设工质（X）为流动物质。水的直接分解反应有两种：发热反应（XO→X+$\frac{1}{2}$O$_2$）和吸热反应（H$_2$O+X $\longrightarrow$ XO+H$_2$）。这两种反应组合形成了热化学循环，用于水的分解。水的分解反应可分为多个化学反应。

由于吸热反应的温度高于 T_H，而发热反应的温度低于 T_L，反应的自由能变化为负，使得反应可以自发进行。因此，只要选择合适的工作介质，即使水的直接热分解所需的温度低于所需功，即热化学循环是以高温吸热反应获得高热焓，并经由低温发热反应排出低热焓，利用这种热焓差产生水分解所需的功系统，被称为化学热机。因

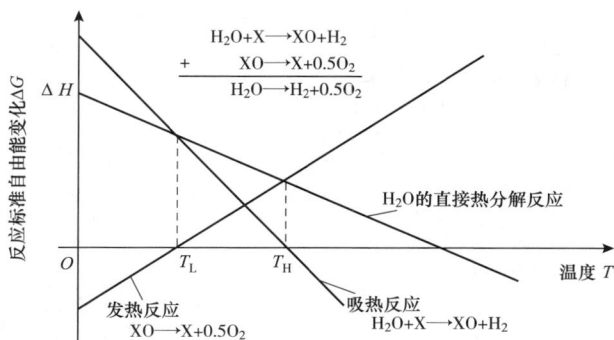

图 1.3-1 水的热化学分解法的原理图

注 资料来自配管技术 2016.10，（国）日本原子能开发机构，久保 真治，《ヨウ素・硫黄（S）を用いた熱化学水素製造》。

此，热化学分解法利用热化学循环来实现。在可能的运行温度范围内给水投入热能是进行该化学反应的方法。

（四）国内外高温热化学制氢方法概要

1. 国内外正在开发的热分解氢制造方法

尽管目前全球范围内常温电解法的竞争日益激烈，但制造无碳（CO_2）氢化合物的成本较高成为一个障碍。为了解决这一问题，全球正在加速研究开发高温制造方法。表 1.3-1 列举了国内外正在研发的热分解氢制造方法。

表 1.3-1　　　　　　　　　国内外正在开发的热分解氢制造方法

序号	项目名称	特点	CO_2 排放	技术水平	课题
1	甲烷整重整法（SR 法）	CO_2 排放，需要通过 CCS 等进行回收	有	实用	为绿色氢，利用 CCS 等技术
2	水热化学分解法（IS）	利用碘 I 和硫磺 S，在约 900℃ 的温度下热分解，CO_2 零排放	无	研究	致力于开发耐高温、耐腐蚀材料
3	高温蒸汽电解法	利用高温，提高电解效率，CO_2 零排放	无	研究	致力于低成本化、大容量化
4	甲烷热分解法	在高温液态金属中热分解甲烷。碳用固体回收，无 CO_2 排放	无	研究	致力于开发耐高温、耐腐蚀材料

2. 热化学制氢法 IS 工艺概要

IS 工艺的反应构成如图 1.3-2 所示，基于水的热化学分解原理。该工艺包括 Sulfur-Iodine 循环（SI 工艺）、ISPRA Mark16 循环以及 GA 循环。

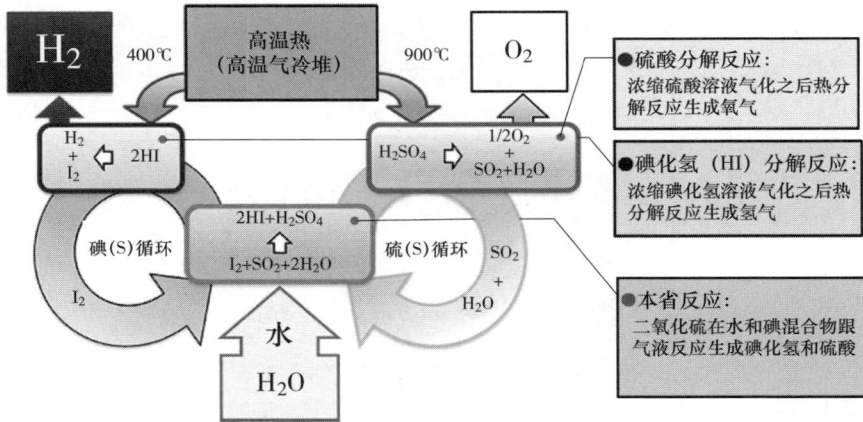

图 1.3-2 IS 工艺的反应构成图

注 资料来自配管技術 2016.10，（国）日本原子能开发机构，久保 真治，《ヨウ素・硫黄（S）を用いた熱化学水素製造》。

在硫酸分解反应工程中，通常进行质量百分数 50% 左右的硫酸浓缩和蒸发。随后进行二氧化硫和氧气的分解，整个过程分为两个阶段。

本生反应（常温）

$$2H_2O+I_2+SO_2\longrightarrow 2HI+H_2SO_4 \tag{1.3-4}$$

碘化氢分解反应（400℃）

$$2HI\longrightarrow H_2+I_2 \tag{1.3-5}$$

硫酸分解反应（600~900℃）

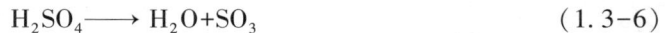

$$H_2SO_4\longrightarrow H_2O+SO_3 \tag{1.3-6}$$

这样，除了循环水、氧气和氢气之外的物质在工艺流程内被封闭循环。IS 工艺过程具有以下优点：一是优秀的工质液体和气体操作（无固体操作），二是闭式循环，具有环境友好性。

IS 工艺过程是由意大利的 ISPRA 研究所和美国 GA（General Atomics）公司推动的一种制氢技术。其主要目标包括：

（1）确立一种稳定的制氢运行方式，即闭式循环工艺过程；

（2）致力于提高热能转化为化学氢能的效率；

（3）由于工艺流体（如硫酸和卤化物）具有极强的腐蚀性，致力于研究开发耐腐蚀设备和材料。

3. 水蒸气制氢技术（新型水蒸气电解）

高温水蒸气制氢技术，又称为高温水蒸气电解 HTSE（high temperature steam electrolysis)，是一种利用水蒸气在高温（通常在800℃以上）和高压（通常在1MPa以上）条件下进行电解反应以制取氢气的技术。与传统的电解水制氢技术不同，高温水蒸气制氢技术采用水蒸气作为电解液，在电解反应中将水分解为氢气和氧气。

在高温水蒸气制氢技术中，水蒸气经过固体氧化物电解池SOEC（solid oxide electrolysis cell）进行电解反应。这种电解池的结构与固体氧化物燃料电池SOFC（solid oxide fuel cell）非常相似，唯一的区别在于反应的方向。SOEC通过施加电压，在阳极侧促使水蒸气发生分解反应，在阴极侧发生合成反应，从而产生氢气和氧气。

（1）高温水蒸气制氢技术具有以下优点：

1）能源效率高：高温水蒸气制氢技术能够在更高的温度下进行电解反应，提高反应速率和效率，降低电能消耗，增加氢气产率。

2）原料来源广泛：该技术可以利用各种水源作为原料，包括海水、废水、污水等，具有良好的适应性和灵活性。

3）无污染：高温水蒸气制氢技术只需水和电能作为原料，产物为氢气和氧气，无任何污染物排放，具有良好的环保性能。

高温水蒸气制氢技术在能源转型、新能源开发等领域有着广泛的应用前景。然而，该技术仍需解决电解池稳定性和寿命等问题，降低生产成本，以实现大规模商业化应用。

用热能和电能分解水蒸气制氢技术，如图1.2-6所示。固体氧化物电解装置（SOEC）是一种高效、低污染的能量转换装置，可以将电能和热能转化为化学能。从原理上讲，SOEC可以看作是SOFC的逆运行。如果SOEC采用可再生能源或核反应堆作为能源，则有望成为高效率、清洁的大型制氢设备。此技术还可用于二氧化碳的减排和转化。

（2）基本原理。固体氧化物电解装置（SOEC）的基本原理如图1.3-3所示，其中心是电解质，两侧是多孔的氢电极与氧电极。该装置采用固体氧化物膜（如氧化锆），在高达700℃的温度下，通过电解高温水蒸气来制取氢气。

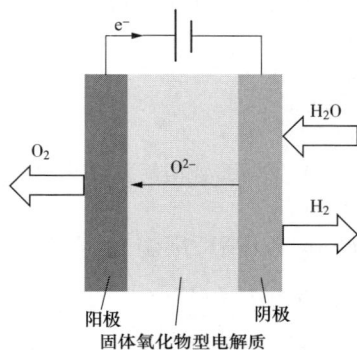

图1.3-3 固体氧化物电解装置SOEC基本原理图

在较高的温度范围（600~800℃），通过在两侧电极施加一定电压，水被电解。

阴极

$$H_2O+2e^- \longrightarrow H_2+O^{2-} \qquad (1.3-7)$$

阳极

$$O_2^- \longrightarrow 2e^- + \frac{1}{2}O_2 \qquad (1.3-8)$$

总反应

$$H_2O \longrightarrow H_2 + \frac{1}{2}O_2 \qquad (1.3-9)$$

1）特点：高电解效率，适用于高温（700℃）水分解反应；可将节省的电力用于制氢，减少排放热量。

2）现状设备价格及设备寿命：现有设备价格略为 700 美元/kW，正常运行寿命超过 2 万 h。

3）技术开发课题：提高设备耐久性，降低成本；开发单元堆制造技术，研发耐高温技术材料。

4）产品实例 1：东芝公司实装机-SOEC500kW 水电解装置系统如图 1.3-4 所示。

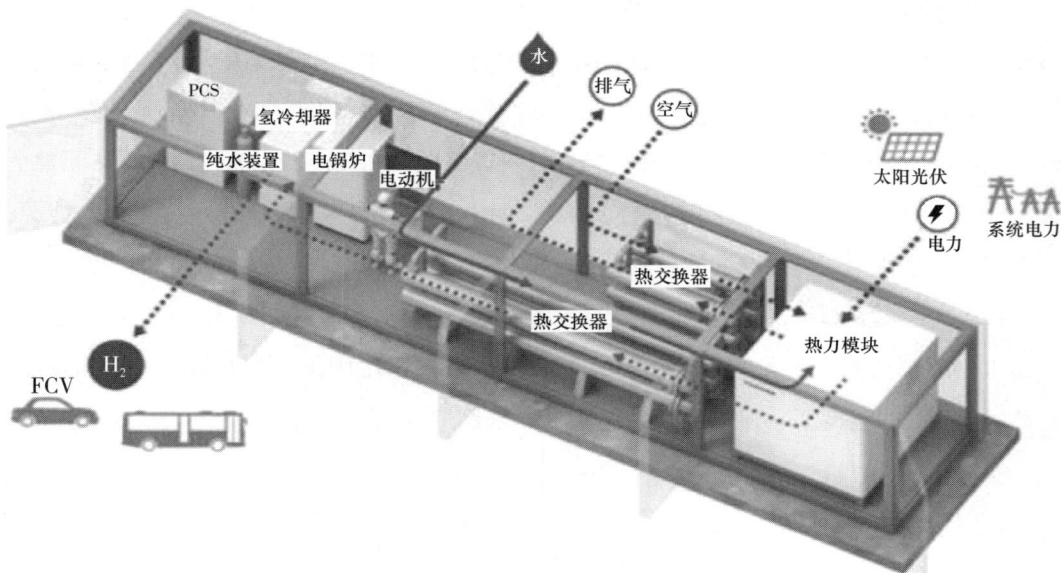

图 1.3-4　SOEC 水电解装置系统构成图

5）产品实例 2：德国 Sunfire HYLINK 高温水蒸气电解装置（SOEC）是一种高效制氢系统。标况下，该装置制氢能力为 750m³/h，电耗为 3.66kWh/m³，相对较低。

Sunfire HYLINK 高温水蒸气电解装置（SOEC）如图 1.3-5 所示，并且其主要性能参数列于表 1.3-2 中。

图 1.3-5　Sunfire HYLINK 高温水蒸气电解装置（SOEC）

表 1.3-2　　　　　Sunfire HYLINK 高温水蒸气电解装置主要性能

序号	项目		单位	数据
1	制氢	制氢能力（标况下）	m^3/h	750
		调节范围	%	5~100
		氢纯度	%	99.99
2	电力	电功率	kW	2680
		电耗（标况下）	kWh/m^3	3.6
		效率	%	84
3	蒸汽	耗汽量	kg/h	860
		温度	℃	150~200
		压力	MPa	0.55
4	其他	占地面积	m^2	300
		环境温度	℃	−20~40

4. 高温甲烷热分解法

甲烷裂解为制备氢气提供了一种潜在的新途径。自 1990 年代以来，各种技术已经得到发展。其中主要技术基于交流三相等离子体，利用甲烷作为原料，电力作为能源。该技术产生氢气和固体碳，但不排放二氧化碳。

甲烷裂解需要高温等离子体，然而巨大的热损失会降低效率。尽管如此，在生产相同量的氢气时，它的电能消耗比电解少 3~5 倍。其二氧化碳生成量非常低，固体碳以炭黑形式生成，虽然需要更多的天然气，但通过将其销售用于橡胶、轮胎、打印机和塑料制品，可以创造更多收入来源。美国 Monolith Materials 公司在加州运营一个甲烷裂解试点工厂，并正在内布拉斯加州建设一个工业工厂；内布拉斯加州工厂最终将依赖低碳电力运营，并将氢气出售给内布拉斯加州公共电力区，后者计划将一个125MW 的燃煤电厂改造成使用氢气而不是煤。虽然总效率将低于直接在发电厂使用天然气，但气体燃烧产生的排放将得到避免，氢气将有效地作为电力网络的输入电力的"储存"。

预计未来 5 年全球对炭黑的需求将从 12Mt 增加到 16Mt，而利用现有技术，碳黑的排放量将大大增加。通过甲烷裂解方式每年产生 500 万 t（5Mt-H_2/y）以下的氢气，可取代上述需求，同时避免排放。碳纳米管、碳纤维、石墨烯等其他高附加值的固体碳市场规模比炭黑小一到两个数量级，但随着电池或碳增强混凝土的迅速发展可能会增长。

其他固体碳市场可能提供其他选择。同时，正在探索 SMR 的替代工艺设计。虽然仍然需要天然气作为原料，但可以利用其他能源生产必要的蒸汽，这有助于捕集更集中的"工艺过程"二氧化碳流。电力是生产必要的高温蒸汽的潜在候选物质，而太阳能集热则可用于有适当太阳能资源的地区。

如果能够产生更高水平的太阳能，使温度达到 800~1000℃，太阳能就可以直接用于将水分解成氢和氧，而无需依赖天然气和二氧化碳储存。然而，实现这些更高太阳能浓度水平的技术目前仍处于实验室规模阶段。

高温甲烷热分解法是一种制备氢气的技术。它通过在高温条件下（一般在 800℃ 以上）对甲烷进行热分解反应，产生氢气和固体碳。这是一种有前景的制氢技术，因为甲烷是一种资源丰富的化石燃料，而氢气则是一种清洁能源，可广泛应用于燃料电池和燃料电池车等领域。

高温甲烷热分解法的反应过程可以用下述化学反应方程式表示

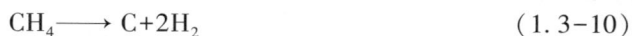

$$CH_4 \longrightarrow C+2H_2 \qquad (1.3-10)$$

这个反应需要在高温环境下进行，因为甲烷的化学键非常稳固，需要高能量的热来打破。在高温条件下，甲烷分子会发生热分解，产生固体碳和氢气。固体碳可用于制备其他化学物质，或者被燃烧以产生能量。

（1）高温甲烷热分解制氢技术的优点包括：

1）原料丰富：甲烷是一种全球范围内广泛存在的丰富化石燃料。

2）产物纯度高：该技术产生的氢气纯度很高，可直接应用于燃料电池等领域，无需额外处理。

3）可控性好：反应速率可根据需求调节，反应条件相对容易控制。

（2）高温甲烷热分解法也存在一些问题：

1）能源消耗大：维持高温反应条件需要大量能源，导致能源消耗较大。

2）反应产物后处理：产生的固体碳需要进行后处理，否则可能对环境产生负面影响。

3）有害气体排放：高温甲烷热分解法会产生一些有害气体，如 CO、CO_2 等，需要进行排放和处理。

综上所述，高温甲烷热分解法是一种有前景的制氢技术，但仍需要进一步的技术改进和完善，以实现在大规模应用中的经济可行性和环保性。

（五）热化学制氢法 IS 工艺的研究开发

清华大学核能与新能源技术研究院（INET）进行了对 20～80℃下本生反应产物 HI、I_2、H_2SO_4 和 H_2O 混合物的相态和组成的研究，确定了相分离的临界条件、碘的溶解度以及溶液中各组分的互混性。在理想的浓度范围内，溶液能够自发分离成两个液相，而无碘沉淀生成。这些研究验证了模型的可靠性，并为闭路循环的运行提供了关键的参考和指导。

浙江大学能源清洁利用国家重点实验室采用循环伏安法对电化学本生反应进行了基础实验研究。实验结果表明：增加电流密度会增加能耗，而提高温度或 H_2SO_4 浓度则相反；改变 HI 浓度或 I_2/HI 摩尔比会导致峰值能耗的出现；还分析了电化学本生反应的动力学规律，阐明了流道结构对流场和电场分布的影响，并揭示了电池内部的反应特性。应用电化学本生反应可以加速反应进程，提高效率。

然而，在本生反应分离后，一些产物（如硫）在后续处理中可能会堵塞管道或泵，从而产生不利影响。

日本原子能研究所（JAERI）总结得出：在 95℃下，氢碘酸相的杂质质量百分数降低到 25%，硫酸相的杂质质量分数降低到 20%。

下面介绍日本原子能机构的研究内容。

日本的原子能机构以 IS 工艺为对象进行了稳定长时间制氢的研究开发，旨在提高热效率，确保在强腐蚀环境下装置的可靠性，并与化学工厂的核电堆接续。安全技术的重点问题也得到了解决。研究开发分为四个阶段，具体如下：

（1）第一阶段（实验室规模试验）：解析了闭式循环条件；

（2）第二阶段（工程基础试验）：通过生成碘化氢和硫酸，H 分解以及硫酸分解，开发了闭式循环控制技术条件，并在利用玻璃制试验装置进行的周期内成功制氢0.03m³/h（标况下）；

（3）第三阶段（工业材料设备试验即制氢试验设备）：通过制氢试验设备，开发了实用装置材料（金属、陶瓷）的工程基础技术，确保在强腐蚀环境下的制氢设备的可靠性，保证工厂整体和制氢过程的可靠性；

（4）第四阶段（HTTR-GT/H₂试验）：通过高温气冷堆、热能利用设施（燃气轮机发电、制氢设备）、高温气冷堆（HTTR）和氦气体燃气轮机发电设备的连接，验证了制氢设备和高温气冷堆设施的安全标准，并确定了符合安全标准的措施。

这些研究揭示了作为实验室规模试验的副反应等阻碍反应的原因，并寻找了反应条件。1997年，每小时1L，连续24h的制氢实验，验证了IS工艺的理论。随后，作为工程基础试验，为了维持工艺过程的正常状态，开发了计测技术和运行控制技术。2004年，利用玻璃制的试验装置，成功地在一个周期内每小时连续运行30L的制氢实验。此外，通过使用阳离子交换膜的电解电气透析，成功地发现了预备浓缩碘化氢的方法，避免了过去需要大量热量的本生反应溶液分离工程，确认了浓缩性能试验技术的可行性。此外，还进行了制氢装置结构材料的腐蚀试验，使用市场上的各种材料以满足IS工艺的使用条件。

IS工艺过程涉及的设备所用工质是具有强腐蚀性的硫酸和碘。该工艺覆盖了从室温到900℃的广泛温度范围，以适应企业在不同相态下的需求。为了实现实用化目标，作为玻璃制造设备的下一阶段，需要使用耐腐蚀材料在反应器中进行试验。目的是确保整个工厂系统的可靠性和稳定的制氢性能。2013年，开始使用金属和陶瓷等工业材料制造制氢设备，并进行试验。试验设备是由主要反应组合而成的。

该设备包括IS工艺过程的三个反应工程：①硫酸反应；②本生反应；③接续HI分解反应。制氢能力达到每小时100L。为了开发耐腐蚀和耐高温的工业材料制造反应器，概要如下所示：

（1）硫酸反应：硫酸分解器（产生氧气）采用主要材料碳化硅（SiC）陶瓷制成，配备衬胶玻璃SiC管，具有简便的结构。硫酸从蒸发到分解反应的过程完全嵌入反应器内部，无需高温区域密封，降低了腐蚀性流体泄漏的可能性。此外，SiC内管具有保持高温硫酸分解气体到低温硫酸的热回收功能。

（2）本生反应工程：本生反应器（生成硫酸和碘化氢）位于低温区域（约100℃）。为适应多喷嘴和复杂形状，采用氟树脂衬胶材料。本质反应器的主要功能元件（混合、生成、热除、分离）通过循环泵将反应溶液外部循环。采用管型反应器

（利用静混合器促进气液混合）、冷却器和储罐等独立设备进行反应分离操作，确保操作的有效性。

（3）碘化氢（HI）分解工程：碘化氢分解器（生成氢）位于高温区域（约400℃）。采用耐高温和耐腐蚀的镍基合金。为确保原料气体和催化剂充分接触，提高反应效率，采用径向流和固定层型的反应操作。碘化氢浓缩器（用于生成浓缩的 HI 供应）采用阳离子交换膜作为电解单元的结构，通过氧化还原反应将 HI 浓缩为碘。电极材料选用导电性好且耐腐蚀的不透水黑铅。为提高处理量，将多层膜和电解单元堆叠在一起。

设备整体根据运行条件及环境选择了耐蚀性和耐热性的工业材料制作。液体接触部分采用氟树脂被覆材料、玻璃被覆材料、SiC 陶瓷和不透水黑铅。气体接触部分选用哈斯特合金 C276 和 SUS316。

设备的反应工程设置在全面用板材覆盖的钢结构构架上，考虑了操作安全性。各工程可以独立运行，且已考虑反应器单独进行试验系统。该设备的加热源采用高温气冷堆的氦气替代电加热器。

氧气生成器使用碳化硅（SiC）陶瓷作为主要材料，适应最高温度约为900℃。管道采用固定衬胶玻璃 SiC 制成，结构简便。反应器内部采用一体化插座式设计，从硫酸的蒸发到分解反应均无高温区域的密封部位，降低了腐蚀性流体泄漏的风险。此外，SiC 内管提供热回收功能，从高温硫酸分解气体到低温硫酸的维持。

该工程负责生成硫酸（轻液）和碘化氢酸（重液），原料包括水、碘和亚硫酸。硫酸分解反应使用低浓度硫酸进行浓缩、蒸发和分解，生成 SO_2 和 O_2 的硫酸分解气体。HI 分解工程利用低浓度聚碘化氢酸（HI_2、H_2O 混合溶液），通过电解电渗析浓缩提高 HI 浓度，以供 HI 蒸馏塔使用。蒸馏塔用于蒸馏高浓度 HI 溶液，将 HI 分离出来并在 HI 分解反应器中生成氢和碘。这三个工程协同完成水分解反应，生成氧气和氢气。

设备制造完成后，首先进行加热器、水泵、搅拌机、冷却器、恒温槽和计测装置的操作确认，然后进行气密性、气体流通性以及加热和冷却功能的测试。

针对构成工艺的三个反应工程，进行各自的试验以确认各反应器的分解和气体化功能。装置的试运行（2016 年 2 月 10 日，10L/h，8h）取得了成功。为保持制氢运行更加稳定，特别强调了防止碘及碘化氢引起的固体析出。

目前的成果表明，真正试验正处于重要的移植阶段。为了实现更长时间且稳定地保持三个反应工程的连接状态，需要采取防止固体碘析出的措施，改良碘及碘化氢用耐腐蚀泵的技术。

工业材料设备试验阶段的研究开发致力于开发耐腐蚀、耐热性的反应器，并进行连接反应器的三个工程进行制氢试验装置的试运行。未来，将继续开发与高温试验堆硬协调的启停顺序，并通过运行稳定性测试、拆解和开放检修等工作，完成接下来四年的目标计划。

另外，积极进行太阳能热驱动的 IS 工艺研究和开发，专注于能源载体相关的领域，尤其是针对经过生成物分离的工艺过程的改进。正在探索利用离子交换膜进行电化学反应技术，以提高碘化氢和 SO_3 的分解效率，在高温腐蚀环境中进行实验。同时，也在研究开发耐腐蚀陶瓷制氢气和氧气分离膜。

电力是社会的基本需求之一，无论是在日常生活还是工业生产中。氢气与电力同样重要，既是二次能源，也是化学工业和还原剂的基础原料，不可或缺。核能和自然能源可以用于发电和制氢。

热分解制氢的优点在于不依赖化石能源，能够提供可持续的能源载体。虽然水热化学分解具有挑战性，但对于实现氢能社会而言，实现大规模供给至关重要。开发适用于高温腐蚀环境的化学反应器和膜分离技术等在工业上有用的学术研究也具有重要意义。

二、热化学高效率制氢技术开发

（一）热化学氢制造工艺的节能化

热化学氢制造工艺的主反应已经取得了显著的进展，实现了大幅的能源节约，反应过电压已降低至之前的 1/3 以下。预计达到作为技术成立性指标的氢制造效率为40%，远高于之前的 22%。

技术要点：

（1）日本国立量子科学技术研究开发机构量研采用了量子束接枝和交联技术，成功开发出了新的阳离子交换膜。该膜通过降低氢离子穿透电阻引起的过电压约 80%。

（2）芝浦工大新开发了多孔质金电极，可以将阳极硫酸生成反应引起的过电压降低约 40%。

量研、芝浦工大和原子能机构等在热化学制氢 IS 工艺的主反应中，希望通过减少反应过电压来提高太阳能驱动的 IS 工艺的氢制造效率，预计可以提高到 40%。作为制造氢气的一种新型能源载体的大规模、稳定的生产方法，热分解水的 IS 工艺备受关注。

这种方法比现有的水电解方法更高效，关键问题是将 IS 工艺主要反应引起的过电压从之前的 0.65V 降低到 0.2V（大幅节能）。反应过电压的约 70% 是由阳离子交换膜的电阻引起的，因此降低膜电阻是非常重要的。

因此，量研利用了量子束接枝和交联技术，将过去的膜的离子交换容量提高了约 2 倍，从而将膜电阻减半。同时，为了防止导致膜机械强度降低的缺点，将接枝链的交联密度增加了 2 倍，并成功开发出了新的低电阻阳离子交换膜。芝浦工大为了降低占反应过电压剩余 30% 的阳极反应（硫酸生成反应）引起的过电压，开发了多孔质化的金阳极。此外，根据膜电阻和阳极反应活性的温度依赖性，原子能机构发现最佳的反应温度为 50℃。

将开发的阳离子交换膜和金阳极装入反应器进行了 50℃ 下的实验。与之前的实验相比，膜电阻的过电压降低了约 80%，阳极反应的过电压降低了约 40%。成功将整体反应过电压降低至目标值 0.2V。这一成果有望在相对较低的 650℃ 温度下实现 40% 的制氢效率，并首次证明了其技术可行性。

未来的计划是将各要素技术整合起来，实施实验室规模的氢制造试验，以实现实用化。如果能够确立太阳能驱动 IS 工艺的技术，将能大量生产氢气，供应给燃料电池车和家用燃料电池，并有望为构建氢气社会做出巨大贡献。

氢能够成为下一代清洁能源的载体，但当前主流的氢制备方法——化石燃料水蒸气重整，存在温室气体排放问题。因此，人们将目光投向了零排放的制氢方法，其中一种备受关注的是热化学法，它通过结合多种化学反应工艺，在远低于水直接分解温度的低温条件下对水进行热分解。

IS 工艺的性能指标是制造氢气所消耗能量与驱动整个工艺所需总能量的比例。热源温度越高，整个工艺的制氢效率越高（主要是硫酸分解反应的效率越高）。目前最有希望的是能够提供 900℃ 热源的高温气冷炉。太阳能热（约 650℃）的利用也被探讨，以实现高效且无二氧化碳排放的水分解制氢技术。针对这两种技术，正在进行要素技术开发，并计划进行技术可行性验证。

（二）在 650℃ 下高效率氢制造技术

为了实现零排放环境负荷，采用可再生能源太阳热作为热源。考虑到太阳能的温度上限为 650℃，相对较低，预计与高温气冷炉相比，氢制造效率可能会降低。因此，在 650℃ 下，目标是实现比水电解法等现有氢制造技术更高效率，即将氢制造效率提高至 40% 作为未来的目标（作为技术成熟性的指标）。为了实现这一目标，开发了以下三个反应的关键技术要素。

在这个项目中，日本的量研、芝浦工大和原子能机构共同负责了这些反应的技术开发。设计了一种双室型电池，将阳离子交换膜置于其中央，阳极侧流通二氧化硫的水溶液，阴极侧流通碘的水溶液，并在电极间施加电压。在阳极上生成硫酸的同时，在阴极上生成碘化氢，同时，阳极液中的氢离子透过膜向阴极侧移动。电解电流越高，生成的碘化氢就越多，从而产生更多的氢气。为确保足够的氢气产量，将反应电流密度设定为 $200mA/cm^2$。

为了在这一反应中应用，量研利用量子束的高分子接枝交联技术，开发了一种选择性透过氢离子的阳离子交换膜。芝浦工大通过在钛基板表面沉积金薄膜，开发出比以往更有效地催化硫酸生成反应的金电极。在装有这些阳离子交换膜和金电极的反应器中确认了反应的进行。根据实际电池电压和平衡电位之差来计算反应消耗能量，对于 $200mA/cm^2$ 的电流密度，该差值为 0.65V。

在项目的中期，根据开发的技术性能数据，预测了整个 IS 流程的热能收支。假设制氢量为 14.7t/h，则可以通过式（1.3-11）计算出制氢效率

$$氢制造效率 = EH_2/(P_1+P_2+P_3+P_4) \tag{1.3-11}$$

式中：EH_2 为制氢的燃烧能量（583MWt）；P_1 为苯反应的消耗能量；P_2 为硫酸分解反应的消耗能量；P_3 为碘化氢分解反应的消耗能量；P_4 为反应液的循环和其他消耗能量。

根据本反应的过电压，P_1 换算成了 1853MWt。另外，根据与该项目同时进行的碘化氢分解反应和硫酸分解反应的技术开发成果，分别得到了 $P_2 = 676MWt$、$P_3 = 30MWt$、$P_4 = 128MWt$。如果将这些数值代入式（1.3-11），则氢制造效率仅为 22%。

为了达到目标值 40% 的制氢效率，必须减少占总能量消耗 70% 的 P_1，因此将本反应的过电压从 0.65V 降低到 0.2V 以下成为一个重要的课题。由于反应过电压的 70% 是相对于氢离子透过的膜电阻所造成的，因此阳离子交换膜的低电阻化尤为重要。本生反应的原理如图 1.3-6 所示。

调查发现，在相同的环境条件下（即强酸水溶液中），阳离子交换膜的特性存在一定差异。以往膜的电阻较高是由于氢离子在渗透压的作用下被排出到膜外所致。为了解决这一问题，通过增加离子交换容量（IEC），可以有效地将更多的水引入膜内。然而，在一般情况下，具有较高离子交换容量的膜存在机械强度不足的问题。因此，量研充分利用了量子束接枝交联技术的分子设计自由度，将离子交换容量增大了 1.8 倍，从而将膜电阻减半（见图 1.3-7）。在此基础上，分子链间的交联密度提高了 2 倍，赋

予了膜充分的机械强度，进而成功开发出了新型的阳离子交换膜。

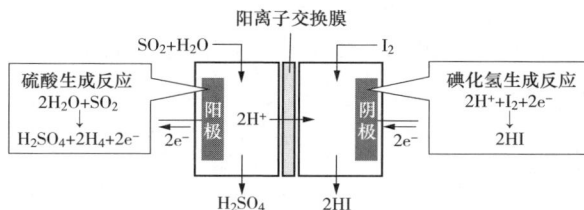

图 1.3-6　本生反应的原理图

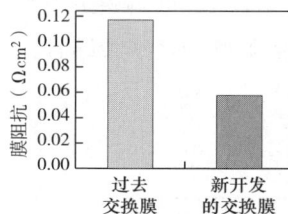

图 1.3-7　阳离子交换膜电阻（在硫酸中测定）

芝浦工大为了进一步优化电化学过程，显著减少剩余的 30% 阳极活化过电压中的占比，团队创新性地采取了将传统金电极转化为多孔结构的策略，旨在大幅增加电极的比表面积（表面积/体积）。这一变革摒弃了传统的钛平板作为基底，转而采用孔隙率高达 87% 的多孔钛材料作为支撑体，随后在其表面进行金电镀处理，成功研制出多孔金阳极。此创新设计不仅提升了电极的活性化性能，还加速了氢离子的膜渗透速率，展现出显著优势。

实验过程中，研究人员在不同温度条件下对含有该多孔金阳极的膜与反应器进行了测试。结果显示，随着温度的上升，反应过电压逐渐降低，但在达到 50℃ 后趋于稳定，因此确定 50℃ 为最佳反应温度。

随后，团队将自主研发的低电阻阳离子交换膜与多孔金阳极集成应用于苯相关反应装置中，并在 50℃ 条件下进行了验证试验。通过对比表 1.3-3 所列出的以往与本次试验条件，结合图 1.3-8 展示的电流密度与反应过电压之间的关系图，可以清晰地观察到：随着电流密度的增加，反应过电压呈单调上升趋势。特别地，在选定运行条件下的电流密度为 200mA/cm^2 时，本次试验的反应过电压显著降低至以往试验值（0.65V）的 1/3 以下，成功达成 0.2V 的目标值。

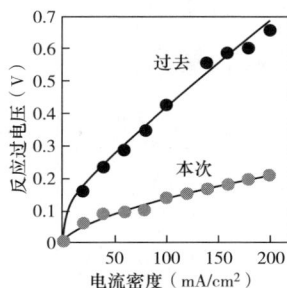

图 1.3-8　本省反应中电流密度与反应过电压的关系

进一步分析表明（见图 1.3-9），相较于传统系统，本次试验中的膜电阻过电压和活化过电压分别实现了 78% 和 41% 的大幅削减。这一突破性进展不仅验证了多孔金阳极与低电阻阳离子交换膜结合的高效性，也为相关领域的能效提升和成本降低开辟了新路径。

表 1.3-3　　　　　　　　　　　　本次试验的条件

试验工况	膜种类	电极种类	反应温度（℃）
过去	过去接枝型阳离子交换膜（IEC = 1.6mmol/g）	非多孔质电极	20
本次	低电阻接枝型阳离子交换膜（IEC = 2.9mmol/g）	多孔质电极	50

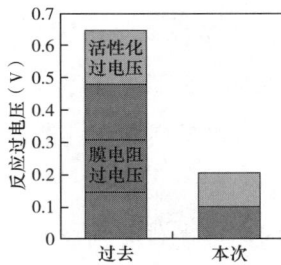

图 1.3-9　电流密度为 200mA/cm² 时膜电阻过电压和活性过电压

根据本成果，在以太阳能为热源的 650℃ 的相对低温的 IS 工艺中，氢制造效率有望达到 40%。从工业实用化的观点出发，这是世界首次证明了技术的可行性。本研究通过低电阻阳离子交换膜和多孔金阳极的开发以及反应温度的上升，成功地大幅降低了本生反应的过电压（节能）。今后将整合苯省反应、硫酸分解反应、碘化氢分解反应等各项技术，构建包括太阳能热交换器在内的设备。利用太阳能进行制氢试验，验证成套设备的运转性能和健全性。如将来确立了太阳能驱动 IS 工艺的技术，就可以制造大量的氢气供给燃料电池车和家用燃料电池等。

三、太阳能高温化学热分解制氢

太阳能驱动 IS 工艺化学热分解制氢技术如图 1.3-10 所示。

（一）太阳能聚光集热系统

1. 太阳能聚光集热器类型

太阳能聚光集热系统主要有抛物面槽式集热器、塔式集热器、蝶式集热器等（见图 1.3-11）。

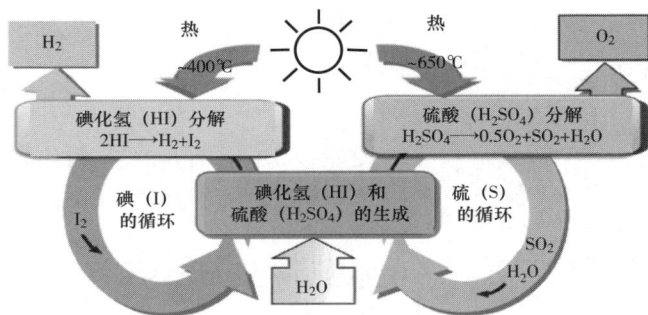

图 1.3-10 太阳能驱动 IS 工艺化学热分解制氢技术示意图

注 资料来自日本战略的イノベーション創造プログラム（SIP）"エネルギーキャリア"。

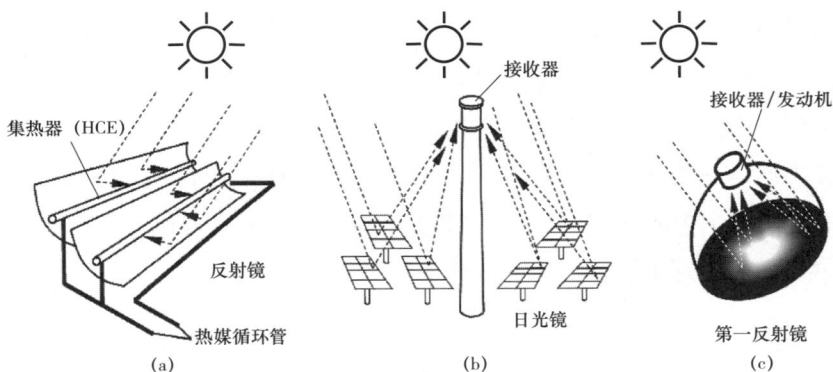

图 1.3-11 太阳能集热器示意图

（a）抛物面槽式集热器；（b）聚光塔式集热器；（c）旋转面碟式集热器

三种太阳能集热器比较见表 1.3-4。

表 1.3-4　　　　　　　　　　三种太阳能集热器比较

序号	项目	太阳能热发电系统类型		
		抛物面槽式	聚光塔式	抛物面碟式
1	应用范围	可用于发电系统最高单机容量 80MW、生产用汽（热）	可用于发电系统最高单机容量 20MW、生产用汽（热）	可用于发电系统最高单机容量 25kW
2	优点	商业运行最成熟，太阳能收集效率达 60%，具有储能能力	太阳能收集效率达 46%，温度高达 565℃	分布式模块化，也可实现燃气混合动力系统
3	缺点	吸热油介质温度较低，限制了集热温度	投资不确定，主要由容量与定日镜决定	燃气混合动力系统时，可靠性有待于验证

2. 抛物面槽式太阳能集热器

槽式线聚焦抛物面反射镜将太阳光聚焦到集热器。其特点是聚光集热器由许多不锈钢的槽型抛物面镜串联并联组成。载热介质在分散的聚光集热器中被加热并汇集到换热器，将热量传递给用热设备的工质。

3. 抛物面碟式太阳能集热器

碟式太阳热技术利用抛物面碟式聚光器将太阳光汇聚，通过吸热器将汇集的太阳能吸收并传输给用热设备的工质。

同时，还可以利用跟踪式碟形太阳能集热装置作为供热系统的热源。这种碟形集热装置能够跟随太阳旋转，具有较高的光学效率、小尺寸以及高集热温度（可达800℃）等特点。

4. 聚光塔式集热器

塔式集热器是在塔周围设置定日镜，将反射的太阳光聚集到塔上部的集热器使其转变为热能。定日镜是一种随太阳旋转，并按一定方向反射太阳光的装置。塔形集热器的特点是聚光度高，可以产生高温蒸汽。

当建设大型热能设备时，如果只通过扩大日光镜的视角来扩大接收器的夹角，则会有限制。在大型太阳能利用系统中，可以考虑研究多组小型机组的组合方案。这时可以考虑采用抛物线水槽型集热器的接收器（PTC）等其他方案，或考虑缩小从反射镜到接收器的距离。

定日镜是一种远离接收器的开口边缘角来反射太阳光的装置，因此其性能直接影响着塔式用热设备的整体性能。另外，塔式用热设备需要多组定日镜，在总的投资中占40%~50%的比例。因此，定日镜的高精度和低成本化对于透明化非常必要。

（二）太阳能集热系统

太阳能集热系统是利用技术装置汇集太阳能，因为太阳辐射的能流密度相对较低。这些系统吸收太阳辐射并将其转换为热能。主要的集热器包括平板式、真空管式和聚光式。发电系统常采用聚光式集热器，包括聚光装置、聚光接收器和跟踪机构等组成部分。

聚光集热器的类型根据功率大小和工作温度的不同而有所区别。小型装置通常使用平板式集热器，有些装置为了增加受光量会增加反射镜。这些系统的效率一般在5%以下，因为工作温度较低。而高温条件下的太阳能热发电系统则需要聚光集热装置来提高效率。

抛物线槽型集热器（PTC）一般纵向布置，保持其中心轴始终指向太阳，随着太阳的日周运动轨迹调整。PTC的开口部分决定了其形状和连接PTC端点与焦点的直线与中心线形成的角度，即边缘角。大型发电装置的开口尺寸通常为 5~7m，边缘角为 70°~85°。反射镜玻璃通常采用 4mm 厚的凹面镜，反射材料为银。由于长期在室外使用，需要内部涂漆或镀金属来保护。

由于太阳辐射的能流密度较低，需要采用一定的技术和装置来汇集太阳能。集热系统是一种用于吸收太阳辐射并将其转换为热能的装置。集热器通常包括平板式集热器、真空管集热器和聚光集热器。而发电系统通常采用聚光集热器。聚光集热器包括聚光集热装置、聚光接收器和跟踪机构等组成部分。

聚光集热器的类型根据功率大小和工作温度的不同采用不同的集热器。对于功率在 100℃ 以下的小型装置，通常使用平板式集热器。有些装置为了增加单位面积上的受光量，额外增加了反射镜。由于工作温度较低，其系统效率一般在 5% 以下。而对于在高温条件下工作的太阳能热发电系统来说，必须采用聚光集热装置来提高工作温度，从而提高系统效率。

1. 聚光集热器的类型

（1）复合抛物面反射镜聚光集热器，其倾角可根据季节进行调整。

（2）单轴追踪的抛物柱面反射镜聚焦集热器。

（3）固定的多槽型反射镜聚焦集热装置以及固定的半球面发射井线聚焦集热装置，其吸热管需要配备追踪机构。

（4）点聚焦方式提供了最大可能的聚光度，并且成像清晰，但需要配备全追踪机构。

（5）菲涅尔透镜通常由硬质或软质透明塑料薄膜制成，可制成长条聚焦装置或圆点聚焦装置，需要配备单轴追踪机构或全追踪机构。

聚光集热器是大功率集中式太阳能热发电系统中主要采用的聚光集热器结构形式。

上述集热器的聚光倍率和工作温度见表 1.3-5。

表 1.3-5 集热器的聚光倍率和工作温度

集热器类型	聚光倍率	工作温度（℃）
平板集热器及附加平面反射镜	1.0~1.5	<100
复合抛物面反射镜聚焦集热器	1.5~10	100~250
菲涅尔透镜线聚焦集热器	1.5~5	100~150
菲涅尔透镜点聚焦集热器	100~1000	300~1000
柱状抛物面反射镜线聚焦集热器	15~50	200~300
盘式抛物面反射镜点聚焦集热器	500~3000	500~2000
塔式聚光集热器	1000~3000	500~2000

2. 聚光集热器的结构

聚光集热器的主要组成部分是吸收体。它可以是平面、点状、线状或带有空腔结构。吸收体表面通常会涂覆具有选择性吸收能力的材料，比如经过化学处理的金属表面，由铝-钼-铝等多层薄膜构成的表面，或者利用等离子体喷射法在金属基体上喷涂特定材料所形成的表面。通过降低吸收体表面的反射率，可以提高太阳光的吸收效率，使集热器达到更高的温度。此外，还可以在包围吸收体的玻璃等材料表面上镀上一定厚度的钼、锡、钛等金属，制成具有选择性透过膜的材料。这种膜能够将可见光波长几乎完全透过，而对红外区域的波长则几乎完全反射。因此，当吸收体吸收太阳辐射并转化为热能后，这种膜可以将热损耗控制在较低水平。

抛物面槽式集热器的接收器是通过对集热器的二层管进行真空处理而制成的。这种管子通常由不锈钢制成，直径约为70mm。该管子的表面会喷涂一层吸收膜，以提高其对太阳能的吸收能力，并具有较低的表面红外线辐射率。外侧玻璃管表面是将太阳光转化为热能的集热器中最重要的组件之一。

通常，这些集热管采用不锈钢外套玻璃管，具有较高的太阳光吸收率，并且不锈钢管表面喷涂了一层防止反射的涂层。为了减少热损失，不锈钢管和玻璃罐之间保持了100Pa的真空度。为了克服集热器高温时材料的热膨胀差，封闭护板部分进行了膨胀处理。集热器的真空部分中填充了一种油压吸气剂，以吸收真空部分渗入的氢气。该氢气是热媒合成油（联苯及其混合物）分解产生的，它能够通过不锈钢进入真空部分。相比空气，氢气具有更大的传热能力，即使是少量的氢气也可以显著增加集热器的热损失。因此，需要插入油压吸气剂来处理这个问题。

抛物面槽式集热器（PTC）发电需要1MW，所需的开口面积为5000~6000m²。因此，大型发电厂需要较大的平坦场地。这样的发电厂占地面积大，热媒输送管道较长，循环水泵压力损失大，电耗也高。此外，集热器需要跟踪太阳的转动，因此管道连接采用软连接，通常使用球型补偿器。这种连接器的数量较多，需要定期维护等。

塔式发电系统的接收器分为两种形式：空腔型和外部接收光型。外部接收光型采用热媒通过管道排出的结构，例如圆筒形接收器，能够在塔的周围360°方向接收反射光。而空腔型接收器的开口面呈凹型，可以有效地将热能从接收器表面转换出来。相较于外部接收光型，空腔型接收器具有散热损失少、反射损失少和对流损失少的优点。

3. 跟踪系统

为了最大化聚光器和接收器的效率，需要在反射镜上配置太阳跟踪装置。跟踪方式可以是单轴或双轴跟踪。单轴跟踪是指反射镜围绕一个轴旋转，而双轴跟踪则能够在两个方向上跟踪太阳位置。跟踪方法包括程序控制和传感器控制。程序控制通过预先计算太阳位置并存储位置信息，然后按照程序转动光学系统，使其跟随太阳轨迹。传感器控制则是利用传感器测量太阳入射光的方向，并通过驱动机构调整反射镜方向，消除太阳位置与反射镜轴之间的偏差。

对于热传输系统，基本要求是减小热输送管道的热损失、降低传输介质的泵功率和降低热输送成本。

分散式太阳能集热系统通常将多个集热单元串联或并联成方阵。这样做会增加输送热管道的长度和热损失。而集中式太阳能集热系统虽然可以减少热输送管道的长度，但需要耗费动力将传热介质输送至集中塔顶。传热介质的选择应基于工作温度和特性，目前常用的有加压水和有机流体，也有使用气体和两相物质的情况。

为了减少热输送管道的热损失，目前主要有两种方法：一是在管道外包覆导热系数很低的绝热材料，例如陶瓷纤维和聚氨酯泡沫；二是利用热管进行热输送。

4. 蓄热与换热系统

由于受季节、昼夜、云雾、雨雪等气象条件的影响，地面太阳能具有间歇性和随机的不稳定性。为确保太阳能热发电系统的稳定发电，需要设置蓄热装置。蓄热装置通常由真空绝热或使用绝热材料包覆的蓄热器构成。

白天，低温蓄热水箱中的盐溶液被太阳加热的热介质（HTF）升温，并储存在高温蓄热水箱中。夜间或云雾天气时，高温蓄热水箱中的盐溶液会在加热热媒的同时流向低温水箱。为了扩大太阳能温度场，根据一般日直射量年 2000kWh/m^2 的条件下进行比较，与没有蓄热时相比，进行 6h 蓄热需要 2 倍的面积，进行 12h 蓄热需要 3 倍的面积。虽然采用蓄热系统会增加发电站设备费用，但可以提高集热运行时间，增加集热量，降低集热成本。

（1）低温蓄热型：低温蓄热型是指以平板集热器收集太阳热，并使用低沸点工质作为动力工质的小型低温太阳能热集热系统，通常是使用水进行蓄热等。

（2）中温蓄热型：中温蓄热型是指 100～500℃ 范围内的蓄热系统，工程中通常指蓄热温度约为 300℃。这种蓄热装置常用于小功率太阳能集热系统，适合使用高压热水、有机流体（如导热油、二苯基氧–二苯基族流体、稳定饱和的石油流体和以酚醛苯基甲烷为基体的流体等）和载热流体（如烧碱等）作为中温蓄热的材料。

（3）高温蓄热型：高温蓄热型是指 500℃ 以上的蓄热装置，主要使用钠和熔融盐等材料进行蓄热。

（4）极高温蓄热型：极高温蓄热型是指约 1000℃ 左右的蓄热装置，常用铝或氧化锆耐火球等材料进行蓄热。

5. 三种集热系统的比较

三种集热系统的比较见表 1.3-6。

表 1.3-6　　　　　　　　三种太阳能集热系统性能比较

项目	单位	太阳能热系统性能		
		槽式系统	塔式系统	碟式系统
系统规模	MW	100～1000	30～60	15～70
运行温度	℃	390/734	565/1049	750/1382
年容量因子	%	23～50	20～77	25
峰值效率	%	20	23	24
年净效率	%	11～16	7～20	12～25
可否储能	—	有限制	可以	可以
互补系统设计	—	可以	可以	可以

在几种形式的太阳能集热系统中，槽式集热系统被认为是最成熟、商业化发展潜力最高的技术。与之相比，塔式热发电系统目前的成熟度不及抛物面槽式集热系统。目前，槽式、塔式和碟式太阳能热发电技术受到全球各国的重视，并正处于积极推进商业化的阶段。

通过结合聚光塔式集热器和抛物面槽式聚光集热设备，成功实现了高达 650℃ 的高温热能。利用此高温热能，可以采用太阳能作为热源，预计在 IS 工艺中氢制造的效率可达 40%。从工业实践的角度来看，这项技术的可行性得到了世界首次的证实。

（三）聚光塔式太阳能制氢系统

聚光塔式太阳能制氢系统示意如图 1.3-12 所示。

组合聚光塔式集热器与抛物面槽式聚光集热设备，可达到 650℃ 高温热能。可以利用如前所述的在以太阳能为热源的 650℃ 的相对低温的 IS 工艺，氢制造效率有望达到 40%。从工业实用化的观点出发，世界首次证明了技术性成立。

（四）反射镜的聚光装置高温热分解制氢

在新泻大学自然科学系，儿玉龙也教授正在推动利用反射镜将太阳光聚焦，达到高温，然后利用这种高温对水进行太阳热分解，以实现清洁氢能技术的研究。目前，他们正在澳大利亚进行规模宏大的太阳热氢制造系统的实地试验。该系统将塔式聚光

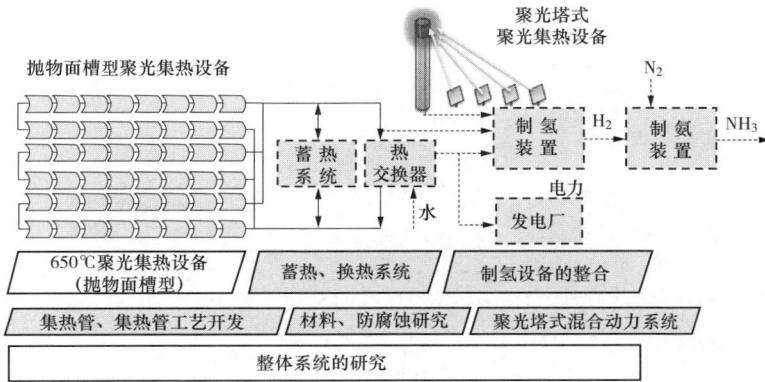

图 1.3-12　聚光塔式太阳能制氢系统示意图

注 资料来自日本战略的イノベーション創造プログラム（SIP）"エネルギーキャリア"。

集热器和抛物面槽型聚光集热装置相结合。图 1.3-13 展示了聚光塔式太阳能制氢系统的示意图，该系统利用椭圆形反射镜聚集高温热能。

　　儿玉龙也教授及其团队对金属氧化物催化剂和水分解产生氢气的反应器进行了研究，开发出在 1200~1300℃下高效生成氢气的技术。此外，通过与宫崎市和宫崎大学共同建设的集热量为 100kW 的太阳能聚光系统以及与国外研究机构的合作研究，他们开发出了实现太阳能集热制氢系统实用化的关键技术。

　　图 1.3-14 展示了与宫崎大学共同建设的 100kW 太阳能聚光实用化系统。

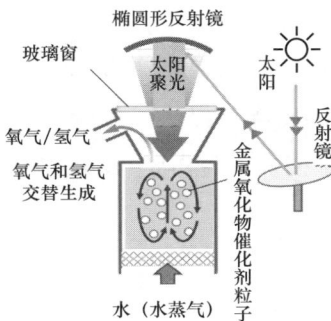

图 1.3-13　聚光塔式太阳能制氢系统的示意图

图 1.3-14　100kW 太阳能聚光实用化系统

　　日本可再生能源厅（ARENA）利用澳大利亚东南部的 500kW 大型太阳能聚光设备进行实证研究项目（见图 1.3-15），并进行了技术合作。儿玉龙也教授致力于利用太阳能产生氢气，设计了大型反应器，并开发了催化剂金属氧化物粒子以促进化学反应。通过这次实证试验的结果，期望为可持续氢能社会开辟道路。

图 1.3-15　澳大利亚东南部 500kW 大型太阳能聚光设备实证研究项目

四、小型核电堆化学热分解制氢

（一）致力于利用小型核电堆进行化学热分解制氢

在当前全球碳中和的趋势下，小型核电堆成为各国关注的焦点。这些小型核电堆不仅具有零排放二氧化碳的特点，还具备安全性和良好的灵活性。核能作为一种脱碳选择也不例外。核能技术的创新不仅提高了安全性，还推动了满足可再生能源共存、制氢、制热等多种需求的核能技术的发展。我国在高温气冷堆的研发方面处于世界领先地位，并已经开始试运行。

高温气冷堆具有占地面积小、不受天气影响、可大规模稳定使用无碳氢化合物热能和自给自足的潜力。这为钢铁、化学等产业部门的脱碳化提供了可能性。例如，发电容量为 250MW 的高温气冷堆，标况下制氢容量为 $3.1 \times 10^5 m^3/h$，可以满足年产 400 万 t 炼钢厂的氢需求量。

（二）核电利用热能的工艺和各种炉型的温度范围

核电利用热能的工艺和各种炉型的温度范围如图 1.3-16 所示。

（三）世界各国利用核能制氢和热能的项目

小型模块炉具有低温（~300℃）到高温（900℃）的热能供给能力，不仅适用于制氢，还适用于区域供热和炼铁等产业工艺热。世界各国利用核能进行制氢和热能的

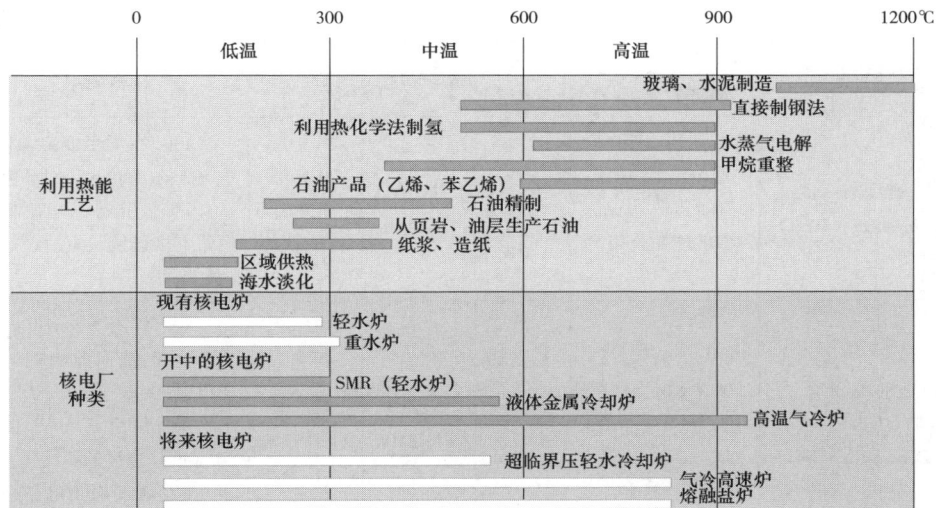

图 1.3-16 核电利用热能的工艺和各种炉型的温度范围

注 资料来自 IEA *Nuclear Energy Series*，*Opportunities for Cogeneration with Nuclear Energy*。

项目详见表 1.3-7。

表 1.3-7 利用核能制氢及热能项目

国家	项目名称	炉型	投资（万美元）	制氢规模	时间（年）	概要点
中国	高温气冷堆制氢	HTGR	—	50000m³/h	—	（1）制氢 100L/h 实验成功；（2）用于钢铁行业
	PWR（海南昌江核电站）	玲珑 1 号 125MW	—	—	2021 开始	（1）用于供热供冷、工业用汽；（2）用于海水淡化等
美国	能源哈伯公司高温电解实证及物理性能评估	PWR（Prairie Island 电站和 Palo Verde 电站 × Xcel Energy）	1346	4kg	2020 开始	（1）Prairie Island 电站设置高温水电解，制氢先导设施等；（2）Palo Verde 电站二次系统可逆电解系统整合及评估等
	PEM 实证	BWR（Nine Mile Point 电站德埃克伦公司）	361	电解槽容量 1MW	2020 年开始进行 4 年	（1）Nel Hydrogen 公司 PEM 电解槽运行模拟实验；（2）用于涡轮冷却系统及化学物质控制用现场
加拿大	完成可行性研究	CANDU	—	667m³/h	2021 年开始	（1）由 Arcadis 公司主导，与 Bruce Power 合作；（2）安大略省的制氢可行性研究

国家	项目名称	炉型	投资（万美元）	制氢规模	时间（年）	概要点
英国	Hydrogen to Heysham（H2H）	AGR 公司（Heysham 电站，EDF 能源公司）	—	最大 800kg/d	2020 年之前完成可行性研究	（1）政府资助低碳氢供应竞争应征案，实施可行性研究；（2）预定导入电解槽与核电站直接连接、短期设想电站内利用等
英国	Sizewell C Hydrogen Demonstrator 项目	PWR（电力动车组）（Sizewell B，EDFEnergy 公司）	—	电解槽容量 2MW	2020 年 11 月开始	（1）利用 Sizewell C 电站（EPR）制热商业规模氢气实证项目；（2）利用 Sizewell B 实现 Sizewell C 建设的脱碳化；（3）氢气用于电站建设中使用的车辆和设备的燃料等
俄罗斯	VVER 制氢	VVER（ROSATOM 公司）	—	电解槽容量 1MW、10MW	2021~2023 年	（1）在成套设备中整合制氢设施；（2）预定从 1MW 的实证，扩展至 10MW
俄罗斯	SMR 制氢跟韩国合作	SMR	—	—	2021 年开始	（1）以开发 SMR 的生产技术为目标；（2）预定在 SMR 中整合高温水蒸气电解设施
韩国	与高温电解设施制造商签订备忘录	HTGR	7500 万欧元	电解槽容量 200MW	2022 年开始	发电站周边的氢制造设施中用 Elcogen 公司的固体氧化物电解技术

（四）小型模块炉 SMR

与过去容量为 1000MW 的大型核电机组不同，每个小型模块反应堆（small modular reactor，SMR）具有较小的发电容量，更易于冷却，且具备更高的安全性。

对于小型模块反应堆（SMR）的定义，各国及其相关机构有不同说法。根据国际原子能机构（IAEA）的定义，发电出力为 300MW 以下的核电反应堆被称为小型模块反应堆。从安全性、工厂生产性、安装、利用方面的灵活性等观点来看，世界各国正在积极开发和建设，争相竞逐领先地位。

此外，小型模块反应堆（SMR）的类型也多种多样，包括 300MW 以下的轻水反应堆、高温钠冷却快堆、高温氦气冷却堆、熔融盐高温冷却堆等。

最具代表性的是"小型模块反应堆"，也称为 SMR，世界各国正在进行开发。如果用关键词来表达其特征，可以总结为"小型""模块"和"多用途"。

相比大型核反应堆，核反应堆小型化使得冷却更为容易。小型反应堆的表面积相对较小，根据这个特性，即使不使用泵将水注入核反应堆进行冷却，也可以自然冷却。一旦实现，不仅可以提高安全性，还能简化整体核反应堆结构，便于维护。这将节约成本，提高经济效益。

关于"模块"，指的是在工厂预制和标准化生产部件，甚至制造和组装整机的"模块单元"。不受自然条件的影响，制造过程不从零开始，而在工厂内进行一定程度的生产和管理，实现高品质管理、缩短工期和降低成本的工艺流程。

以前，核电站建设从选择厂址开始，确定建设工期往往需要很长时间。另外，为了确保质量，需要经过多次确认和认可试验。因此，产生了广泛采用模块化建筑方法的想法。通过"整机型式认证"的方式获得设计许可后，采用"工厂生产+组装+运输+安装"的方法进行统一操作。在小型核电炉中，首先实现了可运输尺寸（铁路、高速公路、内陆运河）的小型化，然后再决定核反应堆的输出功率。

关于"多用途"，除了用于发电，还有开发制氢、利用热能、远程能源和远程医疗等特殊的核能技术。这些技术可在偏远地区、缺水地区、离岛、基地甚至太空中使用。此外，在医疗领域，还在开发利用放射性物质进行癌症检查和治疗的特殊技术。

（五）小型模块炉（SMR）的特点

小型模块炉具备以下特点：

（1）安全性：其规模小、功率低，因此在发生事故时能够通过自然停止、对流或辐射冷却等固有的被动安全性来保护。

（2）工厂生产性高：采用模块化预制方式，在工厂内制造，并利用汽车等进行运输，到达现场后进行组装。这种生产方式不仅提高了安装和维护的质量，同时也能缩短工期并降低成本。

（3）减少炉心放射性核种：通过减少放射线的产生，减轻了遮蔽的负担，从而降低了放射线量。同时，通过紧急时计划区域（EPZ）的范围缩小，也降低了成本和危险性。

（4）通过模块化降低金融风险，提高预见性：采用连续生产和工厂制作的方式，能够降低建设周期和费用；同时，分阶段的资金支出也可以降低资金支付和风险。

（5）为系统提供灵活性：小型模块炉能够适应负荷变化，如可再生能源（VRE）

的调节，并为系统提供随机服务。根据能源需求的变化，可以调整核能堆模块的数量。此外，建设核电站无需大规模基础设施，可以建设在电力需求不大或电力网不发达的地区，如尚未开发区、寒冷地区、偏远地区、离岛地区等。小型模块炉还可应用于发电以外的领域，如制氢、集中供热和海水淡化，并且作为无碳排放电源，可以根据可再生能源负荷的变化进行调节。

（6）其他特点：由于具备被动安全性，能够减轻事故带来的影响，同时由于简化了设计，维修也更加方便，从而降低了生产和维修成本；由于功率较低，不需要频繁更换燃料，因此核物质处理和输送更加简便。此外，从核载体和核扩散的角度看，小型模块炉也具有优势；与大型反应堆相比，小型模块炉的单台机组价格更低，建设周期更短，可以抑制投资，并且可以更早回收投资。小型模块炉还可以分阶段建设，逐步增加容量，具有较高的灵活性和较小的投资风险。

（六）小型模块炉（高速）的种类和特点

第四代核电反应炉的小型模块炉（SMR）主要分为两大类型：高速炉（快中子反应堆）和高温气冷炉。

1. 高速炉概述

高速炉（亦称快中子反应堆）是一种利用快速中子在核反应堆炉心中引发核裂变链式反应的能源生产系统。不同于使用铀-235的传统反应堆，高速炉采用钚-239作为主要燃料。在炉心燃料周围设置了再生区，其中包含铀-238。快速中子的裂变释放出的快中子被再生区的铀-238吸收，将其转变为钚-239。这样，钚-239的裂变释放能量，并且不断将铀-238转化为可用的钚-239。由于再生速度高于消耗速度，核燃料量持续增加，从而使反应堆能够快速增加燃料量，因此也被称为"快速增殖堆"。据估算，广泛采用快速中子反应堆可将铀资源的利用率提高50~60倍，解决大量积累的废弃铀-238和环境污染问题。

热中子反应堆是一种安全、清洁且经济的能源选择。然而，热中子反应堆使用的燃料铀-235在自然界中仅占0.7%，而另一种同位素铀-238占天然铀的99.3%，但无法在热中子下发生裂变，因此不能用于热中子反应堆。由于自然界中铀储量有限，仅依靠铀-235的利用，在未来30年可能面临短缺的危险。因此，人们寄希望于利用铀235之外的可裂变燃料。因此，快中子增殖反应堆应运而生。

在核裂变过程中，生成的快中子不像在轻水堆中那样被减速。当快中子轰击铀-238时，铀-238部分吸收这些快中子并转变为钚-239。铀-235通过吸收速度较慢的热中子发生裂变，而钚-239 则可以吸收快中子并裂变。钚-239 是比铀-235 更好的核燃料。通过将铀-238 转变为钚，再让钚进行裂变释放热量，并在外部利用，这就是快中子增殖堆的工作原理。

在快中子增殖堆中，每个钚-239 核裂变产生的快中子可以使 12~16 个铀-238 转变为钚-239。尽管在快堆中消耗核燃料钚-239，但同时也产生更多的核燃料钚-239，具有增殖核燃料的作用，因此这种反应堆被称为快中子增殖堆，简称为快堆。在快中子反应堆中，不能使用水来传递堆芯中的热量，因为水会减缓快中子的速度。而钠和钾的合金可用作快中子反应堆的热交换剂。

2. 高速炉系统

我国的第一座快中子增殖反应堆起源于国家"863"计划，这是我国的一项重要科研计划，并被列入国家中长期科技发展规划的前沿技术研发目标，标志着我国快中子增殖反应堆（快堆）发展的第一步。该反应堆核热功率为 65MW，实验发电功率为 20MW，是全球为数不多具备发电功能的实验快堆之一。

高速炉系统核电站剖面示意图如图 1.3-17 所示。

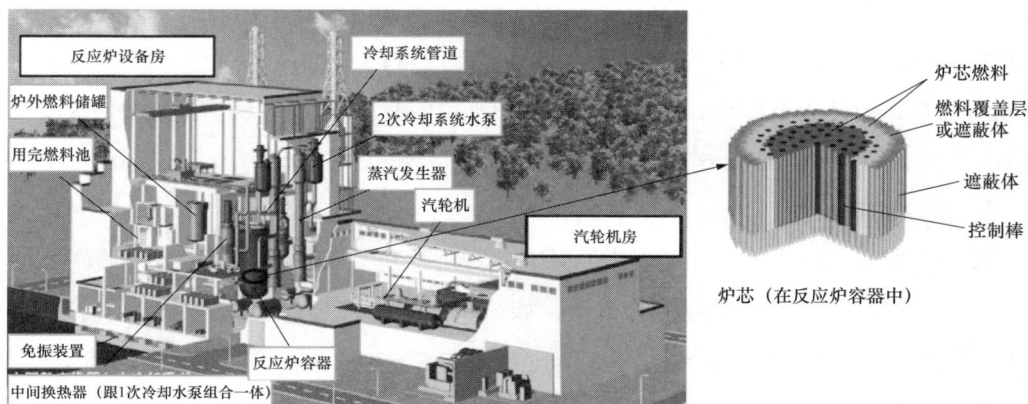

图 1.3-17 高速炉系统核电站剖面示意图

注 资料来自国立研究開発法人 日本原子力研究開発機構，《カーボンニュートラルの実現に向けて（小型モジュール炉 SMR 開発の動向）》，2022 年。

目前，我国的实验快堆已经成功并网发电，标志着我国在核能技术领域取得了领先地位。然而，快堆所面临的问题主要来自它的高速运转，因为随着反应进行，反应产物的累积量也会增加，导致速率问题的出现。就像化学反应中，少量过量的生成物还能处理，但大规模反应产物的聚集必然会导致反应失控。因此，快堆最核心的问题在于如何减缓反应速率，实现可控的反应。

钠冷却的高速炉系统示意如图 1.3-18 所示。

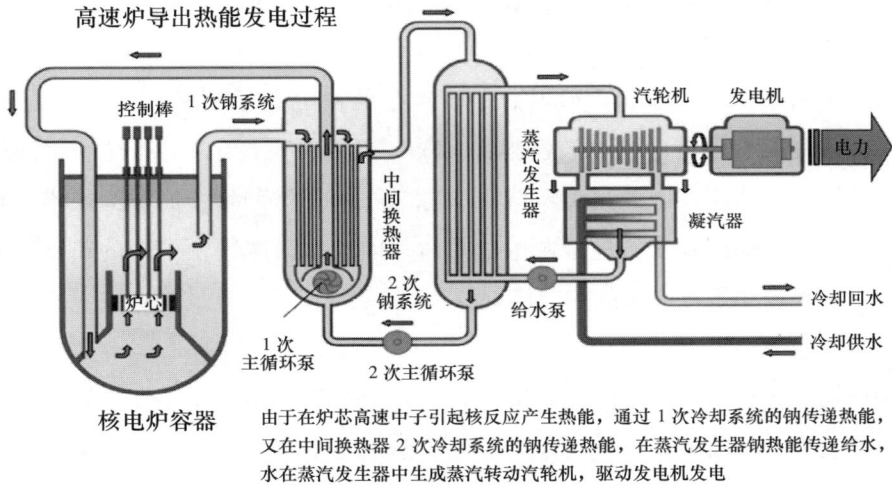

图 1.3-18　钠冷却的高速炉系统示意图

注　资料来自国立研究開発法人 日本原子力研究開発機構，《カーボンニュートラルの実現に向けて（小型モジュール炉 SMR 開発の動向）》，2022 年。

中国核工业集团公司（CNNC）于 2021 年 7 月宣布开始在海南省昌江核电厂建设，计划安装国产 PWR 型 SMR 玲珑一号。该型号反应堆的全称为 ACP100，拥有 125MW 的输出功率，设计用途广泛，包括发电、供热、供暖、蒸汽生产和海水淡化等功能。CNNC 认为，一旦该反应堆建成，将成为世界上首个陆上商用 SMR。

3. 高速炉安全性

高速炉的安全性方面，除了提高循环有效性外，还具备低压系统高安全性的特点。高速炉不仅提高了核燃料循环的有效性，如减少放射性废物、降低有害度和有效利用资源，同时还具备创新的安全性，包括自然停止、冷却和封闭等安全措施。高速炉的安全性示意如图 1.3-19 所示。

4. 熔盐反应堆

熔盐反应堆 MSR（Molten-Salt Reactor）是一种核反应堆，其特点是将核燃料（如铀或钍）溶解在熔盐中，形成液态燃料。通过泵将燃料盐循环在核反应堆和一次热交换器之间，用于发电等目的。燃料和作为冷却剂的熔盐一起循环，这使得可以在运行时添加新燃料。通过设定燃料处理系统，可以去除核裂变产物并连续提取核燃料。通常使用氟化物熔盐（LiF-BeF$_2$）作为燃料溶剂，其中溶解作为母物质的 ThF$_4$ 和裂变性物质 U-233F$_4$。由于燃料盐具有较高的熔点和沸点，并且蒸汽压较低，因此可以减少一次系统结构材料的厚度，从而提高热利用效率。此外，熔盐反应堆不仅可以有效利

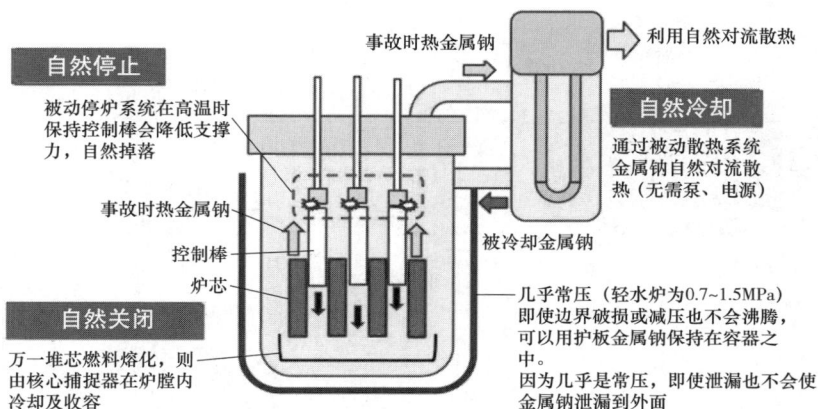

图 1.3-19　高速炉的安全性示意图

注 资料来自国立研究开発法人 日本原子力研究开発機構，《カーボンニュートラルの実現に向けて（小型モジュール炉 SMR 開発の動向）》，2022 年。

用钍等实质上不生成超铀元素的钍资源，还可以减少堆芯的燃料库存，具有高核安全性和较强的核扩散抵抗能力。

熔盐反应堆是一种核反应堆，其特点是将核燃料（如铀或钍）溶解在熔盐中，形成液态燃料。通过泵将燃料盐循环在核反应堆和一次热交换器之间，用于发电等目的。燃料和作为冷却剂的熔盐一起循环，这使得可以在运行时添加新燃料。通过设定燃料处理系统，可以去除核裂变产物并连续提取核燃料。通常使用氟化物熔盐（$LiF-BeF_2$）作为燃料溶剂，其中溶解作为母物质的 ThF_4 和裂变性物质 $U-233F_4$。由于燃料盐具有较高的熔点和沸点，并且蒸汽压较低，因此可以减少一次系统结构材料的厚度，从而提高热利用效率。此外，熔盐反应堆不仅可以有效利用钍等实质上不生成超铀元素的钍资源，还可以减少堆芯的燃料库存，具有高核安全性和较强的核扩散抵抗能力。熔盐反应堆系统示意图如图 1.3-20 所示。

我国在西部沙漠地区，计划建设一座不需要冷却用水，并且以钍代替铀作为燃料的熔盐堆，与风力发电和太阳能发电一起，提供清洁稳定的电力。这将有望为航母和潜艇提供新型能源系统，并计划在 2030 年启动第一座核反应堆。

（七）小型模块炉（高温气冷）的种类和特点

1. 高温气冷堆概述

高温气冷堆利用热化学循环工艺进行制氢，通过加热化学反应来实现。这种工艺主要包括水热化学循环制氢和硫化氢热化学循环制氢。在高温气冷堆的制氢过程中，

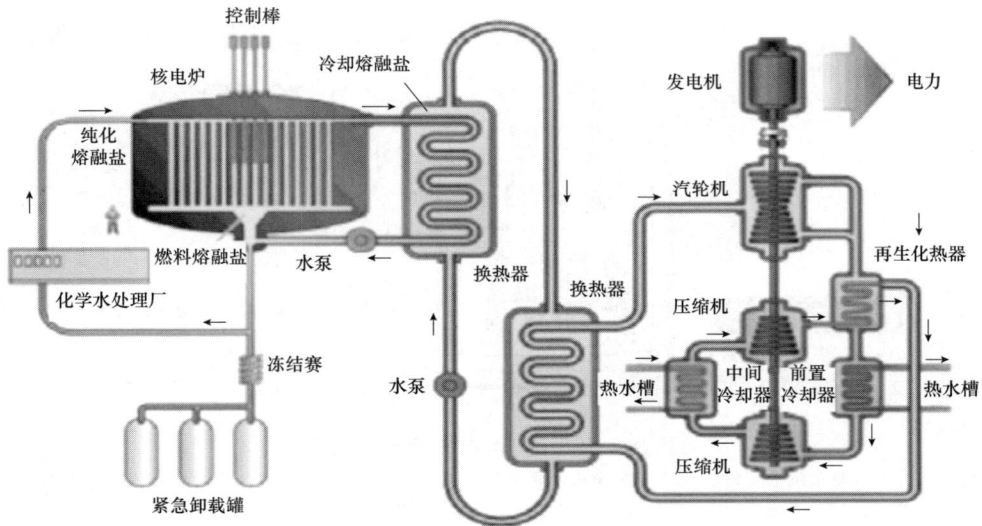

图 1.3-20　熔盐堆系统示意图

注　资料来自国立研究開発法人 日本原子力研究開発機構,《カーボンニュートラルの実現に向けて（小型モジュール炉 SMR 開発の動向）》, 2022 年。

每个反应步骤都在相对较低的温度范围（800~1000℃）内进行，因此能够更好地匹配能源、满足设备和装置的耐温要求，并降低投资成本等问题。这使得高温气冷堆成为能耗最低和最合理的制氢工艺。此外，高温气冷堆的运行温度与高温核反应堆提供的温度水平相匹配，易于实现工业化。在理想情况下，结合太阳能利用，将使其成为最经济的制氢工艺。自 20 世纪 60 年代以来，世界各国已投入大量资源，研发了数百种热化学循环流程。

我国高温气冷堆的研发主要集中在清华大学核能及新能源研究院（INET）。其中，实证炉 HTR-PM 是一项重要工程，其热出力为 2×250MW，发电出力为 210MW，炉出口冷却材料温度为 750℃。该项目于 2012 年底在山东荣成开工建设，在山东省威海市石岛湾完成。计划于 2021 年实现临界状态（已于 9 月实现），并开始低功率运行，预计 2022 年开始全面运行。HTR-PM 是全球首座球型床模块式高温气冷堆核电厂，也是首次将高温气冷堆核电技术商业化的示范项目。它具备第四代反应堆的主要技术特征，固有安全性良好，系统简单，发电效率高。在核能发电、热电联产以及高温工艺热能应用等领域，具有广阔的商业化应用前景，是我国优化能源结构、保障能源供给安全、实现碳中和目标的重要途径。

高温气冷堆是一种采用氦气体冷却材料、炉心构筑物和减速材料黑铅的核电反应堆，具有出色的固有安全性。与轻水反应堆相比，高温气冷堆的运行温度特别高，这是其基本构成要点。

2. 高温气冷堆结构

高温气冷堆如图 1.3-21 所示。

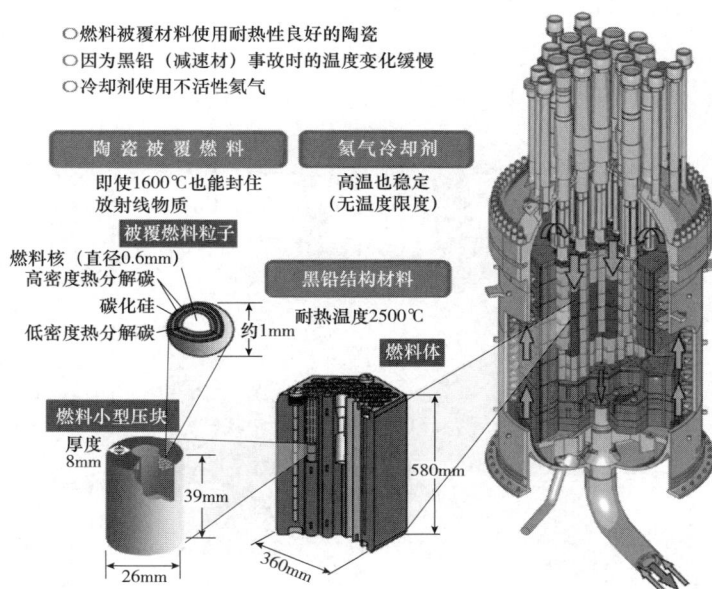

图 1.3-21 日本原子能研究所开发的高温气冷堆

注 资料来自日本配管技术 2018.10，（国）日本原子能开发机构 久保 真治《ヨウ素・硫黄（S）を用いた熱化学水素製造》。

3. 高温气冷炉的安全性

（1）冷却剂采用惰性氦气：采用化学惰性氦气作为冷却剂，确保其与燃料或结构材料不发生化学反应。即使在反应堆内存在水蒸气或空气，黑铅表面氧化也不会损害系统的安全性。

（2）燃料包覆材料采用耐高温陶瓷：采用耐高温陶瓷作为燃料包覆材料，使得燃料能够承受高达 1600℃ 的温度，并具有出色的核裂变产物（FP）保持能力，从而避免炉心温度升至 2600℃ 以上。特别是采用铀燃料四重包覆的陶瓷燃料颗粒，在封闭放射性核分裂生成物方面表现出最佳效果。

（3）炉芯加速材料黑铅温度变化缓慢：由于黑铅加速材料具有较大的热容量，使得其温度变化缓慢。即使在高温下，由于黑铅的热容量巨大，反应堆能够通过自我调节来降低输出功率。这是因为黑铅的热容量高、发热密度低，使得核反应堆的温度变化速度较为缓慢。

4. 高温气冷堆利用高温热能

高温气冷堆以其独特的特性被称为小型模块化高温气冷堆。高温气冷堆能够提供接近1000℃的高温热能，这种高温气体可以被用作氢气的显热供应，并用于氢气燃气轮机以实现高效发电。此外，高温气冷堆还可以应用于制氢等领域，以及实现集中供热等各种领域。

实用高温气冷炉（堆）的主要设备布置如图1.3-22所示。

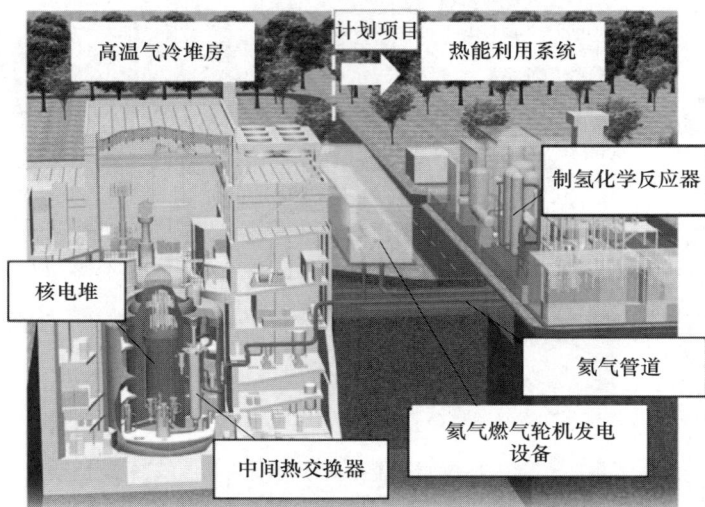

图1.3-22　实用高温气冷炉（堆）的主要设备布置图

注　资料来自国立研究開発法人 日本原子力研究開発機構,《カーボンニュートラルの実現に向けて（小型モジュール炉 SMR 開発の動向）》, 2022 年。

实用高温气冷炉（堆）的热能利用系统示意图如图1.3-23所示。通过该系统，可以导出高达950℃的高温热能，供制氢、发电、海水淡化等多个领域进行广泛的热能利用，实现核能的级联蒸发。

5. 高温气冷堆利用高温热能的例子

（1）利用高温热能进行海水淡化。通过利用高温热能，燃气轮机的发电效率提高到50%，不再需要额外的冷却水，这使得其在缺水地区的应用变得更加可行。同时，通过高温热能和低温热能的梯级利用，系统的热效率可以提高到80%以上。

利用燃气轮机发电的余热进行海水淡化系统，可以将制水成本降低30%（详见图1.3-24）。

高温气冷堆和快中子增殖反应堆，到底哪个是核能的未来呢？实际上，这样的比较有些仓促。高温气冷堆以其安全性而闻名，同时还具备一些出色的性能；而快

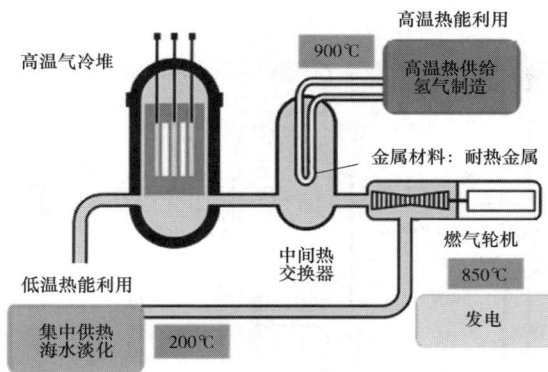

图 1.3-23 实用高温气冷炉（堆）的热能利用系统示意图

注 资料来自日本配管技术 2018.10,（国）日本原子能开发机构 久保 真治《ヨウ素・硫黄（S）を用いた熱化学水素製造》。

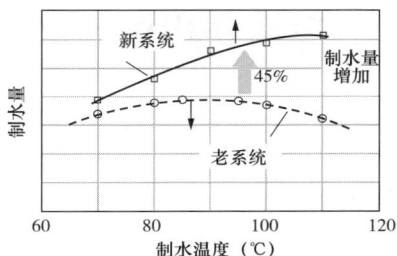

图 1.3-24 利用燃气轮机余热制水制水量增加示意图

中子增殖反应堆则具有明显的优势，但也存在一些明显的短板。高温气冷堆和快中子增殖反应堆都有发展的空间，它们可以相辅相成，共同成为未来能源供应的重要组成部分。

（2）高温气冷堆在炼铁工业中的应用。我国核工业集团（CNNC）从 2018 年开始研究利用高温气冷堆产生氢气和利用余热。中国核工业建设集团（CNEC）作为 CNNC 的子公司，是中国最早的高温气冷堆（HTGR）的主要开发者和投资者。CNNC 与清华大学和宝钢集团合作，着手开展基于 HTGR 的绿色氢气项目，用于钢铁行业（CNEC 牵头）。

目前，100L/h 制氢规模的试运行项目已经成功进行，今后将实现产能为 $50000m^3/h$ 的 P2G（电制气）项目，使用 600MW 级 HTGR。

清华大学的高温气冷堆在炼铁工艺中的应用示意如图 1.3-25 所示。

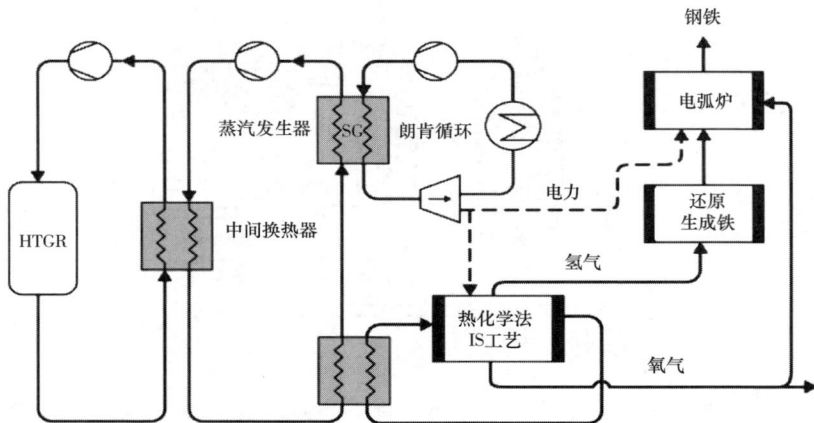

图 1.3-25　清华大学的高温气冷堆在炼铁工艺中应用示意图

第四节　氢能储存和运输及供给技术

一、氢能储存及运输技术

（一）氢能储存及运输技术概述

氢能作为一种清洁、高效的能源备受关注。然而，氢气是一种轻、低密度、高压力和易燃易爆的气体，储存和运输是关键技术。

氢能储存、运输及利用示意如图 1.4-1 所示。

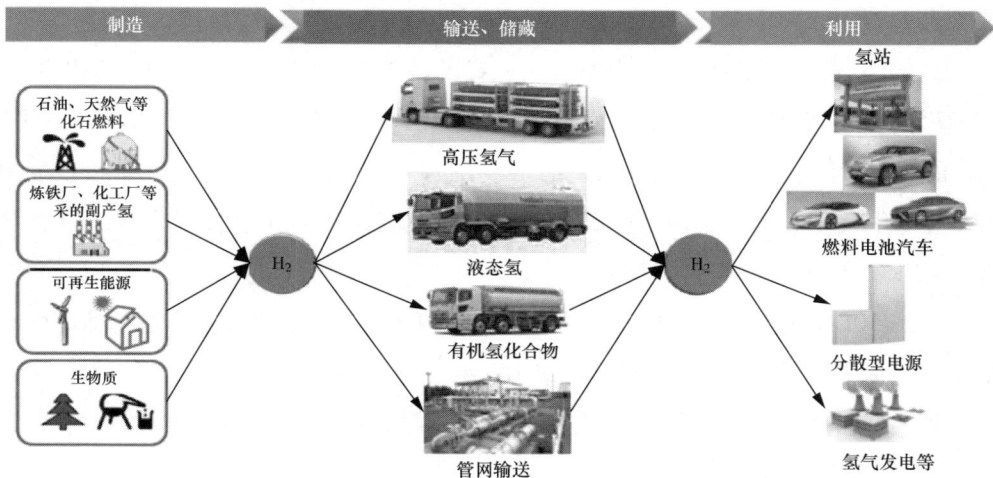

图 1.4-1　氢能储存、运输及利用示意图

氢根据需求制造、输送、储藏、利用等供应链选择及方案组合可以如图 1.4-2 所示来确定。

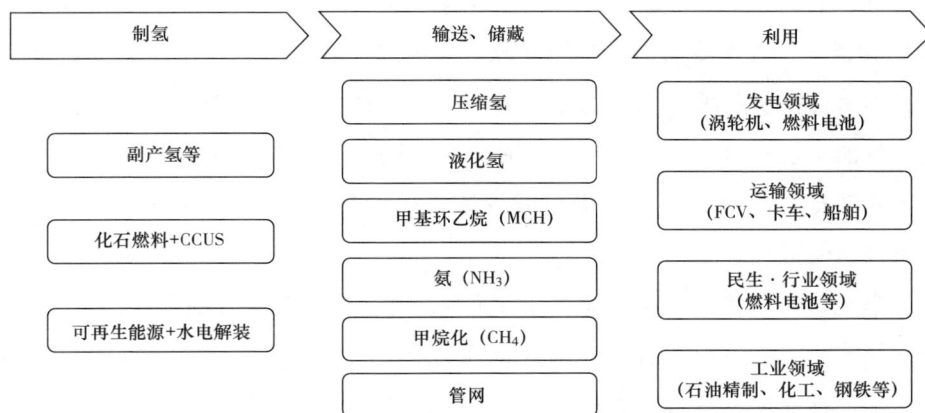

图 1.4-2　氢制造、输送、储藏、利用等选择及方案组合

（二）氢的储存、运输

（1）运输和储存成本将在氢气的竞争力中发挥重要作用。若氢气能够在其生产地点附近使用，这些成本可能会接近于零。然而，通常需要将氢气输送至远距离后才能使用，因此传输和分配的成本可能高达氢气生产成本的 3 倍。

（2）由于氢气能量密度较低，远距离传输存在困难。压缩、液化或将氢气与较大分子结合是克服这一障碍的可能选择。每种选择都有其优点和缺点，并且最便宜的选择将取决于地理位置、距离、规模和最终用途。

（3）将氢气注入到现有的天然气管道网络中，将促进氢气供应技术的发展，而无需投资新的氢气输送和分配基础设施，并减少风险。采取行动来更新和统一国家法规，并限制天然气中允许含氢的浓度，将有助于促进注入氢气的发展。

（4）如果需要将氢气运往国外，通常必须将其液化或作为氨或液态有机氢载体进行输送。对于距离小于 1500km 的情况，通过管道输送氢气可能是最廉价的运输方式；而对于超过 1500km 的距离，运输氢气可能更加经济实惠的选择是氨气或液态氢气。

（5）如果需求量足够大、持续存在并且本地化，那么管道可能是分配氢气的最具成本效益的长期选择。然而，当前的分配主要依赖卡车运输气体或液态的氢气，而在未来的十年中，这种方式可能仍然是主要的分配机制。

（6）在某些地区，进口氢可能比国内生产更便宜。例如，在日本，通过电解产氢和分布到 2030 年，氢气大约需要 6.5 美元/kg，而通过从澳大利亚进口的氢气大约需要

5.5 美元/kg。韩国和欧洲某些地区也可能出现类似的机会。将氨直接用于最终用途部门的使用可以进一步提高进口产品的竞争力。即使进口氢气不是最便宜的选择，一些依赖能源进口的国家也可考虑进口，以增加能源多样性并获得低碳能源的机会。

（7）如果氢气要在清洁、灵活的能源系统中发挥有意义的作用，那主要是因为氢气可以长期储存大量能源并用于长途运输。因此，选择交付基础设施以及费用是至关重要的。目前，氢气通常以压缩气体或液化形式进行储存和输送。大约 85% 的氢气在现场生产和消费，剩余 15% 通过卡车或管道输送。未来，这种平衡可能会发生变化，并可能出现新的方式。

（8）氢运输方式主要包括压缩气体管道、液化氢船舶和氢气罐车等。

压缩气体管道利用管道输送压缩后的氢气至目的地，需建设氢气管道和压缩站等设施。这是一种安全可靠的输送方式，但建设成本高且安全要求严格。

液化氢船舶通过运输液态氢实现，需建设专用氢气液化和储存设施，并考虑温度和压力等因素。液化氢船舶的储存密度高，可覆盖更远距离，但建设成本高，安全性需特别关注。

氢气车辆以氢气为燃料驱动，需要压缩或液化氢气进行储存和运输。氢气车辆具有零排放、能量密度高和加注便利等优点，但建设成本高，加注站点不足等问题需解决。

总之，氢能储存及运输技术是氢能产业链的重要环节，需根据不同应用场景和需求选择合适技术，并加强安全管理和技术研发，促进氢能的应用和发展。

（三）压缩氢运输

压缩氢运输是将经过压缩的氢气以管道、船舶或车辆等方式运输到目的地。不同的运输方式需要采用不同的压力级别和储存方式。

（1）氢气管道输送：氢气管道输送是通过管道进行氢气输送的方式，需要建设氢气管道和压缩站等设施。一般采用的压力级别为 20~87.5MPa，输送距离一般在 200~500km。氢气管道输送是一种安全、稳定的输送方式，但建设成本高，且涉及的安全要求较高。

（2）液态氢船舶输送：液态氢船舶输送是通过船舶进行液态氢运输的方式，需要建设专门的氢气液化和储存设施，并在运输过程中考虑温度和压力等因素。液态氢船舶具有高储存密度和远距离运输的优点，但建设成本高，运输安全需要特别考虑。

（3）氢气车辆输送：氢气车辆输送是通过氢气车辆将压缩后的氢气运输到目的地，需要建设加氢站等设施。一般采用的压力级别为 35~70MPa，输送距离一般在 500km 以内。氢气车辆输送具有加注方便、能量密度高等优点，但建设成本高，且加注站点不足等问题亟待解决。

压缩氢储存与运输及利用示意如图 1.4-3 所示。

图 1.4-3 压缩氢储存与运输及利用示意图

总之，压缩氢储存及输送技术是氢能产业链的重要环节之一，需要针对不同应用场景和需求选择合适的压缩储存和输送技术，同时加强安全管理和技术研发，以推动氢能的应用和发展。

（四）液态氢储存及输送

1. 液态氢的储存

液态氢被认为是一种高能、高效的燃料，然而，由于其极低的温度和压力，储存与输送液态氢需要采用特殊的技术。

（1）液态氢通常被储存在液态氢储罐中。这些储罐具有高效排放和约 99% 的效率，适用于小型应用，特别是需要随时获取燃料或原料的场合。

（2）液态氢的沸点在常压下为 $-252.8℃$，因此需要在极低的温度下存储。液态氢储存通常采用双壁储罐，内壁为不锈钢，外壁为真空绝缘层，以减少热量传导和氢气泄漏。通常在储罐内注入保温材料，如气体或泡沫塑料，以进一步减少热量传导。常见的储罐类型包括球形、立式和卧式储罐。

（3）液态氢储存面临的另一个挑战是氢气的泄漏。由于氢气分子尺寸微小，泄漏速度比其他气体更快。为了减少氢气泄漏，储罐通常采用密封、绝缘技术，并配备泄漏探测器和压力释放阀。

2. 液态氢的输送

液态氢输送的关键是保持低温和低压。常见的输送方式包括集装箱、储罐车和管道输送。

（1）储罐车输送：液态氢通常通过储罐车在陆地上进行输送，如图 1.4-4 所示。

图 1.4-4　液态氢在陆地上通过储罐车输送

（2）管道输送：液态氢可以通过管道输送。然而，由于液态氢的低温和低压，必须采用特殊的管道材料，例如不锈钢或铝合金。管道系统还需要配备保温层和冷却系统，以保持低温。

总的来说，液态氢的储存和输送需要特殊的技术和设备，以确保氢气的安全和有效输送。目前全球共有将近 5000km 的氢气管道，而天然气输送管道的长度约为 300 万 km。这些现有的氢气管道是工业制氢厂操作的，主要用于将氢气输送到化学厂和炼油厂。

管道运行成本低，寿命在 40~80 年之间。它们的两个主要缺点是资本成本高和需要取得通行权。这意味着如果要建造新的管道，确定未来的氢需求和政府支持是必不可少的。如果现有的高压天然气输送管道不再用于天然气，将来可以转换为输送纯氢，但其适用性必须逐案评估，并取决于管道中使用的钢的类型和运输氢的纯度。荷兰最近的研究表明，现有的天然气网络可以用于经过少量改造后的氢气传输（Netbeheer Nederland，2018；DNVGL，2017）。主要的挑战是要提供与天然气同等数量的能源，需要 3 倍的体积。因此，可能需要增加整个网络的传输和储存能力，这取决于氢气的增长程度。

现代多低压气体配管通常由聚乙烯或纤维增强聚合物制成，适用于输送氢气，但需要稍作改进。作为天然气基础设施升级方案的一部分，目前正在使用塑料管道取代英国几乎整个输气管网，该管网长度约为该国输气网长度的 14 倍。天然气管道在供暖需求高的地区非常普遍，如北欧、我国和北美，它们延伸到城市地区和工业集群。新的专用氢气分配管道将是一个更重要的资本成本，特别是在向建筑供热所需的规模上。

（五）有机化学氢化合物储存和运输

1. 有机化学氢化合物储存和运输概述

有机化学氢化合物储存和运输是一种新型的氢气储存和运输方式。与传统的氢气储存和运输方式相比，有机化学氢化合物储存和运输具有许多优点，如储存密度高、安全性好、易于运输等。

有机化学氢化合物储存和运输的原理是利用有机化合物与氢气发生化学反应，将氢气吸附或存储在有机分子中。这种方法可以大大提高氢气的储存密度，从而减少储存和运输成本。

有机氢化合物储存及运输的应用非常广泛，例如用于储存和运输氢气燃料以供汽车和其他设备使用。此外，它还可用于储存和运输氢气用于工业生产，例如合成氨、石化和电力等行业。

有机氢化合物加氢、运输及储藏示意如图 1.4-5 所示。

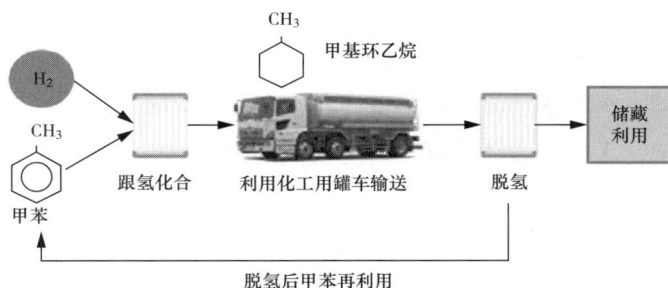

图 1.4-5　有机氢化合物加氢、运输及储藏示意图

2. 关于氨和有机氢化物（LOHCs）的利弊

将氢转化为氨需要消耗相当于氢中含能量的 7% 到 18% 的能量，这取决于系统的大小和位置。如果氨需要在目的地重新转化为高纯度氢气，那么类似的能量水平就会损失。尽管如此，氨在比氢气温度高的 $-33℃$ 下液化，每立方米含氢量是液化氢的 1.7 倍，因此运输费用比氢气便宜得多。虽然氨已经有一个完善的国际输配网络，但它是一种有毒化学品，这可能会限制在某些最终用途部门的使用。此外，部分未燃烧的氨也可能外泄，引致微粒物质（空气污染物）和酸化。

制造有机氢化合物需要将氢"载入"一个"载体"分子，然后运输它，然后在其目的地再次提取纯氢。有机氢化合物与原油、石油产品具有相似的性质，其核心优点是无需冷却即可作为液体运输。然而，与氨一样，转化过程也涉及能耗和成本。所涉及的再转换过程需要消耗相当于氢本身 35% 至 40% 的能量。此外，承运人还需考虑有机氢化合物中的分子通常很昂贵，当氢气在过程结束后，需将其运回原点。

目前有几种不同的有机氢化合物分子正在考虑中，每个分子都有不同的优缺点。LOHCs 是指甲基环己烷（MCH），这是一种相对低成本的选择以甲苯为载体。当前每年生产约 22 兆甲苯（用于商业产品），如果将其用作低含氢化合物，可以携带 1.4 兆甲苯，费用约每吨 400~900 美元。然而，甲苯是有毒的，需要小心处理。一种无毒的替代 LOHC 是二苄甲苯。虽然它比现行的甲苯要贵得多，但从长远来看，特别是考虑到其无毒性，扩大规模可能会使其成为一个更有吸引力的选择。甲醇和甲酸是其他选择，但如果直接使用（除非使用非化石碳源生产），会导致温室气体排放。对于氨和LOHCs，有效利用转化过程中释放的热能可以提高价值链的效率并降低总体成本。

（六）地质结构中储存氢

1. 岩盐洞穴等其他地质结构中储存氢

为了提高能源供应的安全性和灵活性，低碳氢的部署将需要与开发具有成本效益的大规模长期储存解决方案相结合。

盐洞、枯竭的天然气或石油储层以及含水层都被认为是用于大规模和长期储存氢的可能选择。目前，天然气储存具有规模经济、高效率（注入的氢气量除以可抽取的量）、低运营成本和低土地利用成本等优点。尽管氢气的能量密度较低于天然气，但这些特点使得天然气储存仍然可能成为氢气储存成本最低的选择。

2020 年，全球天然气储存总量超过 4000 亿 m^3（占总消费量的 10%），其中多孔储层（衰竭的油田和含水层）占储存能力的 90% 以上，其余位于盐岩洞穴中。假设全球氢需求达到 5.3 亿 t（530Mt），储存与消耗比率相似，到 2050 年，净零排放情景下的氢储存需求可能达到约 5000t（50Mt）（约 5500 亿 m^3）。

石化工业从 20 世纪 70 年代早期开始将氢储存在地下盐穴中，这是一项成熟的技术。因为盐穴支持高注入和提取速率，在那里储存氢可以提供短期的能源系统灵活性。然而，它们的开发取决于地质条件，即盐层的可用性。

现在世界上，四个氢盐洞穴正在运行。第一座于 1972 年由萨比奇石化公司在英国蒂赛德投产，三座在得克萨斯州运行，包括世界上最大的储氢设施 Spindletop（于 2016年投产）。

欧洲正在开发几个试点项目，在荷兰，2021 年 8 月开始在 Zuidwending 的一个未来洞穴的钻孔中测试氢储存，第一个洞穴将于 2026 年投入使用。在德国，EWE 于 2021年初开始在 Rüdersdorf 建造一个较小规模的盐穴储存场，预计第一次测试结果将于2022 年年中公布。在瑞典，一个岩石洞穴储氢设施正在建设中，预计将于 2022 年开始试运行。法国和英国的几个试点项目也处于不同的开发阶段。

国际能源署氢技术合作计划正在为地下储氢建立一个新的任务，该任务将集中于研究和创新，以证明其技术、经济和社会可行性。

2. 现在世界上地质结构中储氢设施和计划的项目

现在地质结构中储氢设施和计划的项目见表 1.4-1。

表 1.4-1　　　　　　现有的在地质结构中储氢设施和计划的项目

序号	项目名称	国家	项目启动时间	运营商/开发商	工作存储（GWh）	形式	运行状态
1	蒂塞德（Teesside）	英国	1972年	萨比奇（Sabic）	27	盐穴	在运行
2	克莱蒙斯圆顶（Clemens Dome）	英国	1983年	康菲飞利浦公司（Conoco Philips）	82	盐穴	在运行
3	莫斯布拉夫（Moss Bluff）	英国	2007年	普莱克斯（Praxair）	125	盐穴	在运行
4	斯宾德勒托普（Spindletop）	英国	2016年	液化空气（Air Liquide）	278	盐穴	在运行
5	地下阳光储存（Underground Sun Storage）	奥地利	2016年	RAG	10% H_2 混合	枯竭油田	演示
6	海奇科（HyChico）	阿根廷	2016年	BRGM 海奇科	10% H_2 混合	枯竭油田	演示
7	海斯托克（HyStock）	荷兰	2021年	能源库存	—	盐穴	试验性
8	混合物（HYBRIT）	瑞典	2022年	Vattenfall LKAB SSAB	—	岩石洞穴	试验性
9	吕德斯多夫（Rüdersdorf）	德国	2022年	EWE	0.2	盐穴	建设中
10	HyPster	法国	2023年	Storengy	0.07~1.5	盐穴	工程探讨
11	海乔·（HyGéo）	法国	2024年	HDF, Teréga	1.5	盐穴	可行性研究
12	HySecure	英国	21世纪20年代中期	Storengy, Inovvn	40	盐穴	第一阶段可行性研究
13	能源公园（Energiepark Bad Lauchstädt Storage）	德国	—	尤尼珀, VNG·翁塔斯, DBI·特拉瓦特	150	盐穴	工程探讨
14	先进清洁能源储存	美国	21世纪20年代中期	三菱动力美国公司	150	盐穴	被推荐

注 资料来自 IEA *Global Hydrogen Review 2021*。

自1970年代以来，英国和美国的化学部门一直在使用盐洞储存氢气。它们的成本通常低于0.6美元/kg-H_2，效率约为98%，储存的氢气风险也很低。由于盐洞储藏通常是相邻独立的系列储藏，因此随着氢气使用的增加，天然气储存可被转换为氢气储存，从而降低前期费用。目前，美国拥有最大规模的盐洞储氢系统，它可以储存附近一个蒸汽甲烷重整器（1万~2万t-H_2）大约30天的氢气产量，以帮助管理精炼和化学品的供求。英国拥有三个可储存1GW氢气的盐穴，而德国正在准备一个容量为3.5GWh的盐穴储存示范项目（计划于2023年实施）。

枯竭的石油和天然气储层通常比盐洞更大，但它们也更具有渗透性，且含有需要在将氢气用于燃料电池之前清除的污染物。含水层是三种地质储存方案中最不成熟的，关于其适用性的证据也不一致（尽管它们以前被用于储存 50%～60% 的氢气）。与石油和天然气储层类似，天然屏障可以阻止大部分埋藏在地下的氢气逸散。然而，与微生物、液体和岩石的反应可能导致氢气的损失。

由于以前没有商业调查过这些含水层的纯氢储存，在枯竭的储层和含水层中储存氢气的可行性和成本仍有待证明。如果能够克服这些挑战并确立其可行性，它们将成为提供所需规模的季节性氢气储存的选择。

二、氢传输及分配基础设施

可以制定若干新的备选方案，将氢从生产点运送到最终用户手中。与天然气一样，纯氢在运输之前可以被液化，以增加其密度。然而，液化氢需要冷却到零下 253℃ 才能变成液态。如果使用氢气本身提供能量，那么消耗的氢气约占初始氢气的 25%～35%（根据今天的标准）。这比液化天然气所需能源要多得多，液化天然气消耗量约占天然气初始量的 10%。

还可以将氢气并入更大的分子中，这些分子可以更方便地作为液体进行运输。备选方法包括氨和低含氢化合物。氨和低含氢化合物比氢更容易运输，但通常不能直接用作最终产品，因此需要在最终消费之前采取进一步措施来释放氢（除非氨可以直接由最终用户使用）。这需要额外的能源和成本，两者必须与较低的运输成本相平衡。

如果需要将氢气输送到大约 1500km 以下，通过管道输送氢气通常是最便宜的选择。对于较长的距离，使用氨或低含氢化合物进行传输可能更经济，尤其是当需要将氢气输送到国外时，即使考虑到将氢气转化为氨或低含氢化合物并再次转换回来的成本也是如此。就本地分销而言，在较远距离分销大量氢气方面，管道具有成本效益；在其他情况下，卡车可能是更便宜的选择。

氢气的能量密度低意味着远距离运输非常昂贵。然而，为了克服这一障碍，有一些可行的选择，包括将氢气压缩、液化或并入较大的分子中，这些分子可以更方便地作为液体进行运输。许多国家已经建立了广泛的天然气管道网络，可以用于运输和分配氢气。还可以发展新的基础设施，包括专用管道和航运网络，以实现大规模的氢气海外运输。每种可行的选择都有各种优缺点，最便宜的选择会根据地理位置的不同而异，取决于氢气的输送距离、规模和最终用途。

氢载体选定的性能（液态氢、氨、有机氢化物工艺及其成熟度）见表 1.4-2。

表 1.4-2   氢载体选定的性能（液态氢、氨、有机氢化物工艺及其成熟度）

序号	项目		氢能载体		
			液化氢（LH₂）	氨（NH₃）	有机氢化物（MCH）
1	工艺技术成熟度[①]	转换	小规模：高；大规模：低	高	中间
		储罐	高	高	高
		运输	船运：低；管道输送：高；储罐车：高	船运：高；管道输送：高；储罐车：高	船运：高；管道输送：高；储罐车：高
		恢复原状	高	中	中
		供应链一体化	中/高	高	中
2	危险[②]		易燃的；没有气味或火焰的能见度	易燃、急性毒性、空气污染的前兆；腐蚀性的	甲苯，易燃；中等毒性。其他LOHC可以更安全
3	所需转换和再转换能源[③]		目前：25%~35%；潜力：18%	目前：1%~18%；潜力：<20%	目前：35%~40%；潜力：25%
4	技术改进和扩大需求		生产装置效率，沸腾管理	与柔性电解质集成，提高转化效率；H₂净化	利用转化热，提高再转化效率
5	发展供应链的选定机构		HySTRA；CSIRO、Fortescue金属集团；空气液体	美国能源部、IHI公司、绿氨财团	AHEAD、千代田、氢气方框体、克拉里昂

注 资料来自 Aakko-Saksa 等人（2018年），《动力源杂志》，《用于运输和储存可再生能源的液态有机氢载体审查和讨论》；Bartels（2008年），《爱荷华州》，《实施氨经济的可行性研究》。

① 小规模：每天<5t；大规模：每天>100t；高：已证实和商业运营；中：示范；低：有效或正在开发。
② 基于吸入的毒性标准。
③ 假设氢的加热值较低，数值可用于燃料电池的氢，低纯度氢的能量要求较低。

1. 远距离输送

当能量以化学燃料的形式而非电能进行传输时，远距离输送变得更加便利。化学燃料通常具有较高的能量密度，在燃烧过程中能量损失较少。这种方式不仅能够进行输送，还能通过广泛的网络进行点对点的交易或传输，从中获得规模经济效益。目前，大部分天然气和石油以大规模形式运输到世界各地。类似的方案也适用于氢气和氢气运输工具。

氨通常通过管道运输，新的氨管道比新的纯氢管道便宜。目前美国有数百个氨管线零售点，总长度为4830km。在东欧，从俄罗斯输送到化肥厂和化工厂的敖德萨输氨线长 2400km，一直延伸到乌克兰。LOHCs（液体有机氢载体）类似于原油和柴油，因此可以利用现有的输油管道。然而，由于需要将氢载体（如甲苯）送回原产地再进行加氢，这要么需要使用卡车，要么需要建设一条运行方向相反的平行管道，这使得运输方法变得复杂且昂贵。

进口氢气为各国能源进口多样化提供了空间，因此各国对利用船舶运输氢气产生了重大兴趣。目前还没有专门运输纯氢的船只。这类船与液化天然气船相似，需要在运输前将氢气液化。目前由于船只和液化过程都将带来巨大的成本，一些项目正在积极寻求开发合适的船只。期望这些船只在旅途中能够通过氢气沸腾供应燃料（每天大约消耗货物量的 0.2%，与液化天然气运输船消耗的天然气量相当）。除非高价值液体能够在同一艘船只内向相反方向运送，否则船只将必须空船返回。

氢气运输中，洲际运输最先进的是液氨，其依赖于化学和半冷冻液化石油气（LPG）。目前油轮的贸易路线涵盖从阿拉伯湾、特立尼达和多巴哥到欧洲和北美洲的运输。液态有机氢载体（LOHCs）是最便捷的氢运输形式，可利用现有的石油产品油轮进行运输。然而，在使用之前，需考虑转换成氢气的费用以及再转换回成原料的费用。此外，船只需与原运输商合作返回，增加了供应路线的复杂性。

不论情况如何，航运供应链都要求在装载和接收终端建立必要的基础设施，包括储罐、液化厂、再气化厂以及转换和再转化厂。

2. 长途传输费用

就管道而言，考虑到所有资本和运营成本，国际能源机构估计，将氢气作为气体运输大约每 1500km 需要花费约 1500 万美元。将氢气转换为氨的成本约为每千克 2 美元（具体成本可能因地区而异）。虽然用管道输送氨比氢气便宜，但这些转换费用意味着输送氨气每 1500km 的总费用约为每千克 1.5 美元。随着输送距离的增加，管道输送氢气的成本上升速度快于氨气成本，因为需要更多的压缩机和加压站。如果输送距离为 2500km，通过管道输送氨的成本，包括转化成本，与作为气体运输的氢气成本大致相似（约为每千克 2 美元/kg-H₂）。

三、氢气注入天然气网中

全球有近 300 万 km 的天然气输送管道和近 4000 亿 m³ 的地下储存能力，以及国际液化天然气航运的既定基础设施。如果这些基础设施中的一部分可用于运输和使用氢气，将会极大促进氢气的发展。

（一）氢气注入及其基础设施

1. 建设氢能基础设施需要多方面全面分析研究

要实现高效开发大规模氢气基础设施的氢部署，需要一个有效且成本效益高的储存和运输系统的支持。该系统的战略设计是将供应源与需求中心连接起来。尽管人们普遍认为有必要扩大氢在能源系统中的渗透，以消除某些难以消除的部门的碳排放，但氢气的生产、消费和地理分布将如何演变仍存在不确定性。这种不确定性反过来会影响氢储存和运输基础设施的发展。

有效的基础设施设计将取决于几个方面，包括需求量、基础设施相对于生产低碳氢的资源的位置（例如可再生能源和CO_2储存场所）、用于生产的技术，以及它们的未来发展。在某些情况下，为分散的电解制氢输送电力可能是最经济的选择，但在不同的情况下，依赖于氢输送的集中生产可能是优选的。

氢的最终用途也决定了它的运输方式。在某些情况下，氢可以在当地用于生产最终产品，例如化工产品、化肥或钢铁，或者生产其他燃料（例如氨或合成燃料），这些燃料的运输成本更低。在其他情况下，纯氢将是最终产品（用于运输或高温加热），纯氢的运输（气态或液态）或使用氢载体（例如氨或液态有机氢化合物）将取决于运输的总成本，包括转换/再转换、储存和运输。

尽管氢能具有高度多功能性，为不同部门提供了广泛的可能性和解决方案，但规划不当可能会导致基础设施建设低效和昂贵。因此，需要在系统层面进行综合分析，以设计高效的基础设施来生产氢气并将其运输给最终用户。

为了实现氢能的目标，需要更多的管道运输。氢可以以气态形式通过管道和拖车运输，也可以以液态形式通过低温储罐运输。国际能源机构的分析表明，在1500～3000km的距离内，管道通常是最具成本效益的选择。而对于更长的距离，通过船运输液化氢、氨或碳氢化合物等替代方法可能更具吸引力。

通过管道输送氢气是一项成熟的技术。氢气管道目前覆盖超过5000km，其中超过90%位于欧洲和美国。大多数是大型商用氢生产商拥有的封闭系统，集中在工业消费中心附近，如炼油厂和化工厂。

与天然气管道系统类似，氢气管道是资本密集型项目，前期投资成本很高。由于这些资产的不可改变性和持久性，一旦铺设好管道，投资就会沉没。因此，高昂的初始资本和相关的投资风险可能会严重阻碍氢气管道系统的发展，尤其是在监管框架尚未建立的情况下。

此外，由于更大的直径需要更厚的管道壁，新建氢气管道的建设成本通常高于天然气管道。在类似的直径下，氢气专用钢管的资本支出比天然气高 10%~50%。

为了实现氢战略中设定的目标，就必须加快氢传输的发展。根据国际能源机构的分析，到 2030 年，全球氢气管道的总长度将在宣布的"承诺情景"中翻一番，达到10000km 里，在"净零排放情景"中翻两番，达到 20000km 以上。

2. 氢混合是过渡性的解决方案

氢混合被视为一个过渡性的解决方案。现有的天然气基础设施可被用作扩展氢气运输的催化剂。从短期到中期，将氢气混入天然气中可促进贸易的初步发展，而改变天然气管道的用途则可大幅降低建立国家和区域氢气网络的成本。

通过提供临时解决方案，直到专用氢气运输系统开发完成，在天然气网络中混合氢气可支持低碳氢气的初始部署，并降低低碳氢气生产技术的成本。尽管近年来已启动几个试点项目，但混合仍然面临技术和监管障碍。不同国家规定的与天然气质量相关的参数（成分、热值和沃泊指数）会限制（或完全阻止）氢气注入燃气管网。某些终端用户，包括工业客户，对氢气纯度的要求会进一步限制氢气混合。此外，气体物理特性的变化会影响计量等某些操作。为避免由气体质量变化引起的互操作性问题，氢气混合将要求相邻的气体市场更加紧密地合作。

氢气可以以纯氢的形式直接注入天然气网络，也可以作为与天然气的"预混物"注入。然而，由于其化学性质，它会导致钢质管道脆化，即氢和钢之间的反应会在管道中产生裂缝。取决于气体传输系统的特性，氢气可以以 2%~10% 的体积比率混合而不需要对管道系统进行实质性的改造。基于聚合物的配气网络的氢耐受性通常更大，潜在地允许混合高达 20% 的 H_2，而对管网基础设施的改动最小或可能没有改动。然而，氢气的能量密度约为天然气的 1/3。

自 2013 年以来，注入天然气管网的低碳氢增长了 7 倍，但数量仍然很低。在 2020年，混合了约 3500t-H_2，几乎全部在欧洲，主要在德国，占注入量的近 60%。在法国，GRHYD 示范项目正在测试向 Cappelle-la-Grand（敦刻尔克附近）的天然气分配网络注入高达 20% 的 H_2。在意大利，Snam 项目证明了在其输配网络中混合高达 10% 氢气的可行性，而在英国，HyDeploy 示范项目测试了向基尔大学现有的天然气网络中注入高达20% 的 H_2（该项目于 2020 年初全面投入运营）。氢混合可以作为一个过渡性的解决方案。现有的天然气基础设施可以作为扩大氢运输的催化剂。从短期到中期来看，将氢气混入天然气可以促进贸易的初步发展，可以大大降低建立国家和区域氢气网络的成本。

通过提供一种暂时性解决方案，直到专门的氢气运输系统被开发出来，可以在天然气网络中混合氢气以支持低碳氢气的初步部署，并降低低碳氢气生产技术的成本。尽管近年来已经启动了几个试点项目，但混合氢气仍然面临着几个技术和监管障碍。不同国家规定的与天然气质量相关的参数（成分、热值和沃泊指数）会限制（或完全阻止）氢气注入燃气管网。工业客户和其他终端用户对氢气纯度的要求不断提高，这进一步限制了氢气混合的范围。此外，气体物理特性的变化会影响计量等操作。为了避免由气体质量变化引起的互操作性问题，氢气混合将需要与相邻的气体市场更加紧密地合作。氢气可以以纯氢的形式直接注入天然气网络，也可以与天然气预混后注入。

根据最终投资决策（FID）或正在建设中的项目，到 2030 年，氢混合将增加 1.3 倍，达到 4000t 以上。如果所有提议的并网氢能项目都得以实现，其发电量将增长超过 700 倍，达到 200 多万吨氢。尽管如此，这仍然远远低于 2030 年净零排放情景下全球需要并入燃气电网的 5300 万 t 氢。

支持性政策和监管机制，包括混合证书和/或原产地保证，可以刺激氢贸易和管道运输的发展。尽管掺氢的成本相对较低，但减排效果相当有限。在掺氢率为 30% 的情况下，仅减少约 10% 的二氧化碳排放量。因此，就气候变化行动而言，混合是一种过渡性解决方案，可以帮助建立低碳氢需求的稳定来源，直到开发出专用的氢运输系统。

利用现有的天然气基础设施可以促进氢气网络的发展。相比于新建氢气管道，重新利用现有的天然气管道系统作为专用氢气网络的成本大幅降低，交付周期也缩短。最终，这将转化为更低的运输成本，提高氢气的成本竞争力。

管道再利用的范围从简单的措施，如更换阀门、仪表和其他部件，到更复杂的解决方案，包括更换/重新涂覆管道段（需要挖掘管道）。鉴于氢气的泄漏率较高，其着火范围大约是甲烷的七倍，需要升级泄漏检测和流量控制系统。

根据对德国输气系统的技术分析，Siemens 估计压缩机站通常可以在不进行重大变更的情况下使用，最高可达 10% 的氢气混合比例；超过 40% 的氢气混合比例，它们必须被替换，从而增加初始投资成本。需要注意的是，每单位氢气运输所需的压缩机功率比天然气高出约 3 倍，导致更高的运行费用。总压缩机功率的需求最终取决于氢气的市场需求。

天然气管道再利用的成本效益是巨大的。欧洲氢主干网（EHB）的研究表明，转换成本是新氢管道成本的 21%~33%。该研究预计，到 2040 年，欧洲约 40000km 的氢气管道中，将有 75% 被重新利用。德国传输系统运营商（TSO）协会最新的网络发展计划草案估计，新建氢气管道的成本几乎是天然气管道改造成本的 9 倍。

（二）氢气注入天然气管网面临的挑战

（1）氢密度低：氢的能量密度约为天然气的 1/3，即氢的能含量为 10MJ/m³，而天然气的能含量为 35MJ/m³。因此，混合气体中 70% 的氢气相当于 20% 的能量混合比例。这导致输送气体的能量含量下降，当 3% 的氢混合到天然气中时，输送管道的能量减少约 2%。为满足给定的能源需求，最终用户将需要更多的气体量。

（2）氢的燃烧速度快：氢的燃烧速度比甲烷快得多，增加了火焰蔓延的风险。氢火焰在燃烧时也不太明亮。高混合比可能需要新的火焰探测器。

（3）注入氢对管网及其设备的影响：混入天然气流的氢气量的变化将对设计只容纳少量混合气体的设备的运行产生不利影响，同时也可能影响某些工业过程的产品质量。

（4）缺乏关于混合比例等相关技术标准及规定。氢气混合的管网中上限取决于与其相连的设备，这需要逐个案例进行评估。整个网络的公差将由公差最小的组件定义。各国天然气管网中加注入氢的现行限制如图 1.4-6 所示。

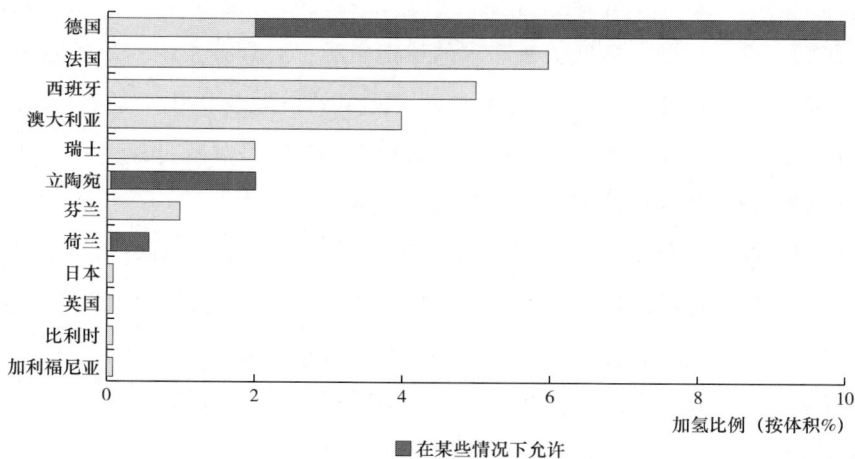

图 1.4-6 各国天然气管网中加注入氢的现行限制比例

注 资料来自 IEA *Global Hydrogen Review 2021*。

四、氢气供给方式

燃料电池汽车（FCV）主要通过氢站（即加氢站）来供应氢气。燃料电池汽车（FCV）的基本结构如图 1.4-7 所示。

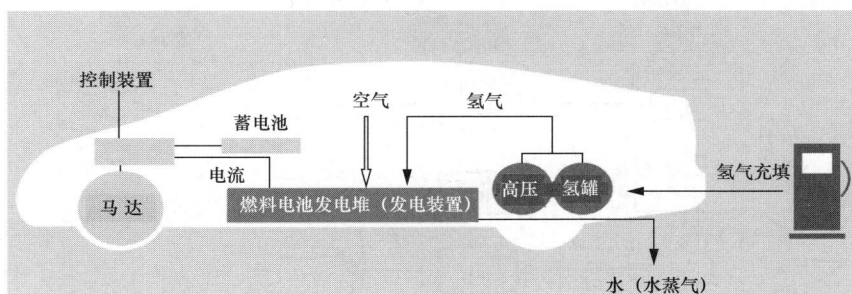

图 1.4-7 燃料电池汽车（FCV）的基本结构图

（一）氢站概述

加氢站是一种设施，用于为氢气驱动的车辆提供氢燃料。加氢站主要包括制氢、储存和输送系统，以及用于加注氢气的加注站。

液化氢从输送加注到汽车工艺流程如图1.4-8所示。

图 1.4-8 液化氢从输送加注到汽车的工艺流程图

在加氢站内，氢气经过压缩和冷却处理，然后储存并输送至加注站。通常，加注站采用自动化加注设备，能够快速、高效、安全地为车辆加注氢气，车辆加注完成后即可继续行驶。

为确保加氢站的正常运行和安全性，通常需要进行定期维护和检测。此外，加氢站还必须符合当地政府的法规和标准，以确保合规性和安全性。

随着氢能源的发展和应用，加氢站在全球范围内得到了广泛推广和应用。加氢站为人们提供更环保、可持续的出行方式，促进能源结构的转型和优化。图1.4-9展示了利用可再生能源的氢站供应链示意图。

北京大兴机场临空区加氢站如图1.4-10所示，日本有明氢站如图1.4-11所示，美国加利福尼亚州氢站如图1.4-12所示，欧洲"唐吉珂德计划"比利斯哈雷氢站如图1.4-13所示。

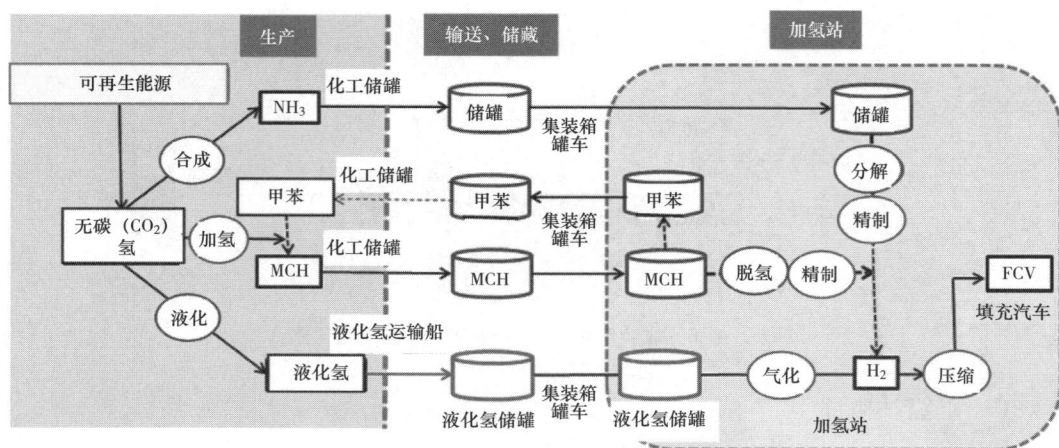

图 1.4-9　利用可再生能源的氢站供应链示意图

图 1.4-10　北京大兴机场临空区加氢站

图 1.4-11　日本有明氢站

图 1.4-12　美国加利福尼亚州 FEF 公司氢站

图 1.4-13　欧洲"唐吉坷德计划"比利斯哈雷氢站

(二)氢站形式

加氢站可以按以下几个方面进行分类:

(1)压缩型加氢站:这种类型的加氢站通过压缩装置将氢气压缩到高压状态,然后储存和输送到加注站。压缩型加氢站需要具备较高的压缩能力和较大的氢气储存设施,但相对建设成本较低,适用于城市或工业区域的加注服务。

(2)液态加氢站:液态加氢站利用液化装置将氢气液化,然后储存和输送到加注站。与压缩型加氢站不同,液态加氢站需要更复杂的氢气储存和输送系统,同时建设成本也较高,因此适用于工业区域和大型交通枢纽等地方。

(3)车载加氢站:车载加氢站是一种便携式的加注设备,可以安装在车辆上,随时进行加注操作。它主要包括氢气储存装置、压缩装置和加注设备。相比传统加氢站，车载加氢站不需要固定的储氢设施和输送管道，更加灵活便捷。

（4）储存式加氢站：这种类型的加氢站通过储存大量氢气以提供加注服务，类似于传统的加油站。储存式加氢站提供更快速和高效的加注服务，但需要较大的氢气储存设施，因此建设成本较高。

（5）独立式加氢站：独立式加氢站是指独立的、能够单独运行的加氢设施，不依赖于其他设备或基础设施。这种类型的加氢站通常可以建设在远离城市和人口密集区的地方，为长途车辆提供加氢服务。

综上所述，不同类型的加氢站在建设成本、适用场景和技术要求上各有差异，需要根据实际需求进行选择。

（三）外制氢站和内制氢站

加氢站是为燃料电池车辆提供氢气燃料的重要场所，主要根据制氢方式分为外制氢站和内制氢站两种方式。

1. 外制氢站

外制氢站，又称集中制氢方式，是通过管道或货车等运输工具将氢气从专门的氢气生产厂或储氢站点运输到加氢站进行储存和供应的方式。这种方式的优点在于能够实现大规模的氢气生产和储存，以满足加氢站的需求。此外，氢气的纯度和稳定性较高，适合大规模应用。图1.4-14展示了外制氢站的示意图。

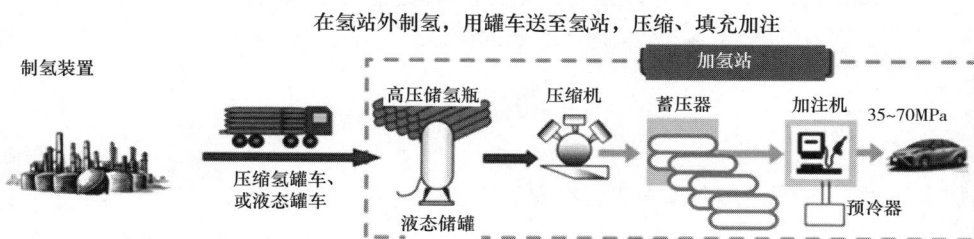

图1.4-14　外制氢站示意图

2. 内制氢站

内制氢，又称为分散式制氢，是指在加氢站内部通过电解水或化学反应等方式将水或其他原料转化为氢气供应的方法。这种方法的优点在于能够根据实际需求在加氢站内部进行氢气生产，避免了氢气的运输和储存，减少了安全风险，并且能够实现小规模的氢气生产，适用于较小规模的加氢站。内部制氢站示意图如

图 1.4-15 所示。

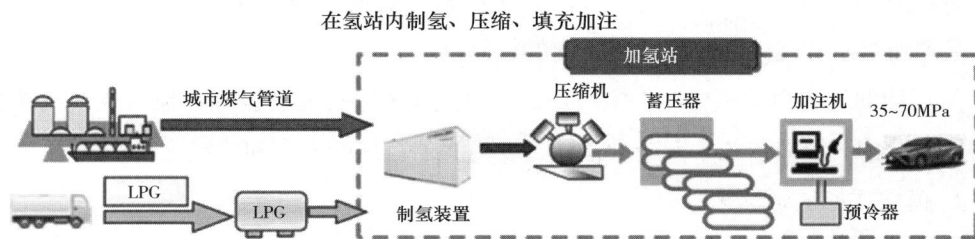

图 1.4-15 内制氢站示意图

（四）模块式氢站

模块式氢站是一种新型的设计，将传统氢站分解为多个独立的模块，包括氢气制备、氢气储存和加氢设备。这些模块可以根据需求组合成不同规模和功能的氢站。

1. 模块化氢站主要模块

（1）备模块：作为核心组成部分，采用压缩、分离、电解等技术将水、天然气、生物质等原料转化为高纯度氢气。根据实际需求，可以选择不同的制氢技术来满足不同场景的需求。

（2）氢气储存模块：作为储氢设备，通常采用高压储氢技术将氢气储存在高压氢气储罐中，以确保氢站的氢气供应量和稳定性。根据氢站的需求和规模，可以选择不同的储氢设备。

$300m^3/h$ 模块式氢站示意图如图 1.4-16 所示。

图 1.4-16 $300m^3/h$ 模块式氢站

（3）加氢设备模块：加氢设备模块是模块式加氢站的核心加氢设备，包括氢气输送、加氢控制、安全检测等部分，可以实现对燃料电池车的加氢服务。加氢设备模块可以根据加氢站的规模和需求选择不同的加氢设备，如单泵、双泵等。

（4）辅助设施模块：辅助设施模块是模块式加氢站的配套设施，包括氢气压缩机、空气处理设备、冷却系统、安全设备等，以确保加氢站的安全和稳定运行。

2. 模块式加氢站优势

与传统加氢站相比，模块式加氢站具有以下优势：

（1）灵活性高：模块式加氢站可以根据实际需求组合不同的模块，以满足不同场景下的加氢需求，并且可以在较短时间内建成加氢站。

（2）安全性高：模块式加氢站的储氢设备采用高压储氢技术，确保氢气的储存和供应安全可靠。

（3）维护成本低：模块式加氢站的模块化设计使得维护成本降低，因为在维护时只需针对具体模块进行维护或更换，而不需要对整个加氢站进行维护。

（4）快速部署：传统加氢站需要建造大型建筑和基础设施，耗时长且费用高。而模块式加氢站可以快速部署，尤其适用于紧急加氢需求，能够在短时间内建设和投入使用。

（5）空间利用率高：传统加氢站需要占用较大的空间，而模块式加氢站的模块化设计可以将加氢站布局在较小的空间内，更好地适应城市和公共场所的空间限制。

东芝模块式加氢站如图 1.4-17 所示。

图 1.4-17　东芝模块式加氢站

该机组是多用途氢站，可以为燃料电池汽车和大客车提供加注氢气，并且还能为电动汽车和建筑物供能，即可以提供氢能、电能和热能。

该机组的特点如下：利用可再生能源和水制氢，不排放 CO_2、NO_x 等，是一种绿色能源；能够同时为 8 辆燃料电池汽车加注，并且充填时间仅为 3min，供给能源量大；无需安全人员，可以进行自助加注；机组能源综合效率为 90%~95%；发电单元堆具有独特的结构，不需要外部加湿设备，在发电单元堆内部自动进行加湿和除湿，能够保持最适合性能维持的湿度，从而实现了发电单元堆的高耐久性和高稳定性。

（五）移动式氢站

移动式加氢站是一种能够为氢燃料汽车提供快速、便捷加注服务的设备。它可以随时随地移动到需要加注的地点，例如在远离加氢站的地区、现场测试或演示等场合。

移动式加氢站通常由以下几个基本部件组成：

（1）氢气储罐：移动式加氢站需要一个储存氢气的容器，通常为压缩氢气储罐。储氢罐的大小和容量可以根据需求进行定制。

（2）加氢机组：加氢机组是移动式加氢站的核心部件，主要用于将储存的氢气转化为高压氢气，并注入车辆燃料箱。加氢机组需要配备氢气压缩机、冷却器、氢气过滤器等设备，以确保加注的氢气质量和安全性。

（3）控制系统：移动式加氢站需要一个可靠的控制系统，以确保加注过程的安全和稳定。控制系统可以监测储氢罐的氢气压力、温度和流量等参数，并调节加氢机组的工作状态，以保证加注的氢气质量和稳定性。

（4）电源系统：移动式加氢站需要可靠的电源供应，以确保其正常运行。一般来说，可以使用蓄电池、发电机、太阳能电池板等设备作为电源。

（5）传感器和监测系统：移动式加氢站需要配备传感器和监测系统，以便及时监测氢气加注的状态和数据，例如氢气压力、温度、流量和加注时间等。

日本岩谷产业的移动式加氢站如图 1.4-18 所示。

图 1.4-18　日本岩谷产业移动式加氢站

五、氢能储存和运输经济性分析

氢能作为一种清洁、高效的能源，在能源转型中扮演着越来越重要的角色。然而，氢气的储存和运输一直是氢能产业的一个瓶颈问题。

（一）储存经济性分析

氢气具有很高的储存能量密度，但在常温下密度较低，需要采用高压氢气罐、液态氢等技术进行储存。

1. 高压氢气罐

高压氢气罐是一种成熟的氢气储存技术，具有较好的经济性。高压氢气罐的成本主要包括氢气罐本身、安全装置、氢气充装设备和占地面积等。根据氢气罐的压力等级和体积大小不同，成本也会有所不同。高压氢气罐相对较低成本，因为其技术成熟、应用广泛、制造工艺成熟、安全性高，但由于需要消耗较多能源进行充装，运输成本相对较高。

2. 液态氢

液态氢是一种储存能量密度高的氢气储存方式，但制冷和保温成本较高，并需要特殊的储存和运输设备。液态氢的成本主要包括液态氢储罐本身、制冷设备和保温材料等。液态氢的制备和储存成本较高，但其运输成本较低，因为液态氢具有较高的能量密度，单位体积能储存的氢气量较大。

（二）运输经济性分析

氢气的运输一般有管道输送、压缩氢气罐车运输、液态氢运输和固态氢运输等几种方式。

1. 管道输送

管道输送是一种高效、稳定的氢气运输方式，具有较好的经济性。相比其他运输方式，管道输送的运输成本相对较低，但建设成本较高。管道输送需要建设专用管道，占用较大的土地，而且建设过程复杂，需要考虑安全、环保等因素。

2. 压缩氢气罐车运输

压缩氢气罐车运输是一种常见的氢气运输方式，具有较好的经济性。压缩氢气罐车的成本主要包括氢气罐车本身的成本、氢气充装设备的成本和驾驶员工资等。与其他运输方式相比，压缩氢气罐车的运输成本较低，但由于需要消耗较多的能源进行充装，因此其成本受到氢气罐车的装载量、充装速度等因素的影响。

3. 液态氢运输

液态氢运输是一种高能量密度、低成本的氢气运输方式。液态氢的运输成本相对较低，因为液态氢的能量密度较高，单位体积的氢气储存量较大。液态氢运输需要特殊的运输设备，如氢气罐车、集装箱等，其成本主要包括运输设备的成本、液态氢充装设备的成本等。相较于其他运输方式，液态氢运输的运输成本较低，但需要特殊的储存和运输设备，且液态氢的制冷和保温成本较高。

4. 固态氢运输

固态氢运输是一种新兴的氢气运输方式，其储存密度和能量密度都非常高，但成本较高，制备工艺尚不成熟，生产效率较低。相对而言，固态氢的运输成本较低，因为其储存密度和能量密度都非常高，单位体积的氢气储存量较大。运输成本主要包括运输设备和氢气充装设备的成本等。

总体而言，氢能储存和运输的经济性受多种因素影响，包括氢气的储存密度、能量密度、运输距离、运输方式以及储存和运输设备成本等。必须综合考虑这些因素，才能确定最经济的储存和运输方式。

此外，氢能储存和运输的经济性还受到氢气生产成本的影响，包括原料成本、能源成本、生产设备和技术成本等。如果氢气的生产成本较高，那么储存和运输的成本也会相应增加。

总的来说，随着氢能技术的不断发展和成熟，氢能储存和运输的经济性也会逐渐提高。但目前来看，氢能储存和运输的成本还相对较高，需要进一步的技术创新和经验积累，才能实现氢能的大规模应用。

（三）鹿特丹港的例子

目前，鹿特丹港作为世界主要的石油等进口港，在迎接脱碳时代的挑战中，试图通过向德国等欧洲国家进口氢气来提供能源。

为了实现这一目标，制定了到 2050 年将氢气进口量提高到 2000 万 t 的高峰值计划。该计划预计从 2023 年开始逐步实施。首先，通过各种氢气生产源制造氢气；其次，通过管道输送氢气；最后，在运输、民生和产业等领域利用氢气（氢气进口基地预计将在 2030 年启动）。

关于鹿特丹港将氢能进口输送到欧洲的计划，请参见图 1.4-19。

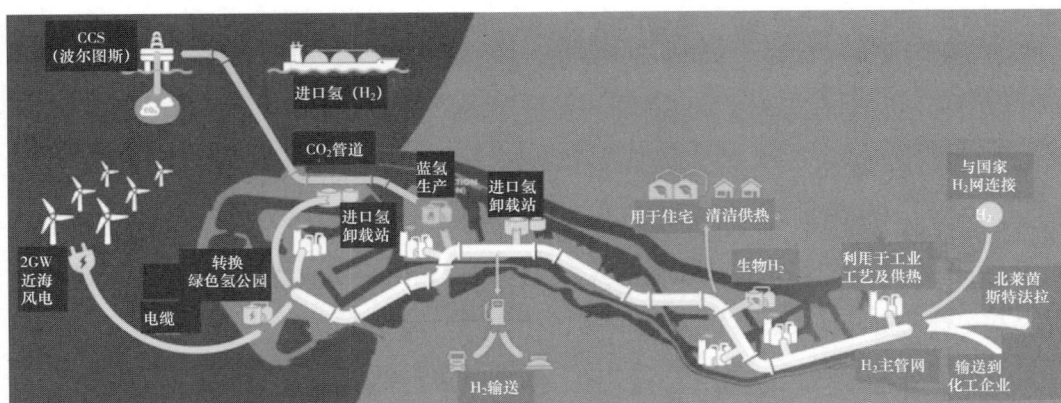

图 1.4-19　关于鹿特丹港将氢能进口输送到欧洲的计划图

注 资料来自日本经济产业省资源能源厅，水素·燃料電池戦略室 2021 年"今後の水素政策の課題と対応の方向性"。

第五节　氢能的利用

一、利用氢能的途径

氢气可应用于多个领域，包括燃料电池汽车、燃料电池发电、燃气轮机发电、工业制造、钢铁生产、炼油、化工生产工艺、运输和建筑领域等。其中，燃料电池汽车是氢能利用的典型案例。燃料电池汽车使用氢气作为燃料，燃烧产生电能，供给电动机驱动车辆。与传统的内燃机汽车相比，燃料电池汽车的优点在于零排放、高效能、低噪音等。氢气还可以替代汽油，作为内燃机燃料，改造内燃机汽车使用氢气作为燃料也带来了成本优势。此外，燃料电池汽车还可用于平衡电力系统，以平衡电力系统的供需差异。

氢气用于燃料电池发电是氢气利用的最佳方式。燃料电池发电是一种将氢气和氧气在燃料电池中反应产生电能的过程。这种方式可用于家庭、商业和工业应用，提供清洁的电力。

在工业制造领域，氢气可用于制造高纯度的金属，例如半导体材料和钢铁，同时也可用于石油加工、化学制造和纸浆制造等过程。目前氢气的主要用途是炼油（33%）、氨生产（27%）、甲醇生产（11%）和直接还原铁矿石生产（3%），这些用途是全球经济和日常生活中许多方面的基础。为实现到 2050 年的净零排放目标，需要部署更多的氢气。相对于宣布的承诺场景，净零排放情景显示，2030 年工业氢气总需求将增加 11%，2050 年将增加 32%，几乎是当前需求的三倍。低碳氢发挥着更大的作用，到 2030 年将达到 2100 万 t 氢（比宣布的"承诺情景"高出 3 倍多）。到 2030 年，电解氢的消耗量几乎是宣布的"承诺情景"的 3 倍，而 CCUS 装备的产量则高出 5 倍以上。

二、氢能在炼油工艺中的应用

炼油是将原油转化为各种最终用户产品，如运输燃料和石油化工原料的过程，而氢则是其中最重要的原料之一。作为当今氢的主要使用者之一，炼油厂每年消耗约 3800 万 t 氢（$38M-H_2/a$），占据全球氢（纯氢和混合氢）总需求的 33%。大约 2/3 的氢气是在炼油厂内部专用设施生产的，或者从商业供应商处获得（称为"有目的"供应）。而氢的使用约占炼油厂总排放量的 20%，每年约产生 2.3 亿 t 二氧化碳（$230Mt-CO_2/a$）。

（一）强化石油产品中的硫含量限制

随着石油产品中硫含量限制的加强，炼油公司现有的大规模氢气需求将增加。这为从更清洁的途径释放氢气提供了潜在的早期市场，从而降低了运输燃料的二氧化碳排放强度。加氢处理和加氢裂化是炼油厂主要的氢气消耗过程。加氢处理用于去除杂质，特别是硫（通常简称为脱硫）。在全球炼油行业，氢的使用在脱硫过程中占据很大比例。目前，炼油厂能够从原油中去除 70% 的天然硫。随着对空气质量的关注增加，监管机构对降低最终产品中硫含量的压力也在增加。尽管需求不断增长，但到 2020 年，精炼产品的硫含量仍将比 2005 年减少 40%。

随着石油需求的持续增加，精炼产品中允许的硫含量继续减少。加氢裂化是利用氢气将重质残余油升级为高价值油品的过程。随着对轻质和中质馏分产品需求的增长，重质馏分产品的需求下降，导致了加氢裂化的使用增加。除了加氢处理和加氢裂化外，炼油厂还使用或生产一些氢气，无法经济回收，只能作为燃料燃烧，成为废气混合物的一部分。

炼油将原油转化为各种最终用户产品，如运输燃料和石油化工原料，是当今氢的最大用户之一。

（二）氢用于油砂升级和生物燃料加氢处理

氢在油砂升级和生物燃料加氢处理中发挥着重要作用。对于油砂而言，所需的氢气量取决于升级工艺和所生产合成原油的品质，用以去除原沥青中的硫。一般而言，每吨原沥青的加工过程大约需要约 10kg 的氢气，而生产的合成原油仍需在炼油厂进行进一步的氢精炼处理。至于生物燃料，氢气处理有助于去除氧气，提高植物油和动物脂肪等原料加工成柴油替代品的燃料质量。在这个过程中，生产 1t 生物柴油大约需要 38kg 的氢气，在随后的精炼步骤中则不再需要额外的氢气。现场产生的副产品氢气主要来自于石脑油重整催化过程，该过程旨在生产高辛烷值汽油混合组分并产生氢气。同时，具备综合石油化学操作的炼油厂也能够从蒸汽裂解过程中获得副产品氢气。然而，现场产生的副产品氢气无法完全满足炼油厂的需求。

（三）炼油未来氢气需求潜力

近几十年来，随着炼油活动增加以及加氢处理和加氢裂化需求的提升，炼油厂对氢气的需求显著增加。随着全球对可接受硫含量的燃料规格要求不断降低，这一趋势有望持续。包括我国在内的许多国家已将汽油或柴油等道路运输燃料的含硫量要求降低至 0.0015% 以下。国际海事组织（IEA，2019a）也颁布了新的燃料规定，从 2020 年开始将海洋燃料的硫含量限制在 0.5% 以内，这可能会导致海洋燃料生产所需的氢气大幅增加。根据目前的趋势，到 2030 年，炼油厂的总体氢需求量预计将增长 7%，达到每年 4100 万 t 氢（41Mt-H_2/a）。

在满足未来炼油氢气需求的同时，减少排放是一个重要目标。目前，除非作为炼油作业的副产品供应，否则氢的生产将导致大量二氧化碳排放。全球范围内，炼油厂使用的氢气产量约占炼油厂总排放量的 20%。未来的需求和排放量都将增加。如果在未来的需求增长中继续使用煤炭，特别是在我国，在没有碳捕集与储存技术（CCUS）的情况下使用煤炭产生氢气，二氧化碳排放量会进一步增加。

因此，采用更清洁的方式生产氢气对于大幅度减少炼油工艺的排放至关重要。在这样的背景下，考虑到已经存在的巨大需求，炼油业为低碳氢提供了一个潜在的早期市场。

氢气在化工工艺中的利用主要集中在氨和甲醇的生产过程中。这两种化合物的生产过程都需要大量的氢气。据描述，氨的生产消耗了超过 3100 万 t（31Mt-H_2/a）的氢气，而甲醇的生产则需要约 1200 万 t（12Mt-H_2/a）的氢气。

除了氨和甲醇生产所需的氢气外，化学工业中还有一些其他产品需要相对较小数量的氢气，大约为 200 万 t（2Mt-H_2/a）。

三、氢能在化工工艺中的利用

目前，天然气和煤炭是主要的氢气来源。天然气占氨和甲醇生产所需氢气的 65%，而煤炭则占 30%。天然气的生产效率相对较高，因此在生产过程中所需的能源投入相对较少。然而，选择使用天然气还是煤炭的关键因素之一是地区价格差异。

需要注意的是，使用矿物燃料生产氢气会导致大量的温室气体排放，这是一个重要的挑战。因此，减少这些排放并转向更为可持续的能源是当前能源部门面临的重要任务之一。使用低碳氢气的机会也因此变得愈发重要。

目前，化学工业对氢的需求量居第二和第三位，其中氨为 3100 万 t（31Mt-H_2/a），甲醇为 1200 万 t（12Mt-H_2/a）。其他化学品的需求量相对较小，合计为 4600 万 t（46Mt-H_2/a），占纯氢和混合氢总需求的 40%。化学工业不仅大量生产副产品氢气，并在该行业内部消耗，还将氢气分配到其他地方使用。目前，化学工业消耗的绝大多数氢气都是用矿物燃料生产的，这导致大量的温室气体排放。降低排放水平是能源部门可持续使用的一个重要挑战，也是利用低碳氢的重要机会。

（一）氨和甲醇的生产

在氨和甲醇的生产过程中，分别消耗了超过 3100 万 t（31Mt-H_2/a）和 1200 万 t（12Mt-H_2/a）的氢气。此外，还有大约 200 万 t（2Mt-H_2/a）的较小消耗量（例如生产过氧化氢和环己烷），其中大部分来自该行业产生的副产品氢。目前，天然气占氨和甲醇产量的 65%，而煤基产量占 30%。

长期以来，矿物燃料一直是生产氨和甲醇所需的氢和碳的方便、成本效益高的来源。2018 年，大约有 2.7 亿 t（270Mt/a）的矿物燃料被用来生产这两种产品所需的氢气，相当于巴西和俄罗斯联邦对石油的总需求量。由于天然气（重整）比煤炭（气化）的生产效率更高，前者占氢产量的 65%，但其所需的能源投入却不到生产氢气所需能源投入的 55%。天然气和煤炭的区域价格差异也是选择使用天然气或煤炭的关键因素。几乎所有用于化工部门的煤炭氢气均在我国生产和使用。

（二）升级其他裂解副产品

与氨和甲醇不同，大多数塑料的前体高压碳化物主要来自石油产品，例如乙烷、液化石油气和石脑油。直接从石油产品生产的氢氟碳化物无需额外的氢原料，但其生产过程中产生的副产品氢可用于炼油和其他化学部门的运作，例如提升其他裂解副产品的质量。蒸汽裂解和丙烷脱氢工艺用于制造高压氢化气体，全球每年产量约为 1800 万 t（18Mt/a）。高价值化学品的需求增长速度快于成品油，而成品油的需求增长速度又快于成品油的需求。这意味着越来越多的这种副产品氢可以用于其他工业。氯碱法是化工行业另一个副产品氢的来源，其供应量约为 200 万 t（2Mt/a）。

（三）初级化学品生产用氢

随着氨和甲醇需求的增加，初级化学品生产所需的氢气量将从目前的 4400 万 t（44Mt/a）增加到 2030 年的 5700 万 t（57Mt/a）。根据 2003 年四月对外商品贸易货量及价格统计，氨水的现有用途预计在 2018~2030 年期间每年增长 1.7%，未来将持续增加。在这段时间内，工业应用的需求份额增长更快，氮基肥料在 2030 年后在许多地区可能开始趋于平稳甚至下降。

四、氢能在钢铁行业中的应用

钢铁行业正积极采取多种措施来利用氢技术以减少碳排放。这些措施旨在推动行业向更环保、可持续的方向发展，应对气候变化。

（1）增长氢需求：由于政策支持和项目推动，以及采用 DRI-EAF 工艺，钢铁行业对氢的需求正在迅速增长。到 2030 年，氢的需求预计将翻番，到 2050 年将增加超过 5 倍。这表明氢技术在钢铁生产中的重要性将不断提升。

（2）新的氢用途：氢被视为钢铁行业脱碳的关键策略。新的氢应用为钢铁生产带来了新的机遇，特别是氢气 DRI-EAF 路线的潜在需求量。这些新应用有望进一步推动氢技术在钢铁行业中的应用。

（3）直接还原法：直接还原法是一种用于生产钢铁的方法，也是全球第四大氢需求源。该工艺每年需求约为 400 万 t 氢（4Mt-H_2/a），占全球氢气需求总量的 3%。通过采用直接还原法，钢铁行业可以降低碳排放，提高生产效率。

（4）减少排放：钢铁行业正在努力尝试以氢为关键还原剂，取代使用从化石燃料中提取的一氧化碳进行钢铁生产。这种转变有望在 2030 年实现商业规模设计，进一步降低碳排放，减缓气候变化的影响。

（5）混合低碳氢：混合低碳氢可以与目前以天然气和煤炭为基础的现有工艺混合，从而降低总体二氧化碳排放。这种方法可以在短期内实现碳排放的降低，为更广泛地采用氢技术创造条件。

综上所述，钢铁行业正在积极推动氢技术的应用，以实现减少碳排放和应对气候变化的目标。这些努力将促进行业向更加环保和可持续的方向发展，为未来的可持续发展奠定基础。

（一）当前钢铁行业使用氢气

当前，全球钢铁行业在满足 3/4 以上的需求时，主要采用将生铁矿转化为钢的传统生产路线高炉-碱性氧炉（BF-BOF）。而另一种生产路线直接还原式电弧炉（DRI-EAF），则主要利用有限的废钢回收。目前，高炉-碱性氧炉生产路线已经开始涉及氢气的生产和利用。

1. 高炉-碱性氧炉

高炉-碱性氧炉（BF-BOF）路线约占全球原始钢产量的 90%。在这一过程中，氢气作为煤炭的副产品被产生出来。

据估计，2018 年，钢铁行业使用的氢气约为每年 900 万 t（9Mt-H_2/a），大约占全球混合氢气使用量的 20%。也就是说，钢铁行业占了专门氢气生产量的 400 万 t（4Mt-H_2/a）。此外，在含氢气体副产品中，生产了 1400 万 t（14Mt-H_2/a）的氢气，其中约 900 万 t（9Mt-H_2/a）被消耗，其余出口供其他部门使用。其中大约 3/4 是用天然气（重整）生产的，其余使用煤（气化）。

2. 直接还原式电弧炉

直接还原式电弧炉 DRI-EAF（Direct Reduced Iron-Electri Arc Furnace）直接还原路线占全球原始钢产量的 7%。该方法使用氢气和一氧化碳的混合物作为还原剂。氢气是在专门的设施中生产的，而不是作为副产品。炼铁还原工艺（用原料铁矿石制造生铁的工序）约占高炉炼铁工艺 CO_2 排放量的 80%。通过利用氢气和 CO_2 的分离回收，可以减少约 30% 的排放量。

利用氢铁矿石还原技术（高炉氢还原技术）作为替代方案之一来使用，即利用从高炉制铁厂产生的副产气中提取氢作为还原剂。针对高炉煤气中的 CO_2，采用分离回收技术，通过化学吸收液和物理吸附技术，结合未利用的低温排热有效利用技术，实现高炉气体中 CO_2 的分离和回收。

利用氢炼铁还原工艺的示意图如图 1.5-1 所示。

（二）钢铁未来对氢的需求潜力

实际上，预计钢铁生产中用于炼钢的氢需求将与采用以氢气等为基础的直接还原电弧炉（DRI-EAF）技术的路线相一致。尽管基于气体的 DRI-EAF 技术比传统高炉-碱性氧炉（BF-BOF）技术更耗能，但其设备更简单，资本密集度稍低。这种技术路线更倾向于在天然气价格较低的地区（例如中东）或者煤价格较低的地区（例如印度）使用。

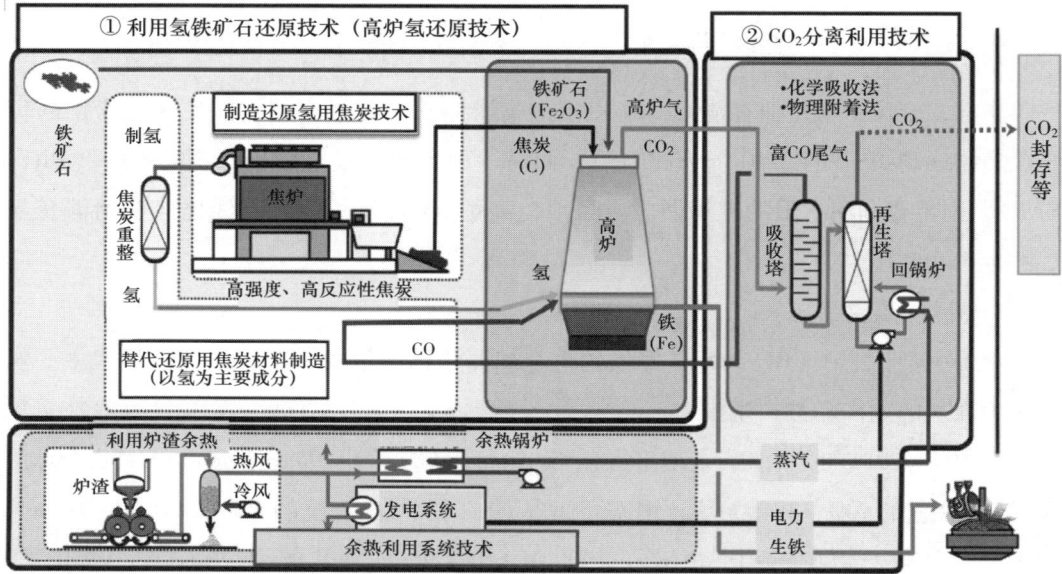

图 1.5-1　利用氢炼铁还原工艺示意图

注 资料来自日本经济产业省资源エネルギー一厅 资源·燃料部 2021 "今後の资源·燃料政策の课题と 对应の方向性（案）"。

未来钢铁生产中专用氢需求的两个主要因素是：DRI-EAF 技术在初级钢生产中的占比，以及初级钢和二级钢产量在总产量中的比例。考虑到钢铁库存的动态变化，根据当前趋势预计，废钢产量在钢材总产量中的比例将从当前约 23% 增长至 2030 年的 25%。在这种情况下，基于商业氢气等的 DRI-EAF 技术可提供初级钢需求的 14%。这将需要 800 万 t 氢（$8Mt-H_2/a$）作为还原剂，使氢气在 DRI-EAF 生产中的使用量增加一倍。如果二级钢产量比例继续上升（到 2050 年达到 29%），并且采用天然气为基础的 DRI-EAF 技术，如果该技术路线能够 100% 满足初级钢的需求，年氢需求理论上可达到 6200 万 t（$62Mt-H_2/a$）。

（三）利用氢气满足钢材需求及减少二氧化碳排放量

利用氢气满足不断增长的钢材需求的同时，减少钢材生产过程中的二氧化碳排放量。根据平均数据，目前生产 1t 粗钢可直接排放约 $1.4t-CO_2/t$ 粗钢，但在一些主要采用煤炭为燃料的钢铁生产国家（如我国和印度等），单位能源排放系数更高。

世界各国钢铁行业的二氧化碳排放总强度如图 1.5-2 所示。

目前正在研发多种较为清洁的技术途径，这些途径将显著改善环境，降低初级钢铁生产过程中的二氧化碳排放量。这些技术途径大致可分为两类：

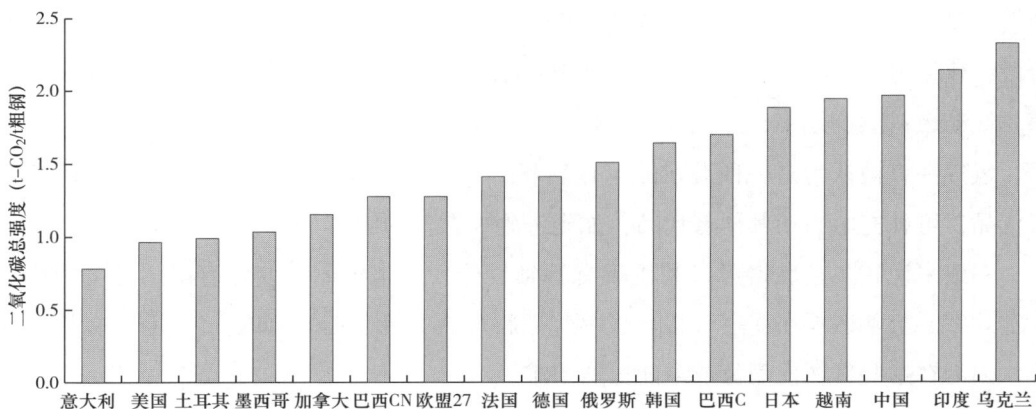

图 1.5-2　世界 16 个国家/地区 2019 年钢铁行业二氧化碳排放总强度

注　资料来自美国 *Industrial Decarbonization Roadmap 2022*。

（1）采用低碳能源和还原剂，利用氢气实现"零排放二氧化碳"的生产方式，努力实现零二氧化碳排放。

（2）"CO_2 管理"途径旨在回收和管理传统化石燃料所产生的二氧化碳，通常通过 CCUS 技术进行直接应用。世界各地正在进行各种项目，以推动这些进程，以实现减少二氧化碳排放的目标。

五、氢能在交通运输部门的利用

氢气长期以来被视为一种潜在的运输燃料。它被认为是精炼石油产品和天然气的低碳替代品，能够补充电力和其他替代品，比如先进生物燃料的使用。

总体而言，氢基燃料可以利用现有基础设施，但其价值链的变化受限，且可能会导致一定的效率损失。在航空（以合成喷气燃料形式）和航运（如氨）领域，氢基燃料具有特殊优势，因为在这些领域使用氢或电能更为困难。

（一）氢燃料电池汽车的利用

氢燃料电池电动车（FCEVs）能够减少当地的空气污染，与电池电动车（BEVs）相同，它们的尾气排放为零。氢可以转化为氢基燃料，包括合成甲烷、甲醇、氨以及合成液体燃料，这些燃料在交通运输领域具有广泛的潜力。

氢燃料电池在交通运输中的竞争力取决于燃料电池的成本以及氢站的建设和使用情况。对于汽车而言，降低燃料电池和车载氢储存的成本是迫切的任务。这样能够使氢燃料电动汽车在行驶 400~500km 范围内与电池电动汽车竞争，并对追求远程驾驶的消费者具有潜在吸引力。对卡车而言，降低氢气的交付成本是当务之急。在早期部署阶段，建设氢站为在交通枢纽和远程任务中服役的汽车队有助于保持加氢站的高利用率，提高燃料供应效率，并提供一种基础设施建设的方法。

氢气一直被认为是一种潜在的运输燃料。它被视为精炼石油产品和天然气的低碳替代品，可补充电力和其他替代品，如先进生物燃料的使用。

一般来说，氢基燃料可以利用现有基础设施，但其价值链变化有限，且可能损失一定效率。氢基燃料在航空（以合成喷气燃料形式）和航运（如氨）方面具有特殊优势，因为在这些领域使用氢或电能更加困难。

（二）铁路上的氢气和燃料电池的利用

铁路上的氢气和燃料电池技术自 2000 年代初以来，在铁路应用中已经得到了验证，包括采矿机车、铁路交换器和有轨电车。2018 年，阿尔斯通公司开发的氢燃料电池客运列车（hydrogen fuel cell passenger train）开始在德国商业运营，成功完成了100km 的航线。此后，德国的两列阿尔斯通列车已行驶超过 18 万 km，其他国家也开始测试和采用燃料电池列车。

2020 年，一列氢燃料列车进入奥地利的定期客运服务，并开始在英国和荷兰试运行。在欧洲，法国、意大利和英国都已经下单购买了氢燃料电池列车，其中最大的车队，包括 27 辆氢燃料列车，2022 年在德国开始永久、定期运营。

德国西门子公司于 2023 年 9 月 18 日发布了其全新的氢动力火车 Mireo Plus H，并在德国投入运营。这是世界上首款氢动力列车（见图 1.5-3），该列车每 15min 进行一次加氢，可以续航 1200km，同时实现了低噪声、零排放。Mireo Plus H 配备了两个牵引系统，每个系统由一个燃料电池和一个锂离子电池组成。

根据 2024 年 3 月 21 日新华社长春报道，由中国中车长客股份有限公司自主研发的我国首列氢能列车已进行了运行试验。该列车成功地以满载状态行驶了 160km，实现了全系统、全场景、多层级性能验证。这标志着氢能轨道交通领域的应用取得了重要突破。世界各国对氢燃料电池列车表现出了浓厚兴趣。除了旅客列车外，氢电车、线程机车和转换机车也正在不同阶段的开发和部署中。在路线直接电气化困难或成本过高的地区，采用燃料电池轨道应用有助于实现该领域的脱碳目标。

（三）海运利用燃料电池和氢能

海运目前在选择低碳燃料方面受到限制，但氢燃料为它们提供了新的机会。氢和

图 1.5-3　世界首款氢动力西门子燃料电池列车

氨在实现海运环境目标方面具有潜力，尽管它们的生产成本相对较高，但与传统石油燃料相比，它们仍然是吸引人的选择。氢基液体燃料为海运提供了潜在的解决方案，但其代价是更高的能源消耗和潜在的更高成本。因此，制定低碳目标或提供其他形式的政策支持对于推动氢燃料技术的发展至关重要。

自 2000 年代初以来，已在几艘沿海和短途船只上展示了氢燃料电池技术。虽然尚未商业化，但预计 2021 年将在美国和挪威开始商业运营燃料电池渡轮。目前正在进行的示范计划将在未来几年部署多艘氢燃料船只，包括客轮、渡轮、滚装船和拖船，其燃料电池额定功率通常在 600kW 至 3MW 之间。最近欧盟的一个伙伴关系计划旨在建造一艘配备 23MW 燃料电池的氢燃料渡轮。

过去和正在进行的项目包括气态和液态氢储存技术。由于氢气的体积密度较低（无论是气态还是液态形式），因此直接使用氢气将受到限制，特别是对于中长途海运领域，其中对高功率需求无法通过电池电气化满足的情况。氢燃料作为大型远洋船舶的海上燃料备受关注。绿色氨尤其适用于内燃机，可降低船舶的二氧化碳排放。主要的行业利益相关者表示，在 2023 年推出 100% 氨气动力的海上发动机，并计划从 2025 年开始提供现有船舶的氨气改装套餐。

甲醇也被证明是海洋部门的一种可行燃料，比氢和氨更为成熟。考虑到甲醇与现有海洋发动机的兼容性，它可能成为减少船舶排放的近期解决方案，但从长远来看，氨气提供了更深的脱碳潜力。

（四）航空业利用燃料电池及氢能

目前，航空业在选择低碳燃料方面受到限制，但氢能为其提供了新的发展机遇。氨和氢在达成航空运输的环境目标上具有潜力，然而相较于传统的石油燃料，它们的生产成本较高。对航空业而言，氢基液体燃料可能是一种引人注目的选择，尽管其成本和能源消耗较高。因此，制定低碳目标或提供其他形式的政策支持对于推动氢燃料技术的发展至关重要。

由电解水产生的合成液体燃料通常被称为电制液体燃料。对于航空（合成喷气燃料）来说，氢燃料具有显著优势，因为在这些领域中使用氢燃料和电力都存在一定困难。

航空运输行业组织 ATAG 认为，氢燃料电池的应用范围包括 1600km 的飞行、短程飞行的氢燃料燃烧以及潜在的中程飞行。如果该技术得以成功开发，氢燃料电池可以在商业飞行中占据 75% 的份额，但其在航空燃料中的比例仅约为 30%。

从技术上讲，氢燃烧可支持更长的飞行，可能覆盖近 95% 的航程和 55% 的燃料消耗，但需要设备来减少氮氧化物排放。可持续航空燃料，包括氢燃料和生物燃料，至少需要满足长途飞行的脱碳需求。并需要一些方法来减轻非二氧化碳气候变暖的影响。

六、氢能在建筑行业中的利用

建筑业最大的近期机遇之一是将氢气注入现有的天然气网络中。预计到 2030 年，氢气在供暖建筑中的潜在使用量将达到 400 万 t，并有助于减少排放，前提是其低碳。这种潜力在多户和商业建筑中最为可观，特别是在人口密集的城市。相较于其他地区，将供暖系统改为热泵可能更具挑战性。供暖的长期前景可能包括使用氢锅炉或直接使用氢气的燃料电池，但这些选择都将取决于基础设施的升级、安全问题的解决以及提供公众保证的措施。

（一）家用燃料电池热电联供系统

全球建筑业占全球最终能源使用量的 30%，其中近 3/4 用于房间供暖、热水供应和烹饪。2017 年，全球与固体生物质相关的能源需求约为 22 亿 t（2200Mt）。总体来看，全球建筑能源的使用占相关二氧化碳排放的近 28%。

欧洲和亚洲开展了微型热电联产和燃料电池氢示范项目，特别是日本的家用燃料电池热电联供系统（ENE-FARM）。截至 2022 年，ENE-FARM 的普及数量已超过 45万套，目标是在 2030 年达到 53 万套。其价格从最初的 300 多万日元逐渐降至 2020 年的 86 万日元，预计在未来 10 年将降低到 1/3 以上。欧洲自 2012 年起启动了"ENE.FIELD"示范项目，在 11 个国家安装了 1000 多套小型燃料电池热电联供系统，并计划将安装数量增加到 2800 套。在德国，政府提供资助以抵消建筑燃料电池系统的额外成本。此外，一些项目正在规划中，以示范数字化系统，例如在英国促进可再生能源与一栋或多栋大楼的对接。

（二）氢能供热与其他供热方式的竞争

在建筑中采用氢气的主要优势可能与更广泛的能源系统相协同，从而在低碳过渡的整体系统成本方面具有吸引力。然而，建筑物首先需要解决建筑围护结构改造的问题，以实现节能和零耗建筑。其他潜在的解决方案可能会发现这是一个更艰巨的挑战。特别是在建筑节能方面，即使用高效热泵，要完全实现热电联供也会导致电力需求的季节性严重失衡。而且可能需要大规模的峰值电力或储能设施。

如果氢气最终能够在部分市场上与资本和运营成本竞争，那么在建筑领域的市场潜力确实很大。即使在低碳背景下，热需求仍将成为建筑能源需求的核心。根据巴黎协议的执行路径，预计到 2030 年，热需求将占全球建筑能耗的一半以上，每年约有 5 亿 t（500Mt/a）的天然气用于建筑供暖和供热水。如果所有的燃气锅炉设备都被替换为使用氢气的设备，那么在加拿大、美国、西欧、日本、韩国和俄罗斯等关键市场，理论上的潜在氢需求量可能高达 1200 万~2000 万 t（12-20Mt-H_2/a）。相比之下，2030 年低浓度氢气在更广泛的天然气网格中的全球需求量预计将达到 1400 万~2400 万 t（14-24Mt-H_2/a）。

在主要供暖市场上，氢气的最终能源价格可能需要在 1.5~3.0 美元/kg-H_2 之间，才能与天然气和电力在建筑供热方面竞争。如果产品一开始的价格相对较高，那么随着时间的推移，提供较低的运行成本并不一定足够吸引消费者。消费者更关注预购价格，而不是总寿命周期成本。供暖设备的成本很大程度上取决于诸如单位容量、品牌、当地市场供应情况和产品需求规模等因素。因此，消费者的偏好也会对安全性和便捷性等问题产生影响。此外，某些类型的建筑更适合使用氢气，例如大型商业楼宇可能比小型住宅楼宇更具成本效益，涉及大规模热电联供、资本和运营支出。

目前，建筑燃料电池部署的主要市场是日本、欧洲和韩国，最后一个市场的目标是到 2040 年安装 2.1GW，主要集中在电力应用燃料电池上。在这些市场，燃料电池的部署没有明确侧重于氢，而是更广泛地侧重于扩大和降低这些系统的资本成本。

建筑物采用氢能源的吸引力将取决于许多因素，包括设备、基础设施和制氢成本。直接电气化、氢气和区域供暖之间的竞争影响到其他因素，例如建筑物的改造潜力、建筑占地面积和热需求密度、与设备成本有关的氢气和电价、消费者偏好、供应氢气的潜力，以及可再生能源的需求等。氢气为能源系统提供的灵活性和需求响应潜力也是关键考虑因素。

在宣布的"承诺情景"中，为了与建筑物的电热泵竞争，2030年氢气的定价必须在0.9~3.5美元/kg之间。考虑到现有建筑设备和氢气设备的使用资本成本，这些市场供暖100m^{2}住宅可能会产生350~2000美元/年的费用。由于氢能设备的效率和资本成本存在较大差异，这一范围可能比电动热泵更广泛。

（三）氢气混合和纯氢应用

全球各地有多个项目正在研究氢气混合对现有天然气网络的影响。其中，Frontrunner公司在荷兰的Ameland岛于2007年启动了一个项目，测试在使用标准器具进行加热和烹饪时注入高达20%氢气的情况。法国的GRHYD项目于2018年6月至2021年3月测试了超过100套住宅的注入（最高20%），而英国的HyDeploy三期项目则旨在证明混合最高20%的安全性。该项目的第一阶段于2021年结束，在基尔天然气网络中进行了现场演示，以评估与现有家用电器混合的安全程度。

目前，其他倡议旨在证明在几百个住宅专用网络中使用氢气的可行性，特别是在西北欧。这些项目包括英国的H100 Fife计划（从2022年开始300户），以及荷兰的Hoogeveen和Stad aan't Haringvliet计划（从2025年开始600户）。较大规模的项目，如英国的H21项目，正处于发展阶段。

在英国英格兰北部，H21项目是最大的项目，计划通过管道向建筑物提供100%的氢气。该项目的目标是到2025年将氢气供应量提高到1800万t（180Mt-H$_2$/a），并于2016年确认了现有管道网络再利用的可行性研究。英国政府还支持Hy4Heat项目，旨在评估在住宅和商业建筑以及气体应用中用氢气取代天然气的技术、经济和安全方面的可行性。根据该计划，伍斯特博世开发了100%氢气就绪的原型锅炉，在2021年绿色家居奖中获得了最佳供暖创新奖。

通过首次在单户、半独立式和梯级式房屋进行的试验，该项目发现100%氢气的使用与天然气供暖和烹饪一样安全。然而，为了评估多户住宅和自然通风有限的住宅的安全性，需要进行更多的研究，以决定通过煤气网决定住宅供应的安全性。该项目还评估了第一个完全由氢燃料供应的家庭（位于盖茨黑德低桑利），从锅炉到炊具的使用情况。

（四）氢能应用于建筑的实例

1. 氢能宾馆

这家位于日本川崎的酒店是氢能利用的杰出典范（见图1.5-4）。坐落于川崎市殿町，它是国家战略特区的一部分，并于2018年6月1日开始运营。拥有186间客房的酒店，位于一座总面积达 $7530m^2$ 的五层钢筋混凝土建筑内。通过纯氢燃料电池热电联供系统，该酒店的 30% 电力和热力得以供应。这一系统采用东芝生产的功率为 100kW 的 "H_2 Rex" 纯氢燃料电池，不会排放温室气体，并且在不到 5min 内即可启动发电。

图 1.5-4　川崎氢能宾馆

2. 氢能热电厂

2018 年，日本的川崎重工业株式会社在神户市区建成了一座 100% 氢燃料的燃气轮机热电联供系统，用于为中央市民医院、波特岛体育中心、神户国际展示场和波特岛污水处理场等设施供应 2800kW 的热能和 1100kW 的电能。该系统由川崎在神户专烧氢热电厂建造，具体见图 1.5-5。

图 1.5-5　川崎神户专烧氢热电厂

注 资料来自川崎重工技报 第 182 号水素サプライチェーン特集号 2020 年。

（五）氢在建筑应用中的前景

建筑物采用氢能将受多方面因素的影响，包括设备可用性、基础设施情况以及氢气生产成本。与直接电气化和区域供暖相比，氢气的竞争对手影响了一系列其他因素，如建筑物改造潜力、建筑占地面积和热需求密度、氢气和电力价格相关的设备成本、消费者偏好、氢气供应潜力，以及对可再生能源的需求。氢气提供的能源系统灵活性和需求响应潜力也是至关重要的考虑因素。

七、氢能在发电行业中的利用

在短期内，氨可以与煤一起在发电厂中混燃，以减少二氧化碳排放。氢气和氨气在燃气轮机或燃料电池中的使用可以灵活地产生能源。在具有高度灵活性的柔性发电厂中，氢的成本低于 2.5 美元/kg，具有良好的竞争潜力。从长期来看，氢可以在大规模和长期的储存中发挥作用，以平衡季节性的变化。

在当前的电力行业中，氢在发电量中所占的比例微不足道，不到 0.2%。这主要与钢铁工业、石油化工厂和炼油厂的气体使用有关。但未来这种情况可能会发生变化。氨的混烧可以降低现有常规燃煤电厂的碳排放强度，而氢燃气轮机与循环发电结合可以成为电力系统灵活性的来源，尤其在可再生能源份额不断增加的情况下。

（一）燃气轮机发电

1. 中小型燃气轮机发电

在日本，小型发电厂已实现 100% 氢气燃烧发电。例如，神户的一个氢气燃烧燃气轮机正在向当地社区提供热量（2.8MW）和电力（1.1MW）。同时，中小型燃气轮机已经实现了 70% 混烧发电。例如，意大利的一个发电厂利用附近石油化学联合工厂产生的氢气进行发电，容量达 12MW。

2. 大型燃气轮机发电

大型燃气轮机已经实现了 20%~30% 氢气混烧发电。例如，美国长岭能源终端（long ridge energy terminal）的 485MW 发电厂最初采用了 15%~20% 的氢气与天然气混烧的联合循环发电方式，并计划在未来 10 年内转向 100% 氢气。此外，日本碧南的 200MW 发电厂也已经实现了 20%~30% 氢气混烧发电。

另外，美国山间动力项目（intermountain power project）正在将 1.8GW 的燃煤发电厂改造成 840MW 的联合循环发电厂 CCGT，逐步增加氢混合燃烧，计划从 2030 年的 30% 逐步增加到 2045 年的 100%。同样，荷兰努能源公司（N.V. Nuon）的马格南（Magnum）440MW 联合循环发电厂 CCGT 也计划逐步增加氢混合燃烧，并配备 CCUS 系统，预计从 2030 年的 30% 增加到 2045 年的 100%。

（二）富氢气发电

通常利用钢铁厂、石油化工厂和炼油厂生产的富含氢气体进行发电。目前的往复式燃气发动机已经能够处理高达 70% 体积含量的氢气混合气体，而未来的燃气发动机有望能够完全适应 100% 氢气的使用。燃气轮机同样具备在富含氢气体环境下运行的能力。在韩国，一家炼油厂利用含氢量高达 95% 的气体运行着 40MW 燃气轮机，已经持续运行了 20 年。

（三）燃料电池发电

燃料电池利用氢气产生电能和热能，无污染物排放，具有高效率（超过 60% 的发电效率）特点。其在部分负载时的效率甚至高于满负载时，因此非常适合进行调节和负荷平衡。

过去十年，全球固定式燃料电池容量迅速增长，到 2018 年几乎达到 1.6GW。尽管目前只有大约 70MW 的燃料电池使用氢作为燃料，但大多数现有的燃料电池仍然使用天然气。截至 2022 年，全球已安装的燃料电池单元数量约为 50 万套，主要以微型热电联供系统为主，日本约占 45 万套。德国的住宅燃料电池市场也在增长，受到 KfW433 支助方案的推动。目前，大型燃料电池发电系统（100kW 到 4MW）几乎全部部署在韩国（装机容量 300MW）和美国（装机容量 150MW），主要用于提供备用电力和离网电力。

2007~2018 年全球固定燃料电池容量发展情况如图 1.5-6 所示。

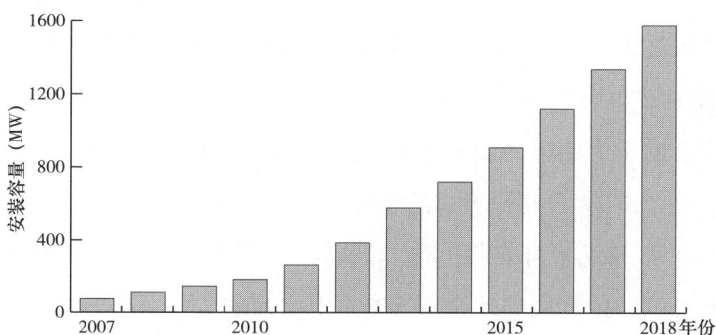

图 1.5-6 2007~2018 年全球固定燃料电池容量发展情况

注 资料来自 IEA *The Future of Hydrogen 2019*。

固定式燃料电池在过去十年中取得了强劲的装机容量和机组数量增长，但仍然只占全球发电容量的 0.02%。日本的目标是到 2030 年实现基于氢的 1GW 电力容量，相当于每年消耗 30 万 t（0.3Mt-H_2）的氢气量。该目标长期上升至每年消耗 1500~3000 万 t（15~30Mt-H_2）的氢气量（相当于 15~30GW 的氢消耗量）。韩国也制定了氢气路线图，设定到 2022 年电力部门安装燃料电池容量为 1.5GW 的目标，并计划到 2040 年将装机容量增至 15GW。同时，一些国家已认识到氢气作为低碳发电和供热手段的潜力。

备用电源和供电的燃料电池需求仍然十分巨大。在当今，使用燃料电池提供备用电源和供电的需求仍然十分庞大。备用电力和脱网供电通常使用柴油发电机，然而燃料电池是一种潜在的替代方案，在许多情况下可以减少当地的空气污染并减少对进口柴油的需求。据估计，到 2018 年已部署了 2500~3000 个这种类型的系统。

移动通信行业是一个需要备用电源和断网供电的行业。该行业依赖全球约 700 万个基站，并且每年增加 10 多万个以上，主要集中在发展中国家和新兴经济体。为了确保这些基站在全球电力基础设施薄弱或没有电网连接的地区获得可靠的电力供应，这些基站需要自己的电力供应。目前，这些基站通常使用柴油发电机或柴油电池混合动力系统提供电力，每个基站每年消耗 1 万~1.2 万 L 柴油。在印度，目前拥有约 65 万座电信塔，其中约 20% 依赖柴油发电机，导致年柴油消费量为 50 亿 L，二氧化碳排放量为 500 万 t（5Mt-CO_2/a）。

燃料电池系统依靠瓶装氢、甲醇或氨作为燃料，作为柴油发电机或电池系统的替代品。在肯尼亚，有 800 个基站正在从柴油发电机转向 4kW 的氨基碱性燃料电池系统，其中包括一个将氨转化为氢的裂解器。一个 12t 的氨罐可以提供足够的燃料来运行基站一年。在南非，沃达康姆已经推出了 300 多个固定燃料电池系统，为电信基站提供备用电力，并计划在 2019 年再增加 250 个。

燃料电池还有助于为断电时提供备用电源，为非电网村庄、学校和诊所提供电力供应。在南非，一个由 34 户家庭组成的小村庄于 2014 年通过一个小型电网实现了电气化，该项目依靠三个 5kW 甲醇燃料电池。同时，在南非东开普省，学校安装了氢燃料电池来满足平板电脑、传真机和计算机等基本电力需求。

在数据中心、银行、医院等场所需要备用电力，约 5MW 的固定电力装置市场也在扩大，反映了该市场的需求。模块化的燃料电池，特别是固体氧化物燃料电池（SOFC），提供了另一种可能的扩展途径，并可以在人口稠密地区迅速且模块化地安装。它们运行静音，没有氮氧化物排放，并通过使用天然气网提供对电网中断的恢复能力，从而避免了现场燃料储存的需要。

（四）燃气轮机氢和氨混烧发电

日本正在进行研究和试点项目，旨在将氢和氨作为燃气轮机和煤电厂的燃料。荷兰现有的 440MW 联合循环燃气轮机 CCGT（combined cycle gas turbine）正在从天然气转变为氢气，并考虑长期存储氨气。在燃气轮机中，氨气在与氢气混合燃烧之前会被重新转化为氢气和氮气。澳大利亚正在兴建林肯港绿色氢项目，该项目包括一个 30MW 的电解厂和一个氨生产设施，以及一个 10MW 的氢燃烧燃气轮机和一个 5MW 的氢燃料电池。这些设施将为电网和氨厂提供平衡服务。该项目还将支持两个新的太阳能农场以及附近的一个小型电网，以供受老化备用发电机影响的当地水产农业工作者使用。

（五）发电厂锅炉氨/煤混燃

发电厂正在进行氨/煤混燃的相关研究。2017 年，日本中国电力公司成功演示了氨和煤的混燃，其中氨（以总能量含量计算）占 1% 的比例。演示在一个商业煤电站（容量为 120MW）上进行。然而，使用氨作为燃料引起了人们对氮氧化物排放增加的担忧。通过对燃煤电厂进行适当调整，提高 20% 的氨的混合比例是可行的。在热容量为 10MW 的锅炉中，混合比例达到 20% 是可行的，尤其是没有氨滑入废气。

氨取代煤的经济性取决于氨是否廉价。如果使用低碳氢生产氨，则氨可以帮助减少排放。截至 2030 年，全球约有 1250GW 的煤炭发电厂正在运行或建设中，这些发电厂不仅可以继续使用，而且至少还有 20 年的寿命。如果在这些煤厂中添加 20% 的氨混合燃烧，每年可以减少约 60 亿 t（$6Gt\text{-}CO_2$）的排放量。要达到 20% 混合比例，每年需要 6.7 亿 t（$670Mt\text{-}NH_3/a$）的氨，也意味着需要 1.2 亿 t（$120Mt\text{-}H_2$）的氢。

第二章

氢能载体

第一节　氢能载体基础知识

一、氢能载体概念

（一）能源载体及其氢能载体

所谓能源载体（energy career），其本意是指某些能够搬运能源或携带能源的物质，本书所讨论的能源载体主要是指输送、储藏氢能的手段，以气体形式储藏、输送氢气，转换为液态或氢化合物形态，高效地储藏、运输的方法。所以氢能载体在氢能的输送、储藏中起着重要的作用，同时氢也是极好的能源载体。

氢能载体是指可以用来存储、转运和释放氢气的物质或化合物。氢气可以通过燃烧产生高效的能量，同时排放的唯一燃烧产物是水，因此是一种非常有前途的能源。然而，氢气具有低密度、高易燃、难以存储和运输等缺点，因此需要采用氢能载体来解决这些问题。

常见的氢能载体包括氢气本身、水和各种化合物。其中，氢气本身是最简单、最纯净的氢能载体，但是由于其低密度、高易燃、难以存储和运输等缺点，使得其在实际应用中受到限制。水是一种廉价、容易获取的氢能载体，但是需要通过水电解才能获得氢气，这一过程中需要消耗大量的电能，使得水电解成本较高。因此，人们还研究了各种化合物作为氢能载体，例如液化氢、氨、有机氢化物等。这些化合物可以在低温、常压下存储大量氢气，并且在需要时可以通过反应释放氢气。

选择氢能载体时需要考虑其存储密度、能量密度、安全性、可持续性等因素，以便实现氢能的高效利用。同时，开发新的氢能载体也是一个重要的研究方向，可以帮助解决氢能技术面临的挑战，促进氢能技术的发展。

能源载体的概念示意如图2.1-1所示。目前的氢能载体主要有液化氢、有机氢化物、氨等。如果在常温常压下能转换为液态，在使用时很容易从液体中脱氢，就可以像汽油一样的方便使用。这样的液体物质即为氢输送介质，主要有氨、甲基环己烷等。

此外，甲醇、二甲醚、甲酸、甲烷等也可被用于氢能载体，但这些物质分子中含有碳（C），作为能源利用时排放二氧化碳。应该指出，甲醇与甲烷将来也有可能成为氢输送介质，甲醇与甲烷可以利用化石燃料及可再生能源制造，可以利用二氧化碳制造，可以使二氧化碳再循环，即排放的二氧化碳和回收利用的二氧化碳可以互相抵消，

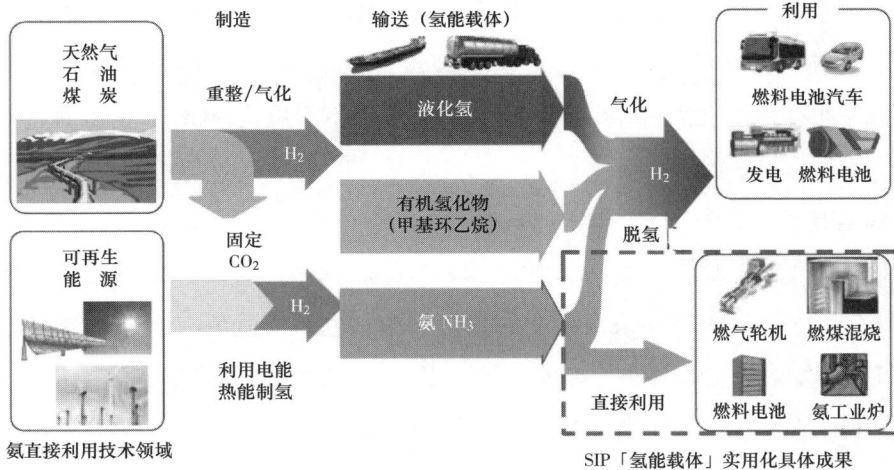

图 2.1-1　能源载体的概念示意图

注 资料来自日本资源能源厅 2021 年 "燃料アンモニアサプライチェーンの構築，プロジェクトの 研究開発・社会実装の方向性"。

那么可认为不排放二氧化碳，可以定义为氢能载体。

吸氢合金等也可以吸氢运送氢，但吸氢输送会产生金属脆化问题以及相对重量大等问题，需要进一步研究。

（二）研究氢能载体的重要性

如前所述，虽然氢能称为 "梦之能源"，但由于其特殊性，在实际使用中，存在一系列需要解决许多的技术难题。同时作为能源及其载体的有用性是由这些物质的性质之外，物质导入到社会时的成本、制造、输送、储藏及利用、安全等方面有关技术的进展程度等进行综合评估决定的。

1. 氢体积密度小

作为燃料的氢，体积密度小，氢单位重量发热量（LHV）为 120MJ/kg，而汽油为 44.9MJ/kg。虽然重量发热量是汽油的三倍多，但因为氢常温（25℃）下，每 $1m^3$ 只约为 82g 的密度，所以燃烧汽油 1L 时发热量为 32.9MJ，为得到同样的热量燃烧氢时，需要 3000L 的氢，这就是氢的体积密度低造成的。把它直接作为燃料使用存在很多问题，所以，氢无论是输送，还是储藏都非常困难。

作为氢能载体需要具备几个条件，如含氢量高、燃烧时不排放二氧化碳、生产容易、脱氢方便、能耗少、安全等，还有重要条件是使用（即输送、储藏等）方便。

为了满足这些条件，人们研究开发了各种各样的物质及生产工艺。首先利用液化、压缩等方法，提高氢体积密度，提高了氢的体积密度，就变成容易利用的物质；还有1个氨分子中含有3氢分子，含氢量高，它也是很好的氢能载体，可作为燃料使用；另外在有机氢化物中含氢量高，其中甲基环乙烷（MCH）是较理想的氢能载体。

2. 氢容易气化蒸发

如果要使氢变成液体，就要冷却到−253℃的超低温。但是，如果达到这种低温，即使对储存液体氢气的容器采取高度的隔热措施，也无法避免来自外部的自然热量，而且氢气的蒸发潜热也非常小，因此，无法阻止液体状态的氢气的自然气化（蒸发）。只有安全地释放氢气，容器才能承受内压的上升。

3. 泄漏不易检测

由于液体氢的蒸发温度为非常低温（−253℃），添味剂在该温度范围内成为固体，因此氢很难散发出异味。并且，由于氢是物质中最小的分子，比分子较大的添味剂扩散得更快。因此，氢气很难像城市煤气一样通过散发出异味让人知道泄漏，万一发生泄漏，即使通过氢气检测器等查出泄漏，也很难查出泄漏部位。

4. 氢容易爆炸

虽然可以对氢施加高压进行压缩，减小其体积，但是需要能够在高压下储存氢的耐压容器。氢泄漏时，与其他可燃性物质相比，其爆炸极限更广，起火所需的能量也较小，是爆炸危险性极高的物质。由于氢气是在空气中最容易扩散的物质，需要加强管理。

5. 氢对金属脆化

不论氢气是气态还是液态，都有必要用能够承受高压和金属脆化、不发生泄漏的特殊容器进行储藏。另外，氢气单位体积的燃烧热即使在35MPa气压、70MPa气压这样的高压力下也只有汽油的1/12、1/7左右，在液态下，是汽油燃烧热的1/4左右。

氢具有使金属变脆的性质，因此，在高压下储存氢气的容器，有必要使用特殊合金或碳纤维强化树脂等的材料，采取防止脆化、泄漏的措施。因此，出现了将氢气以可以运输、储藏的形式运输的氢气载体的方法。因此提出了氢能载体这一用语。

综上所述，氢能载体是氢能技术中不可或缺的一环，可以解决氢气在存储、转运和使用中面临的各种问题，促进氢能的应用和推广，同时也可以推动可持续发展。

二、氢能载体及其特点

氢能载体的主要物理性质如表 2.1-1 所示。

表 2.1-1　　　　　　　　　氢能载体的主要物理性质

项目	含氢量 （%）	体积含氢量 （kg/m³）	沸点 （℃）	燃烧时 CO_2 排放量 （g/MJ）	其他特性
液态氢（LH_2）	100	70.8	-253	0	强引火性、强可燃性、爆发性
甲基环乙烷（MCH）	6.16	47.3	101	脱氢、用氢不排放 CO_2	引火性、刺激性
氨（NH_3）	17.8	121.0	-33.4	0	剧毒性、腐蚀性
压缩氢（35MPa）	100	23.2	—	0	强引火性、强可燃性、爆发性
压缩氢（70MPa）	100	39.6	—	0	

（一）液态氢

液化氢是高效储存和输送大量氢的一种手段，氢在-253℃时液化，体积为 1/800，因此，可以高密度地大量储存和输送氢。另外，液化氢变回气体时，只要与大气进行热交换，即可不消耗新的能量，此外，液化氢的纯度极高，因此，只要使其气化，就可以直接投入到燃料电池等。

液态氢就是氢，把液态氢称为能量载体，及氢能载体，可能会有不合理之嫌。但是，氢本身是在常温常压下体积能量密度非常小的气态能量，不适合直接作为能量进行输送、储存、利用。因此，提出了将氢液化，提高氢的能量密度进行输送、储藏的方法。从这个意义上讲，液态氢也被包括在能量载体中，作为使氢能更容易利用的一种极其良好的方法。

液态氢是一种常见的氢能载体，其作为氢气的一种存储形式，具有以下几个特点：

（1）存储密度高。液态氢的密度非常大，相较于气态氢，存储体积可以缩小至原来的 1/800。因此，液态氢是一种非常高效的氢气储存方式。

（2）能量密度高。液态氢具有很高的能量密度，是化学能量中最高的一种。每千克液态氢的储能量相当于煤的 3 倍，相当于汽油的 2.5 倍，可以作为高能密度燃料使用。

（3）零排放。液态氢在使用过程中不会产生任何有害的气体排放，是一种非常清洁的能源。

（4）安全性。液态氢虽然具有易燃的特性，但其具有低温（-253℃）和高压（约3MPa）的特点，只有在特定条件下才会燃烧。此外，液态氢在使用过程中，只要储存和使用过程得当，安全性是可以得到保障的。

液态氢在氢能技术中的应用也非常广泛。例如，液态氢可以作为氢气的载体用于燃料电池的供氢，也可以作为燃料用于火箭、航天器等的推进剂。此外，液态氢还可以作为能源存储和运输的手段，在能源转型和环保发展中具有重要的作用。

需要注意的是，液态氢的制备和储存需要特定的技术和设备，且成本较高，因此在实际应用中需要考虑其经济性和实用性。

（二）有机氢化物

国外关于能量载体的应用，主要有甲基环己烷（MCH）、液体氢、氨三种，各国致力于它们的开发、利用的研究以及实用化。有机氢化物技术是利用某些烯烃、炔烃或芳香烃等储氢物质和氢（H_2）的可逆反应实现吸氢和脱氢。从反应的可逆性和储氢量的角度看，苯和甲苯是比较理想的储氢载体，几种可能利用的有机氢化物化学反应如图2.1-2所示。

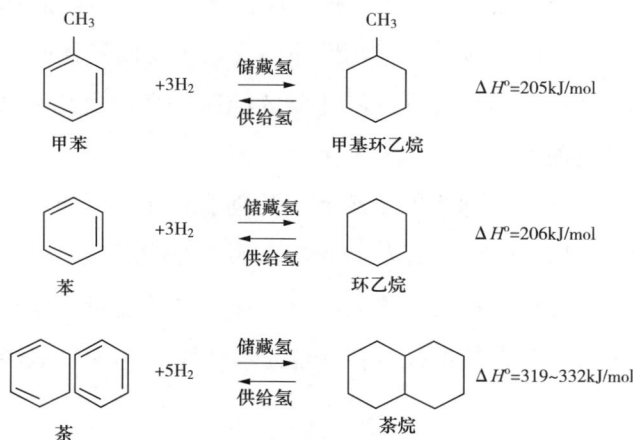

图2.1-2　代表性的芳香族化合物的加氢、脱氢化学反应

各国致力于对它们的开发和利用进行研究和实用化。有机氢化物技术利用某些烯烃、炔烃或芳香烃等储氢物质和氢气（H_2）之间的可逆反应，实现吸氢和脱氢。从可逆反应和储氢量的角度来看，苯和甲苯是比较理想的储氢载体。

有机氢化物物质特性如表2.1-2所示。

表 2.1-2 有机氢化物物质特性

芳香族氢化合物	芳香族化合物	质量氢储藏量（%）	体积氢储藏量（m³/L，标况下）	毒性	便利性（熔点℃）	原料可行性	综合评价
环乙烷	苯	7.19	0.62	致癌物质	5℃凝固	有机化学品	不好
甲基环乙烷	甲苯	6.16	0.053	无	方便-95℃	有机化学品	好
萘烷	萘	7.29	0.71	无	升华性80℃凝固	有机化学品	不好

表 2.1-2 中，除了甲基环乙烷和甲苯系之外，已知的有机氢化物还包括环乙烷（C_6H_{12}）和苯（C_6H_6）系、萘烷（$C_{10}H_{18}$）和萘（$C_{10}H_8$）系。然而，由于苯是致癌物质，萘在常温下是固体，因此甲基环乙烷和甲苯系的开发最为先进和可靠。

有机氢化物是一种氢能源载体，它是由氢气与有机分子组成的一类有机化合物。

1. 有机氢化物的特点

（1）高储存密度。有机氢化物的储存密度远高于氢气和液态氢，可以将氢气储存密度提高到液态氢的两倍以上。

（2）可再生。有机氢化物可以从生物质、垃圾和废弃物等来源中获得，也可以通过氢气和碳源进行化学反应制备。因此，有机氢化物是一种可再生的氢能载体。

（3）安全性。相对于液态氢等氢气储存方式，有机氢化物更加安全，不需要高压或极低温度的环境，储存和输送成本更低。

（4）稳定性。有机氢化物具有良好的稳定性，即使在常温下也可以长期储存，不会发生燃烧和爆炸等危险情况。

有机氢化物在氢能技术中的应用也非常广泛。例如，甲醇和氨等有机氢化物可以作为氢气的载体用于燃料电池的供氢。甲醇作为液态氢的替代品，其制备成本较低，储存和运输更加方便，广泛应用于燃料电池车和燃料电池发电等领域。此外，有机氢化物还可以作为化学原料，在有机合成、化学催化等方面具有重要的应用价值。

需要注意的是，有机氢化物的制备和储存需要特定的技术和设备，且有机氢化物的燃烧会产生 CO_2 等有害气体排放，因此在实际应用中需要考虑其经济性、实用性和环保性。

2. 有机氢化物供应链

无论是哪一种载体，为了构建其供给链，都需要在利用技术与降低成本方面进行研究开发、标准规范制定、制度的重新评估，以及社会的受容性评价等。并以此为基础，选择最适合的能源载体的导入方式。

甲苯跟氢反应转换为甲基环乙烷（MCH），这种新生成的甲基环乙烷储藏氢并进行输送。甲苯与甲基环乙烷常温常压下为液态。实际上，甲基环乙烷是用于修正液的溶剂，是人们常用的物品，作为化学物质来讲是危险性极低的化学用品，其作为氢能载体，可以储存约为 1/500 的容积氢气的常温常压下的液体，无论储藏还是输送都很方便。

氢气用户，即氢气利用的地方，通过催化剂反应脱氢，氢气从 MCH 分离出来供给用户，又通过催化剂脱氢反应之后生成甲苯，重新作为生成 MCH 的原料利用。将 MCH 利用为能量载体是利用 MCH 和甲苯两种物质之间的氢分子数差异来输送氢气的方法。如图 2.1-3 所示，通过对甲苯进行氢化，将氢固定为环状饱和烃化合物即 MCH，在利用时，通过脱氢反应从 MCH 取出氢来进行利用。脱氢后生成的甲苯回收再利用。在这个过程中，MCH 起到了输送氢气的氢能载体的作用。

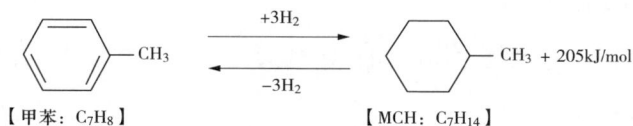

图 2.1-3　利用甲苯及甲基环乙烷输送氢

通过环状饱和烃化合物的氢化和脱氢来输送氢的方法称为有机氢化物法，该方法从 20 世纪 80 年代开始为人所知，但是脱氢反应中使用的催化剂的劣化严重，难以实用化。

由于 MCH、甲苯在常温常压下均为液体，因此通过利用该体系，能够将氢气作为常温常压下约以 1/500 体积的液体输送，也方便长期大量储存。再加上 MCH 和甲苯都是汽油的成分，因此在运输、储藏方面可以使用现有的汽油流通基础设施。在该体系中，为了高效、稳定地推进加氢、脱氢这两个化学反应，相关催化剂已有开发，因此，该反应体系不存在大的技术难题。

（三）氨（NH₃）

氨是能量载体，这种性质还并未被广泛认知。氨的分子式为 NH₃，分子中含有大量氢。并且，由于氨分子中不含有碳，所以即使氨燃烧也不会产生二氧化碳，也不会产生其他的温室效应气体。

氨主要用途为肥料，还是很多化学产品或纤维原料的基础化学产品。此外，也被少量用作小型制冷机、冰箱的冷却剂、NOₓ 脱硝剂等。因此，氨气的输送、储藏技术可以利用现有的基础设施。

我国合成氨产量世界第一，约占全球产量的30%，且有成熟的生产、运输和使用规范。氨是由氢和空气中大量含有的氮合成的，化学反应式如式（2.1-1）所示，氨的合成反应为发热反应，氨中的脱氢为吸热反应的可逆反应。

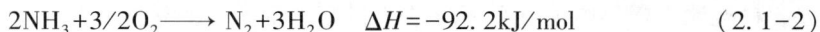

$$N_2 + 3H_2 \longrightarrow 2NH_3 \quad \Delta H = -92.2 kJ/mol \tag{2.1-1}$$

$$2NH_3 + 3/2O_2 \longrightarrow N_2 + 3H_2O \quad \Delta H = -92.2 kJ/mol \tag{2.1-2}$$

氨在用作能源时，可以通过式（2.1-1）的逆反应从氨中提取氢，见氨燃烧式（2.1-2），因此，氨也是无 CO_2 燃料。

就燃烧热而言，氨为 22MJ/kg、汽油为 44.9MJ/kg、重油为 43.4MJ/kg（LHV）。氨既是能量载体，也是氢载体。另外，氨（NH_3）通过燃烧变成氮（N）和水（H_2O），是最稳定的反应。

氨可以大量输送、储藏，也可以作为不排出温室效应气体的燃料直接利用，因此可作为将来需要大量氢能源的发电领域和制造业领域的能源载体。在能源载体领域，为了确认氨在这些领域代替化石燃料的可行性，我国正在进行研究开发工作。

氨作为能量载体具有很大的优点，不需要通过脱氢过程从能量载体获得氢所需要的能量，可直接利用氨作为燃料。

依据成本及脱氢工艺，利用氨作为氢载体，为氢站输送氢也是可行的。但是，在这种情况下，由于对氨进行脱氢来制造氢的装置和能量非常重要，为了得到 FCV 用途所要求的氢的纯度，需要精制由氨制造的氢，因此认为，发电时将氨用作燃料不能发挥氨的优越性。

氨也与其他的能量载体一样，存在由其物性引起相关技术开发问题。氨的最大问题是它的毒性和臭味。氨对黏膜有很强的刺激性，而且有很强的气味。由于这种强烈的刺激性，如果进入到眼睛，可能会引起失明，如果吸入浓度超过 $1000\mu L/L$（1000ppm）的气体，就会出现危险。

氨在使用时需要特别注意，氨作为能量载体的用途需要考虑其封闭系统等普通人难以触及的环境，以及专业人员的严格管理。

在氨的制造工艺中，以天然气为原料的利用哈伯-博世（HB）法已非常完善。首先，该过程中从天然气的主要成分甲烷（CH_4）到氨（NH_3）的生成所发生的一系列化学反应所需的能量仅为合成氨燃烧时产生热量的1.8%，而反应体系整体的理论热收支几乎为零。换言之，燃烧原料 CH_4 所能获得的能量与燃烧所制造的 NH_3 所能获得的能量几乎相等。在这种情况下，氨是所谓的甲烷（CH_4）的高效能量载体。

三、氢能载体供应链

在氢的制造、输送、储藏、利用的氢能供需链中，根据需求侧的利用方法，需开展多方面的研究。考虑多方面因素，如距离、运量，直接用化石燃料运输、储藏，直接以电能输送、蓄电，还是直接输送热能、蓄热。另外，根据需求的类型，比如定置型燃料电池、燃料电池汽车等分散性制氢，而氢气发电适于大规模氢供给。

（一）氢能载体的物理性质及其特点

氢能载体的物理性质及其特点如表 2.1-3 所示。

表 2.1-3　　　　　　　　　　　氢能载体物理性质及其特点

载体	氢密度	所需基础设施	用途	利用技术开发情况	特性相关的重要事项
液态氢	体积：70.8kg/m³；重量：100%。常压氢体积的1/800输送、储藏同重量的氢	需要液化氢用基础设施	发电	氢30%（体积）混烧实证，专烧技术在开发中	（1）液化时需要氢的12%（理论值）能源（现状需要30%以上），高压下能耗小；（2）液化：−253℃的极低温；（3）对汽化损失相应措施；（4）需要新的基础设施
			氢站	（1）不需要精制；（2）已实现实用化；（3）随着输送量增加，需要提高压缩氢经济性	
MCH	体积：47.3kg/m³；重量：6.2%。对常压氢体积的1/500输送、储藏同重量的氢	可以利用汽油加油站设施	发电	氢30%（体积）混烧实证，专烧技术在开发中	（1）在常温下为液体；（2）可利用汽油有关设施；（3）脱氢能耗较大，输送需要氢能的28%（理论值）能耗；（4）需要甲苯储藏，储藏设施等基础设施
			氢站	（1）随着输送量增加，需要提高压缩氢经济性；（2）需要脱氢+精制氢	
氨	体积：121kg/m³；重量：17.8%。跟LPG相同，对常压氢体积的1/1300输送、储藏同重量的氢	可利用现有LPG基础设施输送储藏氨	发电	不需要脱氢可以混烧煤，20%燃气轮机混烧实证，以燃煤混烧目标	（1）需要输送储藏基础设施；（2）可以按LPG一样处理；（3）急性毒性，有刺激味；（4）脱氢时，需要脱氢能量；（5）氨的输送，需要氢能的13%（理论值）的能量
			氢站	需要脱氢+精制氢	

在能源载体中，以构建无碳（CO_2）氢价值链为目标，从无碳氢的制造开始利用三种能源载体（液态氢、有机氢化物、氨）作为氢的输送、储藏，以及利用的主要技术方向。

（二）氢能载体基本工艺流程

利用可再生能源的三种氢能载体技术的基本工艺流程如图 2.1-4 所示。

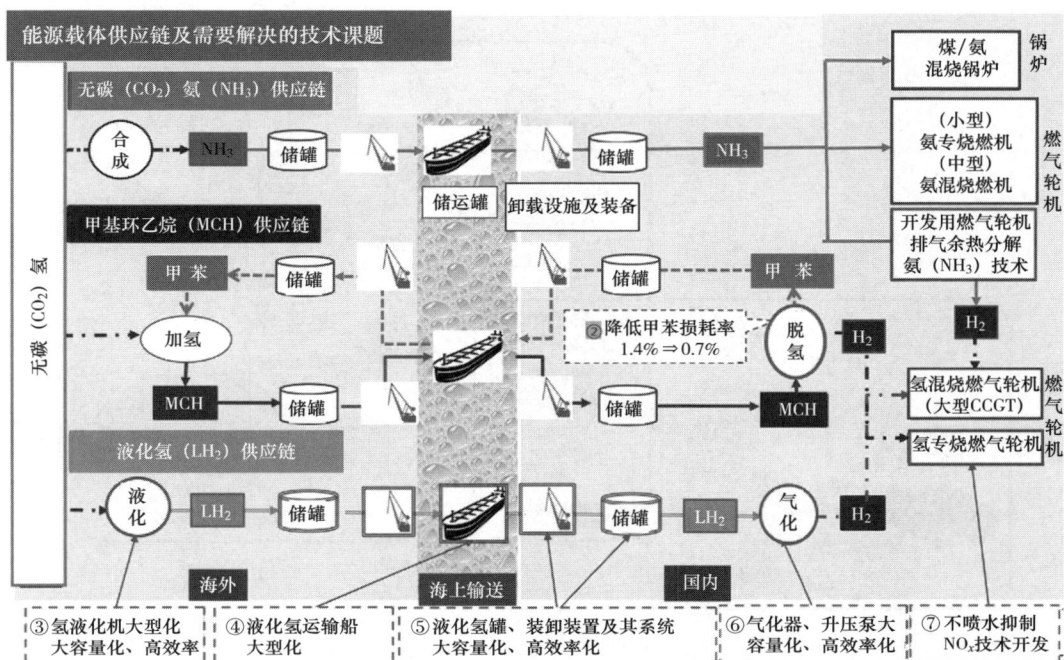

图 2.1-4 利用可再生能源的三种氢能载体技术基本工艺流程图

如表 2.1-3 及如图 2.1-4 所示，氢能载体各有特色和对应的工艺流程，未来的能源载体并不唯一，而是以利用其优点选择不同用途的氢能载体。如果是少量、短距离输送，就不用能源载体，将氢气以气体状态直接装入高压容器进行输送，这种目前仍在使用的形态（高压氢气）将来也会一直沿用。

但是，为了推进能源载体开发利用，需进行详细分析及评估，在何时、何种用途导入多少氢量的基础上，需要确定最适合输送、储藏的载体。另外，使用氢能载体这一用语，是因为不仅考虑从液体氢气化的氢的利用、MCH、氨脱氢的氢的利用，还考虑包括氨的直接利用在内的利用形态，所以统称为氢能。对于何时、何种用途、引进多少量的氢能源问题，需要客观地分析研究，形成文本并在行业内共享，并根据实际情况进行调整。

（三）来源于可再生能源的氢能载体

目前的氢能载体，无论是液态氢还是甲基环乙烷及氨等均利用天然气、石油、煤炭等化石能源生产，所以在生产过程中排放二氧化碳，是灰色的，为了达到碳中和的目的，应利用可再生能源生产绿色能源载体。利用可再生能源生产及利用氢能载体示意如图 2.1-5 所示。

利用可再生能源生产和利用氢能载体的示意如图 2.1-5 所示。

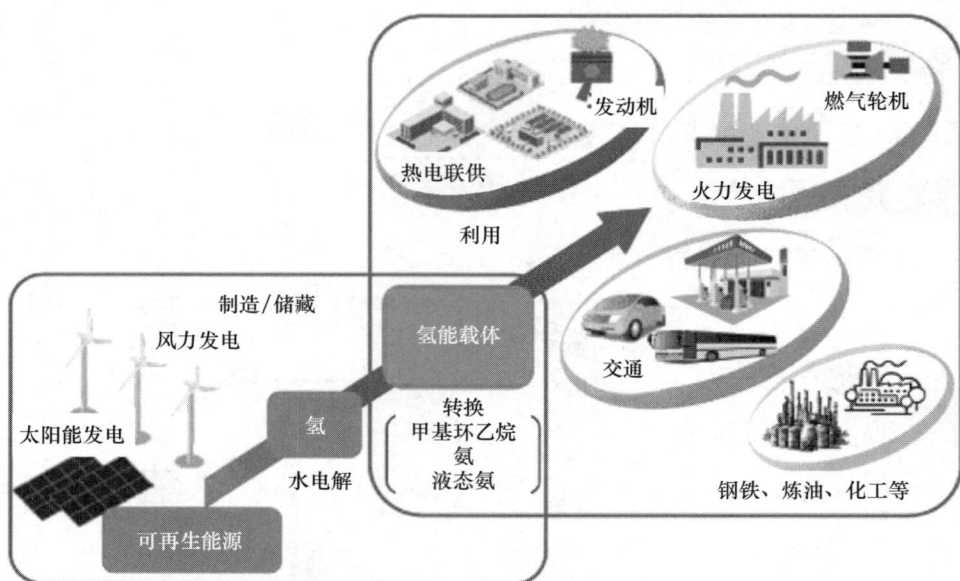

图 2.1-5　利用可再生能源生产和利用氢能载体的示意图

脱碳氨生产的主要途径通常用颜色来描述。灰色氨是指以化石燃料为基础的常规氨生产方法。蓝色氨是以这些相同的常规生产方法为基础，添加了碳捕集设备，以实现更低的碳足迹。绿色氨是指以清洁电力为动力的电解法产生的氨。

（四）氢能载体的比较

将氢转化为氨需要相当于氢中含能量的 7%～18% 的能量，这取决于系统的大小和位置。如果氨需要在目的地重新转化为高纯度氢气，那么类似的能量水平就会损失。尽管如此，氨在比氢气温度高的−33℃下液化，每立方米含氢量是液化氢的 1.7 倍，因此运输费用比氢气便宜得多。虽然氨已经有一个完善的国际输配电网络，但它是一种有毒化学品，这可能会限制它在某些最终用途部门的使用。此外，部分未燃烧的氨亦可能外泄，引致微粒物质（空气污染物）和酸化。

制造有机氢化物需要将氢"载入"一个"载体"分子，然后运输它，然后在其目的地再次提取纯氢。有机氢化物与原油、石油产品具有相似的性质，其核心优点是无需冷却即可作为液体运输。跟氨一样，转化过程亦涉及成本，涉及再转换过程，这些过程需要相当于氢本身 35%～40% 的能量。此外，当脱氢过程结束时需要重新将生成的载体运回原点。如甲基环乙烷，载入的甲苯，脱氢之后产生的甲苯，重新运回原点，如远距离输送，费用会很昂贵。

专家们正在考虑几个不同的有机氢化物分子，每个分子都有不同的优缺点。有机氢化物指的是甲基环己烷（MCH），这是一种相对低成本的选择，以甲苯为载体的分子。目前，每年生产约 200 万 t（2Mt）甲苯（用于商业产品），如果将其用作低含氢化合物，这一数量可携带 140 万 t 氢（1.4Mt-H_2），费用每吨 400~900 美元。然而，甲苯是有毒的，需要小心处理。一种无毒的替代有机氢化物是二苄甲苯，虽然这比现在的甲苯贵得多，但从长远来看，特别是考虑到其无毒性质，扩大规模可能会使其成为一个更有吸引力的选择。甲醇和甲酸是其他选择，但如果直接使用（除非使用非化石碳源生产），它们会导致温室气体排放。对于氨和有机氢化物，有效利用转化过程中释放的热能可以提高价值链的效率并降低总体成本。

第二节　液态氢

一、液态氢概述

在常温下施加压力并不能将氢气液化。即使施加高达 70MPa 的压力，氢气仍保持气态。在 0℃、1 个大气压下，氢气的密度约为 $0.09kg/m^3$，在 70MPa 下，密度约为 $42kg/m^3$，相当于气体体积的 460 倍左右。

氢气只能在-253℃超低温下液化，使得液态氢的体积仅为气态氢的 1/800。通过液化，氢气的体积约为同等体积的燃烧热的 1/4。此外，在-253℃的超低温下，除了氦以外的其他气体都会固化，因此液态氢的制造过程可以除去杂质，使氢气具有超高纯度。液态氢是高效储存和输送大量氢气的重要手段。液态氢可以以极其紧凑的形式进行储存和输送。

液态氢的特点：

（1）氢储藏密度高。与气态氢相比，液态氢的体积约为气态氢的 1/800，因此提高了氢气的储存和输送效率。

（2）能量密度高。液态氢是化学能量中能量密度最高的一种，每千克液态氢的储能量相当于煤的 3 倍，相当于汽油的 2.5 倍，可以用作高能密度燃料。

（3）清洁能源。液态氢在使用过程中不会产生任何有害气体排放，是一种非常清洁的能源。

（4）安全性。液态氢虽然具有易燃的特性，但其具有低温（-253℃）和高压（约 3MPa）的特点，在特定条件下才会燃烧。此外，只要储存和使用过程得当，液态氢的安全性是可以得到保障的。

（5）可以供给氢站。根据如上液态氢特点，将其作为氢站供应氢气的有效手段之一。事实上，液态氢通常以在异地制造的方式，通过液态氢罐车等形式供应给氢站。

要大规模使用氢能，需要建立液态氢供应链和大型流通网络。这涉及陆上和海上的输送，需要大规模设备、材料和运输路线等。然而，为了安全地使用液态氢气，除了克服氢气本身易爆炸和使金属变脆的问题（例如使用特殊合金或碳纤维强化树脂等特殊隔热材料），还需要特殊设备和隔热技术，因为液态氢气在超低温下很容易汽化。为了大量使用氢能，需要形成液态氢供应链，构建大型流通网。

二、氢气液化工艺

（一）氢气液化方法

氢气是重要的能源和工业原料，但在常温常压下，氢气体积很大，难以储存和运输。因此，氢气液化技术是将氢气冷却至其沸点以下，使其转化为液态氢，以便更便捷地储存和运输。

以下是氢气液化的两种主要方法：

1. 等温压缩法

等温压缩法是氢气液化的一种传统方法，适用于小规模液化装置。该方法的原理是逐渐压缩氢气，使其温度升高，直至达到液化点。由于液化过程中会产生大量热量，因此需要持续降温。等温压缩法的主要缺点是能耗高且液化速度慢，通常适用于小规模实验室或制氢站。

2. 等焓降温法

等焓降温法是目前主流的氢气液化方法，其原理是利用氢气在等压条件下膨胀时，会吸收周围环境的热量，从而使温度下降。通过多级膨胀和压缩，将氢气逐渐冷却至液化点以下，然后将其存储在低温、高压的容器中。该方法能耗较低、液化速度较快，适用于工业生产和大规模氢气液化。

在等焓降温法中，常用的制冷剂包括液氮、液氧、液氩等低温物质。通过将制冷剂与氢气进行热交换，可以将氢气快速冷却至液态。此外，一些新型氢气液化方法，如磁制冷、电制冷等也正在不断发展中，有望进一步提高氢气液化的能效和效率。

在等焓降温法中，林德热机（Linde cycle）是一种常用的氢气液化装置。林德热机由一系列膨胀机、压缩机和热交换器组成，利用氢气在等压条件下膨胀时吸收热量的原理，将氢气逐渐冷却至液化点以下。具体的工作过程如下：

压缩机将氢气压缩至高压状态，然后进入第一级膨胀机。在第一级膨胀机中，氢气逐渐膨胀，吸收外部的热量，温度下降。此时，氢气进入第一个热交换器，与制冷剂进行热交换，进一步降低温度。经过多级膨胀机和热交换器后，氢气逐渐冷却至液化点以下，进入液氢储罐中储存。

在氢气液化过程中，还需要注意以下几点：

（1）液化时需要保持高压状态，以便在液态下保持氢气的密度和储存量。因此，液氢储罐需要具备足够的强度和耐压性。

（2）液化时需要防止氢气与空气中的氧气发生爆炸或火灾，因此必须保证液化装置和液氢储罐的密封性和安全性。

（3）液化后的氢气需要保持低温状态，以免液态氢重新变为气态。因此，储存液态氢的容器需要具有保温性能，并配备制冷装置以保持低温状态。

总之，氢气液化技术是将氢气气态转化为液态，以便更方便地储存和运输的关键技术。随着氢能产业的不断发展和推广，氢气液化技术也在不断创新和完善，有望在未来更广泛地应用于氢能储存和利用领域。

川崎重工氢液化系统实证的工艺示意图如图 2.2-1 所示。除了氢液化机外，该设备还包括液化氢罐、预冷用液化氮罐、氢压缩机等机器。

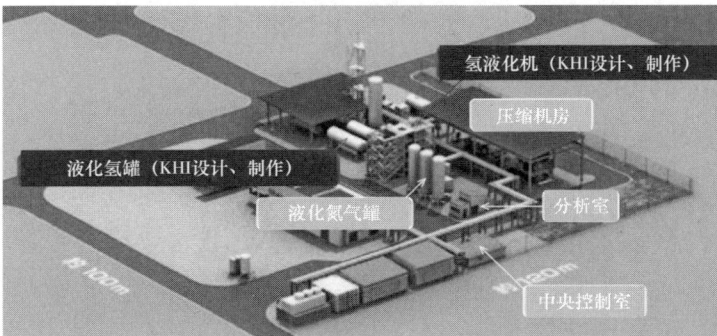

图 2.2-1　川崎重工氢液化系统实证的工艺示意图

注 资料来自川崎重工技报 2020 年　第 182 号水素サプライチェーン特集号。

氢液化方法跟空气液化相似，氢气通过压缩冷冻机压缩，经过节流阀之前进行冷却，涡轮膨胀之后变为液态，将分离后的液体储存在高真空绝热容器中，继续进行上述循环，液化 1kg 氢需要 4~8kWh 增加能源消耗。氢液化系统的处理流程如图 2.2-2 所示。

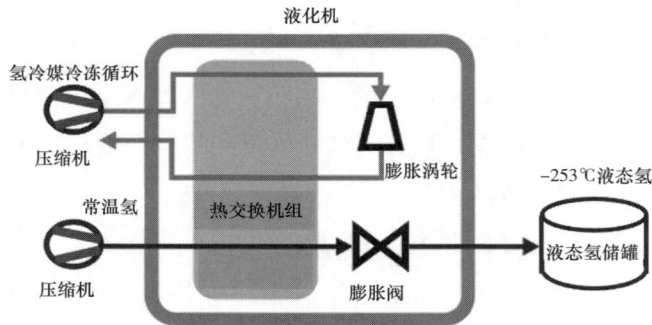

图 2.2-2　氢液化系统的处理流程图

注 资料来自川崎重工技报 2020 年　第 182 号水素サプライチェーン特集号。

另外还一种冷却方法是两次冷却方式，第一级在氢压缩机中升压的原料氢气被预冷用的液化氮冷却至 −200℃ 左右之后，通过来自制冷循环的冷热进一步冷却几十度，到 −253℃ 为止，通过膨胀阀的绝热膨胀而被液化。

在冷冻循环中采用氢负载循环（将膨胀涡轮和膨胀阀组合的冷冻循环），可以说是使用氢来冷却氢。液化氢系统的工艺流程和输送示意图如图 2.2-3 所示。

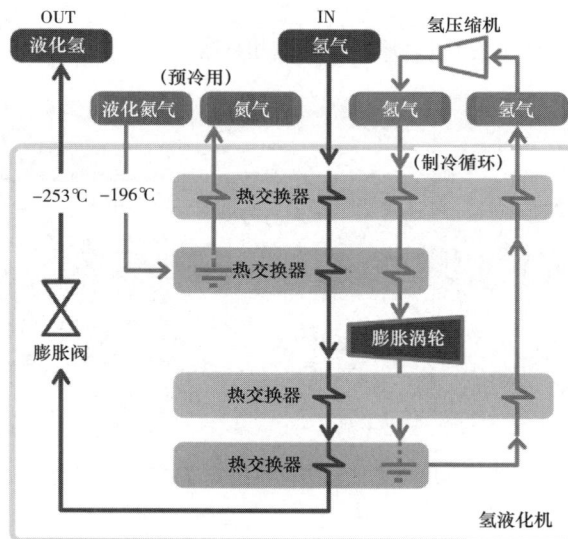

图 2.2-3　液化氢系统液化工艺流程示意图

注 资料来自川崎重工技报 2020 年　第 182 号水素サプライチェーン特集号。

液化氢系统液化工艺流程及输送示意图如图 2.2-4 所示。

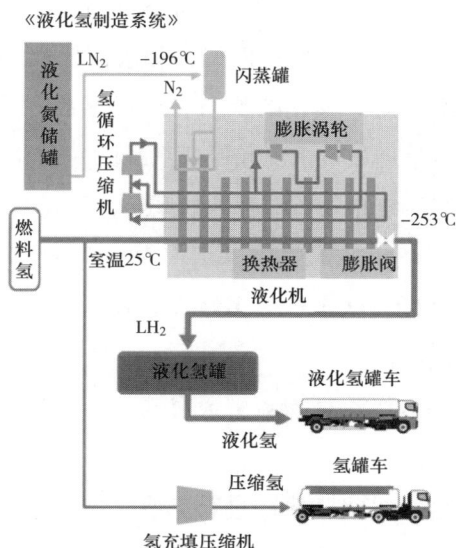

图 2.2-4　液化氢系统液化工艺流程及输送示意图

注 资料来自川崎重工技報 2020 年　第 182 号水素サプライチェーン特集号。

（二）氢气液化工艺系统

氢气液化工艺系统是一个复杂的系统，由多个装置和设备组成。它的主要功能是将氢气气态转化为液态，以便更方便地储存和运输。

1. 工艺系统组成

（1）压缩机。将氢气从低压状态压缩至高压状态，为后续的液化提供必要的条件。在氢液化系统中，通常使用多级离心式压缩机，以便将氢气压缩到足够高的压力水平。

（2）热交换器。通过与制冷剂进行热交换，将氢气逐渐冷却至液化点以下。在氢液化系统中，通常使用多级热交换器，以便将氢气的温度逐渐降低到液态所需的温度水平。

（3）膨胀阀。通过控制氢气的膨胀过程，将其温度进一步降低，以便实现氢气液化。在氢液化系统中，通常使用多级膨胀阀，以便逐步将氢气的温度降低到液态所需的温度水平。

（4）液氢储罐。储存液态氢气的容器，通常由高强度材料制成，以承受高压和低温的作用。在氢液化系统中，通常使用多层保温液氢储罐，以便保持液态氢气的温度。

（5）制冷机组。用于制冷和保持液态氢气的低温状态。在氢液化系统中，通常使用制冷机组和冷凝器，以便维持液态氢气的低温状态，并防止其重新变为气态。

除了上述主要的组成部分外,氢液化工艺系统还包括多个辅助设备和控制系统,以确保系统的安全性、可靠性和高效性。例如,系统需要配备压力传感器、温度传感器、流量计等仪器,以便实时监测氢气的状态和运行参数;系统还需要配备自动控制系统和报警系统,以便及时处理异常情况和保证系统的安全性。

总的来说,氢液化工艺系统是一个综合性的系统,需要多个装置和设备相互协作。

2. 液化过程

(1)氢气压缩。氢气从低压状态进入多级离心式压缩机进行压缩,提高其压力至高压状态,以便后续的液化过程。

(2)氢气冷却。氢气在多级热交换器中通过与制冷剂进行热交换,逐渐降低其温度,使其接近液化点以下。

(3)氢气膨胀。氢气经过多级膨胀阀进行膨胀,进一步降低其温度,以便实现液化。在此过程中,氢气的压力也会相应降低,通常降至 $1\sim2\mathrm{MPa}$ 的范围内。

(4)液态氢气存储。液态氢气被储存在多层保温液氢储罐中,以保持其低温状态。液态氢气的储存温度通常在 $-253\,^\circ\mathrm{C}$ 左右,需要保持在极低温度下,以防止其再次转化为气态。

(5)液态氢气的维持。为了保持液态氢气的低温状态,系统需要配备制冷机组和冷凝器,以便对液态氢气进行冷却和保持。

整个氢液化工艺系统的稳定运行和高效性,需要依赖于精密的仪器和自动化控制系统,以便实现实时监测、数据分析和异常报警。同时,系统的设计和建造需要满足严格的安全标准和规范,以确保工艺系统的安全性和可靠性。

3. 液态氢设备

主要包括液氢储罐、液氢泵、液氢蒸发器、液氢加热器、液氢传输车等。这些设备在氢能领域中起着非常重要的作用。

(1)液氢储罐。液氢储罐是用于存储液态氢的设备,通常采用不锈钢材料制成,内部有多层保温材料保持低温。液氢储罐通常具有密封性和可调节压力的功能,以防止液态氢泄漏和过压。

(2)液氢泵。液氢泵是用于将液态氢从储罐中抽出并输送至使用地点的设备。液氢泵通常采用氢气循环冷却方式,以保持氢气的低温状态。常见的液氢泵有往复式泵、膜式泵和旋转泵等。

(3)液氢蒸发器。液氢蒸发器是将液态氢加热并转化为气态氢的设备,通常用于将液态氢转化为气态氢供应给燃料电池等设备。液氢蒸发器通常采用对流加热方式,通过外部热源加热液态氢，使其蒸发成为气态氢。

（4）液氢加热器。液氢加热器是将液态氢加热到一定温度的设备，通常用于氢气燃烧等应用。液氢加热器通常采用传导加热方式，通过外部加热器对液态氢进行加热，使其转化为气态氢。

（5）液氢输运车。液氢输运车是用于将液态氢从生产厂家运输至使用地点的设备。液氢输运车通常采用压力容器作为储存和运输液态氢的载体，具有可调节的压力和保温材料保持液态氢的低温状态。

总之，液态氢设备在氢能领域中起着至关重要的作用，不仅直接影响着氢能的产生和使用效率，也对氢能的安全性和可靠性产生着重要的影响。本设备除氢液化机外，还包括液化氢罐、预冷用液化氮罐、氢压缩机等机器。

（三）液态氢设备

（1）液化机基本结构。氢液化机的结构类似于氦液化机，同时还应考虑抗震设计标准。为了抑制氢液化机外表面的吸热，内部设备的支撑结构也考虑了隔热。

（2）隔热、气密。氢液化机为了真空隔热，需要将内部保持为高真空，焊接部和凸缘的密封部等要求极高的气密性，需通过实现高的制造精度并保持极高的气密性来消除氦泄漏试验，另外，在对内部设备表面施以隔热材料也充分发挥了目前的技术积累。

（3）膨胀涡轮机。膨胀涡轮机如图 2.2-5 所示，膨胀涡轮机是液化过程的关键硬件。需要每分钟十几万转以上的高速旋转，因此，对于支撑旋转轴的轴承是气态轴承，除了能够大幅降低轴承的摩擦损失之外，还具有能够避免油对系统内污染的优点。此外，在空气动力和轴系等的设计中，也应用了燃气轮机和喷气发动机等高速旋转机械的技术。

（4）运行控制系统。由于运行控制氢液化系统的运行非常复杂，所以使用模拟实验等设计了控制逻辑。在实际运行中也需慢慢磨合，以实证运行得到的数据为基础，进行逐步改进。

（5）纯度管理。在−253℃氢的液化温度时，除了氦和氢以外的所有物质都冻结成为固体，因此氢气中的杂质会导致结构的堵塞，因此，氢气的纯度管理非常重要，液化氢高达 99.999% 以上的纯度，仅通过气化就能够应用到燃料电池。

（6）安全。关于设备设计上的安全，在实施解析成套设备可靠性及安全性的系统工程方法 HAZOP 和 FMEA 的同时，由多个第三方机关进行了评审。另外，在设备的实

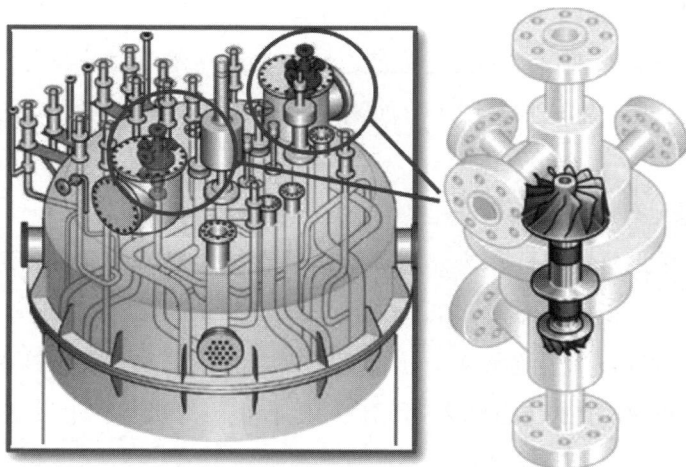

图 2.2-5　氢液化机上部与膨胀涡轮

证运行中，公司内部新设了运行和维护的组织和体制，在安全上不存在问题。

为了改善新型液化机的液化效率，除了对工艺进行改良以外，还反映原型液化机的数据，提高设计精度。为了进一步提高效率，膨胀涡轮比实证机实现小型化，但在结构上大致跟实证机相同。同时重新研究液化机内部的机器配置，与原型液化机相比，机身直径、全高都减少了 0.5m。氢液化机重量也减少了 30%，降低了成本。

三、液态氢储藏及运输

（一）液态氢储藏

液态氢是一种极低温液体，在常温常压下容易蒸发为气态氢。因此，液态氢的储存需要采用特殊的技术和设备，以保证其稳定性和安全性。

1. 液态氢的储藏方式

（1）存储在氢气储罐中。液态氢可以储存在氢气储罐中，这种储存方式适用于小规模的氢气需求场景，例如实验室或燃料电池车的燃料储存。氢气储罐通常是一个密闭的容器，内部保持氢气的低温和高压，以确保氢气保持液态状态。

（2）存储在液态氧或液态氮中。液态氧或液态氮可以用作液态氢的储存介质。这种储存方式被称为冷却剂储存法，其基本原理是将液态氢放入液态氧或液态氮中，通过液态氧或液态氮的低温来保持液态氢的稳定状态。

（3）存储在特殊材料中。一些特殊的材料，如金属氢化物、吸附材料等，可以用来储存液态氢。这些材料可以吸附和释放氢气，因此可以将液态氢储存在其中。这种储存方式被称为化学储氢法。

2. 液态氢储存需要注意的问题

（1）温度控制。液态氢需要被储存在非常低的温度下，通常在-253℃左右，因此储存设备需要具有良好的保温性能，并且需要采用有效的冷却措施来控制储存环境温度。

（2）压力控制。液态氢需要被储存在一定的压力下，以保持其液态状态。储存设备需要具有压力控制功能，以确保储存环境内的压力始终在安全范围内。

（3）安全性。液态氢是一种易燃易爆的气体，因此储存设备需要具有严格的安全措施和保护设施，以确保储存过程中的安全性。

综上所述，液态氢的储存需要采用特殊的技术和设备，以确保液态氢的稳定性和安全性。

3. 液态氢储存时还需要考虑的因素

（1）隔热材料的选择。储存液态氢的设备需要具有良好的隔热性能，以防止热量进入设备中导致液态氢的汽化。常见的隔热材料包括气体绝缘材料、多层绝缘材料和高分子材料等。

（2）液态氢的填充和排空。液态氢的填充和排空需要采用专用的设备和工艺，以确保氢气的压力和温度在安全范围内，并避免液态氢的汽化和泄漏。

（3）液态氢的检测。在储存液态氢的过程中，需要对氢气进行定期的检测，以确保储存环境内的氢气浓度在安全范围内，并及时发现氢气泄漏等安全隐患。

（4）液态氢的安全措施。储存液态氢的设备需要具有完善的安全措施和应急处理方案，以应对可能发生的氢气泄漏、火灾等安全事故。

总之，液态氢的储存需要采用严格的技术和设备，以确保其稳定性和安全性。同时，储存液态氢的场所需要具有良好的通风和排气设施，以及专业的人员管理和操作规范。

4. 液化氢罐

如图 2.2-6 所示的液化氢罐是 2500m³ 的球形真空双层壳储罐，是对液化氢的接收、储藏。液态立式储罐如图 2.2-7 所示，液态卧式储罐如图 2.2-8 所示。

为了长期抑制气化蒸发损失并储存液化氢，液化氢罐要求比 LNG 罐更高的隔热性能，因此采用了真空隔热方式。作为日本国内的液化氢罐，种子岛宇宙中心的 540m³ 容量的储氢罐曾是最大的储氢罐，基地的罐容量是其容量 4 倍以上，成为国内最大的液化氢罐。如图 2.2-9 所示，隔热结构中采用了珠光体真空隔热方式，在球形的外壳和内壳之间填充作为隔热材料的珠光体后，进行抽真空来提高隔热性能。

图 2.2-6　球形真空双层壳液化氢罐

图 2.2-7　液态立式储罐

图 2.2-8　液态卧式储罐

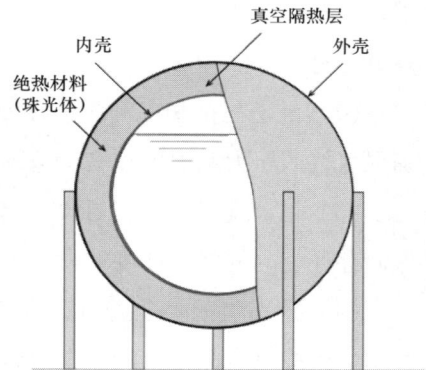

图 2.2-9　液化氢罐断面图

　　为了实现大型化，对现场焊接厚壁大板材的施工方法，以及为了提高作业效率，最合适的板割等问题进行了研究，积累了面向将来大型储罐制作的经验。另外，面向大型储罐的运用，对液化氢填充前的氢气置换方法和储罐冷却顺序的最优化等方面进行了探讨。

　　5. 液化氢 BOG 罐

　　BOG 压缩机、储藏液化氢气的 BOG 罐及处理液化氢装卸中产生的氢气的排气口如图 2.2-10 所示。BOG 罐中储存的氢气可用于基地内设备的气体置换、液化氢从船上卸货时的备用等。

图 2.2-10　BOG 罐

（二）液态氢运输

液态氢是一种高效、环保的能源，可以用于燃料电池、火箭推进等多个领域。然而，由于液态氢需要极低的温度和高压来保持稳定状态，其运输和储存具有一定的难度。

1. 液态氢的运输方式

主要采用两种运输方式：管道输送和集装箱或罐车输送。

（1）管道输送。液态氢管道输送是指将液态氢通过管道运输到目的地。这种方式主要适用于氢气供应站和大型氢气使用企业，可以实现长距离高效的氢气输送。

液态氢管道输送系统需要具备以下特点：

1）高温超导氢气输送管道。这种管道可以在极低温下保持氢气的液态状态，同时具有较小的氢气损失和较高的氢气输送效率。

2）冷却系统。在液态氢管道输送过程中，需要保持管道的温度，避免管道的冷却和氢气的汽化。因此，需要通过液氮等低温冷却剂进行管道冷却。

（2）集装箱或罐车输送。液态氢集装箱或罐车输送是指将液态氢装入特制的集装箱或罐车中，通过陆路或海路运输到目的地。这种方式主要适用于小型氢气供应站和分散式氢气使用企业，可以实现灵活、便捷的氢气输送。

（3）液态氢集装箱或罐车输送系统需要具备以下特点：

1）高效保温系统。在液态氢集装箱或罐车输送过程中，需要保持液态氢的低温状态，避免液态氢的汽化。因此，需要采用高效保温材料和保温结构设计，减少热传导和热辐射的损失。

2）安全防护系统。液态氢是一种高度可燃的气体，其运输过程需要具备完备的安全防护系统，包括防爆、防火、泄漏报警等措施。

液态氢的运输需要遵循一系列安全规范和标准,确保运输过程的安全和可靠性。同时,液态氢的使用也需要遵循一系列安全操作规程,避免因操作失误导致的事故发生。

液态氢运输的安全问题是非常重要的,因为液态氢是一种高度可燃的气体,一旦发生事故可能会引发严重的火灾或爆炸。

2. 确保液态氢运输安全性的措施

(1)完备的安全防护措施。液态氢运输车辆和设备需要装备防爆、防火和泄漏报警等安全防护设施,确保在发生事故时能够及时采取应急措施,减少事故损失。

(2)严格的运输标准和规程。液态氢运输需要遵循一系列标准和规程,包括液态氢运输车辆和设备的设计、制造、使用和维护等方面的规定,确保运输过程的安全性和可靠性。

(3)安全培训和操作规程。液态氢运输工作人员需要接受专业的安全培训,了解液态氢的性质、危险性和安全操作规程,确保运输过程中的操作安全性。

(4)预防和控制措施。液态氢运输过程中需要采取预防和控制措施,包括加强设备维护、监测氢气压力和温度、定期检查氢气质量等,确保运输过程的安全和可靠性。

总之,液态氢运输是一项复杂、高风险的工作,需要采取多种安全措施来保证运输过程的安全性和可靠性。随着氢能技术的不断发展,液态氢运输技术也将不断完善,为氢能产业的发展提供更加可靠和高效的运输方案。

3. 陆地运输

陆地上一般利用集装箱罐车等输送。在国内氢能需求越来越高,从产地输送到消费地,利用集装箱罐车,需要比液化天然气(LNG)储罐多几倍的隔热措施,才能输送-253℃液态氢。川崎集装箱罐车如图 2.2-11 所示。

4. 海上运输

如像液化天然气一样,从国外进口液态氢时利用液态氢船海上运输,如本川崎重工根据 LNG 输送船技术,开发了超低温蓄压液态氢船上专用储罐,并遵循国际海事机构(IMO)有关法规设计制造,同时得到了该机构的认可,在澳大利亚生产的液化氢输送到日本。目前,已经建造了样船,正进行实证试验。船体总长为 116m,宽为 19m,总吨位 8000t,可以运输 1250m^3 液态氢。该氢量相当于 15000 辆燃料电池汽车的需求量。先导性船结构及船上设备组成如图 2.2-12 所示。

从澳大利亚到日本航海距离为 900km,估计需要 16 天时间。样船实际运行照片如图 2.2-13 所示。

液化氢的输送和储藏

液化氢罐车3000L

液化氢小型集装箱1900~2400L

集装箱液化氢40000L

液化氢移动型加氢站

图 2.2-11　川崎输送液态氢集装箱罐车

注 资料来自日本岩谷产业 2020 年，"エネルギーが変わる、水素が変える—水素エネルギーハンドブック—"（第 6 版）。

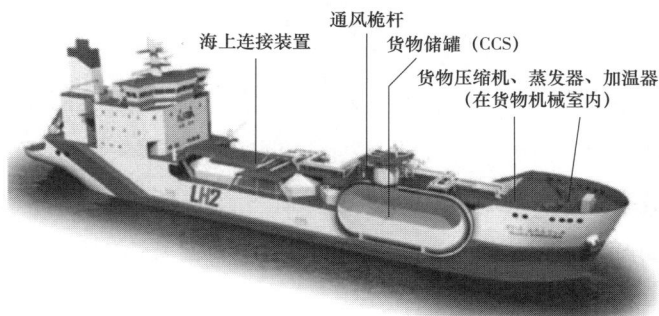

海上连接装置

通风桅杆

货物储罐（CCS）

货物压缩机、蒸发器、加温器
（在货物机械室内）

图 2.2-12　先导性船

注 资料来自川崎重工技报 2020 年　第 182 号水素サプライチェーン特集号。

在样船上设置了 1 套液化氢储藏罐，该储罐是真空绝热的双重壳体结构，以确保高的绝热性，罐体部分是高强度玻璃纤维塑料，运输储罐剖面如图 2.2-14 所示。

在样船实证的基础上，验证了技术、安全、运行的可行性，开始进行商用化验证。商用化实证的重点之一就是确保经济性。即一次尽可能多地运送液化氢，在日本使用氢气时，需控制氢气价格，为此，需要大型液化氢运输船。因此，目前川崎正在开发更大的液化氢运输船。

图 2.2-13　先导性船实际运行照片

注 资料来自川崎重工技报 2020 年　第 182 号"水素サプライチェーン"特集号。

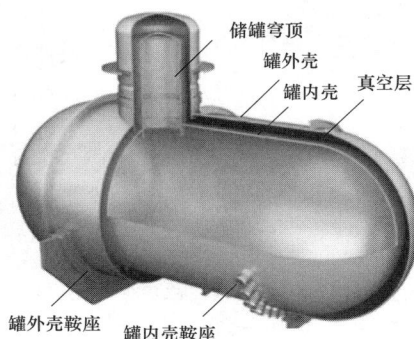

图 2.2-14　运输储罐剖面

注 资料来自川崎重工技报 2020 年　第 182 号水素サプライチェーン特集号。

正在开发的大型液化氢运输船，对于一次可以运输的液化氢，样船储罐容量为 1250m³，而大型液化氢运输船为 4 万 m³，增加了 32 倍。同时样船储罐搭载数量为 1 台，而大型液化氢运输船则搭载 4 台。也就是说，大型液化氢运输船可以运输 128 倍液化氢。另外，船体全长为 116m，是相当大的运输船，但大型液化氢运输船将更加大型化，预计全长为 300m。

大型船设计外形如图 2.2-15 所示。

（三）液态氢卸载基地

液化氢运输船将氢气保持在 -253℃ 后运往日本。这些液化氢在液化氢接收基地从船上卸载，仍然保持 -253℃，同时储存在陆上的液化氢罐中。在神户液化氢装卸试验站，正在试验该工作能否顺利进行。神户液化氢装卸示范下载基地建于兵库县神户机场岛东北部，面积达 1 万 m²。拥有将液化氢从船上卸载及填充到船上的装载臂系统，储存液化氢的液化氢储存罐，此外，还有罐车中注入液化氢的设备及其管理建筑等。

图 2.2-15　大型储罐设计图

注　资料来自川崎重工技报 2020 年　第 182 号水素サプライチェーン特集号。

液化氢卸载基地由储藏液化氢的储藏氢罐、从液化氢船只卸载的卸载臂系统（LAS）及附带设备构成，作为处理氢气的附带设备，为了向液化氢罐填充液化氢，还应具有液化氢罐车的接收设备。日本神户液态氢卸载基地如图 2.2-16 所示。

图 2.2-16　日本神户液态氢接受卸载基地实证图

注　资料来自川崎重工技报 2020 年　第 182 号水素サプライチェーン特集号。

1. 卸载臂系统（LAS）

输送液化氢气的卸载臂系统 LAS 是为了与停泊在海上的液化氢运输船连接来进行卸载而设置在陆上的设备。对象船舶着岸后，操作 LAS 与船侧的配管连接，同时适应液化氢运输船的海上摆动。

液化氢用的卸载臂系统 LAS 需要比现有的 LNG 具有更高的隔热性能，可采用真空隔热结构。同时，还要有随海上摆动的灵活性或可动性。因此，LAS 采用了真空双重柔性软管。

为了应对液化氢运输船的摆动，采用了起重机状的臂吊下真空双层柔性软管结构。如图 2.2-17 所示的是船与陆地接续状态示意图，由于吊下柔性软管的臂结构只使用于 LNG，也没有液态氢实际应用，因此进行了各种臂姿势下的结构分析，为了确保在极低温状态下反复变位的耐久性，制作了先导型设备，实施了使用液化氢的各种性能试验。

图 2.2-17　船与陆地接续状态示意图

注 资料来自川崎重工技报 2020 年　第 182 号水素サプライチェーン特集号。

LAS 不仅具有追踪海上摆动的功能，还具有在发生紧急事态时安全且迅速离岸的紧急脱离机构 ERS（emergency release system）。紧急脱离机构在船舶超出允许范围时自动运行，脱离时液化氢向外部泄漏被控制到最小限度。另外，在发生火灾等紧急事态时，通过手动运转使脱离机构自动运行。LNG 用 LAS 中也具备紧急脱离机构与柔性软管相同，但是为了获得较高的隔热性能，采用了真空隔热结构，并且采用了抑制紧急时关闭阀门的热输入型结构，这一点与 LNG 用结构不同。两套卸载臂伸到氢运输船卸载液态氢实际运行状态图如图 2.2-18 所示。

图 2.2-18　两套卸载臂伸到氢运输船卸载液态氢状态图（HySTRA 照片）

注 资料来自川崎重工技报 2020 年　第 182 号水素サプライチェーン特集号。

2. 液化氢储存罐

神户液化氢装卸航站楼内设有 1 个储存液化氢的液化氢储存罐。直径 19m，呈球形真空双层壳结构。容量为 2500m³ 液化氢，可以储存氢气 150t。液化氢输送船储存罐容量为 1250m³，可以储存 2 艘液化氢输送船的液化氢量。以目前推出的燃料电池汽车（FCV）为例，丰田 Mirai 的氢气满负荷约 5kg，因此神户液化氢气装卸航站楼可以储存 3 万辆丰田 Mirai 的氢气。

通过先期建设的球形真空隔热结构的液化氢，为了避免因内部真空压力导致的压曲，单元槽为 T 需要增大罐外槽壁厚，达到数万立方米级水箱时，外槽厚度相当大，板材获取及加工变得困难。

大型氢罐结构图如图 2.2-19 所示，容积效率比罐球形高，形成向内外槽间供给常压氢气的非真空结构。因此，可以防止真空绝热结构中真空压力引起的压曲。另外，发泡隔热材料内部渗透有氢气，隔热性能提高，在隔热材料表面形成气体阻挡材料。本结构为现有的 LNG 改造应用，在氢社会的初始阶段可有效投入使用。

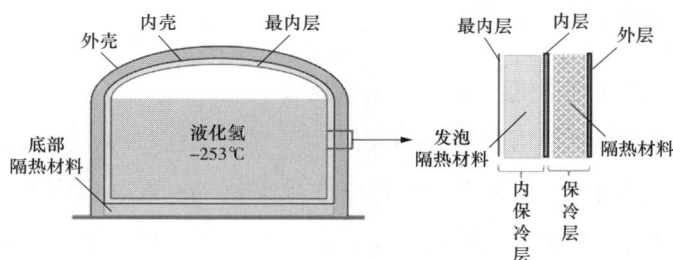

图 2.2-19 大型氢罐结构图

注 资料来自川崎重工技报 2020 年 第 182 号水素サプライチェーン特集号。

四、液态氢供应链

（一）海斯特拉（HySTRA）

基于目前的研究应用，为氢站供给氢的方式是液态氢应用的有力手段之一，即采用在异地制造液体氢，通过液体氢罐车为氢站供给的方式。但是，为了大量使用氢能，需要形成液态氢供应链，构建大型流通网。

氢的制造、输送、储藏、利用等氢能供需链的主要流程示意如图 2.2-20 所示。

HySTRA 是"技术研究组合无碳（CO_2）氢供应网推进机构"的简称，目标是实现像石油和天然气那样的氢气被普遍利用的氢气社会。日本川崎在 2016 年与岩谷产业及电源开发（J-Power）等建立了技术研究组合海斯特拉（HySTRA）。为此，构建了由制

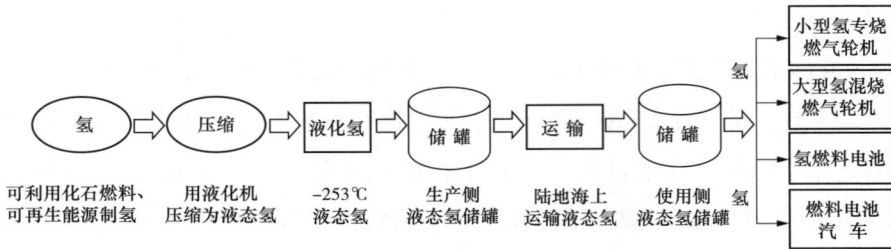

图 2.2-20　氢能供需链的主要流程示意图

氢、运输、储藏、利用构成的无碳（CO_2）氢供应链，以 2030 年左右商用化为目标，致力于技术的确立和实证。截至 2021 年 10 月，成员有川崎、岩谷产业、壳牌日本、J-Power、丸红、ENEOS（能源）、川崎轮船等 7 家公司，理事长由川崎担任。

海斯特拉重点是构建氢能供应链，从产品原材料采购到制造、管理、配送，再到消费者手中的一系列流程。供应链工程不可能只由一家公司进行，一般由几家公司联合实施。

（二）构建液态氢国际供应链

1. 海斯特拉澳大利亚制造液化氢输送到日本

海斯特拉在澳大利亚利用廉价的褐煤制造氢气后运往日本，然后从日本向用户配送供应链。首先，将澳大利亚褐煤气化精制并导出氢气。氢气运到澳大利亚港口，在港口成套设备将氢液化后装入运输船。接着，将从澳大利亚装载的液化氢用运输船运往日本，到了日本港口设置的液化氢接收基地卸货。把卸下的液化氢储存起来，送到各氢气用户及氢站，这就是与海斯特拉有关的供应链。其中，澳大利亚的氢提炼、港口的陆运、港口的氢液化、运输船的液化氢装载由当地法人 Hydrogen 工程、澳大利亚负责，澳大利亚的褐煤气化制氢（见图 2.2-21）、从澳大利亚到日本的液化氢运输、日本的卸货、储藏由 HySTRA 负责。

另外，上述 7 家公司正在联合实施由 HySTRA 负责的工程。同时，海斯特拉负责的项目中，由川崎负责向日本运送液化氢和在日本的卸货、储藏。从澳大利亚到日本航海距离为 900km，估计需要 16 天时间。

2. 建造液态氢输送船

川崎负责液化氢运输和储存、卸货，川崎于 1981 年在日本首次建造了 LNG（液化天然气）运输船，并引领了海上运输的超低温技术。以该技术为基础，川崎从 2017 年开始设计制造液化氢运输船，2019 年 12 月液化氢输送船下水（见图 2.2-22）。

褐煤气化工艺   煤气精制工艺

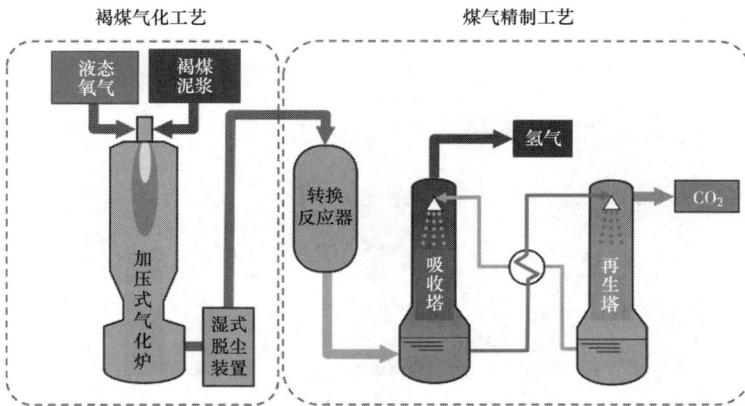

图 2.2-21 褐煤气化制氢工艺

注 资料来自川崎重工技报 2020 年 第 182 号水素サプライチェーン特集号。

图 2.2-22 川崎设计制造液化氢运输船下水

注 资料来自川崎重工技报 2020 年 第 182 号水素サプライチェーン特集号。

水陆运输将液化氢冷却至 -253℃，一次可运输 $1250m^3$。该量相当于 1.5 万辆燃料电池车（FCV）的燃料。海斯特拉（HySTRA）在澳大利亚建造的褐煤气化及净化设备如图 2.2-23 所示。

褐煤是低质煤，因为不适合火力发电，所以价格低廉，但储量大。将褐煤气化，并从中提炼出氢气，可以确保氢气的稳定供应。

（三）在日本神户机场岛建设液化氢卸载基地

目前，川崎在兵库县神户机场岛作为液化氢的卸货、储蓄用设备，在世界上首次

图2.2-23　海斯特拉（HySTRA）在澳大利亚建造的褐煤气化及净化设备
注　资料来自川崎重工技报2020年　第182号水素サプライチェーン特集号。

建设了液化氢储存装卸实证港，用于海斯特拉实证实验。在该液化氢储存装卸验证站楼，从液化氢运输船中导出氢气，在保持-253℃的同时，进行填充到陆上的液化氢储存罐中的作业。海斯特拉（HySTRA）在澳大利亚建造的氢液化及装载基地如图2.2-24所示。

图2.2-24　海斯特拉（HySTRA）在澳大利亚建造的氢液化及装载基地
注　资料来自川崎重工技报2020年　第182号水素サプライチェーン特集号。

目前，海斯特拉从澳大利亚进口褐炭来源的氢气，并在日本供应的实证实验。因此，神户液化氢装卸实证终端也是以实证实验为目的的设施。实际上，如果商用储存液化氢，就需要更大的储罐。计划建设的大型商用航站楼储罐容量为 5 万 m³，该储罐计划储存相当于神户液化氢装卸实证航站楼储罐 20 倍的液化氢。另外，在商用化时，为了从澳大利亚卸下褐煤氢，计划在其他地方建设液化氢装卸站。

（四）液化氢汽车发动机

川崎多年来一直在专研有关氢气的技术。为构建氢能供应链，以氢气为燃料的发电设施技术开发、致力于氢气发动机开发等多个领域的氢气项目。

如开发氢能发动机，替代汽油发动机。以氢为燃料的汽车用发动机大致可分为两种：一个是燃料电池车（FCV），另一个是氢发动机车。FCV 是指氢气和氧气反应后制造电力的电动汽车。氢气发动机汽车是指用氢气代替汽油获得动力的汽车。在 2021 年的超级耐久性比赛中，搭载丰田氢发动机的设备，氢燃料是由川崎供应的。

FCV 和氢气发动机车各有优缺点，但氢发动机汽车的优点之一是可以使用现有技术。在开发氢发动机时，利用新技术，而发动机本身可以应用现有的内燃机。川崎在 2021 年的超级耐久性比赛中供应氢气的丰田发动机是以丰田 GR 雅利斯发动机为基础变更燃料供应系统的，而发动机本身与现有的没有太大区别。解决碳中和问题的根本是碳，并不是内燃机。随着支持力度的加大，在铃鹿赛道举行的超级耐久性比赛中，包括川崎在内的 3 家公司将联合起来向丰田汽车供应氢气。

氢发动机车是卡罗拉 H_2，在铃鹿赛道超级耐久性比赛中，驾驶氢发动机车的车队是丰田新秀赛车驾驶氢发动机车。车辆是卡罗拉 H_2 概念车，发动机以 GR 雅利斯并联 3 缸涡轮为基础，正在调整为氢气用发动机。

尽管如此，发动机本身结构基本上与 GR 雅利斯相同，改为用喷射器喷射氢气。采用的喷射器是与汽油用结构完全不同的电装制氢专用产品。储存氢气的钢瓶是用碳素包裹树脂制成的，卡罗拉 H_2 概念车是装载 4 个该钢瓶。储气瓶容量为满箱可储存 7.3~7.4kg 的氢气，满箱时 4 个储气瓶的总重量为 150kg。

丰田今年在富士 speedway、auto polis、铃鹿赛道举行的超级耐久性比赛中驾驶氢发动机车，在第三轮铃鹿赛道上实现了与 GR 雅利斯同等的功率特性和扭矩特性。

四轮用氢发动机今后向两轮展开应用存在几个问题。利用现有的发动机是很大的优点，但问题之一是车辆保管方法。在铃鹿赛道超级耐久性比赛中，卡罗拉 H_2 概念车装载了 4 个 150kg 的钢瓶。而摩托车很难像四轮一样有可以搭载钢瓶的充足空间。另外，重量也有必要尽量减轻。但是，用少量的氢气无法确保充分的续航距离。

卡罗拉 H_2 概念车是将喷嘴从车身左右插入填充氢气。因此，缩短了充填时间，氢发动机的特征是行驶时不会产生二氧化碳（CO_2）。可以利用汽油发动机技术，改变汽油发动机的燃料供给和喷射等部分部件，燃烧氢气产生动力。氢气的燃烧比汽油快，具有行驶时的响应性高的特性。为了实现碳中和，希望将其作为未来新的动力源。丰田卡罗拉氢发动机赛车 H_2 概念车如图 2.2-25 所示。

图 2.2-25　丰田卡罗拉氢发动机赛车 H_2 概念车

该车正在提升氢动力本身的技术，这次实现了与汽油发动机同等的功率。加氢方式改良为在车辆两侧，时间约为 2min，从富士高速公路首场比赛开始缩短了一半以上。下一场比赛的目标是超越汽油发动机。

输送到氢站的氢瓶如图 2.2-26 所示。

图 2.2-26　输送到氢站的氢瓶

第三节　氢能载体有机氢化物

一、有机氢化物

（一）有机氢化物概念及其特性

有机氢化物（organic hydrides）是指通过对芳香族化合物（如甲苯）进行加氢反应，将氢转化为饱和环状化合物（例如甲基环己烷-MCH）等，并将其用作氢的储存和输送介质。在需要时，通过一定的方法脱氢饱和环状化合物，这称为基于有机氢化物方式的氢储存和供应。

有机氢化物技术是利用借助某些炔烃或芳香烃等储氢物质和氢（H_2）的可逆反应实现加氢和脱氢的。在化学上极其安全的物质，在某程度的热跟催化剂作用下，开始放出氢，特别是氢化合物无毒，几乎不气化，比煤油还安全，容易处理的物质。所以，不需要运输容器的耐高压性和冷却装置等特殊设备，可以利用现在的汽油和煤油的设备和网络进行流通。从反应的可逆性和储氢量的观点理解，苯和甲苯是比较理想的储氢载体，特别是芳香族化合物的氢化合物，如甲基环乙烷、萘烷等。含氢量高在常温常压下以液态存在，加氢脱氢容易，并可以利用现有的石油基础设施。

脱氢后残留的甲苯等被运送到加氢的地方，再次循环利用。有机氢化物这一名称是液体的有机系氢化合物的总称，由于其种类存在很多，因此，有必要从安全性、氢储藏量、价格、容易获得性、物性等方面进行合理地选择。

苯-环乙烷系的熔点为278.6~279.6K，在冬季和寒冷地区，性能会变差。此外，苯还具有致癌性。二甲基环乙烷的氢储藏量低，1-甲基癸烷等的生产量少，因此很难获得并且价格昂贵。从过去的公共实证事业中实际处理甲苯-MCH系和萘-癸烷系的经验来看，目前以甲苯-MCH系为对象的主要原因如下：

储氢密度也高（47.4kg/m³），即使在寒冷地区也不会固化，在常温常压、液体状态下容易处理（压缩氢为70MPa时39kg/m³）。

苯是三大基础化学品之一，价格便宜（125日元/kg左右），供给不仅在国内，在世界各地也比较稳定。可以利用现有的石油类基础设施和人力，有日常流通的实际经验。

氢的储存和运输困难是根本的问题。气态氢的体积很大，所以需要施加压力，使体积变小或降温，变成液体来运送。但是，无论是施加压力还是液化，都需要花费巨大的成本，而且氢是易燃性的。为了以低成本在常温常压下搬运、储藏氢气，正在进行多种研究开发。代表性的有储氢合金和有机化学氢化物法。前者是具有吸氢性质的合金，镍氢电池也是吸氢合金的应用之一。后者制造含有氢原子的化合物，在液体状态下进行搬运和储藏，根据需要进行"脱氢"处理，取出氢。

储氢合金较重，存在反复吸附、放出氢就会变脆的缺点。关于有机化学氢化物法，制造含氢化合物一直以来就有应用，但无法以低成本大量脱氢。

（二）MCH 脱氢化

千代田化工建设使广泛用于工业用途的甲苯和氢发生反应，制成甲基环乙烷（MCH）物质，在常温常压下运输、储藏。通过 MCH，与气体的氢相比体积比达到 1/500。该公司称 MCH 为 SPERA 氢。

该方法的要点在于，开发了能够高效地进行 MCH 脱氢化的 SPERA 催化剂。现有的脱氢催化剂只有 2~3 天的寿命，但 SPERA 催化剂的寿命是连续使用 1 年以上。将白金粒子细化至 1nm，均匀分散在氧化铝上。铂是稀有金属资源，但在 SPERA 催化剂中的使用量极少，而且每次更换时都会回收再利用。

千代田化工建设的目标是构建以氢为中心的能源供应链。产油国和产气国利用天然气和石油生产的气体中含有的氢气生产 MCH，通过油轮运输到消费地。在消费地，MCH 会脱氢分解成氢和甲苯。氢被用作石油化学工厂的原料和发电站的燃料，甲苯被油轮运回原产油国或产气国循环利用。虽然送还甲苯会觉得徒劳，但现在的油轮在返程中也为了平衡重量而装压载水。另外，正在研究从产油国和产气国的制氢厂排出的二氧化碳，用于储存于地下的 CCS（carbondioxide capture and storage，碳捕捉封存）和同样注入地下用于石油增产的 EOR（enhanced oil recovery，提高采油能力）的方案。这样一来，整个供应链将尽量减少二氧化碳的排放。

上述供应链是以从化石燃料中提取氢为前提的，但是如果将来可再生能源的发电成本降低的话，也可以通过水的电解来生产氢。另外，如果人工光合作用技术得到进步，太阳能可以不经过电力直接生产氢气。

通过 MCH 脱氢得到的氢，除了被用作石油精炼、化学工厂等原材料外，还计划被用作火力发电的混烧燃料。此外，还在研究把利用设置在大厦或工厂的自家发电装置发电的电力出售给公共设施或民间企业或直接向发电企业供应氢气的方案。如果能够用于发电，就会产生氢的大量需求，有望实现进一步的低成本化。

（三）常温常压下输送、储藏氢气

根据 MHC，在常温常压下输送、储藏氢气的目标已经明确，但是要实现氢气的能源供应链，需要克服的课题还有很多。例如，如何减少用于脱氢 SPERA 催化剂或燃料电池的铂。构建应用于市区的方法和这相关的安全标准。构建 MCH 脱氢后回收甲苯的结构，降低氢站建设成本。FCV 等燃料电池普及的不确定性等。尽管如此，能源供应链的框架已基本确定，这是巨大的进步。

2009 年开发脱氢催化剂成功之后，确立了工业上制造脱氢催化剂、供应催化剂的体制，2014 年建设了先导性工厂，连续 10000h 完成了技术实证运行，开发的系统命名为"SPERA"氢能系统。从 2015 年开始国际间大规模储藏输送的国际氢能供应链实证的项目，从 2020 年 3 月顺利地开始运行了。

PEM 型燃料电池汽车，1 辆行驶 500km 时所需的氢燃料量为 56m^3（标况下）左右，如每一辆行驶 40000km，所需的氢燃料量为 4480m^3。

在市场上销售的搭载在燃料电池汽车的高压氢罐压力为 35MPa 压力，而在美国、加拿大使用 70MPa 压力的高压氢罐。氢罐是用碳纤维卷制的高强度罐，70MPa 压缩氢如同炸弹，如发生事故后果不堪设想。

另外，液态氢的场合，液化需要大量的能源，运输低温容器的保冷损失、使用时回到氢气的能源也计算在里面，则会消耗所携带的氢的近 50% 的能量。所以除作为火箭燃料等使用在特殊场合之外，作为氢的储藏、运输技术，用于汽车在成本上不划算。

常温和低温的氢载体，优先考虑有机氢化物。作为氢载体的储藏、运输性能比较的标准有两种，即对装置整个重量的氢储藏量比例（重量含氢率：单位为%）和对整个装置大小（容积）的氢储藏量比例（容积含氢率：单位为 kg/m^3）。两方面的性能数据大者，可认为好的氢能载体。氢能介质氢储藏能力及性能比较如图 2.3-1 所示。

（四）储藏、输送、利用安全性

安全、高效、便宜的氢供应是前提，此后是如何建设流通基础设施。

现在作为大量的氢"容器"利用的有机氢化物，具有非常重要的意义，构建作为氢载体的有机氢化物。以有机氢化物作为氢载体，氢气以有机氢化物的形式流通。

有机氢化物在常温常压下应是液体，作为氢载体是很有应用前景的。有机氢化物是芳香族碳化氢跟氢化学反应结合的物质，在化学上极其安全的物质。在某程度的热跟催化剂存在下，开始放出氢。特别是茶类氢化物、茶烷类氢化物，无毒，比煤油还

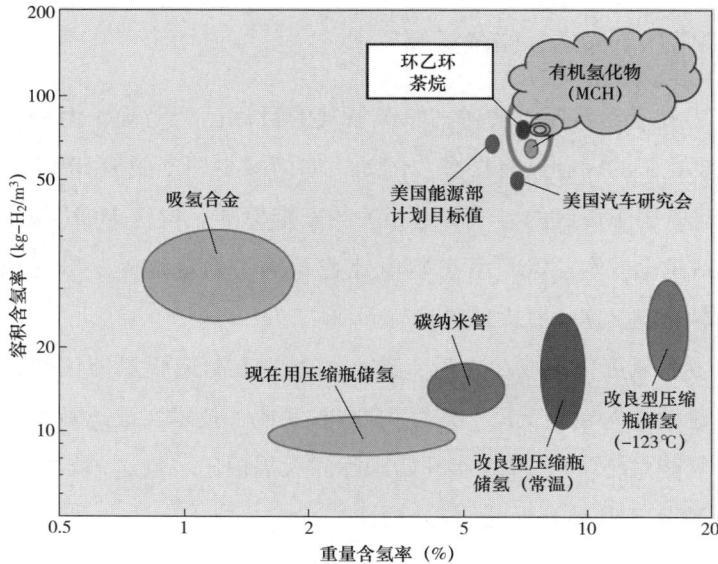

图 2.3-1　氢能介质的储存能力和性能比较图

注 资料来自日本配管技术 2020，12，千代田化工建设 冈田 佳已"水素の大量長距離輸送技術"（世界初の国際間水素サプライチェーン実証プロジェクト）。

安全的物质。所以，运输不需要耐高压容器和冷却装置等特殊设备，可以利用汽油和煤油的设备和网络进行流通。

在成本方面，有机氢化物是 100 日元/kg，跟石油价格差不多。这样，跟以高压罐储存流通的方式不同，有机氢化物脱氢时需要热能，需要 200～300℃温度的热，燃料电池可以利用氢跟氧结合反应时的发热。另外，将来有机氢化物的脱氢可以利用燃气轮机、SOFC（高温氧化物燃料电池）的高温排热，能源损失不大。

金属吸氢与有机氢化合物一样，都是跟氢气进行化学反应结合，物理上安全性、简便性，比高压氢罐、液态氢优越。

二、有机氢化物反应原理

（一）甲基环乙烷 MCH 反应基本原理

甲基环乙烷 MCH（methyl cyclohexane）反应基本原理示意如图 2.3-2 所示。

有机液态氢化物可逆储（储藏）脱（脱除）氢系统是一个封闭的循环系统，甲苯和氢气反应，生成液态甲基环乙烷，在常温下液体储藏输送方便，送到用户处，通过催化剂脱氢，供给用户，甲苯重新储存、输送、再利用，有机液态氢化物可逆储脱氢系统封闭的循环系统。

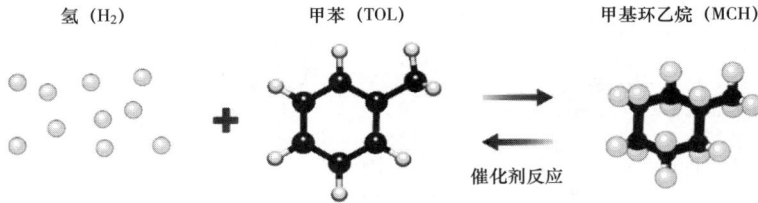

图 2.3-2 甲基环乙烷（MCH）有机氢化物反应基本原理示意图

（二）有机氢化物加氢、脱氢反应

有机氢化物可逆反应，即加氢反应如图 2.3-3 所示，脱氢反应图 2.3-4 所示。

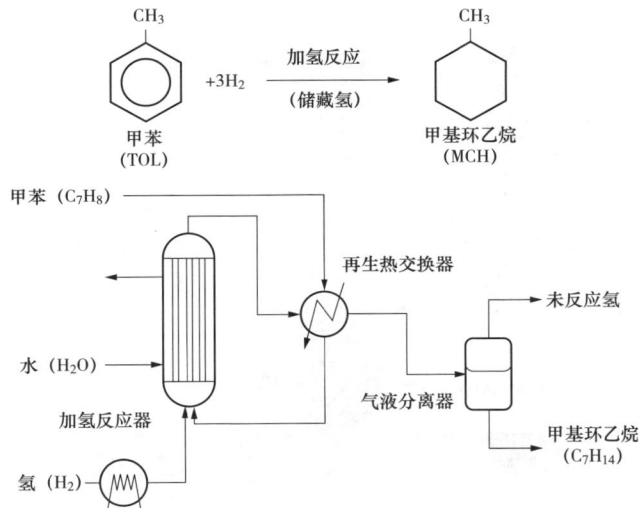

图 2.3-3 加氢反应式及反应示意图

脱氢反应温度在 400℃以下，反应压力在 1MPa 以下，因此该工艺在温和的低压条件下进行，具有简单纯净的工艺过程。

脱氢反应示意模型如图 2.3-5 所示。脱碳之后，生成氢气和甲苯，甲苯又回到加氢装置重新利用。

甲苯 TOL（toluene）加氢（氢气化反应）之后转换为甲基环乙烷 MCH（methyl cyclohexane），脱氢之后甲苯分离出来。即分子内加氢的甲基环乙烷转换为饱和状化合物，以常温常压下的液体状态进行储存运输，在利用场所通过脱氢反应（发生氢气反应）取出所需要量的氢的方法。脱氢之后回收的甲苯可以反复利用。

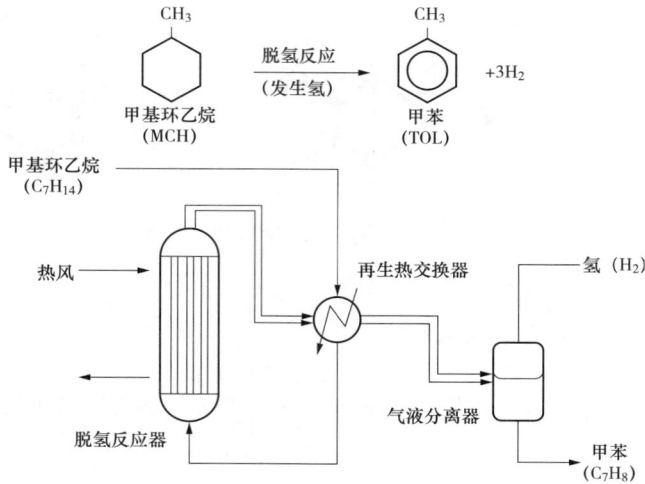

图 2.3-4　脱氢反应式及反应示意图

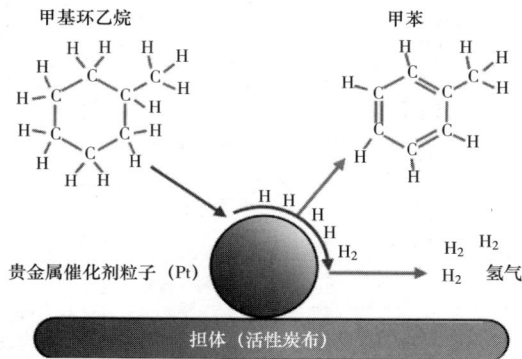

图 2.3-5　脱氢反应示意模型图

注　资料来自日本寒地研究所月报第 648 期（2007. 5）主藤祐功等"水素供給有機ハイドライドを用いた水素供給および燃料電池運行特性"。

（三）脱氢装置系统工艺流程

小型脱氢装置系统工艺流程如图 2.3-6 所示。

在本装置的设计中，以能够获得高纯度氢气（>99%）为目标，项目设计理念如下：

（1）尽可能回收排热，以高能效为目标；

（2）尽可能回收脱氢反应生成的 TOL 及未反应的 MCH；

（3）减少氢气精炼工艺中产生的氢气废气量。

脱氢反应器采用了 Shell&Tube 的多管式热交换型反应器。在管束（tube）内填充

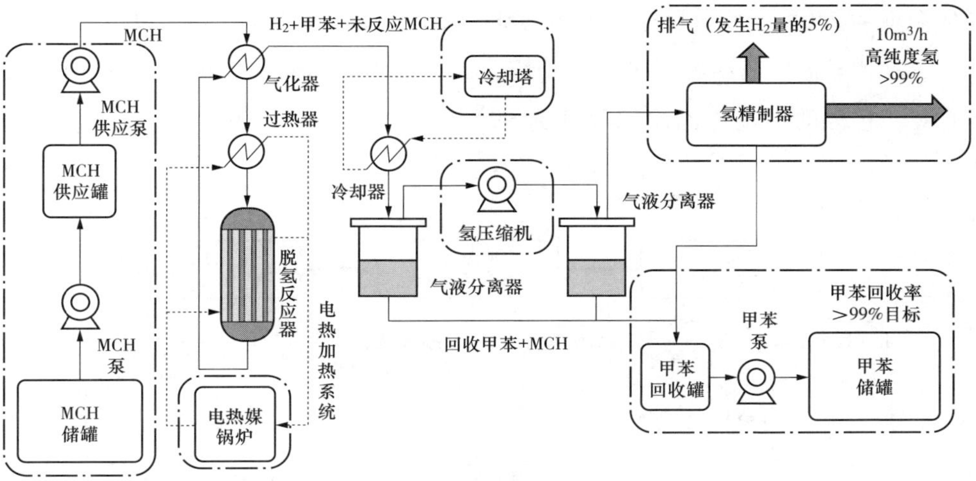

图 2.3-6　小型脱氢装置系统工艺流程图

注 资料来自日本配管技术 2020，12，千代田化工建设 冈田 佳已 "水素の大量長距離輸送技術"（世界初の国際間水素サプライチェーン実証プロジェクト）。

脱氢催化剂，向壳体（shell）流动热介质，供给脱氢反应所需的热量。脱氢反应器出口气体冷却后，用气液分离器回收液化的 TOL。分离后的气体成分采用氢精炼机进行精炼处理，提取高纯度氢的设计。

甲基环乙烷有机氢化物反应流程示意如图 2.3-7 所示。

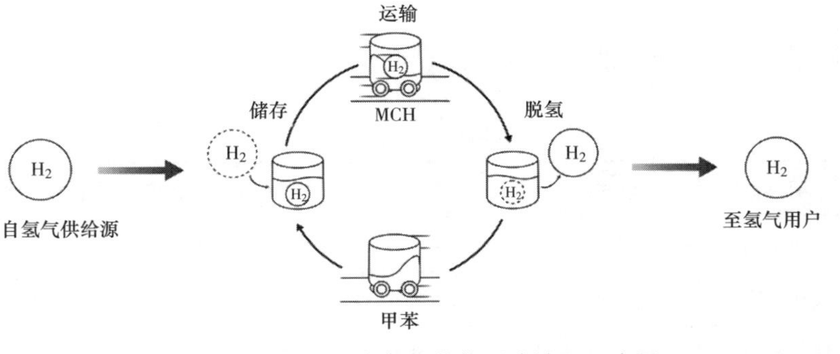

图 2.3-7　MCH 有机氢化物反应流程示意图

注 资料来自日本配管技术 2020，12，千代田化工建设 冈田 佳已 "水素の大量長距離輸送技術"（世界初の国際間水素サプライチェーン実証プロジェクト）。

MCH 有机氢化物脱氢之后还需要精制氢，需要氢纯度达到 99.99% 以上。

甲基环乙烷整个工程系统示意如图 2.3-8 所示。

加氢、脱氢都在反应器中使用添加催化剂的反应管型热交换器，气化的原料气体在反应条件下跟催化剂接触进行反应，反应后的气体在热交换器冷却至 100℃ 以下冷却之后，在单纯的罐中进行气液分离，液体状态的 MCH、TOL 可以高效率回收。由于加氢反应温度为250℃，脱氢反应温度为400℃以下，反应压力为1MPa以下，所以，在低压下，在比较温和的温度下进行的反应，工艺过程较为简单。正在运行的初期试验中，加氢工艺侧的甲基环乙烷回收率为99%以上，脱氢工艺侧的甲苯回收率为98%以上。

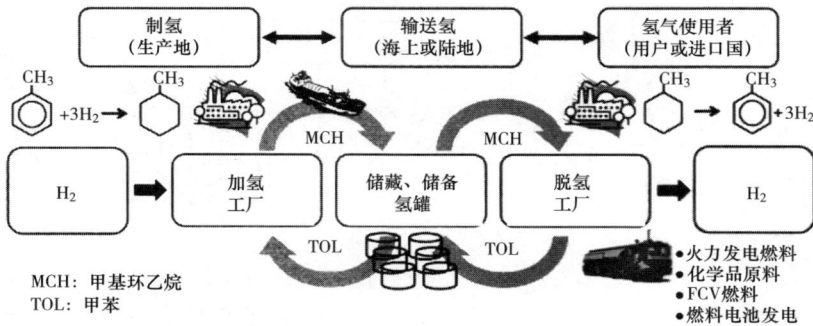

图 2.3-8　甲基环乙烷整个工程系统示意图

注 资料来自日本配管技術2020，12，千代田化工建設 岡田 佳巳"水素の大量長距離輸送技術"（世界初の国際間水素サプライチェーン実証プロジェクト）。

三、有机氢化物的特点

（一）有机氢化物与其他燃料性能比较

甲基环乙烷、甲苯跟汽油主要性能比较见表2.3-1。

表 2.3-1　　　　　　　　　　　几种燃料性能比较

序号	项目	单位	汽油	甲基环乙烷	甲苯
1	熔点	℃	≤-40	-127	-95
2	液体密度	g/cm³	0.70~0.78（15℃）	0.7694（20℃）	0.867（20℃）
3	沸点范围	℃	17~220	110.6	101
4	蒸汽压力	kPa	50~93（37.8℃）	5.73（25℃）	13.3（25℃）
5	蒸汽密度	空气=1	3~4	3.4	3.2
6	自然发火温度	℃	约300	258	536
7	引火点	℃	≤-40	-6	4.4
8	燃烧范围	%	1~7（推测）	1.2~6.7	1.2~7.1

在这种方法中，氢气以1/530体积的甲基环乙烷液体储存。甲苯和甲基环乙烷是

在常温常压下的无色液体，跟汽油一样属于危险物四类中第一类石油的石化产品，通常应用于涂料与修正液的溶剂。氢气爆发范围宽，储藏时有潜在危险，而有机氢化物作为石化制品，可以在常温常压下以液体形态大规模储藏，潜在的危险性小，安全性高。

（二）甲基环乙烷的特点

（1）使用操作方便。氢气跟甲苯反应之后生成甲基环乙烷，在常温常压下是稳定的液体，使用操作很方便。甲基环乙烷跟汽油、轻油一样，可以国际间输送。

（2）储藏、输送方便。因为没有腐蚀性，不需要使用特殊钢材，可以采用便宜的通用材料。不需使用特殊的容器及设备，输送及储藏方便，可以长期存放，也不会变成其他的物质。利用储罐车及铁路陆地输送、利用油槽船及轮渡离岛的海上输送。

（3）又轻又紧凑。对于储藏及输送，轻和紧凑是最重要的，甲基环乙烷又轻型又高密度可以大量储藏氢气。甲基环乙烷的密度见表2.3-2。

表 2.3-2 甲基环乙烷的密度

项目	单位	密度
重量储藏密度	%	6.16
体积储藏密度	m^3/L	0.53

（4）可以利用汽油现有基础设施。甲基环乙烷及甲苯在消防法中可跟汽油同等级处理。所以可以利用现有的汽油储藏设备及罐车等。

（三）甲基环乙烷成本

由于甲基环乙烷操作处理容易，又轻又紧凑，并可以利用现有的汽油设施等优点，可以降低输送、储藏设备投资及运行成本。

1. 氢供应成本

氢供应成本比较见表2.3-3。

表 2.3-3 氢供应成本比较

项目	输送载体供应成本					
	液态氢		高压氢		有机氢化物	
	日元/m^3	元/m^3	日元/m^3	元/m^3	日元/m^3	元/m^3
站内设备费	34.4	2.41	37.6	2.63	39.0	2.73

续表

项目	输送载体供应成本					
	液态氢		高压氢		有机氢化物	
	日元/m³	元/m³	日元/m³	元/m³	日元/m³	元/m³
输送费用	56.4	3.95	30.5	2.14	26.8	1.88
总成本	90.8	6.36	68.1	4.77	65.8	4.61

注 日元和人民币汇率按 1 日元＝0.07 元人民币估算。

2. 建设加氢站成本

由于甲基环乙烷跟汽油同类等级的常温常压下的液态，所以可以直接利用既有加汽油站、输送罐车、化学储罐等基础设施。建设加氢站成本见表 2.3-4。

另外，氢储藏效率高，可利用更小的面积储藏更多的氢气，降低建设加氢站的实际单位造价。

表 2.3-4　　　　　　　　　建设 500m³/h 加氢站单位造价

项目	输送载体					
	液态氢		高压氢		有机氢化物	
	万日元/m³	万元/m³	万日元/m³	万元/m³	万日元/m³	万元/m³
加氢站	110.6	7.7	79.9	5.6	59.5	4.2

注 日元和人民币汇率按 1 日元＝0.07 元人民币估算。

四、SPERA 氢能系统的开发

（一）脱氢催化剂开发

新型脱氢催化剂白金粒子的尺寸为 1nm 左右，是载在整个铝担体上的催化剂。跟过去的催化剂同样的成分，但白金粒子微小化之后，大幅提高了其催化性能，实现了突破，开发的脱氢催化剂的表面原理如图 2.3-9 所示。

（二）技术实证示范

实证装置是作为先导性工厂建设的，从 2013 年 4 月开始到 2014 年 11 月，通过连续 10000h 的运行，稳定高效的同时，采集了商业化所需的数据，完成了系统的技术确认。先导性工厂如图 2.3-10 所示。

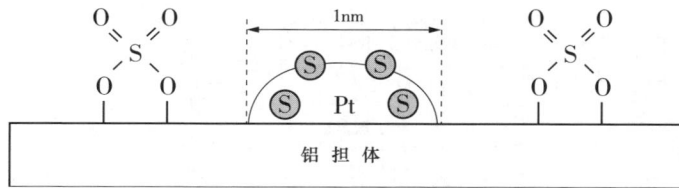

图 2.3-9 SPERA 脱氢催化剂表面模块

注 资料来自日本配管技術2020, 12, 千代田化工建设 冈田 佳巳"水素の大量長距離輸送技術"（世界初の国際間水素サプライチェーン実証プロジェクト）。

图 2.3-10 先导性工厂（千代田化工建设）

注 资料来自日本配管技術2020, 12, 千代田化工建设 冈田 佳巳"水素の大量長距離輸送技術"（世界初の国際間水素サプライチェーン実証プロジェクト）。

实证装置由每小时 50m³ 的氢固定于甲苯的氢气化（氢储藏－加氢）反应（右侧）的反应区域和储藏罐区域构成。在商业系统中，反应区域的右侧跟左侧是氢出厂区跟氢接受区，包括海上输送及陆上输送工程，在这个项目里，两反应同时连续进行。

五、氢能供应链的构建

（一）甲基环乙烷供给系统工艺流程

甲基环乙烷（MCH）供给系统工艺流程如图 2.3-11 所示。

（二）中小规模氢能供应链

甲基环乙烷供给系统技术适用范围极广，不仅是大规模氢能供应链，而且可以适用于以加氢站为中心的中小规模氢能供应链。用于加氢站的时候，有如下的优点：

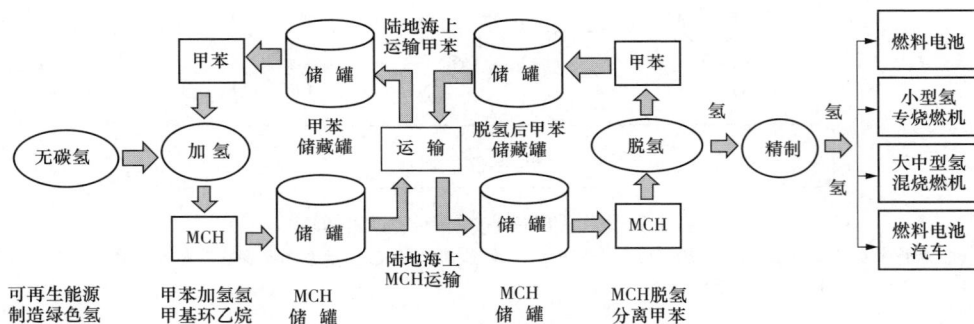

图 2.3-11　MCH 供给系统工艺流程图

　　氢可以储藏在地下储罐，容易将既有的汽油加油站转换为加氢站。实际示范工厂的储藏罐是利用 $20m^3$ 的储罐，化学储罐 1 台份的甲苯和甲基环乙烷的输送量加起来确定各储藏量。$20m^3$ 的甲基环乙烷上储罐 960kg 的氢的时候，能够保持 FCV180 辆的氢，比较大的场地加氢站，可储藏 500 辆份以上的氢。

（三）国际间氢供应链的实证

1. 文莱-日本氢供应链实证试验

　　2020 年实施了国际间氢能供应链最终阶段实证。该实证项目是以确认国际间氢能输送的实用性为目的，项目系统示意如图 2.3-12 所示。

　　在该项目中，在文莱加氢成套设备中将氢和甲苯结合生成的甲基环乙烷（MCH）用集装箱进行海上输送，在川崎市内设置的脱氢成套设备中将氢分离出来，供应给东亚石油株式会社京滨炼油厂内的水江发电厂的燃气轮机。脱氢之后，将甲苯重新输送到文莱，反复用于氢气输送。

　　氢体积能量密度低，通过转换为 MCH，与气体的氢相比体积将减少 1/500，在常温常压下输送氢。因此，使用操作简便，使用现有标准 ISO 容器（液体输送国际标准集装箱容器）也可进行运输及储藏。并且，通过开发一直以来被认为难题的 MCH 大规模脱氢处理技术，以及确立氢的大量输送、供给技术，可以提高将来的低成本运用可能性。文莱/日本之间的海上输送距离为 5000km。商业供应链是利用化学罐输送。标准的 5 万 t 级的化学罐一次可以输送 3000t 氢。本实证是用货车跟货物船小批量输送的实证如图 2.3-13 所示，采用 ISO 储罐（利用 20kL 的 MCH 月输送 1t 的氢）。

　　2019 年 11 月在文莱作为实证项目的氢化成套设备竣工并制造的 MCH，于 12 月首次抵达日本。2020 年 4 月开始启动了川崎脱氢成套设备，5 月将从 MCH 中脱的氢供应

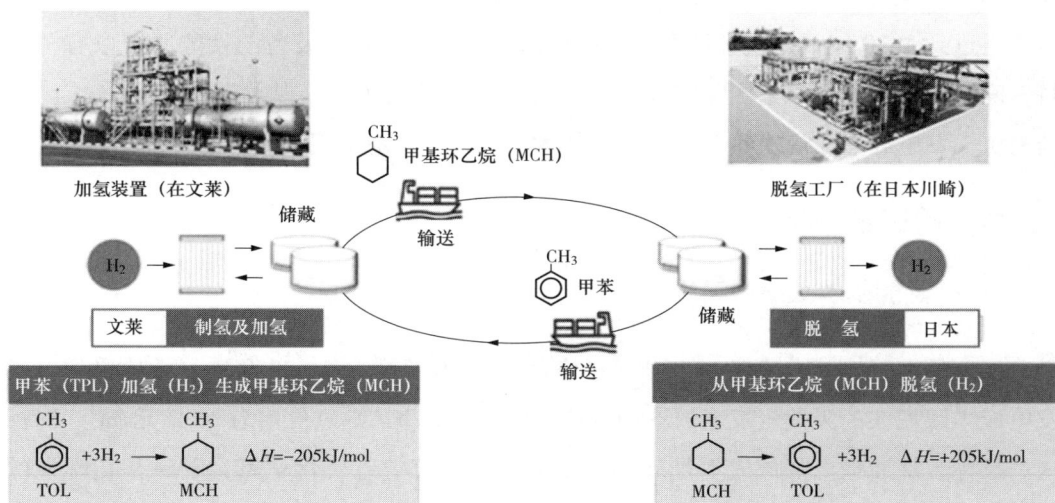

甲基环乙烷（MCH）

加氢装置（在文莱）

储藏

输送

甲苯

脱氢工厂（在日本川崎）

储藏

H_2

文莱 制氢及加氢

输送

脱氢 日本

H_2

甲苯（TPL）加氢（H_2）生成甲基环乙烷（MCH）

TOL $+3H_2 \longrightarrow$ MCH $\Delta H = -205kJ/mol$

从甲基环乙烷（MCH）脱氢（H_2）

MCH $\longrightarrow$ TOL $+3H_2$ $\Delta H = +205kJ/mol$

图 2.3-12 氢能供应链实证项目系统示意图

注 资料来自日本配管技术 2020，12，千代田化工建设 冈田 佳巳"水素の大量長距離輸送技術"（世界初の国際間水素サプライチェーン実証プロジェクト）。

图 2.3-13 集装箱储罐输送

给东亚石油（株）京滨炼油厂内的水江发电厂的燃气轮机发电。

从 6 月开始，将在川崎工厂通过脱氢分离出的甲苯输送到文莱，又重新与氢制造甲基环乙烷。由此，完成了由文莱的 MCH 生成、海上运输，日本的 MCH 中氢的分离、海上运输，文莱的循环 MCH 生成，这一系列流程构成的氢供应链，进入了稳定运行。

2. 实证工作的详细内容

（1）氢输送能力：满负荷运转 210t/年（相当于 4 万台燃料电池汽车一年满负荷运行需要的氢气量）；

（2）连续运营时间：2020 年 1 年；

（3）氢供给源：从 LNG 成套设备的工艺产生气体通过水蒸气重整来制造氢（在文莱）；

（4）氢用途：火力发电设备的燃料用途等（川崎临海部）；

（5）运输方法：ISO 油罐集装箱（集装箱船/卡车运输）。

通过到 2020 年末为止进行本实证试验，验证加氢、脱氢设备的性能并获取有关资料，确立运用技术并积累国际间输送交易经验。由此，确立了从海外进口氢气，用于国内氢气发电等的大规模氢气利用系统技术，将以稳步地实现碳中和的目标。

六、新技术开发

（一）氢能基本战略中目标

根据日本氢能基本战略，2030 年价格目标为 30 日元/m^3，2050 年目标价格的氢气发电成本跟现在的天然气发电成本同等的 12 日元/kWh，则氢价格为 20 日元/m^3。对标这一目标，从原理上降低成本是极其重要的，本系统的有机化学氢化物法是化学性的方法，与物理性、机械性方法比较，降低成本的技术创新潜力非常巨大。

（二）制造液态 MCH 的新技术

1. 水与甲苯直接制造 MCH

以 ENEOS 为中心的企业集团跟横滨国大的光岛教授集团合作，利用水和甲苯为原料电分解，开发了直接制造液态 MCH 的技术，2019 年利用澳大利亚太阳光伏发电的电力，制造 MCH，输送到本公司的 MCH，进行了脱氢反应，完成了 MCH 和甲苯的脱氢反应的技术验证。

本来制氢的方法是水的电分解，但本技术是水与甲苯直接制造 MCH，不需要氢气储存及氢气化工艺的工厂，简化了工艺过程，是有利于降成本的技术。本系统利用化学创新技术，提升了氢能载体技术的方法。有机氢化物水电解合成法制造液态 MCH 技术示意如图 2.3-14 所示。

2. 通电加热式脱氢技术

氢气产生时的脱氢反应是吸热反应，为维持一定的温度，需要供热。过去的外部加热方式是通过锅炉在外部加热，存在能源损失及温度控制等问题。

这次采用日本精线（株）开发的被覆铝的电热线（包层导线），制作出经氧化铝处理及负载催化剂的通电加热铝整体式催化剂，并将其加工成线圈状，制成脱氢催化剂反应器。通过对该催化剂直接通电，可恒定地控制发生反应的催化剂表面温度（340℃），将能量损失控制在最小限度。将包层电线与催化剂一体化后，获得了良好的温度响应性、准确的温度控制、大幅节省空间等优点。

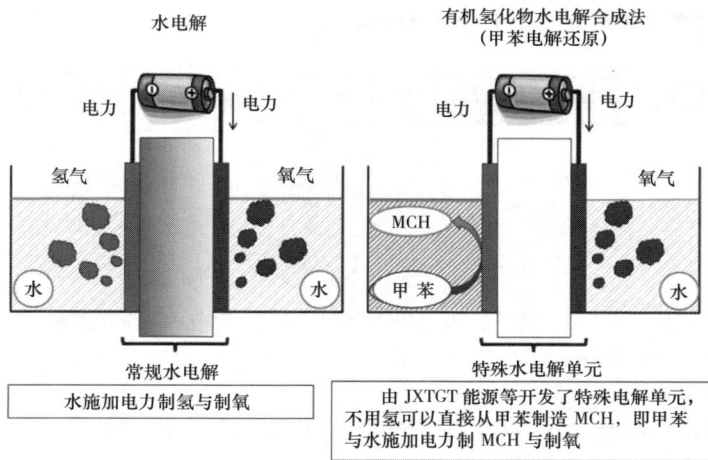

图 2.3-14 有机氢化物水电解合成法制造液态 MCH 技术示意图

注 资料来自经济产业省 资源エネルギ一厅水素・燃料電池戦略室 2021 年 "今後の水素政策の課題と対応の方向性"。

MCH 脱氢催化反应器与过去反应器的比较如图 2.3-15 所示。

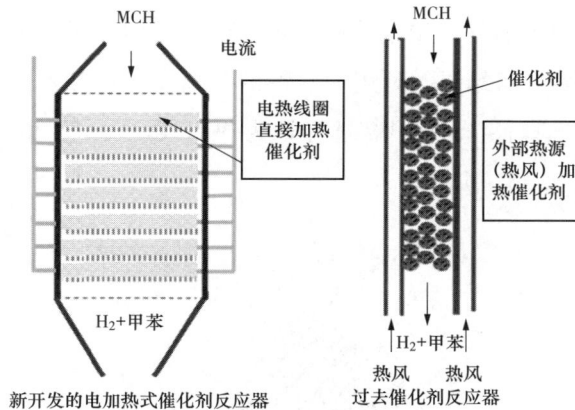

图 2.3-15 新开发的 MCH 脱氢催化剂反应器与过去催化剂反应器的比较

注 资料来自日本铝表面技術研究所 菊池 哲 "高效率水素発生器（通電加熱アルミモノリス触媒を利用）"。

开始加热 2 分 30 秒温度立即上升，跟外部加热方式比较快 10 倍。因为温度控制精确的转换率高达 96%，能源效率也达到了良好数据 96.7%。同时具有不需要燃烧器等外部热源的优点。通电加热式 MCH 脱氢催化反应技术系统示意如图 2.3-16 所示。

3. 有机氢化物精制高纯度氢的碳素膜

NOK 公司、国立研究开发法人产业技术综合研究所、化学工艺研究部门膜分离工艺组利用有机氢化物，分离精制作为燃料电池汽车（FCV）用超高纯度氢，实施高性能

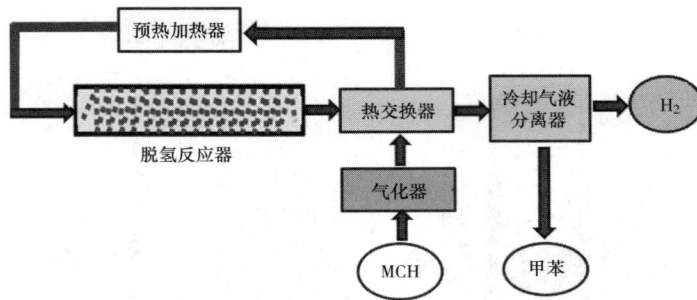

图 2.3-16　通电加热式 MCH 脱氢催化反应技术系统示意图

注 资料来自日本铝表面技术研究所 菊池 哲 "高効率水素発生器（通電加熱アルミモノリス触媒を利用）"。

碳素膜有关技术的共同研究，这次成功地完成了具有非常优秀的氢选择性的碳素膜的开发以及大型模块化。

开发的大型碳素膜模块具有 $1m^3/h$ 规模的氢精制能力，用一次性的分离操作，可以达到 FCV 用超高纯度氢的 ISO 标准的纯度，并显示出长期稳定性。另外，本模块是不仅仅是各种氢的精制，而且可以应用于二氧化碳及甲烷等多种多样的气体的分离精制。

在本研究中，作为新的分离技术采用无机膜的一种碳素膜，NOK 跟产综研共同推进高性能碳素膜的开发。其结果，利用一次性的分离，成功开发了达到 FCV 用氢标准的，具有非常高的氢选择性（氢/甲烷选择性为 3000 以上，氢/甲苯选择性为 30 万以上）的碳素膜（见图 2.3-17）。

图 2.3-17　开发的中空系碳素膜

这种高性能碳素膜分离氢原理如图 2.3-18 所示，具有只选择氢透过的均质细孔。

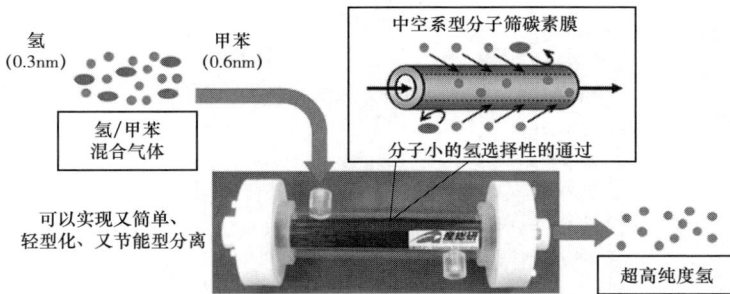

图 2.3-18　利用碳素膜的氢分离原理示意图

另外，作为有机氢化物型加氢站的应用条件规定的 90℃ 下的氢/甲苯混合气体供给时也维持优秀的选择性，并确认了 500h 以上稳定的分离性能。另外，膜分离系统计算的结果，跟钯膜等既有的氢分离膜比较，与过去精制技术比较，大幅节省能源。这种碳素膜是中空系，不用支撑的独立的膜，膜成本便宜，且可以实现轻型的精制装置。同时本研究还实施了该碳素膜的大型模块。一般认为，无机膜的大型化担心出现膜性能的偏差及缺陷（气孔）等，尺寸越大，越能够降低分离性能，是成为无机膜实用化的障碍。在本研究中，通过致力于碳素膜制造方法的改善、封闭方法的开发、模块结构的最佳化的结果，成功地开发了具有 $1m^3/h$ 规模氢精制能力的碳素膜模块（见图 2.3-19）。

图 2.3-19　大型碳素膜外形（右为 500mL 容量的塑料瓶）

其大型碳素膜模块的分离性能如图 2.3-20 所示，具有非常良好的性能，从图中可见，氢的透过速度约为甲苯透过速度的 380000 倍。即使规模放大也不产生缺陷，仍然保持碳素膜本来的良好分离性能。另外，在实际运行条件下氢/甲苯分离试验中能够稳定地制造满足 FCV 用氢标准的高纯度氢。

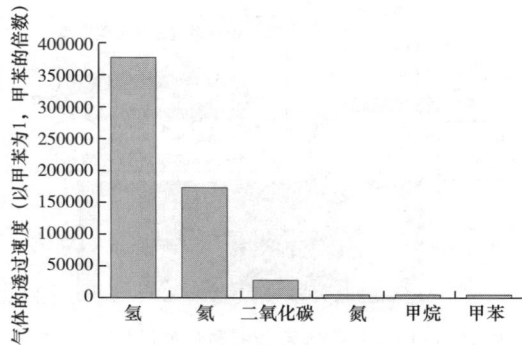

图 2.3-20　大型碳素膜模块的分离性能

这种模块不仅仅用于各种氢的精制，而且也可以应用于二氧化碳回收及甲烷的浓缩，气体除湿（脱水）等多种多样气体（蒸汽）的分离精制。

七、有机氢化物载体的利用

（一）氢站

脱碳在反应器需要供给大量的热量，目前尚无能源效率高的反应器。FCV 用氢的成本约 60% 为加氢站建设、运行费用。FCV 的真正普及作为降低氢供给成本为目标，有机氢化物的甲基环乙烷作为能源载体的有机氢化物加氢站，在实用化中，谋求实现高效率、轻型化、低成本的脱氢系统。从甲基环乙烷，脱氢生成的氢和甲苯混合物，将满足 FCV 用氢气标准的高纯度氢精制技术。有机氢化物加氢站系统如图 2.3-21 所示。

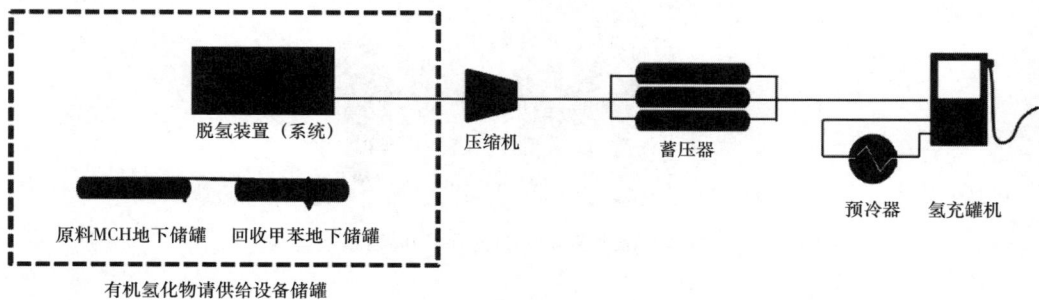

图 2.3-21　有机氢化物加氢站系统图

注　资料来自日本石油エネルギー技術センタ2018 年 2 月 "一有机ハイドライドを用いた 水素スタンドの技術基準案"。

有机氢化物氢站氢精制系统如图 2.3-22 所示。

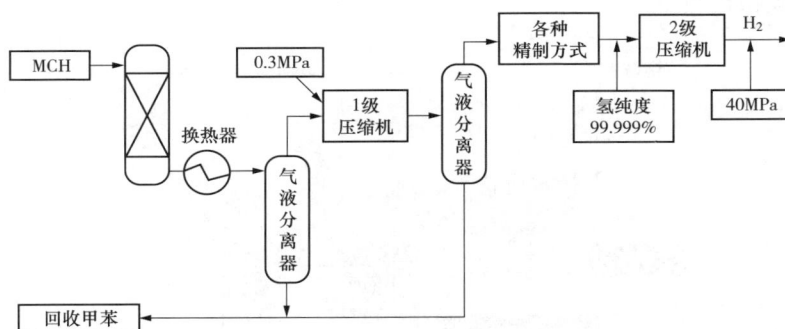

图 2.3-22　有机氢化物氢站氢精制系统图

注 资料来自日本一般财团法人石油エネルギー技术センタ2018 年 2 月 "一有機ハイドライドを用いた 水素スタンドの技術基準案"。

有机氢化物氢站概念示意如图 2.3-23 所示。

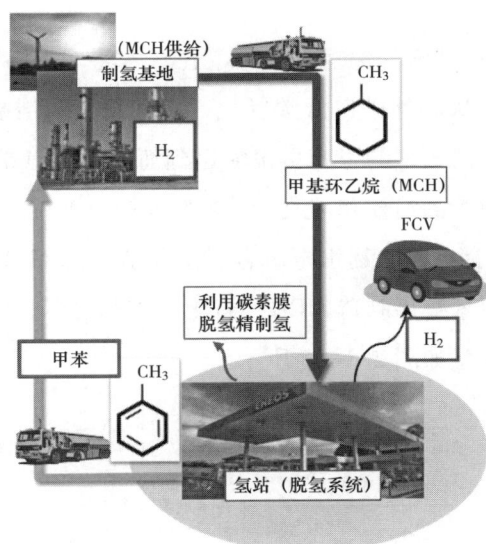

图 2.3-23　有机氢化物氢站概念示意图

注 资料来自日本一般财团法人石油エネルギー技术センタ2018 年 2 月 "一有機ハイドライドを用いた 水素スタンドの技術基準案"。

（二）用发动机排气余热

在使用有机氢化物之一的 MCH，研究开发利用发动机余热、MCH 脱氢技术及氢混烧技术。在保持发动机排热高温的同时实现高热效率的燃烧技术，采用新燃烧理念的高效、洁净燃烧。另外，如图 2.3-24 所示，通过促进脱氢反应，增加了发动机的氢利用率，促进了发动机的脱碳。同时，代替矿物油，使用当地生产的生物柴油燃料，为进一步的脱碳做出贡献。

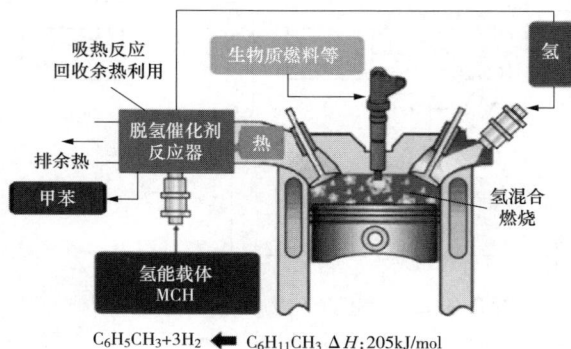

图 2.3-24　利用甲基环乙烷氢站示意图

（三）用于火力发电

在本系统中，将 MCH 从海外输送到日本，在日本将 MCH 中的氢分离出来，用于火力发电。这样可以实现从海外进口低碳氢气，并利用其清洁能源特性，降低火力发电的碳排放。同时，将分离出来的甲苯再次输送到海外，与氢结合生成 MCH，实现循环利用。这样可以减少甲苯的消耗和排放，并降低运输成本。

如图 2.3-12 所示的有机氢化物水电解合成法制造液态 MCH 技术，本技术不用通过水电解，而是由水与甲苯直接制造 MCH，简化了工艺过程，降低了成本。有机氢化物用于火力发电的系统示意如图 2.3-25 所示。

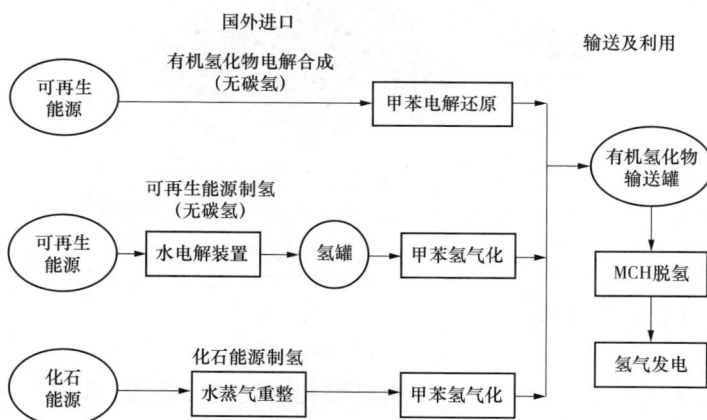

图 2.3-25　有机氢化物用于火力发电的系统示意图

有机氢化物水电解合成法制造液态 MCH 技术，不仅简化了工艺过程，并且降成了成本（见图 2.3-26）。

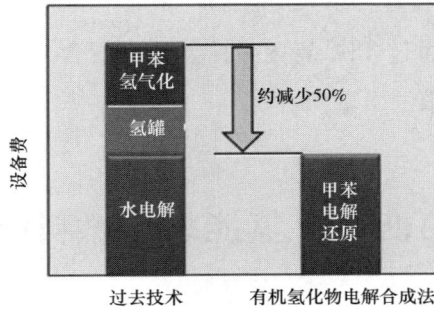

图 2.3-26　有机氢化物水电解合成法制造液态 MCH 技术降低成本

（四）用于燃料电池

有机氢化物用于燃料电池的系统示意如图 2.3-27 所示。

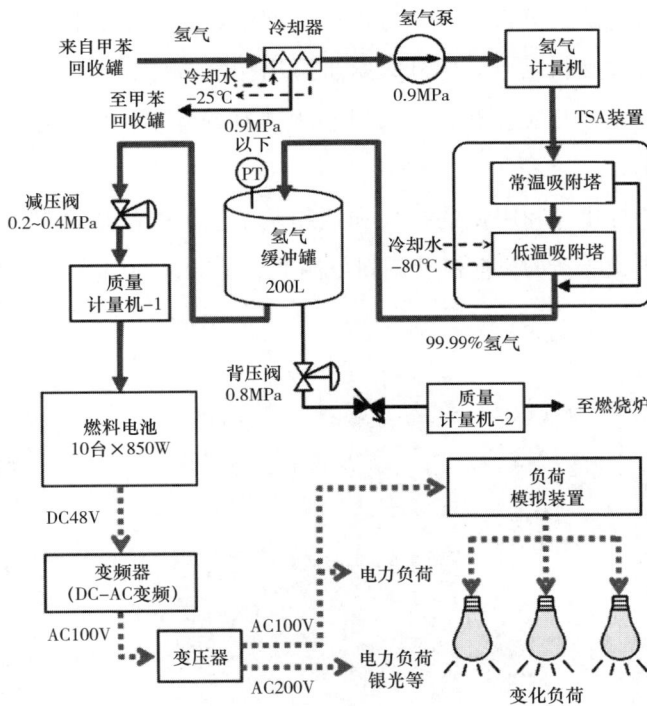

图 2.3-27　氢精制装置及燃料电池系统示意图

注　资料来自日本寒地研究所月报第 648 期主藤 祐功等 "水素供給有機ハイドライドを用いた水素供給および燃料電池運行特性"。

在本系统中，将 MCH 作为燃料电池的直接供给源。这样可以避免使用压缩或液化氢等高压储存方式，并提高燃料电池的安全性和便利性。同时，可以利用 MCH 中含有的甲苯作为辅助燃料或催化剂载体，提高燃料电池的效率和稳定性。

热力变压吸附氢精制装置 TSA（Thermal Swing Adsorption）是利用甲基环乙烷制氢，并供给燃料电池时，通过 TSA 装置除掉氢气中所含有的微量甲苯及甲基环乙烷，使氢气满足燃料电池所要求的质量。

第四节　氢能载体燃料氨

一、燃料氨概述

氨的分子式为 NH_3，氨分子中含有大量氢。氨是氮原子和氢原子组成，由于它的分子中，并不含碳，燃烧时不放出二氧化碳。另外，氨一个分子中有三个氢，是氢密度大的物质。

氨可以由化石能源或可再生能源等制造，即使燃烧也不会排出二氧化碳，是应对温室效应气体的有效燃料之一。此外，氨也可用作氢载体，即使不转换为氢也可直接用作燃料。其特点是，与氢气相比，可以利用现有的基础设施，廉价制造、储藏、运输、使用。

在高混烧、专烧化等利用量的扩大和船舶及工业炉等的用途扩大的情况下，有必要构建应对需求扩大的新的供应链。燃料氨制造、运输、利用等示意如图 2.4-1 所示。

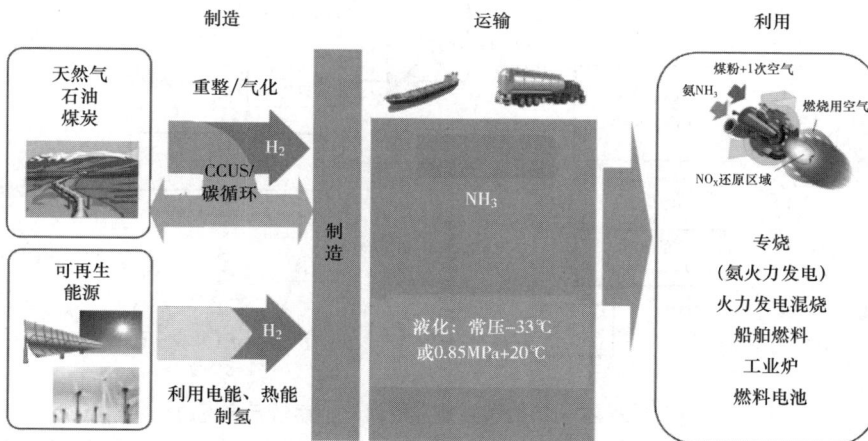

图 2.4-1　燃料氨的制造、运输和利用示意图

注 资料来自日本资源能源厅 2021 年关于"燃料アンモニアサプライチェーンの構築，プロジェクトの 研究開発・社会実装の方向性"。

氨是肥料、塑料、橡胶、纤维、炸药和其他产品的原料。氨是室温下的气体及压力适中或冷藏的液体，储存、运输及使用方便。全球二氧化碳排放量的近 2% 来自氨。这些排放大多来自从天然气或煤中分离氢气的过程中，如果利用低碳的方法生产可以减少或消除碳排放。

燃料氨作为无碳（CO_2）燃料，将成为良好的氢能载体。对这种氨的认识及其重要性，国际能源机构（IEA）在 2019 年 6 月 IEA 提交并公布的有关氢能的综合性报告 *The Future of Hydrogen 2019* 中也明确指出了这一点。这是最初开始的国际机构及许多国家公认的。因此，我国具有无（CO_2）的氨供给潜力，期待无 CO_2 的氨在全世界脱碳社会中起到重大的作用，为了构建其供应链各国致力于技术开发及市场开拓。

二、燃料氨的特性

（一）氨的燃料特点

由于氨分子中不含碳，所以即使氨燃烧也不会产生二氧化碳，并且氨可以直接燃烧。氨的火焰与其他燃料的火焰比较照片如图 2.4-2 所示。

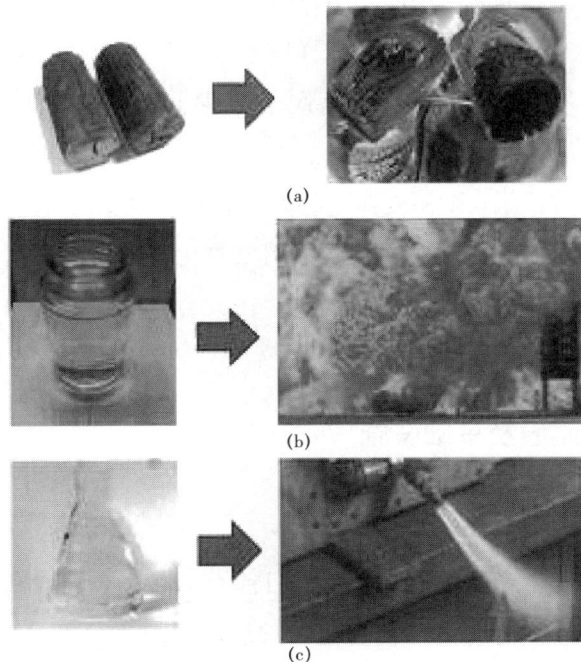

(a)

(b)

(c)

图 2.4-2　氨火焰与其他燃料比较
（a）木炭；（b）汽油；（c）氨

氨（NH$_3$）比起甲烷（CH$_4$）燃烧速度缓慢（CH$_4$ 的 1/5），火焰温度低，可燃范围窄。另外，CH$_4$ 燃烧时产生的 NO$_x$ 是由空气中的 N$_2$ 生成热力氮氧化物（Thermal NO$_x$）。与此相对，将 NH$_3$ 作为燃料使用时，担心燃料中的 N 原子因燃烧而会大量生成燃料氮氧化物（Fuel NO$_x$）。

（二）氨（NH$_3$）的特性

（1）氢气密度大。氨的一个分子中含有 3 个氢，所以是氢密度大的物质。液化氨每体积的氢密度是在能源载体中最大的。所以，其输送、储藏所需的基础设施规模较小。

（2）氨（NH$_3$）大量输送储藏技术。氨在常压下 -33℃ 时或常温下 0.85MPa 时会液化，与同重量的气体氢的 1/1350 或 1/1200 的体积一样（前者为冷却液化时，后者为加压液化时）。

氨的大规模商业基础设施在国际上已经建成并投入使用。实际氨在世界上一年制造 1.8 亿 t，每年在国际上流通 1.8 万 t。这种规模是所述的化学品中最大的。即氨大量输送、储藏的有关技术是没有问题的；再者，氨的液化条件和石油液化气（LPG）差别不大，所以氨的输送、储藏就可以利用石油液化气的基础设施。

（3）作为无碳（CO$_2$）燃料的氨。这样的氨作为氢能载体，满足具有能源载体的基本条件。从氨中导出氢不需要工艺（分馏），减少工艺所必要的能源投入，大大增加降低成本的可能性。

氨作为燃料使用时，氨火焰温度高（650℃），火焰速度慢（回火慢），这是因为在分子中含有氮的关系。在氨燃烧中，可以抑制氮氧化物的产生，这是因为燃烧气体中存在若干剩余或残存氨具有还原作用。因此，在火力发电厂、柴油载重汽车排气脱硝装置中，氨作为还原剂来使用。

三、燃料氨的流通及基础设施

（一）燃料氨的流通

全球约有 10% 的氨生产用于国际贸易，目前有 100 多个港口和近 200 艘船舶能够处理散装氨。氨也通过管道（主要在美国和俄罗斯/乌克兰）、铁路和卡车进行运输。氨的生产和运输都存在事故发生的可能性，并成为重要的研究对象，这导致了安全、泄漏检测和事故减轻程序的改进。

燃料氨作为燃料、原料或商品需要用于贸易、运输和加油等特别目的基础设施，这一基础设施独立于氨生产基础设施（如绿色氢生产输电线路）或使用基础设施（如地方燃料基础设施）。特别用途的基础设施包括运输管道、储藏罐和海上加油设施。所需的基础设施类型一般取决于氨的运输距离，而铁路运输距离则取决于氨的运输距离。

目前，这种基础设施的有限程度限制了氨的生产、贸易、运输、货币化和使用。在许可、选址和建筑方面没有大量投资的情况下，不可避免的阻塞点将减缓氨的部署。

（二）燃料氨的基础设施

现有基础设施和相关标准氨基础设施虽然与预计需求相比有限，但今天仍然存在，其规格由标准描述并由监管机构执行。例如，当今全世界有近8000km的氨管线，38个出口终端和88个接收终端。仅美国就有5000km的氨管线和10000多个氨储罐。这些设施为了解成本、性能和规模提供了极好的基础。氨作为未来的燃料和原料，创新的需要是有限的，部署路线图基本上是关于金融、经济和政策的。

港口设施将为低碳氨的规模化发挥重要作用。它们主要作为贸易枢纽，储藏和运输的大量氨。大多数氨气港口（195个港口中的120个）正在接收与化肥生产有关的终端，少数（35个）是货物出口码头。预计到2030年，已宣布的项目将增长50%，到2040年将增长100%。其中许多项目将服务于东南亚，用于海上加油和运输，物流支援，以及本地消费和使用。液态氢终端与氨终端比较见表2.4-1。

表 2.4-1　　　　　　　　　　　液态氢终端与氨终端比较

序号	进口终端参数	单位	液态氢载体（LH$_2$）	氨（NH$_3$）
1	储罐容量	m^3	192000	104000
2	CAPEX（系统成本）	M $	1161	209
3	耗电量	kWh/kg	0.2	0.001
4	沸腾速率	%	0.1	0.1
5	天数	d	1.5	1.5
6	装货间隔时间	d	15	15

注　资料来自应用能源研究所（日本）报告。

鹿特丹港是欧洲最大的港口和工业枢纽点，目前包括供应进口燃料和原料（即液化石油气和液化天然气），供应炼油厂、化学品制造商以及钢铁和水泥生产。为了履行欧盟的气候义务（特别是适合55国计划）、国家义务（例如荷兰巴黎承诺）和拟议的碳边界调整机制，以及减少对重要天然气的依赖，港口制定了到 2030 年向北欧供应 4.6Mt/a 清洁氢的目标。

迄今为止，已经宣布了三个项目——全部在 2022 年：OCI 将其目前的氨设施从 40 万 t/a 扩大到 1.2Mt/a（120 万 t），即 3 倍。该项目已收到最终投资决定，预计到 2023 年投入使用。该项目的第一阶段将花费不到 2000 万美元。在第二阶段，将建造一个新的氨水罐，以便使生产量能够满足需要。超过 300 万 t/a（3.0Mt/a）。Gasunie 在北欧建立氢气分配基础设施。

Gasunie（燃气公司）、HES International 和 Vopak 将在 Gasunie 现有的氨气储藏设施附近开发一个新的氨气进口终端（ACE 终端）。该项目将扩大现有的储罐储藏，增加一个新的深海码头，并包括一个与现有氢气管道和天然气管道连接的裂解设施。

Air Products 和 Gunvor Petroleum 现有的炼油厂作为绿色氨接收终端。新设施应在 2026 年投入使用。装卸氨货物的港口需要码头、泊位和储罐。储罐是等温加压储罐，与排放和接收氨货物的特殊管道和阀门系统相连，放在特殊加压冷藏船上（类似于液化石油气储罐）。

（三）燃料供应

就海上燃料应用而言，燃料补给是部署的关键先决条件，需要与燃料供应或货物储藏基础设施分开考虑。在许多港口，这些新要素（燃料储藏和燃料储藏设施）的实际空间是一个限制因素。例如，燃料设施的储罐容量通常比它们所服务的船舶大 25%~50%。

迫切需要投资，以评估燃料供应方面的挑战，并制定可能的解决办法。许多团体已经着手制定替代办法和解决办法：为了避免空间限制，可以在近海增加燃料设施。一家名为 Azane Fuels 的公司开发了浮动、可移动的掩体设备，专门帮助氨过渡，将其作为海上燃料。挪威化肥生产商 Yara 已经为斯堪的纳维亚的绿色氨供应提前订购了第一批设备。新加坡已委托进行船到船燃料评估，目的是建立第一个绿色氨燃料中心。

（四）氨储存

氨在运输和装运前必须先储藏。尽管已有丰富的氨储藏思想和潜在的新方法（一项研究揭示了超过 270 项美国氨储藏技术专利），但几乎所有氨都储藏在储罐中。储藏系统主要有三种：加压式、低温式和半冷冻式。大多数储罐是低温储罐（见图 2.4-3），可以储藏大量的氨（高达 50000t）。储罐的建造和操作符合商业标准（例如 API 620R 或 EN 14620 标准）。冷冻氨储罐如图 2.4-4 所示。

成本是众所周知的，在德克萨斯州加尔维斯顿拟议的设施中，所需两个储罐的估计费用合计为 5 亿美元。盐洞可以提供低成本的大容量氨的储藏选择。盐洞采用溶解采矿法开采，可以低成本（1 美元/kWh 前期成本）无限期储藏大量能量。在适宜的地质中，洞房间和支柱采矿也是一种选择。

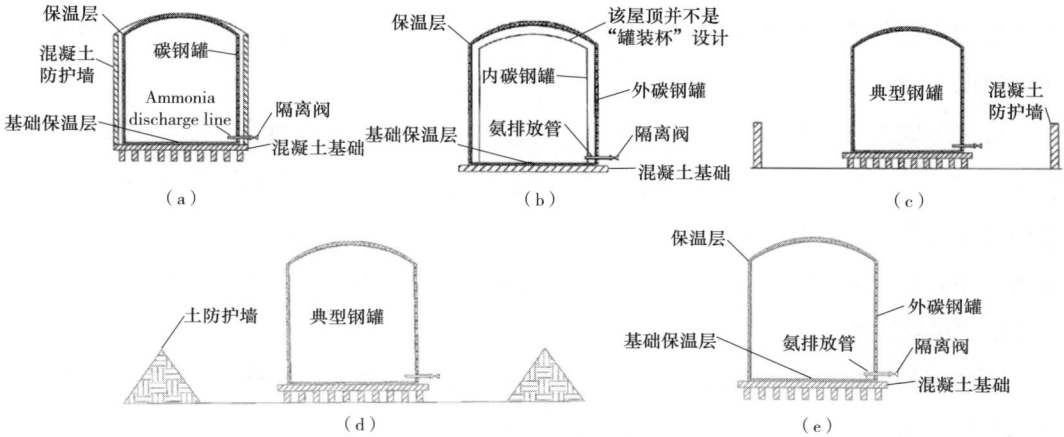

图 2.4-3　低温氨储罐类型

（a）混凝土防护墙钢储罐；（b）外墙式钢储罐；（c）远距离低高度混凝土护墙钢储罐；
（d）土防护墙钢储罐；（e）单壁钢储罐

图 2.4-4　冷冻氨储罐

注　资料来自 ICEF *Low-Carbon Ammonia ICEF Innovation Roadmap 2022*。

（五）氨气管道

1. 现有管道

大量的氨都是通过管道在各大洲之间流动。液氨管道运输是一种安全、低风险、安装后成本高效的氨水运输方式。总的来说，氨管道的安全记录似乎非常出色—比其他管道好 2 倍，比其他形式的散装运输好 7~8 倍。

2. 新建管道

新的管道成本因流量、长度、直径、地理位置和温度而异。长距离不需要压缩机成本，但需要泵（通常是离心泵）成本。

一般来说，氨作为液体而不是气体通过管道。因此，管道占地面积相当小，通常直径为 20~26cm。使用碳钢足以输送氨气，不需要特殊合金。由于所涉压力相对较低，大多数制冷运行成本与液化石油气管道类似，比加压天然气管道低约 50%，比专用新氢管道低 75%。

许多不同的管道材料（和储藏材料）与氨相容。特别是塑料化合物（尼龙、氯丁橡胶、PVC）。氨罐最常用的材料是碳钢，已被证明是安全的。钢和某些钢合金由于应力作用会腐蚀开裂，给操作带来风险。虽然可以通过简单的低成本方法（例如添加少量水或肼）来防止或限制腐蚀，但在建造和运营管道时必须小心，并定期进行调查和检查。

3. 改装/改装输油管

随着氨基础设施的建设，供氨输送的输气管道最近的研究重点是重新利用现有的自然环境。在环境条件下（即气体状态），氨的物理性质（例如密度、比热、可压缩性、黏度）与甲烷非常相似。此外，氨水线在物料、通行权及建造成本方面，与石油气及精制输油管道的合作历来受惠。

（六）LNG-氨混合基础设施

将液化天然气基础设施，特别是液化天然气接收终端和储藏设施转化成氨的基础设施似乎很简单。特别是在避免或缓解矿物燃料基础设施的锁定方面具有重要意义。

进口和燃料储藏两个关键的基础设施要素是再气化和储藏系统（见图 2.4-5）。系统的一些重要组成部分，如压缩机系统、泵和传感器或控制系统，将需要进行重大修改或更换。但是，这些修改的全部成本只占原系统成本总额的一小部分（11%~20%）。就基础设施而言，重建工程耗资约 10 亿美元，每个设施大约需要 1 亿~2 亿美元，这是一个巨大的成本。

对于储藏系统，液化天然气和氨储藏的材料和冶金是兼容的。应力腐蚀开裂仍然是碳钢和镍钢建造储罐系统的一个问题。使用者和操作者必须遵守储罐的设计规范，以避免额外的成本和安全风险。由于氨的贮存温度远高于液化天然气，因此，改装的储罐要求达到运作所需的气体沸点阈值。从液化天然气转换为氨需要排放和重新试运行。

在考虑液化天然气-氨混合动力设计或改造时，前瞻性分析将有助于投资者和决策

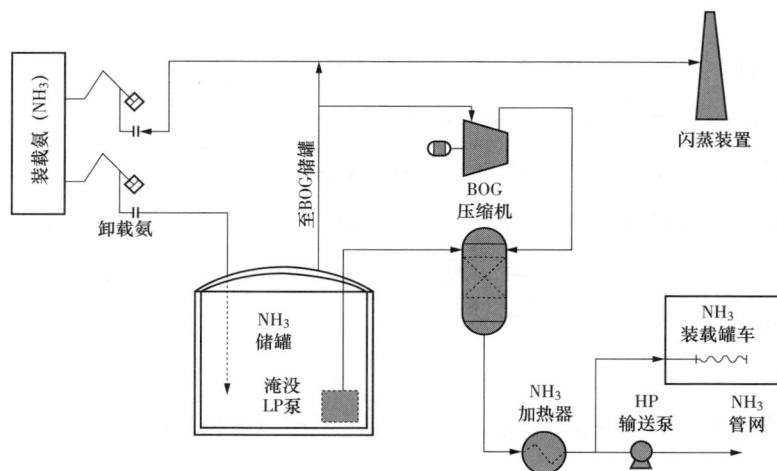

图 2.4-5　液化天然气进口和储存设施转化为氨的示意图

注 资料来自 ICEF *Low-Carbon Ammonia ICEF Innovation Roadma 2022*。

者了解潜在机会、成本和障碍的范围，这种分析有助于深入了解路线图，更好地制定与新设施（固定或浮动）和现有设施改造有关的公共融资、奖励办法和公私伙伴关系的政策选择。

四、氨直接利用技术

使用低碳氨可以让许多部门减少碳排放。首先，最重要的用途是在现有用途中作为常规氨的替代品，包括农业肥料和化学原料。氨还可用于海运、发电、重工业、公路运输、航空燃料和制冷。2050 年低碳氨的潜在市场是目前全球氨产量的几倍。低碳氨面临着与其他脱碳战略的竞争。低碳氨最有前途的新用途是海运燃料和发电。

为了使氨在动力发动机和燃气轮机中得到更广泛的应用，需要更好地了解氨的燃烧特性。从短期来看，与其他燃料（如煤/天然气）混合的氨气在技术上最为成熟，风险最小。高混合比或者纯氨燃烧应用还需要更多的研究进展。

氨的大规模需求包括火力发电，特别是利用煤炭火力的氨混烧、专烧和在船舶用燃料等利用氨。氨的燃烧速度接近煤炭，因此可以和煤炭火力发电相辅相成。

氨作为燃料利用的可行性，需要解决两个课题：氨的燃烧稳定性；抑制氮氧化物的排放。

（一）氨燃烧特性

有关氨燃烧的相关技术都是由氨物质固有的性质决定的。氨（NH_3）比起甲烷

（CH_4）燃烧速度缓慢（CH_4 的 1/5），火焰温度低，可燃范围窄，确保维持火焰范围的稳定性是一大课题。另外，CH_4 燃烧时产生的 NO_x 主要是由于与空气中的 N_2 生成的热力性 NO_x，氨作为燃料利用时，燃料中的 N 原子会产生大量的 NO_x。

与以往燃烧烃系燃料的燃烧器相比，氨燃烧具有同等的辐射性能，开发出能够满足环境规定的氮氧化物排放水平的氨燃烧器，通过在工业炉中的长时间、连续燃烧进行实证评估试验。在此，对燃料氨的燃烧特性、安全性、经济性等进行评估，并完成反映该评估的燃烧器和工业炉的最佳化。

氨（NH_3）燃烧的稳定性问题是利用燃烧器内的空气漩涡燃烧器来解决的。另外，可以通过燃烧器内燃烧气体中的剩余氨的燃烧来抑制氮氧化物的生成。

（二）燃气轮机混烧及专烧

1. 小型燃气轮机

在小型燃气轮机领域，由丰田能源公司、东北大学进行 50、300kW 级的专烧氨的微燃机的开发。燃气轮机的氨燃烧有关基础研究，利用氨为燃料的 50kW 级的微燃机与燃烧技术研究密切结合起来进行的。

2. 中型燃气轮机

中型燃气轮机是由 IHI 公司开发 CH_4/NH_3 混烧用低 NO_x 的燃烧器，利用 2MW 级的燃气轮机进行 CH_4/NH_3 混烧发电实证试验。其结果，利用 NH_3 混烧，不仅削减 CO_2 的排放量，同时 NO_x 的排放可以利用一般的脱硝装置控制到环境规定的数值之下，并确认投入的氨几乎完全燃烧，这是世界上首次将热量比率 70% 的液体氨稳定燃烧。另外，已经在世界上最先实现了 70% 混烧、100% 液氨专烧下的燃气轮机运行。

致力于通过开发高效率的发电技术减轻环境负荷，推进了将火力发电中目前 CO_2 排放量最小的燃气轮机联合循环（GTCC）的燃料从天然气转换为燃烧时不排放 CO_2 的氢技术的开发。

3. 发电用大型燃气轮机

几百兆级的大型燃气轮机。由三菱重工设计工程公司和三菱日立动力系统（MHPS），利用输送、储藏方便的氨作为氢能载体，开发了甲烷/氢混烧的燃气轮机的供给氢的燃料供应系统。在开发大型燃气轮机时，跟中小型燃气轮机不同的地方在于没有采取直接将氨作为燃料来利用的方法，大型燃气轮机为了完全燃烧氨，燃气轮机的燃烧器的尺寸限制更严格，在高温燃烧条件下 NO_x 控制更加困难。

氨作为氢能载体利用的甲烷/氢混烧的燃气轮机的供给氢的燃料供应系统，对大型燃气轮机联合循环发电系统（GTCC）的燃气轮机排气余热跟催化剂分解氨生成氢，并供给燃气轮机使用的方案，通过设计研讨已经确认了该系统的可行性。因为甲烷/氨混烧的燃气轮机是已经被实证的技术，因此可以不降低 GTCC 整体能源效率，如何解决燃气轮机的排气余热最佳分配给汽轮机发电和氨分解氢气的问题，以及在这种条件下既高效率又稳定运行的氨分解装置的开发是需要解决的课题。从详细设计的研讨，已经确定这种方式的发电系统整体的能源效率略高于天然气（CH₄）燃烧的 GTCC 发电系统。

4. 氨分解燃气轮机

发电用的大型燃气轮机由于可以大量稳定地利用氢气，是构建氢气的制造、输送、储藏等供应链的前提。关于氢气的制造、输送、储藏，不仅涉及液化氢气搬输、储藏的方法，而且涉及利用氨、有机氢化物等的能源载体。

氨具有液化氢的 1.5 倍体积氢气密度，并可以利用液化石油气（LPG）等现有的基础设施的特点，氨热分解转换成氢气，用于燃气轮机燃烧系统。为了引起分解反应，在催化剂作用下高温加热，需要每摩尔原料氨投入 46kJ/mol 的反应热，由于该反应热会增加生成氢的发热量（化学再生）（228.6kJ/molH₂），从原理上不降低效率。分解氨时的残留微量氨，是生成 NOₓ 的原因，构建降低残留氨的分解装置。

（三）燃煤发电煤粉炉混烧及专烧燃料氨

氨作为燃料直接利用的用途之一，可以在燃煤火力发电厂跟煤混烧。燃烧速度慢的 NH₃ 适合于跟煤粉混烧，因为混烧氨可以减少火力发电厂的 CO₂ 的排放。

氨跟煤粉混烧时担心的也是增加 NOₓ 的排放量，而由电力中央研究所在单燃烧器炉、多个燃烧器炉，煤粉/氨的混烧试验（氨混烧率 20%）的结果，在利用氨注入的方法上下功夫，阐明了谋求减少 NOₓ 排放量的可能性。

基于这些基础的研究结果，中国电力在该公司的现有商用机的水岛火力发电厂 2 号机（出力 15.6MW）上，利用实际煤炭进行了煤粉/氨的混烧试验，在该试验中，不仅确认了氨的混烧削减了二氧化碳排放量，还发现作为燃料的氨完全被燃烧，没有往外排出，而且 NOₓ 的排放量也跟煤专烧没有多大差别，符合环境排放标准。氨的混烧率是利用发电厂现有的氨气化器进行控制，保持在 0.6%~0.8%，重要的是煤粉/氨的混烧能削减二氧化碳排放的有效措施，并且运行中的发电厂使用也具备良好效果。对水岛火力发电厂 2 号机上进行了煤炭和氨（NH₃）的混烧发电实证试验。其结果表明，煤炭和氨的混烧技术，燃煤火电厂不用对现有脱销装置进行技术改造，最大限度利用现有设备，以低成本削减二氧化碳排放。

以氨（NH_3）作为无碳（CO_2）发电燃料，是除生物质燃料以外的又经济又低碳的发电燃料。将煤粉/氨的混烧技术，在燃煤火力发电中评估不用脱硝装置，最大限度地利用现有设备，以低成本削减二氧化碳排放可能的技术。

接着 IHI 公司，为了煤粉/氨混烧技术实装火力发电燃煤锅炉可以在现有的燃煤火力发电用燃煤锅炉实装，而且更不易发生 NO_x 的煤粉/氨的混烧燃烧器开发跟现有的专烧燃锅炉中，进行了氨混烧时候的受热特性变化的分析。后者由于氨的火焰温度比一般燃煤低，另外减少氨混烧的炉内存在的炉烟及粉煤灰粒子，增加了炉内壁的受热分布发生变化的可能性。其结果确认了开发的新煤粉/氨的混烧燃烧器，混烧率最大为 20%，NO_x 的发生可以控制到跟专烧煤水平，同时锅炉的受热特性没有多大变化。这种燃煤火力发电锅炉中煤粉/氨的混烧技术，不用对现有设备进行大的技术改造。

如果按照煤炭火力发电（100 万 kW）混烧 20% 的话，每台机组每年需要 50 万 t 的燃料氨，因此在扩大氨的燃料利用方面，构筑新的燃料氨的大规模供应链是必不可少的。同时能够削减约 20% 的二氧化碳的排放量。

（四）工业炉煤粉/氨混烧及专烧燃料

工业炉存在多种大小容量及形式，因为工业炉消耗的化石燃料在制造业上占燃料消费量是相当多的。在这种工业炉领域也有直接利用 NH_3 的技术成果。

在一般的工业炉中使用化石燃料时，燃烧过程中生成的"煤烟"存在微粒辐射，对炉内的传热有很大帮助，但由于作为燃料的氨不含碳原子，无法获得来自煤烟的固体辐射带来的传热。因此，通过组合富氧燃烧确立了在强化火焰辐射的同时抑制 NO_x 生成的燃烧方法。

利用 10kW 的模拟燃烧炉研究，氨专烧以及甲烷/氨的混烧（混烧率：30%）的两种工况，通过使用研究试验用的燃烧器进行基础实验和数值计算方法，从火焰温度上升以及抑制 NO_x 生成的观点出发，明确了氨燃烧中富氧应用的有效性。同时发现氨火焰的传热过程中氨燃烧时产生的水蒸气辐射占主导地位。

再者，10kW 模型燃烧炉的氨专烧注和甲烷混烧注的富氧燃烧器，在燃烧器的燃料中单纯混合氨气进行富氧燃烧时，存在着随火焰温度的上升 NO_x 生成量增加的问题，为了将火焰温度上升引起的 NO_x 生成抑制到最小限度，阶段性地添加进入炉中的气体，使用了火焰温度均匀化的多级燃烧和富氧燃烧相结合的燃烧技术。

通过该技术，10kW 模型燃烧炉在使用富氧燃烧器强化火焰辐射的同时，大幅降低 NO_x 排放浓度，实现了符合现行环境标准的基于氨燃烧的工业炉运转。关于强化火焰辐射的验证，确认了通过应用富氧燃烧，能够在整个炉内实现与天然气的主要成分甲烷燃烧同等程度以上的辐射强度。

在熔融镀锌钢板生产线的前置处理工艺中使用的脱脂炉，利用过去的甲烷燃料混烧氨（混烧率：30%），实证了不改变锅炉传热性能、脱脂性能，还可以削减 30% 的 CO_2 排放量的事实。

（五）利用氨的燃料电池

除利用于燃烧之外，直接利用氨也有了重要的成果。氨可以直接作为燃料电池的燃料利用。氨固体氧化物燃料电池的工作温度在 500~1000℃ 之间，通常被认为是用氨发电的最有效方法，也是最有效的燃料电池。碱性、熔融碱性、碱性膜为基础的氨燃料电池在 200~450℃ 的温度下运行。碱基燃料电池可以在初期不生成 NO 的情况下分解氨，直接发电。氨燃料电池直接发电是提高发电效率的有效途径，这些氨燃料电池技术因电解质材料的不同而不同，大多仍在研发阶段。

直接利用氨燃料电池和间接氨燃料电池原理对比如图 2.4-6 所示。

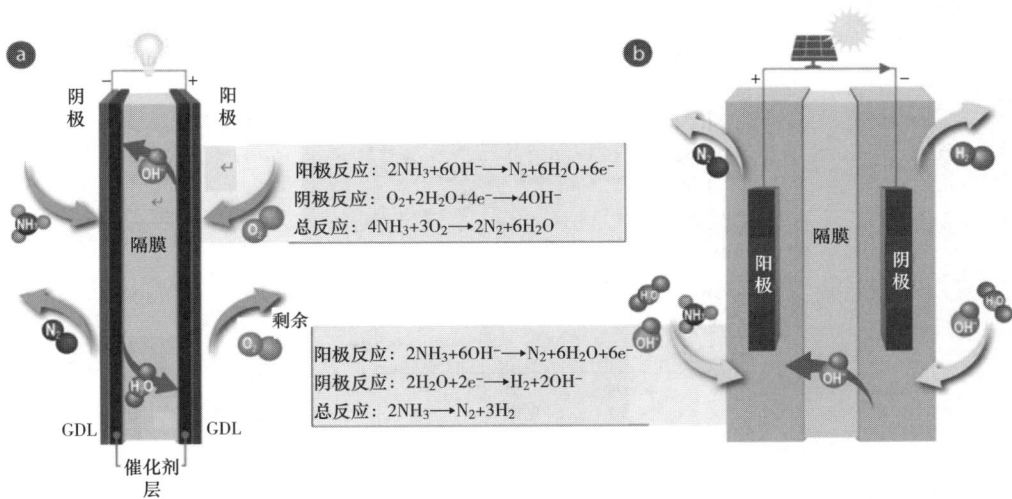

图 2.4-6　直接氨燃料电池（左）和间接氨燃料电池（右）

注 资料来自 ICEF *Low-Carbon Ammonia ICEF Innovation Roadma 2022*。

固体氧化物型燃料电池（SOFC）的工作温度高达 700~1000℃。而氨在 500℃ 以上的环境下分解为氢和氮。因此，氨作为 SOFC 的燃料，可以用氨代替氢气，使 SOFC 正常运行。目前，为了从城市燃气和 LP 燃气中获取燃料氢，SOFC 需要安装燃气重整器。如果利用 SOFC 的高温，在内部用氨生成氢气不需要重整器，简化了系统结构，实现直接氨供给燃料电池。由此可见，如果能将氨直接用作 SOFC 的燃料，大幅提高了 SOFC 作为分散型无 CO_2 电源的便利性。

以氨作为直接燃料供给独自的 SOFC 发电电源堆如图 2.4-7 所示。开发的 SOFC 型氨燃料电池发电单元堆特性如图 2.4-8 所示。

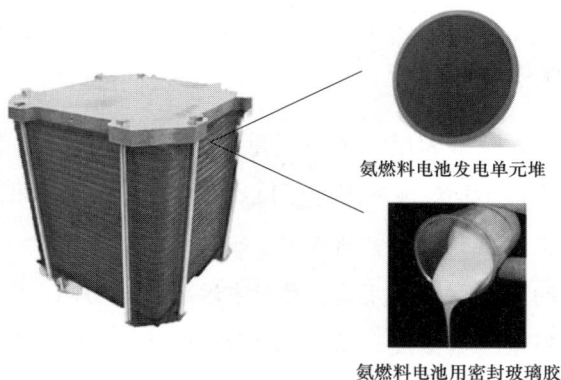

氨燃料电池发电单元堆

氨燃料电池用密封玻璃胶

图 2.4-7　开发的氨燃料电池发电电源堆

注 资料来自京都大学 工学研究科 江口浩一 ""エネルギーキャリアプロジェクトにおける アンモニア利用燃料電池の開発"。

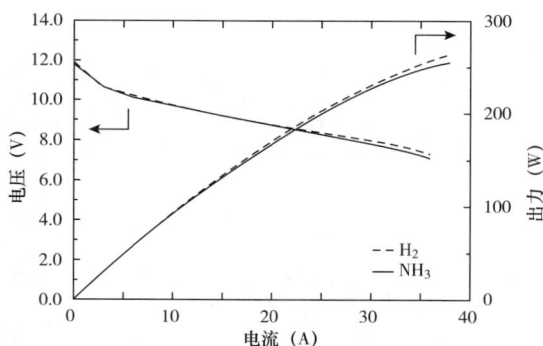

图 2.4-8　开发的 SOFC 型氨燃料电池发电单元堆特性

注 资料来自京都大学 工学研究科 江口浩一 ""エネルギーキャリアプロジェクトにおける アンモニア利用燃料電池の開発"。

这种直接用氨的燃料电池，以氧化锆（YSZ）为电解质，两侧有电极，燃料极（Ni-based cermet：镍基金属陶瓷）直接供给氨，相反侧空气极镧（La）、锶（Sr）- MnO_3 供给空气，两极之间发生电力。以氨为直接燃料的 SOFC 发电原理如图 2.4-9 所示。

随着可再生能源的大量利用，作为能源储藏、输送的介质，能源载体的要求在高涨，并将能源载体在常温常压下，转换为含氢量高的化学物质，以更方便地储藏输送。以氨作为燃料发电，主要排放氮和水，不排放二氧化碳，达到削减二氧化碳的期望。研究发现直接以氨为燃料发电时，跟纯氢比较具备同等水平的良好发电特性，另外255W 出力的燃料电池发电效率达到了 53%（LHV）。

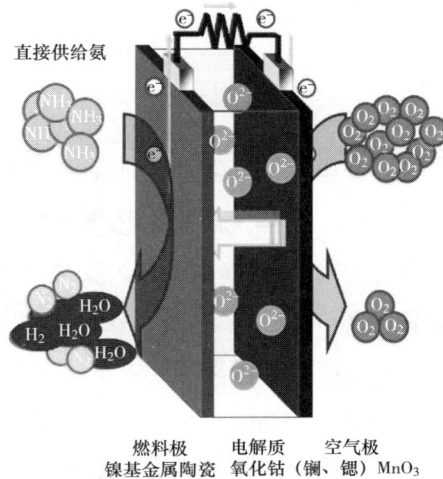

图 2.4-9　以氨为直接燃料的 SOFC 发电原理图

注 资料来自京都大学 工学研究科 江口浩一 "" エネルギーキャリアプロジェクトにおける アンモニア利用燃料電池の開発"。

为了适应氨燃料选择各种材料，开发了氨燃料专用新型 SOFC 发电堆。氨作为燃料时，材料连接部分容易发生泄漏，并腐蚀材料，为了解决泄漏问题开发了特殊密封玻璃。

由于氨（NH_3）直接作为燃料，不需要利用现有的城市煤气，通过前置处理装置实现二氧化碳零排放。再者，跟用纯氢作为燃料比较，氨（NH_3）输送、储藏容易，所以，将氨（NH_3）作为燃料的 SOFC 可应用于数据中心、通信基地局的分散性电源，分散性的无碳（CO_2）商用燃料电池发电领域。

（六）直接利用氨技术的意义

直接利用 NH_3 技术具有社会意义，国际能源机构（IEA）在 "The Future of Hydrogen" 中作了高度评价。主要内容如下：

（1）燃煤火力发电锅炉中煤粉氨的混烧技术是现有燃煤火力发电厂削减 CO_2 排放

的重要手段；

（2）在燃气轮机发电领域利用氨技术可以提高可再生能源的导入量，作为调节火力发电低碳化的重要手段。

另外，直接利用氨技术将作为集中供热领域脱碳化的重要手段。

五、低碳氨的生产

（一）氨的生产方式

1. 常规氨的生产方式

常规氨生产是以化石燃料为基础，温室效应气体排放密集型的行业。2020 年全球生产的 1.79 亿 t（179Mt/a）氨中，有 72% 依靠天然气蒸汽甲烷重整，26% 依靠煤气化，1% 依靠石油产品，只有最后一小部分依靠电解。就地理浓度而言，我国是全球最大的氨生产国，占全球产量的 30%。

氨的生产开始首先是氢气的生产，然后与氮气在 Haber-Bosch 工艺中结合生产氨。为了达到足够的反应速度，现代 Haber-Bosch 工厂在高温高压下运行。

平均生产每吨氨直接产生 $2.4t-CO_2/t-NH_3$ 的二氧化碳。因此，从二氧化碳排放量而言，氨的二氧化碳直接排放量是钢铁工业的 2 倍，是水泥工业的 4 倍。由于新建的氨厂通过扩大规模和技术优化取得了更高的效率，用现有最佳工艺生产每吨氨直接产生 $1.8t-CO_2/t-NH_3$ 的二氧化碳排放，利用 CCS 改造有可能将排放量减少到 $0.1t-CO_2/t-NH_3$。由于氢气是生产过程中碳含量最高的部分，因此生产氢气会产生大量二氧化碳。具体而言，如果天然气生产和运输的排放量极小，氢气生产占合成氨碳排放量的 90%。

现在脱碳氨生产的主要途径通常用颜色来描述。即：

（1）灰氨：是指以化石燃料为基础的常规氨生产方法；

（2）蓝氨：是以这些相同的常规生产方法为基础，添加了碳捕集设备，以实现更低的碳足迹；

（3）绿氨：是指以清洁电力为动力的电解法生产的氨。

尽管有这些定性描述，但没有一个被广泛接受的定量标准来衡量氨的二氧化碳排放量足迹必须有多小才能被归类为"蓝色"或"绿色"，从而允许这些类别内的排放量发生重大变化。因此，单凭"蓝色"或"绿色"氨的标签并不能提供足够的信息来确定某一批次氨的使用周期排放量是否低。

2. 研究低碳氨生产大概有三条途径

（1）减少现有氨生产设施的二氧化碳排放，包括碳捕集或电化；

（2）使用清洁电能进行电解制氢；

（3）利用碳捕集的生物质制氢（生物氢的氨）。

这些途径中的每一条以及其中的许多设计变化都涉及在可实现的减少温室效应气体排放、实施快慢和规模以及生产和运输成本之间作出权衡。由于当地资源和基础设施的重要性，最有利的低碳氨途径将因地域而异，而且随着时间的推移，一些正在研发的最有前途的途径尚未进入市场。各种制氢方法的二氧化碳排放强度如图 2.4-10 所示。

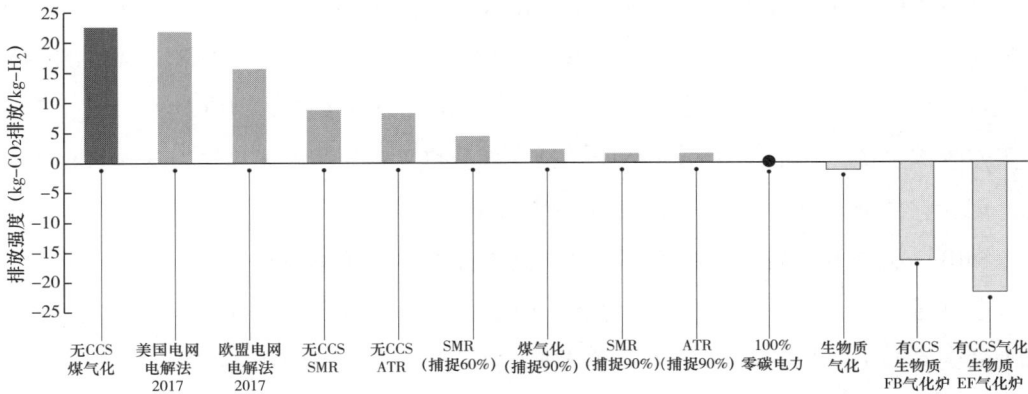

图 2.4-10 各种制氢方法二氧化碳排放强度

注 1. 资料来自 ICEF *Low-Carbon Ammonia ICEF Innovation Roadma 2022*。
  2. SMR＝蒸汽甲烷重整，ATR＝自热重整，CCS＝碳捕集与封存。

以天然气为基础的氨生产最初由于成本低而广泛传播，由于规模经济，氨的均价成本低至 160 美元/t-NH$_3$。然而，蓝氨与绿氨的经济竞争力将部分取决于主要生产电力成本的相对差异价格，即天然气和清洁电力的价格。天然气和清洁电价的波动造成未来生产前景不明朗。因此，从欧洲进口的绿色氨能源价格随时间和地理位置的变化，加上现有常规氨生产工厂的年代和地位，导致全球不同地点发展蓝色和绿色氨设施的情况变得复杂。虽然许多分析试图预测未来蓝氨和绿氨生产之间的平衡，但两者都需要进行规模调整，以满足未来对低碳氨日益增长的需求的预测。

价格差异的另一个重要因素是不同水平的蓝色氨和绿色氨生产的集中化。另外，氨的运输和供应费用增加，因此为最终用户提供较低运输成本的分散生产是一个好的方案。绿色氨生产模块化意味着大规模生产设施的经济优势变小，为绿色氨生产创造了更大的机会。

每一种类型的低碳氨生产都面临着许多障碍。蓝氨生产的主要障碍是，使基础设施能够识别捕集的二氧化碳，然后将其运往储存地点。从燃烧中捕集稀薄的二氧化碳比较困难和昂贵。就绿氨而言，规模生产可能存在的瓶颈是现有生产新电解槽的能力有限，导致项目之间存在差异。绿氨还与间歇性的可再生能源竞争，可能被要求使用一些高排放电网供电。最后，所有形式的低碳氨都面临着市场不愿支付绿色溢价这一障碍。碳足迹的减少，意味着它们依赖于政策来推动需求的吸收，以及补贴来弥补成本和与灰氨的价格差距。

3. 蓝氨

现有的以煤和天然气为基础的氨生产方式，以及使用相同技术的新项目，可以通过采用 CCS 技术成为低碳氨途径。如果没有 CCS，氨的碳足迹主要取决于氢生产方法的排放。煤产生的氨的碳足迹最大，直接二氧化碳排放强度为 $3.2t-CO_2/t-NH_3$，其次为天然气碳足迹，为 $1.8t-CO_2/t-NH_3$。这一部分将主要关注以天然气为基础的 SMR 减排，因为它在全球氨生产中所占的比重为 72%。

SMR 工艺是基于硫化天然气与蒸汽在高压高温下的重整反应，然后是净化气体工艺，包括通过在胺溶液中吸收二氧化碳，产生氢和氮的混合物（随后反应生成氨）和单独的纯 CO_2（见图 3-4）。生产 1t 氨需要的能耗及 CO_2 排放强度见表 2.4-2。

表 2.4-2　　生产 1t 氨需要的能耗及 CO_2 排放强度

序号	生产方式	能耗强度（GJ/t-NH$_3$）						排放强度 ($t-CO_2/t-NH_3$)
		原料	燃料	电力	蒸汽	粗制	净耗	
1	天然气 SMR	21.0	11.1	0.3	-4.8	32.4	27.6	1.8
2	天然气 ATR	25.8	2.1	1.0	0.0	28.9	28.9	1.6
3	煤气化工艺	18.6	15.1	3.7	-1.3	37.4	36.1	3.2
4	有 CCS 的 SMR	21.0	11.1	1.0	-3.1	33.1	30.0	0.1
5	有 CCS 的 ATR	25.8	2.1	1.5	0.0	29.4	29.4	0.1
6	有 CCS 的煤	18.6	15.1	4.9	2.6	38.6	41.2	0.1

注　1. SMR＝蒸汽甲烷重整；ATR＝自热重整；CCS＝碳捕集和储存。

　　2. 负值表示净蒸汽发生量，可供其他工艺单位使用或出口。

基于天然气的 SMR 氨生产非常适合碳捕集，因为二氧化碳已经从工艺气体中分离出来并去除，以避免铁基 Haber-Bosch 催化剂中毒。通常，这种纯粹的二氧化碳只是简单地排放，但可以对其进行脱水压缩，以低成本储存或利用，大约每吨二氧化碳 34 美元。运输和储存增加了 $25 \sim 50$ 美元/t-CO_2，总计为 $60 \sim 85$ 美元/t-CO_2。达到或超过 90% 的总排放量比较困难，因为还需要从较稀的烟气中捕集二氧化碳，为减少碳足迹而捕集这些额外的排放需要安装和操作额外的碳捕集设备，并产生类似的运输和储存成本，因此，这种成本相当高。此外，基于 SMR 氨的整个生命周期的脱碳受到上游天然气开采、处理和运输所产生的温室效应气体排放的限制。

一些现代 SMR 厂已经开始采用一种新工艺设计，其基础是减小一次外部加热重整器（SMR）的尺寸和重整能力，同时增加二次吹风重整器（ATR）的重整能力。结合低温氮洗液调整氢氮比，当工艺气体进入合成回路时，这种结构仅通过脱水压缩工艺气体中已分离的 CO_2，就有可能减少 80% 以上的 CO_2 排放量。要实现更高的捕集率，要么从稀烟道气体中捕集二氧化碳，要么设计工厂生产多余的合成气并燃烧二氧化碳（在二氧化碳被去除之后）。值得注意的是，前一种办法可能使新建工厂能够实现相对较高的二氧化碳减排水平（可能超过 80%），同时将增加用于更高捕集分量的碳捕集设备的额外费用，以应对所需捕集分量的标准不断变化。利用蒸汽甲烷重整（SMR）从天然气中生产氢技术示意如图 2.4-11 所示。

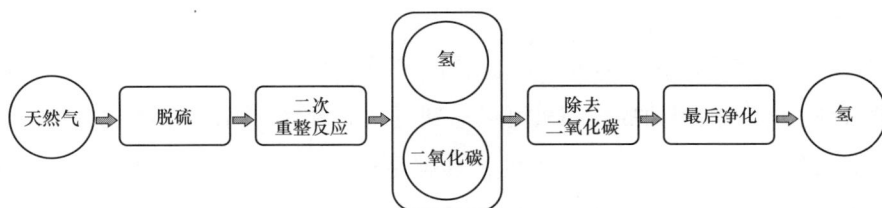

图 2.4-11 利用蒸汽甲烷重整从天然气中生产氢示意图

注 资料来自 ICEF *Low-Carbon Ammonia ICEF Innovation Roadma 2022*。

未来蓝氨生产的另一种方法是基本上或完全消除了初级重整器（SMR），而是依靠氧吹的 ATR（主要是）独立配置。使用单独的氧气和相应的氮气注入，可以调整氢氮比，并尽量减少燃烧进料气体以提供外部热量的需要，从而增加从工艺气体中分离出来的总二氧化碳比例，使得到高捕集率（超过 90%）而不需要从稀释气体烟气中捕集，但是，空气分离装置（ASU）产生的氧气和氮气所需的电负荷可能很大，根据发电量及方式不同，可能会导致额外的排放。

这些蓝氨优化的多种办法的相对优势仍有待观察，各种市场因素和其他因素将决定其采用率。

必须指出，长途运输二氧化碳也会增加 CCS 的总成本。例如，将 CO_2 运输距离从 160km 增加到 1600km，成本将增加 60 美元/t-CO_2，因此，可以通过在氨厂合理距离内增加适当规模的储存地点来实现成本的降低。现有的石油和天然气田是特别有吸引力的选择，因为有关这些油田的数据非常丰富。

4. 绿氨

绿氨与蓝氨主要在制氢方法上有所不同。具体地说，在绿氨中，通过电解产生氢，水通电流来分离构成水分子的氢原子和氧原子。然后，纯氢与从空气中分离的氮结合，进行 Haber-Bosch 工艺过程。微小的差异在于通过电解法在 Haber-Bosch 过程中生产氢气，而不是 SMR 法。利用清洁电力生产绿氨示意如图 2.4-12 所示。

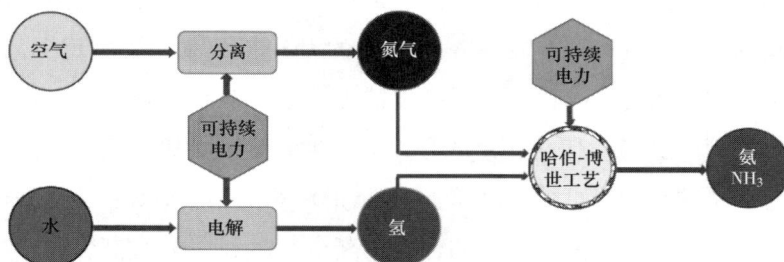

图 2.4-12　利用清洁的电力生产绿氨示意图

注 资料来自 ICEF *Low-Carbon Ammonia ICEF Innovation Roadma 2022*。

例如，在电解的 Haber-Bosch 工厂，氨合成回路可以产生高压氢气，合成后不需要净化惰性气体，电动机驱动的压缩机可以达到更高的效率，因此能量损失较低。

由于绿氨的生产是以电力为动力的，其碳足迹取决于所使用电源的排放强度。因此，生产无碳氨将取决于一个地点的能源状况，包括低碳电力供应的时期和时间。太阳能发电能力系数为 25%，风能发电能力系数为 35%，水电发电能力系数为 50%（尽管范围很广），地热能发电能力系数为 70%，核能发电能力系数为 90%，因此，清洁电力的小时供应量将随每个地理区域的资源供应情况而大不相同。

绿色氨投入的主要障碍是成本高，如电价为 7 美分/kWh，使用可再生能源的绿色氨的基线平均成本约为 1000 美元/t，使用核能约为 900 美元/t。绿色氨的主要成本驱动因素是绿色氢气的成本，而绿色氢的成本取决于电价。

鉴于电解槽技术的新颖性和能源系统动态的变化，目前尚未就长期生产氨的最有效电解槽类型和配置达成共识。短期内，电解槽生产能力有限是绿色氢或氨生产快速增长的一个可能障碍。不幸的是，行业分析估计，全球范围内到 2030 年电解槽供应量很可能在 30~40GW 之间，而已宣布的项目为 54GW，认定项目为 94GW。这表明，现有的电解槽容量以及制造额外电解槽的能力将是至关重要的。

电解槽供应的潜在瓶颈使现任的碱性电解槽更加重要。碱性电解槽在 2020 年安装容量中占 61%，在目前所有电解槽技术中资本费用最低。

质子交换膜（PEM）电解槽占当前安装容量的 31%，具有高压输送氢气的优点，降低了压缩成本。此外，其广泛的操作范围（0~160% 的设计容量）和极快的坡度率使他们具有非常适合的与可再生能源整合的灵活性。据报告，质子交换膜电解槽的效率比热值低 60%~75%，一些商业上可用的质子交换膜电解槽效率高达 84%，工业专家也预计今后将大幅降低成本。

固体氧化物电解槽（SOEC）由于其高温、高效的运行，可能非常适合绿色氨的生产。首先，典型的固体氧化物电解槽在 600~850℃下运行。由于典型的 Haber-Bosch 工艺在 425~450℃的较低温度下进行，这使得热集成提高了效率。此外，SOEC 在效率方面优于碱性电解槽和质子交换膜电解槽，IEA 估计效率在 74%~81% 之间，而商业上可用的固体氧化物电解槽高达 84%。从长期来看，如果电力成本继续占绿氨生产成本的大部分（估计目前为 85%），那么效率水平将是选择电解槽技术的一个重要因素。

不同电解槽技术的经济技术特征见表 2.4-3。

表 2.4-3　　　　　　　　　　不同电解槽技术的经济技术特征

序号	IEA2019 氢未来	单位	碱性电解槽			PEM 电解槽			SOEC 电解槽		
			现状	2030 年	长远	现状	2030 年	长远	现状	2030 年	长远
1	电解效率	%	63~70	65~71	70~80	56~60	64~68	67~74	74~81	77~84	77~90
2	CAPEEX	USD/kW	500~1400	400~700	200~700	1100~1800	650~1500	200~900	2800~5600	800~2800	500~1000
3	寿命（运行小时）	×10⁴h	6~9	9~10	10~15	3~9	6~9	10~15	1~3	4~6	7.5~10
4	对标准负荷范围	%	10~110			0~16			20~100		
5	运行温度	℃	60~80			50~80			650~1000		
6	运行压力	MPa	0.1~3			3~8			0.1		

注 对于 SOEC，电解效率不包括蒸汽产生的能量。CAPEX 代表系统成本，包括电力成本，资本支出幅度反映了未来估计中的不同系统规模和不确定性。

通过大规模生产、集中生产，优化了灰氨的生产工艺，这些特点同样适用于蓝氨生产。然而，用于绿色氨生产的地域分布和清洁能源的多样性可能导致小规模分散生产。对改善小型分布式绿氨经济性的兴趣，促使人们研究重新设计 Haber-Bosch 工艺，以便在较温和的条件下运行。这种研究探索了催化剂的开发和分离产氨的替代方法。典型的氨合成反应器使用熔融铁催化剂与其他促进剂材料结合，在大约 15MPa 加热到 400℃。这样产生的转化率低于 20%，需要通过冷凝分离产生的氨，这意味着在 14MPa 冷却至 -25 ~ -33℃后，再压缩回反应条件以重复循环。催化剂开发研究探索在温和条件下实现更高催化活性，例如使用替代金属、使用助催化剂、提高对毒害的耐受性和改进催化剂的再生。

氨也可以由生物质氢生产，生物质氢是指生物质产生的氢。生物质原料包括农业废弃物、林业废弃物、造纸黑液、城市固体废弃物、生物质资源、专用的能源作物，以及微观和宏观作物等。许多生物质原料的氢碳比很高，这意味着它们能够作为富氢燃料来源。氢是通过生物质的热分解或细菌等生物体的生物处理产生的。

（二）哈伯-博世氨合成法

德国化学家哈伯（Fritz Haber）和卡尔·博世（Carl Bosch）发明了一种合成氨的方法，这是 20 世纪最重要的技术进步之一。目前全球有一半人口没有合成氨就无法进食。2021 年全球生产了近 1.8 亿 t（180Mt）氨（72% 来自天然气，26% 来自煤炭）。我国是世界上氨生产量最大，占世界上氨生产量 30%，其次是俄罗斯、欧盟、美国、印度和中东。全球约 10% 的氨在国际贸易，有超过 100 个港口以及目前能处理散装氨的近 200 艘船舶。氨还通过管道（主要在美国和俄罗斯/乌克兰）、铁路和卡车运输。

国际能源机构的可持续发展设想（SDS）预计，到 2050 年，化肥的氨需求总量将达到 2.3 亿 t（230Mt），新用途的氨需求将达到 1.25 亿 t（125Mt），用于发电和船用燃料。

迄今为止，利用哈伯-博世法（以下称为 HB 法）进行了高温高压下的合成。

1. 哈伯-博世法氨合成

从 19 世纪后半期到 20 世纪初，作为化学基础的物理化学和热力学取得了飞速的进步。与此同时，反应速度论以及化学平衡论的研究也在不断发展，化学反应的基础理论也系统化，并应用于氨合成。

卡尔斯鲁厄工业大学教授哈伯积极致力于氨直接合成的研究。1909 年 7 月 2 日，哈伯在实验室，使用 98g 的锇催化剂，在 175 气压、550℃下，每小时得到 80g 的液氨，合成实验成功，这是宣告 20 世纪化学工业开始的光辉实验。氨合成开辟了 20 世纪化学时代大门。哈伯在实验室中取得了成功，技术人员博世冒着生命危险致力于工业化，结果在 1913 年成功生产了最初的工业产品，这是德国 ASF 公司氨合成的工业化成功。这种工业化方法被称为哈伯-博世法（简称 HB 法）。哈伯和博世分别在 1918 年和 1931 年获得了诺贝尔奖。对于德国来说，这是无可替代的发明。

硝酸是炸药的原料。以前只能依靠进口智利硝石的产品，现在可以通过工业生产氨进行大量生产。另外，氨制成的硫酸铵（硫酸铵）作为氮肥有助于粮食增产。只要有氨气，德国就可以自给粮食和炸药。

像这样氨合成的成功在世界历史上也是灿烂辉煌的，是人类从饥饿中解放出来的划时代的发明。位于柏林达莱姆的哈伯纪念碑碑文上写着"用空气做面包的人"，以此来纪念他的伟业。

BASF 公司的综合能力充分发挥了博世作为领导者的作用。发现了最佳的工业催化剂和工业材料，确立了氨合成技术。100 年前的 20 世纪初是化学工业的最尖端技术。之后的以石油化学工业为代表的连续合成、大量生产的 20 世纪的化学工业技术是从氨合成开始的。

2. 化学家空气中氮气固定法

粮食问题是人类古老而新的永恒课题。18 世纪后半期，英国发生的工业革命扩展到全欧，随着生产率的提高，人口也剧增。19 世纪中期，德国的化学家利维希主张肥料的三要素 N、P、K 对农作物的培育有显著效果，带来增收。到了 19 世纪后期，炸药和火药的新用途出现，硝酸的需求剧增。

1898 年，大英帝国科学会会长克鲁克斯爵士在学会会长演讲中表示：要想挽救伴随人口增加的粮食危机，只有空中氮气的固定。这才是等待化学家的最大而紧急的主题。10 多年来，接下来的 3 种空气中氮气固定法，即高电压放电法、石灰氮气法、氨直接合成法相继被工业化。其中，最后的氨直接合成法将占据氨制造的主流。

（1）高电压放电法（1905 年，Builkeland Ide 法）。与雷电一样，在空气中进行火花放电，由氮和氧生成氧化氮 NO，最后作为硝酸。挪威人比尔·凯兰和艾德于 1903 年获得专利，1905 年投入使用。耗电量很大。

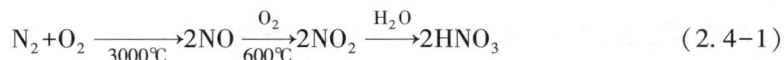

$$N_2 + O_2 \xrightarrow[3000℃]{} 2NO \xrightarrow[600℃]{O_2} 2NO_2 \xrightarrow{H_2O} 2HNO_3 \qquad (2.4-1)$$

（2）石灰氮气法（1906 年，弗兰克·卡罗法）。德国人弗兰克和卡罗在 1901 年，使钙·碳化物 CaC_2 氮化，成功合成石灰氮。电力只需放电法的 1/4 即可。

$$CaO \xrightarrow[2000℃]{3C} CaC_2 \xrightarrow[1000℃]{N_2} CaCN_2 \xrightarrow{3H_2O} 2NH_3 \qquad (2.4-2)$$

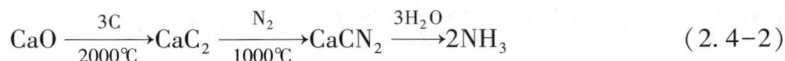

（3）氨直接合成法（1913年，哈伯-博世法）。由氢和氮直接合成氨

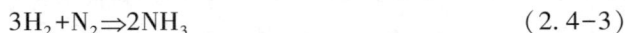

$$3H_2+N_2 \rightleftharpoons 2NH_3 \qquad (2.4-3)$$

德国人哈伯在实验室中成功进行研究，BASF公司的博世于1913年工业化，被称为哈伯-博世法。

（4）如何实现工业化。在上述3种空中氮气固定法中，直接合成氨气的哈伯-博世法具有生产成本低、在世界任何地方都能建设工厂的技术优势。这项技术是在德国的BASF公司确立的。该公司以技术人员博世为首，勇敢地挑战了未知的技术和挑战，经过艰苦的努力终于实现了工业化。

（5）布隆克社长的决断。听到这一喜讯的BASF公司总经理布隆克为了将哈伯的划时代研究工业化，与博世一起立即参观了哈伯实验室。听到合成所需的压力为10~20MPa气压后，布隆克社长大吃一惊。但是还是尊重博世意见，决定将氨合成工业化。

工业化是从1909~1912年的3年间，对2500种各种金属催化剂反复进行了10MPa气压、550℃下6500次的令人眩晕的合成实验之后，发现，在四氧化三铁（Fe_3O_4）中加入2%~6%的氧化铝和0.2%~0.6%的氧化钾的双重促进催化剂活性最高，且寿命最长。到1922年为止进行了2万次实验。

通过实验得到预测的BASF公司于1911年在世界上首次建设了日产100kg的氨合成工业化试验工厂，次年增加到日产1t。通过工业化实证获得自信的BASF公司在西德奥帕乌正式开始了工厂建设。1913年9月9日，日产30t（3×10t/日机组）年产8700t，世界最早的氨合成工厂开始运转，次年全产。BASF公司相当于每年成功进行了10倍的规模调整。日产1、10t，以及现在使用的1000t以上的合成管结构如图2.4-13所示。

1918年东德Royna的氨工厂开始运转，德国一个国家年产量达到18万t，世界上只有德国独家生产。

如今，几乎所有氨都是由化石燃料（72%来自天然气，26%来自煤炭）产生的氢气。氢气生产约占当前氨合成工业二氧化碳排放量的90%。

蓝氨在化石燃料的传统氢气生产中增加了碳捕集量。在蒸汽甲烷重整（SMR）中添加碳捕集对于提高蒸汽甲烷重整SMR的效率是相对便宜的。二氧化碳排放总量的大约2/3。但是对于剩余的二氧化碳排放量来说，成本要高得多。采用小型一次重整器或吹氧式自热重整器的现代物料转炉系统，可能会影响物料转炉的正常运作，大大降低这些成本。任何上游散逸甲烷排放都会增加这些系统的生命周期总排放量，而获得二

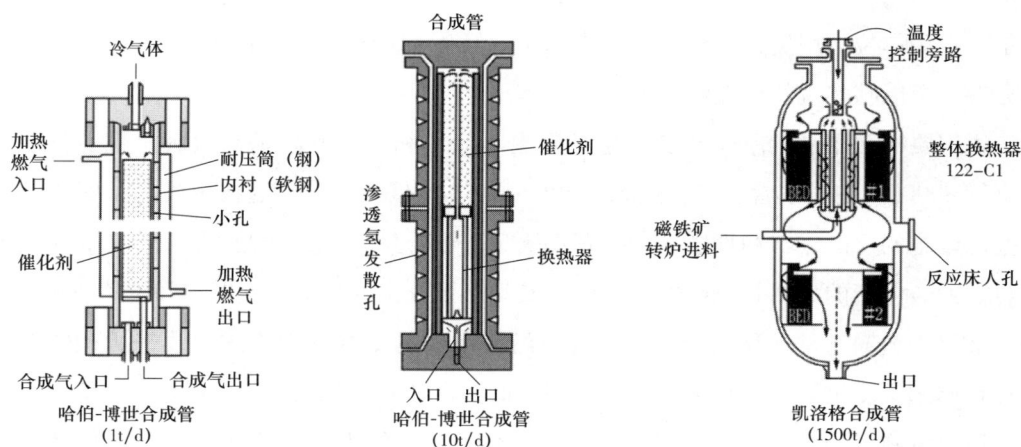

图 2.4-13 日产 1、10t 以及现在使用的 1000t 以上合成管结构图
注 资料来自三井化学 江崎正直著"アンモニア合成"。

氧化碳的运输和储存是一个关键障碍。

绿氨利用电解（流经水的电流）产生氢气，碳强度主要取决于电力来源。零碳电力源可以帮助产生非常低碳的氨，但与传统的基于 SMR 的氢气生产相比，高碳电力源可以增加整个生命周期的二氧化碳排放量。全球电解槽生产能力有限是一个关键障碍。

氨也可以从生物氢（生物质产生的氢）中生产。生物质原料包括农业废料、林业废料、造纸黑液、造纸厂废液、造纸厂废液、造纸厂废液、造纸厂废液等。城市固体废物、专用能源作物、微型和宏观作物。

另外，此前在制造时利用了没有进行二氧化碳处理的"灰色氨"，但今后有望利用通过制造阶段 CCUS 等进行了二氧化碳处理的"蓝色氨"和来自可再生能源的"绿色氨"。特别是，在可再生能源的成本降低时，能够使用可再生能源不经由氢而直接进行氨的合成氨电解合成技术，将在今后成为重要的技术课题。

迄今为止，通过哈伯-博世法（以下称为 HB 法）进行了高温高压下的合成，但为了降低成本，开发具有优势的氨制造催化剂技术，并与原料气体重整工艺相结合，推进大规模实证，通过在产气国等大规模蓝氨制造中的开发，实现新的市场。

虽然在国外也进行了相关研究，但现阶段尚未取得具体显著成果，因此，以扩大未来燃料氨市场为目标，先进行技术开发尤为重要。

为了无碳（CO_2）燃料氨（NH_3）的实用化，氨（NH_3）削减二氧化碳的成本，比起其他削减方法成本更具有竞争力才行。日本在《能源载体》中充分进行了成本的经济性。从如下叙述所知，利用无碳（CO_2）燃料氨（NH_3）是日本的《氢能基本战略》

揭示了《将来》的氢价格目标：20 日元/m³［这个氢气价格跟热当量的氨（NH₃）价格是其引用单位，用美元/t 表示，则为 320 美元/t（1 美元=110 日元）］，接近现在也充分考虑了能够实现的可能性价格。

氨需要特殊用途的基础设施，包括管道、储罐和海上燃料补给设施。目前，全世界有近 8000km 的氨水管线，以及 38 个出口和 88 个接收终端。这些设施为了解额外的氨基础设施的可能成本和性能提供了极好的基础。随着氨工业的发展，这些基础设施是急需的。创新的需要是有限的，额外的氨基础设施主要取决于金融、经济和政策。

液氨管道输送是一种安全、低风险、经济高效的氨水输送方式。几乎所有的氨都储存在储罐里。主要有三种类型：加压型、低温型和半冷冻型。

港口设施将为扩大低碳氨规模发挥重要作用。在海上燃料应用方面，燃料补给是部署的关键先决条件。液化天然气基础设施，特别是液化天然气接收终端和储存设施，可以转化为氨气。

在新氨生产中，人力资本、许可和环境公正问题非常重要基础设施。如果没有重大的新基础设施，氨就无法充分发挥促进深度脱碳的潜力。

低碳氨可用于许多部门减少碳排放。首先，最重要的用途是在现有用途中作为常规氨的替代品，包括农业肥料和化学原料。氨还可用于海运、发电、重工业、公路运输、航空燃料和制冷。2050 年低碳氨的潜在市场是目前全球氨产量的几倍。

为了使氨在动力发动机和涡轮机中得到更广泛的应用，需要更好地了解氨的燃烧特性。从短期来看，与其他燃料（如煤/天然气）混合的氨气在技术上最为成熟，风险最小。高混合比或纯氨燃烧应用需要更多的进展。

（三）无碳（CO₂）氨气的制造

如前所述，常规氨气生产是一个排放密集型、以化石燃料为基础的行业。氨气的生产始于氢气的生产，然后与氮气在哈伯-博世工艺中结合生产氨。

（1）现在以天然气为原料的制造主要采用以天然气为原料的工艺、利用天然气重整反应制氢方法以及哈伯-博世（Haber Bosch-H-B）法（见图 2.4-14）。

这种工艺处于温度 450~550℃、压力 20~30MPa 下，在高温高压条件下运行，能耗很大，该合成的总反应式是

$$7/16CH_4+5/8H_2O+1/8O_2+1/2N_2 \longrightarrow NH_3+7/16CO_2+7kJ \qquad (2.4-4)$$

这种工艺经过长期的工程经验，是完成度极高的生产工艺，这种工艺的效率接近理论值，氨的制造成本也大幅降低。另外，知道原料的天然气价格，则大约知道氨的

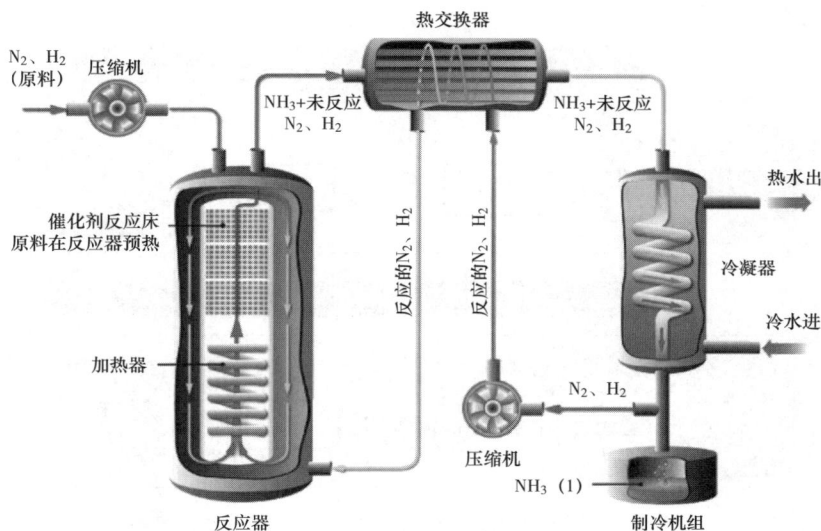

图 2.4-14 哈伯-博世工艺简易流程图

注 资料来自日本配管技术 2018 年 7 期 日辉化学甲斐 元崇、冲田 充司 "CO2フリアンモニア合成技術開発"。

制造原价,从而其成本结构也知道了。但是,这种工艺排放二氧化碳,利用这种工艺生产氨很难是无碳氨。所以,利用这种工艺生产无碳氨的时候,必须利用捕集、封存(CCS)工艺。由于从这种工艺来的二氧化碳为高浓度(约为 98%),通常可以有效地利用作为尿素、甲醇等其他化学原料。

(2)开发新的可再生能源氢原料的无碳氨制造方法。氨合成的原料气体(氢气、氮气混合气体)由于从天然气的蒸汽重整或部分氧化制造的,供给压力高,需要升压至 14~30MPa。可是,因为利用可再生能源的电力时,用水电解制造是几乎在常压下,利用 HB 法需要多级压缩机,造成运行成本上升。为了确立能在 5~10MPa 的低压、低温高活性,产综研、沼津高专、日挥催化等共同开发了两种钌系催化剂。分别为稀土类氧化物载体的钌催化剂和碳载体的钌催化剂,比起一般的钌催化剂的 HB 法铁系催化剂,低温活性高,同时稀土类氧化物载体对于运行条件的变化具有优良的稳定性,针对可再生能源的负荷变化对应灵活的催化剂。

以可再生能源氢气为原料,新开发的氨(NH₃)合成低温、低压工艺,在福岛可再生能源研究所(FREA)建设了小规模实证工厂,进行实证。世界最初实现了利用再生氢的无碳氨制造,更低温、低压下合成氨,替代 H-B 法的革新性工业新工艺。新氨合成工艺与哈伯-博世工艺比较示意如图 2.4-15 所示。

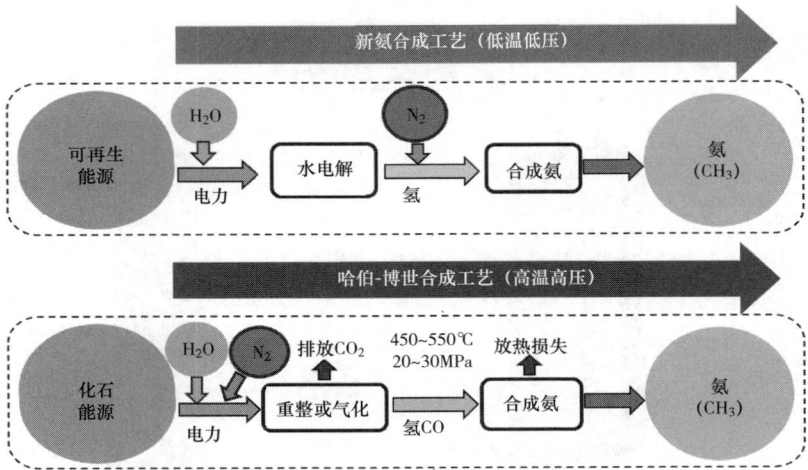

图 2.4-15　新氨合成工艺和哈伯-博世工艺比较示意图

（四）等离子氨分解氢

1. 等离子氨分解氢原理

利用等离子氨制氢装置原理示意如 2.4-16 所示。

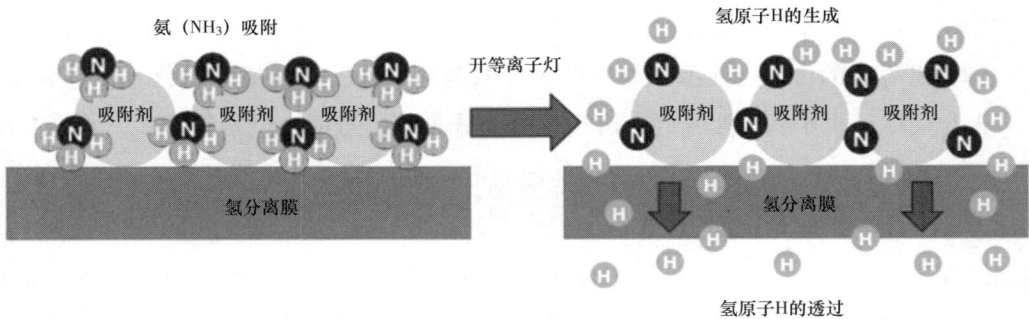

图 2.4-16　用等离子氨制氢装置原理示意图

注 资料来自泽藤电机与岐阜大学 2018 年"高出力水素製造装置 プラズマメンブレンリアクター"。

因为催化剂需要钌（Ruthenium）等高价的贵金属，环境负荷和成本高。再者未反应的氨的残留导致电池老化。日本泽腾电机开发了等离子混合反应器，神原教授在大气压下利用等离子，在常温下不用催化剂，开发了用氨制氢的"常温钼催化剂制氢法"。离子混合反应器是石英玻璃制的双筒结构装置，外筒上缠绕着接地电极，内筒里插入了高压电极。在其中 2~5mm 的间隙中流动氨气，这是一种通过施加一定波形电压来产生氢和氮的结构。过去型等离子制氢装置示意如图 2.4-17 所示。主要由氢分离膜

（兼做高压电极）、石英玻璃管、接地电极、等离子电源构成。

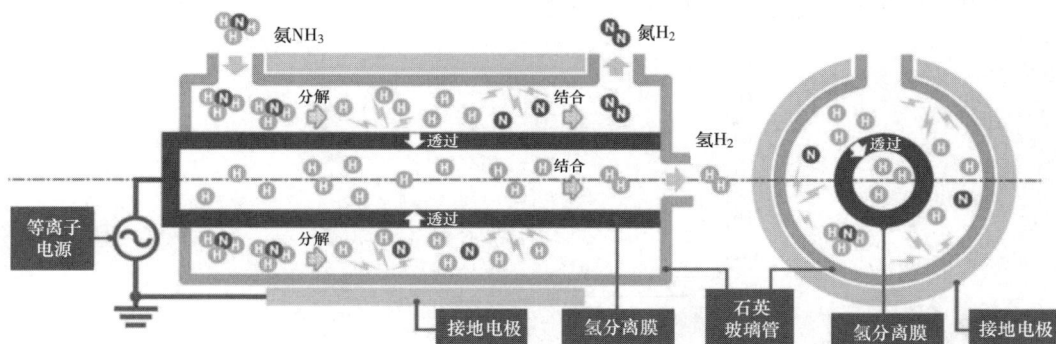

图 2.4-17 过去等离子制氢装置示意图

注 资料来自泽藤电机与岐阜大学 2018 年"高出力水素製造装置 プラズマメンブレンリアクター"。

对装置供给氨（NH_3）等离子施加 3 万 V 电压，则氨分解为氢原子（H）和氮原子（N）。由于氢分离膜只能透过氢原子，透过分离膜的氢原子变为氢气（H_2），分离出高纯度氢，剩下的氮原子结合成氮气（N_2），排入大气。

改良型等离子制氢装置示意如图 2.4-18 所示。

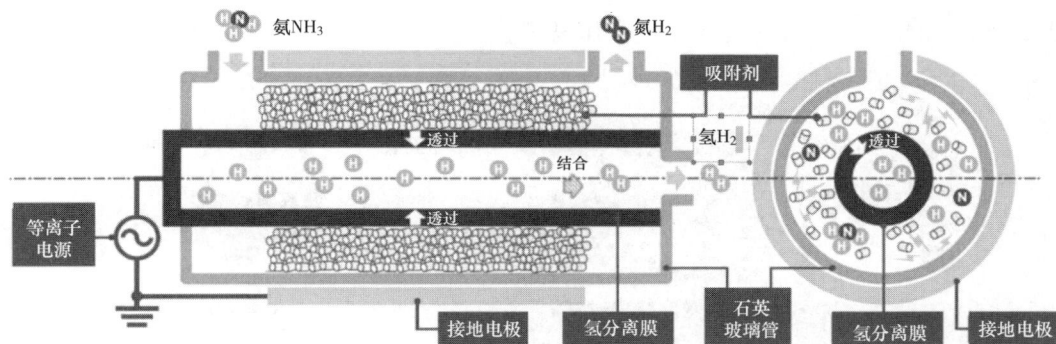

图 2.4-18 改良型的等离子制氢装置示意图

注 资料来自泽藤电机与岐阜大学 2018 年"高出力水素製造装置 プラズマメンブレンリアクター"。

在电极间（氢分离膜和接地电极之间）填充了吸附剂。由于该吸附剂的作用，促进了等离子生成氢原子的过程，增加了透过氢分离膜的氢原子量。与过去相比，制氢量提高了两倍。

如图 2.4-19 所示每根 PMR 制氢量的变化。2017 年 3 月阐明 PMR 原理后，2018 年 3 月在 PMR 前段使用氨分解催化剂，氢制造量为 150L/h（标况下）。2019 年 5 月，通过向 PMR 填充吸附剂等改良方法，制氢量达到了 300L/h（标况下）。2020 年 PMR 的商业化目标为制氢量达到 500L/h（标况下），期待广泛地用于加氢站、燃料电池发电堆、半导体制造工艺、移动设备上。

图 2.4-19　每根 PMR 的制氢量的变化

注 资料来自泽藤电机与岐阜大学 2018 年"高出力水素製造装置 プラズマメンブレンリアクター"。

2. 等离子氨的利用实例

（1）利用等离子氨进行燃料电池发电。利用等离子以氨为原料制氢以及燃料电池发电示意如图 2.4-20 所示。试制设备由容量为 70L（升）的液化氨储罐和 50L（升）的制氢装置构成。装置从启动开始几分钟就进行制氢。该装置具有电驱动控制氢量的优点。将来可以不要加氢站、高压氢罐，采用等离子混合反应器的氢制造装置，替换搭载燃料电池汽车的 120L（升）的高压氢罐。

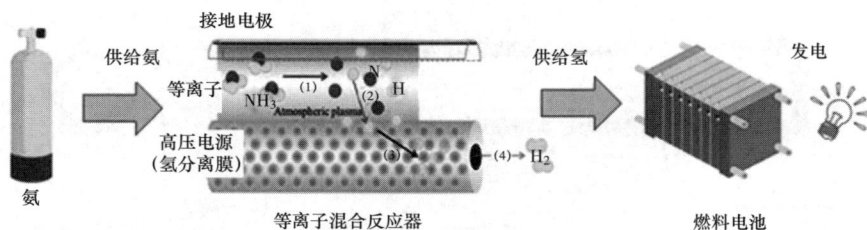

图 2.4-20　通过等离子利用氨制氢和燃料电池发电示意图

注 资料来自泽藤电机与岐阜大学 2018 年"高出力水素製造装置 プラズマメンブレンリアクター"。

（2）利用等离子氨的氢站。为了让氢站能提供高纯度、低成本的氢，开发了氢站用氨分解、高纯度氢供给系统。氢站用高纯度氢气、低成本氨分解供应系统示意如图 2.4-21 所示。

这种工艺排放二氧化碳（CO_2）的 CCS 成本。工艺中捕集、封存形成高浓度的二氧化碳，封存成本比较便宜。此外，由于回收的二氧化碳可以用于 EOR（提高原油采集率）的地区，因此将回收的二氧化碳售给 EOR 可以进一步降低氨成本。

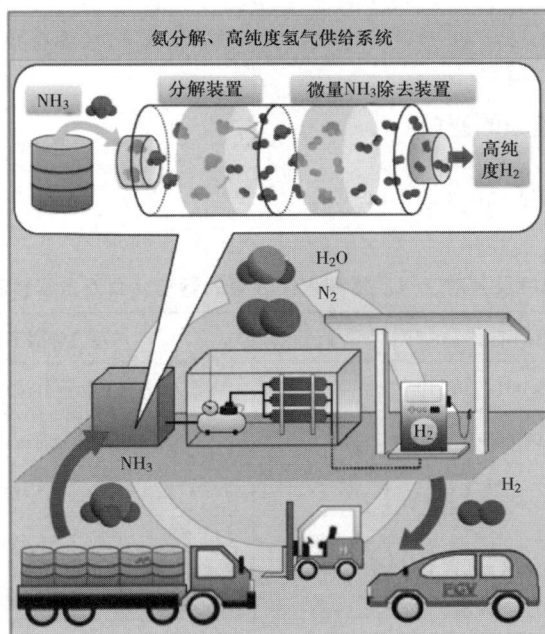

图 2.4-21　氢气站用高纯度氢气和低成本氨分解供应系统的示意
注　资料来自日本 2016 年 "戦略的イノベーション創造プログラム（SIP）エネルギーキャリア"。

六、氨的安全性

与氨有关的首要健康和环境问题是氨的可燃性、高浓度对人体的急性毒性，以及对水生生态系统的负面影响。

（一）易燃性

和其他燃料一样，氨也可以在空气中燃烧。当氨被运输或储存在封闭环境中，例如工业建筑物中时，这就构成危险。纯无水氨必须在空气中达到至少 15% 的浓度（可燃性下限见表 2.4-4）才能燃烧，这比甲烷（4.4%）高得多。因此，与甲烷和大多数其他碳氢燃料（如丙烷）相比，氨泄漏引起的意外火灾或爆炸的风险要低得多。在氨浓度为 16%~25% 时有火警或爆炸的危险，当氨被润滑油污染时，这一范围可能会扩大。先前的研究表明，润滑油污染可以降低燃烧下限至 8%，这取决于油的成分和数量。特别是当氨与其他物质发生污染或有意混入时，安全标准应根据这些混合物进行相应的更新。

在管理排放方面，迅速稀释泄漏是防止意外燃烧的关键方法。在封闭环境中氨可能积聚的情况下，通过减压阀向大气排放通常能有效地避免危险的高浓度积聚，从而减少易燃性风险。虽然氨在易燃性风险方面优于天然气，但令人们关注的是氨气在燃烧时可能产生的危险。

（二）氨对人体健康的影响

氨对人体健康的影响见表2.4-4。

表 2.4-4   氨浓度及其对空气质量和人类健康的影响（百万分子体积）

序号	以体积为基础的浓度［μL/L（ppm）］	浓度（以体积为基础）影响
1	0.0011~0.010	典型的室外浓度，无明显影响
2	0.008~0.061	典型的室内浓度，无明显影响
3	1~5	气味检测阈值
4	25	8h 暴露限值
5	30~35	短期摄取限量
6	100~200	眼部立即出现刺激
7	400	咽喉立即出现刺激
8	700	咳嗽和严重的眼睛刺激，可能失明
9	1700	可导致严重肺损伤，如不治疗可死亡
10	2400	暴露 30min 后生命受到威胁
11	5000	暴露几分钟后生命受到威胁
12	150000	易燃性下限

如表2.4-4所示，吸入氨最常见的健康影响是化学作用（刺激皮肤和黏膜）。氨的一个主要优点是，人的嗅觉浓度甚至低于刺激阈值［气味检测阈值在 1.5~5μL/L（1.5~5ppm）之间］。此外，氨气味的强度随浓度的增加而增加，而并非所有空气中的化合物（如硫化氢）都如此。这些气味特性意味着氨是"自警的"，任何泄漏发生，人很快就能检测出来并修复。同样，燃烧阈值［15μL/L（150000ppm）］远远超过人们可检测到的水平，因此，在实际应用场合，燃烧浓度不太可能达到这一水平，除非有迅速而灾难性的释放。

（三）氨在颗粒形成中的作用及其对人体健康的影响

在远低于气味检测阈值的浓度下，氨的排放有助于形成在大气中停留数天的微粒。

在地面，这些粒子可以被人类吸入。在高海拔地区，它们会对云的形成产生影响。

在室内和室外常见的浓度下，氨参与在大气中形成 PM2.5（直径小于 $2.5\mu m$ 的颗粒物质）的反应。PM2.5 是造成与空气质量有关的健康损害的主要驱动因素，包括心血管疾病、细胞内氧化应激、诱变/基因毒性以及炎症。在室外环境中，氨通过与硫酸（H_2SO_4）和硝酸（HNO_3）反应生成硫酸铵以及硝酸铵来驱动 PM2.5 的形成。二氧化硫和氮氧化物排放时，会在大气中与水和氧气发生反应产生 H_2SO_4 和 HNO_3，这也是酸雨的原因。因此，当氨在大量的 NO_x 和 SO_x 源附近释放时，它可能对 PM 的形成产生大的影响。

我国有些地区氨含量不受限制，PM2.5 浓度与氨排放量的变化密切相关，而不是与 NO_x 和 SO_x 排放量的变化密切相关。

（四）氨的氮氧化物（NO_x）的排放

氮氧化物（NO_x）是一种空气污染物，有助于在大气中形成烟雾，即臭氧和次级 PM2.5。氨如果在生产、储存、运输和（或）使用过程中无意排放，可在大气中与硝酸发生反应（排放的 NO_x、水和空气之间的反应产物）。氨泄漏和氮氧化物排放量的增加可以产生协同效应，造成大气中形成额外的 PM2.5。

在选择性催化还原（SCR）中，氨用作还原剂，以转化电力排放的氮氧化物。然而，氨也可以在燃烧过程中氧化成 NO_x。这种情况的发生程度和对替代燃料的 NO_x 排放量的净影响取决于发动机类型、燃烧条件以及氨是否作为一种燃料燃烧，还是与甲烷、氢或其他燃料共同燃烧。鉴于氨和氮氧化物排放在次级颗粒形成方面可能产生协同效应，必须进一步研究和管制氨燃烧对氮氧化物排放的净影响。

（五）氨对水生生态系统的影响

氨直接排放到水体中，如液氨的溢出，可杀死水生生物，包括鱼类。许多现有排放源造成氨的急性水生毒性，包括释放未经处理的城市废水、农业和城市径流、粪便管理以及从垃圾填埋场释放渗滤液。在水中氨具有非电离态（NH_3）和电离态（NH_4^+），两者平衡，这取决于当地水体的 pH 值和温度。未电离氨对鱼类和其他水生动物毒性很大，而电离氨毒性较小。

如果氨被释放到大气中，它可能与其他分子发生反应，也可能直接沉积在空气中表面或水体（分别称为干沉积和湿沉积）。在氨气中形成的盐类与大气中的酸反应也可以沉积在水体中。水中含有的过量氮水体富营养化会导致有害藻类大量繁殖，而藻类会消耗溶解的氧气，导致鱼类死亡。化肥的使用和农业活动产生的径流一直是富营养化影响的主要驱动因素。

（六）渗漏探测和减缓措施

为了避免给工人、附近社区和生态系统造成不必要的负担，需要采取渗漏探测和减缓措施。氨泄漏的适当缓解措施取决于排放的具体情况。储存或抽吸氨水的密闭空间应持续通风，并使用氨探测器进行监测。这种监测防止泄漏累积到危险水平。

当氨在空地上（有意或无意）释放时，可以喷洒水溶解释放的氨，直到浓度低于危险水平。在储罐过压的情况下，需要使用减压阀和燃烧器迅速释放。定期监测储存地点和其他大型基础设施顺风下的氨浓度也可以成为确保氨浓度安全的一个有效措施。

（七）目前和未来可能出现的氨气排放源

牲畜、施肥、森林火灾和生物量燃烧、土壤、经尿素防冻剂处理的混凝土、车辆中的选择性催化还原系统、工业过程、烹饪和清洁等家务活动，甚至人类本身都是氨的来源。但是，农业活动的综合影响，包括牲畜、化肥挥发、土壤和土壤中含有的氨的排放量，估计占目前全球氨排放量的80%～90%。

新用途的氨排放是由泄漏引起的，泄漏后氨气排放的潜在增加量，即相对于现有的（和未来的）农业氨排放量来说，可能很小。全球新用途氨排放量的多少，最终取决于渗漏率及全年总排放量。如果这两个值中的一个或两个都大大超过所讨论的数值，那么可能会导致氨泄漏，造成更重要的环保问题。

第五节　合成燃料及甲醇与甲烷化

一、合成燃料

（一）合成燃料的概念

合成燃料是指利用化学合成过程，将多种化学原料合成为可供使用的燃料。合成燃料通常是石油和天然气的替代品，它们可以被用于汽车、航空、发电和工业等领域。由于合成燃料可以通过化学反应合成，所以其生产成本相对较低，同时也可以根据不同的原料和反应条件生产出多种不同类型的燃料。

合成燃料的制造最常用的是费舍尔-特罗普合成 FTS（Fisher-Tropsch synthesis）技术和煤制油气 CTL（Coal-to-liquids）技术。费舍尔-特罗普合成技术是一种将合成气（由碳氢化合物和水蒸气反应产生的气体）转化为液体燃料的过程。煤制油气技术是一种将煤转化为合成燃料的过程，其中煤经过气化和合成反应后产生液体燃料。

在合成燃料生产中，最常用的原料是天然气、煤和生物质等。天然气可以通过甲烷化（methanation）或气化（gasification）反应转化为合成气；煤可以通过气化、焦化或液化等反应转化为合成气或合成油；生物质可以通过热解或发酵反应转化为生物合成气或生物油。

合成燃料的优点在于它们可以降低人类生产生活中对石油和天然气等传统化石燃料的依赖，同时也可以降低碳排放。由于合成燃料可以通过化学反应合成，因此它们可以使用多种不同的原料生产，这使得它们更具有灵活性和可持续性。此外，合成燃料还具有高能量密度、高稳定性和低污染等特点。

合成燃料在航空领域的应用也越来越广泛。由于航空领域需要高能量密度的燃料，传统的化石燃料往往不能满足需求。因此，许多航空公司已经开始使用合成燃料来替代传统燃料。这些合成燃料可以减少航空燃料使用时的碳排放量，并有望在未来减少航空领域的碳排放总量。

合成燃料也面临着一些挑战和限制。首先，合成燃料的生产成本相对较高，它们需要更高的价格才能保持未来发展。其次，生产合成燃料需要大量的能源和水资源，如果这些资源不能可持续地利用，合成燃料的可持续性将受到影响。此外，合成燃料的生产也存在一些技术难题，如怎样将合成燃料与现有的燃料基础设施兼容，以及如何在大规模生产中降低能源消耗和环境影响。

总之，合成燃料是一种有潜力的替代燃料，它可以减少人类对传统化石燃料的依赖，降低碳排放，并在人类生产生活中提供更多的灵活性和可持续性。随着技术的不断发展和成本的不断降低，合成燃料将在未来成为更加重要的能源选择。不过在推广和应用合成燃料的过程中，还需要考虑如何更好地管理资源、保护环境，并确保合成燃料的可持续性和经济可行性。

（二）碳中和合成燃料

碳中和合成燃料是指使用可再生能源或清洁能源为原料，通过碳中和技术将二氧化碳和水转化为燃料。碳中和合成燃料被认为是一种可持续的清洁能源，可以替代传统的化石燃料，减少二氧化碳的排放，从而降低碳排放量。因此，碳中和合成燃料对于应对全球气候变化具有重要意义。

碳中和合成燃料是指使用二氧化碳（CO_2）和氢气（H_2）合成制造的燃料。其因为生产过程中使用排放的二氧化碳为原料，所以称之为碳中和燃料。合成燃料是二氧化碳（CO_2）和氢气（H_2）合成制造的燃料，是多种碳氢化合物的集合体，所以也被称为人工原油。

碳中和合成燃料分类如图 2.5-1 所示。

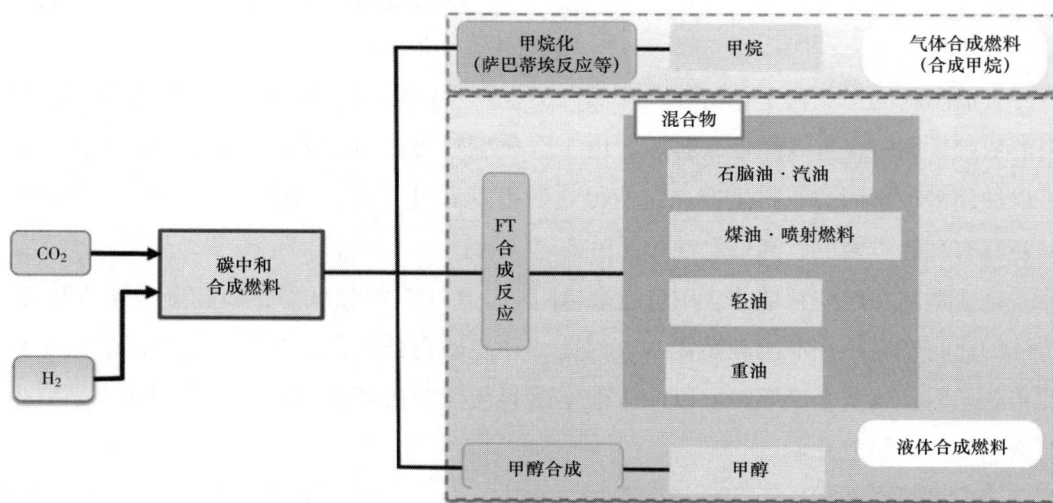

图 2.5-1　碳中和合成燃料的分类

1. 碳中和合成燃料的生产原理

碳中和合成燃料的生产原理与传统的合成燃料有所不同，其生产过程主要分为以下几个步骤：

（1）原材料获取。碳中和合成燃料的原材料包括二氧化碳和水，这些原材料可以通过太阳能、风能、水能等可再生能源或者清洁能源获取。

（2）分离和净化。从大气中或者工业废气中分离出二氧化碳需要进行一定的净化处理，以去除杂质和有害物质。

（3）反应。二氧化碳和水通过碳中和技术进行化学反应，生成燃料，反应式为

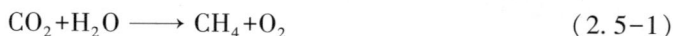

$$CO_2+H_2O \longrightarrow CH_4+O_2 \tag{2.5-1}$$

其中 CH_4 是合成气的主要成分之一。

（4）分离和纯化。通过分离和纯化等工艺步骤，将合成气中的燃料成分分离出来，制成合成燃料。

2. 碳中和合成燃料的种类

碳中和合成燃料的种类与传统的合成燃料类似，主要包括合成气、合成液体燃料和合成固体燃料。

（1）合成气。合成气是碳中和合成燃料的主要产品之一，其主要成分为一氧化碳和氢气。若合成甲烷，合成气可以直接作为燃料使用，也可以进一步加工制成合成液体燃料和合成固体燃料。

（2）合成液体燃料。合成液体燃料是将合成气中的一氧化碳和氢气进行加工制成的，主要包括合成柴油、合成汽油和合成航空燃料等。

（3）合成固体燃料。合成固体燃料是将合成气中的一氧化碳和氢气通过合成反应制成的，主要包括合成煤和合成石油。

3. 碳中和合成燃料的优点

（1）减少二氧化碳排放。碳中和合成燃料的生产过程中，通过碳中和技术将二氧化碳和水转化为燃料，有效地减少了二氧化碳的排放，对于减缓全球气候变化具有积极的作用。

（2）减少对化石燃料的依赖。传统的化石燃料储量有限，价格不稳定，而碳中和合成燃料的原材料可以通过可再生能源或清洁能源获取，从而可以减少人类对化石燃料的依赖，实现能源的可持续发展。

（3）可以替代多种传统燃料。碳中和合成燃料的种类比较多，可以替代多种传统的化石燃料，如柴油、汽油和煤炭等。它可以逐步替代传统的燃料，实现能源的多元化。

（4）增加能源安全性。碳中和合成燃料的生产过程中可以利用可再生能源或清洁能源，从而可以降低对外部能源的依赖，提高能源的安全性，减少外部风险。

4. 碳中和合成燃料的局限性

（1）生产成本较高。碳中和合成燃料的生产成本相对较高，主要原因是碳中和技术需要耗费大量能源，同时生产设备的投资和运行维护成本也较高。

（2）生产技术尚未成熟。碳中和合成燃料的生产技术尚未成熟，需要进一步加强技术研发和创新，提高生产效率和降低成本。

（3）能源密度低。碳中和合成燃料的能源密度较低，需要使用更多的燃料来实现相同的能源输出，增加了能源的消耗和生产成本。

（4）环境影响。碳中和合成燃料的生产过程也会对环境造成一定的影响。如二氧化碳的捕集和处理等过程会消耗大量能源和资源，同时也会产生废弃物和污染物，对环境造成一定的影响。

随着全球对环境保护和可持续发展的重视，碳中和合成燃料被认为是一种可持续的清洁能源，可以逐步替代传统的化石燃料，实现能源的多元化和可持续发展。碳中和合成燃料的生产需要耗费大量能源和资源，并且生产成本相对较高，但是随着技术的不断进步和成熟，相信这些问题都可以逐步解决。在未来，碳中和合成燃料将会在各个领域得到更广泛的应用，为实现全球碳中和目标做出更大的贡献。

（三）合成燃料的制造

合成燃料的制造过程可以分为两种方法：一种是通过生物质转化为燃料，另一种是通过化学反应制造。

1. 生物质转化方法

生物质转化方法是将植物或动物的有机物质转化为燃料，这些有机物质可以是农业废弃物、林业废弃物、城市垃圾等。这些有机物质首先被分解成生物质炭和气体，然后再将生物质炭加热到高温，产生可燃气体，最终将可燃气体混合成合成燃料。生物质转化方法的优点是可以利用废弃物制造燃料，减少废物排放，同时还可以生产出替代传统化石燃料的合成燃料。

2. 化学反应制造

这种方法主要包括两个过程：合成气体制备和合成反应。合成气体制备是将天然气、煤炭、石油等碳源与水蒸气在高温高压下反应，生成合成气体，其中包括 CO、CO_2、H_2 等成分。接着，将合成气体送到合成反应器中，通过多级反应，生成合成燃料。

在合成反应中，主要有三个步骤：首先，CO 和 H_2 在催化剂的作用下生成一氧化碳和甲烷；然后，一氧化碳和水在催化剂的作用下生成氢气和二氧化碳；最后，甲烷和氢气在催化剂的作用下生成合成燃料。合成燃料可以是合成柴油、合成汽油等不同类型的燃料，其具体成分根据制造过程中的催化剂和反应条件而定。

合成燃料的优点是可以替代传统的化石燃料，减少对环境的影响。它的使用可以减少温室气体排放，改善空气质量，同时还可以降低人类对传统能源的依赖程度和保障能源供应的安全。此外，合成燃料的制造可以利用多种不同的原料，如天然气、煤炭、石油等，具有一定的灵活性和多样性。

但是，制造合成燃料也存在一些挑战和限制。首先，制造合成燃料需要大量的能源和化工技术支持，因此制造成本相对较高；此外，合成燃料的生产过程也会产生大量的二氧化碳排放，如果不采取适当的措施进行碳排放的减少和管理，将对环境造成不良影响。

总之，合成燃料是一种可以替代传统化石燃料、减少对环境影响的燃料。其制造可以通过生物质转化或化学反应实现，但制造成本相对较高，还需要注意碳排放对环境造成的影响。

原料二氧化碳利用的是发电厂及工厂等排放的二氧化碳。将来，我们设想使用"DAC 技术"，直接分离、回收大气中的二氧化碳，对直接回收的二氧化碳进行再利用。该燃料的生产将二氧化碳作为资源利用，实现"碳再循环"，因此可以将其视为"脱碳燃料"。

另一种原料氢气，可以使用在制造过程中不排放二氧化碳的可再生能源等产生的电力，进行从水中生成氢气的"水电解"方法，进行调配。目前使用的氢气主要是用水蒸气从石油或煤炭等化石燃料中制取，如果与这种方法相结合，则生产步骤如下：①从化石燃料中制取氢气；②分离、储存在该制造过程中产生的二氧化碳；③与之后回收的二氧化碳合成。利用二氧化碳制造碳中和合成燃料示意如图 2.5-2 所示。

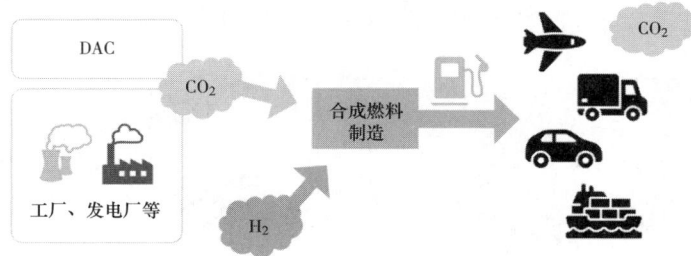

图 2.5-2 利用二氧化碳制造"碳中和合成燃料"示意图

（四）各种领域中合成燃料的利用

1. 汽车

根据 2017 年国际能源机构（IEA）发表的预测：在全球电动化的潮流中，电动车与发动机汽车的共存现象仍将持续下去。到 2030 年，汽油车和混合动力车等搭载发动机的汽车还剩下不少，预计到 2040 年，搭载发动机的汽车还将占据轿车销售的一半以上。为了实现碳中和目标，为这些发动机搭载车供给的脱碳燃料非常重要。

与生物燃料一起受到关注的是合成燃料。特别是对于电动化难度较高的商用车等，通过使用合成燃料作为替代燃料可以实现脱碳。

2. 飞机和船舶

在飞机、船舶领域，根据国际机构的要求制定了二氧化碳排放减少的目标。因此，飞机方面正在进行生物喷射燃料-合成燃料的技术开发，船舶方面正在进行氢、氨等替代燃料的技术开发。

国际民用航空组织（ICAO）制定了 2021 年以后不增加国际航空二氧化碳排放量的目标，为实现这一目标，除了利用生物喷射燃料外，还有望利用合成燃料。生物喷射燃料已经商用化，但今后其原料可能会不足。但合成燃料可以用二氧化碳和氢气在工业上大量生产，有可能成为可持续的航空燃料。

3. 石油提炼行业等

合成燃料可用于现有燃料基础设施或现有内燃机，故可以降低引进费用等，对产业界也有很大的好处。特别是石油精炼业，由于国内石油需求减少，要求减少设备能力，同时还有如何处理剩余的储罐、土地、人力等资源的问题。如果引进合成燃料，就可以利用现有的基础设施进行新事业发展。

碳中和合成燃料制造流通如图 2.5-3 所示。

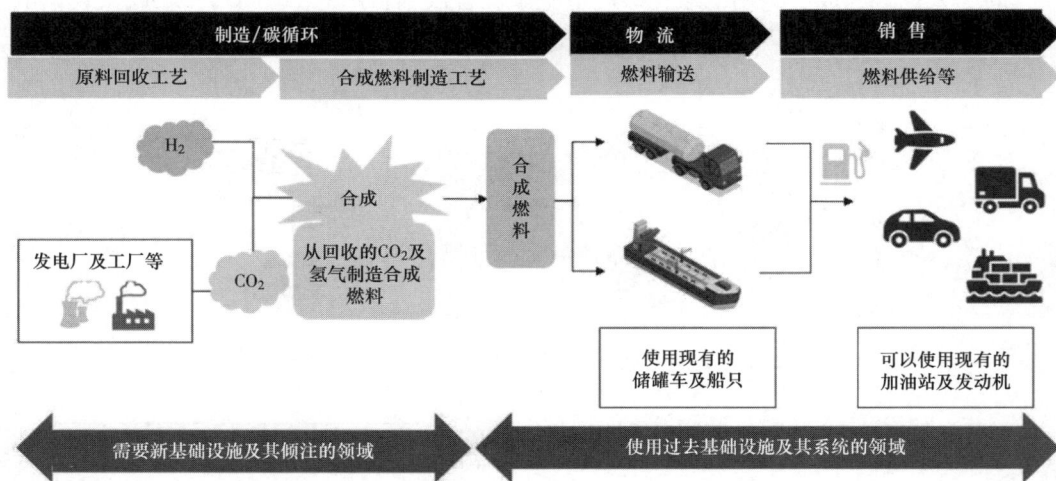

图 2.5-3　碳中和合成燃料制造流通示意图

注　资料来自日本资源能源厅 2021 年 10 月 "CO₂ 等を用いた燃料製造技術開発プロジェクト の研究開発・社会実装の方向性"。

合成燃料是一种可再生、可持续的清洁能源，其在能源转型和环境保护方面具有广泛的应用前景。目前，世界各国都在积极推广和发展合成燃料技术，希望通过技术创新和政策支持来推动能源转型和环境保护的进程。未来，合成燃料的应用前景将会越来越广阔，涵盖能源、化工、交通运输、航空航天等众多领域，有望成为推动清洁能源发展的重要支撑。同时，由于合成燃料技术的复杂性和成本较高，其在商业化生产方面还存在一些挑战，需要技术创新和政策支持的不断推进。

（五）合成燃料的成本

合成燃料是一种利用化学反应或生物化学反应等过程制造的可再生燃料，其成本取决于原料成本、能源成本、生产工艺成本和环保成本等多个因素。目前来说，合成燃料的成本较高，但是随着技术的不断进步和规模的逐步扩大，其成本有望逐渐下降。

1. 合成燃料的生产成本

合成燃料的生产成本主要包括原料成本、能源成本、生产工艺成本和环保成本等几个方面。

（1）原料成本。合成燃料的原料成本是影响其生产成本的一个重要因素。生物质、天然气、煤等原料的价格波动和供需关系直接影响到合成燃料的生产成本。其中，生物质等可再生资源的原料成本相对较低，而煤等非可再生资源的原料成本较高。

（2）能源成本。合成燃料的生产需要消耗大量的能源，其中电力和热能是主要能源来源。能源成本包括燃料成本和电力成本两个方面，其中燃料成本占比较大。

（3）生产工艺成本。合成燃料的生产工艺复杂，需要涉及多个环节，包括原料预处理、气化、气体净化、合成反应、分离、净化等过程。这些过程需要耗费大量的设备和人力资源，对生产成本也会产生一定的影响。

（4）环保成本。合成燃料的生产过程中会产生大量的二氧化碳等废气，这些废气会对环境造成一定的污染。为了保护环境，合成燃料的生产过程需要采用环保技术，如碳捕集、氧化、吸附等技术，这些技术的投入也会对生产成本产生一定的影响。

2. 合成燃料的商业化应用成本

除了生产成本，合成燃料的商业化应用成本也是一个需要考虑的问题。这包括加注站建设、车辆改装、配套设施建设等多个方面。

（1）加注站建设。合成燃料的商业化应用需要建设加注站，而加注站的建设成本较高。目前，全球范围内的加注站数量还比较有限，这也是合成燃料商业化应用的一个制约因素。

（2）车辆改装。合成燃料在商业化应用中需要与现有的交通工具兼容，因此需要对现有车辆进行改装。改装车辆需要投入一定的成本，包括改装材料、人工费用等。

（3）配套设施建设。合成燃料的商业化应用需要建设配套设施，如生产线、配送车辆、储存设备等，这些设施的建设和维护也会对商业化应用的成本产生影响。

3. 合成燃料的成本降低途径

虽然合成燃料的成本较高，但是随着技术的不断发展和规模的逐步扩大，其成本有望逐渐降低。以下是合成燃料成本降低的几种途径：

（1）技术开发及进步。随着技术开发及技术不断进步，合成燃料生产的技术将会更加成熟、高效，生产成本也会随之下降。同时，技术进步也有望实现对生产过程的自动化和智能化，从而进一步提高生产效率和降低生产成本。

（2）规模效应。合成燃料生产的规模越大，生产成本也越低。随着合成燃料技术的不断发展和规模的逐步扩大，其生产成本也有望逐渐降低。

（3）原材料价格下降。随着可再生能源的不断普及和非化石能源的不断发展，可用于合成燃料生产的原材料的价格也有望逐渐下降，从而降低合成燃料的生产成本。

（4）政策支持。政府可以出台一系列的政策来促进合成燃料的研发和推广应用，例如提供研发资金、减免税收、建立配套设施等，从而降低合成燃料的生产和商业化应用成本。

总之，合成燃料的生产和商业化应用成本目前还比较高，但是随着技术的不断进步和规模的逐步扩大，其成本有望逐渐降低。政策支持和市场推广也将促进合成燃料的商业化应用和发展，从而推动清洁能源的发展。

目前合成燃料制造成本高于化石燃料，但是，合成燃料的成本应基于"脱碳燃料"这一环境价值来考虑。与现有燃料进行简单的比较是不合适的，合成燃料需要作为有前途的替代燃料继续研究开发。

二、合成甲醇

（一）甲醇应用现状

随着全球能源消耗的不断增加，化石能源的供给将面临严峻挑战。人类一直在探索更加环保、可持续的能源来源。其中，甲醇作为一种重要的替代能源备受关注。在化学工业中，甲醇占有重要地位，是一种新兴的燃料。目前，主要通过化石燃料进行生产。为了实现碳中和目标，人们研究发展了可再生甲醇，通过生物质或绿色氢和 CO_2 合成的方式，进一步扩大甲醇的应用领域，用作化学原料和燃料。当前，可再生甲醇的成本较高，产量较低。

1. 甲醇是基础化学品

甲醇是四种重要的基础化学品之一，与乙烯、丙烯和氨一起用于生产其他化学产品。约 2/3 的甲醇用于生产其他化学品，如甲醛、乙酸等。

2. 甲醇是燃料

甲醇主要用作车辆、船舶、工业锅炉和烹饪的燃料。自 2000 年代中期以来，甲醇作为燃料的使用呈快速增长趋势，无论是单独使用，还是与汽油混合用于生产生物柴油，或者以甲基叔丁基醚（MTBE）和二甲醚（DME）的形式使用。目前，大多数甲醇是由天然气或煤生产的，排放大量的二氧化碳。因此，解决甲醇生产的二氧化碳排放问题对于实现化学行业的脱碳目标非常重要，并有助于将甲醇用作运输行业的燃料。

3. 可再生甲醇

可再生甲醇是利用可再生能源生产的甲醇，可以通过两种途径获取能源和可再生原料。

（1）生物甲醇由生物质生产，主要的潜在可持续生物质原料包括林业和农业废物和副产品、垃圾填埋产生的沼气、污水、城市固体废弃物以及纸浆和造纸工业产生的黑液。

（2）绿色合成甲醇，是通过利用可再生资源二氧化碳以及可再生电力生产的绿色氢来实现的。

（3）可再生甲醇生产的工厂数量有限，每年生产的可再生甲醇数量不到 20 万 t（0.2Mt），其中主要是生物甲醇。无论通过哪种途径生产，这些甲醇在化学上与从化石燃料生产的甲醇相同。

（4）由于对减少或消除 CO_2 排放以缓解气候变化的需求，尤其是对将全球平均气温上升控制在不超过 1.5℃ 的重视，可再生甲醇受到了越来越多的关注。

（5）低排放的甲醇在一些特定行业的降低碳排过程中可以发挥更大的作用，尤其是作为化学工业的原料或陆上及海上运输行业的燃料。

（6）这些可再生甲醇的商业设施和示范项目主要侧重于利用其他工业过程中产生的废弃物和副产品，这是目前对经济效益最有利的方法。合适的原料来源包括城市固体废物、低价生物质、沼气、废弃物以及来自纸浆和造纸工业的黑液。

为了逐步引入可再生甲醇生产，并降低传统甲醇生产的环境影响和 CO_2 排放强度，可以将可再生原料（如生物质、CO_2、绿色氢气）引入现有基于天然气或煤的甲醇生产设施，以实现混合生产。这些混合工厂的产出有时被称为低碳甲醇（LCM）。这一需求可促进扩大制氢电解槽、CO_2 捕集工艺和其他技术的规模，以便在未来大规模部署可再生甲醇技术。

4. 甲醇的储存、运输和分配

大多数情况下，像甲醇这样的液体储存介质比气体储存介质更为优越。特别是在运输领域，从液体矿物燃料衍生的产品如汽油、柴油、煤油等过渡到可再生和可持续的液体燃料是非常理想的。这项转变可以通过对现有基础设施进行少量调整来实现，而且成本较低。

甲醇已经成为全球可用的商品，具备广泛的分销和储存能力。每个月有数百万吨的甲醇通过船舶、驳船、铁路和卡车运输到各地的用户手中。甲醇还可以通过管道输送，类似于石油的输送方式。为汽车、公共汽车和卡车提供甲醇的加油站与现有的加油站基本相同，消费者几乎不需要改变使用习惯。在大多数情况下，可以使用相同的储罐，只需要进行一些微小的改动，如对加油管道、垫圈等进行一些调整。消费者只需在当地的加油站中选择不同的液体燃料来填充他们的油箱，而不是汽油或柴油。甲醇加油泵可以放置在现有的汽油或柴油配送泵旁边。甲醇加油站的成本与汽油/柴油加油站相当，但比氢气加气站要便宜得多。甲醇加油基础设施的成本也远远低于液化天然气（LNG）站。

甲醇在船舶燃料方面具有简便和清洁的特性。由于甲醇在常压下是液体，它可以像船用燃料一样进行储存。因此，储存甲醇的基础设施成本较低，尤其是与液化天然气或氢气替代品相比。如今，甲醇已经在全球超过 100 个主要港口供应，并且具备易于生物降解的特点。

甲醇衍生物 DME 具有类似于液化石油气（LPG）燃料的物理性质，并且可以利用现有的陆地 LPG 基础设施。由于已经存在许多液化石油气加气站，通过使用相同的技术进行向 DME 的过渡比建设全新的基础设施更具成本效益。

（二）甲醇的主要性质及其特点

1. 甲醇的主要性质

甲醇（CH_3OH）是一种无色的水溶液性液体，具有轻微的酒精气味。甲醇在化学工业中扮演着重要的角色，全球年需求量在过去十年几乎翻倍。

甲醇的主要性质包括：

（1）合成燃料的重要组成部分。甲醇是合成燃料的重要组成部分，是通过化学反应合成的，通常使用天然气、煤炭等化石燃料作为原料，因此也被称为化石燃料的替代品。

（2）物理性质。甲醇是无色、有毒的液体，有一种类似于酒精的气味。它在

−97.6℃下结冰，在64.6℃下沸腾，在20℃时的密度为0.791kg/m³。

（3）化学性质。甲醇化学式为CH_3OH/CH_4O，化学结构简式为CH_3OH。甲醇在化学工业中具有广泛的应用，用于制造甲醛、农药等化学物品，也可作为有机溶剂和酒精的变性剂等。

2. 甲醇的主要特点

合成燃料是由CO_2和氢合成制造的燃料。由于使用排放的CO_2制造，所以被称为碳中和燃料，它是多种碳氢化合物的综合体，也被称为人工原油。甲醇的来源丰富且多样化，既可以来自传统化工行业，也可以通过可再生能源制备。甲醇在常温常压下是液体，有利于储运。在未来市场推广中，无需另行建设加氢站，可以利用现有加油站进行简单的改建和升级，将其变为同时加注汽油、柴油和甲醇的综合加注站。

甲醇作为合成燃料的重要组成部分，具有以下特点：

（1）高能量密度。甲醇的能量密度高，每升甲醇的热值相当于每升汽油的热值，使用甲醇作为燃料可以获得与汽油相同的能量输出。

（2）较低的污染排放。甲醇燃烧时排放的氮氧化物、硫氧化物和颗粒物等污染物较少，对环境的污染较小。

（3）易于制备和储存。甲醇作为化学品具有很高的化学稳定性和易于制备的特点，而且其储存和运输成本也较低。

（4）可以与传统燃料混合使用。甲醇可以与传统的燃料如汽油、柴油等混合使用，从而减少污染物排放和提高燃烧效率。

（5）甲醇来源广泛。甲醇的来源非常广泛，主要生产原料包括煤炭、焦炉气和天然气等，也可以通过碳循环利用CO_2来生产碳中和的甲醇。中国能源结构特点是"缺油、少气、富煤"，巨大的煤炭储量可以充分保障甲醇的获取。因此，利用可再生能源制氢，与CO_2一起制备绿色甲醇供汽车使用，是实现"双碳"目标最有效的途径之一。

（6）甲醇是非常理想的储氢载体。甲醇具有较大的能量密度，1L甲醇与水反应可以产生143g氢气，制氢反应的温度为200～300℃，相对于其他燃料重整制氢的路线，该反应更加快捷和温和。通过与高温质子交换膜燃料电池技术有效结合，可以顺利实现氢能的"即制即用"，无需分离和纯化过程，粗氢可以直接进入高温电堆，实现化学能直接转化为电能。相比现有的氢气储存技术，无论是压缩氢气还是液化氢气，其储存量都远低于甲醇制氢的量。因此，可以说甲醇是一种非常理想的储氢载体。

（7）使用甲醇安全便捷。甲醇的高稳定性和安全性备受关注。甲醇与乙醇在性能上非常相似，因此可以将其与55%甲醇水溶液作为燃料的安全性做类比。

（8）利用现有的汽油基础设施。液体甲醇与来自化石燃料的汽油、轻油等液体燃料具有相同的能源密度特征。因此，可以灵活地运用现在使用的内燃机（例如汽油发动机等）和燃料基础设施。相比于其他燃料（如氢气）必须配备新设备和基础设施的情况，利用现有的汽油基础设施可以降低投入成本，使产品在市场上更容易普及推广。

（9）建设加注站的投资较小。一个 45MPa 的氢气加注站的投资成本仍然超过 1500 万元（不包括土地成本）。相比之下，新建甲醇加注站的成本为 100 万~300 万元（不包括土地成本），而将加油站改建成甲醇加注站的成本更低，为 50 万~80 万元/座。与高安全技术门槛和高投入成本的加氢站相比，甲醇加注站更具可行性和可推广性。

（三）合成甲醇的利用

1. 甲醇作为原料

通过甲醇制烯烃（MTO）路线合成化学品，如甲醛、乙酸、甲基丙烯酸甲酯以及乙烯和丙烯。然后这些基础化学品被进一步加工，制造出数百种与人们日常生活息息相关的产品，从油漆、塑料到建筑材料和汽车零部件。

甲醛是最主要的甲醇衍生化学品，主要用于制备苯酚、尿素和三聚氰胺甲醛和聚缩醛树脂，以及丁二醇和亚甲基双（4-苯基异氰酸酯）（MDI）。例如，MDI 泡沫被用作冰箱、门、汽车仪表板和挡泥板的绝缘材料。甲醛树脂在木材工业中广泛用作粘合剂，包括制造碎料板、胶合板和其他木板。

在甲醇的新用途中，MTO 工艺作为更传统的通过石化路线生产乙烯和丙烯的替代方法，在过去 10 年中，在我国聚乙烯和聚丙烯的生产中取得了巨大的增长。

甲醇还有许多其他用途，包括用作溶剂、防冻剂、挡风玻璃清洗液和废水处理厂的脱氮剂。

2. 甲醇作为燃料

自 20 世纪中期以来，作为燃料，甲醇无论是单独使用，还是与汽油混合使用，用于生产生物柴油，或者以 MTBE 和 DME 的形式使用，用量也在迅速增加。

甲醇的体积能量密度只有汽油和柴油的一半。如果使用纯甲醇作为燃料，为了达到类似的续航里程，必须调整油箱尺寸。甲醇燃料电池（DMFCs）可以在环境温度下直接将甲醇中的化学能转化为电能。

（1）作为锅炉的燃料。由于甲醇不会产生煤烟、烟雾或气味，因此在我国被广泛用于燃料。到 2018 年，使用甲醇的锅炉数量超过 500 万 t。DME 是通过对甲醇进行简单脱水制备的，其为一种类似于 LPG 可以在中等压力下液化的气体。由于 DME 具有高辛烷值且不会产生颗粒物和烟灰排放，因此可用于替代柴油燃料。

DME 还可用于取代 LPG，用于加热和烹饪等应用。将高达 20% 的 DME 与 LPG 混合，无需对现有设备进行大幅改造，只需进行一些有限的改装。甲醇也可作为燃料用于工业锅炉，并通过燃气轮机发电。

（2）用于汽车燃料。我国近年来一直在积极推广甲醇作为运输燃料。许多汽车制造商提供甲醇动力汽车，如吉利等许多汽车制造商提供包括能够使用 M85（85%甲醇、15%汽油）和 M100（纯甲醇）以及含有较低甲醇含量的甲醇/汽油混合物的轿车、货车、卡车和公共汽车。还有一些可以使用甲醇和汽油等混合燃料或所谓的 GEM 燃料（汽油/乙醇/甲醇）的灵活燃料汽车，这些车辆的价格与普通汽车相差不多。

甲醇也可用于柴油发动机，通过与少量柴油混合供给燃料引燃，添加点火促进剂（MD95）或安装电热点火塞。另外，也可以使用专门设计用于甲醇的优化发动机，以实现更高的压缩比。目前我国每年消耗 480 万~500 万 t 甲醇用于公路运输。甲醇作为运输燃料也吸引了世界其他地区的兴趣，包括以色列、印度和欧洲，同时也广泛应用于火车和重型机械等领域。

甲醇不仅可以用作传统内燃机汽车的燃料，还可以用于高级混合动力汽车和燃料电池汽车。甲醇可以转化为氢气，在燃料电池汽车中，氢气被送入燃料电池以为电动汽车（EV）的电池充电，或为燃料电池汽车（FCV）提供直接动力。

与液氢相比，使用液态甲醇可以避免对昂贵的车载氢气储存系统的需求。迄今为止，甲醇是唯一在基于燃料电池的运输应用中得到实际规模证明的液体燃料。

（3）用于船舶燃料。甲醇不含硫，并且在燃烧过程中几乎不产生颗粒物（由于没有碳-碳键）和少量的氮氧化物。一些示范项目一直在研究船用甲醇。将现有的大型和小型船舶转换为以甲醇为燃料的燃烧系统，可以以适中的成本轻松实现。对于新建造的船舶，投资成本与传统船舶相当。

甲醇的使用已经变得经济实惠，特别是在排放控制区。使用甲醇的船舶示例，tena Germanica 是一艘在德国和瑞典之间运营的 50000t、32000 马力的渡轮，在不到三个月的时间内改装为使用甲醇。世界上最大的甲醇生产商和经销商 Methanex 也经营着载重 50000t 化学品油轮船队的一部分，这些油轮使用能够使用柴油或甲醇的双燃料 MAN 发动机。与此同时，与国际海洋研究委员会相比，还在进行将甲醇燃料电池系统引入船舶推进的项目，以提高效率并减少排放。

（4）用于航空燃料。对于航空燃料的用途，可以使用类似于甲醇转换为汽油的工艺将甲醇转化为煤油型航空燃料。甲醇本身通常被认为不是最理想的燃料，因为其体积能量密度较低于煤油。然而，甲醇可能是更先进的混合动力飞机的候选燃料，结合燃料电池以驱动电动涡轮风扇或涡轮螺旋桨飞机。这种混合电动飞机具有许多优点，包括较低的污染、噪声和排放，能源使用减少40%～60%。这在一定程度上可以弥补甲醇能量密度较低的不足。这种混合型飞机特别适用于支线航班。甲醇已被引入无人机领域，以显著提高其航程和飞行时间。通过微型甲醇燃烧发动机在飞行过程中为电池充电，可以实现更长时间的飞行和即时加油。

（四）生产工艺和技术状况

1. 甲醇生产工艺

甲醇可以从浓缩的碳源生产，如天然气、煤、生物质、工业副产物，也可以来自各种来源的二氧化碳，包括工业排气或直接空气捕集。然而，主要出于经济原因，甲醇仍然几乎完全由化石燃料生产。约65%的甲醇生产基于天然气重整（灰色甲醇），而其余部分（35%）主要基于煤气化（棕色甲醇）。目前，只有约0.2%来自可再生资源的绿色甲醇，甲醇生产路线如图2.5-4所示。

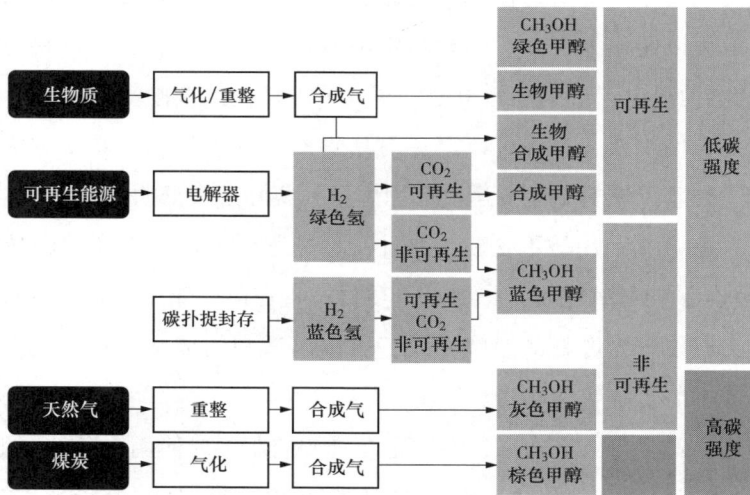

图2.5-4 主要甲醇生产路线

注 资料来自 IRENA *Innovation Outlook Renewable Methanol 2021*。

我国拥有大量的煤储量，所以使用煤的甲醇生产能力位居世界首位。在其他地区，主要利用天然气生产甲醇。

根据原料和相关的碳排放，甲醇可分为高碳强度或低碳强度。在没有碳捕集或可再生能源投入的情况下，由煤和天然气生产的甲醇通常被认为是高碳强度的（棕色和灰色甲醇）。基于使用各种形式的可再生能源的甲醇生产、碳捕集的化石燃料或其组合被认为具有较低的碳强度（低碳甲醇、蓝色和绿色甲醇，参见图 2.5-4）。甲醇也可以分为可再生和不可再生。为了符合可再生条件，所有用于生产甲醇的原料都必须是可再生来源（生物质、太阳能、风能、水能、地热等）。

为了生产甲醇，天然气和煤需要首先转化为合成气，即一氧化碳（CO）、氢气（H₂）CO₂ 的混合物。对于煤而言，合成气是通过高温（800℃，取决于工艺和原料）下的部分氧化和蒸汽处理的气化过程获取的。至于天然气生产合成气，可以使用多种方法，包括蒸汽重整、部分氧化干重整、自热重整或其组合。这些方法都是高温过程（>800℃）。从煤气化获得的合成气需要进行更多的预处理、调节和调整，以去除杂质和污染物（如焦油、灰尘、无机物），以优化甲醇合成的成分。

为了实现最佳的甲醇合成，调节后的合成气应具有至少 2∶1 的 H₂/CO 比。由于煤具有较低的碳氢比（H/C 比），所得的合成气富含碳氧化物（CO 和 CO₂）并且缺乏氢气。因此，在输入甲醇装置之前，合成气必须经过水煤气变换（WGS）反应，以增加氢气的产量。该过程还会产生一些 CO₂，需要分离并通常简单地排放到大气中。天然气含有的杂质较少，更容易分离，其 H/C 比更高，这意味着合成气的调节过程较少。由于其较高的氢碳比，与天然气相关的甲醇合成排放的 CO₂ 量也大大低于煤。即天然气 1kg 甲醇约 0.5kg-CO₂ 当量相比之下，煤炭 1kg 甲醇约 2.6~3.8kg-CO₂。

经过调节后，合成气通过基于铜、氧化锌和氧化铝等催化剂的催化过程转化为甲醇。然后通过蒸馏，除去甲醇合成过程中产生的水和副产品。

使用天然气作为原料典型的世界级规模甲醇厂的生产能力为每天 3000~5000t，即年产 100 万~170 万 t。

2. 甲醇的生产反应

甲醇的生产通常使用天然气作为原料，通过化学反应将天然气转化为甲醇。这个过程主要分为三个步骤：制氢、合成气制备和甲醇合成。

（1）加氢反应法。加氢反应法是将一氧化碳和氢气加热到高温下，通过催化剂的作用，使其反应生成甲醇。通常催化剂采用氧化铜、锌、铬等。

制氢反应的化学方程式为

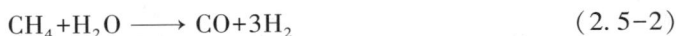

$$CH_4+H_2O \longrightarrow CO+3H_2 \tag{2.5-2}$$

制氢反应是通过水蒸气和天然气进行反应，生成一氧化碳和氢气，其中氢气是制备甲醇的主要原料。这个反应通常在高温下进行，使用镍、钼等金属作为催化剂。

合成气制备反应的化学方程式为

$$CO+H_2O \longrightarrow CO_2+H_2 \tag{2.5-3}$$

$$CO+CO_2+3H_2 \longrightarrow CH_3OH+H_2O \tag{2.5-4}$$

合成气制备是将制得的氢气和 CO_2 反应生成一种称为合成气的气体，其中主要成分是一氧化碳和氢气。合成气制备的反应通常在高温高压下进行，使用铁、铬等金属作为催化剂。

（2）氢碳酸盐法。氢碳酸盐法是一种先将天然气部分转化为合成气，再将合成气进行合成甲醇的方法。首先，通过蒸汽重整反应将天然气转化为合成气，再将合成气经过反应器进行甲醇合成。反应过程中使用的催化剂为锌铬催化剂。

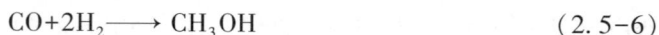

$$CH_4+H_2O \longrightarrow CO+3H_2 \tag{2.5-5}$$

$$CO+2H_2 \longrightarrow CH_3OH \tag{2.5-6}$$

（3）木质纤维法。木质纤维法是一种通过将木质纤维进行处理，使其产生一氧化碳和氢气，然后再通过甲醇反应生成甲醇的方法。该法是将木质纤维加热至高温后，通过气化反应生成合成气，再通过甲醇合成反应得到甲醇。催化剂通常为氧化锌和铝的复合催化剂。

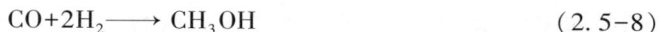

$$C_6H_{10}O_5+5H_2O \longrightarrow 5CO+11H_2 \tag{2.5-7}$$

$$CO+2H_2 \longrightarrow CH_3OH \tag{2.5-8}$$

总之，甲醇的制造方法主要有加氢反应法、氢碳酸盐法和木质纤维法。这些方法各有优缺点，可以根据实际情况选择合适的方法进行生产。

3. 低碳甲醇生产

低碳甲醇是为了减少从天然气制造甲醇的碳排放而开发的一种方法。在使用天然气时，可以采用几种方法来降低 CO_2 排放。其中一种选择是将其他工艺中产生的 CO_2 注入甲醇合成过程中。第二种方法是在从天然气制造甲醇的第一步，即重整合成气的步骤中进行脱碳处理。第二种方法非常耗能，需要燃烧部分天然气作为热源，在高于800℃的温度下重整天然气，并产生 CO_2。通过使用可再生能源进行天然气重整的电加热，可以消除这些 CO_2 排放。将这些 CO_2 排放与使用可再生能源产生的氢气和甲醇合成过程相结合，是降低从天然气制造甲醇的碳排放的一种方式。这些混合解决方案中的灰色/蓝色和绿色甲醇生产方法，以及各种其他组合，可以促进绿色甲醇的逐步应用。

在加拿大，Advanced Chemical Technologies 计划建造一座日产量为5000t的甲醇厂，其中的原料包括天然气、邻近工业设施的废弃 CO_2，以及由660MW的水电电解槽生产的氢气。因此，该厂不会排放 CO_2，并且还将回收部分工业排放的 CO_2 用于合成甲醇，实现可再生电力生产的甲醇。这种方法无需独立的设备用于生产可再生甲醇，降低了生产成本。

还有其他从天然气生产低碳甲醇的大规模技术，可以实现类似的减排效果。例如，Johnson Matthey 公司开发了一种名为领先概念甲醇工艺，该工艺结合了加热重整器和自热重整器（GHR+ATR）。通过将可再生电力用于包括空气分离装置空压机在内的所有压缩机，该工艺可以生产低碳甲醇。

4. 可再生甲醇生产

可再生甲醇可以由多种来源生产。从生物质如农业和林业废物、沼气、污水、城市固体废物（MSW），以及从纸浆和造纸工业产生的黑液中生产的可再生甲醇通常被称为生物甲醇。从可再生电力生产的 CO_2 和绿色氢气中提取时，通常称为电力合成甲醇。

生物甲醇和合成甲醇在化学性质上与基于化石燃料的甲醇相同，但在整个生命周期中大大减少了温室气体排放。此外，使用可再生甲醇可以减少对化石能源进口的依赖，促进本地经济发展。全球各地已经有许多公司开始生产生物甲醇和合成甲醇。

从生物质和城市固体废物生产甲醇的技术相对较为成熟，因为它们与商业气化工业中使用的技术相似或相同，其中原料通常是煤、重油和天然气。气化技术在原料制备方面存在差异。

在气化过程中，原料被转化为合成气，主要成分是一氧化碳（CO）和氢气（H_2），同时还包含少量 CO_2 和水蒸气（H_2O）。根据不同类型的气化反应器，合成气中可能还含有低水平的烃类和其他来自原料或气化过程中形成的组分。气化可以描述为部分燃烧（低于化学计量比）。氧化剂一般采用纯氧（通常为 99%~99.5%），以避免产生合成气中的惰性分子。

惰性物质的存在会影响甲醇合成的效率和产量，并增加整个合成气处理系统的尺寸，从而增加工厂成本。原料和氧气之间的确切比例取决于几个因素，其中包括原料的反应性、气化温度、原料炉渣行为和合成气组成。生产过程汇总，希望氧气用量少，因为这将降低操作成本并使合成气产量最大化。在纯度氧气、工厂成本、产品产量和电力成本（影响纯度氧气）之间存在权衡。商业工厂通常使用高纯度的氧气。

未经处理的粗合成气在气化步骤后需要进行净化和调节，以满足甲醇合成供应商规定的质量要求。这些工艺步骤因原料和气化炉技术的不同而有所差异。合成气净化包括去除焦油、灰尘和其他微量成分的单元，以及去除 CO_2 和硫成分的酸性气体的单元。气体调节通常包括将 H_2/CO 比例调节到约 2/1，以优化甲醇合成和甲烷重整，从而最大化合成气产量，并避免以甲烷形式作为吹扫流失去甲醇合成装置的能量损失。在当前的石油和煤炭气化商业技术中，通常不需要甲烷重整，因为它们的气化装置在如此高的温度下运行，甲烷的生成量很低，通常低于 0.5%。

图 2.5-5 显示了利用各种生物质材料或城市固体废物（MSW）的气化基甲醇厂的一般方案。当使用可再生原料时，前三个模块与使用煤或重质渣油的工厂有所不同。它们是原料的预处理、气化和气体调节/净化。

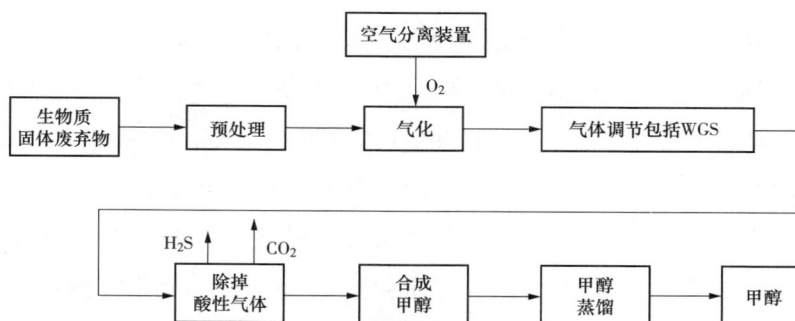

图 2.5-5　气化制甲醇厂工艺示意图

注 资料来自 IRENA *Innovation Outlook Renewable Methanol 2021*。

（1）在原料预处理生物甲醇厂中，大多数原料在性质上是固体，需要在进入气化器之前进行某种方式的均化。从过程控制和进料系统设计的角度来看，这一过程非常重要。推动固体以均匀的流速在压力下前进是一个技术挑战，这导致气化炉保持相对较低的压力，通常为 0.5~1MPa。有时需要使用惰性气体来确保进料系统的正常安全运行。如果原料是液体形式，例如来自纸浆厂和造纸厂的黑液，则进料系统会更加简单，并且与重油进料系统一致。这些进料系统可以将气化装置加压至 3~6MPa 的高压。

（2）气化装置的核心部分是气化器。它是一种将原料转化为合成气的高温转化器，合成气中包含各种杂质。通常情况下，为了提供反应所需的热量，一部分原料与纯氧进行燃烧。另外，热量也可以通过某种热交换方式间接供应给气化反应。这两种形式都适用于生物质和城市固体垃圾等原料。

（3）气化器技术可分为两类，非造渣和造渣。第一类是常见的可再生原料使用变体，而后者主要用于化石原料的气化。非造渣意味着在气化器中存在的惰性材料不允许熔化（这会导致容器堵塞，造成严重后果），而造渣气化器在高于炉渣熔点的温度下运行，产生漂浮的炉渣。非成渣气化炉的最高运行温度为 800~900℃，而成渣气化炉的温度通常高于 1000℃。非成渣气化炉的热区不能有热点（这会导致局部熔化炉渣），因此没有火焰。在非成渣气化炉中发生的某些反应并不完全，而成渣气化炉中的火焰局部温度可能非常高，接近2000℃。非成渣模式下，甲烷和焦油在气化器中形成，需要在下游进行处理。成渣气化炉很少形成甲烷和焦油。

5. 合成甲醇生产

对于电力合成甲醇的生产，过程非常简单。主要由三个部分组成：①通过水电解产生 H_2；②CO_2 捕集；③合成甲醇。

（1）将水电解生产氢气。对于碱性和质子交换膜电解槽，效率（H_2 的热值 HHV 更高）为75%～85%。碱性电解槽是最常见的，而且价格低廉。固体氧化物电解装置也正在开发中，它可以在更高的温度（>700℃）下运行，从而提供更高的效率。

（2）CO_2 捕集。在全球范围内，每年有超过370亿t与人类活动相关的二氧化碳被释放到大气中，其中340亿t与能源相关。这些二氧化碳排放来自发电、水泥和发酵厂、工业、运输部门、建筑物的供暖和制冷以及其他活动。尽管 CO_2 的来源丰富，但是目前可用于再循环成燃料和材料的捕集的 CO_2 的来源却不丰富。捕集二氧化碳的成本在很大程度上取决于其来源。最容易捕集 CO_2 的设施是那些已经产生浓缩 CO_2 的设施，例如天然气净化和化肥和生物乙醇的生产。然而，从这些植物中可获得的 CO_2 量是有限的。二氧化碳浓度较低的其他来源包括化石燃料发电厂（煤、天然气、石油）、钢铁厂和水泥生产。

根据诸如 CO_2 浓度、压力和温度等因素，可以通过一系列分离技术来实现从气流中去除和捕集 CO_2。这些分离技术基于各种物理和化学过程，包括吸收到液体溶液系统中、吸附到固体上、低温分离和透过膜。从化石燃料发电厂和工业工艺中大规模捕集碳的技术相对成熟，但尚未大规模应用于发电行业。但这些来源中的大多数都不是可再生或可持续的 CO_2 来源，仍然依赖化石燃料。

一些公司正在开发直接空气捕集（DAC）技术，使用各种 CO_2 吸附剂在环境温度下从空气中捕集 CO_2。然后，通过将吸附剂加热到足够高的温度以释放 CO_2，捕集的 CO_2 以浓缩形式（高达100%）释放，然后可用于甲醇合成。虽然 DAC 技术仍然相对较新，但它们正在迅速改进。与点源捕集相比，DAC 具有许多优势。空气提供了几乎取之不尽、用之不竭的可持续二氧化碳来源，地球上任何地方都有。

（3）合成甲醇。使用 CO_2 和 H_2 的合成甲醇装置的资本投资估计与基于常规合成气的工厂的资本投资大致相同。因此，生产甲醇的技术已经成熟，并且非常类似于传统的基于化石燃料的工厂中使用的技术。CO_2 与氢气的反应是放热，即释放能量，反应的热量可用于提供其他工厂服务，如蒸馏。

由 CO_2 生产的甲醇副产物含量较低，可简化甲醇蒸馏步骤。由电力和 CO_2 生产甲醇的总效率为 50%~60%。这主要是因为需要通过水电解来生产氢气。

可用于使甲醇生产绿色化的经济选择是将 CO_2 和可再生的 H_2 共同进料到传统的基于甲醇化石燃料的工厂中。这将增加二氧化碳捕集和可再生 H_2 的技术，并允许更快地扩大规模。这种方法也有助于吸收可再生能源电力的波动和间歇性。在一个地点生产生物甲醇和合成甲醇的组合也提供了明显的协同优势，提供了用于电力合成甲醇生产的 CO_2 源和用于生物质中所含碳的完全转化的氢气源。

在我国，大连化学物理研究所最近开始运营一个每年产量为 1000t 甲醇的示范项目。该项目使用了一个 $1000m^3/hH_2$ 的碱性电解槽来生产所需的氢气，而电力则来自一个 10MW 的太阳能光伏电站。这个项目以工业规模首次展示了太阳能生产甲醇的能力。

（五）开发环境友好、循环型甲醇合成技术开发

1. 致力于实现循环经济的新型甲醇合成技术

开发环境友好循环型甲醇合成技术是一种注重环境保护、高效利用资源、实现循环经济的新型甲醇合成技术。下面将从以下几个方面详细介绍：

（1）原料选择和利用。环境友好循环型甲醇合成技术采用的原料是生物质、废弃物和 CO_2 等，这些原料不仅具有充足的资源，而且不会对环境造成污染和破坏。此外，还能充分利用废弃物和 CO_2 等资源，实现循环利用。

（2）催化剂的设计和研发。环境友好循环型甲醇合成技术采用的催化剂是针对生物质、废弃物和 CO_2 等原料设计的，这些催化剂具有高催化效率、稳定性和选择性，可以有效促进反应的进行，并且不会对环境造成污染。

（3）反应过程的控制和优化。环境友好循环型甲醇合成技术采用的反应过程是高温高压反应，需要对反应过程进行精细控制和优化，以确保反应的高效和稳定。通过合理设计反应条件和操作参数，可以提高反应效率、减少能源消耗和废气排放等，同时也可以降低反应过程对环境的影响。

（4）废弃物和废水的处理。环境友好循环型甲醇合成技术产生的废弃物和废水需要进行处理，以确保其不对环境造成污染。采用先进的处理技术可以将废弃物和废水进行有效的分离、净化和回收，实现循环利用。

总之，开发环境友好循环型甲醇合成技术是一项具有重大意义的工作，它可以实现对环境的保护和资源的高效利用，实现可持续发展。

2. 开发环境友好循环型甲醇合成技术

三菱化学正推进环境友好循环型甲醇合成技术开发。以催化剂为基础长年累积的甲醇合成技术以及在国外开展的制造基地的实操经验，成熟地制造经验，很早就致力于以 CO_2 和氢为原料的甲醇制造技术的开发。

（1）利用可再生能源生产循环型的甲醇。利用回收的 CO_2 及可再生能源制取的氢或在气化炉气化作为再循环原料使用的甲醇称为再循环型甲醇。这种循环型的甲醇是化学品、塑料用途及作为氢能载体，可以用于发电、燃料等。利用发电厂等排放的 CO_2 及废塑料等以甲醇的形态再利用的，可以认为是环境再循环型。环境友好循环型的合成燃料技术示意如图 2.5-6 所示。

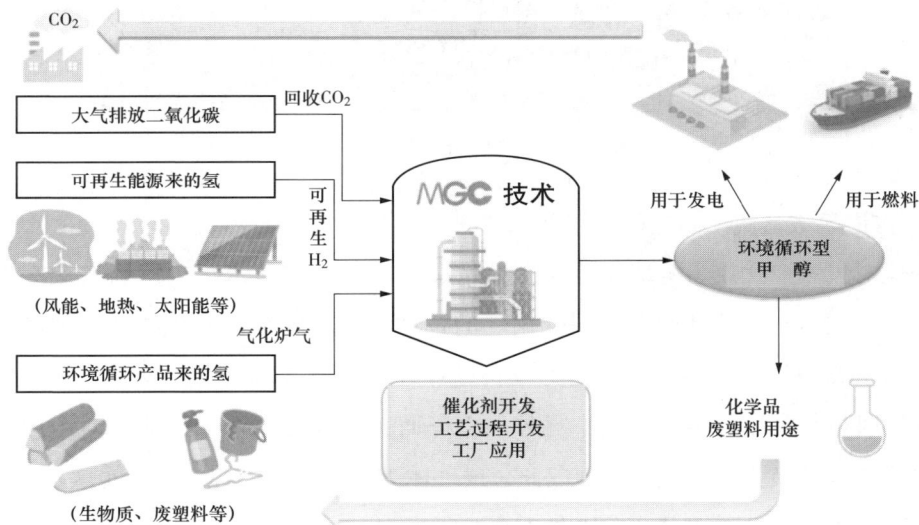

图 2.5-6 环境友好循环型的合成燃料技术示意图

（2）合成燃料生产技术的协作。为了实现这种环境循环型甲醇构想，谋求通过包括工程设计公司、制氢公司等企业协作 CO_2 分离回收技术、利用可再生能源制氢技术、气化炉之气等的合成燃料制造技术的协作，构建跟本公司的甲醇制造技术最佳的整合。

（3）运行、维修技术支援服务。提案制造技术提供许可证的同时，提供利用发展的数字化技术（DX）的工厂运行自动化、远方控制运行支援系统的技术支援服务，建立提供更安全、更有效率的生产形态。为脱碳化及循环环境型社会的综合性努力（提供许可证、运行、维修技术支援服务、产品交易），以削减 CO_2 的排放及资源的再循环为基础的跨产业，各行各业努力协作，促进新的成长的产业结构及经济社会的变革。

环境友好循环型的甲醇合成燃料技术先导性设备如图 2.5-7 所示。

图 2.5-7　环境友好循环型的甲醇合成燃料技术先导性设备

3. 推进高效合成二氧化碳到甲醇的技术

在应对气候变化成为全球紧迫课题的情况下，企业和学术机构以温室效应气体减排为目标，致力于开发有助于实现碳循环的技术。关于甲醇，如果以垃圾焚烧处理产生的 CO_2 和来自可再生能源的氢气为原料进行合成，则可以实现减少温室效应气体排放量的同时生产有用的工业产品。另外，也可通过合成气体技术将地区使用过的塑料及生物质资源转换为合成气体，并以此合成气体为原料获得甲醇，从而实现碳循环。

CO_2 高效合成甲醇技术示意如图 2.5-8 所示。

4. 低温低压下能够转换 CO_2 的高性能催化剂的开发

利用高效率 CO_2 转换催化剂开发甲醇合成技术。在过去的催化剂利用中，需要高温高压条件，需开发更为温和地条件下驱动的高性能催化剂，提高能源效率。

（1）技术目标。

1）在低温低压下能够转换 CO_2 的高性能催化剂的开发，50℃，在 1MPa 条件下也可以从 CO_2 转换为甲醇的高性能催化剂的开发为目标。

2）利用 CO_2 的电化学的还原合成甲醇，不经过水电解制氢，利用可再生能源电力直接电化学的 CO_2 还原，则可以大幅提高能源效率。

3）构建连续生产甲醇的系统，由于构建高选择、高效率的 CO_2 的氢气化（电解还原）的连续工艺，进行以实证工艺为目的的研究开发。

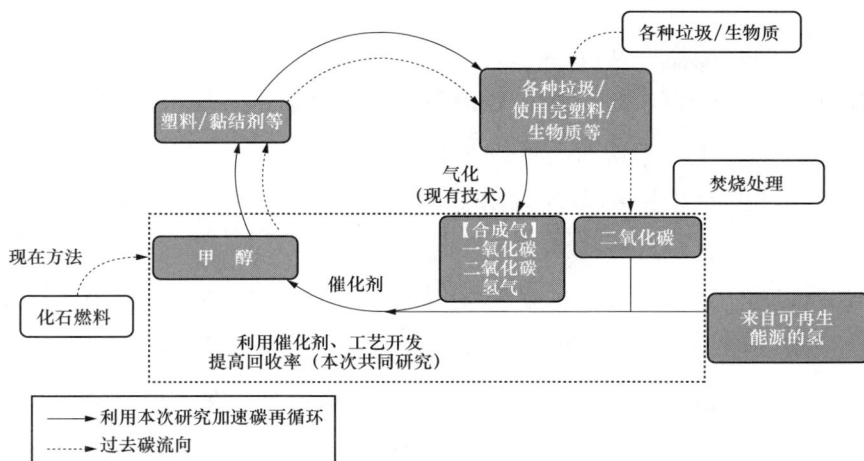

图 2.5-8 二氧化碳高效合成甲醇技术的示意图

（2）CO_2 削减效果。全球年甲醇需求 1 亿 t，低级烯烃需求 3 亿 t，BTX 需求 1 亿 t，共计 5 亿 t。另外，如果包括从 CO_2 得到的甲酸在内，作为能源载体导入到能源的储存输送循环中，则需要数 10 亿 t，有抑制 CO_2 百分之几排放量的潜在可能性。利用 CO_2 资源化技术示意图 2.5-9 所示。

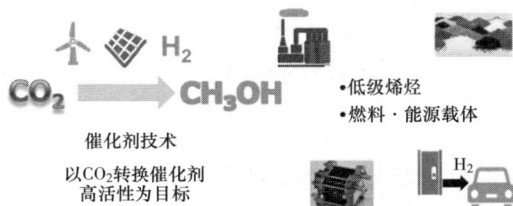

图 2.5-9 二氧化碳资源化技术示意图

注 资料来自日本资源能源厅 2021 年 10 月 "CO_2 等を用いた燃料製造技術開発プロジェクト" の研究開発·社会実装の方向性。

（六）甲醇的排放

利用化石原料生产甲醇时天然气排放指标约为 0.5kg-CO_2/kg-MeOH，相比之下，煤的排放指标为 2.6~3.8kg-CO_2/kg-MeOH。

利用天然气生产的甲醇的平均 CO_2 当量排放量为 95.2g-CO_2/MJ，而利用可再生 CO_2 和 H_2 生产的生物甲醇的平均 CO_2 当量排放量为 12.7g-CO_2/MJ。考虑到甲醇的低位发热值为 19.9MJ/kg，与传统基于天然气的甲醇相比，每吨生物甲醇可减少 1.64t-CO_2 当量的排放。

基于生物质和基于 CO_2 的甲醇生产的一个主要优势是总体温室效应气体排放的减少。在进行完整的生命周期分析（LCA）时，必须考虑甲醇生产、销售和使用的所有步骤，解决每个步骤对环境的影响，包括温室气体排放、其他污染物排放（如 NO_x、CO、微粒、SO_x 等）和水的使用。这些因素取决于许多参数，包括原料性质、副产品产生、工艺应用和产品使用方式等。因此，确定一组实际数字并与其他燃料和原材料的整体环境影响进行比较有些困难。

工业部门目前约占全球 CO_2 排放量的 1/3，并被确定为具有脱碳/脱硫挑战的领域之一。在与甲醇及其衍生产品相关的化学/石化部门中，提高能源效率、电气化和用可再生能源替代化石能源的投入可以大大降低工艺的碳密度。在这种情况下，采用天然气电力重整生产甲醇是一个选择。为了进一步减少碳排放，化学品和材料的生产本身需要逐渐转向使用可再生原料（如绿色氢气、可再生 CO_2、生物质等）。沿着这条绿色之路，甲醇和所有从它衍生的化学品和材料（包括甲醛、二甲醚、甲基叔丁基醚、乙酸、塑料、溶剂）将因此成为碳中性的。

在运输部门，已经进行了许多研究来确定各种燃料的排放水平。进行了所谓的"从油井到车轮（WTW）"分析，特别是针对甲醇、DME 和其他燃料的使用，通常侧重于 GHG 排放和燃料路径的整体能效。WTW 分析本身可以分为两个单独的步骤，井到罐（WTT）和罐到轮（TTW）分析。WTT 专注于原材料的提炼、燃料的生产以及向车辆的配送。TTW 说明了燃料在车辆中的利用，即燃料中包含的化学能转化为动力传动系中的动能。

相对于 WTT 基础上的传统燃料，生产商估计可再生甲醇可提供 65%～95% 的碳减排效益。对于整个燃料循环的 TTW 部分，甲醇作为运输燃料也有优势。甲醇具有比汽油更高的辛烷值（RON+MON 平均值为 100），允许更高的压缩比，从而在适当的发动机中更有效地利用能量，转化为相同功率输出下更低的 CO_2 尾气排放。甲醇/汽油混合物的辛烷值也比单独的汽油高得多，而且还能减少 CO_2 的排放。

此外，甲醇比普通汽油燃烧更清洁，减少了其他污染物（PM、NO_x、SO_x）的排放。甲醇还可用于配备电热塞的柴油发动机和新开发的"甲醇发动机"，甚至更先进的燃料电池驱动的车辆，从而进一步减少尾气排放。当用作船用燃料时，与燃料油相比，SO_x、PM 和 NO_x 的排放量分别降低了 99%、95% 和 60%～80%。比较用于甲醇生产的各种生物质源，确定黑液的 WTW CO_2 当量排放量为 3～12g–CO_2/MJ，木材废料为 5.3～22.6g–CO_2/MJ，而种植木材（从树木种植园获得的木材）为 4.6～16.5g–CO_2/MJ。

来自粗甘油和沼气的甲醇排放量稍高，分别为 30.6g-CO_2/MJ 和 30~34.4g-CO_2/MJ。根据不同的假设，来自 CO_2 再循环的甲醇和来自可再生资源的 H_2 的从油井到车轮（WTW）CO_2 排放量估计为 1.74~33.1g-CO_2/MJ。与汽油 83.8g-CO_2/MJ 的参考化石燃料排放量相比，这是一个大幅度的下降。由地热 CO_2 和绿色氢气生产并由 CRI 销售的 Vulcanol 与汽油相比，可将温室气体（GHG）排放量降低高达 90%。来自黑液和农场木材的甲醇分别减少了高达 96% 和 95% 的从油井到车轮（WTW）CO_2 排放量。据估计，与汽油和柴油相比，通过 CO_2 捕集和回收，甲醇的 WTW CO_2 排放量减少了 98%。

至于能源消耗，从生物质到 DME 的最节能路线是基于黑液气化的路线。这条路线的值略低于 200MJ/100km。黑液是木浆生产过程中产生的大量内部能源流，通常在所谓的回收锅炉中燃烧，以产生电能和热量，并回收蒸煮化学品。生产 DME 的工厂的能源需求通过安装高效的生物质锅炉来满足，该锅炉产生热量和电力，这种锅炉的能效比回收锅炉高得多，这是该概念整体能效高的主要原因。能源效率的计算方法是，生产的 DME 能量除以增加的生物质能。

对于在压缩发动机中使用 DME 和将甲醇与燃料电池结合使用的重型客车，分别计算出的减排量为 94% 和 96%。就船舶而言，当使用生物甲醇代替重燃料油时，温室气体（GHG）的排放量也大大减少。根据生物质来源和工艺，确定了 80%~95% 的减少量。

根据各种来源的 GHG 甲醇排放量，按原料类型排序如表 2.5-1 所示。

表 2.5-1 　　　　　　　各种来源的 GHG 甲醇排放量，按原料类型排序

序号	资源类型	原料	初始系统	GHG（从原材料到最终用途）（g-CO_2/MJ）	来源
1	生物基燃料	养殖木材	（A）	12	Majer and Gröngröft，2010
		养殖木材	（A）	16.5	RED II，Annex V，2018（EU，2018）
		养殖木材（当前至近期）	（A）	7.3	Chaplin，2013
		养殖木材（养殖中期）	（A）	4.6	Chaplin，2013
		废木材	（A）	10	Majer and Gröngröft，2010

续表

序号	资源类型	原料	初始系统	GHG（从原材料到最终用途）（g-CO$_2$/MJ）	来源
1	生物基燃料	废木材	（A）	13.5	RED II, Annex V, 2018（EU, 2018）
		废木材	（A）	16.1	Rönsch et al., 2014
		废木材	（A）	22.6	BLE, 2017
		废木材	（A）	5.3	Chaplin, 2013
		废木材	（A）	18.3	Ellis and Svanberg, 2018
		木材	（D）	25	Kajaste et al., 2018
		木屑	（B）	20.91	Ecoinvent, 2019
		黑液	（A）	10.4	RED II, Annex V, 2018（EU, 2018）
		黑液	（B）	12	Lundgren et al., 2017
		黑液	（A）	3	Chaplin, 2013
		黑液	（A）	5.7	Ellis and Svanberg, 2018
		粗甘油	（A）	30.6	Chaplin, 2013
		沼气	（A）	34.4	Chaplin, 2013
		沼气（肥料、作物）	（A）	30	Majer and Gröngröft, 2010
2	基于动力燃料	可再生电力、生物质发电厂的燃料气	（B）	3.23	Buddenberg et al., 2016
		CO$_2$乙醇厂的可再生电力	（A）	13	Matzen and Demirel, 2016
		可再生电力，CO$_2$从沼气过程	（B）	0.5	Hoppe et al., 2018
		CO$_2$乙醇厂的可再生电力	（D）	21.3	Kajaste et al., 2018
		可再生电力，CO$_2$从煤电厂获得	（D）	33.1	Kajaste et al., 2018
		可再生电力、燃料气（地热能工厂）	（A）	12.1	CRI, 2020
		可再生电力、生物质发电厂的燃料气	（A）	1.74	Chaplin, 2013

续表

序号	资源类型	原料	初始系统	GHG（从原材料到最终用途）（g-CO$_2$/MJ）	来源
3	基于化石燃料	天然气	（B）	101.6	Ecoinvent，2019
		天然气	（C）	94	Kajaste et al.，2018
		天然气	（A）	91	Ellis and Svanberg，2018
		天然气	（A）	94.4	Chaplin，2013
		无烟煤	（B）	262	Ecoinvent，2019
		无烟煤	（C）	219	Kajaste et al.，2018
		褐煤	（A）	170.8	Rönsch et al.，2014

注 1. （A）从原料提取直到使用阶段；不需要纠正。
（B）从原料提取直到甲醇生产关；添加 RED II 默认值 2.0g-CO$_2$/MJ，用于甲醇的运输和分配。
（C）从原料提取直到甲醇生产关；增加 RED II 运输和分配的默认值 2.0g-CO$_2$/MJ 以及甲醇燃烧的排放量 69g-CO$_2$/MJ。
（D）从原料提取直到甲醇生产关；针对使用甲醇过程中排放的二氧化碳进行校正，为 69g-CO$_2$/MJ 69。
2. 资料来自 IRENA *Innovation Outlook Renewable Methanol 2021*。

（七）利用合成甲醇的意义及挑战

1. 利用合成甲醇的意义

（1）替代传统燃料。合成甲醇可以作为替代传统燃料的选择，如汽油、柴油等。它可以用于燃料电池、直接燃烧、内燃机等多种形式的能源转换设备中，具有更高的燃烧效率，排放的污染物更少，对环境影响更小。

（2）减少能源消耗。与传统燃料相比，合成甲醇的生产过程中能源消耗较少，使用过程中的能源转换效率更高，可以有效减少能源消耗，降低对能源的依赖。

（3）利用多种原料。合成甲醇可以利用多种原料生产，如天然气、煤炭、生物质、废弃物和 CO$_2$ 等，实现资源的高效利用和循环经济。

（4）促进清洁能源发展。合成甲醇是一种清洁能源，不仅可以减少污染物的排放，还可以促进清洁能源技术的发展，如燃料电池技术、太阳能和风能等清洁能源技术。

（5）提高能源安全性。合成甲醇的生产和使用可以提高国家的能源安全性，减少对进口石油和天然气的依赖，降低国家的能源安全风险。

综上所述，利用合成甲醇可以实现多方面的意义，可以促进经济可持续发展、保护环境、提高能源安全性，是一项具有重要意义的工作。

2. 可再生甲醇的优势和挑战

（1）可再生甲醇可以由各种可持续原料生产，例如生物质、废弃物或 CO_2 和氢气。将其用于替代化石燃料可以减少温室气体排放（GHG），在某些情况下甚至可以减少其他有害排放物如硫氧化物（SO_x）、氮氧化物（NO_x）和颗粒物质（PM）的排放量。

（2）它是一种多功能的燃料，可用于内燃机、混合动力车辆、燃料电池车辆和船只。在环境温度和压力下，它是液态的，因此易于储存、运输和分配。它与现有的配电基础设施兼容，可以与传统燃料混合使用。

（3）生物质、CO_2 和 H_2 生产甲醇的过程并不需要实验技术。从基于化石燃料的合成气中制造甲醇所使用的技术几乎与生物甲醇和合成甲醇的生产所采用的技术完全一样，并已经成熟且商业化。

（4）目前，可再生甲醇的一个主要难题是其成本高于化石燃料替代品，这种成本差异将在一段时间内持续存在。与现有方案相比，可再生甲醇的价值在于其具有减少排放的潜力。

（5）解决工艺差异和促进生产和使用规模的扩大有助于降低成本，但需要各种政策干预。通过正确的支持机制和最佳的生产条件，可再生甲醇的成本和价格可以接近目前的化石燃料甲醇水平。

（八）安全措施

甲醇被大众所熟知，其具有毒性，危害健康。工业酒精中大约含有 4% 的甲醇，若被不法分子当作食用酒精制作假酒，饮用后，会产生甲醇中毒。甲醇的致命剂量大约是 70mL。

1. 甲醇的毒性对人体影响

甲醇对人体的神经系统和血液系统影响最大。无论是通过消化道、呼吸道还是皮肤摄入，甲醇都会产生毒性反应。甲醇蒸汽可以损害呼吸道黏膜和视力。在含有甲醇气体的工作现场必须佩戴防毒面具，废水排放前必须进行处理，以确保甲醇含量低于 200mg/L。

甲醇中毒的机理是，甲醇在人体代谢过程中生成甲醛和甲酸（俗称蚁酸），然后对人体产生伤害。常见症状包括醉酒感，数小时后出现头痛、恶心、呕吐和视力模糊。严重情况下会导致失明甚至死亡。失明的原因是甲醛代谢产物甲酸在眼睛部位积聚，破坏视觉神经细胞。脑神经也会受到破坏，导致永久性损伤。甲酸进入血液后会使组织酸性逐渐增强，损伤肾脏导致肾衰竭。

在合成甲醇的制造过程中涉及高温、高压、易燃易爆等危险因素，因此需要严格执行安全措施以保障生产人员的安全。

2. 加强安全管理

（1）现场管理和监测。对甲醇生产现场进行管理，如划定危险区域、设置安全标志等，实施人员准入制度，对从业人员进行专业培训和操作指导。在现场设置气体检测仪器，监测气体浓度，确保空气中甲醇的浓度不超过危险浓度，防止中毒事故的发生。

（2）安全阀和压力表的设置。在加氢反应过程中，甲醇的制造需要一定的压力，因此必须安装安全阀和压力表，控制反应器的压力不超过安全范围。安全阀和压力表的安装应符合规范，定期检验和维护，确保其可靠性和准确性。

3. 火灾和爆炸防范

由于甲醇具有易燃、易爆的特性，在生产过程中必须采取火灾和爆炸防范措施，如使用防爆电器和工具、设置自动灭火装置、定期清理生产区域等。

4. 储存和运输安全

甲醇的储存和运输也需要注意安全问题。甲醇应存放在防爆、防火的专门储罐中，采取严格的管理措施，避免甲醇泄漏、挥发、燃烧等事故。在运输过程中，甲醇应使用封闭式罐车装载，严格遵守运输安全规范。

5. 废气排放和环保措施

甲醇的制造过程中会产生大量的废气和废水，这些废气和废水中可能含有有害物质，如一氧化碳、CO_2 等。因此必须采取相应的环保措施，如设置废气处理设备、废水处理设施等，确保废气排放和废水排放符合环保标准。

综上所述，甲醇的制造过程中需要严格执行各种安全措施，保护现场安全，避免事故发生。在生产过程中，必须加强现场管理和监测，设置气体检测仪器，监测气体浓度，控制甲醇浓度不超过危险浓度，确保从业人员安全。同时，安装安全阀和压力表，控制反应器的压力不超过安全范围，防止爆炸事故的发生。在储存和运输过程中，采取严格的管理措施，避免甲醇泄漏、挥发、燃烧等事故。在废气排放和废水处理方面，必须采取相应的环保措施，确保排放符合环保标准。此外，还应制定应急预案，建立应急救援队伍和设施，以便在紧急情况下能够及时采取有效措施，控制和处理事故，保障人员安全和环境安全。

三、甲烷化

（一）甲烷化的概念

甲烷化（methanation）是一种化学反应，利用氢气（H_2）跟二氧化碳（CO_2）反应生成甲烷（CH_4）和水蒸气（H_2O），是合成天然气主要成分甲烷的技术，与氢气这是一种重要的催化反应，用于生产可再生天然气和化学品，以及将 CO_2 和 H_2 转化为可用的燃料。

甲烷化通常需要高温和高压，并在催化剂的存在下进行。常见的催化剂包括铜、镍、铁、钴和钯。反应可以在不同的催化剂和反应条件下进行，以达到不同的选择性和效率。

甲烷化技术是实现碳中和目标的关键技术之一，甲烷化示意图如图 2.5-10 所示。

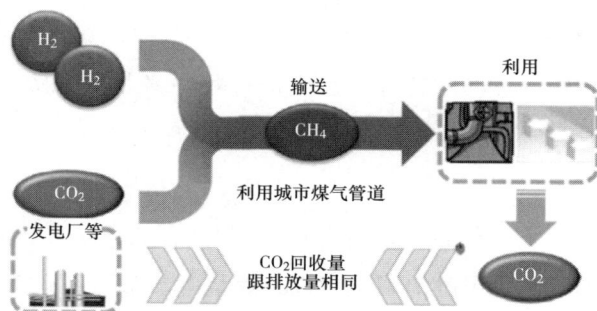

图 2.5-10 甲烷化示意图

注 资料来自日本资源能源厅 2021 年 10 月 "CO_2 等を用いた燃料製造技術開発プロジェクト" の研究開発・社会実装の方向性。

二氧化碳与氢合成甲烷，可以用作燃料，实现碳循环。其甲烷化反应如下：

$$CO_2 + 4H_2 \rightleftharpoons CH_4 + 2H_2O \tag{2.5-9}$$

甲烷化是二氧化碳（CO_2）和氢（H_2）反应产生甲烷（CH_4）的化学反应，是1902 年法国化学家保罗·萨巴蒂埃（1912 年诺贝尔化学奖获得者）发现的古老化学反应（萨巴蒂埃反应），甲烷生成量与温度压力关系见图 2.5-11。

萨巴蒂埃通过使用镍（Ni）和钌（Ru）催化剂，在低温高压下进行热化学制备甲烷的方法。除了热化学法之外，还有电化学光还原和生物学手段用于研究和开发二氧化碳转化为甲烷的技术。甲烷是最简单的碳氢化合物，主要结构是由一个碳原子和四个氢原子组成，是燃料的一种。甲烷化就是将其他物质转化为甲烷的过程。

一般城市煤气是从气田开采的天然气为原料，其主要成分是甲烷，燃烧后会产生

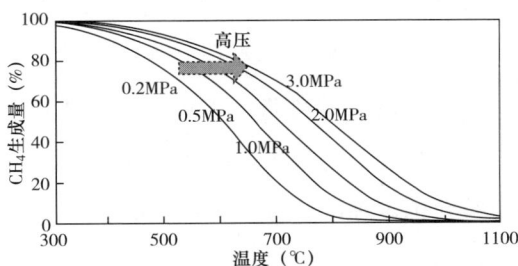

图 2.5-11 甲烷生成量与温度压力关系图

二氧化碳。如果以二氧化碳和氢气为原料制造合成甲烷，并将其利用于城市煤气，可以提高能源效率，而且二氧化碳就会循环。

为了脱碳，进入利用二氧化碳的所谓"亲碳时代"。城市煤气不仅在家庭，在大量排放二氧化碳的发电厂和工厂等也被广泛使用，因此，如果这种甲烷化技术得以实用化，可望大幅减少二氧化碳的排放。实际上二氧化碳排放量被抵消，形成"碳中和"的城市煤气，就像使用生物质能一样。

因此，甲烷化作为碳中和目标上做出贡献的有效手段之一，备受瞩目。而且该方法可以直接使用现有的天然气供应网，不需要巨额的基础设施建设，因此其优点很大。

（二）国内甲烷化技术开发

1. 中科院大连化学物理研究所

中科院大连化学物理研究所在该技术研究中取得了一定的成效，该机构研发的水煤气甲烷化工艺在产业化生产中得到很好的应用。20 世纪 80 年代，其自主开发甲烷化技术在我国取得了很大的研究进展，主要涉及两类甲烷化技术，一个是不耐硫水煤气甲烷化技术，还有一个是耐硫水煤气甲烷化技术。在不耐硫常压水煤气甲烷化技术研究过程中，通过对甲烷化催化剂的合理选择，并控制在合理使用范围内，能够确保其使用寿命维持在 1 年以上。近些年发展过程中，随着科学技术的不断提高，使得可采用的甲烷化技术类型不断增多，催化剂在反应过程中的稳定性也得到改善，已具备工业应用的条件。

2. 大唐国际化工研究院有限公司

大唐国际化工研究院有限公司自主研发的甲烷化反应器装置主要是由 4 个甲烷化反应器通过相互串并联方式进行连接，前两个反应器属于高温反应器，涉及的第二个反应器出口的气体作为循环气，目的是对第一个反应器出口的气体温度进行合理有效的控制，通过向第三、第四个反应器中通入原料气进行调节以满足客户对产品气质量的要求，经过该创新使得循环气量下降，整个装置的能量消耗也减少。因为副产蒸汽压力和温度存在很大的差异性，在这样的情况下，第一、第二反应器出口需要通过串联方式设置废热锅炉来完成热量的回收处理。大唐国际化工研究院在研究中严格依照国家规定，完成了合成气甲烷化装置的搭建，以此来确保机组能够得到稳定有序运行，生产出的合成甲烷气体也符合国家标准，符合一类气指标。

3. 云南电科院与东南大学

云南电科院与东南大学在 2018 年共同开展冗余水电就地消纳转化为天然气的技术研究，对采用流化床工艺的甲烷化技术进行了讨论。目前已成功搭建 20kW 甲烷化流化床反应器并运行示范，该项目提出将冗余水电就地大规模转化为可储存、运输的天然气的技术路线。即采用大规模电解水的方式产生洁净的氢源，结合附近工业炉产生的二氧化碳，采用甲烷化反应工艺路线，将氢气转化为天然气。H_2、N_2、CO_2 三路气体经过流量计导入流化床底部风箱中，再经过布风板进入床内发生化学反应，反应后气体进入换热器，充分冷却后进入气液分离装罐中，由于气液比重大，气液分离后气体经过背压阀，主气路与催化燃烧装置连接，旁路与色谱连接分析产物。在操作压力为 0.3MPa、温度为 320℃、进气量 H_2/CO_2 为 4：1、对应电转气容量为 15kW 试验条件中，通过煤气分析仪测得甲烷的选择性大于 99.9%，二氧化碳转化率大于 92%。在合成天然气的同时，还能够联产高纯氧气和高品位蒸汽，大大提高了整个工艺的经济性。制取的天然气可以加入常规天然气管道成为具有经济竞争力的清洁能源。此外，本工艺中使用工业炉二氧化碳作为碳源，甲烷化过程中吸收二氧化碳也有助于碳排放成本的降低，实现了二氧化碳的再利用，对我国碳减排具有重要意义。

通过梳理国内甲烷化技术的研究进展可以得知，我国早期甲烷化技术的研究重点是针对焦炉煤气如何提质转化为天然气关键技术的不断探索，近年来，我国在煤制天然气技术方面取得了重大突破，实现了工业化应用，以消纳可再生能源为目标的电转甲烷技术也取得了一定的研究进展。

（三）甲烷化工艺过程

甲烷化是一种催化反应，其工艺过程包括反应体系、反应器和催化剂等。

1. 反应体系

甲烷化反应通常使用 CO 和 H_2 的混合物作为原料，CO 和 H_2 的摩尔比通常为 1：3。在工业化生产中，原料可以来自天然气、煤炭、生物质气等气体化合物。

2. 反应器

甲烷化反应通常采用固定床反应器或流化床反应器。在固定床反应器中，催化剂通常被填充在管子中，反应气体通过催化剂层流过。在流化床反应器中，催化剂以粒子形式存在于反应器中，气体从反应器底部进入，并通过床层中的催化剂。

3. 催化剂

甲烷化反应催化剂通常由铜、镍、钯等金属及其氧化物、碳酸盐等组成。催化剂的选择和性能对甲烷化反应的效率和选择性有很大的影响。通常，催化剂具有高的比表面积、优良的热稳定性和催化活性等特点。

4. 反应条件

甲烷化反应通常需要高温和高压，反应温度通常在 $200\sim500℃$ 之间，反应压力通常在 $1\sim5MPa$ 之间。反应温度和压力的选择取决于原料和催化剂的性质，以及所需的甲烷化反应的效率和选择性。

总的来说，甲烷化反应是一个复杂的工艺过程，需要选择合适的反应体系、反应器、催化剂和反应条件等。在实际应用中，需要根据不同的应用场景进行优化和调整，以获得最佳的反应效果。

（四）利用可再生能源合成甲烷的技术

利用可再生能源和二氧化碳合成甲烷一般分两个阶段进行，即在第一阶段是利用可再生能源电分解，第二阶段是甲烷化反应。第一阶段电分解，利用光伏、风电等可再生能源的剩余电力，将水（$2H_2O$）分解为氢气（$2H_2$）和氧气（O_2）。在第二阶段是用水的电分解得到氢气（$4H_2$）和二氧化碳（CO_2）反应生成甲烷（CH_4）和水（$2H_2O$）的甲烷化。

日本大阪煤气 2021 年 1 月 25 日宣布，在日本首次成功试制了作为实现二氧化碳和氢气合成甲烷的"甲烷化"技术的新型 SOEC 实用规模单元机。同时在该西岛地区开设了碳中和研究中心 CNRH（Carbon Neutral Research Hub）。另外，SOEC 甲烷化被采纳为绿色创新基金事业（以下简称 GI 基金），进一步推进实现碳中和的研究开发。

利用家用燃料电池"ENE-FARM"的心脏的固体氧化物型燃料电池（SOFC）的技术，正在挑战从可再生能源高效制造"碳中和城市气体"的技术开发。家用氧化物型燃料电池（SOFC）与甲烷化单元（SOEC）工艺示意如图 2.5-12 所示。

固体氧化物型燃料电池（SOFC）是以城市煤气为原料发电的装置，相反，通过投入电力，可起到由水蒸气和二氧化碳制造氢气等城市煤气原料的固体氧化物型电解单元

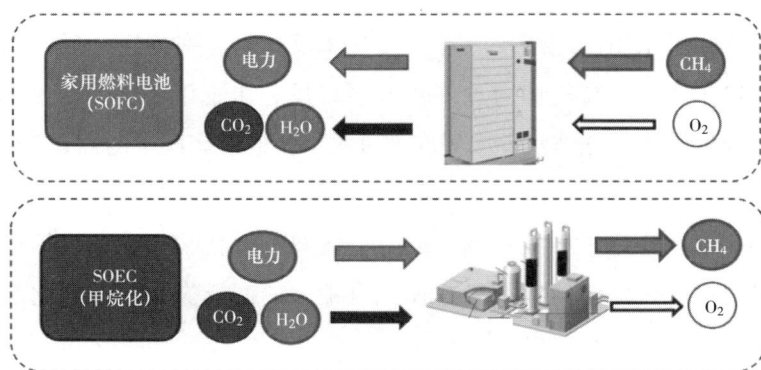

图 2.5-12　家用氧化物型燃料电池（SOFC）与甲烷化单元（SOEC）工艺示意图

注 资料来自大阪煤气 2021 年 "世界最高レベルのエネルギー変換効率を目指すSOECメタネーション"。

SOEC（solid oxide electrolysis cell）的作用。固体氧化物的电解单元 SOEC 装置示意如图 2.5-13 所示。

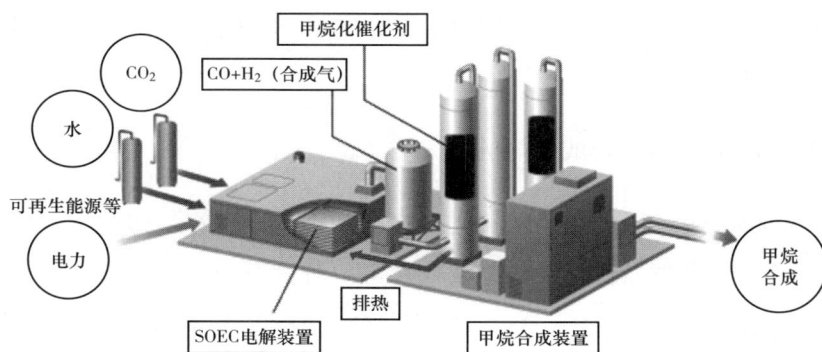

图 2.5-13　固体氧化物的电解单元 SOEC 装置的示意图

注 资料来自大阪煤气 2021 年 "世界最高レベルのエネルギー変換効率を目指すSOECメタネーション"。

SOEC 甲烷化装置由 SOEC 电解装置和甲烷合成装置构成。首先，在 SOEC 电解装置中加入二氧化碳（CO_2）和加热水产生的水蒸气（H_2O），再向其中施加可再生能源电力后，进行电解，抽出氧（O_2），结果生成一氧化碳（CO）和氢（H_2）。将其送入甲烷合成装置后，在促进反应的催化剂上结合，进而分解为甲烷（CH_4）和水（H_2O）。甲烷作为城市煤气的原料使用，水会重新循环。此外，在甲烷合成装置内反应时会产生热量，这种反应热可以有效地用于锅炉加热水。

日本大阪煤气通过将 SOEC 的技术与甲烷化技术相结合，对利用可再生能源的电力实现高效率碳中和城市煤气制造的基础技术进行研究。SOEC 是利用固体氧化物进行电解的机组，在高温下电解水蒸气和二氧化碳。该公司的能源技术研究所一直致力于利用二氧化碳和可再生能源，以较高的能源转换效率合成甲烷的革新性"SOEC 甲烷化"技术的基础研究。大阪煤气开发了使用以金属为基础的廉价固体氧化物的电解单元 SO-EC 在高温下电解水蒸气和二氧化碳的技术，并开发了将水与二氧化碳一起用于可再生能源的电力电解。

本技术中 SOEC 及甲烷化的主要反应如下所示。

SOEC 反应式

$$CO_2+3H_2O（+电力）\longrightarrow CO+3H_2（+2O_2）\quad（吸热反应）\quad（2.5-10）$$

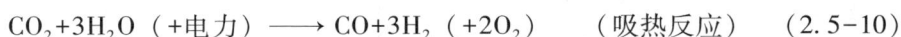

甲烷化反应式

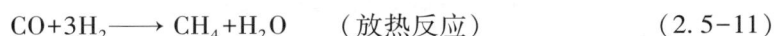

$$CO+3H_2\longrightarrow CH_4+H_2O\quad（放热反应）\quad（2.5-11）$$

该技术可将甲烷化反应（放热反应）产生的余热有效用于 SOEC 的电解反应（吸热反应），可降低电解所需的电力，因此可期待提高能量转换效率。另外，关于甲烷化反应的部分，可以有效利用该公司过去从煤炭和石油制造城市气体的时代开始培养的催化技术。从而实现世界最高水平的能源转换效率 SOEC 甲烷化。

作为这项技术的特征，没有必要调配氢作为原料。另外，通过在高温（700～800℃）下进行电解，有效利用甲烷合成装置产生的热量，可减少必要的可再生能源电力，可实现转换效率为85%～90%的世界最高水平的能源转换效率，可大幅降低可再生能源电力占较大比例的合成甲烷制造成本。

关于甲烷化反应的部分，可以充分利用过去用煤炭和石油制造城市燃气时代开始积累的催化剂技术。由此生成氢和一氧化碳（CO），进而通过催化反应合成甲烷的新方法（见图 2.5-14）。

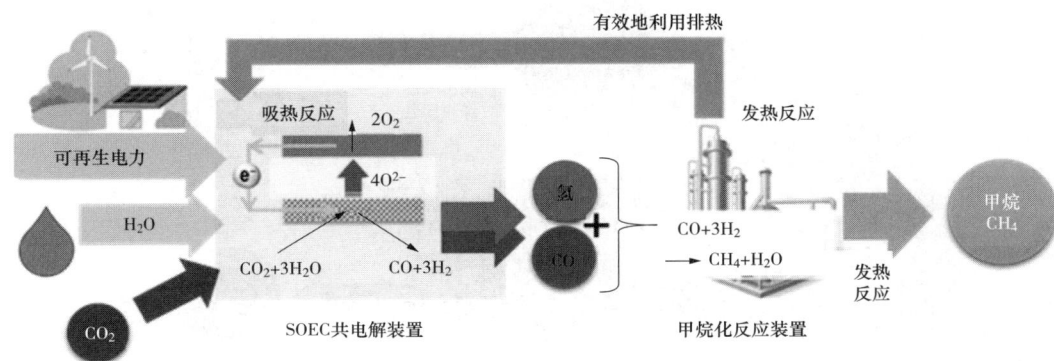

图 2.5-14　固体氧化物的电解单元 SOEC 反应原理示意图

注　资料来自大阪煤气 2021 年"世界最高レベルのエネルギー変換効率を目指すSOECメタネーション"。

过去萨巴蒂埃合成工艺反应温度高，转换效率低（55%～65%），而新开发的革新性电解单元 SOEC 装置甲烷合成温度低，转换效率高（85%～90%），两种工艺比较如图 2.5-15 所示。

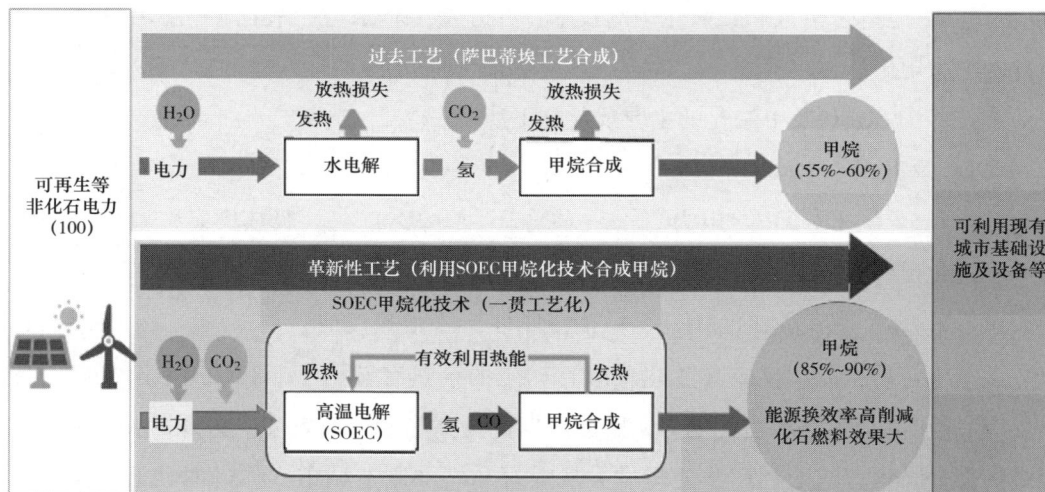

图 2.5-15　萨巴蒂埃合成工艺与 SOEC 装置甲烷合成工艺比较

注　资料来大阪煤气 2021 年"世界最高レベルのエネルギー変換効率を目指すSOECメタネーション"。

由于利用甲烷化实现碳中和，回收大气中排放的二氧化碳，作为甲烷化的原料，甲烷再循环。这个过程中即使合成甲烷燃烧，但实际上对社会并不增加总的二氧化碳量。因为替代化石燃料二氧化碳削减效果跟氢气一样。利用甲烷化实现碳中和示意图如图 2.5-16 所示。

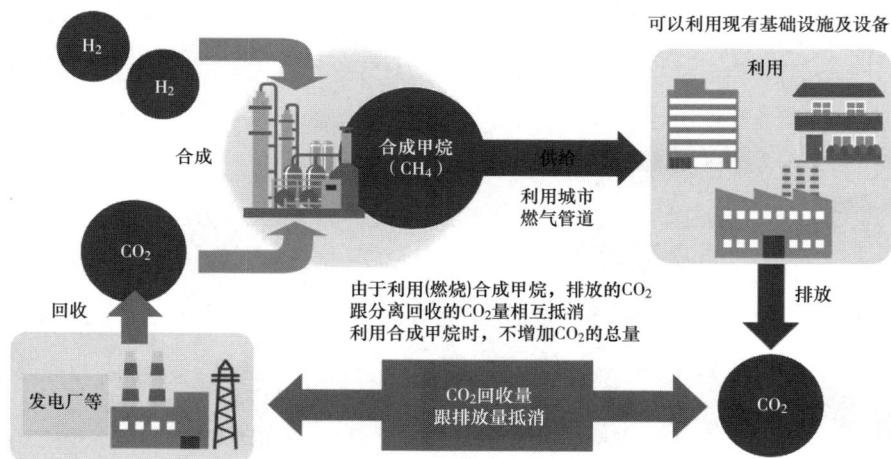

图 2.5-16　利用甲烷化实现碳中和示意图

注　资料来自日本经济产业省资源能源厅 2024 年 3 月 8 日出版《可再生能源及新能源》"ガスだって、カーボンニュートラルに！"。

第三章

燃料电池分布式供能系统

第一节　燃料电池基础知识

一、燃料电池的基本原理

（一）燃料电池概念

燃料电池是一种新型发电装置，跟火力发电装置不同，燃料电池是通过氢气和氧气的电化学反应发电，发电过程十分安静，发电之后只产生水和热，而且不会产生像氮氧化物等污染物。

众所周知，当水分解时，一侧的电极产生氢气，另一侧的电极产生氧气。而燃料电池发电原理恰恰相反，燃料电池将氢气输送到燃料极，将氧气输送到空气极，然后发生化学反应生成水，并在此过程中产生电。水的电解和燃料电池原理的对比如图 3.1-1 所示。

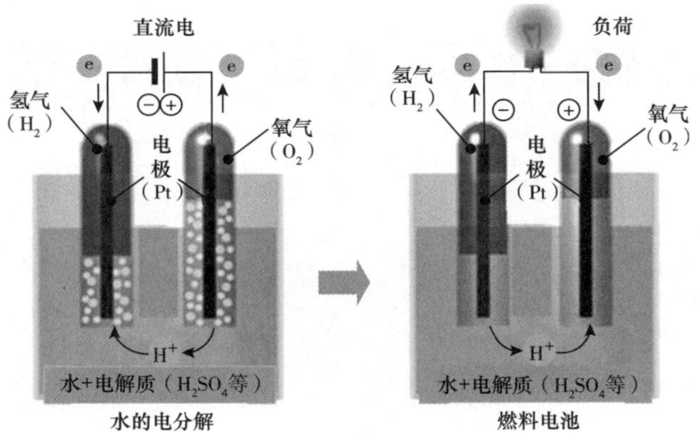

图 3.1-1　水的电分解和燃料电池原理的对比图

燃料电池的基本原理示意如图 3.1-2 所示。

氢气（H_2）被输送到燃料极时，释放出电子（$2e^-$），变为氢离子（$2H^+$）。氢离子通过电解质移动到空气极，同时电子通过外部回路移动到空气极。在空气极，氢离子（$2H^+$）、电子（$2e^-$）与氧气（O_2）发生反应，生成水（H_2O）。

在燃料极释放电子，并通过外部回路移动到空气极，离子从燃料极通过电解质移动到空气极。这种反应持续不断，电子流动连续，产生电流。

在燃料电池中，由于电解质是绝缘体，电子不能通过电解质，但电极和外部回路

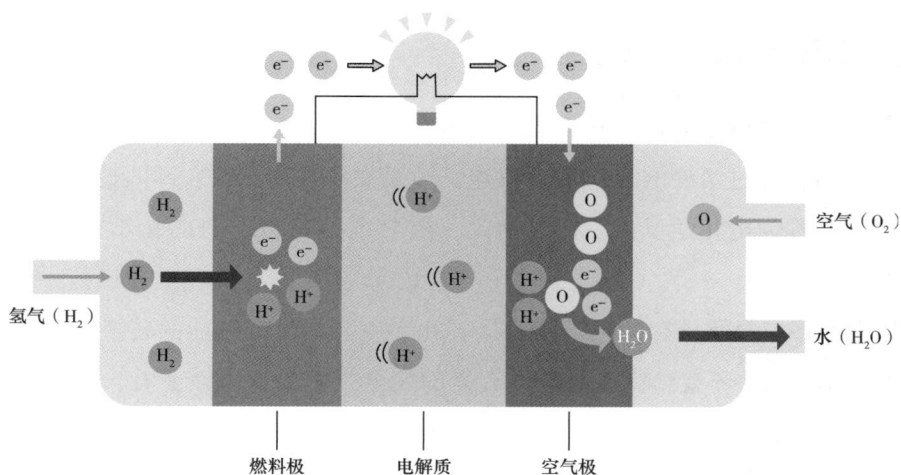

图 3.1-2 燃料电池的基本原理示意图

是由导电材料制成，可以传导电子。

离子和电子分别有各自的通路。离子只能在电解质内移动，而电子只能在导体内移动，这是燃料电池的独特之处。

总而言之，燃料电池是通过氢气和氧气的化学反应来发电，同时生成水。燃料电池与一般化学反应不同，氢气和氧气的反应必然伴随电子交换，这被称为电化学反应。

燃料电池分布式供能系统如图 3.1-3 所示。

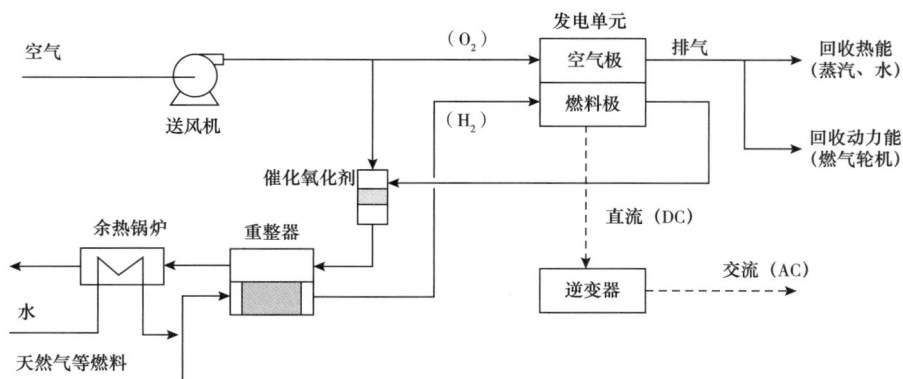

图 3.1-3 燃料电池分布式供能系统图

注 资料来自日本《燃料電池発電システムと熱計算》。

经过重整器处理的燃料进入燃料极，空气则通过送风机送至空气极，氢气和氧气进行电化学反应发电，直流电经过逆变器转变为交流电，反应后产生的排气热能回收利用。

（二）燃料电池发电反应原理

如前所述，燃料电池是一种新型发电装置，通过氢气和氧气的电化学反应来发电。它在低温下经过缓慢的化学反应发电，生成的只有水和热，并且必然伴随着电子交换，这被称为电化学反应。换句话说，燃料电池是将燃料的化学能直接转化为电能的装置。

燃料电池将燃料所具有的化学能直接转化为电能，没有热能的转换，并且在化学反应过程中温度几乎不变。因此，它具有高的发电效率。从表面上看，氢气和氧气的反应产生水，但实际上，氢气被分解为氢离子和电子。氢离子通过电解质，电子通过外部电路，从而获得电能，并在阳极一侧生成水。燃料电池是氢气和氧气的反应，必然伴随着电子交换，这被称为电化学反应。无论是在阴极反应还是阳极反应中，气体、电子和离子都是必不可少的参与物质。

根据电解质能否通过阳离子（H^+）或阴离子（OH^-、CO_3^{2-}、O^{2-}），燃料电池的电化学反应可分为两类。

1. 酸性电解质电化学反应

酸性电解质，即阳离子移动性电化学反应。

例如离子交换膜燃料电池（proton exchange membrane fuel cell，PEFC）、磷酸性燃料电池（phosphoric acid fuel cell，PAFC）和直接甲醇燃料电池（direct methanol fuel cell，DMFC），其阳离子移动的电化学反应为

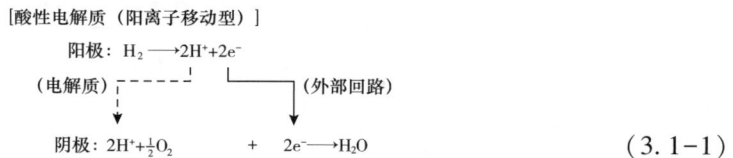

[酸性电解质（阳离子移动型）]

$$阳极：H_2 \longrightarrow 2H^+ + 2e^-$$

（电解质）　　　　　　　　　（外部回路）

$$阴极：2H^+ + \frac{1}{2}O_2 \quad + \quad 2e^- \longrightarrow H_2O \tag{3.1-1}$$

电极通常采用碳或金属材料，并制成多孔材质以增加接触表面积。电解液为氢氧化钾溶液，氢气压力为 $0.1 \sim 1.0$ MPa，氢气一侧为负极（−），氧气一侧为正极（+）。在阴极侧，氢气被氧化；在阳极侧，氧气被还原。

2. 碱性电解质电化学反应

碱性电解质，即阴离子移动性电化学反应。

例如碱性燃料电池（alkaline fuel cell，AFC）、熔融碳酸盐燃料电池（molten carbonate fuel cell，MCFC）和固体氧化物燃料电池（solid oxide fuel cell，SOFC），其阴离子移动的电化学反应为

[碱性电解质（阴离子移动型）]

阳极：$H_2+2OH^- \longrightarrow 2H_2O+2e^-$

（电解质）　　　　　　　　（外部回路）

阴极：$\frac{1}{2}O_2+H_2O + 2e^- \longrightarrow 2OH^-$

$$(3.1-2)$$

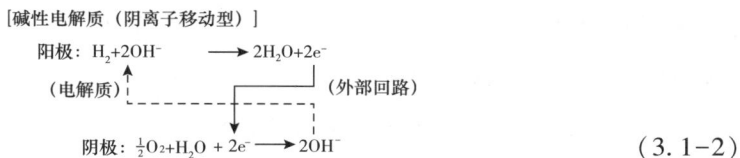

3. 酸性电解质反应分析

在常温下，由于氢气和氧气的活性较低，无法直接进行化学反应。因此，使用贵金属如白金或钯等作为催化剂，在电极上载入催化剂，通常是碳等物质，以促进阴极和阳极的化学反应。在催化剂作用下，氢气和氧气即可发生化学反应。具体来说，在阳极处，氢气分离成氢离子和电子，即

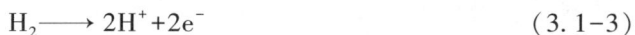

$$H_2 \longrightarrow 2H^+ +2e^- \qquad (3.1-3)$$

分离出的电子可以通过导体进入电极，而氢离子则无法穿过电极，它们在电极和电解质之间形成一种双电层结构，即电极和电解质界面处同时存在正负电荷，并相互吸引。这种现象被称为双电层（electric double layer）。双电层的存在意味着在电极和电解质之间有两个界面，同时它们的距离非常近，约为 Å（10~10m）。然而，在阴极处，并不会直接生成氧离子。由于酸性电解质中存在氢离子的干扰，氧气会与两相界面接触，反应为

$$\frac{1}{2}O_2+2H^++2e^- \longrightarrow H_2O \qquad (3.1-4)$$

这两个反应的地方称为三相界面（three phase contact），如图 3.1-4 所示，它是燃料电池电极反应的关键。

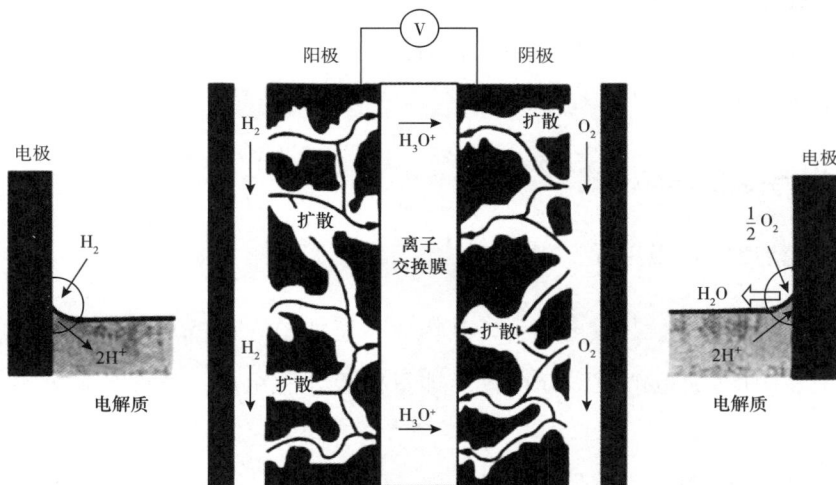

图 3.1-4　燃料电池电极反应三相界面图

注 资料来自日本《水素·燃料電池ハンドブック》。

在燃料电池中，形成尽可能多的三相界面非常重要，因为三相界面越多，反应量就越大，从而生成更多的电能。

在液体电解质中，电极表面被液体包裹，形成薄电解质层，而氢气可以在其中溶解和扩散，从而产生发电反应。

然而，在固体电解质中，情况就不同了，因为电解质无法湿润电极表面。为了使电极材料和电解质材料充分混合，需要采取措施，例如在电极表面涂覆类似电解质的材料。

对于像聚合物电解质燃料电池（如PEFC）这样低温运行的燃料电池，催化剂是必不可少的。PEFC的电解质是几十微米左右的高分子薄膜，其中杜邦公司生产的Nafion隔膜是一种代表性阳离子交换剂，它由全氟化磺酸脂构成，是一种氟类高分子材料，具有多种侧链和磺酸基末端。这些酸能导电，将多种酸的侧链结合在一起形成了环形结构，提供了离子通道，使离子能够从阳极移动到阴极。在这个过程中，多个离子与多个水分子一起移动，产生了氢氧根离子。

从上述观点来看，电极能够让燃气通过，它是由多孔质物质构成的，同时又能够让电子通过，因此可以形成连续的通路。在产生反应的区域必须存在电解质。电极部分的电解质也必须与电解质板连接，因为一般电解质具有腐蚀电极或电解质板的性质，所以必须使用对电解质具有耐蚀性的材料。

另外，一个发电单元的理想运行电压约为1.23V。在发电时，许多发电单元会被层叠在一起形成发电堆。为了加强各部件之间的接触，在各发电堆之间使用松紧装置，即拉紧索。同时，电极和电解质板由于长时间使用会逐渐变形，因此必须在允许的范围内经常进行压缩。

二、燃料电池基本构成

（一）燃料电池发电单元

燃料电池的基本单元是发电单元，其构成示意如图3.1-5所示。一个发电单元由电极（阳极、阴极）、电解质、分离板（即双极板）等组成，由许多发电单元组成发电堆。

在燃料电池中氢气和氧气发生化学反应，但因为氢（燃料）或氧（空气）不具有导电性，需要能够隔离氧化反应和还原反应的电解质，之外还需要具有接电功能的电极，同时为了在低温下也能进行化学反应就需要催化剂。

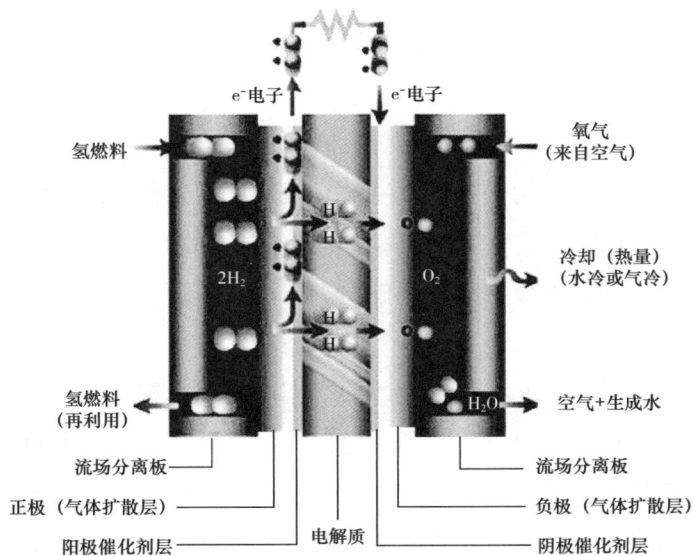

图 3.1-5 燃料电池发电单元基本构成示意图

可见燃料电池需要有反应物质（氢和氧）、电解质、电极、催化剂及双极板（分离板），经过化学反应，发电之后生成物是水。

（二）燃料电池基本构成部件

1. 电解质

电解质通常由液体或固体组成，它只允许离子通过，而不允许电子通过。液体电解质通常是酸性水溶液、碱性水溶液、磷酸盐溶液或碳酸盐溶液，而固体电解质通常由具有离子传导性的高分子物质或陶瓷材料组成。

2. 电极

燃料电池的电极应该具备多孔质材料，以便充分扩散活性物质，并提供更多的反应场所。同时，电极还应该具备良好的导电性，以便电子能够自由移动。此外，燃料电池的电极要求既不能参与反应而被消耗，又要具备催化作用，以降低反应的发生条件并增加反应速率，从而实现反应的顺利进行。石墨电极通常是最经济实惠的选择，因为石墨不易与化学物质发生反应。然而，其他电极（如铂）能够顺利进行化学反应，这也是许多理论上可行的燃料电池，实际上却不易付诸实施的原因之一。

3. 分离板及双极板

分离板及双极板是燃料电池的关键组件之一。一侧与一个发电单元的 MEA（三合一膜电极）的阳极侧接触，另一侧与毗邻单元的阴极侧 MEA 接触。因此，在低温燃料电池中，它被称为双极板。而在熔融固体氧化物燃料电池中，分隔燃料和空气的板被称为分离板或隔离板。分离板两侧必须有燃料和空气通道。在固体氧化物燃料电池中，分离板不仅分隔燃料和空气，而且两侧还有燃料和空气通道。同时，它连接了两个发电单元，称为连接体。

分离板（双极板）作为关键组件之一，其质量关系到整个燃料电池堆的质量。因此，研发价格低廉、制备工艺简单的分离板是实现新能源电池商品化的重要因素。

注：MEA（三合一膜电极）是由电解质、阴极和阳极构成的膜电极，阴极和阳极外侧有气体扩散层。

（1）分离板（双极板）的功能和要求。分离板（双极板）不仅承担着各电单元之间的导通作用，还要将氧化剂和还原剂隔离开来。同时，双极板表面需要适当的流场结构，以均匀分散反应物质。此外，分离板还需要具备良好的导热和散热能力，以及支撑膜电极所需的强度。因此，分离板（双极板）的功能和要求如下：易于成型、耐腐蚀、长寿命、质量小、机械强度高、价格低廉；提供物流通道，具备合适的流场结构，能够使反应物均匀分布和流动；具有高导电性；具有较低的透过率；具备良好的机械性能、足够的强度和弹性，能够制作较薄的薄片。

（2）分离板（双极板）的材料。分离板（双极板）作为燃料电池的关键组件，其性能好坏直接影响着电池的输出功率和使用寿命。目前广泛使用的分离板材料有石墨板、金属板和复合双极板。

1）石墨分离板。石墨分离板通常由碳粉或石墨粉与石墨化树脂制备而成。石墨是一种导电材料，具有良好的导热性能、耐腐蚀性能，容易加工，密度较低。因此，与许多金属材料相比，石墨更适合制作分离板（双极板），能够实现较高的功率密度竞争力。

2）金属双极板。金属材料也可以用来制备双极板，其优点在于导电和导热性能非常好，易于加工（可使用冲压法等进行加工），可以批量生产，具有无孔结构，选用非常薄的极板就能达到隔离反应物的目的。然而，金属材料的主要不足在于密度较大，接触电阻较高且易于腐蚀。

3）复合双极板。高分子复合物的质量很轻，通过不同的加工工艺可以被浇铸成任何形状，作为双极板材料非常合适。但是高分子树脂类材料的导电性能较差，因此在双极板的制备中需要添加导电填充剂，如石墨、碳纤维、碳纳米管和石墨烯等金属材料。

4. 催化剂

（1）催化剂的定义。催化剂也称为"触媒"，在低温下用于促进化学反应，并且催化剂在化学反应中本身不发生化学变化。催化剂是利用少量物质促进大量物质的化学反应。催化剂不改变可逆反应的平衡常数，其作用是促进缓慢反应的快速进行。

（2）催化剂的作用。催化剂能显著改变反应速率，但其化学性质和数量在反应前后基本不变。催化剂分为正催化剂（加快反应速率）和负催化剂（减小反应速率）。一般情况下，默认指正催化剂。

（3）活化能和能垒。所谓活化能是指反应物从初始状态到能参与反应所需的能量。可以用能量数量或者所需的活化能来描述。能垒更多地表示了这一概念中的障碍性概念，例如克服能垒。总之，这些概念是相似的，只是用法稍有不同。化学反应能否进行取决于自由能的变化，但仅根据自由能变化无法判断反应是否能完成，因为化学反应的完成还取决于反应的能垒。如果反应的能垒很高，就必须提供一定能量，以克服能垒并完成反应。催化剂改变反应速率是因为改变了反应路径，催化剂的作用是降低该活化能，从而使其在相对不苛刻的条件下发生化学反应。

（4）催化剂在燃料电池中的作用。催化剂在燃料电池中起着非常重要的作用，低温燃料电池的电极催化剂是不可或缺的。同时，在燃料重整工艺中，也使用各种各样的催化剂，特别是在化学工业中更离不开催化剂。

在质子交换膜燃料电池（PEFC）中，使用铂（Pt）作为催化剂材料。通过在铂的表面吸附氢分子后，在吸附点由分子分裂成原子状态，即使在低温下也容易产生反应。由于铂是一种稀有金属且属于有限资源，因此为了有效利用，需要考虑许多问题，尤其是尽可能减少其用量的问题。

（5）催化剂的改进。

1）对铂材料本身的改进。通过减小催化剂的粒径，使其均匀分散，可以扩大有助于反应的表面面积。目前，铂粒子的直径已经减小到了 $2 \sim 3\text{nm}$。然而，减小粒径后，可能出现粒子间凝聚而无法扩大表面面积的问题。因此，通过纳米技术将铂分散在碳等支撑材料上以实现稳定性是一个值得研究的解决方案。

2）对催化剂结构的改进。一般采用减小催化剂厚度的方法。催化剂通常通过将铂粒子与碳黑水溶液混合，然后通过加热还原在碳粒子上析出并负载铂粒子的方式制备。最后，将其分散在高分子电解质溶液中进行涂布，形成催化剂。为了确保只在催化剂表面发生反应而不参与内部反应，可以通过减小催化剂的厚度来提高反应速率和持久性。

3）对催化剂工艺的改进。催化剂制造工艺采用不让铂粒子进入高分子电解质结构内部的技术。通过改变催化剂制造工艺顺序，如在碳粒子表面形成高分子电解质膜后浸渍铂离子溶液等方法。

4）改进铂材料。催化剂在阴极的损失尤其严重。这是因为阳极上 H_2 催化剂的氧化反应速度快，而阴极上反应速度较慢。虽然阳极很少因活性极化而导致性能降低，但仍存在其他问题。在对甲烷和甲醇进行重整制氢时，会产生一氧化碳（CO），一氧化碳会降低催化剂的性能（一氧化碳中毒），从而降低电压。为了解决这些问题，可以通过将铂与其他金属形成合金来制造催化剂。目前，大多数采用铂与钌（Ru）的合金来解决问题，还有一种方案是添加钛（Ti）。

5）研究新材料。可以研究铂以外的新材料，如氧化钼、钴（Co）和有机络合物等。目前，专家们正在研究碳合金催化剂，碳合金是由几层原子氮组成的石墨烯，可以大大降低催化剂成本。由于这种催化剂是一种新型材料，因此还需要进一步研究其机理等技术。

5. 阳极和阴极

电极是为反应物质提供更多反应位置的结构，同时具有活跃的电子交换能力，并常被称为气体扩散电极。电极材料需要具备高导电性但不易被电解质腐蚀。电极由参与氧化反应的燃料（氢）（负极）和参与还原反应的空气（氧）（正极）组成，前者称为阳极，后者称为阴极。

在阳极，电流从外电路流入（电子流出）；在阴极，电流流出外电路（电子流入）。

（三）燃料电池的发电单元和发电堆

燃料电池的基本发电单元由电解质和围绕其两侧的两个电极组成。一般为平板形，但近年来也出现了圆筒形。不论形状如何变化，发电单元都由电解质和两个电极组成，如图 3.1-6 所示。

电解质可以是液体或固体。由于质子交换膜燃料电池（PEFC）和固体氧化物燃料电池（SOFC）的电介质是固态的，所以它们本身就形成了电解质板。但对于液体电解质而言，一般采用多孔性陶瓷板作为电解质板，并渗透液体进入其中，以形成电解质层。

电解质板只允许离子通过，而不允许电子通过，因此必须具备绝缘特性。此外，由于阳极和阴极紧密邻接，发电单元需要具备防止燃料气体和空气混合的功能。当电解质渗透液体时，电解质不仅作为离子通路，还具备防止燃料气体和空气混合的作用。

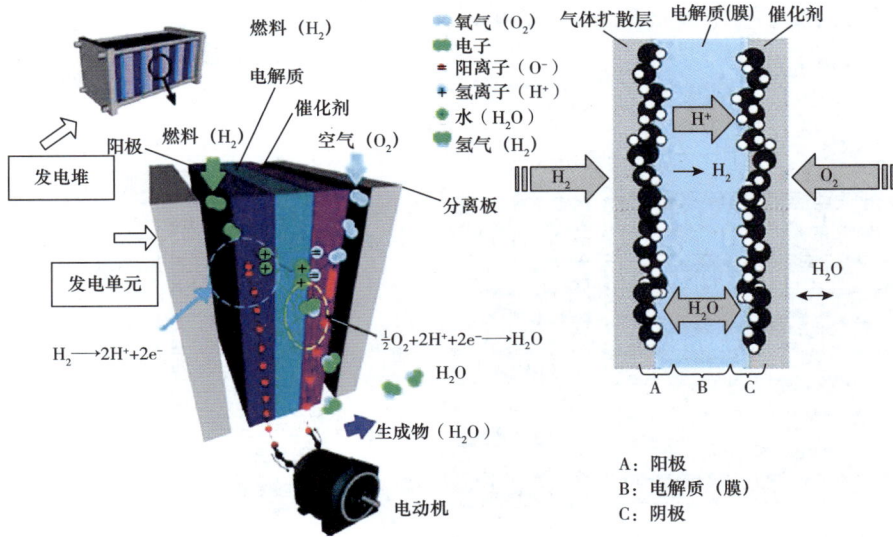

图 3.1-6　燃料电池发电单元及发电堆组成示意图

　　正如前文所述，一个发电单元由电极（阳极、阴极）、电解质和分离板（双极板）等组成。许多发电单元组合形成发电堆。一个运行的发电单元所产生的电压为 0.7~1.23V。在发电过程中，多个电池单元被叠放在一起形成发电堆，实际燃料电池中有 200~400 个发电单元叠加，得到几十至几百伏特的电压。

　　质子交换膜燃料电池（PEFC）发电单元结构示意如图 3.1-7 所示。

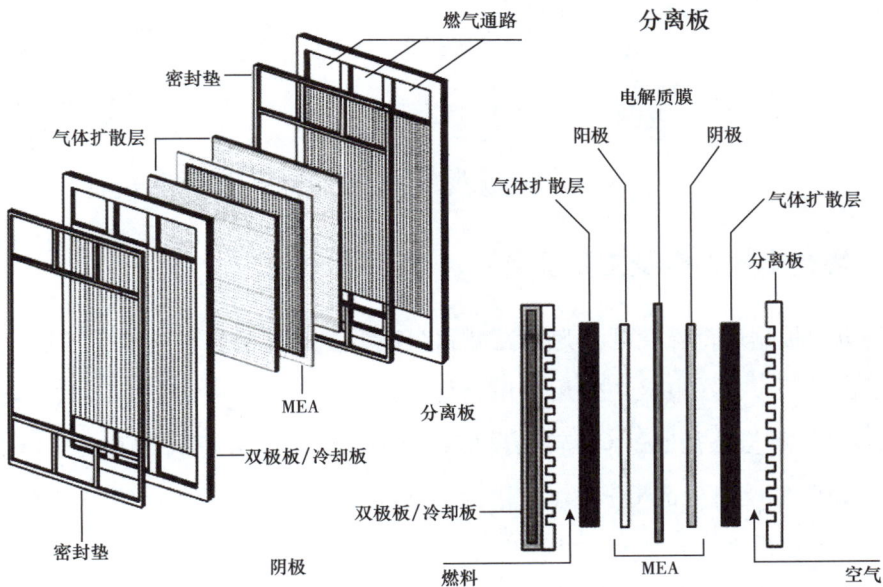

图 3.1-7　质子交换膜燃料电池（PEFC）发电单元结构示意图

注 资料来自日本《燃料電池発電システムと熱計算》。

质子交换膜燃料电池（PEFC）发电堆结构示意如图 3.1-8 所示。发电堆由许多燃料电池发电单元构成。

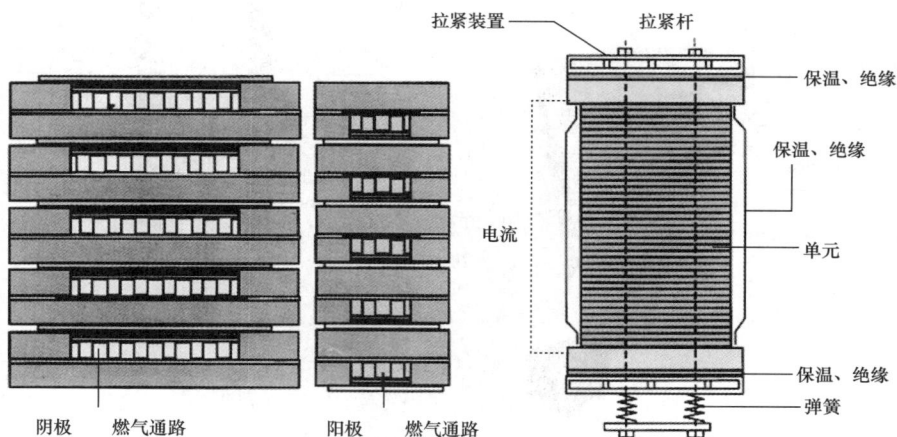

图 3.1-8　质子交换膜燃料电池（PEFC）发电堆结构示意图

注 资料来自日本《燃料電池発電システムと熱計算》。

圆筒形固体氧化物燃料电池（SOFC）发电单元及发电堆如图 3.1-9 所示。

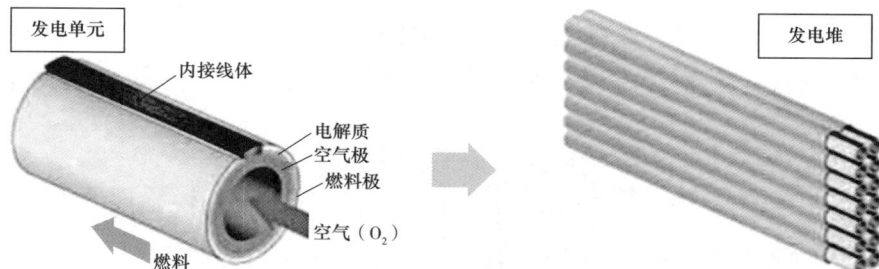

图 3.1-9　圆筒形固体氧化物燃料电池（SOFC）发电单元及发电堆

三、燃料电池种类及主要参数

燃料电池根据运行温度可分为低温型和高温型。低温型燃料电池由于运行温度较低，为了促进反应，在电极中使用了白金催化剂，这是一个关键点。因此，必须降低 CO 的浓度。一种方法是通过 CO 转换反应或使用催化剂除去一氧化碳，即 $CO+H_2O=CO_2+H_2$，以降低燃料中的 CO 浓度。因此，低温型燃料电池不适合使用高碳（C）含量的燃料，例如煤炭，并且大量含有 CO_2 的沼气也不合适。

低温型燃料电池，如磷酸性燃料电池（PAFC）和质子交换膜燃料电池（PEFC），技术已经成熟，已经进入商业运营阶段。

高温型燃料电池，如熔融碳酸盐燃料电池（MCFC），正在逐步进入技术成熟阶段，并开始商业运营。氧化物燃料电池（SOFC）相对于过去的发电设备具有诸多优势，技术已经成熟，开始进入商用化阶段。

总之，为了推广燃料电池的使用，今后需要进一步降低价格和提高性能。

（一）低温型燃料电池的种类及主要参数

低温型燃料电池的种类及特点如表 3.1-1 所示。

表 3.1-1　　　　　　　　低温型燃料电池的种类及特点

项目	低温型燃料电池的种类及特点			
形式	碱性燃料电池	磷酸性燃料电池	质子交换膜燃料电池	直接甲醇燃料电池
简称	AFC	PAFC	PEFC	DMFC
燃料	H_2	H_2、天然气、甲醇（CH_3OH）	H_2、天然气	甲醇（CH_3OH）
电解质	KOH	H_2PO_4	质子交换膜	质子交换膜
离子种类	OH^-阴离子移动型	H^+阳离子移动型	H^+阳离子移动型	H^+阳离子移动型
运行温度	常温~200℃	190~220℃	60~120℃	80~90℃
冷却方式	靠电解质循环	水冷	水冷	水冷
电解质材料	石棉隔膜	SiC（碳化硅）	—	—
阳极材料	C（碳）	C（碳）	C（碳）	C（碳）
阴极材料	C（碳）	C（碳）	C（碳）	C（碳）
催化剂	白金系	白金系	白金系	白金系
阳极催化剂	Pt（白金）	Pt（白金）	Pt-Ru（白金-钌）	Pt-Ru（白金-钌）
阴极催化剂	Pt（白金）	Pt（白金）	Pt（白金）	Pt（白金）
CO 限制	CO 中毒	CO 中毒	CO 中毒	CO 中毒
氧化剂限制	可用空气	可用空气	可用空气	可用空气
发电效率（%）	50~70	40~45	30~40	35~45

项目		低温型燃料电池的种类及特点			
特点	优点	发电效率高、价格便宜	无 CO_2 影响、商用化早	小型启动快、维修简便	燃料处理系统简单
	缺点	电解质跟 CO_2 反应降低性能	催化剂用贵金属 CO 催化剂中毒	催化剂用贵金属 CO 催化剂中毒	贵金属催化剂、CO 催化剂中毒，甲醇透过电解质
用途		特殊用途如人造卫星等	电站、分布式热电联供	家用商用热电联供、汽车、移动式设备	便携式电源如笔记本、手机、数码相机及摄像机等

碱性燃料电池（AFC）是温度在常温到 200℃ 之间的低温型燃料电池。它使用氢氧化钾或氢氧化钠溶液作为电解质，目前通常使用导电性极佳的氢氧化钾。尽管提高溶液浓度可以增加离子传导性能，但会减少产生物的水量，可能提高电池性能，但也会降低水蒸气压力，导致废水处理难题。因此，应根据运行条件确定适当的溶液浓度。氢氧化钾（KOH）电解质溶液一般采用 35%~45% 的浓度。理论电动势为 1.23V。

在阴极，氧气（O_2）和水（H_2O）与电子（$2e^-$）反应，生成导电的氢氧根离子（$2OH^-$），它移动到阳极，氢气（H_2）与氢氧根离子（$2OH^-$）反应，生成水（$2H_2O$），同时释放出电子（$H_2 + 2OH^- \longrightarrow 2H_2O + 2e^-$），这些电子通过外部电路移动到阴极。

总反应式为

$$H_2 + \frac{1}{2}O_2 \longrightarrow H_2O + 直流电 + 热能$$

但是，碱性燃料电池的运行需要阳极供给碳化氢燃料，比如天然气，最适用的方式是通过水蒸气重整来得到氢气。然而，通常这种燃料中含有二氧化碳（CO_2）。另外，最适合供给阴极氧气的方式是利用空气，但空气中也含有少量的二氧化碳（CO_2）。由于碱性燃料电池使用了氢氧化钾 KOH 水溶液作为电解质，并且运行温度在 50~200℃ 之间，而且 KOH 溶液浓度较高，容易发生电解质与 CO_2 的化学反应，产生溶解度较低的碳酸钾（K_2CO_3），导致电解质孔堵塞，从而降低燃料电池的性能。这会增加碳酸离子（CO_3^{2-}）的含量，阻碍氢氧化离子（OH^-）的扩散，降低燃料电池的性能。特别是当碳酸离子超过 30% 时，情况会急剧恶化。

然而，碱性燃料电池（AFC）具有以下优点：阴极在常温下也能容易发生化学反应，具有较高的发电效率（可达 50%~70%），并且不容易被电解质腐蚀。此外，它在电极、催化剂等组件的材料选择范围广。但它的最大缺点是受到二氧化碳的影响。只有在不含有 CO_2 的条件下，它才能成为性能可靠的燃料电池，适用于特殊场合如纯氢气和纯氧气燃料的宇宙空间和潜水艇。

质子交换膜燃料电池被称为 PEFC（膜聚合物电解质燃料电池），在一些国家也被称为 PEMFC。

阳极供给的燃料是氢气（H_2），它释放出电子（$2e^-$），成为氢离子（$2H^-$），通过电解质向阴极移动，并释放出电子。被释放的电子通过外部电路移动到阴极，在阴极上与氢离子（$2H^-$）和氧气（O_2）发生反应生成水（H_2O）。因此，总的反应方程式为 $H_2 + \frac{1}{2} O_2 \longrightarrow H_2O + 直流电 + 热能$。

质子交换膜燃料电池的结构采用具有离子传导性的高分子材料，如磺酸基的氟系高分子、磺酸基外聚苯乙烯等。

目前，主要使用偏钒酸铵树脂作为电解质。当该高分子材料被水饱和时，它具有良好的氢离子传导性，传导率为 $0.05 \sim 0.18 mS/cm$。尽管这个值比碱性电解质或磷酸电解质低，但由于其抗拉强度较大等特点，可以做成很薄（$50 \mu m$ 厚），并获得高密度出力。

因为电解质为固体，所以比液体更具稳定性。未来需要将电解质厚度减小到几十微米，以降低内电阻、增加电流、降低电压，实现更小型化的发电堆。运行温度相对较低，一般为 $60 \sim 70℃$，尤其是直接供氢气时，可以在常温下发电，无需长时间预热。另外，为了提高发电效率和余热利用效率，可以提高排气温度和 CO 容忍值。为了进一步提高质子交换膜燃料电池（PEFC）的温度，需要进一步研究并开发适用于高温运行的电解质。

质子交换膜燃料电池（PEFC）的发电方式具有低温、低压下运行特点，不受压力容器限制。同时可以广泛应用于家庭热电联供装置，实现家庭自发电和供热的愿望。无论是从减轻重量、提高启动性能的角度，还是对于汽车动力等方面的引人注目之处，各汽车公司都投入大量人力和财力开发燃料电池汽车。另外，一旦能在汽车上实现应用，则可以大规模生产并大幅降低燃料电池的价格。如果能够在家庭中使用，过去只用于炊事和锅炉的高级燃料（如城市燃气）现在也可以利用燃料电池，先发电，再利用排出的余热，实现高效能源利用的方式。

最主要的问题在于如何进一步提高电池堆的寿命，降低设备价格。近年来，价格下降较快，并且性能明显提高。

列举另一种类型的燃料电池——磷酸性燃料电池（PAFC）。磷酸性燃料电池使用磷酸溶液作为电解质，不存在二氧化碳问题的影响。燃料氢在阳极产生电子（$2e^-$）和氢离子（$2H^+$），通过电解质移动到阴极，同时放出电子。这些电子通过外部回路移动到阴极，在阴极上与氧气（O_2）反应生成水（H_2O），同时产生直流电和热能。这是总的反应方程式：$H_2+\frac{1}{2}O_2 \longrightarrow H_2O+$直流电+热能。

这种燃料电池已经进入商业运营阶段，主要以 50~400kW 规模的发电堆为主体，已有大量投入使用。然而，由于磷酸溶液作为电解质，提高温度会导致水分缓慢蒸发。为促进电极反应，需要高达约200℃的运行温度，并且需要使用铂催化剂。如果燃料中含有 CO，白金表面会附着 CO，阻碍发电反应，因此必须将燃料中的 CO 含量降低到允许范围以下。

磷酸性燃料电池的电解质为磷酸。二氧化碳不会对电解质性能产生影响，不需要预处理去除二氧化碳。因此，它可以使用含有二氧化碳的各种燃料。然而，磷酸性燃料电池具有较强的腐蚀性。

磷酸性燃料电池在高温下具有化学反应活性高和高效率的特点，但在过高的温度下效率反而会下降。因此，温度需要在适当范围内控制。

（二）高温型燃料电池的种类及特点

高温型燃料电池的种类及特点如表3.1-2所示。

表 3.1-2　　　　　　　　　　高温型燃料电池的种类及特点

项目	高温型燃料电池的种类及特点	
形式	熔融碳酸盐燃料电池	固体氧化物燃料电池
简称	MCFC	SOFC
燃料	H_2、天然气、甲醇、沼气、煤制气	H_2、天然气、甲醇、沼气、煤制气
电解质	Li_2CO_3-K_2CO_3、Li_2CO_3-Na_2CO_3	ZRO_2-Y_2O_3
离子种类	CO_3^{2-}、阴离子移动型	O^{2-}、阴离子移动型
运行温度	600~700℃	800~1000℃
冷却方式	气体/重整气体冷却	气体/重整气体冷却
电解质材料	$LiAlO_2$（铝酸锂）	—
阳极材料	Ni（镍）	Ni-YCZ（镍-稳定氧化锆）等
阴极材料	Ni（镍）	$LaSrMnO_3$ 等
催化剂	不用	不用

续表

项目	高温型燃料电池的种类及特点	
阳极催化剂	—	—
阴极催化剂	—	—
CO限制	不受CO的限制，且CO可做燃料	不受CO的限制，且CO可做燃料
氧化剂限制	空气+CO_2	可用空气
发电效率（%）	45~60	45~65
特点 优点	发电效率高、出力大、可用多种燃料、维护简便	发电效率高、出力大、可用多种燃料、维护简便
特点 缺点	启动慢，需要CO_2系统，有镍短路现象	启动慢，技术在成熟过程中
用途	电站、分布式热电联供	电站、分布式热电联供

1. 熔融碳酸盐燃料电池

熔融碳酸盐燃料电池（molten carbonate fuel cell，MCFC）的电解质使用碳酸盐溶液，如碳酸锂（Li_2CO_3）、碳酸钾（K_2CO_3）、碳酸钠（Na_2CO_3），也可以使用这三种溶液的混合物。该型燃料电池运行温度为700~900℃。在阴极上，二氧化碳（CO_2）和氧气（O_2）与电子（$2e^-$）反应生成碳酸离子（CO_3^{2-}），它们移动到阳极。氢气（H_2）与碳酸离子（CO_3^{2-}）在阳极反应，产生水（H_2O）和二氧化碳（CO_2），同时放出电子，通过外部电路移动到阴极。

熔融碳酸盐燃料电池的电解质是混合盐，包括$LiCO_3$、K_2CO_3、$NaCO_3$等，并不需要催化剂。由于燃料电池的电极反应伴随着电子交换，在电极本身上就是一种催化剂，因此不需要昂贵的白金等催化剂，并且使CO成为燃料。

为了降低CO浓度，不需要使用催化剂进行所谓的"转换（Shift）反应"，即$CO+H_2O=CO_2+H_2$，但为了将CO_2供给阴极，仍需要进行CO转换反应，生成H_2和CO_2。

尽管电解质和离子流动方向因不同的燃料电池而异，但所有燃料电池的共同点是提供给阳极的氢气（H_2）和提供给阴极的氧气（O_2），最终两者在电化学反应中生成水（H_2O）；在阳极释放出电子，这些电子通过外部电路移动到阴极；离子在电解质中向相反电极移动。这种反应持续不断，电子流动连续，产生电流。

熔融碳酸盐燃料电池已成功商业化运行。该电池具有高发电效率且不会受到CO中毒的影响。它可以使用沼气、煤制气等多种燃料，因此备受关注。然而，由于无法实现小型化且运行温度较高，以及预热时间较长等问题，它无法与质子交换膜燃料电池（PEFC）竞争。但是，已有数百台熔融碳酸盐燃料电池被用于分布式供能系统，其容量几百千瓦至几十兆瓦不等。这些电池已进入商业化运行阶段，但需要进一步降低设备费用，并延长电池堆的寿命。

2. 固体氧化物燃料电池

固体氧化物燃料电池（solid oxide fuel cells，SOFC）是一种具有固体电解质的燃料电池，其性能稳定，无需催化剂，不存在 CO 中毒的问题。同时，SOFC 也可以使用多种燃料，与熔融碳酸盐燃料电池（MCFC）相似，其发电效率也较高。然而，SOFC 还未真正进入商业化阶段，目前的问题包括电池堆的寿命和设备费用，以及涉及陶瓷材料可靠性等方面的挑战。

SOFC 中，阴极上的氧气与电子发生反应产生氧离子（$O_2+2e^- \Longrightarrow O^{2-}$），这些氧离子移动到阳极，在与氢气（$H_2$）反应产生水（$H_2+O^{2-} \Longrightarrow H_2O$）的同时释放出电子。这些电子通过外部回路流动到阴极。综上所述，总的反应方程式还是为 $H_2+\frac{1}{2}O_2 \longrightarrow$ H_2O+直流电+热能。

四、燃料电池的特点及应用范围

（一）燃料电池的特点

燃料电池可将氢气的化学能直接转换为电能，无热能转换过程，化学反应过程中温度几乎不变，因此损失较少，发电效率高。燃料电池发电过程不涉及燃烧，不产生氮氧化物（NO_x）等大气污染物和水污染物。同时，发电效率高，可以显著减少二氧化碳的排放。燃料电池发电过程无需大型设备的旋转和往复等机械运动，静止状态即可进行，靠电化学反应发电，因此发电过程非常安静，噪声减少。

总结而言，这些特点使得燃料电池非常适合于分布式供能系统。

1. 燃料电池发电效率高

燃料电池的高发电效率是其显著特点。在过去的发电方式中，燃料通过转换热能和机械能来发电，各个过程中都存在能量损失。而燃料电池的理论最高发电效率为80%以上，尽管实际电极化学反应会有一定损失，例如接触电位和电解质阻抗损失，以及重整器和燃料电池发电堆的热损失等。此外，还需要考虑辅助设备如风机、压缩机、逆变器等辅机的电耗。

这种损失越来越大的倾向是由于燃料电池运行温度较低。固体氧化物燃料电池等高温运行的设备由于排气温度较高，可以与燃气轮机或汽轮机复合发电，发电效率可达60%以上。然而，家用质子交换膜燃料电池的发电效率目标约为35%。

就发电效率而言，柴油发动机、汽油发动机、燃气轮机和汽轮机等发电设备的发电效率与发电出力规模成正比。能源转换原理分析表明，传统发电设备的发电容量越大，效率越高，被称为规模效益。然而，燃料电池并没有明显的规模效益，即使规模较小，仍可以获得高效率的发电，尤其是在超过额定运行条件时，其发电效率仍然不降低，这是燃料电池的优点之一。

燃料电池的发电效率因其类型而异，一般在35%~70%之间。燃料电池适用于设置在最终用户处，由于没有能源输送损失，特别适用于分布式供能系统。与传统发电装置（如汽轮机、燃气轮机、内燃机等）不同，燃料电池直接将燃料的化学能转化为电能，发电过程中损失较少，因此能够获得更高的效率。目前商业运行的燃料电池发电效率如下：质子交换膜燃料电池（PEFC）发电效率为35%~40%；磷酸性燃料电池（PAFC）发电效率为40%~45%；熔融碳酸盐燃料电池（MCFC）和固体氧化物燃料电池（SOFC）发电效率为40%~60%；碱性燃料电池（AFC）发电效率为50%~70%。

图3.1-10显示了各种发电系统的发电效率比较。

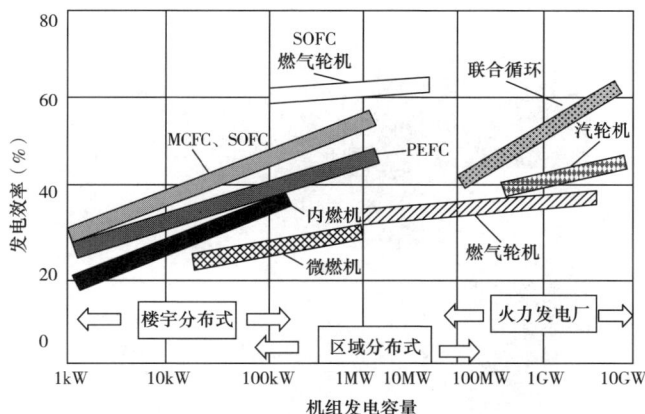

图3.1-10　各种发电系统的发电效率比较

2. 燃料电池排放的污染物极少

燃料电池具有低污染性。燃料电池的基本原理是氢气和氧气（空气）经过电化学反应产生电力。与火力发电不同，燃料电池不通过燃烧过程产生电力，而是通过化学反应同时产生水和热能。虽然在制氢过程（重整）中会产生二氧化碳，但由于燃料电池的高能源效率，单位发电出力的二氧化碳排放量相对较少，与内燃机相比约为60%~80%。同时，燃料电池在发电过程中不会产生高温燃烧，几乎没有氮氧化物的排放，而且在燃料重整之前通过脱硫装置预先排除了硫，因此几乎没有氧化硫的污染气体排放。

另外，燃料电池发电并不依赖设备的旋转或往复运动，而是通过静止状态下的电化学反应来发电。因此，燃料电池发电过程非常安静，大大减少了噪声产生。一般燃料电池电站的噪声不超过 65dB（A）。由于氢气和氧气在燃料电池内反应速度较慢，所以没有内燃机中的爆炸现象，也不会因振动而产生噪声。可以说，燃料电池是一种非常安静的能量转换装置，如果有一些噪声，是重整器输送空气的风机或压缩机造成的，噪声也是一种大气污染。

燃料电池发电系统排放的污染物极其少量，不会像火力发电厂那样产生废气和废水等污染物，如粉尘颗粒、二氧化硫（SO_2）、氮氧化物（NO_x）以及废水废渣等。与火力发电厂相比，燃料电池发电的二氧化碳（CO_2）排放量也远远较少。

3. 燃料电池设置在最终用户处

燃料电池可以设置在最终用户处，因为它不存在废水和废气的排放，避免了能源输送过程中的损失。燃料电池热电厂由于无污染且噪声低，可以建设在用户附近，这样能够节省建设投资并减少输送损失。加拿大多伦多市住宅区设置的 2.2MW 级燃料电池电站如图 3.1-11 所示。

图 3.1-11　加拿大多伦多市住宅区设置的 2.2MW 级燃料电池电站

4. 充分地利用余热

在燃料电池发电过程中，燃料一部分用于发电，另一部分转化为热能。因此，燃料电池发电系统可以充分利用余热。低温燃料电池主要通过热水回收余热，而高温燃料电池则可以通过蒸汽回收余热。综合热效率一般达到 80%~90%。低温燃料电池如质子交换膜燃料电池和磷酸性燃料电池可以回收两种温度的热水，即 50%~60% 的低温水和 90~120℃ 的高温水。在高温燃料电池如熔融碳酸盐燃料电池和固体氧化物燃料电池中，可以回收 0.4~0.6MPa（140~160℃）的蒸汽。

5. 燃料电池发电系统调节方便

燃料电池发电系统的参数调节非常方便，它由多个发电堆组成的模块可以轻松进行参数调节，具有快速响应突发事故的能力，可以自由增减容量，并对负荷的响应性非常好。这可以大大减少储备电量、电容和变压器等辅助设备的容量。同时，燃料电池的效率与容量和规模无关，始终保持高效率。燃料电池发电厂的规划容量可以灵活调节，发电效率不受机组容量和规模的影响，始终保持高效率，根据用户用户需求增减发电容量。

6. 燃料电池发电系统占地面积小

燃料电池是由许多堆组成的模块机组，占地少，占地面积仅为 $80~200m^2/MW$，相当于常规燃煤火力发电厂的 1/4、燃气联合循环电厂的 1/2，风力发电及太阳光热发电系统的 1%。因此，选址容易，尤其适用于冷热电需求地区，如城市中心（见图 3.1-11）。还可以作为分布式供能系统，就地满足供电、供热（冷）和热水供应的需求。尤其适合在城市中心及楼内建设。

7. 燃料电池是模块化机组

目前，全球各制造厂生产的燃料电池都是模块化的，可以在制造厂制成模块，然后现场组装。这样做可以大大缩短发电站的建设期，同时也方便扩建和改建。例如，熔融碳酸盐燃料电池模块的容量可以是 100、300、2800kW，具体见图 3.1-12。

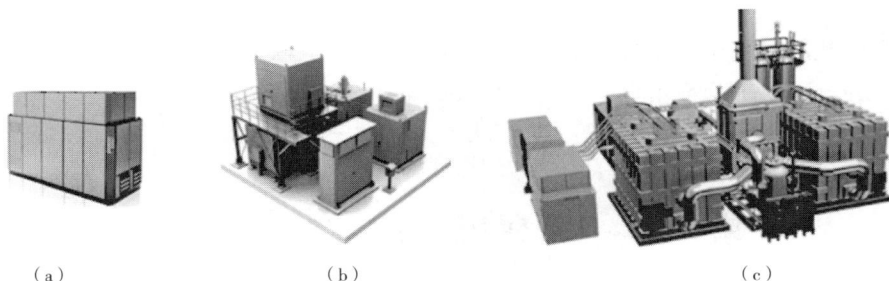

图 3.1-12 容量为 100、300、2800kW 的熔融碳酸盐燃料电池模块
（a）100kW 模块；（b）300kW 模块；（c）2800kW 模块

磷酸性燃料电池容量为 100、400kW 的模块如图 3.1-13 所示。

8. 燃料多样化

燃料电池可以使用天然气、城市煤气、甲醇、乙醇、煤制气、煤油、石脑油、液

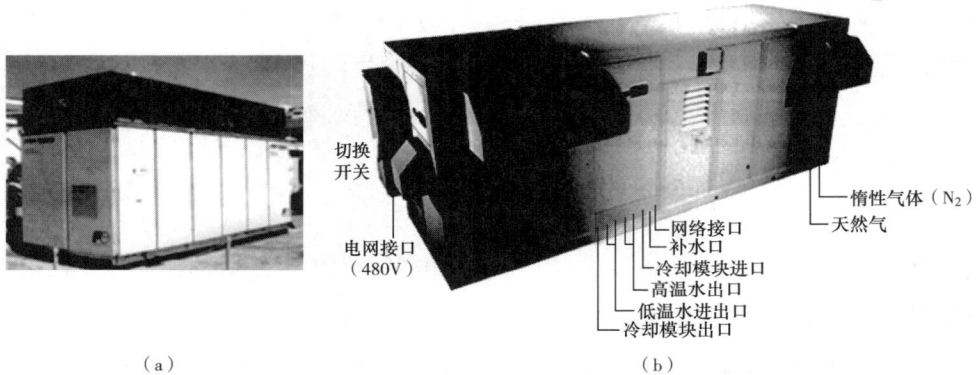

图 3.1-13 容量为 100、400kW 的磷酸性燃料电池模块

(a) 100kW 模块；(b) 400kW 模块

化天然气（LNG）、液化石油气（LPG）、沼气等多种燃料。

9. 建设周期短

燃料电池热电厂是由许多发电堆组成的模块，发电系统简单，设备安装容易，调试方便，建设周期短一般在 4~6 个月内就能够建成并投入使用。

10. 燃料电池电站无人值守

整个燃料电池电站的运行实现了全自动化，具备无人值守以及远程监视和控制的功能。

总之，与常规的汽轮机、燃气轮机等发电系统相比，燃料电池发电系统不存在规模效率和环境污染等问题。常规发电系统的进一步发展空间有限，而燃料电池发电系统在优越性方面越来越凸显，具有广阔的发展前景。

（二）燃料电池的应用范围

燃料电池的应用市场主要涵盖三个方面：家用热电联供系统、发电站及分布式供能系统，移动动力或辅助电源，以及便携式微型电源等。

第二节　燃料电池能量转换方式

一、燃料能量转换

（一）燃料化学能及燃烧反应

1. 燃料

燃料是指一种能够与氧气反应释放能量（热能）的物质。燃料分为固体燃料（如煤炭)、液体燃料(如石油)和气体燃料(如天然气)。煤的主要成分是碳元素 C,除此之外还含有其他各种成分,由于产地不同,煤的成分也会有所差异。液体燃料,如汽油、煤油和轻质油,全部是通过原油蒸馏精制而成。甲烷(CH_4)是代表性的气体燃料主要成分。氢气(H_2)作为一种一次燃料,存在量很少。它主要是通过甲烷反应产生。在通常条件下,燃烧需要氧气(O_2),而空气中主要成分氮气(N_2)几乎不参与燃烧过程。

2. 化学能

化学能是一种难以察觉的能量形式,它不能直接用于做功,只有在发生化学变化(化学反应)时才能够释放出来,转化为热能、光能或其他形式的能量。例如,石油和煤等化石燃料的燃烧过程中释放的能量属于化学能。化学能指的是储存在物质中的能量。根据能量守恒定律,这种能量的变化与反应中热能的变化大小相等,但符号相反。当参与反应的化合物中原子重新排列并形成新的化合物时,将导致化学能的变化,并产生放热或吸热效应。

化学反应本质上是原子最外层电子的运动状态发生改变。在化学反应中吸收或释放的能量被称为化学能,化学能的来源是由于化学反应中原子最外层电子的运动状态改变和原子能级发生变化的结果。

原子由原子核和电子通过电磁场黏合在一起,分子由原子通过电磁场(化学键能)黏合在一起,物质(固体、液体、气体)由分子通过电磁场(分子间力)黏合在一起,化学键是物质存在的一种形式,化学键物质即为电磁场物质。化学反应是原子重新组合形成新物质的过程,在化学反应过程中,化学键的键能能级发生变化,从而产生化学能现象。当键能(电磁场能级)提高时,为吸能反应;键能降低时,为放能反应。

化学键的断裂和形成是物质在化学变化中能量变化的主要原因。因此,物质的化学反应与体系的能量变化是同时发生的。

各种物质都储存有化学能,不同的物质不仅组成不同、结构不同,所包含的化学能也不同。在化学反应中,既有化学物质中化学键的断裂,又有生成物中化学键的形成。因此,一个确定的化学反应完成后的结果是吸收能量还是释放能量,取决于反应物的总能量与生成物的总能量的相对大小。

化学反应遵循质量守恒定律,一种能量可以转化为另一种能量,能量也是守恒的,这就是能量守恒定律。

人类利用化学能转化为热能的原理来获取所需的热量进行生活、生产和科研,例如化石燃料的燃烧、炸药开山和发射火箭等。化学家们也常常利用热能使许多化学反应发生，从而探索物质的组成、性质或制备所需的物质，例如高温冶炼金属和分解化合物等。

化学反应伴随着能量变化，这是化学反应的一大特征。化学物质中的化学能通过化学反应转化为热能，是人类生存和发展的动力之源；而热能转化为化学能又是人们进行化学科学研究和创造新物质不可缺少的条件和途径。

3. 燃料化学能

燃料化学能指的是在燃烧过程中被释放出的化学能。燃料是指能够在氧气存在下燃烧的物质，例如煤、石油、天然气和木材等。燃料的燃烧是一种氧化还原反应，通过引发燃料和氧气之间的化学反应来释放能量。

在燃烧过程中，燃料中的化学键被破坏，加速了燃料与氧气之间的化学反应。在此过程中，释放的化学能转化为热能和光能，这些能量被用于加热周围物体或产生动力。

燃料的燃烧过程还会产生许多副产品，例如二氧化碳、氮氧化物、一氧化碳和水蒸气等。

燃料化学能在许多方面都有应用，例如发电、供热和交通等。然而，随着全球气候变化的加剧和对环境保护的需求，寻找替代能源和减少化石燃料的使用已成为一个迫切的问题。因此，燃料化学能的研究和应用正在不断发展和改进，以满足未来能源需求并减少环境污染。

正如前面所述，燃料电池是一种新型发电装置，利用氢气和氧气通过电化学反应发电。相较于高温燃烧，燃料电池能在低温下通过缓慢的化学反应发电，并产生的只有水和热。在这个过程中，电子交换也同时发生，这被称为电化学反应，是可以把燃料的化学能直接转变为电能的装置。

4. 燃烧反应

燃烧反应是指混合物中可燃成分与氧反应迅速产生火焰、释放大量热量和强烈光线的过程。燃烧反应需要三个要素：燃料（可燃性物质）、助燃剂（如氧化剂）以及达到起燃温度（即发火点）所需的加热温度。只要开始了反应，就会发生联锁反应，并自然进行。

这种燃烧反应与物体自然下落至低处的物理过程有着本质的区别，它要求系统必须克服一个能量壁垒，这一过程类似于攀登并翻越一座山峰。为了成功跨越这一能量障碍，必须破坏燃料或氧化剂分子间的化学键，或者促使反应中生成高反应活性的中间产物——自由基。这些自由基作为能量传递的关键媒介，在燃烧反应中发挥着至关重要的作用，是推动反应持续进行的核心力量。

而释放这些自由基所需的能量，称为活化能，它是启动并维持燃烧反应所必须跨越的能量门槛。一旦这个能量壁垒被克服，燃烧反应便能自行加速进行，释放出巨大的热能。这些热能来源于反应物化学能与生成物化学能之间的差值，是燃烧反应中化学能转化为热能的直接体现，也是燃烧现象最为显著和重要的特征之一。

图 3.2-1 直观地展示了燃烧反应过程中能量的变化轨迹，从反应物的初始能量状态，经过活化能的跨越，最终达到生成物的稳定能量状态，并在此过程中释放出大量的热能。

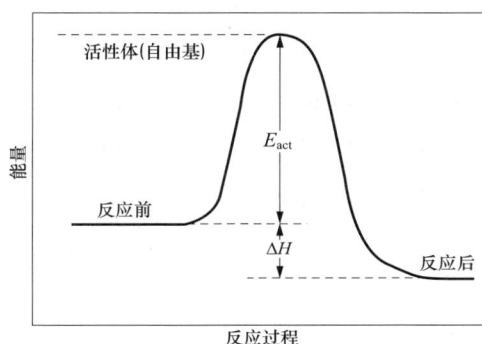

图 3.2-1 化学反应过程、活化能和反应热能之间的关系

注 1. 资料来自日本《水素·燃料電池ハンドブック》。

2. 自由基（radical）是指带有一个未成对电子的物质。自由基具有极高的化学活性，容易氧化和还原，尤其擅长氧化反应。

3. E_{act} 为自由基活化能；ΔH 为反应释放出的热能。

5. 电化学反应

前面提到的燃烧反应是狭义的燃料氧化反应，但从更广义的角度来看，氧化指的是与氧无关的失去电子的反应，而还原反应则是分离氧或添加电子的反应。从一般观点来分析，由于燃料物质的原子价电子转移到氧气一侧，维持生成物的结合，因此燃料被氧化，氧气本身则被还原。从广义角度来看，燃烧反应同时进行氧化反应，而电子的转移与静电结合力有关，这就是结合力能够直接转化为电能的关键。

当然，如果氧化还原反应在同一位置进行，就会释放热量完成反应。为了引导静电力的结合，形成外电路使电子流动，以电流的形式实现氧化反应和还原反应，必须在不同的位置进行。通常的化学电池就是基于这种反应原理的。

例如，最常见的锰干电池的单个循环（涉及电解质物质的复杂结构）总反应为

$$Zn+2MnO_2 \longrightarrow ZnO+Mn_2O_3 \qquad (3.2-1)$$

氧化反应（负极）为

$$Zn+2OH \longrightarrow ZnO+H_2O+2e^- \qquad (3.2-2)$$

$$2MnO_2+H_2O+2e^- \longrightarrow Mn_2O_3+2OH \qquad (3.2-3)$$

如上所示，从氧化反应侧释放的 2 个电子被还原反应侧吸收，进行总的反应。此时，电解质能够导电的是离子，而不能导电的是电子，只有当电子导体的两个电极通过金属导线连接起来时，反应才能持续进行，否则无法实现连续反应。电子从氧化反应侧移动到还原反应侧，但电流方向与电子流动方向正好相反。氧化反应为负极（−），还原反应为正极（＋）。这些被称为活性物质的物质在负极（−）选择氧化作用强的物质，在正极（＋）选择还原作用强的物质。在锰电池中，负极利用锌本身扮演电极作用，正极利用二氧化锰（MnO_2）扮演电极作用。由于二氧化锰（MnO_2）的导电性较低，所以使用碳粉末和电解质液混合物，由碳棒电极连接的结构来使用。在一般化学电池中，活性物质会随着反应而耗尽，降低电动势，最终寿命结束。

与化学电池原理相同，燃料电池的基本原理是利用负极活性物质和燃料以及正极活性物质，引发氧化还原反应。将结合物质的化学能直接转化为电能。

（二）燃料能源转换方式

燃料能源转换方式是指将燃料中的化学能转化为其他形式能源的过程。这些转换方式通常包括以下几种：

（1）热能转换。燃料的燃烧可以产生热能，这种热能可以用于产生蒸汽或直接加热物体。蒸汽可以驱动蒸汽涡轮机产生电力，也可用于供热和工业过程。直接加热可用于供暖和供热水。

（2）机械能转换。燃料的燃烧可以产生高温高压气（汽）体，这些气（汽）体可以驱动发动机（涡轮机）产生机械能。例如，汽油发动机和柴油发动机可以将燃料的化学能转化为驱动汽车的机械能。

（3）电能转换。燃料可以用于产生电能，可通过燃烧或其他方式实现。例如，煤和天然气可被用于产生蒸汽以驱动汽轮机、燃气轮机。核能可通过核反应产生热能以驱动蒸汽涡轮机，从而产生电能。

（4）化学能转换。燃料的化学能也可以转化为其他化学能。例如，太阳能可通过光合作用将二氧化碳和水转化为有机物，这些有机物可用作生物燃料。

（5）其他能源转换。燃料的化学能也可通过其他方式转化为其他能源，例如利用生物燃料电池直接将生物燃料中的化学能转化为电能。

总之，燃料能源转换方式是将燃料中的化学能转化为其他形式能源的过程，这些能源用于供热、发电、交通等多个领域。在能源转换过程中，需要考虑到能源转换的效率和环境影响。

能源系统从燃料中获得能量的方式可分为两种。一种是通过燃烧反应获得热能，将热能转换成机械能，通过卡诺循环，生产电能（火力发电），如图 3.2-2 所示。

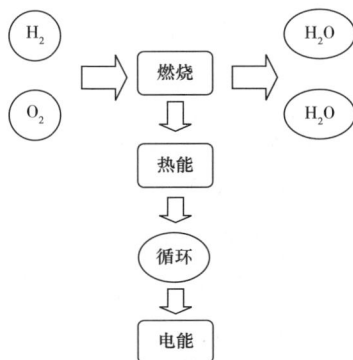

图 3.2-2　燃烧反应产生的热能转化为电能或做功示意图

根据赫斯（Hess）法则，在能量转换反应式中，热焓由初态和终态焓差所决定，与反应路径无关。因此，在燃料电池中，反应热等于氢的燃烧热。

无论是燃烧反应还是化学反应，都是通过相同的反应方程式进行，不仅反应方程式相同，而且反应热也相差不大。燃烧反应生成的热量为 $241.8kJ/molH_2$，化学反应生成的热量为 $228.6kJ/molH_2$，燃烧反应的热量略高于化学反应的热量。

在燃烧反应过程中，热能是通过燃烧反应实现的，其反应特点是燃料迅速氧化，同时产生大量热能，因此需要很高的化学反应温度。

当代人类社会约 85% 的能量来自于化石能源的燃烧，但大量燃烧化石燃料会导致全球变暖、酸雨、大气污染、水污染等环境问题。

化学反应直接获取能源的示意图如图 3.2-3 所示。

燃料电池将燃料中的化学能直接转化为电能，没有热能转换过程，且化学反应过程中温度几乎不变，发电过程中损失较少，因此具有高效率。此外，燃料电池发电不依赖于燃烧过程，不会产生氮氧化物（NO_x）等大气污染物和水污染物，加上高发电效率，大大减少了二氧化碳的排放，从而减缓全球变暖。燃料电池发电过程静态无需大型设备的旋转或往复运动，而是通过电化学反应在静止状态下实现，发电过程安静，

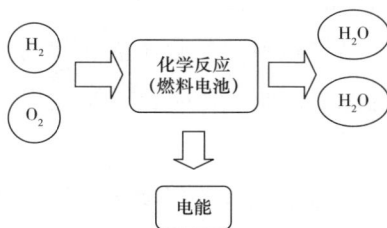

图 3.2-3　化学反应直接获取能源的示意图

噪声小。

燃料电池不涉及热能转换，而是将氢气的化学能直接转化为电能。从表面上看，氢气和氧气发生反应产生水，但实际上，氢气在铂涂层阴极上催化分离为氢离子和电子，氢离子通过电解质传递，电子通过外部电路释放电能，在阳极处生成水。

在燃料电池反应热或自由能的公式中，反应热表示为负（-）值，热量单位一般按千焦（kJ）、千卡（kcal）、瓦（W）、英热单位（btu）换算。

化学能与电能相互能源转换过程示意如图 3.2-4 所示。

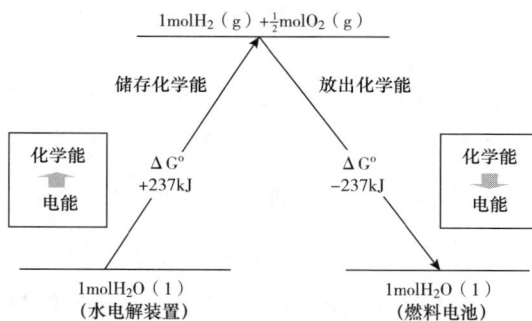

图 3.2-4　化学能与电能互相转换示意图

注　资料来自日本《水素・燃料電池ハンドブック》。

（三）燃料电池输出功

燃料电池输出功是指将化学能转化为电能，并通过外部电路产生电流，从而进行工作的过程。燃料电池通常由阳极、阴极和电解质三部分组成。

在燃料电池的工作过程中，燃料在阳极处发生氧化反应，产生电子和正离子，电子沿着外部电路流动到阴极，而正离子则穿过电解质流向阴极。同时，在阴极处，氧气与电子和正离子结合，产生水和热能。这个过程中，化学能被转化为电能和热能，而电能可以通过外部电路输出功。

燃料电池输出功的大小取决于燃料电池的工作电压和电路的负载。燃料电池的工作电压由电化学电位决定，不同的燃料和电解质组合可以产生不同的电化学电位。电路的负载也会影响燃料电池的功率输出，过大的负载会导致电压降低，从而减少功率输出。

燃料电池输出功的优点是高效、清洁和可再生。相比于燃烧燃料产生的热能，燃料电池可以将燃料中的化学能直接转化为电能，因此具有高效的能源转换效率。此外，燃料电池的排放物为水和热能，不会产生二氧化碳和其他污染物，具有很好的环保性能。最后，燃料电池所使用的燃料可以是可再生能源，如氢气、生物质和废料等，具有很好的可再生性。

假设化学反应在完全可逆的情况下发生，则体系对外能够做的最大功为 W，这里需要引入热力学第一定律。该定律本质是能量守恒定律，即能量既不会创生，也不会消亡。对于一个能够与外界进行能量交换的体系而言，功和热是能量传递的两种不同形式。体系内能的变化 ΔU 可以表示为吸收的热量 Q 与体系对外所做的功 W（这里功应该包括体积功和电功等所有功的总和）的差值，即

$$\Delta U = \Delta Q + W \qquad (3.2\text{-}4)$$

任何可逆过程的热温熵为过程的熵变，即

$$\Delta Q/T = \Delta S \qquad (3.2\text{-}5)$$

从式（3.2-4）和式（3.2-5）得

$$\Delta U = T\Delta S + W = T\Delta S + W' - P\Delta V \qquad (3.2\text{-}6)$$

式中：W' 为体系对外非体积功。

在物理化学中，体系对外做功可分为两种：一种是体积功，在恒温恒压下，可以表示为 $-P\Delta V$，另一种是非体积功 W'（对外做功 W 为负值），则

$$\Delta G = W' \qquad (3.2\text{-}7)$$

化学反应前后的吉布斯自由能变化量等于体系在可逆条件下能够对外做功的非体积功，即最大非体积功。对燃料电池而言，这种非体积功就是电功率。对外做功包括沿外电路移动电子。

燃料电池能够对外做功，而燃烧和爆炸不做非体积功。显然，燃料电池对外做的功大于简单的燃烧，而它对外界的发热要小于燃烧。简单地说，燃料电池直接将燃料的化学能转变为电能，而不像燃烧那样转变为热能。电能转换为其他形式的能的利用效率可以高达100%（如某些电动机能够以大于90%的效率将电能转化为机械能），而热能的利用由于受到热机的限制，效率较低。

式（3.2-7）是一个非常重要的表达式。对于以氢气为燃料和氧气为氧化剂的燃料电池而言。

阳极反应为

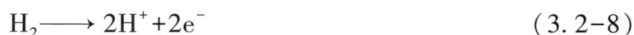

$$H_2 \longrightarrow 2H^+ + 2e^- \qquad (3.2-8)$$

阴极反应为

$$\tfrac{1}{2}O_2 + 2e^- + 2H^+ \longrightarrow H_2O \qquad (3.2-9)$$

总反应为

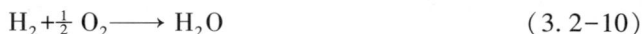

$$H_2 + \tfrac{1}{2}O_2 \longrightarrow H_2O \qquad (3.2-10)$$

根据以上公式，每消耗一个分子的氢，同时生成一个分子的水时，有两个电子通过外电路。因此，每消耗 1mol 的氢，2N 数量的电子会通过外电路（这里 N 是阿伏伽德罗常数）。设 e^- 为每个电子的电荷，则总电量为

$$-2Ne = -2F(C) \qquad (3.2-11)$$

式中：F 为法拉第常数，表示 1mol 电子的电量。

如果燃料电池的电动势为 E，则驱动此电量通过外电路所做的电功为

$$电量 \times 电动势 = 2FE(J) \qquad (3.2-12)$$

根据式（3.2-7），燃料电池能够做的最大电功等于反应前后体系吉布斯自由能变化量，则

$$\Delta G = 2F \cdot E \qquad (3.2-13)$$

由式（3.2-13）可知

$$E = \Delta G/(-2F) \qquad (3.2-14)$$

式（3.2-14）表示了燃料电池的电动势，也称为可逆开路电压。体系能够产生最大电功的前提条件是该化学反应的发生是无穷慢的，即在可逆条件下发生。也就是说，电子在电路中的流动必须是无穷慢的。在现实中，这是不可能实现的。实际运行中的燃料电池的开路电压总是低于电池的电动势。

例如，假设氢氧燃料电池在 200℃ 下工作时，产生的产物水为气态。此时，ΔG 为 -220.82kJ/mol，则电动势 $E = 220820/(2 \times 96485) = 1.14$V。

在该计算中，F 为法拉第常数，$F = 96485$C/mol。在 25℃ 下工作时，由于 $\Delta G = 237400$J/mol，因此理论电动势为 1.23V。

在计算中，假设为可逆反应过程，并且反应物为纯氢和纯氧，在标准压力下为 0.1MPa。

（四）化学反应和吉布斯自由能

化学反应是化学物质之间的相互作用，导致化学键的形成或断裂。化学反应可以是可逆的或不可逆的，并涉及单个或多个化学物质之间的相互作用。化学反应的基本方程式可以用化学方程式表示，其中反应物（原料）在箭头的左侧，产物在箭头的右侧。例如，下面是燃烧甲烷产生二氧化碳和水的化学方程式，即

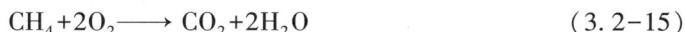

$$CH_4 + 2O_2 \longrightarrow CO_2 + 2H_2O \tag{3.2-15}$$

在化学反应中，吉布斯自由能是一个非常重要的概念。吉布斯自由能（G）衡量了一个化学系统可用于做有用功能量，可以通过下式计算，即

$$G = H = TS \tag{3.2-16}$$

式中：G 为吉布斯自由能；H 为系统的热力学能量（内能加上扩散能）；S 为系统的熵；T 为系统的温度。

吉布斯自由能在化学反应中的重要性在于它可以预测反应是否会发生以及反应达到平衡的方向。如果反应的吉布斯自由能（ΔG）为负，反应是自发的，并且产生的吉布斯自由能可以用于做有用功。如果反应的 ΔG 为正，则反应不会自发进行。如果 ΔG 等于零，则反应处于平衡状态，其中反应物和产物的速率相等。

1. 化学反应和标准生成焓

在化学反应中，反应前的物质称为反应物，反应后的物质称为生成物。如图 3.2-5 所示，化学反应中的反应物和生成物在燃料电池中，反应物是氢气和氧气，生成物是电和水。在燃料电池中，氢和氧发生化学反应，氧化剂一般采用空气，燃料（氢气）一般为气体或液体，应为活性物质。

图 3.2-5　化学反应中的反应物和生成物

在反应过程中，化学键被破坏，化学组成发生变化，因此伴随着放热或吸热的现象。图 3.2-6 展示了化学反应中的放热和吸热现象。

因此，反应热是指在一定温度和压力条件下，物质由反应物转化为生成物的焓差。

为了求得反应热，首先必须知道反应热和生成物的焓的差值。在甲烷（CH_4）和氧气（O_2）这两种物质作为反应物的情况下，生成物可能是 CO_2、H_2O、CO、C 等多种物质。然而，在这种情况下，生成物（CO_2、H_2O、CO、C 等）的组成比例会随着反

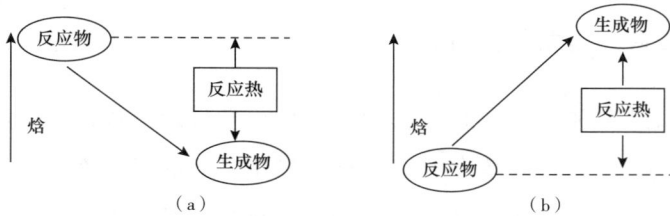

图 3.2-6　化学反应中的放热反应和吸热反应

(a) 放热反应；(b) 吸热反应

应条件的不同而变化。因此，需要预先知道反应物和生成物之间的焓差值。根据生成物的组成可能发生的变化，需要提供各种可能的焓差值。

为了求解反应热，需要确定基准物质，然后比较与这一物质相对应的焓差值。因此，引入了"生成焓"这一概念，用 $\Delta_f H$ 表示。使用这一物理量，可以简单地求解任何反应式的反应热。选择在标准状态（25℃、0.1013MPa）下的单质物质作为基准物质，称之为标准物质，例如 H_2、N_2、O_2、C（石墨）、S（硫磺）。在这个标准状态下，由标准物质生成新物质时的焓被称为标准生成焓。因为标准物质 H_2、N_2、O_2、C（石墨）、S（硫磺）是由标准物质生成的，所以它们的生成焓 ΔH 为零。这些物质由于由单一元素组成，它们之间不能相互转化，并且在标准状态下是稳定的，因此它们的基准值都为零。表 3.2-1 列举了一些代表性化学物质的标准生成焓，图 3.2-6 显示了它们的大小关系。

表 3.2-1　　　　　标准生成焓 $\Delta_v H^o$（kJ/mol）

温度（K）	CH_4	CO	CO_2	C_2H_2	H	H_2
298.15	−74.873	−110.527	−393.522	226.731	217.999	0
500	−80.802	−110.003	−393.666	226.227	219.254	0
1000	−89.849	−111.983	−394.623	223.669	222.248	0
1500	−92.553	−118.896	−398.222	218.528	228.518	0
2000	−92.174	−118.896	−396.784	219.933	226.898	0
2500	−92.174	−122.994	−398.222	218.528	228.518	0
3000	−91.705	−127.457	−400.111	217.032	229.790	0
温度（K）	H_2O	NO	N	OH	O_2	C
298.15	−241.826	90.291	0	38.987	0	0
500	−243.826	90.352	0	38.995	0	0

温度（K）	H_2O	NO	N	OH	O_2	C
1000	−247.857	90.437	0	38.230	0	0
1500	−250.265	90.518	0	37.381	0	0
2000	−251.575	90.494	0	36.685	0	0
2500	−252.379	90.295	0	35.992	0	0
3000	−253.024	89.899	0	35.194	0	0

如表 3.2-1 所示，如确定了基准物质，就可以通过生成物和基准物质的生成焓，与反应物与基准物质的生成焓的差值来求得反应物和生成之间焓的焓差值及反应热为

$$\Delta_f H = \Delta_f H_{prod} - \Delta_f H_{react} \tag{3.2-17}$$

式中：$\Delta_f H$ 为反应物和生成物之间的焓差；$\Delta_f H_{prod}$ 为生成物的焓；$\Delta_f H_{react}$ 为反应物的焓。1mol 氢气和 $\frac{1}{2}$ mol 氧气的反应式为

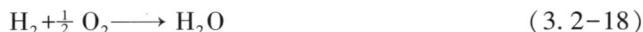

$$H_2 + \frac{1}{2} O_2 \longrightarrow H_2O \tag{3.2-18}$$

可以在 298.15K（25℃）条件下求解这个反应的热。由于反应式在左右两侧共有三种物质由标准物质生成，左侧的 H_2 由标准物质直接生成，其生成焓 $\Delta_f H_{H2}$ 为零，同时 O_2 也为零。右侧的 H_2O（g）由标准物质 H_2 和 $\frac{1}{2} O_2$ 生成，其标准生成焓 $\Delta_f H_{H2O}$ 为 −241.826kJ/mol。

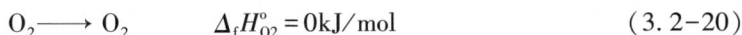

$$H_2 \longrightarrow H_2 \qquad \Delta_f H_{H2}^o = 0kJ/mol \tag{3.2-19}$$

$$O_2 \longrightarrow O_2 \qquad \Delta_f H_{O2}^o = 0kJ/mol \tag{3.2-20}$$

$$H_2 + \frac{1}{2} O_2 \longrightarrow H_2O \qquad \Delta_f H_{H2O}^o = -241.826kJ/mol \tag{3.2-21}$$

反应物、生成物的标准生成焓与反应热的关系如图 3.2-7 所示。

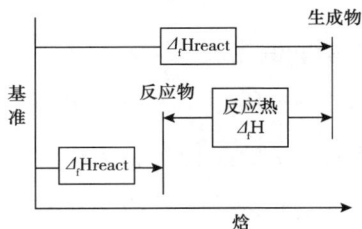

图 3.2-7 反应物、生成物的标准生成焓与反应热的关系

表 3.2-1 所示反应物（H_2、O_2）、生成物（H_2O）都是以标准物质为基础来计算标准生成焓 $\Delta_f H_{H2}^o$、$\Delta_f H_{O2}^o$、$\Delta_f H_{H2O}^o$。因为物质 i 的系数为 n_i，温度 T_0（= 298.15K，

25℃）的反应热是反应式右侧生成物的标准生成焓，即

$$\sum_{\text{prod}} n_i \Delta_f H_i^\circ = \Delta_f H_{H_2O}^\circ \tag{3.2-22}$$

$$\sum_{\text{react}} n_i \Delta_f H_i^\circ = \Delta_f H_{H_2}^\circ + \frac{1}{2}\Delta_f H_{O_2}^\circ \tag{3.2-23}$$

$$\Delta_r H^\circ(T_0) = \sum_{\text{prod}} n_i \Delta_f H_i^\circ - \sum_{\text{react}} n_i \Delta_f H_i^\circ$$
$$= -241.826 \text{kJ/molH}_2 \tag{3.2-24}$$

来求解反应热。

此外，使用标准生成焓，即使如后述的吸热反应 $CH_4 + H_2O \longrightarrow CO + 3H_2$，其反应热也可以求解。换而言之，这个等式左侧的一种物质甲烷，由标准物质 C 和 H_2 反应成

$$C + 2H_2 \longrightarrow CH_4 \quad \Delta_f H_{CH4}^\circ = -74.873 \text{kJ/mol} \tag{3.2-25}$$

在 298.15K（25℃）时的标准生成焓如表 3.2-1 所示。

$\Delta_f H_{H2}^\circ = -74.873 \text{kJ/mol}$，$H_2O$、CO、$H_2$ 在 298.15K 条件下的标准生成焓的求解如下所示。

$$H_2 + \tfrac{1}{2} O_2 \longrightarrow H_2O \quad \Delta_f H_{H_2O}^\circ = -241.826 \text{kJ/mol} \tag{3.2-26}$$

$$C + \tfrac{1}{2} O_2 \longrightarrow CO \quad \Delta_f H_{CO}^\circ = -110.527 \text{kJ/mol} \tag{3.2-27}$$

$$H_2 \longrightarrow H_2 \quad \Delta_f H_{H_2}^\circ = -0 \text{ kJ/mol} \tag{3.2-28}$$

根据这些数据，298.15K 时吸热反应的反应热为

$$\Delta_r H^\circ(T_0) = (\Delta_f H_{CO}^\circ + 3\Delta_f H_{H_2}^\circ) - (\Delta_f H_{CH_4}^\circ + \Delta_f H_{H_2O}^\circ) \tag{3.2-29}$$
$$= -110.527 - (-74.873 - 241.826)$$
$$= 206.172 \text{ (kJ/molCH}_4)$$

这样，无论是什么样的化学反应，只需要计算反应物和生成物的标准生成焓之差，即生成物的标准生成焓减去反应物的标准生成焓，就可以得到反应热的理论值。

2. 化学反应中吉布斯自由能的变化

在氢气（H_2）的化学反应 $H_2 + \tfrac{1}{2} O_2 \to H_2O$ 中，正如前面所述，反应热使得反应物的焓高于生成物的焓，换句话说，化学能转化为热能。在热能使用中，有些是为了使物质温度升高，也有许多是通过发热的化学反应来实现的。产生的热能可以通过其他能量转换过程转化为电能或用于做功。正如前面所述，燃料电池可以将氢气直接转化为电能，而无需燃烧过程。

氢气与 $\tfrac{1}{2} O_2$ 以温度 T_0 存在于反应室中，由于燃烧，浓度上升。而燃料电池的温度基本不升高，但由于发电反应释放的热量使生成物 H_2O 的温度升高，所以对于燃料电

池来说，温度只会略微升高一点。

正如前面所述，燃料电池的发电反应发生在阳极，通过氢离子、电子和氧气的反应产生水。

阳极反应为

$$H_2 \Longrightarrow 2H^+ + 2e^- \tag{3.2-30}$$

阴极反应为

$$\frac{1}{2}O_2 + 2H^+ + 2e^- \Longrightarrow H_2O \tag{3.2-31}$$

总反应为

$$H_2 + \frac{1}{2}O_2 \Longrightarrow H_2O \tag{3.2-32}$$

该公式表明，无论是燃烧反应还是发电反应，它们是完全相同的。燃料电池中没有热能的转换，而是直接将氢气的化学能转化为电能。从表面上看，氢气和氧气反应生成水，但实际上，氢气在涂有铂的阴极上发生催化分解，分离成氢离子和电子，氢离子通过电解质，电子通过外部电路，从而获取电能，最后在阳极处生成水。

所谓的"自由能"指的是在一个热力学过程中，系统减少的内能中可以转化为对外做功的部分，是系统在该过程中可以对外部提供的"有用能量"。如何判断一个封闭系统是否发生自发过程，吉布斯自由能就是其中的一个状态函数，也是最常用的一种。

在等温等压条件下，封闭系统可能做的最大有用功对应于状态函数，即吉布斯自由能（有时简称为自由能或吉布斯函数，符号为 G 的变化量）。

正如前面所述，吉布斯自由能 $G = H - TS$，是基于化学组成发生变化的情况而定义的。在化学组成不发生变化的系统中，吉布斯自由能的变化由状态变化所获得的最大能量来提供。而在化学反应后发生化学组成变化的情况下，在温度和压力保持不变的简单体系中，反应前（$H_2 + \frac{1}{2}O_2$）和反应后（H_2O）的吉布斯自由能变化 $\Delta G = \Delta H - T\Delta S - S\Delta T$，并由于温度变化 $\Delta T = 0$ 导出下式，即

$$\Delta G = \Delta H - T\Delta S \tag{3.2-33}$$

ΔH 是上述反应前后焓的差值，即反应热。考虑在可逆过程下的熵的变化 $\Delta S = q_{rev}/T$，其中 $-T\Delta S$ 是可逆过程下的热量释放或吸收值。$-q_{rev}$ 表示所释放的最低限度热量。方程式（3.2-33）的含义是 ΔG 是反应前后焓的差值 ΔH 减去从体系中释放出的最小热量 $T\Delta S$，代表可能获得的最大电能或功。

通过反应获得的最大功为 ΔG，而 $-T\Delta S$ 表示最小限度释放的热量。如何使 ΔG 达到最大值，反过来就是如何使释放的热量接近 $-T\Delta S$。这是有效利用能源的原则之一。如前所述，燃料电池出口温度较入口温度略高，这是由于有热量释放的原因。反应热和

吉布斯自由能变化的关系如图 3.2-8 所示。

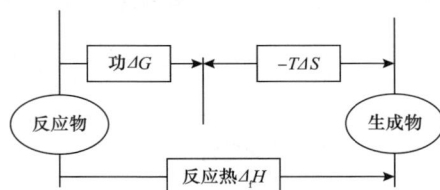

图 3.2-8　反应热和吉布斯自由能变化的关系图

3. 标准生成吉布斯自由能和能量转化

反应前后吉布斯自由能的差值 ΔG，表示反应能够直接获得的最大功的求解方法。与求解反应热 $\Delta_r H$ 时定义标准生成焓类似，定义标准物质时所需的吉布斯自由能为 $\Delta_f G^o$，即

$$\Delta_f G^o = \Delta_f H^o - T\Delta S \tag{3.2-34}$$

$\Delta_f G^o$ 和 $\Delta_f H^o$ 相同，都以 25℃、1 大气压（0.1MPa）下稳定的标准物质［如 H_2、N_2、O_2、C（石墨）、S（硫磺）、N_2 等］为基准，即 $\Delta_f H^o = 0$。其他化学物质通过相关标准物质的差来表示。式（3.2-34）给出了 $\Delta_f G^o$、$\Delta_f H^o$ 和 ΔS 之间的关系。通常可以直接从表 3.2-2 获取 $\Delta_f G^o$ 的值，而不需要使用式（3.2-34）来计算。以标准物质 C 和 H_2 生成甲烷为例，在 298.15K 时，吉布斯自由能可从表 3.2-2 获得，即

$$\Delta_f G^o = -50.768\text{kJ/mol} \tag{3.2-35}$$

$$\Delta_f H^o = -74.873\text{kJ/mol} \tag{3.2-36}$$

$$\Delta S = S_{CH4}^o - (S_C^o + 2S_{H2}^o) \tag{3.2-37}$$

$$= 186.251 - (5.740 + 2\times130.680) = -80.849 \text{ [kJ/ (mol·K)]}$$

$$\Delta_f H^o - T\Delta S = 74.873 - 298.15 \times (-80.849) \times 10^{-3} \tag{3.2-38}$$

$$= -50.768 \text{ (kJ/mol)}$$

表 3.2-2　　　　　　　　　　　标准吉布斯自由能 $\Delta_f G^o$　　　　　　　　　　kJ/mol

温度（K）	CH_4	CO	CO_2	C_2H_2	H	H_2
298.15	−50.768	−137.163	−394.389	209.200	203.272	0
500	−32.741	−155.414	−394.939	197.453	192.957	0
1000	19.492	−200.275	−395.886	169.607	165.485	0

续表

温度（K）	CH₄	CO	CO₂	C₂H₂	H	H₂
1500	74.918	-243.740	-396.288	143.080	136.522	0
2000	130.802	-286.034	-396.333	117.183	106.780	0
2500	186.622	-327.326	-396.062	91.661	76.530	0
3000	242.332	-395.816	-395.461	66.423	46.007	0

温度（K）	H₂O（g）	NO	N₂	OH	O₂	C
298.15	-228.582	86.600	0	34.277	0	0
500	-219.051	84.079	0	31.070	0	0
1000	-192.590	77.775	0	23.391	0	0
1500	-164.372	71.425	0	16.163	0	0
2000	-135.528	65.060	0	9.197	0	0
2500	-106.416	58.720	0	2.404	0	0
3000	-77.163	52.439	0	-4.241	0	0

在式（3.2-34）中，左侧的 $\Delta_f G^\circ$ 与右侧的 $\Delta_f H^\circ - T\Delta S$ 相等。

如前所述，比较在 H_2 的化学反应中获得的反应热和在 25℃、0.1MPa 条件下的燃料电池反应中获得的反应，哪个反应能够产生电能。反应示意为

$$H_2 + \frac{1}{2} O_2 = H_2O \tag{3.2-39}$$

如果电能可以 100% 转化为功，那么电能和做功是等价的。

吉布斯自由能变化 ΔG 一般用来表示反应可能获得的功，与可能获得的电能是一样的。如上所述，在考虑燃料电池最低以 $-T\Delta S$ 量进行散热的情况下，出口温度略有上升。考虑放热速度非常快，反应在恒温下进行。这一反应是在两边出现的物质 H_2、O_2、H_2O 都是由标准物质生成的，温度 $T_0 = 298.15K$。根据表 3.2-2，H_2、O_2、H_2O 的标准生成吉布斯自由能为 $\Delta_f G^\circ$（T_0）。如图 3.2-8 所示，H_2 和 O_2 都是标准物质，因此 $\Delta_f G^\circ$（T_0）= 0。

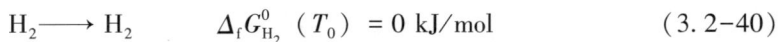

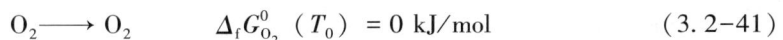

$$H_2 \longrightarrow H_2 \qquad \Delta_f G^0_{H_2}（T_0）= 0 \text{ kJ/mol} \tag{3.2-40}$$

$$O_2 \longrightarrow O_2 \qquad \Delta_f G^0_{O_2}（T_0）= 0 \text{ kJ/mol} \tag{3.2-41}$$

$$H_2 + \frac{1}{2} O_2 \longrightarrow H_2O \qquad \Delta_f G^0_{H_2O} \ (T_0) = -228.582 \ kJ/mol \qquad (3.2\text{-}42)$$

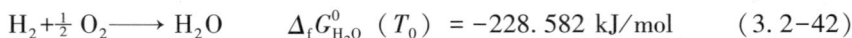

反应前后吉布斯自由能的变化 ΔG 为

$$\Delta G \ (T_0) = \Delta_f G^0_{H_2O} \ (T_0) - \left[\Delta_f G^0_{H_2} \ (T_0) + \frac{1}{2} \Delta_f G^0_{O_2} \ (T_0) \right]$$
$$= -228.582 kJ/mol \qquad (3.2\text{-}43)$$

换句话说，$1mol H_2$ 最多能提供 228.582kJ 的功。

二、燃料电池的技术特殊性及其发展过程

（一）燃料电池机理的复杂性

虽然燃料电池的发电单元结构很简单，带有电解质的电极"三明治"结构，为了获得高电压，需要将多个发电单元堆叠成发电堆，然后将多个发电堆组合成发电堆模块。但是，发电堆内部与外部有很大差异，需要高度先进的技术。为了高度分散催化剂，需要利用纳米技术来控制材料，电解质要求薄且机械强度高。

电极虽然由碳纸和碳布组成简单的结构，但不仅需要具有良好的气体扩散性，还需要提供气体反应场所的三维结构。同时，为了防止水生成堵塞，电极还需具有憎水性。分离板（双极板）应减少压力损失，使活性物质扩散到整个电极的微细结构，具备气体流通道，并能耐受强酸和电位的腐蚀。从力学角度使各发电单元面压均匀，防止气体泄漏，进行彻底密封处理等。

众所周知，虽然发现燃料电池基本原理已经 200 多年了，但最近才开始进入商用化阶段。这是因为要完成某个部分的技术开发，需要多种技术的融合，不仅涉及热力学、传热学、电化学，还涉及流体力学、机械工程、电工学、材料学等各个技术领域的精华。在燃料电池模块中，这些技术得到了应用。然而，由于一些学术理论尚未能建立，例如多孔质气体扩散电极内的二相流动，所以即使要建模也会存在困难。

（二）发电功率密度

燃料电池开始加快商用化进程的一个原因是近年来大大提高了体积密度和质量密度。燃料电池发电反应本质上是二维的，即在平面上发生，而热机中的燃烧是三维的。因此，无论由谁制造燃料电池，都能实现产生电压的二维反应。但要将其转化成能驱动电动机或点亮电灯等实际应用场景，特别是实现商业化，却并不容易。只有利用尖端技术，在微观领域通过三维反应结构制造燃料电池，才能达到工程应用的水平。现在，家用燃料电池的尺寸已经缩小到与空调室外机相近，汽车用燃料电池的尺寸也小

型化到与发动机相当。

（三）发电功率依赖于电流

利用氢气的燃料电池出力计算式为

$$P_{FC} = E \times I = E \times 2F\left(-\frac{d\left[H_2\right]}{dt}\right) \tag{3.2-44}$$

式中：P_{FC} 为燃料电池出力；E 为端子电压；I 为端子电流；F 为法拉第常数；$(-d\left[H_2\right]/dt)$ 为氢气消费速度（供给速度）。

如电流效率为1，则在氢-氧反应中，可逆平衡的发电单元理想电压为1.220V，如考虑各种损失，则实际电压比它小得多。从根本上电池的发电出力依赖于跟化学反应量的有关的电流出力。而在利用热机的过去发电方式中，通过燃烧生成热能的机理也是跟反应量有关，这是一样的。只不过在热机中，可以提高状态函数的温度及压力，这点跟燃料电池不同。热能变成电能的过程中旋转式发电机是利用法拉第（Faraday）法则，即

$$E = \int_1 (\vec{v} \times \vec{B})\, \vec{d}l \tag{3.2-45}$$

在此，有箭头的是各函数为向量，×表示为向量积，积分是线积分。速度$v=$旋转半径×旋转加速度，$[\vec{v}]$ 与允许磁束密度 $B=([\vec{B}])$ 成垂直，则根据导体总长 l，有 $E=vBl$。电流是根据负荷阻抗 R_L 和发电机或送电线内部阻抗 r 计算，则 $I=El\,(R_L+r)$。

热机发电的输出功率与旋转速度有关，在旋转扭矩大小和燃料投入量的控制下。简单来说，过去的发电方式中，即使是相同的功率输出，电力输出主要由电压决定。从电工学的角度来看，这种差异有着很大的影响。电化学的目标是提高电能的有效性和可控性，以保持较高的电压。从这个角度来看，通过增加电极表面积和控制叠层数，可以维持较高的电压，这比将燃料电池发电单元进行层叠更容易实现。对于小型化的燃料电池系统（如家用燃料电池发电系统），采用高电流逆变器。

（四）调节发电功率

由于燃料电池本质上也是一种电池，与发动机发电机相比具有优异的特性。常见的电池，如果不使用，则几乎能够保持其能量；而在高负荷使用时，能量会很快耗尽；在低负荷使用时，能量可以长时间持续。因此，在缓慢使用中，燃料电池的发电功率始终保持高效率。换句话说，相对较低的电流下发电，可以将燃料所含能量转化为更多的电能。研究燃料电池和发电堆的发电过程发现，即使不进行调节，它们可以在高

负荷下运行，但在低负荷下运行时，效率反而更高。

对于损失问题，电流越大，内阻和过电压等也会增加。与热机类似，能源状态函数和其他工艺条件与电流的变化相关。然而，热机即使在没有负荷时也能运行，但必须释放大量热量以从高温状态转变为低温状态。为了高效率运行，需要保持高温和高压。因此，热机的设计条件是在额定功率下实现高效率设计的，一旦偏离额定工况范围，发电效率就会下降。

燃料电池的额定功率并不会导致出力密度增加而效率降低，也不会在长期运行中出现这种现象。从这一点可以分析，特别是低温型燃料电池，就像干电池一样，可以在任何时候进行发电。从原理上来说，只需切换负荷开关就可以运行发电。

然而，对于高温型燃料电池来说，保持发电堆的保温非常重要，因为如果保温不好，散热损失会很大，热效率也会下降。

（五）材料依赖性及未知现象

尽管燃料电池的性能取得了重大进展，但为了实现其性能，需要使用相应的合适材料的种类是受限制的。例如，电极催化剂大部分是白金，双极板（分离板）大部分是高成本的碳材料。这是因为在化学和热学上，要求在相当严苛的环境下长时间稳定运行。相比之下，热机只需要在高温高压下满足材料强度即可。反而在燃料电池中，所有构成部件对材料的要求都不同，各部件有自己的特点和要求。同时，要满足这些各种性能要求的材料很难找到。

就低温型燃料电池而言，电极上的白金催化剂如何替代是一个未解决的问题，受到资源限制。因此，在继续开发替代材料的同时，还应考虑如何循环再利用。为了降低制造成本，可以开发金属双极板（或分离板）或开发成型的双极板（或分离板），以满足耐腐蚀性和高传导性的要求。高温型燃料电池也存在类似情况，因此燃料电池仍然需要多方面的技术开发和投资。总之，前景光明但不能过分乐观，需要冷静地面对现实，认真解决存在的问题。

而就热机而言，在燃烧过程中情况相对较好，而且应用时间更长，具有更多的经验和教训，技术上也更加成熟。即使燃料中含有不纯杂质，由于高温下燃烧掉，后顾之忧较少。而就燃料电池而言，为了确保燃料电池的安全性，在燃料前置处理过程中需要消除天然气中的芳香剂、空气中的粉尘等杂质。此外，对于像质子交换膜燃料电池这类低温运行的燃料电池而言，为了去除重整气体中的 CO，需要通过置换反应将 CO 浓度降低到允许的范围以下。这是因为在电化学反应过程中，需要消除不良影响，防止降低燃料电池的性能，充分发挥其高性能特点。

燃料电池的电化学反应是在微观世界中进行的复杂过程。从国外燃料电池开发的经验来看，从实验室成功到实际工程应用，尤其是商业化运行之间存在着较大的距离，需要经历长时间的验证和考核阶段等困难过程。

（六）电解质对燃料电池发展中的作用

在燃料电池发电系统中，电解质并不是唯一的考虑因素。对燃料电池进行评价时需要考虑多方面因素，如发电效率、设备费用以及如何有效利用余热等。然而，选择何种电解质仍然是最基本的因素。更换电解质将导致运行温度的改变、发电堆的冷却方式的变化或者供应燃气的条件的不同，这将使燃料电池成为不同的系统。氢和氧通过电化学反应发电的本质不会改变，但根据选用的电解质不同，燃料电池的发电系统也会有所不同。根据上述整理，可以预见将来会出现新的电解质。

电解质对燃料电池的影响如表 3.2-3 所示。

表 3.2-3　　　　　　　　　　电解质对燃料电池的影响

序号	项目	内容
1	电极反应	离子传导种类不同电极反应就不一样，熔融碳酸盐型需要 CO_2 系统
2	运行温度	根据离子导电性和电解质的损失（蒸发及跟其他物质反应）所决定
3	燃料前处理	PAFC、PEFC 为了保护电极的白金催化剂，需要降低燃料中的 CO 含量，碱性电池为了对电解质有影响不能使用含有 CO_2 的氢、氧催化剂
4	材料	考虑电解质的耐蚀性、运行温度，磷酸型或质子交换膜型采用碳为材料，熔融碳酸盐型采用金属为材料，固体氧化物型采用陶瓷为材料
5	发电效率	一般运行温度越高，燃料电池电压越高，越能有效地利用余热发电，因此发电效率也高
6	发电效率和用途	发电效率低的低温型燃料电池可以设置在用户的分布式供能/热电联供系统，高温型发电效率高的燃料电池可适用于中型分布式供能/发电站
7	电流密度和用途	一般来讲电解质的厚度越薄，电流密度越高，装置越小型化，因此质子交换膜型可以使用在汽车上

（七）燃料电池发展过程

1. 燃料电池初期

1800 年，英国物理学化学家威廉·尼科尔森（William Nicholson，1753~1815 年）和解剖学家 A. 卡莱尔（Anthony Carlisle，1768~1840 年）描述了利用电将水分解成氢气和氧气的过程。

1839 年，英国科学家格罗夫（Grove，1811~1896 年）最初实验成功，被公认为于1839 年第一次演示了燃料电池。Grove 看到了威廉·尼科尔森（William Nicholson）和 A. 卡莱尔（Anthony Carlisle）的笔记，认为通过将电极结合在一个串联电路中可以"重新合成水"。不久，他利用了一个称为"气体电池"的装置实现了这一目标。该电池由在稀释的硫酸电解质溶液中浸泡的白金电极和密封容器中的水与气体组成。可以看到在两根管中的水平面随着电流的流动而上升。所谓的电池组使用了一个浸泡在硝酸中的白金电极和一个浸泡在硫酸锌中的锌电极，在约 1.8V 时产生了约 12A 的电流。之后，在以欧洲为中心的地区进行了基础研究。

德国物理化学奠基人奥斯特瓦尔德（Friedrich Wilhelm Ostwald，1853~1932 年）对理论上如何理解燃料电池的工作原理做出了巨大的贡献。1893 年，锂电池制造厂通过实验方法确定了燃料电池各组成部件的作用。

2. 燃料电池诞生

1889 年，蒙德（Ludwig Mond，1839~1909 年）与蓝吉尔（Charles Langer）尝试使用煤气和空气制造出实用的燃料电池，于是出现了燃料电池（Fuel Cell）这个名词。

化学家蒙德在他的大部分职业生涯中研究苏打生产和镍提炼。蒙德及其助手 Carles Langer 使用煤气进行了无数次试验。他们使用了由薄的多孔的铂制成的电极。虽然在液态电解质方面遇到了诸多困难，但他们在 0.73V 电压下获得了每平方英尺（电极的面积）6A 的电流。

Charles Romley Alder Wright（1844~1894 年）和 C. Thompson 在差不多同一时间开发了一个类似的燃料电池。在防止气体从一个腔室泄漏到另一个腔室方面，锂电池制造商遇到了困难。这个原因以及其他一些原因使得他们的电池电压未能达到1V。他们认为如果有更多的资金支持，他们就可以制造出一个更好、更结实的电池，从而为众多用途提供足够的电力。

法国团队由 Louis Paul Cailleteton（1832~1913 年）和 Louis Joseph Colardeau 组成，得到了类似的结果。但他们认为，由于需要使用"贵金属"，所以这种发电过程并不实用。此外，锂电池充电器厂家在此期间发表了许多论文，认为 18650 锂电池充电器非常便宜。然而，一种效率更高的新系统并不能大幅降低电池的价格。

电气工程师和化学家威廉·雅克（Willim. Jacques，1855～1932 年）不顾这些批评意见。于 1896 年制造出了一个"碳电池"，引起了科学界的震惊。通过在碳电极中注入空气和碱性电解质，他认为已获得 82% 的效率。然而实际上只获得了 8% 的效率。

3. 研究燃料电池发电装置阶段

20 世纪初，瑞士科学家埃米尔鲍尔（EmilBaur，1873～1944 年）和他的几个学生对不同类型的燃料电池进行了多次试验。实验设备包括高温设备，以及一个使用陶瓷和金属氧化物固体电解质的单元。

20 世纪 40 年代，俄罗斯科学家 O. K. Davtyan 进行了多次试验，以提高电解质的传导性和机械强度。然而，许多设计都未能达到预期的结果。但 Davtyan 和 Baur 的工作为当前流行的熔融碳酸盐和固体氧化物燃料电池设备的研究奠定了必要的基础。

1952 年，英国培根获得了碱性燃料电池（AFC）的专利，1959 年成功进行了 5kW 燃料电池实验。

4. 燃料电池商业化阶段

此后，商业化开发主要由美国主导。1965 年，GE 公司开发的质子交换膜燃料电池（PEFC）首次应用于载人宇宙飞船 Gmini 号。1968 年，现在的 UT（United Technology）公司利用培根的专利成功开发了碱性燃料电池（AFC）并应用于阿波罗 7 号。

因此，燃料电池真正的商业化始于宇宙开发。

（1）碱性燃料电池（AFC）的发展。在宇宙飞船，尤其是火箭上，由于具备纯氢气和氧气，因此可以使用温度低、效率高的碱性燃料电池（AFC）。然而，碱性燃料电池运行所需的燃料，例如天然气等碳化氢，含有大量的二氧化碳（CO_2）。此外，供给阴极的空气中也含有少量的二氧化碳。AFC 电解质的氢氧化钾水溶液会被二氧化碳稀释。同时，由于电解质是 KOH 溶液，运行温度范围为 50～200℃，KOH 溶液浓度高，当 KOH 和 CO_2 反应时会生成溶解度较低的 K_2CO_3，导致电解质堵塞，从而降低燃料电池的性能。

（2）磷酸性燃料电池（PAFC）的发展。为了解决燃料电池性能下降的问题，需要开发新的不受 CO_2 影响的电解质。因此，开发了磷酸性燃料电池（PAFC），其中使用磷酸溶液作为电解质，不受 CO_2 影响。该燃料电池已经进入商业运营阶段。然而，由于电解质是磷酸溶液，提高温度会导致水分缓慢蒸发。为了促进电极反应，需要运行温度约为200℃，并使用白金催化剂。如果燃料含有CO，会使白金催化剂中毒并阻碍发电反应，因此必须将燃料中的CO含量降低到规定值以下。

为了降低CO含量，可以通过所谓的"CO转换（Shift）反应"使用催化剂，即一氧化碳反应（$CO+H_2O=CO_2+H_2$），将CO转换为H_2。这使得系统变得复杂。

（3）熔融碳酸盐燃料电池（MCFC）发展。为了解决白金催化剂被CO中毒阻碍发电反应的问题，开发了不使用催化剂的熔融碳酸盐燃料电池（MCFC）。该燃料电池使用$LiCO_3$、K_2CO_3、$NaCO_3$等混合盐，在约650℃运行，并且不需要催化剂。由于燃料电池电极反应伴随着电子交换，所有电极上的接触反应都可以看作是催化剂。因此，不需要像白金这样昂贵的催化剂，反而可以将CO转化为燃料。这种燃料电池已经进入商业运营阶段，并且有大量的燃料电池正在运行。然而，为了保持化学反应持续进行，需要连续供应CO_2到阴极，使系统又变得复杂。

（4）固体氧化物燃料电池（SOFC）发展。不需要催化剂且没有CO_2的固体氧化物燃料电池（SOFC）也出现了。它使用稳定氧化锆（YSZ）陶瓷膜作为电解质，在约1000℃的高温下利用氧离子导电性的特性。这解决了目前存在的所有问题，但由于运行温度过高，几乎所有材料都是陶瓷。作为材料，它还需要具有稳定性和高制造成本等问题，因此尚未真正进入商业化运营阶段。

三、热机及燃料电池的发电效率

（一）热机发电效率

热机的发电效率受卡诺循环的限制，可以使用下式计算热机效率，即

$$\eta_{max} = (T_2-T_1)/T_2 \tag{3.2-46}$$

式中：η_{max}为热机效率，%；T_1为冷介质温度，K；T_2为热介质温度，K。

如式（3.2-46）所示，实际工作的热机不可能满足维持绝热、可逆状态的条件，其效率远低于理想值。总会有一部分热能在转换过程中损失。热机将化学能转化为热能后，利用气体膨胀驱动机械旋转运动，从高温高压热源（Q）吸收热量Q_1，放热Q_2给低温低压热源，并对环境做功-W，将热能转化为机械功。在一个循环中，热机对环境所做的功-W与从高温高压热源吸收的热量Q的比值称为热机效率。因此，热机效率可以表示为

$$\eta=-W/Q \tag{3.2-47}$$

以一个蒸汽涡轮机的工作温度为例，假设为600℃，通过冷凝器排放的水的温度为45℃。卡诺循环热机的理论效率为63.6%，这是热机的极限效率，而实际效率要比这个值小得多。

$$\eta = (T_2 - T_1)/T_2 = [(273+600)-(273+45)]/(273+600) = 0.636$$

（二）燃料电池发电效率

燃料电池发电是一个电化学过程，其效率取决于化学反应的吉布斯自由能变化和反应热。燃料电池的效率不受卡诺循环极限效率的限制。例如，在无损失（可逆）情况下工作的燃料电池，在特殊的效率定义下，其效率可以达到100%。在无损失情况下，所有的吉布斯自由能都能转化为电能。然而，在实际运行中，燃料电池不可能没有能量损失。

由于燃料电池的燃料不经过燃烧，而是通过化学反应产生电能。为了更清楚地表达燃料电池的效率，可以将每摩尔燃料释放的电能与同量燃料在恒温恒压下释放的热能（热焓变化$-\Delta H$）进行比较。因此，燃料电池的效率可以定义为

$$\eta = 1\text{mol 燃料释放的电能}/(-\Delta H) \tag{3.2-48}$$

不同种类的燃料电池在工作温度上存在较大差异，因此在生成水时会有气态和液态的区别。当生成物为气态水时，则

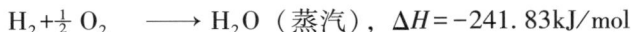

$$H_2 + \tfrac{1}{2}O_2 \longrightarrow H_2O\text{（蒸汽）}, \quad \Delta H = -241.83\text{kJ/mol}$$

当生成物的水凝结为液态时，包括了汽化潜热，则

$$H_2 + \tfrac{1}{2}O_2 \longrightarrow H_2O\text{（液态）}, \quad \Delta H = -285.84\text{kJ/mol}$$

较大的ΔH值被称为高热值（HHV），较小的ΔH值被称为低热值（LHV）。

根据式（3.2-47）的定义，燃料电池的效率也有极限。即

$$\eta_{\max} = \Delta G/\Delta H = (\Delta H - T\Delta_S)/\Delta H = 1 - T\Delta S/\Delta H \tag{3.2-49}$$

根据式（3.2-46）的定义，燃料电池的效率也有一定的限制，即式（3.2-49）。对于燃料电池的反应来说，焓变是负值，因此当熵变是正值时，极限效率将大于100%；而当熵变为负值时，效率将小于100%。熵是体系"混乱度"的度量，一般来说，体系中物质的质量和体积越大，混乱度也越大。因此，大部分燃料电池的$\Delta S < 0$，它们的效率都小于100%。然而也有例外，比如碳（C）的氧化反应，吉布斯自由能ΔG大于反应焓ΔH，也就是说将化学能转化为电能的过程需要从外部吸收热量，因此它的理论效率要大于100%。不同温度下燃料电池的热力学电动势和理论效率如表3.2-4所示。

表 3.2-4 不同温度下燃料电池的热力学电动势和理想效率

序号	燃料电池反应	298K		600K		1000K	
		E^0 (V)	η (%)	E^0 (V)	η (%)	E^0 (V)	η (%)
1	$H_2 + \frac{1}{2} O_2 \longrightarrow H_2O$	1.18	94	1.11	88	1.00	78
2	$CH_4 + 2O_2 \longrightarrow CO_2 + 2H_2O$	1.08	100	1.04	100	1.04	100
3	$CO + \frac{1}{2} O_2 \longrightarrow CO_2$	1.34	91	1.18	81	1.01	69
4	$C + \frac{1}{2} O_2 \longrightarrow CO$	0.74	124	0.86	148	1.02	178

对比标准压力下氢燃料电池的最高效率和各种运行温度下的燃料电池及热机的极限效率的比较结果，如图 3.2-9 所示。

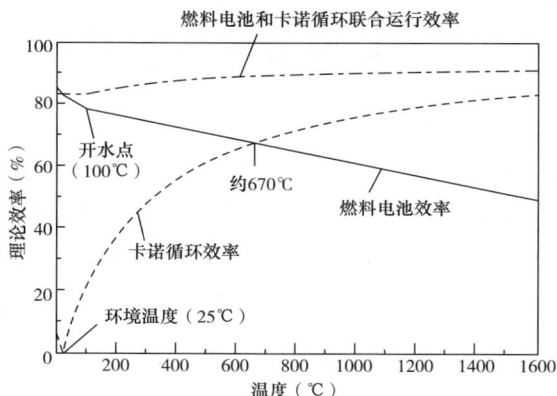

图 3.2-9 燃料电池及热机的极限效率的比较结果图

注 资料来自日本《水素·燃料電池ハンドブック》。

从氢燃料电池和卡诺循环的极限效率随温度变化的情况可见，燃料电池的极限效率并不总是大于热机。根据式（3.2-46），温度越高，燃料电池的效率越低。当运行温度超过 670℃时，燃料电池的极限效率将低于热机的极限效率。然而，尽管高温型燃料电池的极限效率较低，但它们具有以下优势。

（1）较高的温度可以减少燃料电池的电压损失。

（2）高温燃料电池产生的余热比低温燃料电池更容易回收利用，因此同时利用热能和电能可以提高整个燃料电池发电系统的效率。

根据图 3.2-9 可知，燃料电池的实际效率显然低于极限效率，这主要是由于电压损失和燃料利用率等因素所导致的。燃料电池的实际效率可以使用下面的公式计

算，即

$$\eta_{ope} = \eta_{lim} \cdot \eta_V \cdot \eta_f \qquad (3.2-50)$$

式中：η_{ope} 为燃料电池实际运行效率，%；η_{lim} 为燃料电池的极限效率，%；η_V 为由于燃料电池电压损失而降低效率的因素，%；η_f 为燃料电池的燃料利用率效率，%。

四、致力于提高燃料电池技术

（一）燃料电池技术的现状

世界各国和制造厂家都在致力于燃料电池技术的开发和应用，燃料电池技术已在某些国家实现了家用、汽车和商用燃料电池的实用化。与此同时，仍存在一些技术难题需要进一步提高、发展和普及，以实现更高效率、高耐久性、小型化、模块化和标准化的燃料电池系统，简化系统结构，开发连续生产的先进工艺，提高生产效率，降低成本，扩大市场份额，推动普及。

对于汽车用燃料电池，各制造厂家都提出了燃料电池系统和氢储存系统的标准和进一步技术开发的目标和方向，同时还有必要通过各方协作，构建多层次的技术开发体系。基于燃料电池汽车制造厂商的行业需求，催化剂、电解质和膜-电极组合体（MEA）等相关研究开发正在稳步推进中，面向 2050 年（2060 年）碳中和目标，需要大力推广，因此有必要进一步推进有助于提高出力密度、实现高负荷运行和提高耐久性的基础技术开发。

（二）移动式燃料电池

对于汽车用燃料电池而言，主要课题是尽早实现高效率、高耐久性和低成本。

1. 主要性能目标

（1）续航距离：目前为 650km，到 2030 年提高到 800km。

（2）最大出力密度：目前为 3.00kW/L，到 2030 年提高到 6.0kW/L。

（3）耐久性：目前为 15 年，到 2030 年超过 20 年。

（4）贵金属耗量：到 2030 年降低到 0.1g/kW。

（5）储氢系统：到 2030 年保持 5.7%重量。

2. 成本

（1）进一步降低车辆价格（目前为日本"未来"700 万日元）。

（2）燃料电池汽车系统（包括内部和发电堆）目前约为 2 万日元/kW，到 2030 年将降低到小于 0.4 万日元/kW（0.2 万日元/kW）。

（3）储氢系统（储氢量相当于 5kg 时）：目前约为 70 万日元，到 2030 年降低到 10 万~20 万日元。

3. 2025 年目标

（1）燃料电池与混合动力电动车的价格差：从约 300 万日元降低到约 70 万日元。

（2）将投入 SUV 或迷你面包车等特定尺寸区域使用的 FCV。

4. 技术开发项目

（1）质子交换膜型燃料电池（主要用于车载）。

1）开发低白金催化剂、非白金催化剂以及自有基地的催化剂；

2）提高电解质膜的传导性、薄膜化、抑制气体渗透以及耐久性；

3）降低气体扩散层的电阻，提高气体扩散性和排水性；

4）提高双极板的耐久性，减少阻抗，增强排水，并具备良好的压缩成形性；

5）提高密封材料的气密性，抑制冷媒渗透，并提高生产效率；

6）开发用于高温条件下运行的催化剂、载体和电解质膜等；

7）开发与极限环境下性能和耐久性相关的技术。

（2）燃料电池通用技术。

1）开发燃料电池构件材料的连续制造工艺；

2）开发定置式燃料电池的能量综合管理系统；

3）制定耐久性加速老化试验协议及劣化模型。

（三）燃料电池技术开发方向

1. 家用燃料电池

家用燃料电池的技术开发方向包括实现发电单元的小型化，提高效率；标准化发电堆结构和辅助部件；实现系统的小型化；降低脱硫装置的成本等。

2. 商用产业用燃料电池

商用产业用燃料电池的技术开发方向包括提高发电单元堆的效率、输出功率密度；减少辅助部件数量，替代通用部件，降低成本；提高燃料电池系统的负荷追踪能力，简化系统。此外，基于行业需求，与快速评估耐久性相关的基础研究也取得了实质性进展，期待通过商用燃料电池系统的技术验证与未来市场发展相结合。

3. 进一步扩大定置式燃料电池市场

进一步扩大定置式燃料电池市场的关键是致力于开发更加高效的灵活发电机和提

高耐久性的基础技术。通过将其应用于分布式能源系统，推动燃料电池的更广泛应用和开发，拓展使用领域，实现低成本化。

（四）进一步开发燃料电池技术项目

1. 质子交换膜燃料电池（PEFC）主要用于车载

（1）开发低白金催化剂、非白金催化剂及抑制自由基的催化剂。

（2）提高电解质膜的传导性和薄膜化程度，抑制气体渗透，提高耐久性。

（3）降低气体扩散层的电阻，提高气体扩散和排水性能。

（4）提高双极板的耐久性，降低电阻，改善排水性以及易于成型。

（5）抑制密封气体和冷媒泄漏，提高生产效率。

（6）开发高温运行条件下维持性能的催化剂、载体和电解质膜等。

（7）开发适应极限环境下仍保持性能和耐久性的相关技术。

2. 固体氧化物燃料电池（SOFC）主要用于定置设备

（1）开发能够实现发电端效率为65%（低位发热量）的发电单元堆和系统（包括离子导电和自由基相关技术）。

（2）提高发电单元堆的耐久性（超过13万h）和启动时间的缩短。

（3）提高系统的燃料利用率。

（4）开发适应多样化燃料如生物质的发电单元堆。

3. 燃料电池通用技术

（1）开发燃料电池构成部件的连续生产制造工艺技术。

（2）开发利用燃料电池的能源综合管理系统。

（3）建立性能和耐久性加速老化试验协议和老化模型。

4. 辅助设备、储罐等相关系统

（1）降低移动设备用氢罐的碳纤维使用量，提高容器制造工艺效率等技术开发。

（2）优化燃料电池系统相关辅助设备，实现低成本化技术开发。

（3）为乘用车以外的燃料电池系统实现多用途化技术开发。

总之，在不断扩大的商业市场中，通过政府部门的领导，与生产企业、科研机构和大学合作，构建多层次的技术开发体系，解决移动型和定置型燃料电池低成本化和耐久化等问题，并开展面向2030年以后的根本性创新研究。

第三节　各类燃料电池结构及其特点

根据运行温度，燃料电池可分为低温型和高温型。低温型燃料电池主要使用白金催化剂于电极以促进反应，这是一个关键点。因此，在低温型燃料电池中需要降低 CO 浓度，所以高含碳（C）的煤炭燃料以及含有大量 CO_2 的沼气都不适合作为燃料。

低温型燃料电池包括碱性燃料电池（AFC）、质子交换膜燃料电池（PEFC）、磷酸性燃料电池（PAFC）和直接甲醇燃料电池（DMFC）。它们的种类和特点详见表 3.1-1。

高温型燃料电池包括熔融碳酸盐燃料电池（MCFC）和固体氧化物燃料电池（SOFC）等。它们的种类和特点详见表 3.1-2。

一、碱性燃料电池

碱性燃料电池是最早面世并得以应用的一种燃料电池。它属于低温型燃料电池，由法兰西斯·汤玛士·培根（Francis Thomas Bacon）发明，其电极使用碳材料，电解质采用氢氧化钾。碱性燃料电池的操作温度为 60~200℃（最新的碱性燃料电池操作温度为 23~70℃，其电解质为浓度为 30%~45% 的氢氧化钾溶液。

早在 1960 年，NASA 就开始在航天飞机的发射及人造卫星上应用碱性燃料电池，包括著名的阿波罗计划也采用了这种燃料电池。碱性燃料电池的电能转换效率是所有燃料电池中最高的，可以达到 70%。

（一）碱性燃料电池的发电原理

碱性燃料电池的发电原理是在 60~200℃ 的温度下运行，电解质溶解了 30%~45% 的氢氧化钾。碱性燃料电池由两个多孔电极和位于它们之间的碱性电解质组成。在阳极催化剂的作用下，氢气和碱中的氢氧根（OH^-）发生电化学反应，生成水并释放出电子，反应的标准电动势为 0.828V。电子通过外部电路到达阴极，在阴极催化剂的作用下与氧气和水反应生成 OH^-，反应的标准电动势为 0.401V。生成的羟基（·OH）通过浸润碱液的多孔石棉膜迁移至氢电极，其理论电动势为 1.229V。

注：OH^- 是氢氧根，带负电；·OH 则是羟基自由基，为电中性。

碱性燃料电池的化学反应如下所示。

阳极为

$$2H_2+4OH^- \longrightarrow 4H_2O+4e^- \qquad (E^0=-0.828V) \qquad (3.3-1)$$

阴极为

$$O_2+2H_2O+4e^- \longrightarrow 4OH^- \qquad (E^0=-0.401V) \qquad (3.3-2)$$

总反应为

$$2H_2+O_2 \longrightarrow 2H_2O \qquad (E^0=-1.229V) \qquad (3.3-3)$$

碱性燃料电池（AFC）发电反应原理示意图如图3.3-1所示。

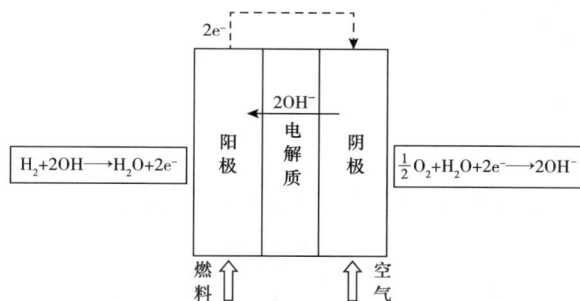

图3.3-1　碱性燃料电池（AFC）发电反应原理示意图

在阳极，氢气分子（H_2）与电解质中的碳酸离子（OH^-）发生反应，生成水（H_2O）和电子（e-）。而在阴极，氧气分子与电解质中的水发生化学反应，生成新的碳酸离子（OH^-）。这些反应导致碳酸离子在电解质中移动，而电子则通过外部回路从阳极移动到阴极，产生电能。这种电化学反应是持续进行的。

（二）碱性燃料电池的特点

1. 高能源转换效率

碱性燃料电池采用碱性电解质而非酸性电解质，氧气发生还原反应时的活化过电位较低，具有较高的电动势和电流密度。其工作电压可达0.875V，能源转换效率（即发电效率）可达60%~70%。

2. 低温下工作

由于碱性电解液中的浓KOH电解质的冰点较低，碱性燃料电池可以在低于0℃的温度下运行。

3. 低成本的燃料电池系统

由于碱性燃料电池使用的电解质价格低廉，可以采用非铂族催化剂，如雷尼镍、硼化镍等。因此，碱性燃料电池的成本较低。

4. 快速启动

由于碱性燃料电池的工作温度较低，可以在常温下快速启动，无需等待升温时间。

5. 缺点

与质子交换膜燃料电池一样，碱性燃料电池对污染催化剂如一氧化碳和其他杂质非常敏感。此外，碱性燃料电池的原料不能含有二氧化碳，因为二氧化碳与氢氧化钾电解质反应会生成碳酸钾，而空气中的二氧化碳（CO_2）会与电解质反应生成碳酸盐结晶体，这些结晶体会吸附在阳极中，堵塞多孔电极的空隙，阻碍化学反应，从而降低燃料电池的性能。

（三）电催化剂与电极

1. 催化剂

电催化剂是燃料电池的关键组成部分，其性能的高低直接影响燃料电池的工作性能。电催化剂应具有高催化活性，能加速电化学反应；对反应物的转化具有选择性，只对目标产物的反应具有催化作用；具有良好的电子导电性，有利于电荷的快速传输，从而降低电池内电阻；具有良好的电化学稳定性，保证使用寿命。

阳极催化剂主要是金属 Pt、Pd 等，它们具有较高的电化学氧化催化活性。然而，这些贵金属的价格较高，为了降低成本并增大催化剂与氧气的接触面积，通常将 Pt、Pd 粉末负载在碳载体上，以增加活性表面积，同时碳载体还可以为反应物提供传输通道。为了提高催化剂的电催化活性和抗 CO 中毒能力，通常在 Pt 中添加第二、第三组分金属。例如，Pt-Ag、Pt-Rh 等二元合金催化剂以及 Ir-Pt-Au、Pt-Pd-Ni 等三元合金催化剂都显示出较好的氢电氧化催化活性，并降低了电极中的 Pt 含量。

阴极催化剂由于氧在碱性燃料电池电解质中具有较好的动力化学反应速度，应使用贵金属催化剂，但也可使用非贵金属催化剂。阴极催化剂主要是金属 Pt、Pd 等，它们具有较高的电化学氧化催化活性。

金属 Pt、Pd 等属于价格昂贵的贵金属。为了降低成本并增大氧与催化剂的接触面积，通常将 Pt、Pd 粉末堆积在碳表面，以增大其活性表面积。同时，碳载体还可以为反应物提供传输通道。

2. 电极

电极是化学反应发生的地方，为了确保电极具有高度稳定的气、液、固态三相反应界面，通常采用多孔质气体扩散电极。多孔质气体扩散电极能够为反应物提供较大的反应表面积，促进物质传导。

多孔电极的比表面积要比其几何面积大几个数量级。为了增加电极的孔隙度，有时在电极制备过程中加入一些造孔剂。根据电极表面性质的不同，可将电极分为亲水电极和疏水电极。亲水电极由金属粉末构成，其中气体扩散层的孔径比反应层的孔径大。毛细管作用可以保证小孔中含有电极材料。多孔金属电极相对较重。双孔电极结构和雷尼金属电极结构均属于多孔金属电极结构。

雷尼金属电极是将活性金属（如 Ni）和非活性金属（如 Al）混合，在活性金属为骨架的明显分区结构中形成。常用的雷尼镍电极以 1∶1 的重量比混合镍粉和铝粉制成，而无需高温烧结。雷尼金属结构的电极在低温下就能显示出较高的催化活性。

疏水电极中使用疏水剂（如聚四氟乙烯）作为黏合剂。现代电极趋向于使用碳载催化剂，将其与聚四氟乙烯混合后，压制在镍网上制备成疏水电极。

为了增加三相反应界面的面积，一个优秀的电极需要提供电子、液体和气体通道。通常，使用高分散度的催化剂（如 Pt/C）可以形成良好的电子和液体传质通道，但无法提供气体传质通道。聚四氟乙烯既可以起到黏合作用，又可以充当疏水剂，为气体传输提供通道，同时还可以控制液体电解质向电极的渗透程度，防止电极水淹。但是聚四氟乙烯不导电，为了增加该电极的导电性，往往使用金属集流体，因为碳黑的导电率不足以支撑大电流反应。为了防止电解质通过电极，可以在电极表面涂抹薄薄的一层聚四氟乙烯，而不用对反应气体加压。有时也可以向疏水电极中加入碳纤维，以增加其强度、传导性和粗糙度。

疏水电极的制备方法包括湿法制备和干法制备。湿法制备是将催化剂和聚四氟乙烯乳液混合，然后进行后续处理。干法制备是将催化剂粉末与聚四氟乙烯粉末通过研磨混合在一起，然后将混合后的催化剂粉末压成催化剂条，再与镍网卷压在一起。

后来 Sleem 提出了一种过滤法，即通过研磨将催化剂粉末与聚四氟乙烯粉末混合在一起，不采用冷压的方法，而是用表面活性剂将混合后的催化剂粉末制成浆料，然后用滤纸过滤后，将带有浆料的催化剂干燥后与镍网卷压在一起，然后除去电极上残留的表面活性剂。这样可以保证电极的厚度均匀，电极的大孔可控，简单易行，同时也改进了电极的性能，使其像传统湿法纸杯电极一样具有可控的疏水性，同时还减少了碳酸盐析出堵塞微孔以及对电极造成机械损伤的可能性。

在碱性燃料电池中，通常使用的电解质是浓度为 30%～45% 的 KOH 水溶液。根据流动方式，可以分为循环和静态两种。

由于空气中含有 CO_2 会与 KOH 发生反应生成 K_2CO_3，如下式所示，使电解液中 OH^- 的浓度减少，电导率降低，导致燃料电池效率降低，即

$$2KOH+CO_2 \longrightarrow K_2CO_3+H_2O \qquad (3.3-4)$$

动态电解质的主要优势在于电解质能够随时被去除和更换。循环电解质通过更新电解质液，使 KOH 水溶液在电池内循环流动，有利于去除电解质液中生成的碳酸盐，并不断补充 OH^-。除此之外，电解质的循环系统还可以作为碱性燃料电池的冷却装置，通过搅拌和混合电解质，可以避免阴极电解质浓度过高，有利于水和热管理，从而使电池高效率、长时间运行。

静止型碱性燃料电池是将阳极和阴极挤压成型后，浸入多孔基质和碱性溶液的三明治结构。由于多孔基质需要具备耐腐蚀性和一定的强度，通常采用石棉膜作为材料。供给阳极的氢气和未被利用的氢气将与产生的水一起排出。这种燃料电池形式需要冷却整个子系统并管理水资源。

3. 双极板与流场

在碱性燃料电池中，稳定性好且相对廉价的分离板材料通常采用镍和无孔石墨板。对于航天电源来说，需要具备较高的比功率和体积比功率，因此常采用厚度在毫米级的镁和铝等轻金属制备分离板。例如，美国航天飞机的动态排水石棉膜型碱性燃料电池采用镀银或镀金的镁板作为双极板。

而在地面和水下应用中，可以采用无孔石墨板或铁板镀镍作为双极板，并使用腐蚀加工工艺制备点状或平行沟槽的流场，将镀镍材料用作碱性燃料电池的双极板。

（四）碱性燃料电池形式

1. 流动电解质型

碱性燃料电池还存在其他形式，其中一种是流动电解质型。在流动电解质型碱性燃料电池中，阳极和阴极之间循环流通着 KOH 碱性溶液。这种系统不仅可以排除电极中产生的反应性气体和碳酸盐，还能轻松排除余热和产生的水。此外，该系统还能防止阴极水的消耗和电解质的部分浓缩。当阳极产生的水稀释电解质时，可以通过专门的浓缩系统维持一定浓度的电解质。如果电解质溶液浓度过低，会在碳酸盐积聚时容易全部更换电解质。流动电解质型碱性燃料电池已应用于许多领域，例如 Bacon 的燃料电池和 Apollo 计划。

流动电解质型碱性燃料电池发电单元原理及结构如图 3.3-2 所示。

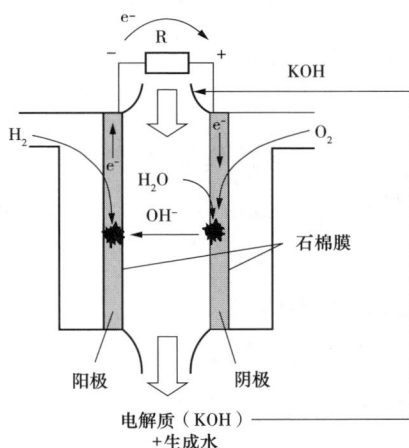

图 3.3-2　流动电解质型碱性燃料电池发电单元原理及结构图

2. 静止型碱性燃料电池

静止型碱性燃料电池是另一种形式，其原理和结构如图 3.3-3 所示。这种燃料电池是将阳极和阴极挤压成型后，浸入多孔基质和碱性溶液的三明治结构。多孔基质需要具备耐腐蚀性和一定的强度。阳极供给的氢气和未被利用的氢气将与产生的水一起排出。这种形式的燃料电池需要冷却整个子系统并进行水管理。这种类型的燃料电池常用于人造卫星中。

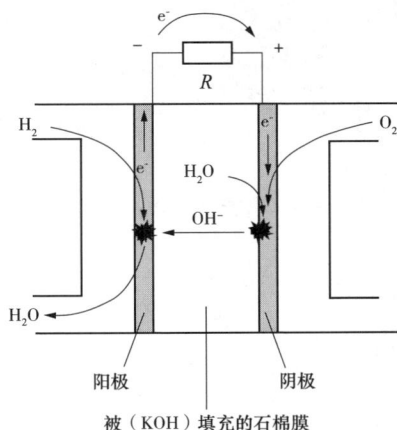

图 3.3-3　静止型碱性燃料电池发电单元原理及结构图

碱性燃料电池的隔膜通常由石棉膜制成，石棉膜具有阻隔气体和分隔氧化剂与还原剂的功能，并为 OH⁻ 提供传递通道。

石棉的主要成分为氧化镁和氧化硅（$3MgO \cdot 2SiO_2 \cdot 2H_2O$），具有均匀的孔结构，是一种电子绝缘体。长期浸泡在浓碱的水溶液中会与酸性成分发生反应，生成微溶性的硅酸钾。为了减少石棉膜在浓碱中的腐蚀，可以在制膜之前用浓碱处理石棉纤维，也可以在涂抹石棉膜的浓碱中添加少量的硅酸钾，以抑制石棉膜的腐蚀，减少因腐蚀而导致电池结构变化的问题。

然而，由于石棉对人体有害并且在浓碱中会缓慢腐蚀，它通常被禁止使用。为了改进碱性燃料电池的寿命和性能，已经成功开发了钛酸钾微孔隔膜，但仍需要研发新的替代材料。

3. 固体高分子电解质型碱性燃料电池

如图 3.3-4 所示。最近在直接乙醇燃料电池的研发中，经 KOH 氢氧基烧焦处理的电解质膜具有 15ms/cm 的离子交换能力，比碳酸氢交换膜低一个单位。此外，乙醇燃料电池的燃料极使用 Pt-Ru/C 催化剂，空气极使用 Pt/Ag/C 催化剂，聚酯纤维-4-聚乙烯毗啶涂层被涂在气体扩散层上形成三相界面。

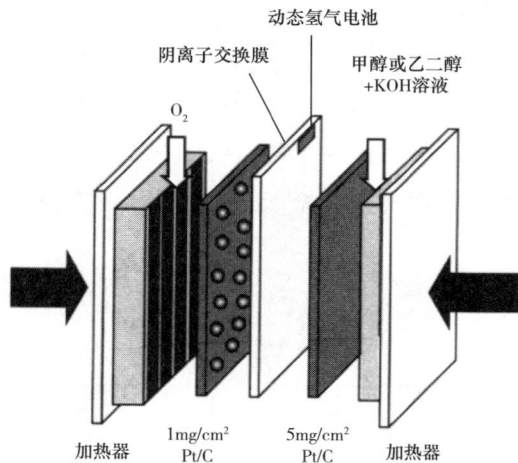

图 3.3-4 碱性固体高分子燃料电池结构示意图

（五）碱性燃料电池性能

关于碱性燃料电池的性能，有以下几点需要注意。

1. 运行压力

碱性燃料电池的电动势随着氧气和氢气压力的增加而增加，并且增加的值与反应压力成正比。增加压力会导致交换电流密度的增加，从而降低电极上的活化过电位。在恒温和恒电流密度条件下，电极的化学极化与反应气体的工作压力成对数关系。

大多数碱性电解质燃料电池在运行时使用具有高压的氧气和氢气，无论是使用高压瓶还是低温系统存储反应气体，在输入电池时都需要确保较高的压力。设计高压装置时除了考虑容纳气体和防止泄漏外，还需要注意两种反应气体的工作压力差异可能导致内部应力问题，因此需要精确控制工作压力。

另外，需要留意高压系统的泄漏问题。如果存在泄漏，不仅会浪费气体，还可能导致氢氧混合并引发爆炸，尤其是在密闭空间中使用电池（如潜水艇）时更为重要。解决这个问题的方法之一是在燃料电池发电堆的外部安装一个充满氮气的封袋，并且使氮气的压力高于氢氧两种反应气体。一旦发生泄漏，氮气就会进入电池，这种办法会降低电池的性能，但可以有效地阻止反应气体的外泄。

2. 运行温度

从热力学角度分析，随着温度升高，燃料电池的电动势会降低。而从动力学角度来看，温度升高不仅有利于增加燃料电池阳极和阴极的电化学反应速度，降低活化过电位损失，还可以提高传质速率和 OH^- 的迁移速率。同时，温度升高还会增大电解质的导电率，减小欧姆极化现象。

在实际运行中，温度升高会导致燃料电池的开路电压下降，但与活化过电压下降相比，这种变化微不足道，尤其在碱性燃料电池中更为明显。显然，温度升高会提高碱性燃料电池的工作电压。大量实验结果显示，在温度低于60℃时，提高温度将会有很大益处，因为每升高1℃，每节电池的电压会增加约4mV。按照这个速度，当温度从30℃升至60℃时，电压将增加约0.12V，对于工作电压只有0.6V的电池单元来说，增幅是非常大的。在更高的温度下，这种效果仍然较为明显，大约每升高1℃，电压会增加约0.5mV。因此，可以得出结论，对于碱性燃料电池而言，最低的工作温度约为60℃，而温度的选择在很大程度上取决于电池的功率以及由此导致的热量损失、压力和电解质浓度对水蒸发的影响。

3. 电解质浓度

对于 KOH 溶液而言，随着 KOH 浓度的增加，其导电率也会增加。然而，当 KOH 浓度超过 8mol/L 时，由于 K^+ 的溶剂化效应，导电率开始下降。因此，一般碱性燃料电池的电解质浓度不会超过 8mol/L。

4. CO_2 的毒化问题

空气中含有 300~350μL/L（300~350ppm）的 CO_2 会导致电池性能严重降低。这是因为空气中的 CO_2 与 KOH 水溶液反应生成 K_2CO_3，在溶液中溶解度较低，会沉淀并堵塞电极微孔，导致催化剂中毒。同时，电解质中 OH^- 的浓度会降低，而且生成的 K_2CO_3 水溶液的导电率低于 KOH 水溶液，这会增加电池的欧姆极化，导致燃料电池性能下降。因此，CO_2 的毒化问题是碱性燃料电池面临的重要技术问题。

解决 CO_2 毒化问题的几种方法：

（1）化学吸收法：使用装有吸附剂的柱子对空气中 0.03% 的 CO_2 进行化学吸收消除，基本上解决了 CO_2 的毒化作用。这种方法简单，但需要不断更换吸附剂，实用性较差。

（2）分子筛法：分子筛可重复使用，也可以有效降低空气中的 CO_2 含量，使其达到使用标准。然而，由于水优先被吸附在分子筛上，使用分子筛法时需要使用干燥的空气，这在无形中增加了干燥空气和吸附剂再生的成本，并增加了运行费用。

（3）电化学法：这种方法通过电化学方式除去电解质中的碳酸盐，其原理是使碱性燃料电池在短时间内进行大电流放电，从而降低阳极附近的 OH^- 浓度，同时使碳酸盐从阴极向阳极迁移。随着电流的继续增加，阳极的碳酸盐会发生分解并从溶液中除去。

（4）液态氢协同法：利用液态氢的吸热汽化效应，使其通过换热器从空气中冷凝出 CO_2。

（5）电解液循环法：电解液循环可以改善碱性燃料电池对 CO_2 的耐受能力，也可以使用流动碱性电解质及时清除产生的碳酸盐。但缺点是增加了碱性燃料电池系统的复杂性。

（6）提高工作温度：当碱性燃料电池的工作温度较高时，可以增加碳酸钾的溶解度，防止碳酸钾从溶液中沉淀出来，从而减轻 CO_2 的毒化作用。

5. 排水方法

碱性燃料电池的排水方法有以下几种。

（1）动态排水法：也称为反应气体循环法，利用泵循环氢气，将水蒸气带出电池，然后在电池外部冷凝器中使其凝结。排水速度取决于氢循环量、发电堆的工作温度和凝汽器的工作温度。这种排水方式还可以部分排去热量。

（2）静态排水法：该方法是在氢气腔的一侧设置多孔排水膜，将电池的氢腔与水蒸气腔隔开，并使水蒸气腔保持负压。电池内部水被气化后，通过扩散迁移到排水膜的氢腔一侧并在那里冷凝，然后通过浓度差迁移到排水膜外侧，在外侧冷凝并通过排水腔排出电池。整个排水过程的速度取决于排水膜内水浓度差的迁移速率，即由导水膜两侧的浓度差所决定。

（3）冷凝排水法：通过非多孔结构的水汽冷凝板，使用泵循环冷却剂（如水、电解质、制冷剂）来冷却冷凝板。在这种情况下，除了在冷凝水期间打开气体出口外，其余时间都是封闭的。

（4）电解质排水法：通过循环电解质电池外部的出水单元进行排水。汽化热是由发电堆产生的废热提供的。但对小型电池就不行，热量不足。

动态排水法的优点：

1）发电堆结构简单，对发电堆尺寸大小没有限制；

2）与反应气体一同进入发电堆的惰性气体或杂质不会在电池内部聚集；

3）反应气体浓度均匀；

4）可在大电流下运行，电流越大，通过的气体量越多，从而过量的水可被过量气体带出发电堆。动态排水法适合于疏水电极，与电解质排水法混合使用，能够在一定条件下实现自我调节。

静态排水法相比动态排水法，容易控制，只需控制水腔的真空度，易于实施，但电池内部需要增加排水腔，电池结构较复杂。

二、质子交换膜燃料电池

（一）质子交换膜燃料电池发电原理

质子交换膜燃料电池是一种低温型燃料电池，其工作温度为 $60 \sim 80 \text{℃}$。氢气和氧气通过双极板上的导气通道分别到达阳极和阴极。然后通过电极的扩散层和催化剂层到达质子交换膜。在交换膜的阳极一侧，氢气（H_2）在阳极催化剂的作用下分解为氢离子（H^+）和电子（e^-），氢离子通过水作为媒介传输到质子交换膜并最终到达阴极，实现质子导电。H^+ 的移动导致阳极积累带负电荷，因此成为带负电的极端（负极）。同时，阴极的氧气（O_2）与阳极的氢离子 H^+ 经催化剂作用结合，使阴极成为带正电的极端（正极）。这样，在阳极的带负电终端和阴极的带正电终端之间产生电压。如果此时通过外部电负荷将两极连接，电子将通过电路从阳极流向阴极，从而产生电能。质子交换膜燃料电池的发电原理如图 3.3-5 所示。

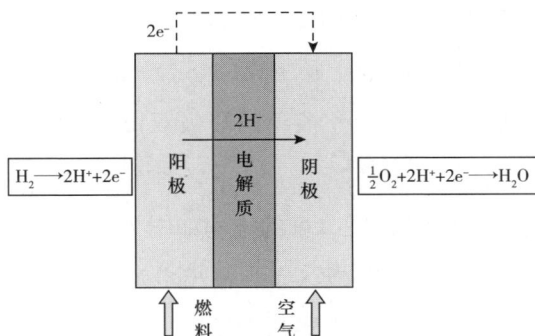

图 3.3-5 质子交换膜燃料电池的发电原理图

燃料极和空气极之间插入质子交换膜作为电解质。燃料极的重整氢气与空气极的氧气经过化学反应产生电能，其反应如下。

燃料极为

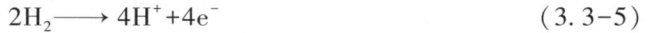

$$2H_2 \longrightarrow 4H^+ + 4e^- \qquad (3.3-5)$$

空气极为

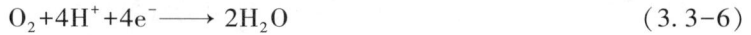

$$O_2 + 4H^+ + 4e^- \longrightarrow 2H_2O \qquad (3.3-6)$$

总反应为

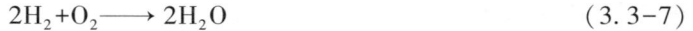

$$2H_2 + O_2 \longrightarrow 2H_2O \qquad (3.3-7)$$

总之，燃料极供给的燃料即氢气（H_2），释放出电子（e^-），形成氢离子（H^+），并移动到阴极。电子通过外部回路流向阴极，产生电流。在阴极，氢离子（H^+）和电子（e^-）与氧气（O_2）发生反应，生成水（H_2O）。即通过电化学反应来产生电和水。

（二）质子交换膜燃料电池的特点

（1）由于质子交换膜作为电解质，容易控制和加压两极之间的压差。

（2）发电单元可以在低于100℃的条件下启动，重整器尺寸较小，启动时间短。

（3）可以使用像塑料等廉价材料制造的电池。

（4）由于发电单元具有较低的阻抗，所以可以实现高密度输出和小型化。

（5）可以使用含有二氧化碳的燃料气体（重整气体）和空气。

由于质子交换膜燃料电池可以进行小型模块化，因此可以用于汽车或家庭热电联供系统。

（三）质子交换膜燃料电池发电单元的结构

1. 质子交换膜燃料电池发电单元和发电堆的组成

发电单元由电极、催化剂和高分子膜组成的三合一膜电极 MEA，以及燃料气体通道的阳极双极板、氧化剂气体（空气）流道的阴极双极板和冷却板等组成，许多发电单元组成一个发电堆。

质子交换膜燃料电池（PEFC）发电堆的结构如图3.3-6所示。

在发电堆的两端布置有金属集电板，作为输出电流的端子，并在其外侧插入绝缘板。此外，设有压紧端板，通过螺栓连接起来压紧，形成一个稳定的整体结构。为了使发电时产生的水沿着气体通道向下流动并容易排出，电极垂直竖立，并且需要严格控制温度以保持膜的适当湿度，并在每个单元上设置冷却板。

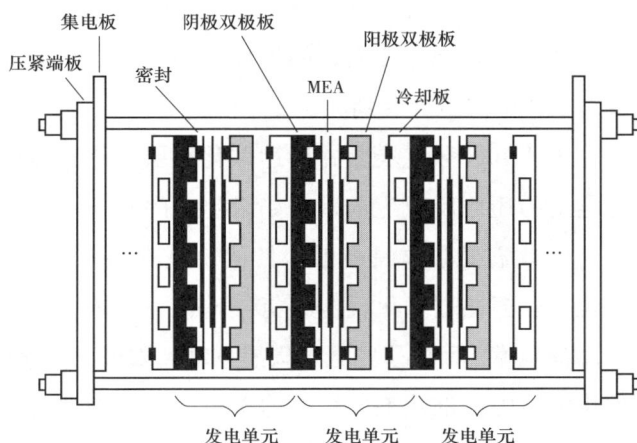

图 3.3-6 质子交换膜燃料电池（PEFC）发电堆结构图

2. 质子交换膜燃料电池的构成组件

（1）电极催化剂。如前所述，为了在低温下运行，燃料电池利用称为催化剂的物质来促进化学反应。催化剂应具有较高的电催化活性和稳定性，并具有大的表面积和良好的电导性，同时具有化学稳定性，以免因化学反应而过早失效。

燃料电池的理论电压为 1.23V，但连接电流后，电压会下降，这个电压差称为过电压。为了降低过电压并提高电动势，使用了白金催化剂。由于白金是贵金属，所以通过使用少量白金来提高发电单元电压非常重要。炭黑是一种具有导电性的粉末，其表面带有微细粒状的白金催化剂。白金催化剂的粒径为 $1\sim5nm$，比表面积为 $50\sim200m^2/g$，所载炭黑的质量百分比在 $10\%\sim50\%$ 的范围内。催化剂层需由具有黏结性和憎水性特性的特氟隆（PTFE）与固体分子膜成分混合而成的所谓"离聚物"组成，放大的催化剂层断面如图 3.3-7 所示。

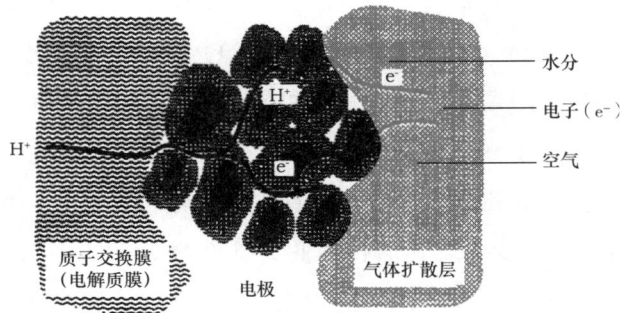

图 3.3-7 放大的催化剂层断面图

注 资料来自日本《水素・燃料電池ハンドブック》。

阳极穿过高分子膜而移动的氢离子以及空气中穿过电极之后的氧气均需透过一定厚度的离聚物层才能到达催化剂层。然而，如果催化剂层内的水分不足，则离聚物层对氢离子的传导以及对氧气的透过会受到影响。

在外部电路中，电子从电极穿过炭黑并抵达催化剂层，此过程使阴极催化剂层内的氧气与氢离子通过电子的还原反应生成水。如果生成的水停留在催化剂层内，将会阻碍溶解所需的氧气，因此需要依靠具有憎水性的特氟隆将水迅速排除出催化剂层。由上述过程可知，催化剂层会通过氧化反应将氢气转化为氢离子和电子，其中氢离子通过离聚物层移动到高分子膜，而电子则通过碳黑移动到阳极，从而形成了外部电路。

为了充分发挥催化剂层内的催化剂作用，许多白金催化剂覆盖在离聚物上，使得氢离子能够移动到高分子膜，而电子能够与炭黑电极接触，并通过电极移动到外部电路。为了确保反应气体能够到达催化剂层，需要确保电极与催化剂层内的扩散通道。此外，还需确保有水生成时的排放通道。为了实现这么多功能，催化剂层通常会有几十微米的厚度，并且需要使催化剂充分地保持在三相界面。

（2）膜电极组合体——三合一膜电极。三合一膜电极（MEA）是质子交换膜燃料电池中的核心组件，其组成和结构直接影响电池的工作性能和使用寿命。它能够降低各种过电位，提高电池的功率密度。采用高比表面积的纳米铂电催化剂有助于降低MEA中贵金属的含量，同时还能有效改善水和热的管理系统，并延长燃料电池的使用寿命。由于电解质是固态的离子聚合物，而不是液体溶液，无法借助溶液的表面张力将电解质渗透到多孔电极的内部，从而形成三相界面反应区。因此，为了使反应气体能够通过离子聚合物到达电催化剂表面，需要尽可能扩大催化剂层中离子聚合物与电催化剂颗粒的接触面积，即实现电极的三维接触面，形成质子（H⁺）、电子和反应气体的连续通道，同时改善质子交换膜中的聚合物与催化剂层中的聚合物的界面连续性。

形成整体三合一膜电极（MEA）的方法如图 3.3-8 所示，有两种方法：一种方法是催化剂涂层基板（catalyst coated substrate，CCS）法，即将催化剂涂覆在电极材料（碳纸）上，随后与高分子膜层烧结；另一种方法是催化剂包膜（catalyst coated membrane，CCM）法，即让高分子膜的两侧形成催化剂层，实现电极的层叠。

催化剂分为阴极催化剂和阳极催化剂，首先是使用白金作为阴极催化剂，因为氧的还原反应较慢，白金能够提高其活性。此外，在燃料重整气体中含有约 $10\mu L/L$（10ppm）的一氧化碳（CO），如果使用纯白金，会因为 CO 的吸附导致催化剂表面积减少。因此，阳极催化剂使用白金（Pt50%）和钌（Ru50%）。

对于阳极催化剂，氢气是燃料电池的主要燃料，碳载铂催化剂是目前活性最高的

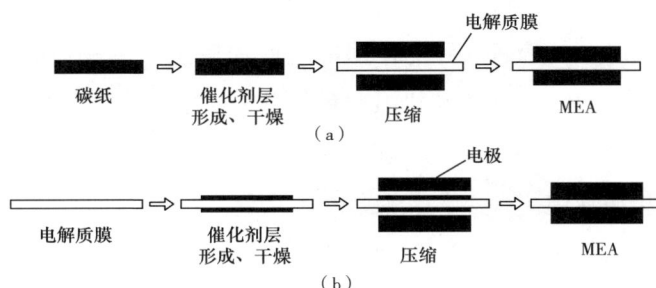

图 3.3-8 形成整体三合一膜电极（MEA）的方法
（a）催化剂涂层基板法（电极板形成法）；（b）催化剂包膜法（电解质膜表面形成法）

注 资料来自日本《水素·燃料電池ハンドブック》。

氢氧化反应催化剂。然而，作为燃料的重整气体存在一氧化碳中毒问题，因此研究抗 CO 中毒的催化剂成为阳极催化剂的重点。

阴极催化剂主要选择能够快速催化氧还原反应的催化剂，其催化速度远远低于氢气在铂表面的氧化速度。在正常工作条件下，氧气在铂表面的还原过电位仅为 20mV 左右，而阴极过电位可高达 300~400mV，这在很大程度上降低了燃料电池的性能。从催化剂的角度考虑，活化极化的主要原因是氧气的还原反应，因此改进阴极催化剂的关键在于降低活性极化。

（3）质子交换膜（电解质）。质子交换膜是燃料电池的核心部件，是电解质和电极活性物质的基地，它是一种绝缘体，作为隔膜用于将阴极和阳极隔离，以防止短路并阻止氢气和氧气直接接触。同时，它还是一种质子导体，能够让氢气在阳极氧化生成，并将质子输送到阴极，为阴极反应提供所需的质子，并实现电池的电流循环。

1）质子交换膜材料的要求。

a. 应具有良好的导电性，能够降低电池内阻，提高电流密度。

b. 膜中对水分子的电渗效应应小，使得氢离子在膜中移动速度较快，并且防止膜中产生过大的浓度梯度。

c. 水分子在质子交换膜中沿平行表面方向有足够的扩散速度，并保持液体均匀分布。

尽可能降低氢气和氧气在膜中的渗透性，以免氢气和氧气在电极表面发生反应，导致电极热分布不均，影响电池电流效率；质子交换膜需具备稳定性，能够阻止活性物质的氧化、还原和水解，同时避免受到酸性作用的影响；质子交换膜应具有足够的机械和结构强度，以减少因质子交换膜张力而导致的变形；质子交换膜的水合和脱水应具备良好的可逆性，不易膨胀，并且不应受到局部应力过大而变形的影响。

为了实现这个目标，提高聚合物电解质膜燃料电池（PEFC）的工作温度至120℃以上是一种有效的方法。然而，目前使用的电解质膜是氟系树脂，当工作温度超过110℃时，会降低氢离子的电导性和机械强度。此外，氢气和氧气的透过率也会增大。另外，使用氟系树脂膜价格也较高。因此，需要研发新的替代电解质材料。

2）开发中的电解质膜。

a. 改良型全氟系磺酸高分子质子交换膜电解质。全氟系磺酸高分子质子交换膜电解质是用于水电解的阳离子交换膜。类似于特氟隆树脂，全氟系磺酸高分子质子交换膜是固体聚合物电解质的一种，具有良好的化学稳定性、热稳定性，以及高离子传导率和机械强度等优点。它能在强酸、强碱、强氧化剂的介质以及高温等苛刻条件下使用。全氟系磺酸高分子质子交换膜是质子交换膜燃料电池的关键组件之一，尽管价格较高，但其综合性能远超其他膜材料。

目前为止，全氟系磺酸高分子质子交换膜的几家生产商有杜邦公司的 Nafion 系列膜（包括 Nafion117、Nafion115、Nafion112、Nafion135、Nafion211、Nafion111），陶氏化学公司的 Dow 膜，朝日化学公司的 Aciplex 系列膜，旭硝子株式会社的 Flemion 膜，以及氯工程公司的 C 膜和巴拉德公司最近研发成功的 BAM 膜。这些膜的性能如表 3.3-1 所示。

表 3.3-1　　　　　　　　　全氟系磺酸高分子质子交换膜的性能表

序号	型号	结构参数	EW 值	厚度（μm）	制造商
1	Nafion117		1100	175	杜邦公司
2	Nafion115	$m=1$, $x=5\sim12$, $n=2$, $y=1$	1100	125	杜邦公司
3	Nafion212		1100	50	杜邦公司
4	Nafion211		1100	25	杜邦公司
5	Flemion-T		1000	120	旭硝子株式会社
6	Flemion-S	$m=0.1$, $n=1\sim5$	1000	80	旭硝子株式会社
7	Flemion-R		1000	50	旭硝子株式会社
8	Aciplex-S	$m=0$, $n=2\sim5$, $x=1.5\sim14$	1000~1200	25~100	朝日化学公司
9	Dow	$m=0$, $x=2$, $n=3.6\sim10$	800	125	陶氏化学公司

注　EW 为 1mol 磺酸基因的树脂的质量，g/mol；m、n、x、y 为结构参数。

全氟系磺酸高分子质子交换膜的主要结构是特氟隆，具有高的化学稳定性，即使在强电化学氧化还原条件下也不会发生明显的变化，并具有很高的导电能力。氢离子（H^+）以水合物的形式出现，并通过水分子的载体传递。为了获得足够的质子导电能力，通常每个磺酸基团周围至少有 5、6 个水分子，而最高的导电率实现除了至少每个磺酸基团周围 20 个水分子外，还要求这 2 个水分子不能缔合形成水分子团。即从阳极到阴极这么高水量的传递，如果不对氢气侧加湿，势必会导致阳极缺水。如温度高于100℃，则会导致脱水失去质子传递能力。而如温度过低，会导致气态水液化进而出现水淹没（容易在冷启动或高负荷运行时出现）。

全氟磺酸高分子质子交换膜的缺点：首先，膜的导电率依赖于水含量，因此不能在超过 100℃ 的高温下使用。其次，膜的生产工艺复杂且价格高，需求量较少，无法进行大规模生产。同时，膜的燃料渗透率较高，尤其不适用于甲醇直接燃料电池（DMFC），会大大降低燃料电池的性能。

b. 碳氢化合物质子交换膜。碳氢化合物质子交换膜通常用作离子交换膜。目前使用的是一种被称为"超级工程塑料"的芳香族高分子膜。这种芳香族聚酰胺纤维质子交换膜具有耐高温的特性，并具有良好的离子传导能力。在 120℃ 时，其氢离子传导性是 Nafion 膜的 10 倍（1.70s/cm）。此外，该膜在 140℃ 时也具有良好的化学稳定性。碳氢化合物质子交换膜的主要性能如表 3.3-2 所示。

表 3.3-2　　　　　　　　　　　碳氢化合物质子交换膜的主要性能

序号	电解质材料	相对湿度（%）	温度（℃）	离子传导性（S/cm）
1	Sulfuonated PI	100	120	1.70
2	Sulfuonated aliphatic PI	100	140	0.18
3	Sulfuonated PE	100	140	0.20
4	Sulfuonated PPP	90	50	0.002
		100	80	0.30
5	Sulfuonated 3F-PS	100	25	0.20

c. 有机、无极混合电解质。同时具备有机电介质膜易成型的柔软性和无机交换膜的耐热性，开发了混合型质子交换膜，也称为有机无机混合电解质。有机无机混合电解质的制备方法主要有物理混合法、渗透法和溶胶凝胶法（Sol-Gel 法）三种。

（4）双极板。双极板用于构成燃料电池的发电单元，为了获得所需的电压，需要将多个发电单元通过具有导电性的隔板串联成发电堆。双极板的一侧与前一个单元的阳极侧接触，另一侧与后一个单元的阴极侧接触，因此被称为双极板。

1）双极板的功能。分隔氧化剂和还原剂：双极板的两侧形成了氢气室和氧气室，中间通过冷却管道连接。双极板的主要作用是分隔反应气体，并通过流场将反应气体引入燃料电池发电单元，同时收集并传导电流并支撑膜电极。此外，双极板还具有散热和排水功能。为了实现这些功能，双极板需要提供合适的流场结构，以确保反应气体均匀分布和流动，并排出反应中产生的水蒸气。因此，双极板需要具备阻气功能，不能采用多孔材料。

2）收集和传导电流：由于燃料电池的电压较低，电流较大，内阻的影响较大，因此双极板必须是良导体，以确保高效率和低能量损耗。因此，双极板的导电率应大于10s/cm。

3）良好的热导性。双极板必须具备导热性，因为它是MEA内部产生热量的传导介质。为了确保燃料电池单元的温度均匀分布和顺利散热，双极板需要具备良好的热导性。散热方式有内置冷却流道，导热率应超过20W/mK，而风冷散热采用板边缘散热的双极板导热率应大于11W/mK。

4）双极板应具有良好的抗腐蚀性。因为双极板处于质子交换膜燃料电池的工作环境—酸性电解质、氧气、氢气、热和湿润，而且在工作电位范围内（单片0~1V）要保持稳定，所以它必须具备抗电化学和化学腐蚀的能力。

5）材料应具有良好的性能。双极板材料应具有质量轻、强度和韧性，并且抗弯曲强度应大于25MPa，并易于批量加工。

6）双极板应具有良好的气、水分配功能。它应起到良好的气体分配和水分配作用，在不同的工作条件下形成最佳的流场，以保证燃料电池的运行要求。

7）双极板表面应光滑。双极板表面应尽量光滑，一般表面粗糙度应小于50μm。

（5）双极板流路设计。为了使双极板具有以上功能，燃料电池的双极板上一般凿有供氢气和生成水流动的沟（流场）。气体供给与排放联通的接口管形成流路，构成气体通道。对于质子交换膜燃料电池（PEFC），接口管装在内部的双极板上。电子交换在支撑电极的沟槽中进行。气体分离是主要的，但接口管周围还有密闭的布置密封材料，就像MEA的隔板一样，与不透气性材料紧密贴合，形成密闭空间，同时分离平面内的流体，使双极板本身成为隔壁，隔离发电单元之间的气体。

燃料电池双极板上供氢气和生成水流经的沟槽方向从水平改为垂直，在排放生成水时可以借助重力。例如，日本本田汽车（Honda）FCX Clarity搭载新开发的燃料电池堆，采用本田独创的氢气和空气竖直流动的"V Flow 电池单元构成"，还采用使氢气和空气波状流动的"波状隔板"，与上一代相比，性能有了飞跃性的提高，并实现了轻量化和小型化。

（6）双极板材料。双极板材料主要有石墨板、金属板和复合板等。为了保持燃料电池的特性，双极板材料应具有电特性、机械特性和稳定性等方面的要求。在机械特性方面，停机时为了防止因热胀冷缩引起的应力和振动等原因导致龟裂和破裂等问题，要求具有一定的机械强度。

1）石墨双极板。质子交换膜燃料电池中，使用石墨双极板的方法较常见。其成型方法为将碳粉或石墨粉与可石墨化的树脂混合均匀，并进行加工成型，然后在高温还原或真空条件下进行石墨化处理。该材料具有耐腐蚀性强、导热导电性好的优点，比金属材料更适合制备双极板。然而，该材料的强度较低，脆性较大，不容易加工成超薄型双极板，目前通常使用的双极板厚度都大于 0.8mm。此外，与其他材料相比，石墨双极板的体积比功率和质量比功率较低。为解决这些问题，目前采用的方法是将石墨板进行浸渍封孔，然后使用数控铣床或精雕机在石墨板上加工沟槽流道。另外，还可以采用具有柔性的膨胀石墨，它是一种导电、导热性好，透气性较小，抗腐蚀的自密封材料，但其气流道尺寸的稳定性较差。

2）金属双极板。金属双极板具有优良的导电和导热性能，容易加工，并且具有无孔结构，即使非常薄的双极板也能实现气体隔离的目的。然而，金属双极板的密度大、质量较大，容易腐蚀和表面钝化，导致内阻急剧增加。因此，金属板必须充分覆盖非金属涂层，如石墨、导电聚合物、有机自装聚合物，也可以使用防腐金属材料如不锈钢 316L，并对金属表面进行钛处理。

3）复合双极板。复合双极板是一种常见的双极板类型。金属复合双极板以金属为基底，在两面复合一层石墨材料，利用了金属易成型、防漏和抗腐蚀等特点。石墨复合双极板可以由热塑性塑料如聚丙烯、聚乙烯或聚偏二乙烯等制成。这些材料可以通过压缩成型、转移成型或注射成型的方式制备。

（7）流场设计。在流场设计方面，流场的形式和结构对于燃料电池内部反应物和生成物的流动、分配和扩散起着关键作用。流场的设计是否合理将直接影响燃料电池的正常运行。

各种流场都包含了不同形状的气体通道（沟槽或孔）以及用于支撑的脊或面与电极接触起导电导热集流作用。流场结构和开孔率不但影响双极板与电极的接触电阻，还影响传质和排水。流场的开孔率指的是沟槽或孔所占的比例。在流场的几何形状和开孔率等方面，都是流畅设计应考虑的内容。此外，还应考虑发电堆的应用环境、工作状态、流场板与电极的电阻、气流分配、流速、压力和压力降等因素。

常见的流场类型包括平行沟槽流场、单道蛇形流场、多道蛇形流场、交指状流场、点状流场、多孔流场和矩形流场等。流道的形状可以设计成矩形、半圆形、三角形等各种各样的形状。

平行沟槽流场可以通过有效减少压力降来提高效率，但可能会出现反应杂质集聚在某个通道无法排出的问题，导致某个电极区域没有反应物供给的情况。有人提出采用单道蛇形通道，这种流场可以确保反应物畅通无阻，并避免阻塞等问题，但也存在通道过长和转弯多导致压力过大的问题。后来的研究者结合了平行沟槽和单道蛇形的优点，设计出了多道蛇形流场，效果较好。

交指状流场可以在一定程度上提高燃料电池的功率密度。它的特点是流道不连续，流体被强制流过扩散层。其他通道中的气体主要通过扩散进入被压住的扩散层，有时也通过压力差产生的自然对流进入扩散层。交指状流场能够促使流体充分流过扩散层，但存在压降过大等问题。

点状流场和多孔流场在一定程度上舍弃了流道，一般来说，这种流场的流速较低，但保水能力较强。然而，也存在着流体流动不均匀、某些区域可能出现滞流和水淹等缺点。

Ballrd 公司的矩形流场是长宽比较大的流道，是一条很长的直行通道。由于减少了弯曲和转折，不仅压力降低适宜，而且加工容易。

（8）双极板的稳定性。在双极板的流路中，冷却水流动部分含有蒸汽，因此需要汽水分离。与此同时，双极板上的杂质和污染物会降低电解质膜和催化剂的性能，还可能导致冷却水或不冻液发生短路，以及腐蚀双极板等现象。

（四）水管理、密闭及冷却

1. 水管理

（1）水管理的必要性。

1）高分子膜含水率对燃料电池的效率有影响。质子交换膜燃料电池（PEFC）通常使用磺酸基质的氟化氢系质子交换膜。全氟系质子交换膜具有化学稳定性，同时氢离子和水容易发生反应，结构简单。这种质子膜在充分含有水的状态下具有高电导性。

在讨论质子交换膜含水率平衡问题时，需要考虑以下几个因素：首先，由于阴极发生的电化学反应，会生成水；其次，在质子交换膜内传递时，质子以水合氢离子的形式从阳极侧传到阴极侧，实现了水从阳极侧到阴极侧的传递；此外，由于阴极水的浓度高于阳极水的浓度，形成了浓度差，使水从阴极侧扩散到阳极侧；最后，也有反应气体的水分输入和输出。同时，不可避免地，燃料电池内部会形成气液两相流，增加了水管理的难度。

因此，质子交换膜燃料电池（PEFC）的电解质膜必须含有适量的水分。电解质的质子传导能力与含水量成正比，但是水含量也不能过高，否则会引起电解淹没，并导致连接水的电极或气体扩散层中的孔堵塞。因此，保持适当的水平衡关系尤为重要。

在质子交换膜燃料电池（PEFC）中，水是在阴极产生的，这些生成的水应满足电解质的正常要求。在运行过程中，需要向阴极区域供氧，同时空气也会带走多余的水分。由于质子交换膜很薄，水可以从阴极扩散到阳极，使整个电解质区域都能维持适当的水平衡。

质子交换膜燃料电池在运行过程中涉及几个复杂因素：

a. 运行中的氢离子（H^+）会从阳极移动到阴极，并带走一些水分子，称为电渗拖拽作用，每个氢离子（H^+）可以携带 1~5 个水分子。意味着尽管阴极区域保持良好的水化条件，但是阳极区域可能会变得过于干燥，特别是在高密度情况下。

b. 当温度高于 60℃时，空气的干燥效应经常超过氢氧反应生成水的速度。为了解决这个问题，在反应气体进入发电单元之前需要对空气和氢气进行加湿处理。

c. 电解质的水平衡必须在整个电池范围内得到保持。但是实际上存在着水分不均匀的情况，部分区域可能含水量适宜，而其他部分可能过于干燥，还有一些区域可能出现水淹的现象。

2）含水率与相对湿度对高分子膜的影响。高分子膜的含水量与相对湿度有关。相对湿度低于 80%时，会显著减少膜的含水量。

3）加湿温度对发电单元性能的影响。加湿温度会对发电单元的性能产生影响。较低的加湿温度会明显降低发电单元的性能。

（2）加湿方式。为了确保质子交换膜燃料电池（PEFC）的性能和耐久性，在电解质膜和催化剂层中保持离子聚合物的湿润状态至关重要。为此，有几种加湿方法可供选择。

1）外加湿方法。在供给燃料和氧化剂气体到发电堆之前加湿，以维持电解质膜和催化剂层中离子聚合物的高湿度状态。外加湿方法如图 3.3-9 所示。

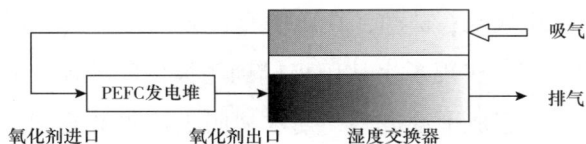

图 3.3-9　外加湿方法图

注 资料来自日本《水素·燃料電池ハンドブック》。

2）内加湿方法。通过在燃料和氧化剂气体通道的一侧或气体通道中引入流动的液体水，利用反应热加热并蒸发水分，从而维持电解质膜和催化剂层中离子聚合物的高湿度状态。内加湿方法的示意图如图 3.3-10 所示。该方法的优势是加湿系统和冷却系统集成在一起，使系统更加简单。

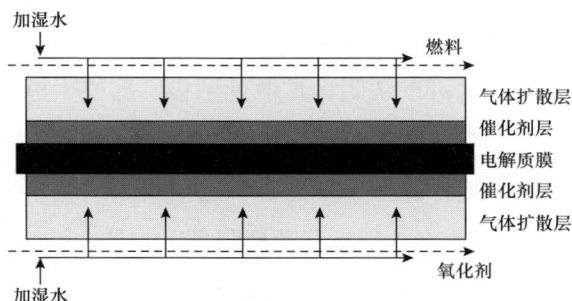

图 3.3-10　内加湿方法的示意图

美国 UTCFC 公司采用的内加湿方法是使用碳多孔材料制造双极板，该材料具有储存水分、阻止燃料气体和氧化剂气体流过的功能。同时，通过这种多孔分离板，水分蒸发并加湿燃料气体或氧化剂气体。通过冷却水压力低于燃料气体和氧化剂气体的压力，实现气体通道或氧化剂通道中多孔体吸收冷凝水，从而避免溢流和堵塞现象。

3）直接加湿法。直接加湿法是通过直接注入水来加湿电解质膜和催化剂层中的离子聚合物。直接加湿法的示意图如图 3.3-11 所示。

如图 3.3-11 所示，在双板式燃料通道旁边设置加湿水通道，并通过气体扩散层将加湿水供应给电解质膜和催化剂层。在气体扩散层上打孔，通过渗水性材料向电池供应水分。

4）发电单元的溢流和堵塞现象。由于电极反应产生水分，水从氧化剂入口聚集到出口。根据氧化剂气体的流动情况，可以观察到氧化剂气体相对湿度的分布情况。在氧化剂气体的入口处，相对湿度较低，电流密度也下降，电解质膜的性能也受到影响。相反，在氧化剂的出口处，由于电极化学反应产生水，氧化剂中的水蒸气压力超过饱和水蒸气压力，液态水凝结并阻塞多孔质电极，导致溢流和气体通道堵塞现象，从而降低发电单元的性能。

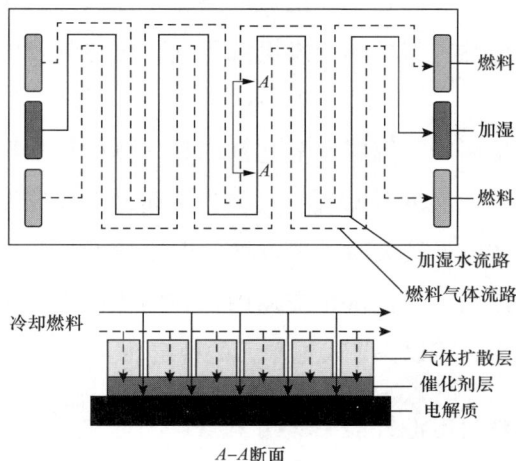

图 3.3-11　直接加湿法的示意图

注　资料来自日本《水素·燃料電池ハンドブック》。

2. 密封发电单元

对于低温燃料电池（PEFC），密封是不容易实现的。发电单元的工作温度通常在 120~130℃，在水加压状态下运行，会在反应部分与发电堆之间形成边缘密封，产生水压差，边缘密封还起到内部压力边界的作用。此外，在低湿度环境中使用时，电解质膜中的氟可能会损坏密封材料。

目前常用的密封材料是硅系树脂或氟系树脂。密封材料需要具备以下性能要求：高气体截断压力、低蒸汽渗透性、耐湿性、耐热性、耐酸性、低离子渗透、电绝缘性和弹性等。

3. 冷却

保持发电单元的适当温度对及时排除电极反应产生的热量非常重要。有以下几种冷却方法可供选择。

（1）自然对流冷却方法。自然对流冷却方法是通过提高冷却剂温度进行显热冷却的方法。对于发电单元设备冷却系统，不仅系统结构复杂，还会增加水泵或风扇等设备的电能消耗，降低系统整体效率。因此，对于几十千瓦的小型发电堆，常采用自然对流冷却方式。

（2）显热冷却方法。在外加湿发电堆中，通常插入冷却板，并使用乙二醇类不冻液作为冷却剂，通过显热冷却系统对发电堆进行冷却。每个单元都插入一个冷却板，离冷却板距离越远，温度越高。

（3）潜热冷却方法。潜热冷却方法通过冷却剂蒸发潜热进行潜热冷却的方法。

对于内加湿发电堆，通过向各单元的流通路径中注入加湿用水，利用水蒸发的潜热来冷却发电单元的反应热。与外加湿发电堆不同，内加湿发电堆无需在每个单元插入冷却板。

在潜热发电堆中，堆温度与燃料和氧化剂两种气体的饱和压力相一致，实现了温度的自动锁定，从而使单元温度分布较为均匀。然而，内加湿发电堆存在氧化剂利用率低的问题，而且在气体流量较大时，发电堆的温度较低。此外，由于内加湿发电堆需要将水强制注入气体流路，这在汽车应用中存在防冻问题，不太适合。另外，它还容易引起溢流和堵塞现象，难以保证发电单元的稳定性。

（五）质子交换膜燃料电池性能

（1）提高燃料电池性能。

1）减薄离子交换膜厚度。在开发初期，膜厚为 $175/125\mu m$（杜邦公司的 Nafion117/115μm）或 $505\mu m$（杜邦公司的 Nafion112μm），现在已经减薄到了 $5\sim35\mu m$。膜越薄，电阻越小，可以提高发电单元的性能。

2）改善白金催化剂的高分散性。为了降低成本、减少昂贵的白金用量、提高反应速率，可以增加催化剂表面积，提高催化剂的利用率。为此，将白金催化剂制成微粒状，增加催化剂的高分散性，可以增加催化剂的表面积。催化剂表面积越大，发电单元的电压越高。

3）提高催化剂层的离子膜渗透性。通过提高催化剂层对离子膜的渗透性，可以提高催化剂的利用率。

（2）发电单元的电压特性。发电单元的电压特性受到运行压力、运行温度、燃料利用率、加湿条件以及反应气体中杂质的影响。

1）运行压力特性。随着运行压力的增加，氧化分压增加，活性极化减少，从而提高发电单元的电压。但是增加压力后，会增加发电堆的密封难度、额外的压缩功率和管路压力损失。因此，运行压力应在适当范围内，一般保持在几个大气压内。

2）温度特性。对于磷酸性燃料电池（PAFC），温度越高，电压越高。但对于质子交换膜燃料电池（PEFC），情况不一定。由于加湿温度保持一定，所以在低电流密度范围内，随着发电单元温度的升高，单元内的相对湿度会降低，导致单元阻抗增加，电压下降。

另外，在高电流密度范围内，随着电流的增加，会产生水，可能会引起堵塞现象，但随着温度的增加，堵塞现象会消除，电压会上升。此外，温度越高，相对湿度和单元电压越低。

3）燃料利用率和空气利用率的特性。燃料利用率的特性如图 3.3-12 所示。

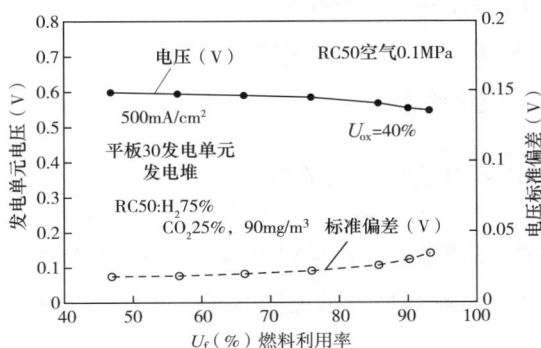

图 3.3-12　燃料利用率的特性图

注 资料来自日本《水素·燃料電池ハンドブック》。

从图 3.3-12 中可以看出，当燃料利用率达到 80% 左右时，电压开始下降，而发电堆内的电压分布则在增加。

空气利用率的特性是随着空气利用率的增加，单元内的氧气浓度和电压都会下降。

4）一氧化碳的影响。天然气、丙烷、甲醇等改质气体中含有一氧化碳，它是降低发电单元电压的原因之一。通过选择性氧化装置，在进入燃料电池本体之前，可以降低 CO 的含量，目前已将其控制在 $10\mu L/L$（10ppm）以下。这样可以利用催化剂白金/钌合金来抑制 CO 中毒。

从 CO 浓度和阳极催化剂有效反应面积的关系中可以看出，当 CO 浓度为 $10\mu L/L$（10ppm）时，阳极触媒表面积因 CO 而减少了 53%。

当催化剂表面积减少时，有效反应面积的电流密度增加，燃料极电动势也增加，这是导致单元电压下降幅度较大的原因。

同时，CO 浓度和单元电压下降的关系也表明在使用白金/钌合金时，CO 浓度增加会导致单元电压下降。当 CO 浓度为 $100\mu L/L$（100ppm）时，单元电压下降 35mV。

另一种解决 CO 中毒问题的方法是通过在燃料极注入少量空气（称为空气喷射或空气泄漏）。

5）其他杂质的影响。以沼气为燃料的改质气体中可能含有氨、硫化氢等气体。而空气中可能含有硫化氢、二氧化氮和二氧化硫等。

氨或硫化氢的浓度越高，对大单元电压的降低影响就越大。但即使注入纯氢，单元电压也不会立即恢复。这是因为当存在氨气体时，会增加膜的电阻。而当存在硫化氢时，会导致阳极催化剂中毒。

6）时间持续特性。发电单元的时间持续特性在寿命评价中非常重要。下面以一个具体的例子来说明：当电流恒定为 $160mA/cm^2$，压力为 150kPa，燃料/空气流量比为 1.25/2，燃料加湿率为 95%，并且在燃料中注入 2% 的空气时，得到了最稳定的实验结果。这是目前已知的最稳定的特性。

（六）质子交换膜燃料电池其他组成设备

家用质子交换膜燃料电池系统的设备组成如图 3.3-13 所示。对于质子交换膜燃料电池（PEFC）的电解质，其耐热性要求温度不能超过 80℃，相比之下，磷酸性燃料电池要求的 CO 浓度较低。

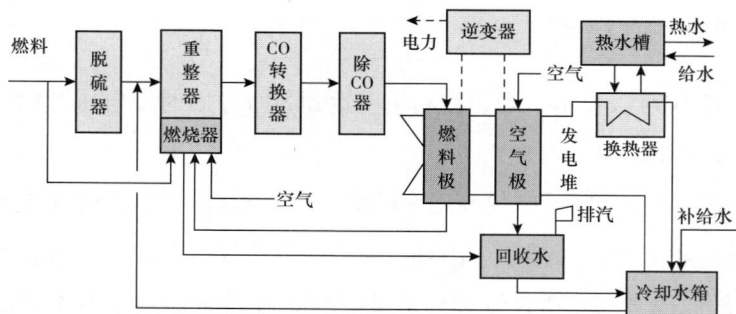

图 3.3-13 家用质子交换膜燃料电池系统的设备组成图

1. 燃料处理设备

由于质子交换膜燃料电池（PEFC）的运行温度较低，因此在电极上使用白金触媒时，CO 会导致触媒中毒。因此，在电池运行过程中应充分降低 CO 浓度。

对于天然气等燃料气体，在系统需要的情况下，通过风机增加压力，脱硫后与蒸汽混合供给重整器，利用阴极排气中的空气进行燃烧，作为重整器的热源。也有一种自热方式，即直接将燃料气体的 1/3 与所需的空气混合燃烧，以满足完全燃烧所需的热量。但从发电效率角度考虑，蒸汽重整更为有利。经过改质的富氢气体进入替换变换器，通过 CO 替换反应（$CO+H_2O \longrightarrow CO_2+H_2$）将 CO 浓度降低到 0.1%~0.5%。然后，微量空气被注入除 CO 器中进行选择性氧化，实际上在这一过程中，部分氢气也会被氧化，因此出口 CO 浓度不超过 $10\mu L/L$（10ppm）即可。

经过除二氧化碳器处理后的燃料气体被供给阳极，但有时在阳极为了减少 CO 的危害，会供给少量的空气。在阳极中，通过反应 $2H^+ + 2e^- + \frac{1}{2}O_2 = H_2O$ 来发电，所供给的氢气并不都参与反应。

在阳极排气中剩余的可燃成分，即 CH_4、H_2 和 CO，会在重整器的燃烧器中燃烧为热源。经过新的重整器后，燃烧排气进入余热回收锅炉，生产重整器所需的蒸汽。

送风机将空气供给重整器，用于重整器的燃烧和阴极的发电反应，供给阴极所需的预热和湿化。同时回收湿化过程中带来的热量和水分或用热水进行加热。

（1）脱硫器。一般在城市煤气中为了安全起见会添加一些含硫芳香剂。为了防止 CO 替换催化剂中毒，需要重整催化剂，降低其活性。一般在燃料电池中采用常温吸附法脱硫技术，消除燃料中的硫成分，利用各种方法进行脱硫。

（2）重整器。城市煤气等燃料通过催化剂反应与蒸汽生成氢气，在重整器中通过 CO 替换反应生成氢气和二氧化碳的化学反应。

重整反应为

$$CH_4 + H_2O \longrightarrow CO + 3H_2 \qquad \Delta H = 206.2\text{kJ/mol} \qquad (3.3-8)$$

燃料处理系统的示意图如图 3.3-14 所示。

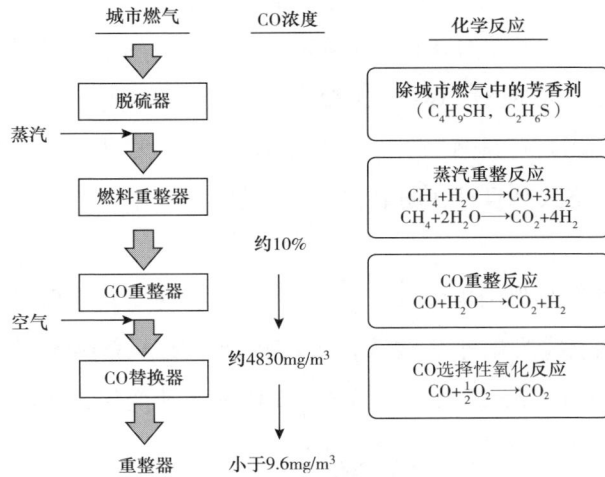

图 3.3-14　燃料处理系统的示意图

注　资料来自日本上松宏吉著，本间琁也鑑《燃料電池発電システムと熱計算》。

（3）CO 转换反应器。在重整器出口，重整气体中大约含有 10% 的一氧化碳（CO），经过 CO 转换催化剂进行反应，生成 CO_2 和 H_2。即

CO 替换反应

$$CO + H_2O \longrightarrow CO_2 + H_2 \qquad \Delta H = 206.2\text{kJ/mol} \qquad (3.3-9)$$

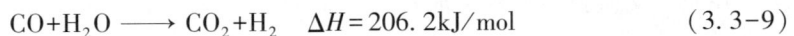

跟化工厂使用的加压重整相比，在常压下进行的低温化学反应（约 700℃）在重整

器内进行的 CO 转换反应更加均匀，导致重整器出口的 CO 浓度较低。因此，高温 CO 转换反应和低温 CO 转换反应是在分两段进行的重整反应。为了实现小型化，在家庭用燃料电池中只进行一段替换反应。然而，在下游设置 CO 转换器出口后，为了稳定地保持在 $10\mu L/L$（10ppm）以下，降低反应器出口的 CO 浓度后进入 CO 转换器是非常重要的。因此，在 CO 反应器内插入中间冷却器，采用分段反应结构：第一段反应温度为 $250\sim3000℃$，第二段反应温度为 $180\sim2500℃$。

在磷酸性燃料电池中，除了采用 Cu/ZnO 催化剂外，还使用了耐酸性贵金属（Pt）系催化剂。

（4）除 CO 器。燃料电池的性能主要受到阳极气体中 CO 浓度的影响。在运行温度为 200℃的磷酸性燃料电池中，阳极气体中的 CO 浓度限制在 1%以下（通常为 0.5%以下）。然而，对于家用燃料电池的启动温度为 80℃，CO 浓度应限制在 $10\mu L/L$（10ppm）以下。因此，需要设置除 CO 器以将 CO 气体氧化为 CO_2，以降低 CO 浓度。

CO 选择性氧化反应为

$$CO+\frac{1}{2}O_2 \longrightarrow CO_2 \quad \Delta H=-283kJ/mol \quad\quad (3.3-10)$$

在供给除 CO 器的 CO 转换反应器出口气体中，包含大量容易与氧气反应的氢气。因此，在除 CO 催化剂中，需要选择 CO 优先与氧气反应的催化剂。从效率、安全性和稳定运行的角度考虑，应使 O_2/CO 之比较小（通常为 1.0~1.5）。然而，广泛应用的甲烷化反应（methanation）具有较宽的反应领域，难以实现。目前主要采用贵金属钌（Ru）催化剂，但价格较高且存在耐氧化性等问题。

2. 逆变器

在家庭质子交换膜型燃料电池（PEFC）系统中，逆变器占据了太阳能系统容量的 1/4~1/3。家庭用配电线为单相 3 线式，电压较低。质子交换膜型燃料电池（PEFC）系统使用逆变器，如图 3.3-15 所示。为了应对瞬时负荷变化，还设置了蓄电池。

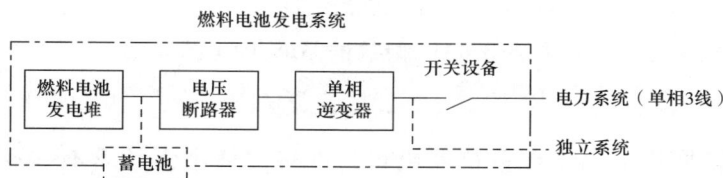

图 3.3-15 质子交换膜型燃料电池系统使用逆变器

在质子交换膜型燃料电池系统中，为了实现小型化并降低成本，采用了无变压器型等部件。逆变器具有以下特点：

（1）能够抑制电压上升。根据家庭内负荷变化和燃料电池系统的出力之间的关系进行逆运算时，存在低压配电系统电压超出正常范围（95~107V）的可能。此时，类似太阳能逆变器的处理方法，通过相位反向运行，降低逆变器出力，抑制电压上升。

（2）用户处控制电力。为了在家中节省电力，最好让燃料电池按额定功率连续运行。然而，当家庭负荷减少时，会发生相反的情况，就像前面提到的，电压会上升。为了尽量避免这种相反的情况，并最小化所接收的电量，可以实时监测接收的电力是否下降到某个水平，然后相应地降低逆变器的输出，使燃料电池在短时间内跟踪负荷变化。此外，还可以使用蓄电池来跟踪负荷变化。

3. 余热回收设备

为了充分利用家用燃料电池发电过程中产生的余热，这种家用热电联供系统不仅配备了燃料电池机组，还配备了热水储槽。家用燃料电池系统的组成如图 3.3-16 所示。从图 3.3-16 中可以看出，机组位于装置的右侧，而热水储槽位于左侧。由于家庭的电能负荷和热能负荷很难完全平衡，因此使用热水储槽充分利用余热是必要的。家用燃料电池余热利用的示意图如图 3.3-16 所示。

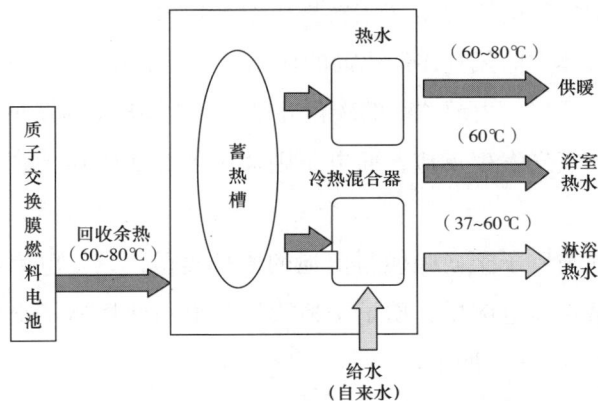

图 3.3-16　家用燃料电池余热利用的示意图

三、磷酸性燃料电池

磷酸性燃料电池（PAFC）是目前商业化发展最快的燃料电池之一。它使用液体磷酸（H_2PO_4）作为电解质，并通常将电解质灌注到碳化硅基质中。该电解质不会蒸发，在稳定状态下正常进行电解发电。磷酸燃料电池的工作温度略高于质子交换膜燃料电池和碱性燃料电池，为 150~200℃，但仍需要白金催化剂来加速反应。阳极和阴极上的反应与质子交换膜燃料电池相同，但由于工作温度较高，所以阴极上的反应速度比质子交换膜燃料电池快一些。

磷酸燃料电池的效率可达 40%~45%，使用的燃料需要经过外部重整，并且燃料中的一氧化碳（CO）浓度必须小于 0.5%，否则会使催化剂中毒。

磷酸燃料电池具有许多优点，例如结构简单、稳定性好、电解质挥发度低等。磷酸性燃料电池可用于公共汽车的动力系统，并且已经有许多商业化运行的实例。在过去 30 多年中，大量的研究使得磷酸燃料电池可以成功应用于固定电站，并在世界各地安装了许多容量为 0.2~20MW 的工作装置，为医院、学校和小型电站提供动力。总结其特点如下。

（一）磷酸性燃料电池原理

磷酸性燃料电池的电解质是磷酸（H_2PO_4），运行温度约为 200℃。由于燃料天然气中含有氢（H_2）80%、二氧化碳（CO_2）20%，以及一氧化碳（CO），如果温度降低，一氧化碳会使催化剂中毒，降低发电单元电压。为了抑制这种中毒，温度提高到 200℃ 左右，电解质仍保持稳定状态且不蒸发，以确保正常进行电解发电。磷酸性燃料电池的发电效率为 40%~45%。

磷酸性燃料电池的发电原理是在燃料极供给燃料气体，而在空气极供给氧化剂的空气条件下，燃料气体中的氢气在催化剂的作用下，经氧化反应分解成氢离子和电子。氢离子通过磷酸电解质层，由灌磷酸的碳化硅微粒和 PTFE（特氟龙）构成，移动到空气极，并与空气中的氧气发生反应，而电子则通过外部回路移动到空气极，发生氧化反应，产生水。

磷酸性燃料电池与质子交换膜燃料电池的原理类似，只是电解质不同。磷酸性燃料电池使用磷酸溶液作为电解质，质子交换膜燃料电池使用质子交换膜。磷酸性燃料电池的原理示意如图 3.3-17 所示。

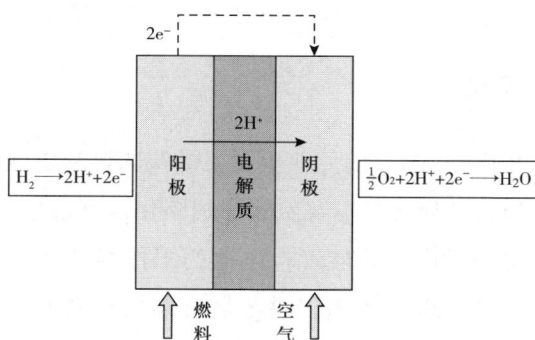

图 3.3-17　磷酸性燃料电池的原理示意图

根据以上所述，磷酸性燃料电池的反应如下：

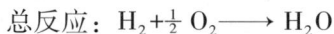

燃料极：$H_2 \longrightarrow H_2 + 2e^-$

空气极：$\frac{1}{2} O_2 + 2H^+ + 2e^- \longrightarrow H_2O$

总反应：$H_2 + \frac{1}{2} O_2 \longrightarrow H_2O$

在燃料极，氢气（H_2）经氧化反应分解成电子（$2e^-$）和氢离子（$2H^+$）。氢离子通过磷酸电解质移动到阴极，同时释放出电子。这些电子通过外部回路移动到阴极，在阴极与氢离子（$2H^+$）和氧气（O_2）进行反应，生成水（H_2O）。通过化学反应产生的电子在外部回路中形成电流，从而实现发电。

（二）磷酸性燃料电池的特点

（1）较高的工作温度使其对杂质具有较强的耐受性。即使在其反应物中含有 $1\% \sim 2\%$ 的一氧化碳（CO）和极少量的硫（S），磷酸燃料电池仍可正常工作。

（2）不需要 CO_2 处理设备。由于电解质是酸性的，与碱性燃料电池相比，磷酸性燃料电池不需要 CO_2 处理设备。它可以使用改质气体，其中含有化石燃料改质得到的二氧化碳（CO_2）（H_2：80%；CO_2：20%），也可以使用甲醇、天然气、城市煤气等低成本燃料，实现燃料多样化。

（3）使用材料可以多样化。由于运行温度为200℃，所以可以使用像氟系树脂（PTFE）这样耐高温的有机材料，或者只要不接触磷酸，可以使用铜、铁等金属。这样可以实现材料的多样性，降低成本。

（4）余热利用。可以采用加压水冷却方式，将冷却系统小型化，并将余热用于空调、供暖和热水供应，提高综合热效率。

（5）可以利用廉价的炭材料。采用磷酸作为电解质，并利用廉价的炭材料作为骨架。

（三）磷酸性燃料电池的运行环境

1. 运行温度

磷酸性燃料电池的运行温度通常在 $190 \sim 220$℃ 之间，选择运行温度主要考虑电解质磷酸盐的蒸气压力、材料的耐腐蚀性能、电催化剂对 CO 中毒的耐受能力以及实际运行需求。运行温度越高，燃料电池发电单位的效率也会提高。

2. 运行压力

磷酸性燃料电池的运行压力一般在 $0.7 \sim 0.8$MPa 之间。通常对于大容量的发电堆会选择加压运行，而对于小容量的发电堆则常常采用常压运行。在加压运行下，反应速率会增加，发电效率也会提高。

3. 燃料利用率

磷酸性燃料电池的运行反应气体大约为 80% 的 H_2，20% 的 CO_2、CH_4、CO 和硫化物。燃料利用率指的是氢气转化为电能与燃料气体中氢气量之比。磷酸性燃料电池的燃料利用率一般在 50%~60% 之间。

4. 氧化剂利用率

磷酸性燃料电池的氧化剂利用率一般在 70%~80% 之间。例如，当空气作为氧化剂时，利用率为 50%~60% 意味着在发电单元中，10%~12% 的氧气消耗来自空气中。

（四）磷酸性燃料电池发电单元的结构和发电堆组成及组成材料

1. 磷酸性燃料电池发电单元的结构和发电堆的组成

发电单元的构成如图 3.3-18 所示。燃料极和空气极是进行化学反应的场所。碳极上涂有催化剂形成催化剂层，阳极催化剂层和阴极催化剂层之间有电解质，电解质由 100% 的磷酸渗入多孔碳化硅（SiC）和聚四氟乙烯（PTFE）组成。每个发电单元输出电压较低，通常为 0.6~0.8V，因此为了获得较高的电压，数百个单元可以堆叠在一起形成一个发电堆。

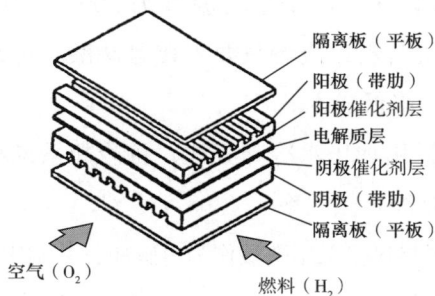

图 3.3-18　发电单元的构成图

为了保持每个单元的温度，每个单元都插入冷却板来调节温度。发电堆上、下设置了集电板、绝缘板、压紧板，发电堆周围设置了燃料和空气供给接口。

2. 磷酸性燃料电池组成材料

磷酸性燃料电池组成材料如表 3.3-3 所示。

（1）电解质与载体。PAFC 电解质是由磷酸构成的。磷酸是唯一能够同时满足热稳定性、化学稳定性和电化学稳定性要求的普通无机盐。此外，磷酸具有较低的挥发性（大约在 150℃ 时才开始挥发），能够满足电解质的要求。如果电解质中磷酸浓度过高

（>100%），电解质内离子的导电率将变得很低，从而增加质子在电解质中移动的阻力；反之，如果电解质中磷酸浓度过低（<95%），磷酸对电池材料的腐蚀性将会急剧增大。因此，合适的磷酸浓度范围为98%~99%。

表 3.3-3　　　　　　　　　　磷酸性燃料电池组成材料

序号	组成部件		性能要求	代表性材料
1	电解质载体		耐酸性、酸保持性	聚四氟乙烯黏合碳化硅
2	电解质		高纯度	100%磷酸
3	催化基层	催化剂	高活性、长期稳定性	碳载铂
		疏水剂	对磷酸保持疏水	聚四氟乙烯
4	电极支撑材料		透气性、电子导电性 机械强度、热传导性、耐腐蚀性	碳纤维
5	双极板		致密性、电子传导性、 机械强度、耐腐蚀性	复合碳板

此外，在PAFC的运行过程中，电解质的流失是影响其性能的一个因素。导致磷酸流失的主要原因是磷酸在高温下蒸发被带走，或者被电池中的分离板吸收。为了减少磷酸的流失并保持磷酸的浓度稳定，必须将磷酸吸附在多孔载体上。

PAFC通常选择多孔载体材料用于吸附电解质，原因为磷酸是靠虹吸力储存在载体的毛细孔中。碳化硅是一种惰性材料，具有良好的化学稳定性和耐酸性。一般选择聚四氟乙烯来黏合碳化硅，作为电解质载体材料。在PAFC中，碳化硅载体与其两侧的气体电极一起组成电池的三合一组件。为了降低电阻，碳化硅载体的孔隙率必须尽可能大，一般为50%~60%。为了确保磷酸充分渗透到碳化硅载体中，其平均孔径应小于氢、氧电极的孔径，因此需要控制碳化硅载体的平均孔径小于等于1。一般使用粒径为$1\mu m$的碳化硅（SiC）和特氟龙（PTFE）构成的载体，以便磷酸渗透，离子易传导。为了减小电解质层的厚度（0.05mm），以降低单元阻抗，但过薄会导致空气极和燃料极接触的极端部位及气体交叉泄漏。为了实现长时间运行，磷酸会储存在碳极的肋管部位，通过毛细管现象分布于催化剂层和电解质层。可以通过丝网印刷法或者浸泡涂法来形成电解质层。

（2）催化剂。

1）Pt催化剂。Pt催化剂是磷酸性燃料电池常用的电极活性材料。过去通常使用由PTFE黏合的Pt碳黑，而且Pt担载量很高，大约为$9mg/cm^2$。后来采用了Pt/C催化剂来替代，这主要是为了提分散铂催化剂，提高催化剂的利用率，另外，也增加催化剂的导电性。

在高比表面积的碳载体上负载高分散的纳米级铂颗粒，并确保均匀分布是关键。通常采用 XC-72 炭黑作为碳载体，其平均粒径为 40nm，比表面积为 $220 \sim 250 m^2/g$。为了提高炭黑的化学稳定性和减少电化学腐蚀，在制备 Pt/C 催化剂时，常进行热处理或 CO_2 蒸汽活化处理。

2）合金催化剂。催化剂粒子上负载了直径为 $1.5 \sim 2.5 nm$ 的白金颗粒。为了提高发电单元的性能，空气极上的催化剂非常重要。为了提高催化剂的活性并使催化剂更加微细、增加分散度和白金表面积，使用 Pt-Cr、Pt-Cr-Co 等二元和三元合金催化剂。表 3.3-4 显示了利用提高合金催化剂的单元性能的例子。

表 3.3-4 合金催化剂的催化活性

催化剂	活性（在氧气中）（mA/mgPt，在 0.9V）	单元电压（在氧气中）（V，在 215mA/m²）
Pt	20	0.680
Pt-V	39	0.720
Pt-V-Co	42	0.735
Pt-Cr	43	0.735
Pt-Cr-Co	52	0.742

合金催化剂中，白金格子间距越小，催化剂的固有反应速度越快，活性也越高。经过一段时间，催化剂的 Pt 含量减少，合金脱除和催化剂颗粒尺寸增大，减少了活性，单元电压也降低。空气极和燃料极的白金颗粒尺寸变化速度与运行温度有关，随着运行温度升高，白金颗粒尺寸变化速度增加。

在磷酸性溶液电位超过 0.8V 时，白金的溶解速度增加，颗粒尺寸变大。在实际操作中，当负荷被切断时，单元的平均温度超过 200℃，单元电压超过 0.8V，催化剂会恶化。因此，通过置换空气为氮气来降低空气极的电位、抑制催化剂的恶化（称为氮气清洗）是必要的，但空气置换为氮气需要时间。

3）催化剂层。催化剂层是由催化剂粉末和聚四氟乙烯（PTFE）粉末负载在碳极上，通过催化剂层中的氢离子传输，并浸湿在磷酸盐溶液中。磷酸盐的含量会影响气体的扩散性和催化剂的利用率。

催化剂层内的磷酸渗透量受到 PTFE 含量和热处理温度的影响。此外，为了实现长时间稳定运行，需要形成具有较高亲水性的催化剂层。催化剂的用量是阳极为 $0.25mg/cm^2$，阴极为 $0.5mg/cm^2$。形成催化剂层的方法包括丝网印刷、混合催化剂和 PTFE 气体的散布干燥方法。

（3）碳极、磷酸储存槽、双极板。碳极采用多孔的碳纸以便燃料或空气能够通过。碳纸由碳纤维（carbon fiber）和黏合剂（binder）树脂经过热处理制成。磷酸储存槽由多孔炭材料制成，用于供应催化剂层的反应气体。

双极板是燃料电池中的两个主要电极，分别是空气极和燃料极。双极板必须具有电子导电性和气密性，同时具有耐腐蚀性、良好的稳定性和长寿命。双极板是将笨酚树脂涂膜在碳素材质高温烧结形成的。

（4）冷却板。磷酸性燃料电池发电堆的运行温度约为200℃。为了确保电池堆的稳定工作，需要排除发电反应中产生的余热并回收利用。每隔 2~5 个电池单元，需要增加一个冷却板。目前常用的冷却方式有水冷、空冷和油冷。

1）水冷是最常用的冷却方式，可以分为沸腾冷却和强制对流冷却两种。沸腾冷却利用水的蒸发潜热带走电池堆的热量，由于水的潜热大，所以所需水量较少。而采用强制对流冷却则需要较多的水量。

2）空冷是指使用空气作为冷却介质。由于空气的热容量相对较低，所以需要较大的流量，导致循环系统消耗的能量较多。

3）油冷是指使用油作为冷却介质。与水相比，油对材料的腐蚀性较小，但是油的比热容较低，因此需要较大的流量。

（五）磷酸性燃料电池性能及老化原因

1. 酸性燃料电池性能

在加压和常压下，电池的输出电压与电流密度密切相关，同时也会受到压力、温度、气体组成和使用寿命等各种条件的影响。通过使用合金催化剂、优化催化剂层以及采用薄的电解质层，可以提高电池单元的性能。

（1）压力-温度特性。

1）压力特性。电池单元增加压力会提高燃料电池的可逆电位，进而增加阴极上的氧气浓度并降低水蒸气分压，从而提高电化学反应速率。例如，当运行压力从常压增加到 $8.4kg/cm^2$ 时，单元电压上升约为 135mV。

2）温度特性。温度是影响燃料电池性能的主要因素。温度升高会加快传质和电化学反应速率，从而降低活化极化、浓差极化和欧姆极化，从而改善电池的性能。

（2）利用率特性。酸性燃料电池（PAFC）的燃料利用率约为80%，这意味着在电池内氢气消耗为80%，剩余的20%在重整器燃烧被利用。利用率为90%，则单元电压急剧下降。

PAFC的空气利用率约为60%，空气利用率增加，则单元电压下降，这是因为下降氧气分压的关系。

（3）燃料中杂质的影响。

1）CO中毒特性。CO是燃料重整过程中产生的。它强烈吸附在Pt催化剂表面，导致其中毒。有CO存在时，阳极氧化电流降为没有CO存在时的一半。CO对Pt催化剂电极表面的吸附作用减弱。

温度为150℃时，CO浓度对阳极催化剂的中毒影响明显减小。而磷酸性燃料电池在200℃下运行，对电池几乎没有什么影响。

2）硫化物对电池性能的影响。硫化物来自燃料本身，燃料气体和城市燃气中的硫通常以H_2S的形式存在。H_2S强烈附着在Pt催化剂表面，占据催化剂活化性中心，并被氧化为单质硫而覆盖在Pt粒子表面，使Pt催化剂失去对氢氧化的电催化剂功能。

3）氮化物对电池性能的影响。来自重整过程中的一些氮化物，如NH_2、NO、HCN等，对电池的性能也有影响。但氮气除了起到稀释剂的作用外，并没有太大的危害作用。燃料气体或氧化剂中如果含有NH_3，就会与电解质磷酸发生反应，生成NH_4、H_2、PO_4，这会使氧还原性能下降，从而影响电池的性能。NH_4、H_2、PO_4的允许浓度为0.2%，即NH_3的最大允许浓度为$1mg/m^3$。

4）氧化剂气体组分的影响。磷酸性燃料电池一般用纯氧或空气中的氧作为氧化剂。氧的浓度会影响电池的性能。比如，以含氧21%的空气取代纯氧，在恒定电极电位条件下，极限电流密度会降低约2/3。

5）电流密度特性。在常压运行时（运行温度为204℃，燃料利用率为80%，空气利用率为60%，H_2为75%，CO为0.5%）改变电流密度时，电压变化为

$$\Delta U_J[mV] = -0.74\Delta I，其中 50 \leq I \leq 120mV/cm^2 \tag{3.3-11}$$

$$\Delta U_J[mV] = -0.45\Delta I，其中 120 \leq I \leq 215mV/cm^2 \tag{3.3-12}$$

2. 影响燃料电池性能降低的原因

为了提高电池的运行寿命，必须了解电池性能下降的原因，并提出解决问题的办法。影响电池性能的现象主要有两个方面：一是磷酸不足，二是电池经过一段运行之后，催化剂活性下降或催化剂层防水性下降。

电池单元寿命可按式（3.3-13）估算，即

$$\Delta U_{\text{lifetime}} = -2\text{mV}/1000\text{h} \qquad (3.3\text{-}13)$$

燃料电池的性能降低（以下单元电压降低），可分为缓慢降低单元电压和急速降低单元电压。

（1）缓慢降低单元电压。利用电池发电堆，温度在207℃下，经过18000h的耐久性的试验结果如3.3-19所示。

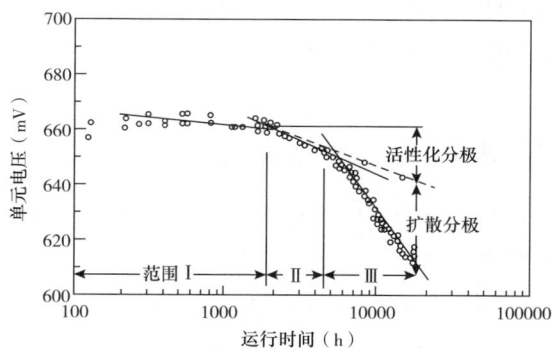

图 3.3-19　电池单元电压特性

注 资料来自日本《水素·燃料電池ハンドブック》。

由图3.3-19可见，运行时间段分为三个范围段，范围Ⅰ表示运行初期，该范围内根据憎水性和运行方式不同，单元电压会有所变化。范围Ⅱ根据催化剂性能降低的程度，增加了活性化分极的范围。范围Ⅲ是在催化剂性能下降的同时，由于湿润导致催化剂层增加了气体扩散障碍，扩散分极的范围也增加了。

在各个范围内，单元电压的下降速度与温度有关。随着温度增加，单元电压按比例增加。同时，提高单元温度也会加速单元电压的下降。

（2）单元电压急剧下降。单元电压急剧下降是指单元运行电压迅速降低的现象。主要原因是磷酸不足和氢气不足导致的单元电压下降。

（3）磷酸不足导致单元电压下降。当富氢气体和空气流过电池单元内双极板沟槽时，单元内的磷酸会被这些气体流失。当磷酸流失过多，单元内的磷酸量低于允许值时，单元无法承受燃料极和空气极之间的压差，会发生交叉泄漏，导致单元电压下降。

正常情况下，随着电流减小，单元电压应该上升。但是，磷酸不足的单元在低电流范围内，单元电压会降低，而交叉泄漏越严重，单元电压下降越明显。在电池堆内部的部分单元磷酸不足时，不仅发生了上述的电压下降现象，而且在阴极方面，由于氢气和碳酸气体泄漏，可以通过检测阴极出口的碳酸气体浓度来监测磷酸不足的程度。在磷酸不足的情况下，电池的可运行时间是有限的，因此应及时补充磷酸。

磷酸蒸汽浓度和单元温度之间的关系取决于温度的不同，磷酸的蒸汽浓度乘以流量就决定了有多少磷酸会从单元中被排除。单元温度越高，排出气体量就越大，磷酸的损失就会增加。

（4）氢气不足导致单元电压下降。这是由于电池发电单元腐蚀引起的电压下降。例如，如果单元气室沟槽内有异物或双极板上出现针孔，就会导致局部气体泄漏，进而导致燃料极和空气极之间局部的氢气供应不足。由于燃料极和空气极之间磷酸不足，导致气体泄漏，无法提供所需的燃料供给。同时，由于负荷增加，重整器无法跟上重整气体燃料的供给；另外，重整器的性能下降可能是由硫中毒或碳析出引起的；还有可能是氢气供给量不足，导致空气极发生碳腐蚀。

另外，当氢气不足时，电解质内的氢气浓度下降，电解质液体的 pH 值降低，不如充分正常部位的电解质电位。

当以高燃料利用率运行时，碳腐蚀发生在燃料极出口。例如，当燃料利用率超过 95% 时，根据式（3.3-14）和式（3.3-15），碳与 H_2O 反应生成 CO 和 CO_2，它们存在于排出气体中。同样，在燃料利用率提高时，阳极电位升高，导致发电单元电压逆向增加，这可能导致系统无法正常运行。

$$C+H_2O \longrightarrow CO+2H^++2e^- \tag{3.3-14}$$

$$C+2H_2O \longrightarrow CO_2+4H^++4e^- \tag{3.3-15}$$

（六）磷酸性燃料电池其他组成设备

磷酸性燃料电池（PAFC）系统分为常压型和加压型，一般采用系统简单、可靠性高的常压型。磷酸性燃料电池（PAFC）发电系统的示意图如图 3.3-20 所示。

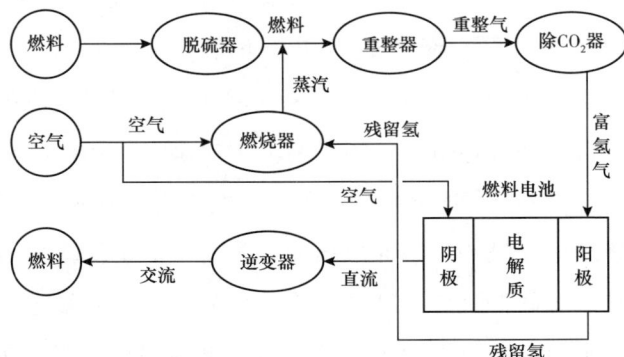

图 3.3-20　磷酸性燃料电池发电系统的示意图

如图 3.3-20 所示，城市煤气或 LP 燃气等碳氢系燃料首先进入脱硫器进行脱硫，然后经过重整用蒸汽混合。之后，气体经过重整器和 CO 转换器处理，变成富氢气体供给燃料电池本体的燃料极。在阳极反应中产生的剩余氢气送至重整器燃烧器，用于提供重整器所需的热能。空气由风机供给燃料电池本体的空气极，部分空气也进入重整器燃烧器，用于燃烧。燃料电池本体中的氢气和空气进行氧气电化学反应，生成直流电，然后通过逆变器转换为交流电，供给用户。

另外，发电反应中产生的热能通过冷却板冷却水的形式回收，一部分蒸汽进入重整器用于重整反应热，另一部分用于供热。

1. 燃料处理系统设备

燃料处理系统设备是燃料电池工艺流程中通过电化学反应生成电能的系统。参与电化学反应的氢气需要经过脱硫器、CO 转换器等燃料处理系统处理，城市煤气等燃料气体通过蒸汽改质，制成多种多样的富氢气体形式。

燃料可以是城市煤气、LP 燃气、污水处理过程中产生的沼气、食品工厂废水中产生的生物气体、半导体工厂产生的甲烷废气等多种多样的气体。

燃料处理系统的示意图如图 3.3-21 所示。

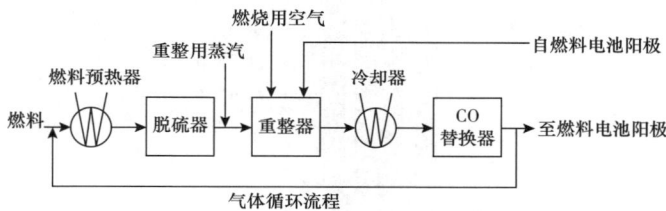

图 3.3-21 燃料处理系统的示意图

（1）脱硫器。煤气或液化石油气（LPG）中添加了臭味剂，但臭味剂中含有硫磺。然而，这会降低催化剂和 CO 转换催化剂的活性，对制氢工程具有毒性。因此，在磷酸性燃料电池中，有机硫再循环反应生成 H_2S。

接下来，使用 ZnO 吸附剂进行湿法脱硫，以将 H_2S 浓度降至 $50\mu g/m^3$ 以下。

湿法分解反应为

$$(CH_3)_3CSH+4H_2 \longrightarrow 4CH_4+H_2S \quad \Delta H=-210kJ/mol \qquad (3.3-16)$$

硫化氢吸附反应为

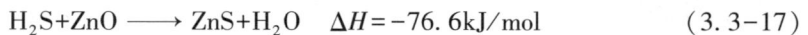

$$H_2S+ZnO \longrightarrow ZnS+H_2O \quad \Delta H=-76.6kJ/mol \qquad (3.3-17)$$

在热量利用蒸汽回收时，采用低蒸汽/碳（S/C）比的重整方法可以获得更多蒸汽。

然而，重整催化剂容易受到碳析出的损害。解决方法是使脱硫降至数微克/米³水平，并同时使用湿法脱硫和超高脱硫剂，但这需要长时间的驱动，超过40000h。此外，与Ni系催化剂相比，成本较高，并且使用贵金属催化剂容易受到硫中毒的影响，因此需要加强脱硫工艺。

（2）重整器。重整器是城市煤气、液化石油气等碳氢燃料在催化剂的作用下与蒸汽发生反应产生氢气的反应器。在重整器内同时进行重整反应和CO转换反应，将CO转化为CO_2和H_2。

城市煤气（甲烷）燃料的反应如下：1mol甲烷生成4mol氢气。改质反应是吸热反应，CO转换反应是放热反应，但改质反应的热量较大，对整个反应而言是高吸热反应。这些热量从燃料极排出的燃料通过供给改质器燃烧器来提供。重整器利用高效热传导的双层管结构，在外部加热重整管，并使内部的催化剂受热，进行改质反应。重整管的工作原理如图3.3-22所示。

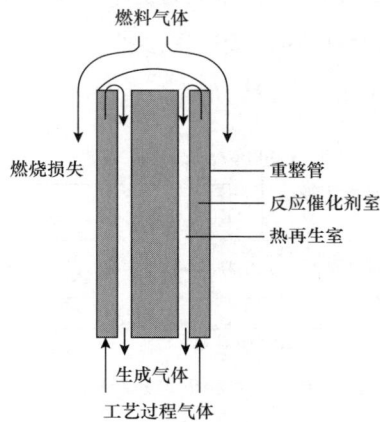

图3.3-22　重整管的工作原理图

注　资料来自日本《水素·燃料電池ハンドブック》。

重整反应为

$$CH_4 + H_2O \longrightarrow CO + 3H_2 \quad \Delta H = 206.2kJ/mol \quad (3.3-18)$$

CO转换反应为

$$CO + H_2O \longrightarrow CO_2 + H_2 \quad \Delta H = -41.1kJ/mol \quad (3.3-19)$$

总反应为

$$CH_4 + 2H_2O \longrightarrow CO_2 + 4H_2 \quad \Delta H = 165.0kJ/mol \quad (3.3-20)$$

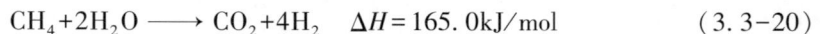

（3）CO替换反应器。在重整器内进行CO转换反应，将一氧化碳（CO）转化为

二氧化碳（CO_2）。由于重整器内的反应是高温反应，会剩下许多 CO。因此，将改质气体从改质器除去后，通过换热器冷却至约 200℃，进入 CO 转换器，将 CO 浓度降低至 1% 以下，然后供给燃料电池单元。在加压型反应器中使用 Fe-Cr 系高温 CO 催化剂，在低温反应器中使用 Cu/ZnO 系低温催化剂进行两次替代反应。由于常压型现场需要小型化，因此需要考虑重整器出口 CO 浓度下降的情况。选择了一种 Cu/ZnO 系低温 CO 替代器，并在中间插入了冷却器的结构。另外，Cu/ZnO 系催化剂在高温下容易烧结，需要开发耐高温性能的 Cu/ZnO 系催化剂。

2. 逆变器（直流变交流装置）

由于用户侧的磷酸性燃料电池系统所使用的逆变器容量较大，需要连接 200V 以上的三相三线变压器到配电盘，并且燃料电池单元发电堆的电压较高。如图 3.3-23 所示，燃料电池单元发电堆直接通过绝缘变压器转换为三相交流连接的电压升压到系统电压水平。还有一种选择性结构，即专用客户负载与系统分离的状态。

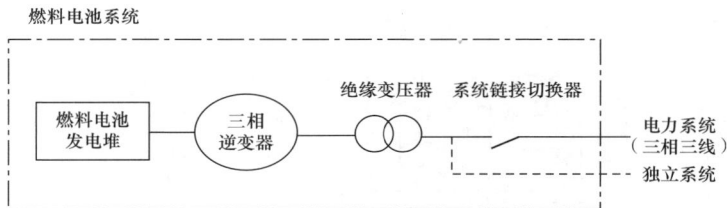

图 3.3-23 燃料电池逆变器系统示意图

如表 3.3-5 所示，与质子交换膜燃料电池相比，磷酸性燃料电池系统的逆变器容量更大，系统电压也更高，主要是三相三线。对于绝缘，通常使用常见频率的绝缘变压器，零部件方面，从效率的角度主要使用 IGBT（绝缘栅极型场效应晶体管）。

3. 余热回收系统设备

即使是小型容量的磷酸性燃料电池系统也具有高发电效率，根据如何有效利用余热回收系统，可以实现高综合效率（发电效率+余热利用效率），特别适用于热电联供系统。磷酸性燃料电池已经商业化运行了 100、200、400kW 等规模的机组，在全球范围内的分布式供能系统中运行了数百台机组。低温余热水温度为 50~60℃，高温水温度为 90~120℃，蒸汽温度为 160℃，可以满足不同热用户对不同参数和介质的热能需求。磷酸性燃料电池余热利用系统的示意图如图 3.3-24 所示。

表 3.3-5　　　　　　磷酸性燃料电池（PAFC）系统用逆变器主要性能

序号	形式	性能要求
1	逆变器形式	自动式 PWM3 相逆变器
2	额定容量	几十千伏安至几百千伏安
3	出力方式	200/400V，50/60Hz，三相三线
4	绝缘方式	绝缘变压器
5	使用部件	主要使用 IGBT
6	运行方式	可以系统联网和独立运行的转换
7	控制方式	控制静电力、电流（联网运行），控制正电压、正周波数（独立运行）
8	冷却方式	水冷或强制风冷
9	电流高谐波	综合 5%以下，各自 3%以下
10	系统联系保护	电压/周波数异常检测，能动式/手动式独立运行检测装置

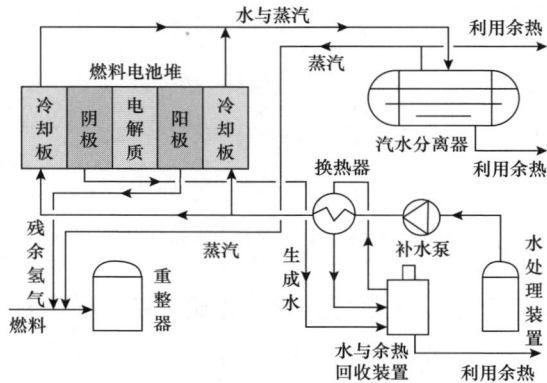

图 3.3-24　磷酸性燃料电池余热利用系统的示意图

四、熔融碳酸盐燃料电池

（一）熔融碳酸盐燃料电池发电反应原理

熔融碳酸盐燃料电池属于高温型燃料电池，具有高发电效率和运行温度，不需要贵金属催化剂作为反应所需，也没有 CO 中毒催化剂的问题。它可以直接使用含 CO 的各种燃料，如沼气、废弃物气体、煤气化气等。电解质可以使用碳酸锂（Li_2CO_3）、碳酸钾（K_2CO_3）、碳酸钠（Na_2CO_3）等碳酸盐溶液，也可以使用三种混合溶液，运行温度为 700~900℃。

熔融碳酸盐燃料电池（MCFC）的发电反应跟其他燃料电池一样，在电解质、燃料极、空气极进行。熔融碳酸盐燃料电池（MCFC）反应原理图如图3.3-25所示。

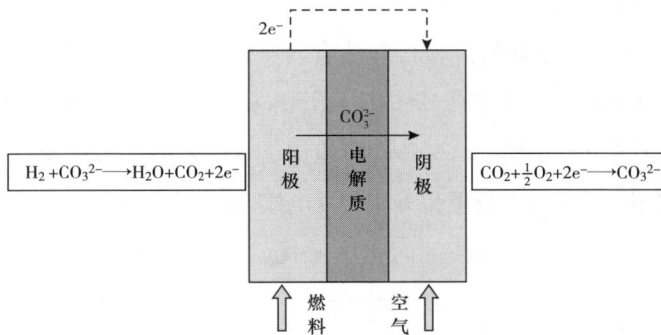

图3.3-25 熔融碳酸盐燃料电池（MCFC）反应原理图

如图3.3-25所示，在燃料极，供给的氢（H_2）与电解质中的碳酸离子（CO_3^{2-}）结合释放出电子（$2e^-$），同时生成水（H_2O）和二氧化碳（CO_2）。在空气极，空气中的氧（O_2）和二氧化碳（CO_2）与电子结合生成碳酸离子（CO_3^{2-}），其反应如下。

阳极反应为

$$2H_2+2CO_3^{2-} \longrightarrow 2H_2O+2CO_2+4e^- \tag{3.3-21}$$

阴极反应为

$$O_2+2CO_2+4e^- \longrightarrow 2CO_3^{2-} \tag{3.3-22}$$

总反应为

$$2H_2+O_2 \longrightarrow 2H_2O \tag{3.3-23}$$

熔融碳酸盐燃料电池中主要参与反应的是电解质中的碳酸离子（CO_3^{2-}）。因此，在供给的氧化剂气体中，必须含有二氧化碳（CO_2）。这与其他类型的燃料电池不同，熔融碳酸盐燃料电池的阴极反应需要二氧化碳（CO_2），而在阳极中碳酸离子会转化成二氧化碳（CO_2），从而实现了从阴极到阳极的二氧化碳（CO_2）循环。这个特性决定了熔融碳酸盐燃料电池系统可以使用二氧化碳（CO_2）循环系统，这是该系统的一个特点。

这种反应发生在多孔质电极中，熔融的碳酸盐电解质以薄膜形式覆盖在电极表面上，形成可与反应气体接触的所谓"三相界面"。反应气体通过电极内部的小孔到达三相界面附近，然后溶解于电解质并在电极表面进行反应。

（二）熔融碳酸盐燃料电池的特点

（1）燃料多样化。熔融碳酸盐燃料电池属于高温型燃料电池，由于不会受到一氧化碳（CO）中毒催化剂的影响，可以直接使用含有一氧化碳的各种燃料，包括天然气、汽油、柴油、酒精、沼气、废弃物气体和煤气化气等。

（2）高发电效率。熔融碳酸盐燃料电池有内重整和外重整两种方式。内重整方式通常在常压下运行，而外重整方式则需要加压运行。采用外重整方式时，可以与燃气轮机混合加压运行，发电效率可达到45%~55%。即使在运行压力不太高且设备出力低于1000kW的情况下，与内重整方式相比，外重整方式的发电效率仍然可以提高数个百分点。

发电效率会根据发电工况和条件而有所变化。随着未来出现10MW级别的燃气轮机混合发电系统，发电效率有望提高到约65%。目前，小型MCFC发电系统（功率低于1000kW）的发电效率已经超过大型汽轮机发电效率，中型MCFC燃气轮机混合系统的发电效率也将超过大型燃气轮机联合循环发电系统的效率。

（3）CO（一氧化碳）可用作燃料。熔融碳酸盐燃料电池由于不存在CO中毒催化剂的问题，所以可以利用CO作为燃料。

（4）燃料电池发电系统的环境适应性良好。与传统的锅炉、燃气轮机等大型燃烧和旋转设备发电系统不同，燃料电池发电系统通过电化学反应而非燃料燃烧来产生电能。几乎不产生污染物，特别是采用内重整方式的发电系统排放的NO_x等气体更少。

（5）燃料电池堆的制造成本较低。熔融碳酸盐燃料电池的运行温度为600~700℃，不需要昂贵的贵金属催化剂，阳极催化剂可以使用Ni-Cr、Ni-Al合金催化剂，阴极可以使用NiO、Ni-Mg等材料。

（6）商用化进程较早。尽管熔融碳酸盐燃料电池的商用化相对磷酸性燃料电池要晚一些，但已经实现了商业应用。

（7）利用余热效率较高。熔融碳酸盐燃料电池的运行温度较高，可以利用余热产生高温蒸汽，用于生产过程中的蒸汽需求。

（三）熔融碳酸盐燃料电池发电单元结构及材料

1. 发电单元结构

燃料电池的基本单元（Cell）由燃料极（阳极）和空气极（阴极）之间的电解质板构成，两个电极外侧有燃料气体和氧化剂气体流动的通道。当然，发电单元的结构因不同类型和开发公司而有所区别。

熔融碳酸盐燃料电池发电单元结构图见图3.3-26。

燃料和空气的分隔板称为隔离板。隔离板的两侧必须有燃料和空气通路，通常使用将这些部件组合成一体的组件。根据燃料电池的种类，隔离板的叫法不同。在熔融

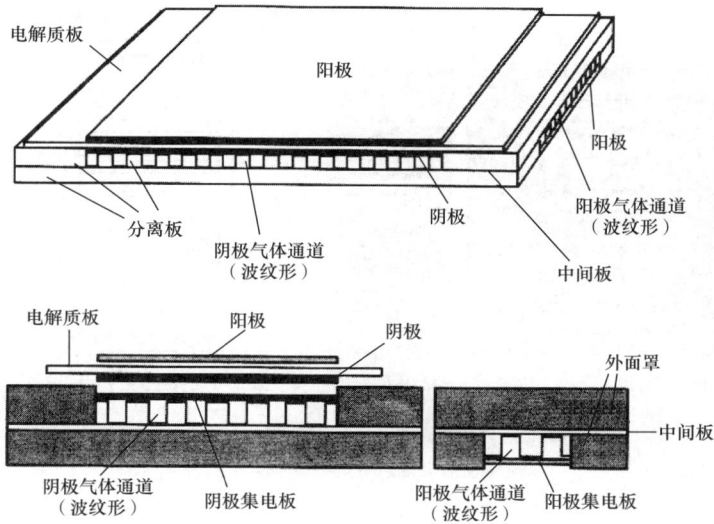

图 3.3-26　熔融碳酸盐燃料电池发电单元结构图

注 资料来自日本上松宏吉著，本间琏也鑑《燃料電池発電システムと熱計算》。

碳酸盐燃料电池中，它被称为隔离板；而在低温型燃料电池中，它被称为双极板；在固体氧化物燃料电池（SOFC）中，它被称为互连接器。双极板是指两极（阳极、阴极）兼容在一起的板，互连是指两个堆之间，从功能角度分析，就是用物理方式隔离燃料气体和空气，各形成各自的通路，堆前后电气起着接触的作用。

2. 发电堆结构

发电单元的理论电压为 $1.021 \sim 1.035V$，而实际运行电压为 $0.65 \sim 0.85V$，由于低电压的实际运行电压无法直接利用，为了提高发电出力，需要提高电流。然而，在低电压下提高电流在经济上是极不合理的。因此，为了提高发电出力，可以将许多发电单元并联起来，形成一个发电堆。熔融碳酸盐燃料电池发电堆的构成如图 3.3-27 所示。

电极本是由电子导电材料制成的，用于降低电阻、增强各堆之间的接触或增强电极的机械强度等。在电极和燃气通路之间放入一种称为"接电板"的东西，同时对周围需要防止泄漏的堆进行密封。

熔融碳酸盐燃料电池发电堆可以采用内部集合管式或外部集合管式的结构。外部集合管式的熔融碳酸盐燃料电池发电堆也可以通过分离器周围开设气体通道的方式实现。在发电堆模块形成时，可以横向开辟连续的气体通道，这种方式称为内支管式。将多个电池堆层叠在一起，并利用拉紧装置施加拉力，通常使用弹簧来进行拉紧。由于受到压缩应力的作用，每个电池堆逐渐变形，因此弹簧可以得以松开。

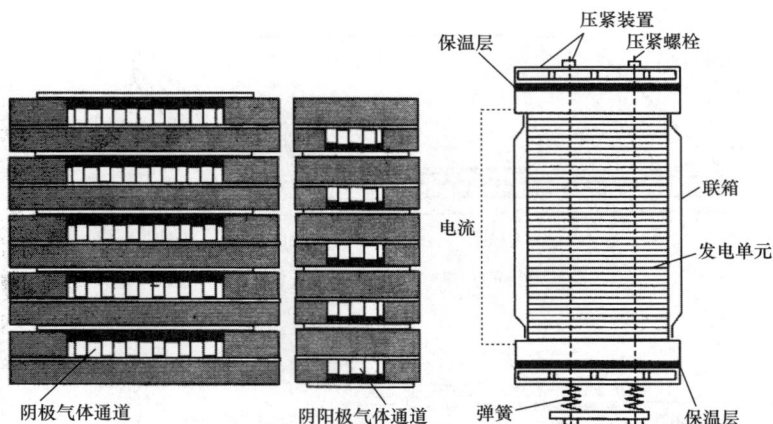

图 3.3-27　熔融碳酸盐燃料电池发电堆的构成图

注 资料来自日本上松宏吉著，本间琢也鑑《燃料電池発電システムと熱計算》。

　　燃料电池基本结构从上到下依次为阳极电极、电解质、阴极电极、阴极集电板、阴极气体通路、中间板、阳极气体通路和阳极集电板，最后再回到阳极电极。

　　发电堆是由很多发电单元层叠在一起。这些叠层中的各个发电单元的阳极与控制空气不混合。发电堆四周有能够盖住整个面的联箱，每个联箱都有燃料入口和出口、空气入口和出口。这样，燃料和空气不会混合在一起。层叠的电池堆串联在一起，并与上下电流输出接触。它们的外部用绝缘体隔离。从电力角度看，电池堆叠的状态类似于漂浮。

　　因为发电堆是串联的，所以每个发电堆中的电流大小是相同的。反应量是成比例的，燃料和空气都会均匀分配到每个发电堆中。宽度较小且压力损失较小的小型发电堆，想要实现气体均匀通过是非常困难的，需要采用多种方法来达到。此外，随着发电反应进行，化学能的一半转化为电能，另一半转化为热能。同时，发电堆始终需要冷却。冷却的方法根据燃料电池的类型而不同，低温型燃料电池通常采用水冷方式，而高温型燃料电池通常采用气冷方式或依靠重整反应进行冷却。在高温型燃料电池中，可以利用电池产生的热量作为重整反应的热源，重整反应是吸热反应，可以帮助冷却发电堆。

（四）内集合管式发电堆结构

　　内集合管式发电堆采用集合管的方式进行燃料供应，采用并联方式，气流方向便利。到目前为止，在发电堆中，燃料气体和氧化剂气体的供应方式有顺流和逆流两种。顺流方式的方向不受限制，电池可以制成直方形。在熔融碳酸盐燃料电池发电堆中，采用顺流（即阳极和阴极气体同方向流动）的内集合管式发电堆结构示意如图 3.3-28 所示。

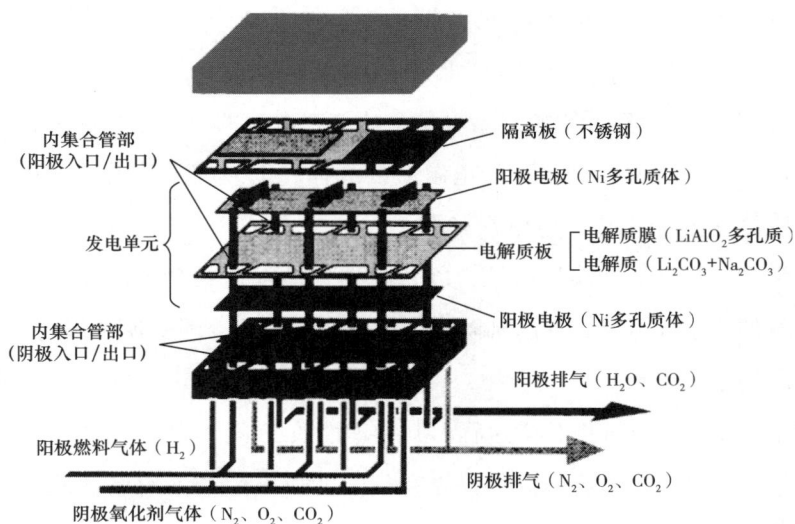

图 3.3-28 顺流流动的内集合管式发电堆结构示意图

注 资料来自日本上松宏吉著，本间瑅也鑑《燃料電池発電システムと熱計算》。

1. 部件组成材料

（1）电极。熔融碳酸盐燃料电池的燃料极和空气极分别进行氢气氧化反应和还原反应。

1）燃料极。燃料极，即阳极材料，必须具有电化学催化活性，并且能够在电池运行时保持稳定。燃料极应具有良好的电子传导性和催化剂性能，并且应具有较高的稳定性。在还原反应中，还应具有抵抗碳酸盐对电解质的腐蚀、耐高温、耐烧结和抗变形的能力。燃料极主要采用镍铝合金（Ni-Al）和镍铬合金（Ni-Cr）等。为了改善合金性能，在合金中加入钴（Co）、铬（Cr）、钨（W）等元素。

2）空气极。由于燃料电池在高温下运行，所以空气极材料应具有内电阻小、电子良导体、良好的电催化活性、易于湿润熔融电解质、稳定且不易溶解，以及适宜的孔结构和孔径分布，有利于传质。一般要求孔隙率为 70%～80%，平均孔径为 7%～15%，空气极一般采用多孔一氧化镍（NiO）。在燃料电池升温的过程中，多孔镍会在原位氧化，并且部分会被原位锂化，形成非化学计量化合物 $Li_xNi_{-x}O$。该材料具有高电导率（33S/cm）、高电催化活性和制造方便的优点，因此被称为 NiO 熔融碳酸盐燃料电池的标准空气极材料。

（2）基体材料。基体材料由碳酸盐电解质和支撑它的电解质隔膜构成。

1）电解质。电解质应具有高熔点、良好的电导率和表面张力。熔融碳酸盐燃料电池的标准电解质是由摩尔分数为 62% 碳酸锂（Li_2CO_3）+38% 碳酸钾（K_2CO_3）的混合物组成。这种低共熔混合物的熔点为 761K。碱式碳酸盐体系中也可添加碳酸钙（$CaCO_3$）等碱性金属碳酸盐，以进一步降低 NiO 的溶解度。

2）电解质隔膜。电解质隔膜是熔融碳酸盐燃料电池的重要组成部件，其具有隔离阴极与阳极的电子绝缘层，是碳酸盐电解质的载体、碳酸离子移动的通道，以及浸润熔盐后阻止气体渗透的作用。电解质隔膜既是离子导体，又是阳极和阴极的隔离板。它应具有高强度、耐高温和熔盐腐蚀，以及阻挡气体渗透的功能。此外，电解质隔膜还应具有良好的离子导电性，并起到防止气体泄漏的作用，即实现"湿封"。

电解质隔膜是陶瓷颗粒的混合物，可形成容纳电解质的毛细管，为电解质提供反应场所，但不参与电化学或电化学过程。其物理性质在很大程度上依赖于电解质板。

偏铝酸锂（$LiAIO_2$）具有较高的强度和很强的抗碳酸盐溶解腐蚀能力。偏铝酸锂（$LiAIO_2$）有 α、β 和 γ 三种晶形，分别属于六方、单斜和四方晶系，外形呈棒状、针状和片状。其中 γ-$LiAIO_2$ 和 α-$LiAIO_2$ 都可用作电解板材料。

电解质隔膜的空隙率越大，进入的碳酸盐电解质就越多，电解质板的电阻率应尽可能小。此外，电解质板还应具有小孔径和大空隙率。电解质板的厚度为 0.3 ~ 0.6mm，空隙率为 60% ~ 70%，平均孔径为 0.2 ~ 0.8μm。

在熔融 Li_2CO_3/K_2CO_3 = 62/38mol% 的沉淀试验中，Li_2AIO_2 比表面积的 CO_2 分压越小，沉淀越多。

2. 熔融碳酸盐燃料电池构成部件材料汇总

熔融碳酸盐燃料电池构成部件材料汇总详见表 3.3-6。

表 3.3-6   熔融碳酸盐燃料电池构成部件材料汇总

序号	部件	材质	厚度	气孔直径、气孔率、比表面积
1	燃料极	Ni-Al，Ni-Cr 多孔质	0.7 ~ 1.0mm	平均气孔直径：4 ~ 6μm；气孔率：60% 左右
2	空气极	Ni-Mg 多孔质	0.3 ~ 0.8mm	平均气孔直径：8 ~ 10μm；气孔率：80% 左右
3	电解质板	母材：α、γ-$LiAIO_2$ 电解质：Li_2-K_2CO_2 或 Li_2CO_3-Na_2CO_3	0.3 ~ 0.6mm	平均气孔直径：0.2 ~ 0.4μm；气孔率：60% 左右；母材比表面积：15 ~ 20m^2/g

序号	部件	材质	厚度	气孔直径、气孔率、比表面积
4	分离隔板	不锈钢 310S、316L、Ni	膜板 多孔质结构	

（五）熔融碳酸盐燃料电池重整

1. 燃料电池重整器方式的比较

如前所述，低温型燃料电池使用的白金催化剂会受到 CO 中毒，因此需要进行替换反应（$CO+H_2O \longrightarrow CO_2+H_2$），以降低 CO 浓度。然而，在熔融碳酸盐燃料电池中，由于运行温度较高且不需要白金催化剂，不必担心 CO 中毒问题。相反，CO 可作为燃料使用，如前所述，可通过 CO 发电反应（$CO+CO_3^{2-} \longrightarrow 2CO_2+2e^-$）以及转换反应（$CO_2+H_2O \longrightarrow CO_3+H_2$），再经过氢和碳离子反应（$H_2+CO_3^{2-} \longrightarrow H_2O+CO_2+2e^-$）来发电。在这两个反应中，CO 被氧化生成 CO_2，从而用作燃料。

图 3.3-29 所示为利用重整反应进行发电的比较示意。

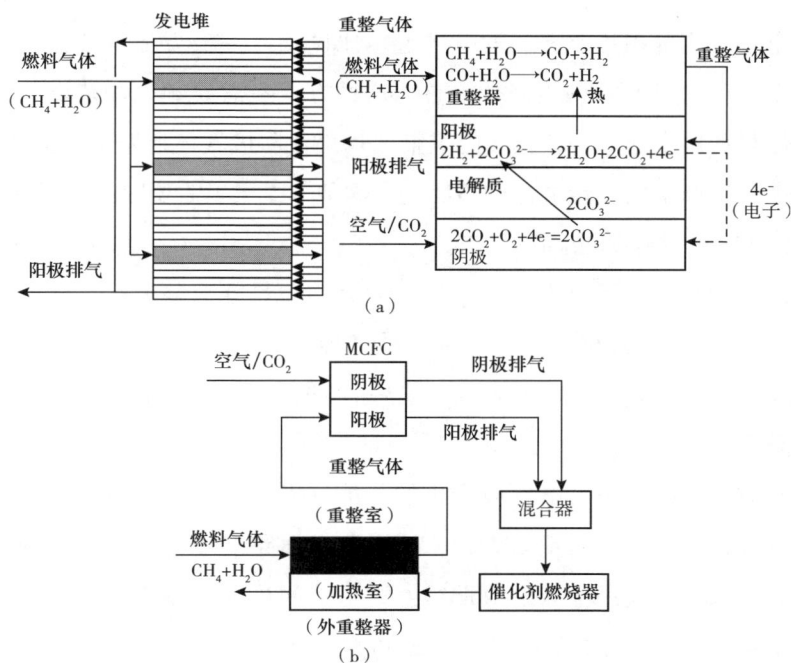

图 3.3-29　利用重整反应进行发电的比较示意图

（a）MCFC 内重整型反应示意图；（b）MCFC 用显热外重整型反应示意图

注 资料来自《燃料電池発電システムと熱計算》。

在吸热的重整反应（$CH_4+H_2O \longrightarrow CO+3H_2$）中，需要外部提供热能。此外，重整所需的蒸汽也需要热源。因此，在考虑重整器时，如何供应热源以及如何利用热源都非常重要。

最常用的方式是外重整方式，尤其适用于 PEFC、PAFC 等低温型燃料电池。在外重整方式中，燃料使用空气氧化提供重整所需的热能，通常通过阳极排气实现。同时，阳极排气中应保留重整所需的燃料，这限制了发电堆的燃料利用率。

然而，在熔融碳酸盐燃料电池中，发电堆的运行温度为 $600 \sim 650℃$，若能有效利用发电堆发电反应中产生的热能，就不一定需要额外的加热燃料。因此，实际上没有燃料利用率的限制。至于如何利用发电反应产生的热能进行重整反应，常采用显热重整、间接重整和直接重整三种方法。

发电堆发热时，使用阳极和阴极排气进行冷却。排气中的显热以能量形式储存，在所谓的"显热重整"过程中被有效地利用。由于气体温度并不高，无法提供所需的全部重整热能。因此，将阳极和阴极排气混合燃烧，并将产生的热能用于重整。即使阳极排气中的可燃成分少于外部重整方式，仍能满足重整所需的热能。因此，实际上几乎没有燃料利用率的限制。

间接内重整方式是在几个叠层发电堆上按比例插入平板方形重整器的方式，在发电堆内利用发电反应产生的热能进行重整。这种方式不需要额外加热燃料，从理论上不需要限制燃料利用率。另外，直接内重整方式是在阳极气体通路上设置重整催化剂，同样利用发电反应产生的热能进行重整反应，这种方式也不需要限制燃料利用率。

2. 熔融碳酸盐燃料电池内重整方式

熔融碳酸盐燃料电池重整方式，不论是内重整还是外重整方式，都通过发电反应将氢的反应热一部分转换为电能，另一部分为热能。

重整反应（$CH_4+H_2O \longrightarrow CO+3H_2$）是一个吸热反应，因此必须从外部提供热能才能进行重整反应。

在内重整方式中，利用发电反应产生的热能在发电堆内进行重整。插入平板型薄的重整器的方式被称为间接内重整方式，而在阳极通路上设置重整催化剂的方式被称为直接内重整方式。还有一种综合内重整方式是将间接内重整方式和直接内重整方式组合起来。下面介绍的是间接内重整方式和直接内重整方式组合的综合重整方式。图 3.3-30 展示了间接内重整发电堆示意图。

图 3.3-31 展示了内重整方式的反应示意图。在该内重整方式中，每隔几个发电单元的发电堆插入一个平板型薄的重整器，并利用催化剂进行重整反应。发电堆的温度

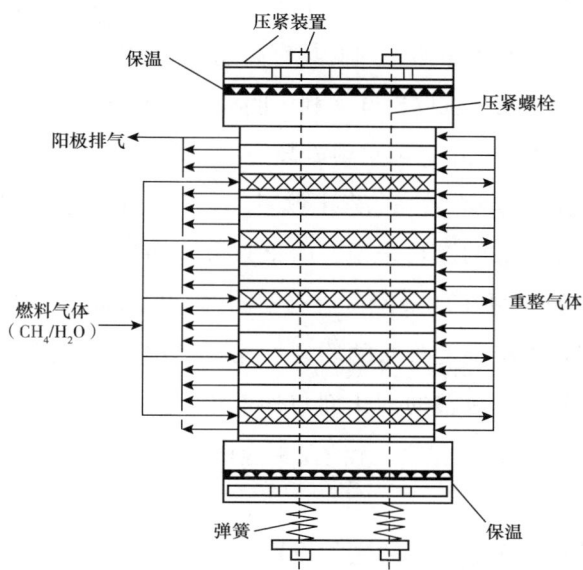

图 3.3-30　间接内重整方式发电堆示意图

注 资料来自《燃料電池発電システムと熱計算》。

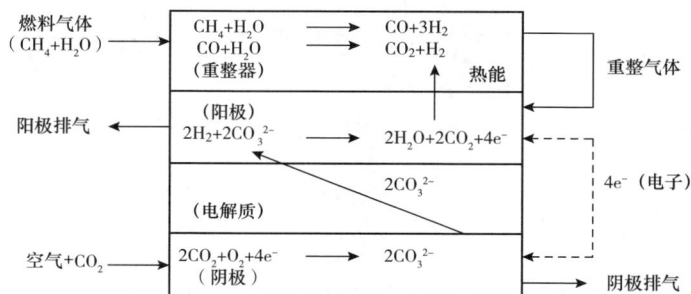

图 3.3-31　内重整方式的反应示意图

注 资料来自日本上松宏吉著，本间瑶也鑑《燃料電池発電システムと熱計算》。

为 $600 \sim 650 ℃$。混合甲烷和蒸汽的气体被发电反应产生的热能加热，并与催化剂进行重整反应。然而，从重整反应的角度来看，反应堆温度并不高，同时该间接内重整方式的重整率也不高。

从间接内重整器排出的剩余甲烷重整气体进入阳极。阳极通道也设置了重整催化剂，进行重整反应（$CH_4+H_2O \longrightarrow CO+3H_2$），同时进行 CO 转换反应（$CO+H_2O \longrightarrow CO_2+H_2$）和发电反应（$H_2+CO_3^{2-} \longrightarrow H_2O+CO_2+2e^-$）。重整反应受热力学原理决定的平衡常数所支配。重整反应生成的氢气在反应中被消耗，而重整反应消耗的蒸汽在发电反应中生成，因此最终不受化学平衡的限制，即使在低运行温度下，重整率几乎接近100%。

内重整方式实际上没有重整器，因此具有高重整率和实现燃料电池小型化的优点。而外重整方式主要依赖于发电堆的冷却，利用阴极气体的显热，需要流过大量气体，增加电力消耗。而在内重整方式中，以重整冷却为主，阴极气体循环量较少，减少电力消耗。相比之下，内重整方式具有较高的发电效率，主要原因是重整率高且耗电量少。

对于以甲烷为主要成分的燃料来说，内重整方式的发电堆具有上述优点，但对于不需要重整的燃料（如煤制气）来说，会有不同的评价。此外，在外部无法控制重整量的情况下，要实现发电堆温度分布的均匀性相对较难，因此发电堆容易受热应力的影响而受损。另外，间接内重整的催化剂与外重整器的寿命相同，但附着在电解质上的间接重整催化剂可能会降低性能，无法仅更换催化剂，这可能会影响发电堆的寿命。

3. 外部重整系统

外部重整系统是一种在电池本体之外设置的重整器，用于供给发电堆的氢气（燃料）。外部重整系统的构成如图3.3-32所示。

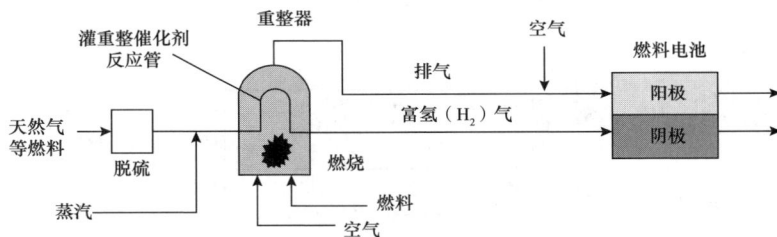

图3.3-32　外部重整系统的构成图

注　资料来自日本《水素·燃料電池ハンドブック》。

供给发电系统的燃料与蒸汽混合后进入重整器，燃料经加热通过重整反应生成氢气。重整所需的热能通常通过燃烧燃料供给，一般利用阳极排气作为燃料。

在外部重整系统中，重整器与发电堆分开设立，因此可以广泛使用多种燃料，如天然气、沼气、生物质气、乙醇、石脑油和煤制气等。此外，由于独立设置，维修等方面也更加便利。

4. 显热重整系统

由于外部重整系统使用燃料作为热源，整个供能系统的热效率会降低。在外部重整系统中，利用电池本身进行冷却，利用排出的热能和未反应的燃料作为重整器的热源。这种重整方式称为显热重整方式，充分利用系统中的余热，使整个系统的热效率较高。利用显热重整系统如图3.3-33所示。

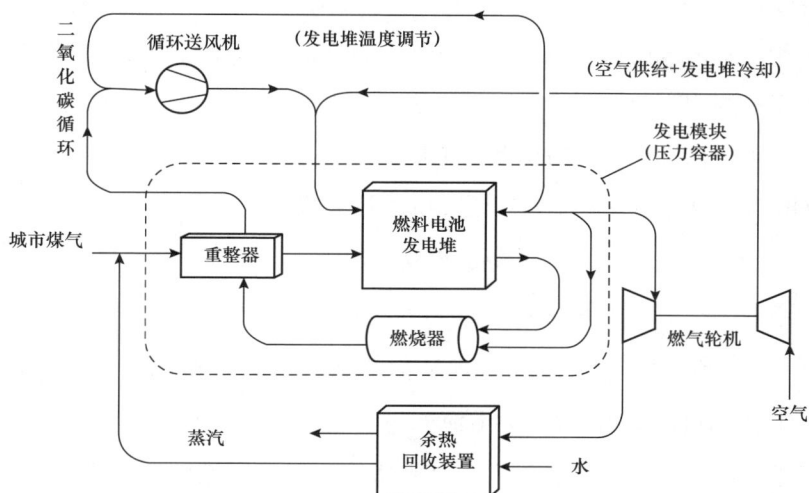

图 3.3-33 利用显热重整系统图

注 资料来自日本《水素・燃料電池ハンドブック》。

从发电单元侧出口出来的排气温度无论阴极还是阳极侧均为 650~700℃。方形平板重整器结构示意图如图 3.3-34 所示。

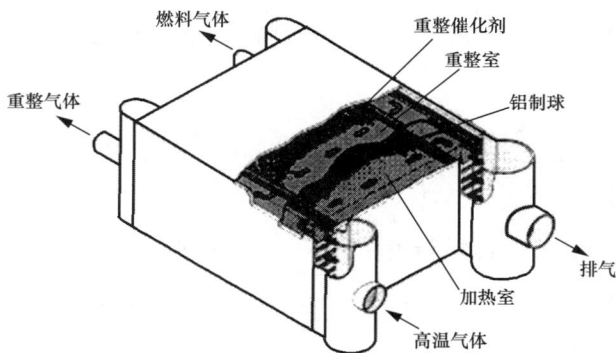

图 3.3-34 方形平板重整器结构示意图

注 资料来自日本《水素・燃料電池ハンドブック》。

重整器和燃料电池本体具有相同的薄膜型层叠型结构，以及高热交换效能、薄型和小型模块化结构，适合于插入燃料电池发电单元中。

（六）熔融碳酸盐燃料电池发电单元性能

1. 决定单元电压的因素

根据在燃料电池中供应的气体组成、温度和压力，计算得到的单元端子电压要小于按照能斯特（Nernst）公式计算的理论电压。这是由于以下损失原因。

（1）由于电池内发电反应气体组成的变化引起的电压降低（能斯特损失）。

（2）由于电池内部阻抗、接触阻抗等引起的电压降低（阻抗分压）。

（3）由于电极内部反应同时引起的电压下降（反应分压）。

熔融碳酸盐燃料电池发电单元端子测电压计算式为

$$U = E - \eta_{NE} - R \times I$$
$$= E - \eta_{NE} - (R_{ir} + R_a + R_c) \times I$$

(3.3-24)

式中：U 为出口电压；E 为回路电压；η_{NE} 为能斯特损失；R_{ir} 为内部阻抗；R_a 为阳极反应阻抗；R_c 为阴极反应阻抗；I 为电流。

能斯特损失是由于发电反应和气体组成变化引起的理论电压下降的部分，其中大部分由燃料侧产生。这是因为在燃料电池中，为了提高效率，燃料侧设定较高的燃料利用率，且在 MCFC 中，由于发电反应产生的 H_2O 从燃料极排出，导致燃料侧气体组成显著变化，进而导致出口电压大幅下降。

由内部阻抗引起的电压下降是根据反应电压的下降决定的，特别是在空气侧较为显著。这是因为电池在不同条件下会有所变化，这些变化对发电单元的出口电压起着很大作用，尤其是气体条件的差异会导致电解质分布的湿润性变化。

2. 各种特性

（1）电流电压特性。斜率越小，离直线越近，燃料电池性能越好。一般在电流负荷为 $150mA/cm^2$ 时，单元电压大为 $0.7 \sim 0.8V$。

（2）燃料利用率特性。燃料利用率越高，单元电压越低。这是因为随着气体利用率的增加，反应气体的浓度降低，生成气体增加，能斯特电位下降。而在高利用率下，这种电压下降更为显著。

（3）温度特性。随着运行温度的升高，单元电压也会上升。但是当温度过高时，电解质挥发和腐蚀性增加等因素会产生负面影响。因此，一般工作温度不超过 650 行为好。

（4）压力特性。单元电压随着压力的增加而增加，符合运行压力的对数比例关系。根据能斯特公式，运行压力对单元压力有较大的影响。随着压力增加，反应物的分压增加，气体的溶解度增加，传质速率增加，电动势也增大，对单元压力的提高起到较大的作用。然而，压力的提高也会带来一些副作用，例如容易产生碳沉积、可能堵塞阳极气体通路。为此，应提高蒸汽分压以避免这种负面影响。

3. 熔融碳酸盐燃料电池的电压下降及寿命

对于熔融碳酸盐燃料电池的电压稳定性来说，电压随时间的变化特性非常重要。一般来说，运行初期（在目标寿命范围内）电压下降较缓慢，但运行后期电压下降较快。初期电压下降缓慢主要是由于电解质的消耗、反应阻抗和接触阻抗增加所引起的，而后期的急剧电压下降则是由于电池内部出现了镍短路。

电解质的损失主要是由构成燃料电池的金属部件（如分离板、波纹板、集电装置）被电解质湿润所引起的。这可以通过以下反应来解释，即

$$Fe_2O_3 + Li_2CO_3 \longrightarrow 2LiFeO_2 + CO_2 \qquad (3.3-25)$$

此外，电解质也会因为从湿式密封部位流出、反应气体中电解质的蒸发以及蒸发与反应气体中的水分反应增加蒸汽压而蒸发，这是导致电解质损失的主要原因，即

$$M_2CO_3\ (s)\ + H_2O\ (g) \longrightarrow 2MOH\ (g)\ + CO_2 \qquad (3.3-26)$$

保存电解质的细膜偏铝酸锂（$LiAlO_2$）的多孔质体会被溶解析出，长时间运行会导致粒子变粗，形成粗孔化现象，这会减少电解质的保存量，进而促进电解质的损失。

当电解质被消耗后，电池单元内部保存的电解质总量会减少，并重新分布。首先，阳极和阴极的内部分布的电解质质量会减少。虽然两者减少的电解质量不相等，但由于细孔的直径分布和毛细管吸力不同，电解质的分布状态会发生变化。随之，反应主体的三相界面范围也会发生变化，增加各个电极上的反应过电压。随着更多的电解质的消耗，不仅电极上的电解质量减少，保存在孔径较小的电解质板中的电解质量也开始减少。由于电解质不足，催化剂界面的电解质会出现内部阻抗（接触阻抗）增加。

另外，随着电解质消耗而产生的腐蚀生成物加大电阻抗，增加了接电部位的接触阻抗。这也是降低电压的因素之一。

在运行中发生的短路现象主要是镍（Ni）短路。阴极材料的氧化镍（NiO）与阴极内的 CO_2 发生反应生成镍（Ni）并析出。之后，在电解质中，镍（Ni）离子在阳极侧与氢（H_2）发生反应，在电解质板内析出金属 Ni，从而在两个电极之间形成短路现象。其反应为

$$NiO + CO_2 \longrightarrow Ni + CO_3^{2-} \qquad (3.3-27)$$

$$Ni + H_2 + CO_3^{2-} \longrightarrow Ni + H_2O + CO_2 \qquad (3.3-28)$$

熔融碳酸盐燃料电池（MCFC）的寿命目标为 40000h。在电站运行期间，每 5 年更换电池单元堆，以确保电站可以连续运行。一般来说，电站运行中允许电压降低 10%。

4. 发电单元部件制造

熔融碳酸盐燃料电池的电极和电解质性能如表 3.3-7 所示。

表 3.3-7 熔融碳酸盐燃料电池的电极和电解质性能

序号	部件名称	项目	内容
1	阳极	材料	Ni-AlCr
		平均孔径	3~6μm
		孔隙率	50%~60%
2	阴极	材料	NiO-MgO
		平均孔径	6~10μm
		孔隙率	65%~75%
3	电解质板	材料	LiAlO₃
		碳酸盐	(Na,Li)CO₃
		平均孔径	0.2~0.4μm
		孔隙率	50%~60%

（1）电解质板。电解质板的制备方法有热压法、电沉积法、真空铸造法、冷热法及带铸法等。其中，带铸法制备偏铝酸锂（LiAlO₂）电解质板的性能和重复性较好，并且可以大规模生产。制备时，将偏铝酸锂（LiAlO₂）与有机溶剂、悬浮剂、黏合剂和增塑剂等按配方混合形成泥状物，浇铸在固定带上或连续运行的带上。待溶剂干燥后，从带上剥离下偏铝酸锂（LiAlO₂）薄层，并在低于电解质熔点的温度下烧掉薄层中残留的溶剂、黏合剂等，以得到基底。电解质可以在电池装配前浸渍到基底的空隙中，也可以先加入泥状物中。后者所获得的基底孔隙率更大。

（2）电极。阳极的制备方法是带铸法。将一定粒度分布的电催化剂粉料（如碳基镍粉）与通过高温反应制备的偏钴酸锂（LiCoO₂）粉料或通过高温还原法制备的镍铬（Ni-Cr，铬质量分数为8%）合金粉料以及一定比例的黏合剂、增塑剂和分散剂混合。然后，用正丁醇和乙醇的混合溶剂配制成浆料，使用带铸法制备阳极。

（七）熔融碳酸盐燃料电池发电系统

如前所述，熔融碳酸盐燃料电池发电系统具有高效率、适应性强、燃料多样化、发电堆价格和运行费用低等优点。

1. 熔融碳酸盐燃料电池外重整发电系统

燃料电池本体（发电堆）在发电时会产生热量，运行过程中必须及时消散该余热，否则电池将无法正常运行。在外部重整过程中，由于重整器和发电堆是独立的，不在一起，因此发电堆的冷却是通过工艺过程中的气体实现（即阴极和阳极的气体）。在外部重整方式中，通常以阴极为主要冷却部分，因此在阴极侧设置了再循环系统，以使阴极气体通路上的发电堆冷却得以实现。为了满足发电冷却所需的气体量，这种气体量会比发电反应所需的气体量要多，因此需要使用直径更大的气体输送管道，整个发电系统的尺寸、重量也会增大。在空气供给系统中使用燃气轮机的方式，如图 3.3-35 所示。

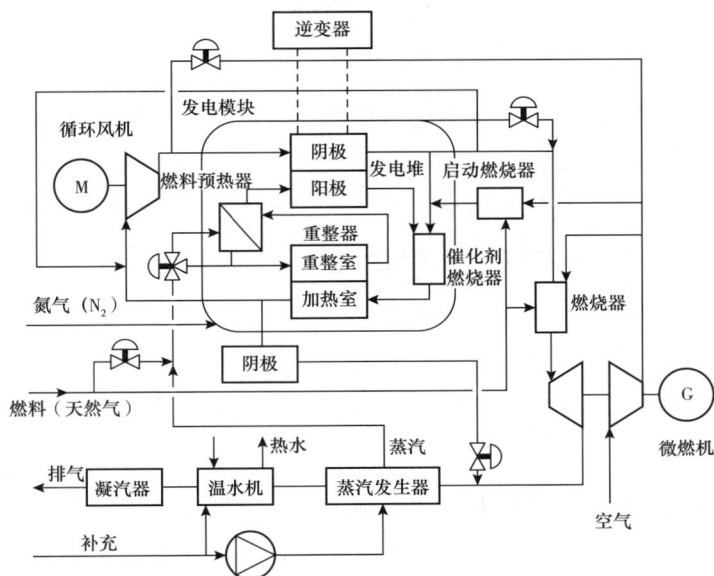

图 3.3-35 熔融碳酸盐燃料电池外重整发电系统之例（300kW）

注 资料来自日本上松宏吉著，本间琏也鑑《燃料電池発電システムと熱計算》。

同时，在外部重整方式中采用了高压系统。具有通过减小加压输送管道的直径，可以提高发电堆的性能（发电单元电压）等优点。另外，为了供给加压气体，需要额外的辅助设备（主要是压缩机），这将消耗一定的电能，同时需要再循环送风机。这些辅助设备的电能消耗会降低整个发电系统的效率。

（1）发电模块。将高温设备的电池本体（发电堆）、重整器、燃料预热器、催化剂燃烧器以及高温管道设置在同一个压力容器内，被称为发电模块。通过将高温设备和管道设置在同一个容器中，可以减少发热量，提高发电系统的热效率。

（2）空气供给系统。为了实现加压运行，选择微型燃气轮机，将压缩空气供给发电堆的阴极侧。通过利用从发电堆排出的高温高压废气驱动燃气轮机，来供给压缩空气的再循环动力，并利用剩余动力进行发电。系统运行压力由燃气轮机的运行压力所决定。对于中等规模至大型电站的系统，一般使用压力在 1MPa 以上的高压燃气轮机。

（3）燃料供给系统。燃料采用加压天然气，其中天然气的主要成分是甲烷（CH_4）。经过重整反应后，得到富氢气体用于供给发电堆。将天然气与蒸汽混合后供给重整器，通过重整反应生成氢气。重整过程中使用发电堆阴极排气中未完全反应的燃料（氢气）作为热源，与阴极排气中的一部分含氧气气体混合，在催化剂燃烧器中燃烧，将气体温度提高至重整温度。这种利用排气进行重整的方式称为显热重整。同时，用于加热重整的排气含有二氧化碳，通过阴极气体再循环系统，供给阴极入口侧。

（4）阴极再循环系统。为了发电堆冷却的目的，阴极侧配有再循环系统，再循环系统使用高温阴极送风机进行循环。

（5）排气系统。将排气气体供给重整系统，供给系统之外的排气供给燃气轮机侧，用于压缩机动力和发电。从燃气轮机排出的废气进入蒸汽发生器，制备重整所需的蒸汽，并进入冷热水机组制备热（冷）水。

如上所示，在外部重整方式的系统中利用发电堆的排气进行动力回收和发电。还可以制备蒸汽和热水，充分利用加热能量，提高整个发电系统的热效率。

2. 内部重整系统

内部重整型熔融碳酸盐燃料电池发电系统示意如图 3.3-36 所示。燃料（即天然气）经过脱硫后进入燃料加湿器，根据设定的 S/C（蒸汽/碳）比例添加适量的水分。在水处理装置中除去离子成分，得到纯水，然后将纯水喷入燃料加湿器，被阴极排气加

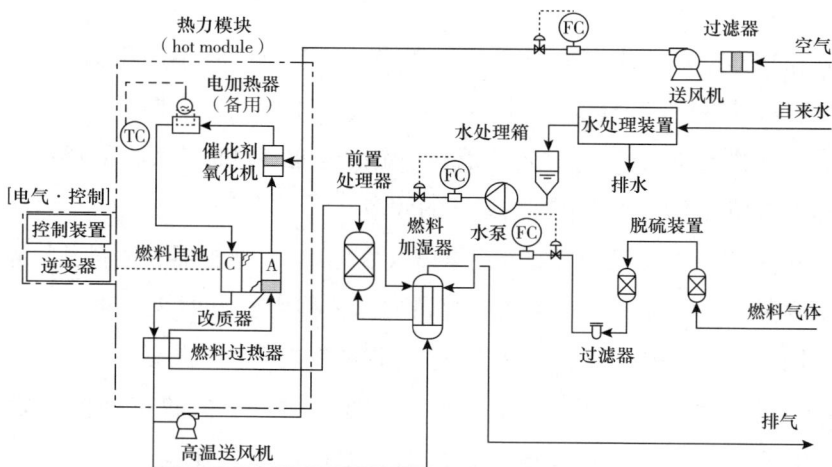

图 3.3-36　内部重整型熔融碳酸盐燃料电池发电系统示意图

注 资料来自日本上松宏吉著，本间瑛也鑑《燃料電池発電システムと熱計算》。

热后转化为蒸汽。蒸汽随后经过前置处理器处理，并通过燃料过热器预热到适当温度，然后供给发电堆。前置处理装置利用内部催化剂进行重整，该方法不依赖外部加热，而是利用气体的显热进行重整，但绝大部分甲烷仍然供给发电堆。

如前所述，每个发电单元都布置了平板型重整器。供给甲烷和蒸汽的混合气体内部设有催化剂，但热源是发电堆发电反应伴随的热，最高温度约为650℃。重整温度并不高，重整率也不高。经过重整后的燃气供给阳极时，在阳极气体通道上也设置了重整催化剂，此时重整反应和发电反应同时进行，因此重整率接近100%。其原因如下。

在阳极氢气消耗一定的燃料利用率后，剩余的燃料经催化剂燃烧器与空气反应燃烧。这个空气应供给阴极，但在此之前需要预热并添加必要的二氧化碳。

如前所述，MCFC发生化学反应时不仅需要氢气和氧气，还需要二氧化碳。在阴极的反应式 $CO_2 + \frac{1}{2} O_2 + 2e^- = CO_3^{2-}$ 中生成的碳酸离子在电解质中移动至阳极。在阳极的反应式 $H_2 + CO_3^{2-} = H_2O + CO_2 + 2e^-$ 中，CO_2 被释放出来，即在发电反应中，供给阴极的 CO_2 反而以离子形式移动到阳极。同时，将阳极排气中的可燃成分用空气燃烧后将 CO_2 重新送回到阴极，将其称为再循环。在催化剂燃烧器中，同时起着与空气的预热作用。

将常温空气供给到650℃的发电堆时，由于温度过高，会因为热应力而损伤发电堆。根据上述方程，在阴极，部分二氧化碳和氧气被消耗并排除。阴极排气经过燃料过热器和燃料加湿器，将热量传递给燃料气体后进入余热锅炉，以蒸汽形式回收热量。

3. 内重整方式和外重整方式的比较

内重整方式和外重整方式各有各自的特点，仅仅比较发电效率是很困难的。在实际商业运作中，它们都有各自的优点和缺点，关键在于从不同角度进行分析。有时需要考虑发电效率；有时需要考虑投资和运营成本；有时需要增加发电量；有时减少发电量，加大供热量。以天然气为燃料的内重整方式和外重整方式的运行压力与发电效率比较如图3.3-37所示。

（1）低压运行。在低压状态下，内重整方式的发电效率比外重整方式高得多。其中一个原因是两种重整方式的重整率都较高。但内重整方式的发电效率升高也是因为外重整方式的辅助电耗增加了。同时，内重整方式是通过重整反应来冷却发电堆，而外重整方式则是利用阴极排气的热能来冷却发电堆，这导致再循环送风机的电耗增加较大。

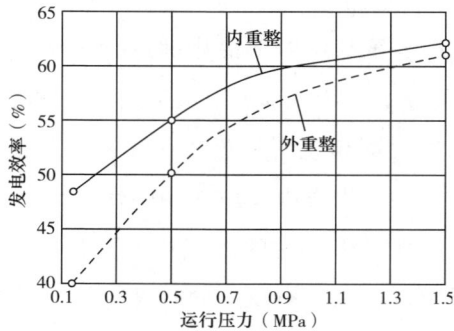

图 3.3-37　内重整方式和外重整方式的运行压力与发电效率比较图

注 资料来自日本上松宏吉著，本间瑳也鑑《燃料電池発電システムと熱計算》。

（2）中压运行。在中压情况下，发电效率差距缩小，仍然内重整方式比外重整方式高。其中一个原因是，到达中压后，重整率存在差异，外重整方式在化学平衡条件下，压力越高，重整率越低。但是内重整方式直接在阳极发生重整反应和发电反应，不受化学平衡限制，重整率接近于100%。

同时，辅助电耗差距也变小。这是因为在外重整方式中，再循环送风机的动力取决于压缩比。然而，即使压力损失（Δp）相同，压缩比 $\left[\,(\Delta p+p)\,/p\,\right]$ 会随着运行压力（p）的增加而减小。此外，通常情况下，压力越高，压力损失越小。

（3）高压运行。高压运行后，发电效率差距并不大。因为压力越高，重整率越低。因此，在外重整方式系统中，需要在阳极设置再循环系统的辅助重整器，即使如此，内重整方式的重整率仍然较高。

另外，在外重整方式中，重整率降低多少就会增加热能。对于大型高压系统，燃气轮机效率较高，增加了动力回收能，辅助动力消耗也相对较少，但辅助动力的重量变小。

五、固体氧化物燃料电池

固体氧化物燃料电池（SOFC）是一种电解质为固体的燃料电池，具有以下特点：性能稳定、不需要催化剂、不存在 CO 中毒问题。与熔融碳酸盐燃料电池（MCFC）相似，它可以利用多种多样的燃料，并具有类似的发电效率。

（一）固体氧化物燃料电池原理

固体氧化物燃料电池是一种以硅等阳离子为电解质的燃料电池。固体氧化物燃料电池发电反应原理示意图如图 3.3-38 所示。

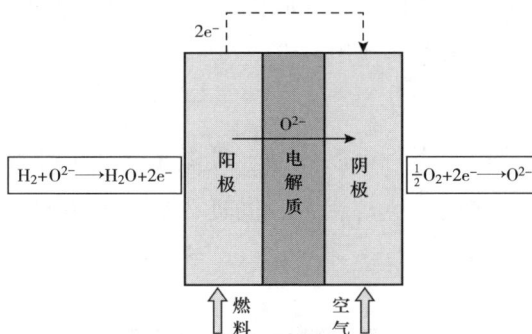

图 3.3-38　固体氧化物燃料电池发电反应原理示意图

由于具备离子导电特性和较高的运行温度，它不仅可以利用氢气（H_2）发电，还可以利用 CO 发电。因为不需要冷却高温重整气体来供应电极反应，所以相比质子交换膜燃料电池它可以简化燃料前处理和热交换等管道系统。固体氧化物燃料电池实现了整体轻量化和高效率，在发电方面具有较高的电动势。固体氧化物燃料电池由阳极（燃料电极）、电解质和阴极（空气电极）组成。在阴极中，氧气与电子反应生成氧离子（$O_2+2e^- = O^{2-}$），然后氧离子移动到阳极，与氢气反应生成水（$H_2+O^{2-} \longrightarrow H_2O + 2e^-$），同时释放出电子，这些电子通过外部回路移动到阴极。因此，总的反应方程式为 $H_2 + \frac{1}{2}O_2 \longrightarrow H_2O +$ 直流电 + 热能。

（二）固体氧化物燃料电池特点

1. 多样化的燃料适应性

固体氧化物燃料电池和熔融碳酸盐燃料电池一样，可以适用于多种多样的燃料。它可以使用含碳成分较高的燃料，并且除了天然气之外，还可以使用汽油、柴油、酒精、沼气、废弃物气体、煤气化气等多种燃料。

2. 稳定的电解质性能

固体氧化物燃料电池的电解质是固体的，因此具有稳定的性能。它避免了熔融碳酸盐燃料电池中电解质蒸发和析出所引起的腐蚀和电解质流失问题。

3. 固体氧化物燃料电池具有高发电效率

固体氧化物燃料电池具有高运行温度，稳定的电解质，高能源利用率，同时通过利用燃料电池本身释放的热量来满足燃料重整的热量需求，并利用剩余燃料供应燃气轮机发电或提供余热所需的热量，因此其发电效率很高，一般可达 65%。

4. 无需白金催化剂

固体氧化物燃料电池不需要使用白金催化剂，因此不会出现一氧化碳中毒的问题，相反，它直接将一氧化碳作为燃料使用。

5. 高运行温度的影响

固体氧化物燃料电池由于运行温度较高，可以充分利用高温热能，将高温排气用于燃气轮机混合系统，并应用于生产工艺、供暖和空调等领域。不同类型的燃料电池及其运行温度如表 3.3-8 所示。

表 3.3-8　　　　　　　　　　不同类型的燃料电池及其运行温度

序号	燃料电池种类	运行温度（℃）	电解质	发电效率（%）
1	固体氧化物燃料电池（SOFC）	700~1000	稳定的氧化钴（陶瓷）	45~65
2	熔融碳酸盐燃料电池（MCFC）	约650	熔融碳酸盐	40~60
3	磷酸性燃料电池（PAFC）	约200	磷酸	40~45
4	质子交换膜型燃料电池（PEFC）	80~90	质子交换膜	30~40
5	碱性燃料电池（AFC）	约100	强碱 KOH 碱性水溶液	45~65

6. 固体氧化物燃料电池基本特性

固体氧化物燃料电池基本特性如表 3.3-9 所示。

表 3.3-9　　　　　　　　固体氧化物燃料电池（SOFC）基本特性

序号	主要性能	优点	缺点	对缺点对策
1	高温驱动	热效率高	热应力大、启动慢	以电能、热能回收能源
2	固体本体	寿命长，不需要电解质的水管里	制成发电堆困难	平板型、圆筒型、一体型等多样化
3	电化学发电单元	NO_x/SO_2 排放少，利用非贵金属电极	燃料处理系统烦琐、水易结垢	高性能化
4	薄膜反应器	除 CO_2 容易，氢分离容易，燃料多样性	燃料利用率不可能 100%	有效地利用剩余燃料
5	系统构成	燃气轮机混合系统、热电联供系统	—	几十瓦至几十千瓦分布式及家用热电联供系统、1MW 分布式供能系统

决定 SOFC 工作温度的是电解质的氧离子导电能力。目前采用的是 Y_2O_3 稳定化 ZrO_2，工作温度为 700~750℃。正在研究使用 $LaGaO_3$ 作为电解质，可以将温度降至约 600℃。2013 年 11 月，日本九州大学宣布发现一种新型氧离子导体，有望将工作温度降低到 400~500℃。

京瓷、大阪煤气、长府制作所、爱信精机与丰田汽车合作，自 2004 年起致力于解决困扰 SOFC 技术的诸多挑战，其中包括金属层叠带来的高温下阻抗增加、热循环引发的接触阻抗和界面强度等问题。他们开发了家用热电联供系统，该系统采用陶瓷和金属层叠构成，通过创新解决方案应对了这些挑战。经过 8 年的研发工作，他们于 2014 年 4 月推出了世界最高 45% 发电效率的家用燃料电池系统［ENE-FARM］，并开始销售。

（三）固体氧化物燃料电池结构

固体氧化物燃料电池的主要结构由电解质层、阳极和阴极组成。阳极和阴极分别位于电解质两侧，形成三明治式结构。固体氧化物燃料电池结构组成示意如图 3.3-39 所示。

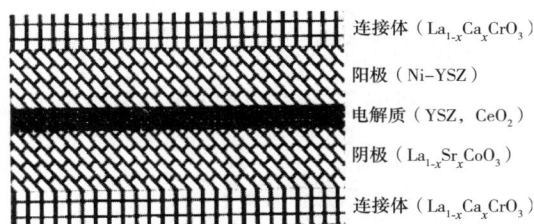

连接体（$La_{1-x}Ca_xCrO_3$）
阳极（Ni-YSZ）
电解质（YSZ，CeO_2）
阴极（$La_{1-x}Sr_xCoO_3$）
连接体（$La_{1-x}Ca_xCrO_3$）

图 3.3-39　固体氧化物燃料电池结构组成示意图

根据电解质膜的形状不同，固体氧化物燃料电池的外形可以是圆筒形（管式）、平板形或圆筒平板形。

1. 圆筒形（管式）结构

圆筒形（管式）结构是固体氧化物燃料电池最早采用的形式之一。它由一端封闭、另一端开口的圆筒管组成。管内最内层是多孔支撑管，其外依次是阴极（空气极）、电解质和阳极（燃料极）薄膜。空气（氧气）通过管芯输入，燃料则通过圆筒外壁供给。发电单元间通过阴极和阳极的连接形成电池发电堆。阳极与连接体串联连接，阳极之间并联连接。在运行时，氧化剂（如空气或氧气）通过安置在电池管内的陶瓷喷射管进入电池封闭端附近的喷口。燃料则从电池管的外部封闭端流向开口端，在经过电极表面时发生电化学氧化并产生电力。经过电化学反应后的氧化剂从电池管的开口端流出，在后续的燃烧过程中与已消耗部分的燃料混合燃烧。固体氧化物燃料电池的外形如图 3.3-40 所示。

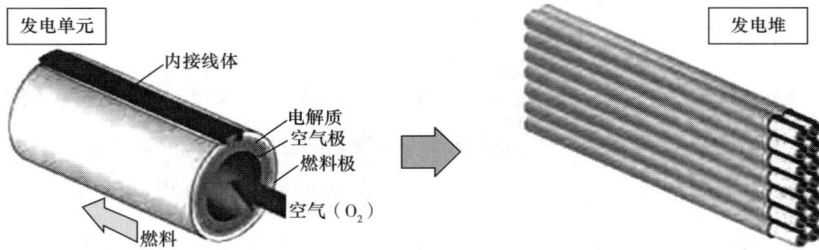

图 3.3-40　固体氧化物燃料电池的外形图

圆筒形（管式）SOFC 结构坚固，对材料的膨胀系数要求较低，并且发电单元间的连接体处于还原气氛中，可使用成本较低的金属材料制造。电池组装相对简单，容易组装成大功率的发电堆，也不需要使用密封材料。

然而，圆筒形（管式）SOFC 也有一些缺点：掺杂元素种类有限且成本较高，制造工艺复杂且价格高，电流通过路径较长，发电单元内阻较大，电流密度较小。

2. 平板形结构

平板形 SOFC 结构在几何形状上更为简单，设计加工也更加容易，从而大大降低了制造成本。电池部件基本上都是薄平板。平板型 SOFC 发电单元结构如图 3.3-41 所示。

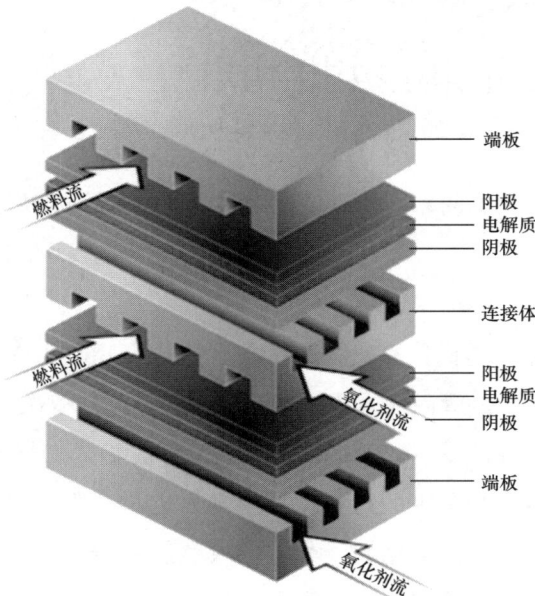

图 3.3-41　平板型 SOFC 发电单元结构

该结构由阳极、电解质和阴极薄膜组成的电池单元构成。两侧带有槽的连接体连接相邻的阴极和阳极，并在两侧提供气体通道，同时隔离两种气体。通常使用陶瓷加工技术，如带铸、涂装烧结、筛网印刷和等离子喷洒等技术烧制。平板式结构发电堆中的发电单元串联连接，电流依次流过各薄层，电流流程短，内阻小，电池能量密度高，结构灵活，气体流通方式多种多样，单元制备分开，制造工艺简单，成本低，可以使用金属作为连接体材料，设计更加灵活。

然而，平板形 SOFC 也有一些缺点：密封困难，且密封材料不能与其他电池组件发生反应；电池单元组件边缘需要进行密封，以隔离氧化气体和燃料气体；界面接触电阻较大，对双极连接体材料有较高的要求，需有同电解质材料相近的热膨胀系数、良好的抗高温氧化性能和导电性能。热循环性能差，电池组件的连接比较困难，有可能产生很大的欧姆电阻，电池断裂的可能性也较大。平板形 SOFC 发电组件组成如图 3.3-42 所示。

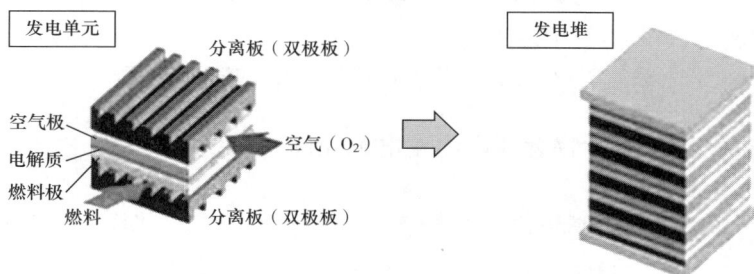

图 3.3-42 平板形 SOFC 发电组件组成图

3. 圆筒平板形

圆筒平板形结构的发电单元由耐高温金属的层叠结构组成。该发电单元采用多孔燃料极材料，在导电支撑体上形成稳定金属锆氧离子的电解质膜，并用具有气密性和良好导电性的内接线体膜进行覆盖。在电解质膜的内部，燃料极和外部的空气极膜相邻，通过它们之间的接触产生电力。相邻单元的空气极与集电材料（耐高温金属）相连。

京瓷 SOFC 发电单元和发电堆的外形如图 3.3-43 所示。

单元的下端由绝缘材料密封固定在集合管（气体联箱）上，不仅使气流分布均匀，而且作为陶瓷单元的支撑部分。单元之间的连接使用了柔性金属以缓解温差引起的热胀应力，并增强其对热循环的耐性。圆筒平板形 SOFC 发电堆的气体流向如图 3.3-44 所示。

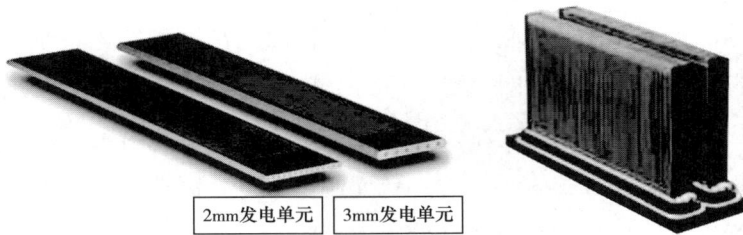

图 3.3-43 京瓷 SOFC 发电单元和发电堆的外形图

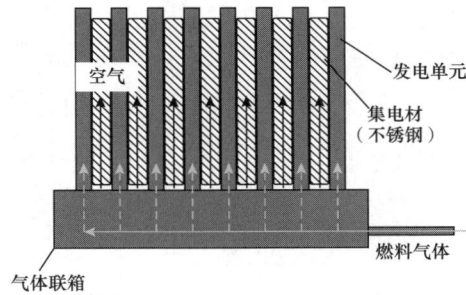

图 3.3-44 圆筒平板形 SOFC 发电堆的气体流向图

（四）圆筒形固体氧化物燃料电池发电单元堆

SOFC 燃料电池通过燃料极供应燃料气体（如氢气和一氧化碳），通过空气极供应空气（氧气），在 700~100℃温度下发电。SOFC 燃料电池发电单元的结构如图 3.3-45 所示。

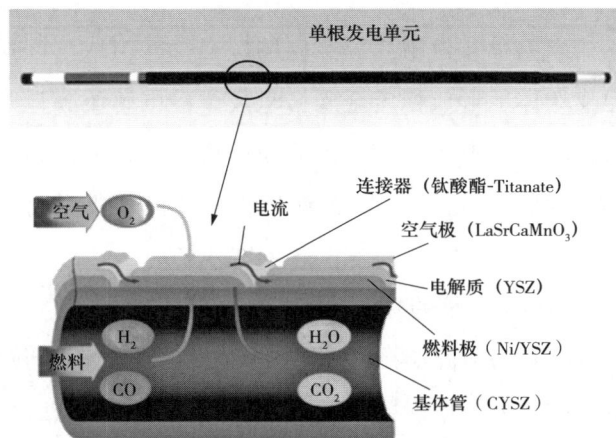

图 3.3-45 SOFC 燃料电池发电单元的结构图

注 资料来自三菱重工技报 2011 Vol 48 No.3 "究極の高効率火力発電-SOFC（固体酸化物形燃料電池）トリプルコンバインドサイクルシステム"。

如图 3.3-45 所示,集合管采用高强度的 CSZ 材料。长度单元采用高密封性的一体烧结工艺制造。圆筒形 SOFC 燃料电池发电单元由燃料极、电解质和空气极的集成体组成。发电单元由一个封闭的管子和一个开口的管子组成,最内层是多孔支撑管,依次是阳极、电解质和阴极薄膜。燃料通过管芯输入,空气通过管子外壁供应。管式固体氧化物燃料电池单元具有较高的自由度,不容易开裂,使用多孔陶瓷作为支撑体,结构坚固,电池组装简单,容易通过并联和串联组合成高功率的电池堆。然而,缺点是电极之间的间距大,电流通过路径较长,内阻损失较大,相应地功率密度较低。

电子电导性陶瓷部件通过内连接器串联起来。因此,将多个低电流的发电堆组合起来,可以获得高电压的发电输出。这样可以实现 15~33kW 的发电输出。发电堆同时具有支撑部件、燃料、空气的供应与排放、电流传输功能。将这些组件放入压力容器中,制成发电堆模块。由于采用这种模块化结构,安装和维修都非常方便。发电单元堆中投入燃料气体的主要成分是甲烷(CH$_4$)和循环排气(燃料)中的水蒸气(H$_2$O),通过水蒸气重整反应(CH$_4$+H$_2$O $=\!=\!=$ CO+3H$_2$)在发电单元内部生成氢(H$_2$)和一氧化碳(CO)。

在阴极,氧气跟从阳极过来的电子反应生成氧离子(O$_2$+2e$^-$ $=\!=\!=$ O^{2-}),并移动到阳极。氧离子(O^{2-})与氢(H$_2$)反应生成水(H$_2$O),同时释放电子。这些电子通过外部回路移动到阴极。另外,从氢离子中释放出的电子通过外部回路移动到空气极。在空气极和电解质界面的空气中的氧气(O$_2$)与移动过来的电子发生反应,生成氧离子(O$_2$+2e$^-$ $=\!=\!=$ O^{2-})。这些氧离子通过电解质移动到燃料极。

总体上来说,发电的反应仍然是氢气和一氧化碳与氧气反应生成水和二氧化碳。电子在外部回路移动形成电流,空气极为阴极,燃料极为阳极。另外,从氢离子中释放出的电子通过外部回路移动到空气极。在空气极和电解质界面的空气中的氧气(O$_2$)与移动过来的电子发生反应,生成氧离子(O$_2$+2e$^-$ $=\!=\!=$ O^{2-})。这些氧离子通过电解质移动到燃料极。

六、直接甲醇燃料电池

(一)直接甲醇燃料电池的发电原理及其特点

直接甲醇燃料电池(direct methanol fuel cell,DMFC)属于质子交换膜燃料电池(PEFC)的一种,不使用氢作为燃料,而是直接使用甲醇水溶液或甲醇蒸汽作为燃料供应，因此不需要燃料重整和氢气净化处理装置。甲醇是最简单的醇类，一个甲醇分子完全氧化可以释放 6 个电子。同时，甲醇价格低廉、易得、易于运输储存，能量密度高，分子结构简单，没有较难裂解的 C—C 键，具有较高的电化学活性和能量转换效率。

直接甲醇燃料电池的工作原理和结构与质子交换膜燃料电池类似，具有低温快速启动、燃料清洁环保以及电池结构简单等特点。这使得直接甲醇燃料电池可能成为未来便携式电子产品应用的主要选择。

这种电池的期望工作温度低于 120℃，略高于标准的质子交换膜燃料电池，并且其效率大约为 40%。直接甲醇燃料电池是质子交换膜燃料电池的一种变种，它直接使用甲醇而无需预先燃料重整。甲醇在阳极转化为二氧化碳和氢，类似于标准的质子交换膜燃料电池，然后氢再与氧反应。

直接甲醇燃料电池的技术仍处于早期开发阶段，但已成功地作为移动电话和便携电脑的电源，并具有未来为特定终端用户使用的潜力。

1993 年，美国吉讷公司成功研究出的 DMFC 单体电池在 60℃ 下作为氧化剂，工作电压为 0.535V 时输出电流密度达到了 $100mA/cm^2$。1996 年，美国 LasAlamos 国家实验室成功研制出了甲醇蒸汽-空气 DMFC 单体电池。同年，德国西门子公司也成功研制出了甲醇蒸汽-氧气的 DMFC 单体电池。1999 年，美国喷气式推进实验室组装了一个 150W 的 DMFC 电池发电堆。德国太阳能和氢能研究中心研制了一个在室温下工作的 DMFC，其工作寿命已经超过 10000h。德国斯马特燃料电池公司在 2004 年宣布已经向数百个特定用户销售了平均输出功率为 25W、质量为 1.1kg 的 DMFC，可作为内置于笔记本电脑中的电源，可以连续工作 8~10h。东芝公司在 2003 年成功开发了用于笔记本电脑的小型 DMFC，该公司还成功开发了用于手机的小型 DMFC 电源系统。韩国三星高科技研究院开发成功了可内置于手机及笔记本电脑中的 DMFC 电源系统。美国 MTI 公司与哈里斯公司在 2003 年展示了共同研究开发的用于军用携带式收音机的 DMFC 电源系统。

（二）直接甲醇燃料电池发电单元结构

直接甲醇燃料电池是一种将甲醇中的化学能直接转化为电能的电化学反应装置。它由阳极、阴极和电解质组成。电解质根据传导电粒子的不同分为阴极电解质膜（OH^-）和质子交换膜（H^+）。

质子交换膜直接甲醇燃料电池发电单元的原理及结构如图 3.3-46 所示。

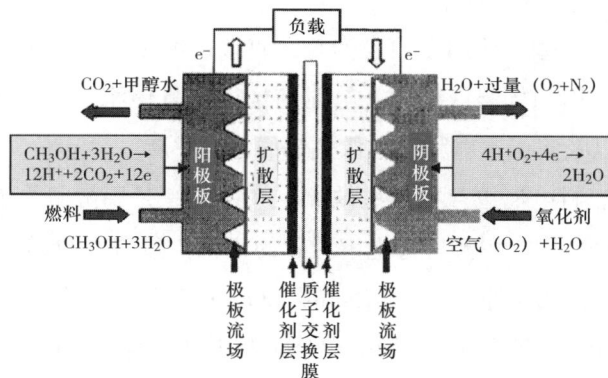

图 3.3-46　质子交换膜直接甲醇燃料电池发电单元的原理及结构图

如图 3.3-46 所示，电解质膜两侧有催化剂层和扩散层，两侧还有燃料（阳极）通道和空气（阴极）通道。燃料通道供给甲醇和水，空气通道供给氧气，从而产生电动势。加负荷时，氢离子 H^+ 通过电解质膜移动，在阳极引起的反应为

$$2CH_3OH+2H_2O \longrightarrow 12H^++2CO_2+12e^- \tag{3.3-29}$$

在阴极引起的反应为

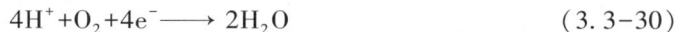

$$4H^++O_2+4e^- \longrightarrow 2H_2O \tag{3.3-30}$$

与此同时，直接甲醇燃料电池也会出现燃料利用率降低、短路等现象。

DMFC 是指在常温至 90F 的低温下，向阳极提供甲醇水溶液以供发电的系统。它非常适用于小型移动设备或便携设备的电源需求。催化剂使用和质子交换膜燃料电池（PEFC）相似，即阴极使用白金（Pt），阳极使用白金-钌（Pt-Ru）合金催化剂。然而，与 PEFC 相比，DMFC 的催化剂使用量更多。一般来说，以氢气为燃料的 PEFC 每个电极白金使用量在 $0.5mg\text{-}Pt/cm^2$ 以下，而 DMFC 则需要 $4mg\text{-}Pt/cm^2$。为了避免增加催化剂层的厚度和减少碳极上贵金属含量的比例，可以使用没有碳或催化剂的白金黑块和白金-钌黑块。

在 DMFC 的结构方面，它与 PEFC 相似，都使用炭或金属双极板作为双极板。DMFC 的发电单元也与 PEFC 相似，两者之间最大的区别在于阳极的电化学反应不同。DMFC 在实际运行时的开路电压仅约为 0.7V，这主要是由于阳极的电化学电动势损失较大。显然，对于 DMFC 来说，甲醇的催化氧化是最重要的。

（三）直接甲醇燃料电池的特点及其性能

1. 直接甲醇燃料电池的特点

（1）高能源转换率。与其他燃料电池一样，化学能可以直接转化为电能，不受卡

诺循环的限制，能源转换效率较高。

（2）燃料存储、运输和使用方便且安全。直接甲醇燃料电池使用液体燃料，具有便于存储、运输和使用的优势。同时，电池结构简单且体积小，适用于移动电话、其他便携式电子设备以及笔记本电脑、摄像机等的电源供应。

（3）直接甲醇燃料电池也存在一些缺点。其中之一是甲醇具有有毒、易挥发和渗透性的特点。在 DMFC 中，甲醇透过电解质膜的现象会浪费甲醇燃料并降低电池性能。为了防止甲醇透过，使用了厚度为 150μm 的 Nafion117 膜，而类似于氢气燃料的 PEFC 使用的是厚度为 50μm 的 Nafion 112 膜。此外，与 PEFC 类似，直接甲醇燃料电池也存在催化剂受到一氧化碳中毒的问题。

2. 直接甲醇燃料电池的性能

（1）单极电位。DMFC 的甲醇极（阳极）和空气极（阴极）的单极电位如图 3.3-47 所示。

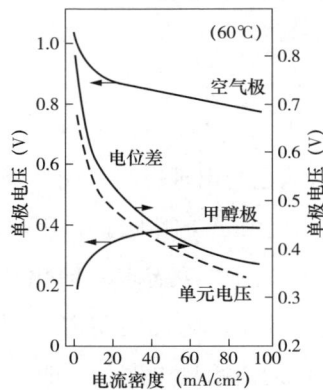

图 3.3-47　DMFC 的甲醇极（阳极）和空气极（阴极）的单极电位图
注　资料来自日本《水素·燃料電池ハンドブック》。

DMFC 的单元阳极电位和阴极电位之差减去损失就是电池电压。在 DMFC 的阳极电位是指甲烷氧化反应的损失，DMFC 跟以氢为燃料的 PEFC 的性能比较，显著低主要是因为阳极电位差。以氢为燃料的 PEFC 的阳极电位为零，而 DMFC 的阳极电位有大约 $10mA/cm^2$ 的微小电流，在增加到 0.3V 之后显著增加。

（2）温度对性能的影响。温度对 DMFC 性能的影响如图 3.3-48 所示，随着温度下降，性能显著降低。

（3）甲醇浓度对性能的影响。甲醇浓度对 DMFC 性能的影响如图 3.3-49 所示，随着浓度提高，性能显著降低。

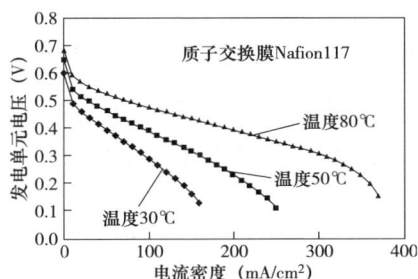

图 3.3-48　温度对 DMFC 性能的影响图

注　资料来自日本《水素·燃料電池ハンドブック》。

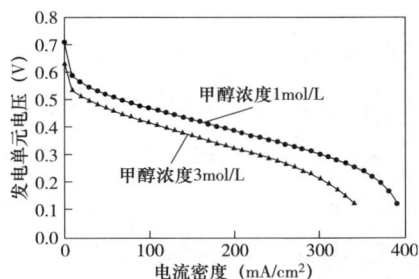

图 3.3-49　甲醇浓度对 DMFC 性能的影响图

注　资料来自日本《水素·燃料電池ハンドブック》。

（四）直接甲醇燃料电池催化剂

1. 直接甲醇燃料电池阳极催化剂

催化剂有铂基合金催化剂、以导电聚合物作为载体成型的复合催化剂、金属氧化物催化剂。

（1）铂基合金催化剂。Pt-Ru 合金是最重要的铂基合金催化剂，其对甲醇的催化效果最好。Ru 的加入有两个功能，一方面，Ru 的加入会影响 Pt 的 d 电子状态，从而减弱 Pt 和 CO 之间的相互作用；另一方面，Ru 容易形成活性含氧物质，促使甲醇解离吸附的中间物质在 Pt 的表面氧化，从而提高 Pt 对甲醇氧化的电催化活性和抗中毒性能。在 Pt-Ru 合金体系中，起辅助催化作用的是 RuO_xH_y 既能传导电子，又能传导质子，同时还提供丰富的含氧物质。同时，Pt-Ru 合金中电子效应对其电催化氧化的影响也很大。虽然 Pt-Ru 合金催化剂对甲醇氧化具有很好的催化活性，但由于 Ru 的氧化物在酸性介质中易溶解，一般认为 Pt-Ru 合金催化剂的稳定性不太好。

Pt-Sn 合金催化剂比较复杂，目前很多研究结果分析发现，不同的电极处理方法和实验条件对 Pt-Sn 合金催化剂的作用影响很大，但功能机理和电子效应同样存在于 Pt-Sn 合金催化剂中。

（2）复合催化剂。目前最常见的复合催化剂大多以 C 为载体，而在一定的电位下，尤其是在由多片 MEA 组成的电堆中运行时易出现"反极现象"，导致 C 被氧化，产生 CO，从而毒化 Pt。此外，目前的碳载铂的制备工艺很难保证 Pt 在 C 载体上均匀分布，因此采用导电聚合物作为 Pt 催化剂的载体，可以避免 C 载体的问题，并且可以降低 Pt 的含量。聚苯胺和聚砒是复合催化剂中最常用的导电聚合物。

（3）金属氧化物催化剂。Pt 对甲醇氧化具有很高的电催化活性，但在缺少含氧物质时，容易被吸附的 CO 毒化。因此，富含氧、具有高导电性和高催化活性的 ABO3 型金属氧化物可用作甲醇氧化的阳极催化剂。目前，ABO3 型金属氧化物中 A 晶格位置的金属元素有 Sr、Ce、Pb、La 等，B 晶格位置的金属元素有 Co、Pt、Pd、Ru 等。这类金属氧化物的优点是它们对甲醇氧化具有较高的电催化活性，并且不会发生毒化现象。

2. 直接甲醇燃料电池阴极催化剂

直接甲醇燃料电池常使用 Pt/C 作为阴极催化剂，然而其主要问题是氧还原的电催化活性较低，而且通过隔膜的甲醇燃料会导致阴极催化剂中毒，使性能下降并产生混合电位。因此，如何提高氧还原的电催化活性和耐甲醇性能是研究的重点。与此同时，为了降低成本，研究也在进行非铂系电催化剂（如过渡金属大环化合物催化剂、过渡金属原子簇合物催化剂和金属氧化物催化剂）的开发。目前，尽管有许多电催化剂对氧还原具有活性且对甲醇氧化呈现惰性，但除了 Pt 基催化剂外，大多数催化剂对氧还原的电催化活性不高或稳定性不佳。通过在 Pt 基催化剂中掺杂 Cr、Ni、杂多酸或使用过渡金属卟啉和酞菁化合物等，不仅可以提高 Pt 对氧还原的电催化活性，还可以显著增强 Pt 对甲醇的耐性能力。

（五）直接甲醇燃料电池交换膜

1. 质子交换膜

直接甲醇燃料电池中的质子交换膜主要起到阻隔阴、阳极组分，质子传递和绝缘电子等功能。目前大部分燃料电池使用杜邦公司的 Nafion115 系列和 Nafion117 系列作为质子交换膜，但由于 Nafion 膜的选择透过性能差，在特定条件下，甲醇的透过率可高达 40%。这不仅造成甲醇燃料的大量损失，还导致甲醇渗透到阴极后发生反应，使得电极催化剂中毒，大大缩短燃料电池的使用寿命和效率。因此，如何研究低渗透率的阻醇膜成为直接甲醇燃料电池研究的热点。研究的方向是开发稳定性好、甲醇渗透率低、化学稳定性优良、质子导电率高、机械强度好、成本低廉的阻醇膜。

2. 改良型氟系高分子电解质膜

DMFC 的改良型氟系高分子电解质膜有两种。

第一种是在 Nafion 膜的微孔中沉积纳米粒子，如 Pd、杂多酸、SiO₂、ZrO₂ 等，以降低甲醇渗透率。其中使用 Pd 和杂多酸不仅能降低甲醇渗透率，还因为它们能传导质子，所以不会降低膜的质子电导率。而 SiO₂、ZrO₂ 等无机离子具有较好的吸水性，能增加 Nafion 膜的含水量。由于 Nafion 膜内质子的迁移必须伴随水的迁移，因此它们不仅能降低甲醇透过率，还能减少膜的质子电导。也可以混合使用 Pd 和 SiO_2 等两类纳米粒子，充分发挥各自的优点。

第二种类型是将改性 Nafion 膜作为底膜，并在其孔隙中填充 Nafion 膜。由于聚四乙烯作为底膜具有很好的化学稳定性和机械强度，填充在基底膜孔隙中的 Nafion 膜不容易溶胀，有利于抑制甲醇的渗透。这类复合膜的最高导电率接近 Nafion 膜，而甲醇渗透率远低于 Nafion 膜。甲醇渗透率和质子电导率可以通过改变基底膜的孔隙率和孔径进行调节。

3. 新型质子交换膜

目前对 DMFC 的质子交换膜进行了多种研究，包括聚苯并咪唑（PBI）膜、聚乙烯醇膜、聚丙烯膜、聚醚醚酮膜、聚砜膜、酚酞型聚醚砜膜、乙烯-四氟乙烯膜等。由于结构原因，这些膜的甲醇渗透率都低于 Nafion 膜，但它们都没有质子导电性，因此需要采用不同的方法对其进行质子化处理。

质子化处理的一种方法是形成复合膜，如利用磷酸与聚苯并咪唑形成的复合膜。聚苯并咪唑具有极好的化学稳定性和一定的机械柔软性，与磷酸形成的复合膜具有较好的质子导电能力，甲醇透过率是 Nafion 膜的 1/10。还可以将质子导电基团接枝到聚合物膜上，解决质子导电基团稳定性的问题。例如，在聚乙烯醇膜上接枝磷钨酸，该介质膜具有很好的质子导电率，但甲醇渗透率不太低。另一种方法是对聚合物膜进行硫磺处理，使其具有质子导电性。

（六）透过现象（交叉现象）

甲醇燃料电池（DMFC）中，大量的甲醇通过电解质膜的现象被称为交叉现象。通过电解质膜的甲醇在阴极直接被氧化，降低阴极电位，导致燃料的损失。这不仅降低了电流效率，还影响了燃料电池的性能和电池效率等。温度对甲醇燃料电池的影响如图 3.3-50 所示。

在实测的例子中，温度分别为 80、$60℃$ 和 $30℃$。阳极催化剂为 Pt-Ru/C、$4mg-Pt/cm^2$，阴极催化剂为 Pt/C、$4mg-Pt/cm^2$。使用 Nfion117 作为电解质膜，甲醇浓度为 $1mol/L$ 的甲醇水溶液流量为 $1.5g/min$，阴极侧干燥空气流量为 $800L/min$。

横轴表示用电流密度换算的透过量。在 $80℃$ 温度下以电流密度运行时，透过而来的电流损失约为 $100mA/cm^2$，这相当于发电所需燃料的量。电流效率为 50%。

引起交叉现象的原因有以下几点。

（1）扩散引起的交叉现象。在开放回路状态下，透过量与阳极燃料浓度成正比增

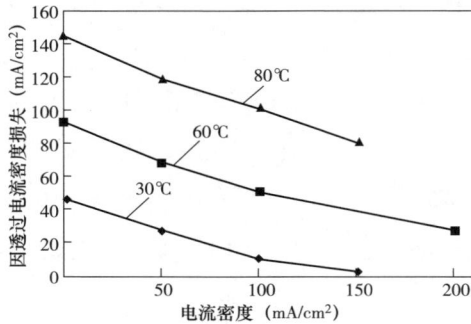

图 3.3-50　温度对甲醇燃料电池的影响图

注　资料来自日本《水素・燃料電池ハンドブック》。

加，与膜厚度成反比。这种现象是由于阳极和阴极的燃料浓度差，导致燃料从阳极扩散到阴极。

（2）电气引起的交叉现象。当燃料浓度较高时通电流，透过量增加是由于阳离子伴随燃料移动，也称为电气透过现象。阳离子周围带有水分子，并随燃料一起移动。

（3）阳极催化剂层内燃料消耗引起的减少透过现象。当燃料浓度较低时，通电后透过量减少，这是因为阳极催化剂层内的燃料消耗导致燃料浓度降低，进而减少了扩散和电气透过导致的透过量。

（七）甲醇燃料电池的应用

直接甲醇燃料电池与质子交换膜燃料电池相似，可以直接使用甲醇，而无需像其他燃料电池那样经过重整、脱硫等前处理。甲醇在阳极转化为二氧化碳和氢，与标准的质子交换膜燃料电池一样，通过电化学反应发电。

因此，直接甲醇燃料电池更适用于功率较低但对能量密度要求较高的领域。然而，目前它的制造成本较高，结构也较为复杂。为了发展该技术，需要开发廉价的甲醇浓度传感器、高效长寿命的甲醇泵、微型气液分离器、高效的空气泵等。

同时，直接甲醇燃料电池具有液体燃料的储存与运输方便、使用安全等特点，同时电池结构简单、体积小。可用于移动电话、其他携带型电气设备，以及笔记本电脑、摄像机等的电源。

1. 跟其他电源比较具有的优点

（1）作为不间断电源系统（UPS）使用时，不消耗多余的电力，比重整型燃料电池更经济实惠。

（2）相比于同样出力和连续运行的二次电池，更轻便、紧凑。

（3）在运行时间方面，不受天气条件影响，相较于太阳能和风力发电更为可靠。

（4）与内燃机发电相比，更为静音、清洁，可在城市或室内使用。

2. 用途

充分发挥上述优点，适用于以下用途：功率范围在 10W～1kW 之间的设备、移动电源、应急电源、远程电源。

具体可考虑以下用途：无线基站备用电源（长时间备用）；机器人相机备用电源（长时间备用）；远程设置的观测设备常用电源（连续一年供电、清洁、紧凑）；地震等自然灾害紧急电源（静音、清洁、长时间运行）；户外和休闲用电源（静音、紧凑、清洁）。

3. 产品之例

国外直接甲醇燃料电池产品之例如表 3.3-10 所示。

表 3.3-10　　　　　　　　　　　产品之例

设备名称	单位	MGC-FC46	MGC-FC56
设备图片	—		
外形尺寸	mm	332 寸 FC56200（LIB 部分）	520（LIB 部分）
干重	kg	17（LIB 部分）、19（FC 部分）	约 70
额定出力	W	200	500
最大出力	VA	500	1000
出力电压	V	AC100	AC100（DC 可对应于出力）
外部燃料罐容量	L	标准 4（可以变）	标准 200（可以变）
燃料浓度（甲醇水溶液浓度，质量分数）	%	54	54
连续驱动时间	h	约 8（使用 4L 储罐时）	约 1688（使用 200L 储罐时）
锂电池容量	Wh	约 500	约 1100

（1）MGC-FC46 和 MGC-FC56 均为 DMFC 与锂离子电池（以下简称 LIB）组合系

统的产品。

（2）燃料使用54%甲醇水溶液，连续运行时间取决于外置油箱的容量。

（3）将MGC-FC46和MGC-FC56作为不间断电源系统（UPS）使用时，如果供电中断，切换到电池输出以持续供电。

当LIB容量下降时，DMFC单元将自动启动并开始发电。只要外部设备的功耗低于DMFC单元的功耗，并且燃料持续供应，就能持续供应所需的电力。剩余电力将充入蓄电池，在充满后自动停止运行。如果外部设备的功耗超过DMFC单元的功耗，则LIB将起到缓冲作用，提供额外功率，因此只要LIB容量允许，外部输出就会稳定供应。因此，结合使用DMFC和LIB可以构建可靠且方便的系统。

4. 甲醇水溶液（Metamix®）作为燃料

DMFC使用浓度为54%的甲醇水溶液（Metamix®）作为燃料。（Metamix®）最初是为基于甲醇水蒸气重整的制氢设备（MH-MD工艺）开发的高纯度甲醇水溶液。与汽油、轻油等不同，即使长时间储存也不会老化，因此也适合作为紧急燃料使用。此外，（Metamix®）不属于危险品、无毒性物质，无需特殊使用资格，便于储存和运输。

5. DMFC使用案例

（1）超长时间备用UPS（超过200h）。该产品适用于广播现场使用，并可作为固定型现场不间断电源，建立了可远程监控和操作的通信系统，使其在无人操作时仍能可靠运行。

自2013年以来，通过安装一个容量为200L的燃料箱，实现了MGC-FC54的无人运行，可持续备用超过200h，即8天以上。然而，使用二次电池构建超过200h备用的UPS会带来大量的电池成本和占用空间的问题。此外，发动机驱动器的噪声、排气和燃料也会随着时间的流逝而产生老化。因此，还设计了一个室外机箱，具备吸排气功能，以适应各地的室外设置，目前仍然在应对停电情况下运行。该产品拥有超长备用时间、静音、绿色排放和轻巧紧凑的特点。

（2）长期连续发电在无电源区域。为了验证DMFC在气象观测中的实用性，进行了半年多的长期实证试验。例如，在商业电力无法正常使用的山区等无电源环境中，将DMFC连接到气象观测设备上，验证了其可连续供电的能力。该产品具有长时间供电、轻巧紧凑的设置方式、便捷的燃料保管和补给，以及轻巧紧凑的特点。

第四节　家用燃料电池分布式能源系统

一、家用燃料电池分布式供能系统

（一）家用燃料电池简介

过去，家庭是能源消费的重要场所，但现在已经不仅仅是消费能源，还可以自行产生能源。出现了家用光伏供能系统、太阳能热利用系统、风能利用系统，以及家用燃料电池分布式供能系统。这些能源系统利用太阳能、风能等自然资源进行能量生产。

家用燃料电池分布式能源系统是一种先进的供能系统，通过在天然气用户处产生电能和热能，具有高能源利用效率和环境友好的特点。在日本，家用燃料电池被称为[ENE-FARM]，分为质子交换膜型低温燃料电池和固体氧化物燃料电池型高温燃料电池两种类型。

日本2009年实现了质子交换膜型家用热电联供系统的商品化，2012年实现了固体氧化物燃料电池型家用热电联供系统的商品化。现在，家用燃料电池系统的发电效率达到了46.5%，总能源效率达到了85%~98%。同时，它还可以节省25%的能源，减少40%的二氧化碳排放。

（二）家用燃料电池原理

如前所述，燃料电池利用了水电分解的逆反应原理，如图3.4-1所示，通过氢气和氧气的化学反应生成水，并在此过程中产生电能和热能，就像一个微型电站。

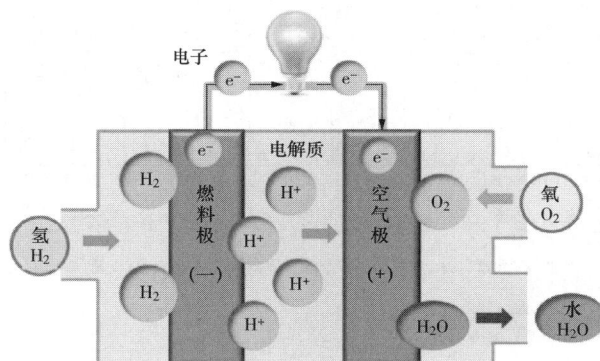

图3.4-1　燃料电池反应原理图

家用燃料电池［ENE-FARM］热电联供系统组成示意如图 3.4-2 所示。

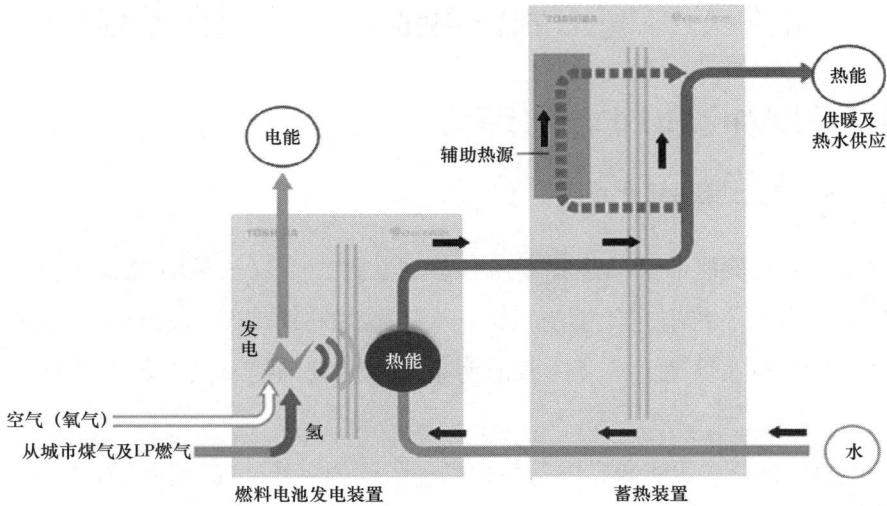

图 3.4-2　［ENE-FARM］热电联供系统组成示意图

家用燃料电池系统从城市煤气或液化石油气进入燃料前置处理系统，制备氢气，并使氢气和氧气经过电化学反应产生电能和热能。热能储存在蓄热水罐中，用于为家庭供应热水和供暖设备，实现热电联供。这不仅提高了能源效率，同时减少了二氧化碳的排放。

图 3.4-3 展示了日本燃料电池的普及数量及销售价格的演变过程。

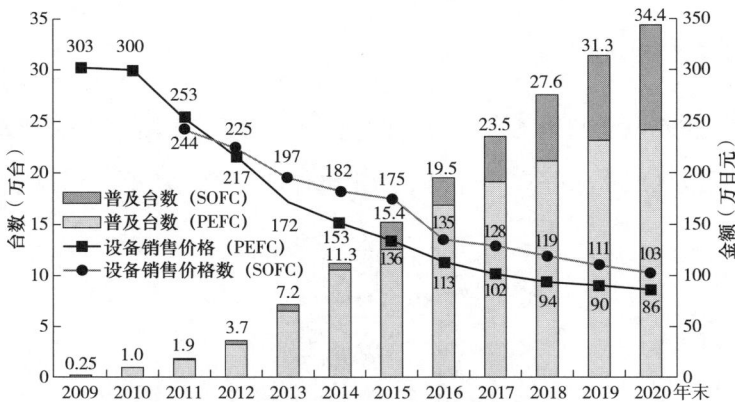

图 3.4-3　日本燃料电池的普及数量及销售价格演变过程

注　资料来自日本经济产业省资源エネルギー庁 资源·燃料部"今後の资源·燃料政策の课题と 对应の方向性（案）"2021。

截至 2022 年，家用燃料电池的普及数量已经超过 45 万台，目标是 2030 年普及到

53 万台。价格从最初的 300 多万日元降低到 2020 年的 86 万日元，降价幅度已经超过了 1/3，已经可以完全自立商业化，不再需要补贴。

家用燃料电池，也就是［ENE-FARM］，由燃料电池装置和蓄热装置（即热水装置）组成。燃料电池装置将燃料进行重整，产生氢气，然后将氢气与空气中的氧气进行电化学反应发电。同时，在热水装置中，利用发电过程中产生的余热，储存在蓄热罐中，用于供应热水。

同时，家用燃料电池的小型化和轻型化正在不断实现，就像空调器室外机一样。一般来说，家用燃料电池由燃料电池本体和热水罐组成。可以选择分体型或一体型，备用热源机则可以使用燃气燃烧器或电热型。燃料电池所产生的电力供应家庭用电，当电力不足时可以通过网络购电，通常可以满足约 70% 的家庭用电需求。

松下独立住宅用［ENE-FARM］一体式与分体式外形如图 3.4-4 所示。

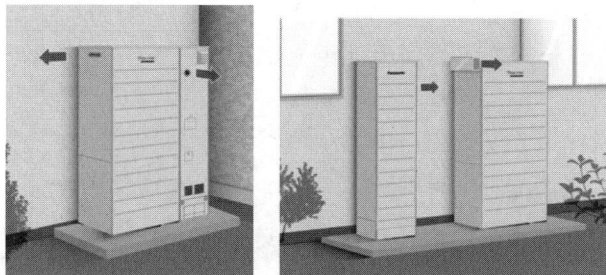

图 3.4-4 松下独立住宅用 ［ENE-FARM］ 一体式与分体式外形图

松下公共住宅小区设置［ENE-FARM］之例如图 3.4-5 所示。

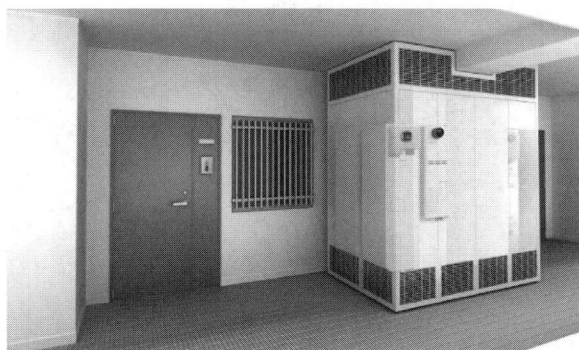

图 3.4-5 松下公共住宅小区设置 ［ENE-FARM］ 之例

（三）家用燃料电池热电联供系统及其组成

家用质子交换膜型燃料电池热电联供系统由于质子交换膜型燃料电池运行温度低，

电极上使用白金催化剂因为一氧化碳对触媒中毒，因此在电池运行过程中，应充分降低一氧化碳浓度。

家用燃料电池发电系统与汽车用和便携式燃料电池不同，其主要设计用于热电联供系统。因此，它需要具备高发电效率、高余热回收效率和综合效率、易获取燃料、设置安装和调试简便、运行管理和维护方便、寿命长等功能。

住宅的能耗主要来自照明、家用电器、厨房、供暖、浴室和淋浴。

现在，家庭使用燃气等燃料来满足电能和热能的需求。由于家庭热能需求较低，一般供暖和热水供应的温度在 45~80℃ 之间足够。因此，可以利用低温燃料电池来满足电能和热能的需求，例如质子交换膜型燃料电池。但也有高温固体氧化物燃料电池可供选择，具有高发电效率和低运行成本，同样也能够满足家庭的能源需求。

1. 家用燃料电池基本组成

（1）质子交换膜燃料电池（PEFC）［ENE-FARM］系统。

［ENE-FARM］质子交换膜燃料电池组成示意如图 3.4-6 所示。

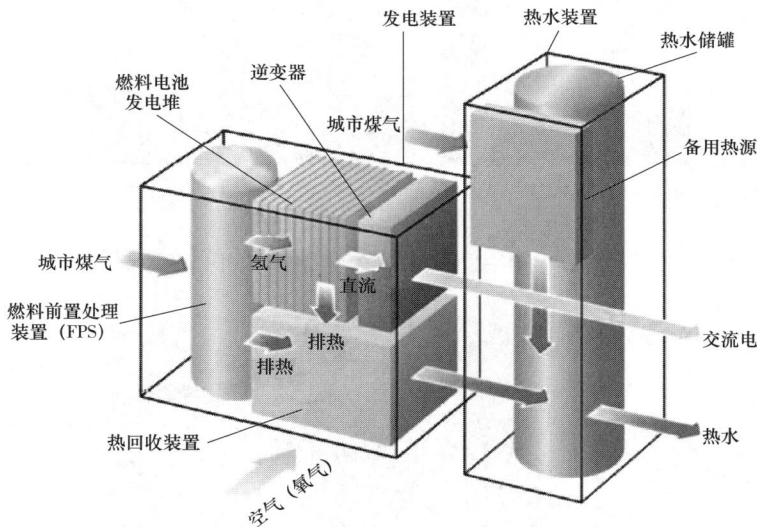

图 3.4-6　［ENE-FARM］质子交换膜燃料电池组成示意图

（2）固体氧化物燃料电池（SOFC）系统。

无论质子交换膜燃料电池还是 S 型固体氧化物燃料电池基本组成差不多。［ENE-FARM］固体氧化物燃料电池组成示意如图 3.4-7 所示。

固体氧化物燃料电池发电系统的示意图如图 3.4-8 所示。

燃料气体经过脱硫器去除城市煤气中的臭气物质后，与重整水一起进入热模块。

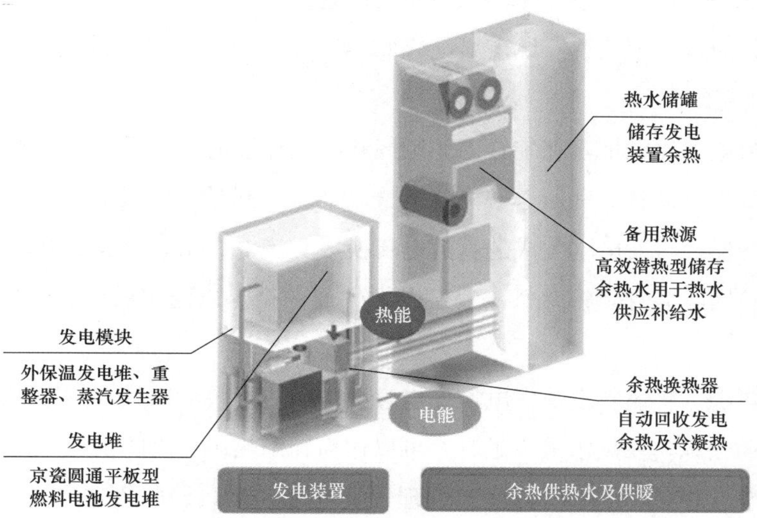

图 3.4-7 [ENE-FARM] 固体氧化物燃料电池组成示意图

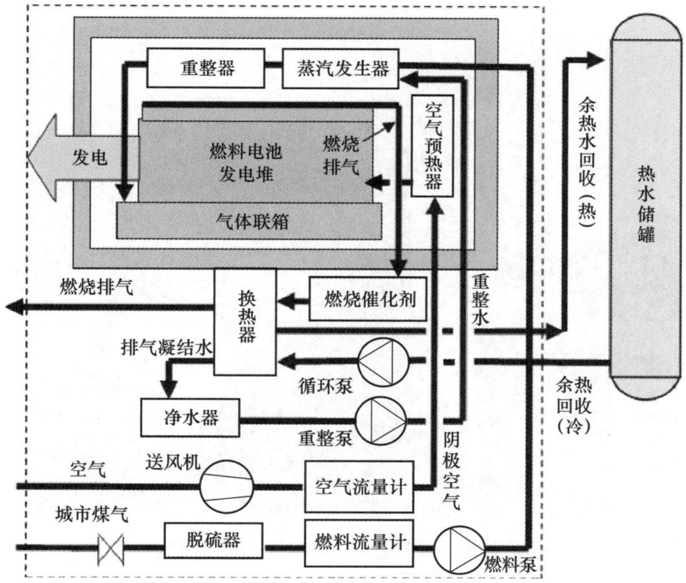

图 3.4-8 固体氧化物燃料电池发电系统的示意图

在发电堆中进行发电反应，燃烧后的废气通过外部的换热器排出，其余热大约以 75℃ 的热水形式回收。排气温度冷却至换热器给水温度后从系统排气口排放。在换热器中，由于排气被水蒸气冷凝，它经过净水器处理后可作为重整用水再利用。回收的凝结水量超过了重整所需的水量，因此无需从外部补充水源。这种管道布局的设计不仅可以减少部件数量，还有助于实现发电装置的轻量化。

2. ［ENE-FARM］燃料电池系统主要装置

（1）燃料前置处理装置。城市煤气或 LP 燃气经过脱硫、去除其他污染物后，通过蒸汽重整生成氢气。

（2）燃料电池发电堆。在装置内，氢气和氧气经过电化学反应生成电力和水。

（3）空气供给装置。利用送风机将空气（氧气）供给发电堆。

（4）逆变器。将发电堆生成的直流电转换成交流电，用于家庭供电。

（5）余热回收装置。将燃料电池发电堆生成的余热以温水的形式回收，用于热水供应和供暖。

（6）蓄热罐。将燃料电池发电堆发电过程中生成的余热以热水的形式储存。

（7）辅助热源。在热水量不足时，可以作为辅助热源，以防供热不足。

总之，燃料电池系统由燃料前置处理、发电堆、余热回收模块和电气等几个组成模块构成，设备轻型、紧凑，就像柜式空调机组室外机一样，安装在室外，如图 3.4-9 所示。

图 3.4-9　安装在室外的燃料电池机组

（四）家用燃料电池多种互补型能源供给系统

1. 独立住宅家用燃料电池分布式供能系统

独立住宅家用燃料电池分布式供能系统示意如图 3.4-10 所示。

燃料电池发电为家庭提供照明和家用电器用电，发电过程中产生的余热用于家庭供暖和热水供应。

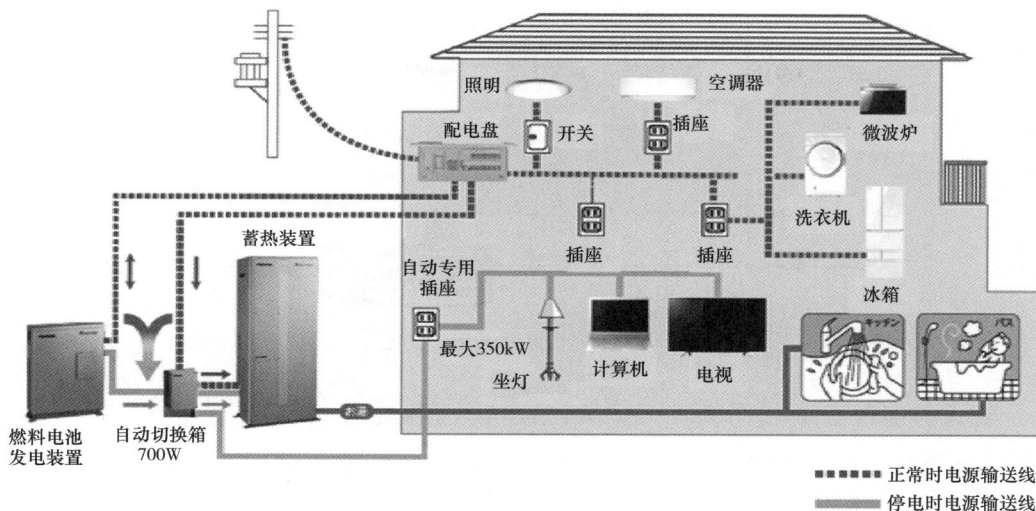

图 3.4-10 独立住宅家用燃料电池分布式供能系统示意图

注 1. ［ENE-FAM］不发电时，或燃气供给停止时，不是自动运行。

2. 节省电力型的产品，消耗电力为 300W 以下（大致）时，自动切换箱切换为 700W 型。

2. 燃料电池和太阳光伏联合发电 ［ENE-FARM］ 燃料电池系统

家用燃料电池和太阳光伏联合发电系统示意如图 3.4-11 所示。

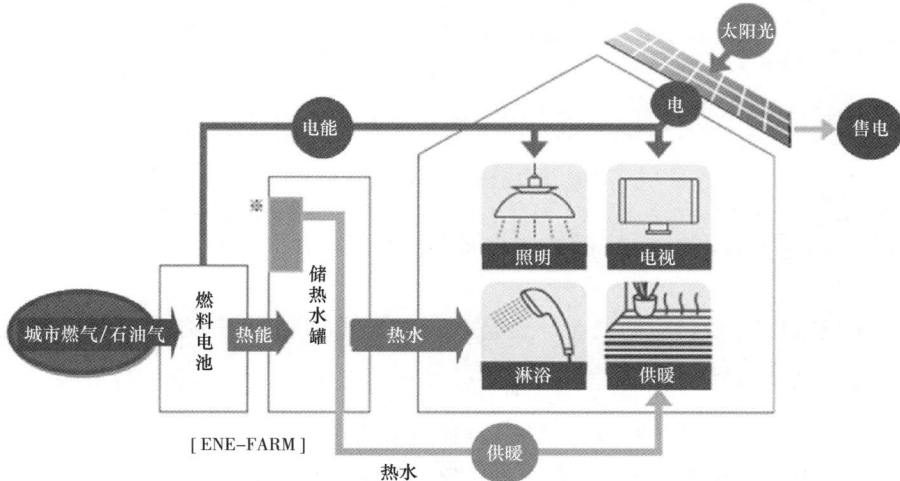

图 3.4-11 家用燃料电池和太阳光伏联合发电系统示意图

这种燃料电池和太阳光发电相结合的"双发电系统"无需受天气影响，在昼夜连续运行，增加售电量，提高经济效益。燃料电池和太阳光伏联合发电时的发电量和售电量示意如图 3.4-12 所示。

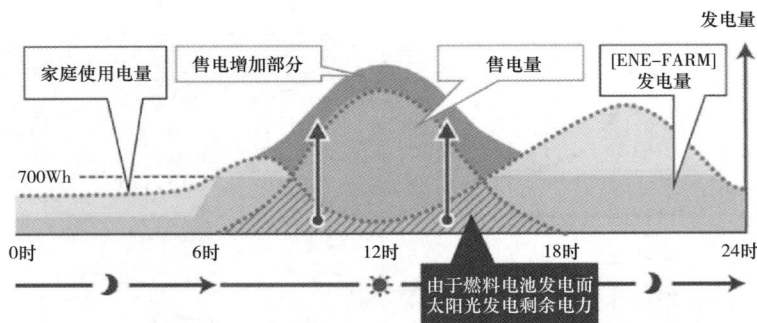

图 3.4-12 燃料电池和太阳光伏联合发电时的发电量和售电量示意图

3. 多种能源互补性 ［ENE-FARM］ 燃料电池系统

多种能源互补性［ENE-FARM］设备组成如图 3.4-13 所示。

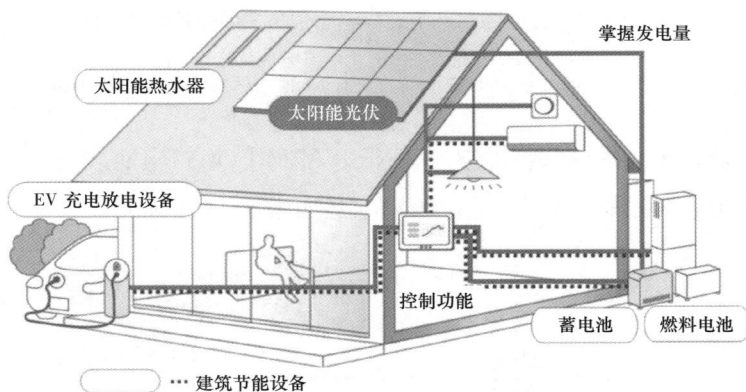

图 3.4-13 多种能源互补性 ［ENE-FARM］ 设备组成图

注 资料来自日本经济产业省资源能源厅 2022 年 4 月 22 出版《可再生能源及新能源》"あらためて知る「燃料電池」~私にもできるカーボンニュートラルへの貢献（前編）"。

为了实现家用能源利用的安全、经济和舒适，可以利用多种能源互补系统。现在家庭能源包括网电、燃气和太阳光伏等。可以利用城市燃气供暖和热水供应（包括浴室、淋浴、厨房等），利用网电提供照明、家用电器和热水供应。

［ENE-FARM］燃料电池系统利用城市燃气发电，同时利用发电过程中的余热供应热水。当［ENE-FARM］燃料电池系统的热水供应不足时，可以利用辅助热源（燃气）满足家庭热水供应需求，并可以利用热水储罐补充热水供应峰值负荷。当燃料电池系统的发电容量不足时，可以利用网电供电。［ENE-FARM］的用电负荷较小，特别是深夜时段，可以停止燃料电池系统，利用廉价的谷电。此外，还可以利用光伏发电减少购电，另外，可以利用蓄电池，多余的电力（光伏发电）充电在蓄电池，补充不

足电力，或网电停止时，作为启动电力。

多种能源互补性［ENE-FARM］燃料电池系统示意如图 3.4-14 所示。

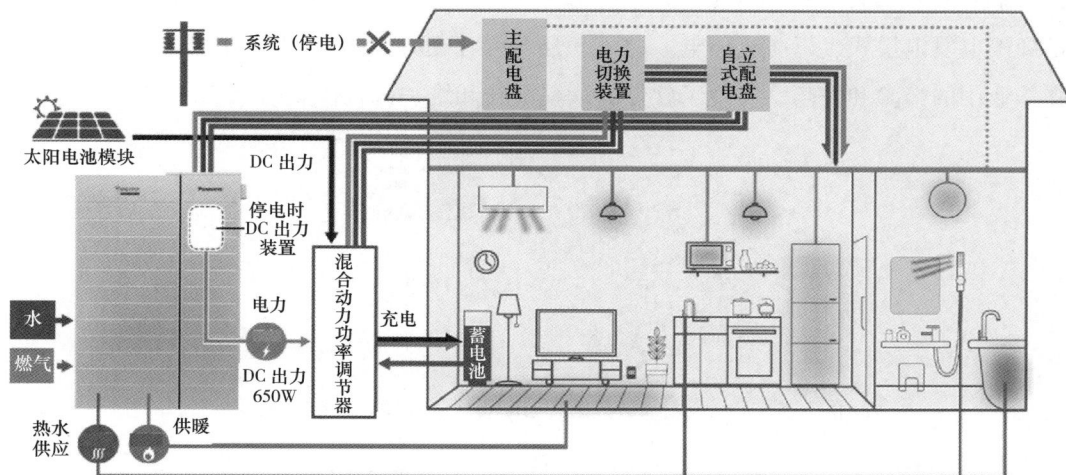

图 3.4-14 多种能源互补性 ［ENE-FARM］ 燃料电池系统示意图

［ENE-FARM］燃料电池系统停电时运行示意如图 3.4-15 所示。

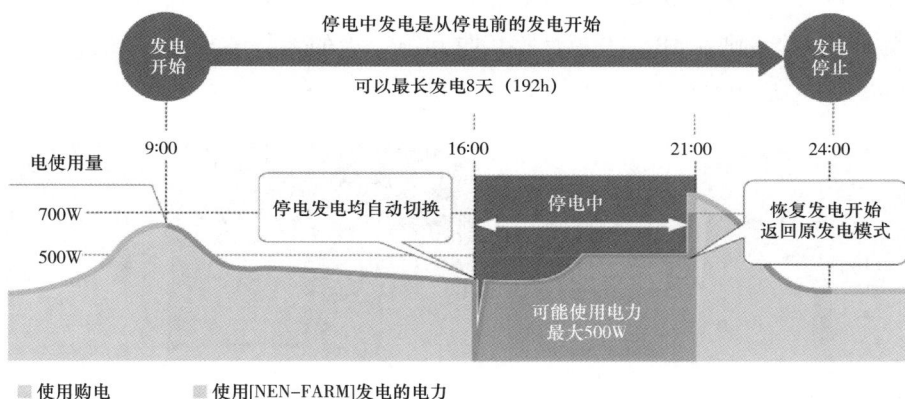

图 3.4-15 ［ENE-FARM］ 燃料电池系统停电时运行示意图

4. ［ENE-FARM］ 最新功能

2021 年 4 月 1 日起，松下电器将推出一款住宅用新产品，名为［ENE-FARM］，它是一种搭载网络单元系统 LPWA（low power wide area）的具有通信功能的燃料电池热电联产系统。该产品使用云端连接和 Weather News 公司提供的"停电风险预测 API"等气象数据，提高了适应能力和维修检查作业的效率化。这是面向住宅用户推出的第 7 代产品。

松下电器与 Weather News 的合作，首次将获取气象数据并自动进行最佳发电功能（如图 3.4-16 所示）应用于该行业。除了使用 Weather News 提供的"1km 网格天气预报"制定日常运行计划和发电，同时在接收到"停电危险预测 API"时，还会自动切换到停电发电模式，以防止停电。此外，还安装了远程维护功能，使用施工和维修检查作业中的经验和技巧，实现了软件的远程更新和维护检查作业的效率化。

图 3.4-16　获取气象数据并自动进行最佳发电功能示意图

［ENE-FARM］还配备了 Weather News 的"天气联动"功能系统，根据天气预报进行运行。在预测天气晴朗且太阳能发电量较大的时间段，将停止发电，以便住宅用户优先使用太阳能发电，并支持自家消费，实现双向发电。

另外，新增了以太阳能发电为优先的新功能"太阳能联动"。如果将"天气联动设定"设为"接通"，则在 18：00 以后将接收到第二天的天气预报，并根据预报制定发电计划。天气联动 LPWA 系统的运行示意如图 3.4-17 所示。

白天停止「ENE-FARM」使用太阳光伏发的电力　　　　夜间运行「ENE-FARM」使用燃料电池发的电力

图 3.4-17　天气联动 LPWA 系统的运行示意图

根据预报的天气，可以通过"输入（晴）"或"输入（阴）"设定停止发电的条件。未设置的天气条件下，将继续发电（实际发电时间因家庭用电和热水使用量而有所不同）。如果在 18：00 之前将"天气联动设定"设为"接通"，则从第二天开始就可以使用天气联动。此外，当超过 18：00 并设定为"输入"时，次日及以后也开始使用天气联动。天气联动的时间段会根据白天时间的变化和月份自动调整。跟天气联动 LPWA 系统的运行示意图如图 3.4-18 所示。

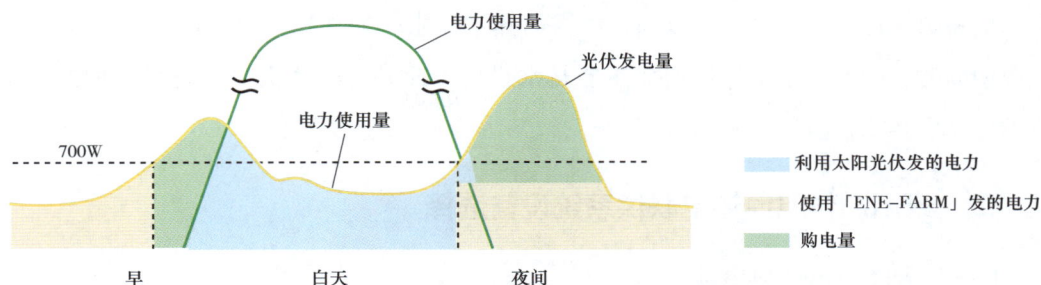

图 3.4-18 跟天气联动 LPWA 系统的运行示意图

（1）首次实现了根据获取的气象数据自动调整发电模式。收到 Weather News 提供的 WxTech®（Weather Tech）服务的"停电风险预测 API"后，系统将自动切换到待机模式"停电准备发电"以应对停电情况。一旦发生停电，系统将持续停电、发电，直到停电结束后恢复正常运行。

Weather News 的预测模型可以预测每个 5km 网格区域发生停电的风险。这一"停电风险预测"信息将被发送到松下云服务器并转发给相应区域的 [ENE-FARM]，触发"停电准备发电"的切换信号。

另外，还装载了每天 18：00 接收 Weather News 提供的 1km 网格天气预报，第二天 04：00 根据天气预报自动制定当天驾驶计划的"天气联动"。在同时使用 [ENE-FARM] 和太阳能发电的住宅中，可以充分利用太阳能发电，如晴天时的太阳能发电和夜间的 [ENE-FARM] 发电，为实现家庭能源自给做出贡献。

（2）搭载 LPWA，实现全部云连接以提高可用性。[ENE-FARM] 搭载了能定期检查故障和发电时间的设备。迄今为止，在确认实际设备之前，无法准确了解状况。随着 [ENE-FARM] 的普及，维护检查作业的效率成为重要课题。本产品搭载了适应 LPWA 通信功能的 [ENE-FARM]，实现了全部云连接，可实时了解各设备的运行状况。

通过多年积累的经验，安装了维护检查所需的数据获取和数据处理，将现场作业控制在最低限度的远程操作中，提高了可用性。还计划提供智能手机专用应用程序，以随时利用云连接，通过图表和数字显示发电状况，并帮助远程操作设备等 [ENE-FARM]。

（3）即使气体供给被切断，[ENE-FARM] 也可以利用热水供应。以往的 [ENE-FARM] 存在气体供给被切断时热水供给停止的问题。根据自然灾害分析，停电事故约占 90%，而供气引起的事故仅占 2% 左右。在这样的背景下，家用燃料电池可以在自然灾害或大电网停电时供电和供热。

为了满足气体供给被切断的情况，新增了每天一次的加热器热水供给功能。该加热器会将热水储存在浴缸中，以满足洗浴的热水需求。当［ENE-FARM］检测到煤气供应中断时，会指示手动切换到加热器热水供应。此外，气体供给恢复后，加热器会自动停止供热水，恢复通常运行。

二、家用燃料电池热电联供系统设备选择

（一）选择家用燃料电池容量

比较家用燃料电池的小容量和大容量，小容量可以持续运行，而大容量则是间歇运行。

由于家用燃料电池主要满足热需求，因此可以遵循"以热定电"的原则，电力不足时可以购买来自电网的电力，因为电网的电力更便宜。此外，燃料电池连续运行对设备有利，频繁启停次数会影响设备寿命。根据比较结果，现在日本家用燃料电池额定容量定为 700~750W。大小容量燃料电池机组运行分析见表 3.4-1。

表 3.4-1　　　　　　　　大小容量燃料电池机组运行分析

序号	项目	运行方式		
		小容量机组运行	中等容量机组运行	大容量机组运行
1	额定出力	500W	1000W	1500W
2	技术课题	连续运行（超长寿命设计），小容量高效率化	DDS 运行日常启停运行（变负荷运行）	DDS 运行日常启停运行（降低成本）
3	削峰效果	几乎无	中等	大
4	售电网	少许	原则上无	必须
5	节能运行	△（用返送峰值电制热水）	○（低出力运行时效率略降低）	◎（可以额定负荷运行）

通过比较可以发现，容量在 1000W 左右的燃料电池基本上不需要售电，不足部分可以通过购买电力来弥补，这样经济效益最佳。松下电器估算的一般家庭用电量如图 3.4-19 所示。

家庭一天电力使用量实例如图 3.4-20 所示。电价便宜时段 24：00~9：00 可以不发电使用网购电力。

例如，即使发生灾害导致停电，只要不停止供应燃气，［ENE-FARM］就可以继续供应电力和热量。只要有［ENE-FARM］供应的电力，冰箱、电视、手机充电等就可以使用，而且，如果自来水供应不中断，还可以洗个淋浴或浴盆泡澡。

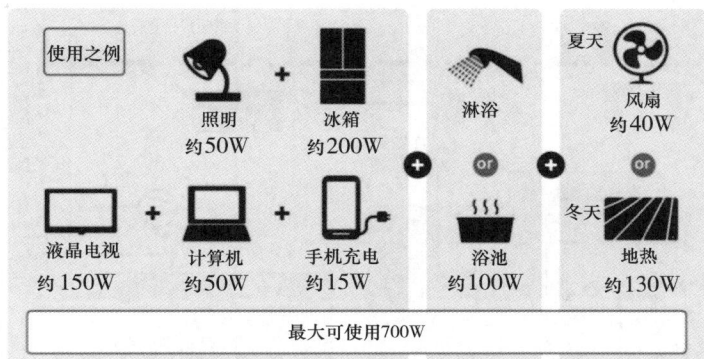

图 3.4-19　松下电器估算的一般家庭用电量

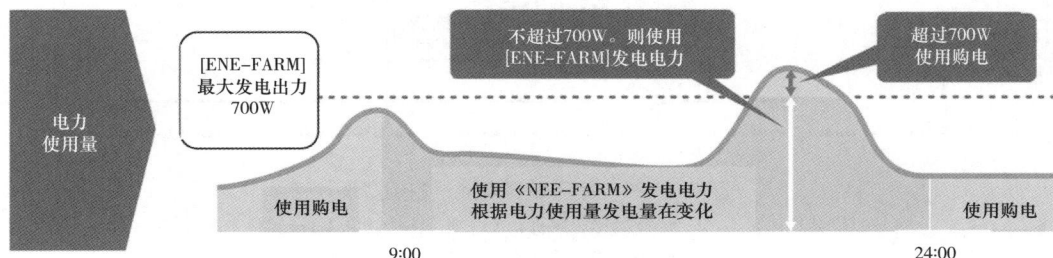

图 3.4-20　家庭一天电力使用量实例

（二）家用燃料电池设备组成

家用燃料电池设备组成如图 3.4-21 所示。家用燃料电池设备主要由四大部分组成，燃料前置处理（燃料重整）装置、燃料电池装置、余热回收储藏装置及其电气系统（逆变器）。另外，还有空气及燃烧器送风机，利用余热、发电堆冷却、重整用冷热水泵。

（三）燃料电池辅机

家用燃料电池主要辅机为风机、泵类。风机类有燃烧器送风机、重整器送风机、发电堆阴极送风机，水泵类有重整器水泵、发电堆冷却水泵、余热回收水泵。

1. 技术要求

（1）电力消耗低。辅机需要电力驱动，为了提高发电效率，尽量减少电力消耗。

（2）运行调节范围大。燃料电池根据家用电力负荷的变化，发电量也随着改变，因此辅机负荷调节范围为 20%~100%。

（3）运行寿命长。根据燃料电池的技术发展，燃料电池的运行时间为 10 年，或运行时间可定为 8 万~9 万 h。因此，辅机寿命也应达到 9 万 h 以上。

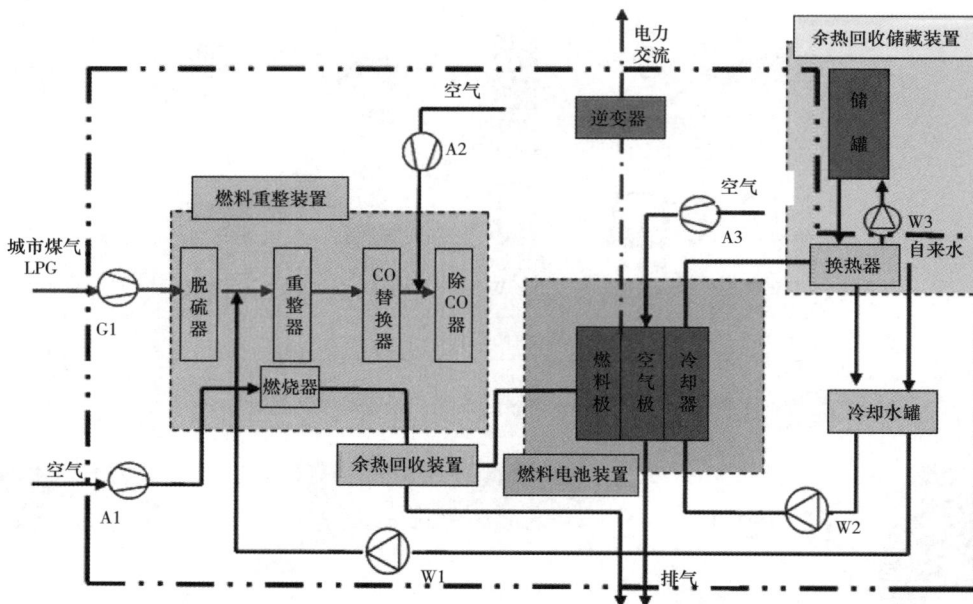

图 3.4-21　家用燃料电池设备组成图

A1—燃烧器送风机；A2—选择氧化送风机；A3—阴极送风机；G1—燃料升压风机；

W1—重整器水泵；W2 冷却水泵；W3—余热回收水泵

（4）环境友好。家用燃料电池与家电设备类似，因此辅机应追求低噪声、低振动。

（5）成本低。现在燃料电池使用高质量、特殊性能的辅机，其价格在整个系统成本中所占比例较大。为了降低燃料电池的成本，必然选择较低价格的辅机。

（6）小型化和模块化。由于燃料电池本身是小型化和模块化的机组，辅机也应更加小型化和模块化。

2. 辅机设备规范

（1）风机类设备规范见表 3.4-2。

表 3.4-2　　　　　　　　　　　　　风机类设备规范

项目		单位	设备名称			
			燃烧器送风机（A1）	重整器送风机（A2）	阴极送风机（A3）	燃料升压风机（G1）
使用条件	使用场所	—	燃料重整器	燃料重整器	发电堆	燃料重整器
	用途	—	燃烧器送风	跟重整产生的 CO 发生氧化反应，从而减少 CO 量	升压空气输入发电堆	升压燃料输入重整器

续表

项目		单位	设备名称			
			燃烧器送风机（A1）	重整器送风机（A2）	阴极送风机（A3）	燃料升压风机（G1）
流体条件	温度	℃	60	60	60	60
	压力	kPa	5	20	15	20
额定负荷	温度	℃	40	40	40	20
	风压	kPa	3	10	12	15
	流量	L/min	20	1.5	51	4
最大流量	风压	kPa	5	12	14	20
	流量	L/min	25	1.5	60	5
最小流量	风压	kPa	0.2	3	2	5
	流量	L/min	6	0.1	10	0.4
电力及其信号	动力电压	V	24+10%	24+10%	24+10%	24+10%
	直交流	—	DC	DC	DC	DC
	控制电压	V	1~5	1~5	1~5	1~5
目标电耗		W	5	2	30	30
寿命		$\times 10^4$ h	4~8	4~8	4~8	4~8
目标噪声		dB（A）	<40	<40	<40	<40

（2）水泵类设备规范见表 3.4-3。

表 3.4-3　　　　　　　　　　水泵类设备规范

项目		单位	设备名称		
			重整器水泵（W1）	冷却水泵（W2）	余热回收泵（W3）
使用条件	使用场所	—	燃料重整器	燃料电池发电堆	热水罐
	用途	—	制备蒸汽送入重整器	发电堆冷却水循环	从发电堆及重整器回收余热

项目		单位	设备名称		
			重整器水泵（W1）	冷却水泵（W2）	余热回收泵（W3）
流体条件	温度	℃	80	80	80
	压力	kPa	150	100	600
额定负荷	温度	℃	70	75	70
	扬程	kPa	40	30	20
	流量	L/min	0.010	4	0.5
最大流量	扬程	kPa	50	50	70
	流量	L/min	0.017	5	1.2
最小流量	风压	kPa	10	1	—
	流量	L/min	0.04	0.3	0.03
电力及其信号	动力电压	V	24+10%	24+10%	24+10%
	直交流	—	DC	DC	DC
	控制电压	V	1~5	1~5	1~5
目标电耗		W	3	8	3
寿命		$\times 10^4$h	4~8	4~8	4~8
目标噪声		dB（A）	<40	<40	<40

三、家用燃料电池制造商及其产品

（一）日本家庭用燃料电池

日本为了研究和开发家用燃料电池，经历了 20 多年的时间。家用燃料电池的开发始于 1990 年，当时三洋电机开发了 250W 移动磷酸性燃料电池（PAFC）系统，该系统利用搭载吸藏金属罐的燃料电池和搭载氢气瓶的 1kW 质子交换膜燃料电池（PEFC）系统作为移动电源。松下电工也开发了利用沼气为燃料的 250W 质子交换膜燃料电池（PEFC）系统作为移动电源。

从 1990 年后半年开始，主要以几家电气公司为中心推进了家用燃料电池系统柜机化，其中包括三洋电机、松下电工和东芝等公司。

自 1999 年开始，以 NEDO 协助项目进行实证工作，以燃气公司为中心，实施了柜机系统的运行评估。其中包括东京煤气公司、松下电器、大阪煤气公司和东邦煤气公司等联合进行验证工作。

这样，质子交换膜燃料电池（PEFC）的［ENE-FARM］成功地进入市场。在 2005—2009 年期间，进行了约 3300 台 1kW 质子交换膜燃料电池（PEFC）系统的大规模实证研究工作。通过这些实证研究，总结出的实测数据分析提出了进一步开发研究燃料电池的课题。

固体氧化物燃料电池（SOFC）的［ENE-FARM］也在 2007—2010 年期间进行了约 233 台的实证研究工作。

最终，在 2010 年，世界首次实现了［ENE-FARM］的真正商业化。

由于日本政府大力推广家用燃料电池分布式供能系统，截至 2022 年，家用燃料电池的普及数量已经超过 45 万台，分别为 2014 年 10 万台，2015 年 15.4 万台，2016 年 19.5 万台，2017 年 23.0 万台和 2018 年 27.4 万台。计划到 2030 年，燃料电池供能系统的家庭普及率目标为 10%，即 530 万台。

日本的家用燃料电池制造商众多，包括松下电气、荏原、东京煤气、京瓷、新日本石油、东芝、索尼、日立、三洋、爱信和大阪煤气等数十家。这些制造商的发电能力基本在 700~1000W 之间，发电效率为 39%~46%。接下来将简要介绍几个主要厂家的产品。

（二）质子交换膜燃料电池

1. 东芝 ［ENE-FARM］

东芝公司自 2009 年开始销售家用燃料电池［ENE-FARM］，整机及发电堆的累计生产量已超过 8 万台。2014 年，他们开发了 700W 纯氢燃料电池，通过改进燃料电池材料提高了燃料特性和电压特性，发电效率达到了 55%，实现了二氧化碳零排放。这款燃料电池能在 2min 内启动，综合效率达到 95%，运行小时也提高到了 8 万 h。

2016 年型的［ENE-FARM］尺寸更小，可以在 1.2m^2 的空间中布置；发电效率更高，综合效率达到 95%，运行噪声最低；具有较长的寿命，发电堆可以运行 8 万 h，可使用 10 年；可以使用城市煤气和液化石油气（LPG）两种燃料。表 3.4-4 展示东芝［ENE-FARM］（寒冷地区型）性能规范。

表 3.4-4   东芝［ENE-FARM］（寒冷地区型）性能规范

外形图	［ENE-FARM］（寒冷地区型）性能规范			
	序号	项目	单位	主要性能
电池机组　　热水储罐	1	发电出力	W	250~700
	2	发电效率	%	38.5（LHV）
	3	供热效率	%	56.5（LHV）
	4	综合效率	%	95.0（LHV）
	5	燃料耗量	kW	1.85（LHV）
	6	电压出力	V（AC）	100~200
	7	蓄热罐容量	L	200
	8	外形尺寸	mm	燃料电池：宽×高×厚（780×1059×343）；蓄热罐：宽×高×厚（750×1760×440）
	9	质量（净重）	kg	燃料电池：106；蓄热罐：92
	10	噪声	dB（A）	≥35

2. 索尼［ENE-FARM］

索尼家用燃料电池 2019 年新款产品提高了发电效率及回收余热效率，能源利用效率达到了 97%，实现了迄今为止最好的舒适和节能效果。另外，搭载了停电时自动运行、多种能源（燃气、光伏等）互补、蓄电功能。索尼［ENE-FARM］燃料电池性能规范见表 3.4-5。

表 3.4-5   索尼［ENE-FARM］燃料电池性能规范

外形图	燃料电池发电机组			
	序号	名称	单位	主要参数
热水罐　　电池机组	1	额定发电出力	W	700（200~700）
	2	额定热出力	W	998（247~998）
	3	燃料处理方式	—	蒸汽重整
	4	出力电压	V	100/200（50Hz/60Hz）单相3线
	5	额定发电效率	%	40.0/36.1（LHV/HHV）
	6	额定供热效率	%	57.0/51.5（LHV/HHV）

外形图	燃料电池发电机组			
	序号	名称	单位	主要参数
	7	额定综合效率	%	97.0/87.6（LHV/HHV）
	8	额定燃料耗量	kW	1.9/1.8（LHV/HHV）
	9	外形尺寸	mm	宽×高×厚（400×1650×350）
	10	质量	kg	净重（59）、运行重（64）
	11	噪声	dB（A）	37

（三）固体氧化物燃料电池

1. 京瓷、东京煤气 ［ENE-FARM］

京瓷、东京煤气［ENE-FARM］特点是尺寸最小。京瓷、东京煤气［ENE-FARM］燃料电池性能规范见表3.4-6。

表 3.4-6　　京瓷、东京煤气［ENE-FARM］燃料电池性能规范

外形图	燃料电池发电机组				
	序号	名称		单位	主要参数
	1	额定发电出力		W	400
	2	燃料处理方式		—	蒸汽重整
	3	出力电压		V	100/200（50Hz/60Hz） 单相3线
	4	额定发电效率		%	47.0/42.0（LHV/HHV）
	5	额定综合效率		%	80.0/72.0（LHV/HHV）
	6	外形尺寸	燃料电池	mm	宽×高×厚（800×700×350）
			热水储罐	mm	宽×高×厚（480×750×250）
	7	水罐容积		L	20
	8	质量	燃料电池净重	kg	80
			热水储罐净重	kg	42

热水罐　　电池机组

2. 爱信 ［ENE-FARM］

［ENE-FARM］S 型商品机的 SOFC 发电装置和余热利用热水供应供暖机组的主要性能如表 3.4-7 所示。

表 3.4-7 ［ENE-FARM］S 型商品机主要性能表

燃料电池				储水罐			
序号	项目	单位	制造厂爱信	序号	项目	单位	长府制作所
1	发电出力	W	50~700	1	储罐容量	L	90
2	额定发电效率	%	46.5（LHV）、42.0（HHV）	2	热水温度	℃	70
3	额定综合效率	%	90.0（LHV）、81.2（HHV）	3	热水供应能力	kW	41.9
4	运行方式		电力负荷追纵控制	4	供暖能力	kW	17.4
5	定期检修周期	年	3.5	5	厨房能力	kW	12
6	外形尺寸	mm	长×宽×高（935×600×335）	6	外形尺寸	mm	长×宽×高（1760×740×310）
7	质量	kg	94	7	重量	kg	94

冬季热需求大多场合超过 SOFC 的热回收量，因此增加了余热利用供暖装置的热水器运行率。为了追求节能，余热利用供暖装置内设置了热水供应，采用了潜热回收性的家用热水器。

根据估算，对于一个四口之家的标准户型，通过引入该系统，每年可以减少 1.9t 二氧化碳的排放量，并节省 76000 日元的光热费用。

四、家用燃料电系统降低投资及运行成本的措施

（一）倾注于系统小型化和简单化

倾注于系统小型化和简单化，以降低设备价格，并开发研究发电堆的高效率技术，同时研究发电堆结构和辅助部件的小型化和简化。

为了真正普及家用燃料电池，在现有建筑、集中住宅、寒冷地区、LP 燃气等方面开拓不同形式的市场，并推出容易使用且小型化的产品系列，特别是开发和投入市场适用于集中住宅和寒冷地区的性能产品，同时努力开发设备低成本的脱硫装置，并致力于扩大销售网络。

在施工安装方面，随着设备的小型化，力求简化基础，节省材料和施工费用，以

方便施工和运行。还需要探讨修订电气工程的规程规范。

根据［ENE-FARM］燃料电池的真正普及，建立全国联合协调机制，包括燃气供应部门、制造商、房屋建设单位和房屋管理部门等相关单位。

（二）降低制造成本的措施

1. 设备制造成本

（1）发电堆。

1）减少发电单元数量。改进和简化发电单元结构，提高每个单元的效率。

2）改进发电单元材料。利用新技术减少双极分离板和电解质的使用量，采用低成本材料，并根据新规范采用高性能发电堆。

3）减少使用的催化剂量。采用新开发的催化剂，减少白金的使用量，提高催化剂的活性。

4）增加发电堆供应商，尤其是 SOFC 燃料电池发电堆供应厂家，通过技术开发，增加供应厂家的数量，提高竞争能力，降低投资成本。

（2）辅助结构部件。

1）减少部件数量。改变基本设计，通过减少辅助部件的数量、合并和与邻近部件一体化，改变脱硫方式等措施，减少部件的数量。

2）采用低成本辅机。采用新材料、新方法、新结构以及新的供应方式来降低投资成本。

3）增加辅机部件及材料的供应商，包括采用新型的交易和供应模式。

（3）燃料前置处理器的改进。

重整器和热模型的简化——减少焊接点，改进框体结构和焊接工艺。

（4）蓄热水罐。

1）将蓄热水罐与燃料电池本体之间的通信标准化——通过通信方式的标准化，可以采用多家公司的蓄热水罐。

2）改进并简化蓄热水罐的性能数据。尽量实现蓄热水罐与燃料电池装置的一体化。

（5）控制。

简化控制盘——通过 IC 开发等方式，使控制盘变得更小型化，减少层次。

2. 设备及其他

（1）维修。

1）免更换、定期更换部件——减少维修次数，实现部件的免维护和更换。

2）利用网络提高工作效率——通过网络实现远程监视和管理，实现事前诊断，减少回访次数，从而削减人力成本。

（2）生产工艺。进一步改善生产工艺，引进自动化设备，提高成品合格率。

（三）修订有关标准规范

为了推广燃料电池的广泛应用，首先需要实现燃料电池及其系统的紧凑化和简化。一般家庭不需要特殊的技术水平，就像使用家用电器一样方便，并且易于运行和管理。根据这种情况，一方面需要将燃料电池系统实现家用电器化，另一方面需要修订过去有关电气等方面的规定、规范和标准。

因此，对于家用燃料电池系统来说，小型化、轻量化、柜式化和长寿命化是非常重要的。只有在这些基础上才能制定相关的规定、规范和标准。

按照常规，家庭发电并使用电是不可能的概念。在一般家庭使用燃料电池方面，实际上存在着较高的壁垒。例如，在家庭中安装燃料电池并进行运行管理，就像大型发电厂一样，需要由具备常驻电气主任工程师资格的人员负责。此外，所谓的《氮气清洗义务》技术规定，指的是利用氮气替换燃料前处理装置中剩余的一氧化碳等其他气体，这是针对商用磷酸性燃料电池等大型燃料电池的前提规定。这种规定并不适用于家用燃料电池。为了解决这些问题，制造厂、煤气公司、能源公司等几家单位通过技术专家的调查研究、反复论证和评审，认定家用质子交换膜燃料电池等系统不需要使用氮气替换系统等规定。

日本修订的规范规定前后的变化如图3.4-22所示。

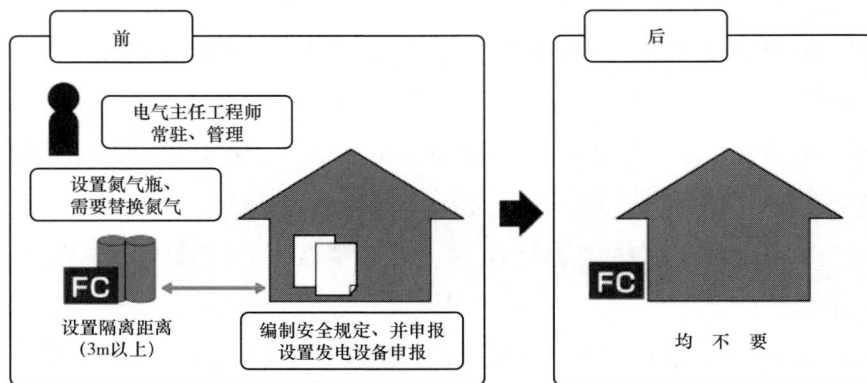

图3.4-22 日本修订的规范规定前后的变化图

随着家用燃料电池的普及和扩大应用，为了降低成本，更适用于住宅的比例（占

40%住宅小区）、适用于占总需求 40%的液化石油气（LPG），以及热需求较高的欧洲等地区是更重要的目标，因为燃气价格比电力价格更便宜。从多样化燃料的角度出发，需要在未来面向低碳化燃气的视角下进行开发，扩大家用燃料电池在灾害期间有效利用的可能性。目前，大部分家用燃料电池利用重整城市煤气或 LPG 生成氢气发电，但直接使用纯氢气作为燃料的聚合物电解质燃料电池（PEFC），无需重整装置，可以大幅降低成本。随着燃料电池汽车加氢站和市区限制的氢气输送管网基础设施的建设，扩大纯氢型家用燃料电池的应用非常重要，以降低成本。

第五节　商用燃料电池分布式供能系统

一、商用燃料电池分布式供能系统

（一）商用燃料电池分类

现在商用（工业用）燃料电池主要包括质子交换膜燃料电池、磷酸性燃料电池、熔融碳酸盐燃料电池和固体氧化物燃料电池。根据电力和热力需求，以及输出容量、燃料电池发电堆和燃气轮机混合动力系统等因素的不同，燃料电池及其系统通常可以根据容量和大小进行如下分类。

（1）质子交换膜燃料电池的发电容量通常在 0.2~5kW 之间。

（2）磷酸性燃料电池的发电容量通常在 100~450kW 之间。

（3）熔融碳酸盐燃料电池的发电容量通常在 100、300kW 和 2.8、3MW 之间。

（4）固体氧化物燃料电池的发电容量通常在 200、250kW 和 1、2MW 等之间。

电池的容量可分为小容量几千瓦级、中等容量定置用几十千瓦级、几百千瓦级；中等容量混合动力用（商用、工业用）几百千瓦级、几兆瓦级和几百兆瓦级大型联合循环系统（商用、自家发电用）。

其中，质子交换膜型燃料电池、磷酸性燃料电池和熔融碳酸盐燃料电池已经实现了商用化，固体氧化物燃料电池已经开始商业化。

关于商用、产业用燃料电池，与竞争产品的燃气发动机等相比，在初期投资和应用方面优势尚不如燃气发动机等，因此需要进一步提高经济性。从扩大对具有较高潜力的潜在用户的引入开始，同时致力于降低价格以实现更广泛的普及和扩大使用的方案。

（二）质子交换膜型燃料电池供能系统

1. 质子交换膜型燃料电池概述

质子交换膜型燃料电池（PEFC）是应用于商用、家用热电联供等领域最为重要的燃料电池之一。它主要因为运行温度低、电解质薄、尺寸小等优点而无与伦比。由于质子交换膜型燃料电池（PEFC）的运行温度低，电极上使用白金催化剂，因此在电池运行过程中，应充分降低 CO 浓度。

天然气等燃料气体通过风机提高压力，并在脱硫后与蒸汽混合进入重整器，在阴极排气中作为重整器的热源。此外，还有通过混合燃烧供应完全燃烧所需的空气来进行自热处理的方式。然而，从发电效率角度考虑，蒸汽重整更有利，微量空气送入到除 CO 器，进行选择性氧化，实际上在这过程中一部分氢气也被氧化，出口 CO 浓度不超过 $10\mu L/L$（10ppm）就可以。

燃料气体从除一氧化碳（CO）器出来后，供给阳极。然而，有时也会向阳极供给少量空气，以减少 CO 对燃料气体的危害。在阳极排气中剩下的可燃成分，如 CH_4、H_2 和 CO，会在重整器的燃烧器中被燃烧成为热源。

质子交换膜型燃料电池系统示意如图 3.5-1 所示。

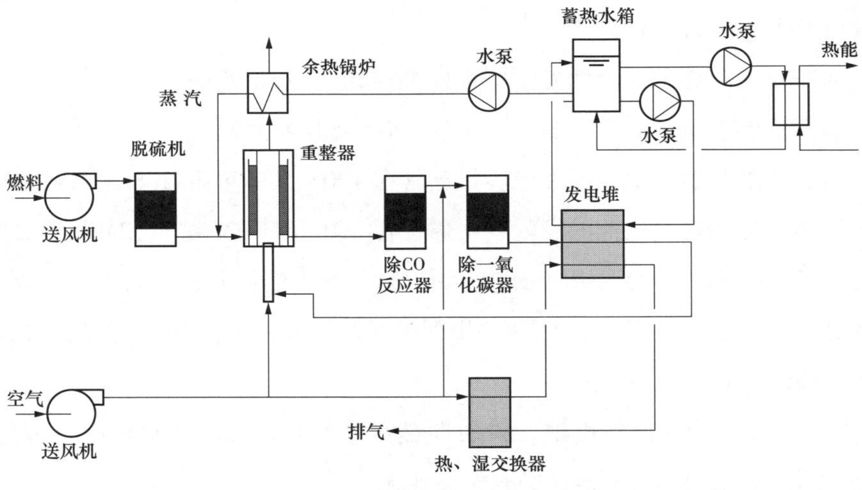

图 3.5-1　质子交换膜型燃料电池系统示意图

注 资料来自日本上松宏吉著，本间�也鑑《燃料電池発電システムと熱計算》。

送风机将空气供给重整器的燃烧和阴极的发电反应使用，为阴极供给空气以进行预热和加湿，回收加湿过程中产生的热能和水分，用于热水加热。发电堆发电反应会产生热量，通过换热器冷却并回收。为了方便起见，可以直接使用水冷却发电堆，有时还会使用防冻液以防止冻结。

2. 发电效率

质子交换膜型燃料电池（PEFC）的供电端 LHV 标准发电效率为 30%～40%。发电效率低的主要原因是由于运行温度较低。发电堆的运行温度为 60%～70%，在发电反应中产生的热量既不能用于重整器，也无法被利用。因此，阳极排气中应保留用于重整的蒸汽，并需要燃烧部分燃料。在发电反应中，实际使用于发电反应的氢气与供给阳极的氢气之比称为燃料利用率。该系统的最大燃料利用率主要取决于重整器，从而决定所需燃料量的多少。

尽管自热式方式较为便捷，但由于需要燃烧部分燃料，发电效率会降低。此外，运行温度越低，CO 的允许浓度也越低，因此需要进行 CO 的替代反应，从而导致部分燃料的损失。

质子交换膜型燃料电池（PEFC）的低效率原因还包括电解质薄（约几十微米）、高电流密度和低电压降。一般在高达 $600mA/cm^2$ 的高密度下运行，并根据 $I-U$ 特性，电压越低，发电效率也越低。采用高电流密度的原因是为了降低发电堆的成本和缩小体积。

（三）磷酸性燃料电池供能系统

1. 磷酸性燃料电池发电系统概述

磷酸性燃料电池是技术上最成熟、商业化历史最长、发电堆寿命最长的燃料电池，已完全实现商业化阶段。磷酸性燃料电池发电系统的示意图如图 3.5-2 所示。

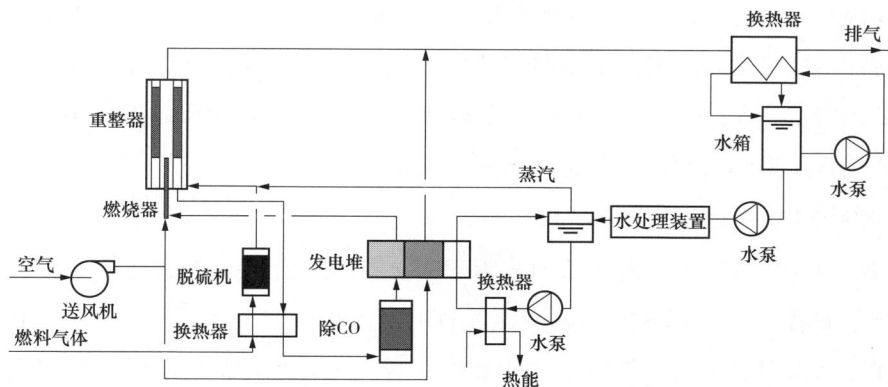

图 3.5-2 磷酸性燃料电池发电系统的示意图

注 资料来自日本上松宏吉著，本间琢也鑑《燃料電池発電システムと熱計算》。

燃料气体经过脱硫装置后，与蒸汽混合进入重整器。这时，重整反应是一个吸热反应，需要从外部提供热量。同时，燃烧器中的可燃成分会通过空气燃烧，提供给重整器所需的热量。

由于磷酸性燃料电池的运行温度约为200℃，为促进电极反应，需要使用白金催化剂。但由于一氧化碳（CO）会中毒催化剂，因此需要进行替代反应，将CO浓度降至适宜的水平。替代反应需要在300~500℃的高温替代反应器中进行，有时还会同时使用约200℃的低温反应器。在此阶段，CO浓度降低至0.1%~0.5%。与质子交换膜型燃料电池（PEFC）不同的是，磷酸性燃料电池（PAFC）由于运行温度较高，CO的允许浓度较高，因此不需要CO去除装置，反而将其作为燃料供给阳极。并非供给阳极的所有氢气都会参与发电反应。在阳极排气中剩下的可燃气体，包括CH_4、H_2、CO，在重整器中作为燃料进行燃烧。空气通过送风机提高压力，供给重整器和阴极，用于重整的热源和发电反应。各自的排气经过水冷却后，回收水和余热。

燃料电池的发电堆中的发电反应既生成电能又产生热能，因此需要冷却。在磷酸性燃料电池（PAFC）中，冷却水流入发电堆内的冷却板，利用该热量产生重整器所需的蒸汽，多余的热量通常以热水的形式回收利用。

2. 发电效率

供电端的LHV标准发电效率为40%~45%，比质子交换膜型燃料电池（PEFC）的发电效率要高得多。磷酸性燃料电池（PAFC）在200℃的运行温度下，发电反应产生的热量可以用作重整器的热源。虽然温度较低，但足以产生所需的蒸汽，使重整器无需燃料燃烧。同时，磷酸性燃料电池对CO的容忍度较高，无需更换反应物，因此也没有燃烧损失。

与高温燃料电池相比，磷酸性燃料电池的发电效率较低。因为运行温度为200℃，发电反应产生的热量无法用作重整器的热源，该系统的燃料利用率最大值取决于重整器所需的燃料量。即在供给的燃料中，重整所需的燃料不能用于发电。图3.5-3显示了一个商用常压型磷酸性燃料电池200kW系统的示例。

3. 磷酸性燃料电池实例

日本名古屋华盛顿饭店的建筑面积为7048m^2，共有十层，包含308个客房。该饭店在屋顶上安装了一个100kW的磷酸性燃料电池（如图3.5-4所示），并与电网连接供电。50℃的低温热水用于供应温水和地热供暖，90℃的高温热水用作吸收式冷热水机组的热源。自1999年开始累计运行了4万h后，于2004年3月更换了发电堆，至今运行良好。商用常压型磷酸性燃料电池200kW系统如图3.5-4所示。名古屋荣华盛顿饭店100kW磷酸燃料电池如图3.5-5所示。

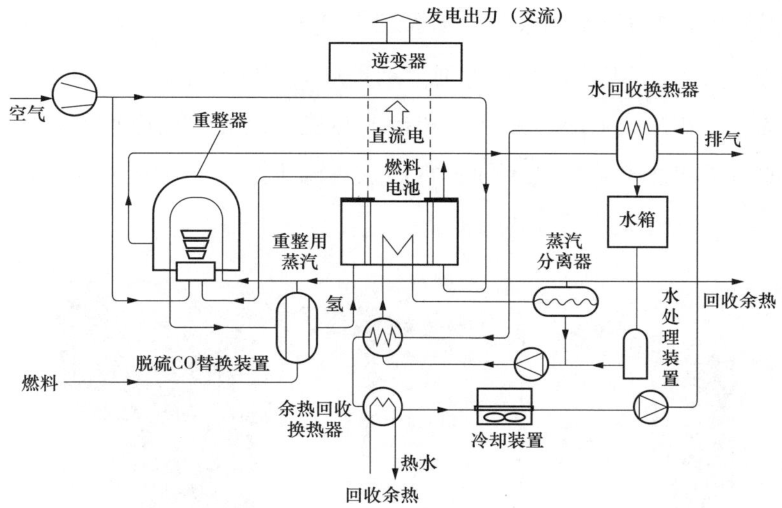

图 3.5-3 商用常压型磷酸性燃料电池 200kW 系统

注 资料来自日本上松宏吉著，本间琁也鑑《燃料電池発電システムと熱計算》。

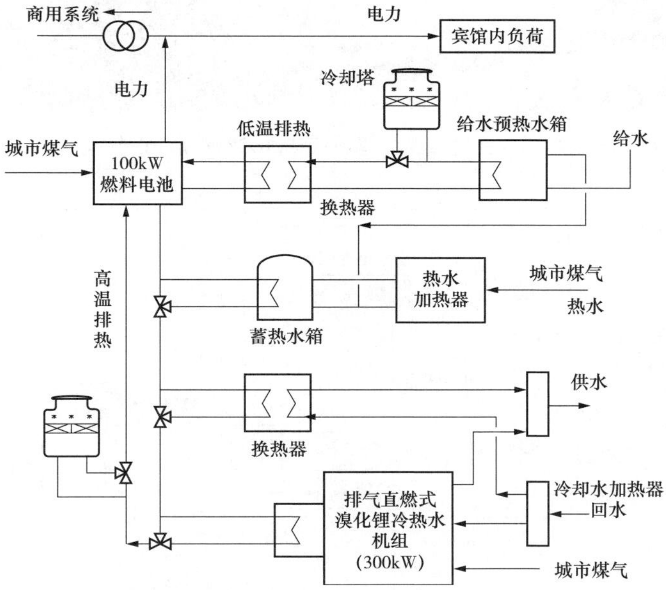

图 3.5-4 商用常压型磷酸性燃料电池 200kW 系统

（四）熔融碳酸盐燃料电池供能系统

1. 外重整型熔融碳酸盐燃料电池发电系统

外重整型熔融碳酸盐燃料电池（MCFC）发电系统的示意图如图 3.5-6 所示。燃料与蒸汽混合后，在重整器中进行重整，一般重整温度为 700~800℃，MCFC 的运行温度比 650℃ 还要高，降温后供给阴极。在阳极进行 $H_2+CO_3^{2-}=H_2O+CO_2+2e^-$ 的反应，在阴极进行 $CO_2+\frac{1}{2}O_2+2e^-=CO_3^{2-}$ 的反应，通过这种反应实现发电。为这些发电反应提供能量的燃料通常一半转换成电能，另一半转换成热能。因此，发电堆需要冷却。熔融碳酸盐燃料电池与磷酸性燃料电池不同，它们在高温下运行，不能使用水冷却，而是通过流动的气体冷却发电堆的阴极和阳极。

图 3.5-5　名古屋荣华盛顿饭店 100kW 磷酸燃料电池

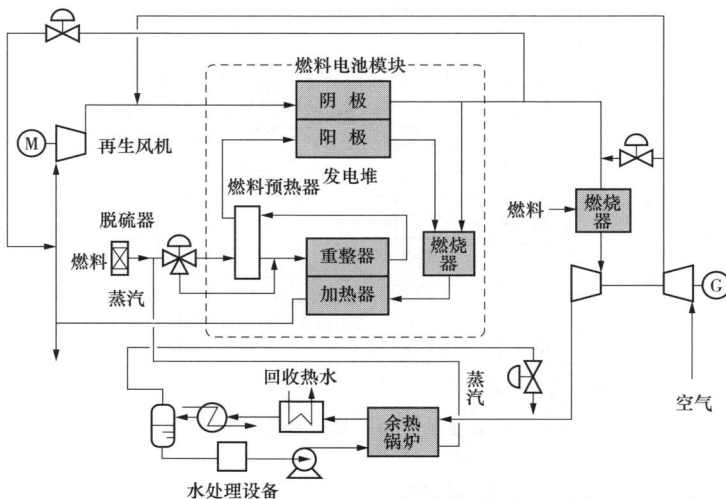

图 3.5-6　外重整型熔融碳酸盐燃料电池（MCFC）发电系统的示意图

注　资料来自日本《水素·燃料電池ハンドブック》。

阳极排气进入催化剂燃烧器，与阴极排气中的氧气发生燃烧，成为重整器的热源。利用催化剂燃烧器，氢气和氧气反应生成水，这个反应发生在阴极。从重整器排出的燃烧气体经风机再循环送回阴极。空气经涡轮压缩机压缩（类似燃气轮机），供给阴极。涡轮压缩机与发电机直接连接在一根轴上，以一定的转速运行，空气流量范围非常窄，多余的空气直接返回燃烧器，涡轮吸入阴极排气，利用该动力驱动压缩机，剩余的轴功率通过发电机产生交流电。

同时，在外重整方式中采用高压系统。通过减小加压输送管道的直径，同时提高发电堆性能（发电单元电压）等。另外，为供给加压气体的辅助设备（主要是压缩机）消耗了电能，此外还需要再循环送风机。这些辅助设备的电耗降低了整个发电系统的效率。

外重整型熔融碳酸盐 300kW 燃料电池发电系统如图 3.5-7 所示。

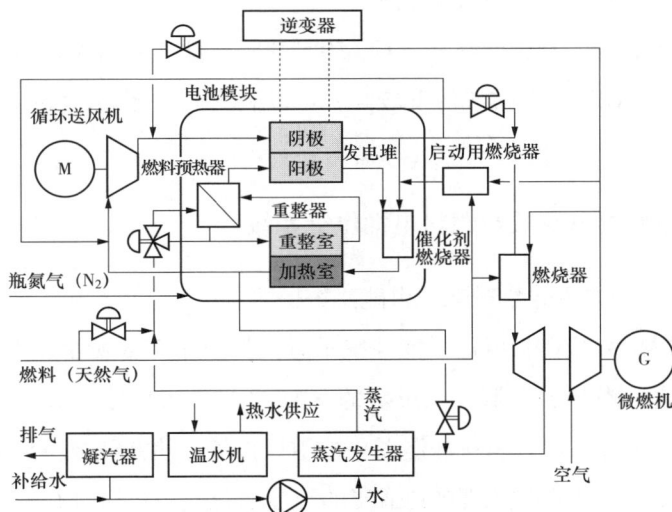

图 3.5-7　外重整型熔融碳酸盐 300kW 燃料电池发电系统图

由于涡轮排气仍然具有高温，进入余热锅炉产生蒸汽，用于重整。多余的蒸汽可以用作热能利用。

2. 发电效率

外重整型熔融碳酸盐燃料电池（MCFC）的发电效率比 PAFC 高，可达到 45%～48%，在某些条件下甚至可达到 60%。

在该系统中，阳极排气进入催化剂燃烧器，通过燃烧成为重整器的热源。重整器不仅起到燃烧作用，还使燃料升温至 700～800℃，从温度角度上来看，这可以提供重整所需的热量。由于阳极和阴极的排气以显热形式释放出发电反应产生的热量，并将其用作重整反应所需的热量，发电堆的运行温度为 650℃，而重整器的运行温度为

700~800℃，因此不能完全依靠发电堆排气产生的显热来提供所有所需热量，部分热量需要通过补充燃烧得到。通过这种方式，燃料利用率可提高到90%以上。因此，实际上燃料利用率几乎不受限制。高温型燃料电池特别是内重整型，将燃料理论利用率可以提高到100%，但实际上由于技术上、经济上的原因并不存在90%以上的燃料利用率的系统。

由许多发电单元组成的发电堆中均匀地向各发电单元供给燃料是困难的。出口燃料不可能为零。同时，为了将燃料利用率提高到一定程度，就需要进行燃料再利用。可利用的方法包括利用高温或低温再循环风机，将阳极排气返回到阳极，分离氢气和CO_2，将氢气送到阳极入口，将CO_2送到阴极入口，以及其他再循环方法。这些方法提高了发电效率，但也增加了设备投资成本。

提高发电效率的另一种方法是利用约650℃的阴极排气来回收动力进行发电。熔融碳酸盐燃料电池（MCFC）的排气温度较高，可以利用排气余热，将约10%的余热转换为电能。

（五）内重整型熔融碳酸盐燃料电池供能系统

1. 内重整型熔融碳酸盐燃料电池供能系统概要

内重整型熔融碳酸盐燃料电池供能系统示意图如图3.5-8所示。燃料（即天然气）经过脱硫处理后进入燃料加湿器，在设定的S/C比下添加水分。水经过水处理系统除去离子成分后，作为纯水注入燃料加湿器，被阴极排气加热并变成蒸汽。然后蒸汽进入前置处理器，在经过燃料过热器预热到适当的温度后供给发电堆使用。前置处理装置采用内部催化剂进行重整，利用气体的显热实现重整，由于温度较低，不需要外部加热。

正如之前所述，熔融碳酸盐燃料电池在化学反应中需要除了氢气和氧气之外，还需要二氧化碳。在阴极反应中生成的碳酸离子在电解质中移动到阳极。在阳极放出CO_2，从而发生发电反应。为了供给阴极所需的CO_2，需要将阳极排气中的可燃成分与空气一起燃烧，并将产生的CO_2重新送回至阴极，这就是再循环过程。同时，催化剂燃烧器还起到与空气预热的作用。将室温空气供给至650℃的发电堆，阴极排气通过燃料过热器和燃料加湿器将热量传递给燃料气体后，进入余热锅炉，可以以蒸汽形式回收热量。

2. 内重整型熔融碳酸盐燃料电池发电效率

内重整型熔融碳酸盐燃料电池的发电效率为40%~45%。通过增加燃气轮机和混合系统，发电效率可以提高至65%。与外重整型相比，内重整型在常压下运行时，发电

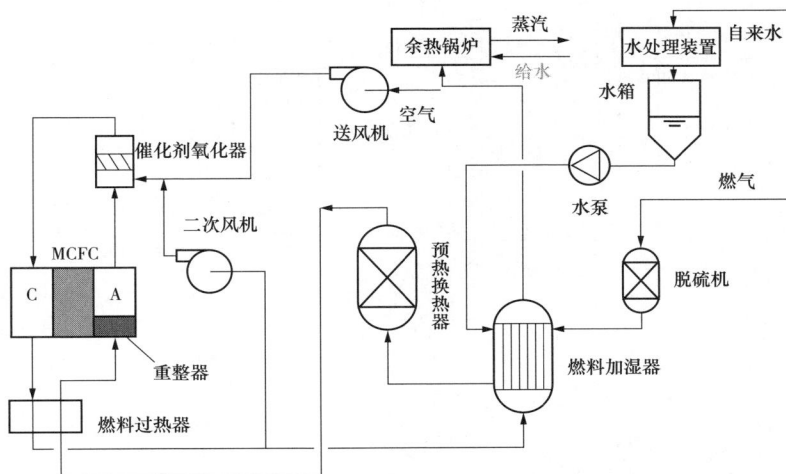

图 3.5-8 内重整型熔融碳酸盐燃料电池供能系统示意图

注 资料来自日本上松宏吉著，本间琎也鑑《燃料電池発電システムと熱計算》。

效率较高。如前所述，发电效率主要与重整率和燃料利用率相关，因此为提高发电效率，应提高重整率和燃料利用率。

（1）重整率和燃料利用率。熔融碳酸盐燃料电池（MCFC）重整跟磷酸性燃料电池（PAFC）重整原理比较如图 3.5-9 所示。

而外重整型磷酸性燃料电池和外重整型熔融型燃料电池，需要额外燃烧燃料进行重整，因此理论燃料利用率无法达到 100%。

内重整型的高效率主要是由于重整率较高。发电堆内设置的平板型重整器反应称为间接内重整，而阳极通路上的重整反应称为直接内重整。

（2）蒸汽消耗量。如前所述，直接内重整时，重整所需的蒸汽由发电反应自身提供，因此从外部供给的水量相对减少。

实际上，外重整一般采用 S/C=3，而内重整采用 S/C=2，无需从外部供给蒸汽，而是利用发电反应产生的蒸汽。通常利用排气余热生成蒸汽，即使生成蒸汽量不足也不会影响发电效率，因为余热可以用于燃气轮机动力回收，这是提高发电效率的重要因素。

（3）发电堆的冷却。通过发电反应，氢气的化学能可转化为电能，但并非全部能量都转化为电能，只能转为自由能的一部分，其他部分转化为热能。一般约一半的化学能转化为电能，而另一半转化为热能。

与此同时，发电堆始终需要冷却来防止过热。外重整型利用气体显热来冷却发电堆。也就是说，通过测量阴极和阳极的气体入口和出口温度差，可计算发电堆的冷却热量，这取决于气体的比热和流量乘积。

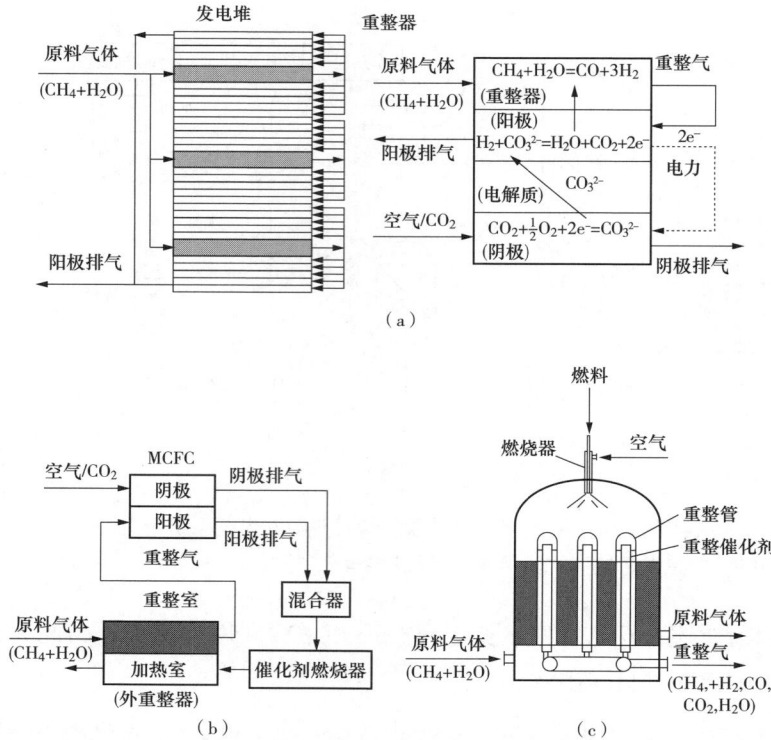

图 3.5-9　熔融碳酸盐燃料电池（MCFC）跟磷酸性燃料电池（PAFC）重整原理比较
（a）MCFC 内重整概念；（b）MCFC 外重整器的概念（利用显热重整）；（c）PAFC 重整器的概念（外重整）

注　资料来自日本上松宏吉著，本间琭也鑑《燃料電池発電システムと熱計算》。

为减少风机冷却动力的需求，应减少风机风量和风压。然而，由于温差较大，当发电堆对出口温度提高时，可能导致堆的损坏，缩短其使用寿命。此外，为了减小压力损失，需要增加气体通道的尺寸，这将增加投资成本。因此，降低风机动力并不容易。

3. 内重整型熔融碳酸盐燃料电池供能系统

POSCO-Fue Cell Energy 2.8MW（型）熔融碳酸盐燃料电池（机组）系统示意如图 3.5-10 所示。

POSCO-Fue Cell Energy 2×2.8MW（型）熔融碳酸盐燃料电池发电站如图 3.5-11 所示。

（六）固体氧化物燃料电池供能系统

1. 固体氧化物燃料电池（SOFC）供能系统的特点

现在世界各国都在开发各种各样的固体氧化物燃料电池堆及其发电系统。开发的理由如下：

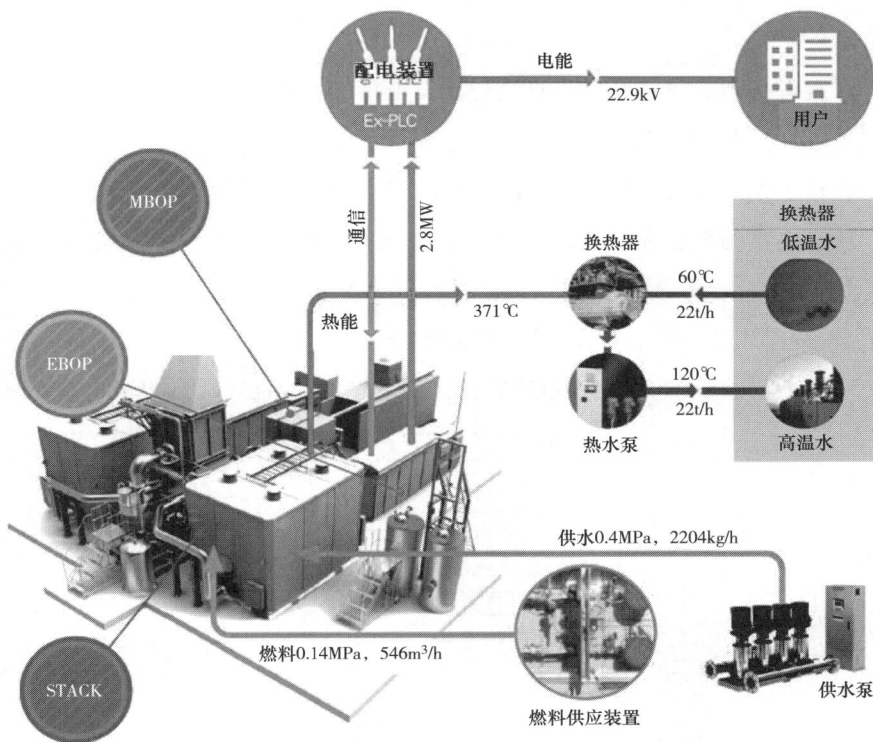

图 3.5-10 POSCO-Fue Cell Energy 2.8MW（型）熔融碳酸盐燃料电池（机组）系统示意图

图 3.5-11 POSCO-Fue Cell Energy 2×2.8MW（型）熔融碳酸盐燃料电池发电站

（1）从技术上来说，发电堆的开发有较高的壁垒，需要同时进行材料开发和工艺系统开发。

（2）开发者必须从材料开发一直进行到发电堆的开发。

（3）发电堆的开发往往左右整个开发过程。

（4）燃料电池的运行温度从过去的1000℃降低到了最近的700~750℃。

（5）从发电堆的形状和材料角度来看，有各种各样的发电堆，并且有多家公司在进行开发。

2. 固体氧化物燃料电池（SOFC）发电系统

图3.5-12展示了一个容量为220kW的固体氧化物燃料电池（SOFC）发电系统的示意图。

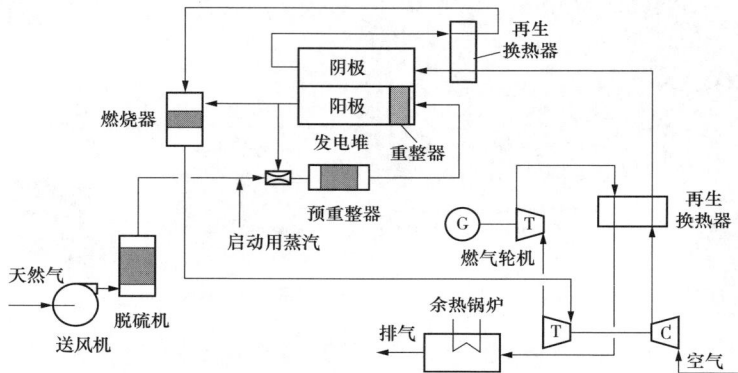

图3.5-12　容量为220kW的固体氧化物燃料电池（SOFC）发电系统的示意图

注 资料来自日本上松宏吉著，本间琢也鉴《燃料電池発電システムと熱計算》。

（1）西屋公司固体氧化物燃料电池热电联供机组模块。西门子（原西屋公司）从2002年开始运行了20000h的功率为100kW的固体氧化物燃料电池热电联供机组模块如图3.5-13所示。

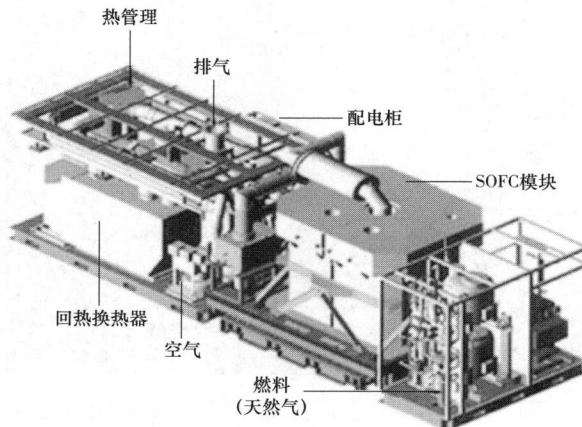

图3.5-13　西门子100kW固体氧化物燃料电池热电联供机组模块图

西门子 500kW 固体氧化物燃料电池热电联供系统示意如图 3.5-14 所示，该机组主要参数如表 3.5-1 所示

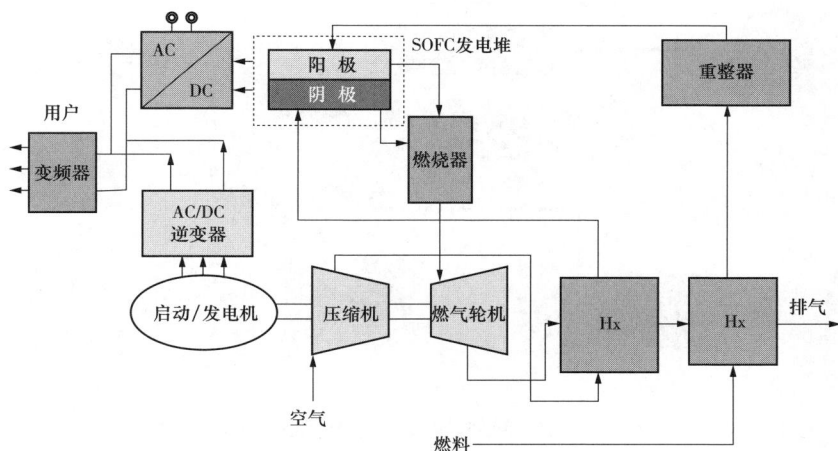

图 3.5-14 西门子 500kW 固体氧化物燃料电池与燃气轮机热电联供系统示意图

表 3.5-1　　　　　500kW 固体氧化物燃料电池热电联供机组主要参数

序号	发电堆及重整器			压缩机及燃气轮机		
	名称	单位	数据	名称	单位	数据
1	发电堆出力	kW	441	压缩机进口温度	℃	15
2	发电堆面积	$\times 10^4 cm^2$	40	压缩机出口温度	℃	168
3	发电堆密度	cm^2	1.1	压缩机进口压力	kPa	101.23
4	发电堆电压	V	0.74	压缩机出口压力	kPa	323
5	发电堆温度	℃	800	压缩机压力比	—	3.14
6	发电堆压力	$\times 100$kPa	3	压缩机的流量	g/s	609
7	发电堆发电效率	%	50	压缩机动力	kW	93.65
8	空气利用率	%	35	燃气轮进口压力	kPa	288.9
9	燃料利用率	%	85	燃气机出口压力	kPa	105.3
10	冲蒸汽温度	℃	677	燃气机进口温度	℃	1000
11	燃料流量	g/s	14.56	燃气机出口温度	℃	783
12	发电堆+燃气轮机出力	kW	500	涡轮膨胀比	—	2.74
13	系统总效率	%	68.6	燃气轮机流量	g/s	6.23
14				燃气轮机出力	kW	161.96

日立造船开发的商用公共建筑等利用固体氧化物燃料电池示意如图 3.5-15 所示。

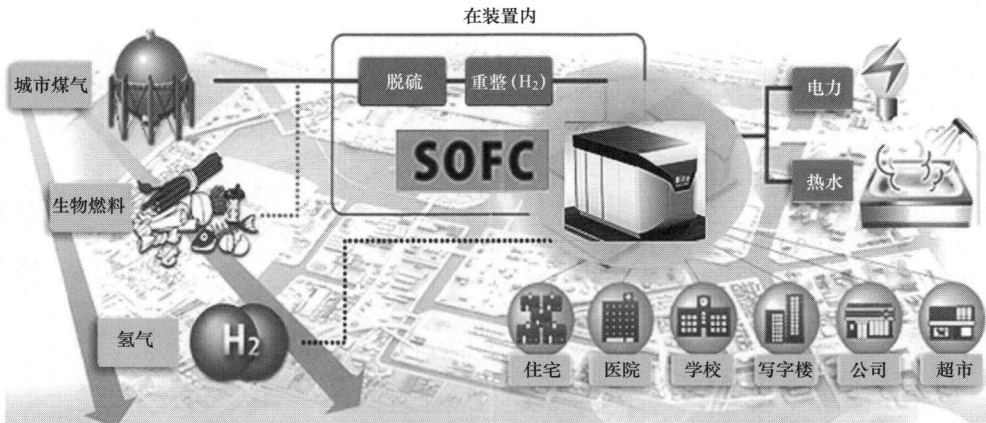

图 3.5-15　日立造船开发的商用公共建筑等利用固体氧化物燃料电池示意

注 资料来自日本 NEDO 理事長　古川一夫 "大阪で固体酸化物形燃料電池の実証試験を実施へ"。

（2）固体氧化物燃料电池与微型燃气轮机混合动力发电系统。三菱重工开发了将固体氧化物燃料电池（SOFC）和微型燃机结合的混合动力系统（GTCC）技术，称为 SOFC-MGT 两级混合动力发电系统。该系统是燃料电池和微型燃机联合发电系统。

图 3.5-16 展示了该二重混合动力系统的外观。

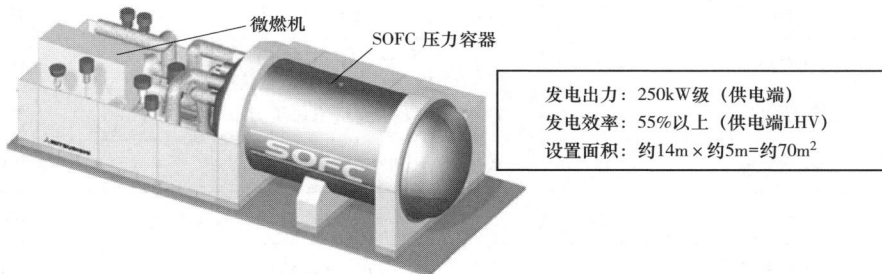

图 3.5-16　二重混合动力系统的外观

注 资料来自三菱重工技报 2018, VOL 55 No. 4《SOFC-MGTのハイブリッドシステム市場導入向けた取組みについて》。

SOFC-MGT 两级混合动力系统示意如图 3.5-17 所示。

（3）固体氧化物燃料电池与燃气-蒸汽联合循环系统组合的三级联合循环系统。

三菱重工开发了将固体氧化物燃料电池（SOFC）与燃气轮机组合的三级联合循环系统（Triple Combined Cycle）技术。

图 3.5-18 展示了三级联合循环系统的示意图。

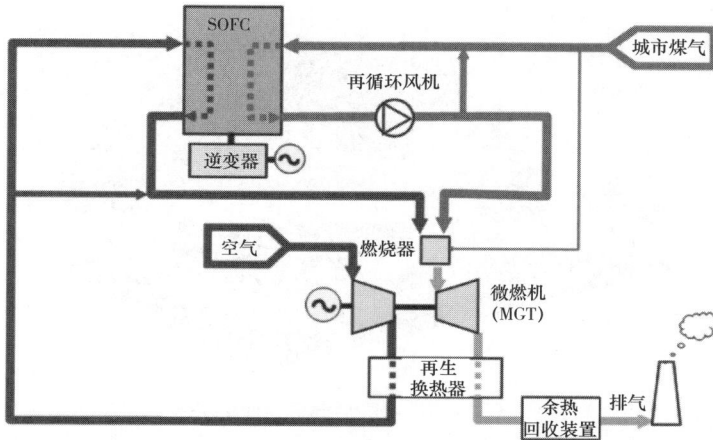

图 3.5-17 SOFC-MGT 两级混合动力系统示意图

注 资料来自三菱重工技报 2018，VOL 55 No. 4《SOFC-MGTのハイブリッドシステム市场导入向けた取组みについて》。

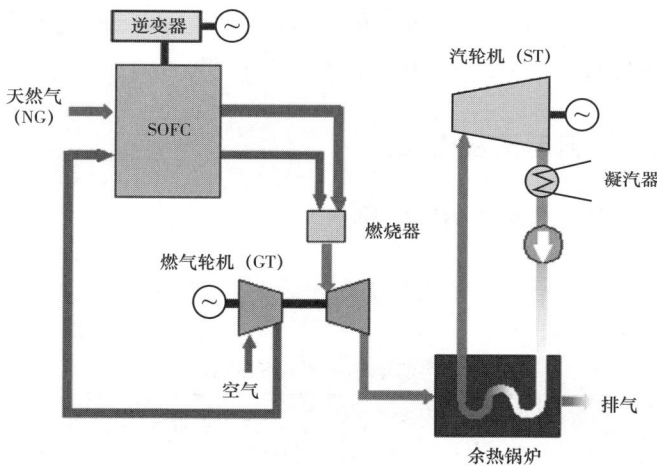

图 3.5-18 三级联合循环系统的示意图

注 资料来自三菱重工技报 2018，VOL 55 No. 4《SOFC-MGTのハイブリッドシステム市场导入向けた取组みについて》。

　　三级联合循环系统是在 CTCC 的上游阶段添加了固体氧化物燃料电池（SOFC），它是由 SOFC、燃气轮机和汽轮机组成的三级燃料电池联合循环发电系统（fuel cell combined cycle system，FCCC），能够实现超高发电效率的天然气发电设备。

　　与常规的燃气轮机联合循环发电系统相比，该系统的发电效率提高了 10%~20%。这是一项具有划时代意义的创新技术。

　　图 3.5-19 展示了三级联合循环系统的外观。

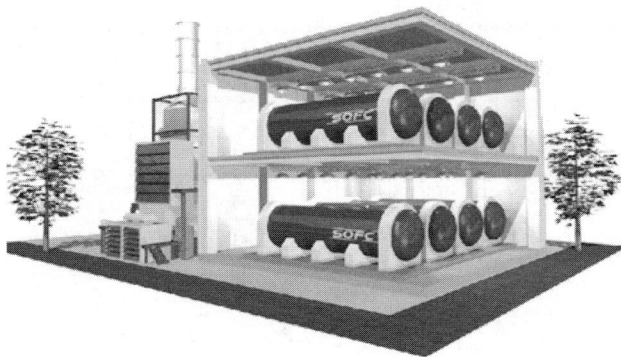

图 3.5-19　三级联合循环系统的外观

注　资料来自三菱重工技报 2018，VOL 55 No.4《SOFC-MGTのハイブリドシステム市场导入向けた取组みについて》。

几十万千瓦级机组的发电效率可达到 70%（LHV—低位发热量），几万千瓦级机组的发电效率也可达到 60%（LHV—低位发热量）以上。这些都是世界上最高水平的。固体氧化物燃料电池 SOFC 在 2~3.0MPa 的高压下运行。

二、商用工业燃料电池发电堆

（一）燃料电池的技术经济指标汇总

燃料电池的技术经济指标如表 3.5-2 所示。

表 3.5-2　　　　　　　　　燃料电池的技术经济指标

序号	项目	单位	技术经济指标					
			10kW	100kW	250kW	400kW	300kW	2.8MW
1	燃料电池形式	—	质子交换膜（PEFC）	磷酸性（PAFC）	固体氧化物（SOFC）	磷酸性（PAFC）	熔融碳酸盐（MCFC）	熔融碳酸盐（MCFC）
2	制造厂家	—	Doosan Fuel Cell Korea	富士电机	三菱日立动力系统	Doosan Fuel Cell America	POSCO-Fue Cell Energy	POSCO-Fue Cell Energy
3	发电出力	kW	10	105	250	400	300	2800
4	供热出力	kW	15.5	123	86	453	240	2000
5	发电效率	%	35	42	55	42	47	47
6	总热效率	%	85	92	74	90	80.3	80.5

（二）东芝的纯氢燃料电池供能系统

东芝纯氢燃料电池系统 H2Rex TM 利用可再生能源制氢，生产绿色氢。它是模块化的，可以根据需求扩大，机组容量范围从 700W、3.5kW、100kW 到兆瓦级。燃料电池属于纯氢质子交换膜型燃料电池，涵盖制氢、发电和供电（热）等功能，示意如图 3.5-20 所示。

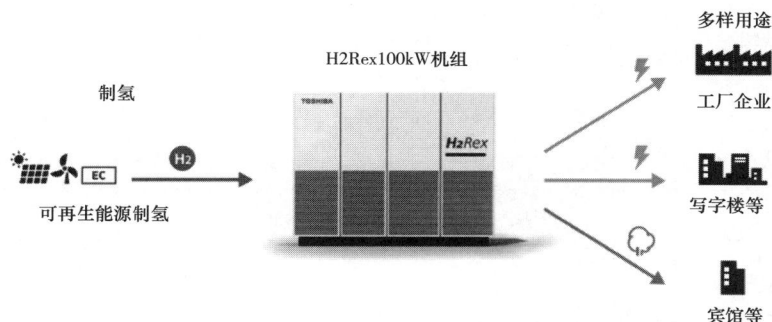

图 3.5-20　制氢、发电、供电（热）等示意如图

几种燃料电池技术经济指标汇总如表 3.5-3 所示。

表 3.5-3　　　　　　　　　　几种燃料电池技术经济指标汇总

序号	项目名称	单位	容量		
			700W	3.5kW	100kW
1	燃料		纯氢	纯氢	纯氢
2	发电效率（LHV）	%	55	55	50 以上
3	热回收率（LHV）	%	40	40	45
4	综合效率（LHV）	%	95	95	95 以上
5	电源连接 3 线（AC）	V	单相 100/200	单相 100/200	三相 200
6	启动时间	min	≤5	≤5	≤5
7	尺寸	mm	340 间 200	580 间 200	2900 间 200

（三）磷酸性燃料电池供能系统

1. 100kW 磷酸性燃料电池主要参数

（1）机组主要参数。富士电机 100kW 磷酸性燃料电池机组主要参数如表 3.5-4 所示。

表 3.5-4 富士电机 100kW 磷酸性燃料电池机组主要参数表

序号	项目		单位	参数
1	额定发电出力		kW	105
2	发电出口电压（周波数）		V（Hz）	110/220（50/60）
3	发电效率（沼气）		%	42LHV（40LHV）
4	热出力	高温型（90 型）	kW	50
		低温型（60 型）	kW	123
5	综合热效率	高温型（90 型）	%	62
		低温型（60 型）	%	92
6	污染物	NO_x	μL/L（ppm）	<5
		SO_x、粉尘		小于规定值
7	燃料耗量城市煤气（沼气）（标况下）		m^3/h	22（44）
8	运行方式			全自动、联网、孤网
9	尺寸（长×宽×高）		m	5.6×2.2×3.4
10	质量		t	16

（2）100kW 燃料电池（机组）外形图。富士电机 100kW（FP-100i 型）燃料电池（机组）外形图如图 3.5-21 所示。

图 3.5-21　100kW（FP-100i 型）燃料电池（机组）外形图

（3）磷酸性 100i 系列燃料电池组合与布置。磷酸性 100i 系列燃料电池可以安装在周围温度-20~40℃的恶劣环境中，因此即使在寒冷地区也可以将其布置在室外、屋顶和地下室等地方。室外设置的 100kW（FP-100i 型）燃料电池如图 3.5-22 所示。

图 3.5-22　室外设置的 100kW（FP-100i 型）燃料电池

（4）燃料电池可作为防火装置。众所周知，在低氧浓度下不会影响人类呼吸功能，然而，由于缺氧不会引发火灾事故。一般情况下，无人工作区和设备间为了防止火灾发生，会设置氮气灭火装置。如图 3.5-23 所示，通过利用燃料电池消耗氧气的特性，可以不仅实现无人工作区的发电，还可以作为防火设施，无需设置氮气灭火装置。富士电机的 100kW（FP-100i 型）燃料电池机组就被设置在德国 N_2telligence 公司的消防系统中。

图 3.5-23　德国 N_2telligence 公司的消防系统

2. 400kW 磷酸性燃料电池主要技术参数及组合

（1）400kW 磷酸性型燃料电池主要技术参数。400kW 磷酸性燃料电池（斗山重工）主要技术参数如表 3.5-5 所示。

表 3.5-5   **400kW 磷酸性燃料电池（斗山重工）主要技术参数**

序号	项目		单位	技术参数	
				额定工况	最大工况
1	发电出力		kW	400	440
2	发电电压		V	480	480
3	高温水	供热出力	kW	189	221
		供水温度	℃	110	110
4	低温水	供热出力	kW	264	291
		供水温度	℃	60	60
5	供热总出力		kW	453	512
6	发电效率		%	42	42
7	供热效率		%	48	48
8	总效率		%	90	90
9	燃料耗量		kW	950	1186
10	燃气入口压力		kPa	2.5~3.5	
11	噪声		dB（A）	离 10m 处为 65	
12	尺寸（长×宽×高）		mm	650×1400×1520	

（2）400kW 磷酸性型燃料电池外形。400kW 磷酸性燃料电池外形如图 3.5-24 所示。

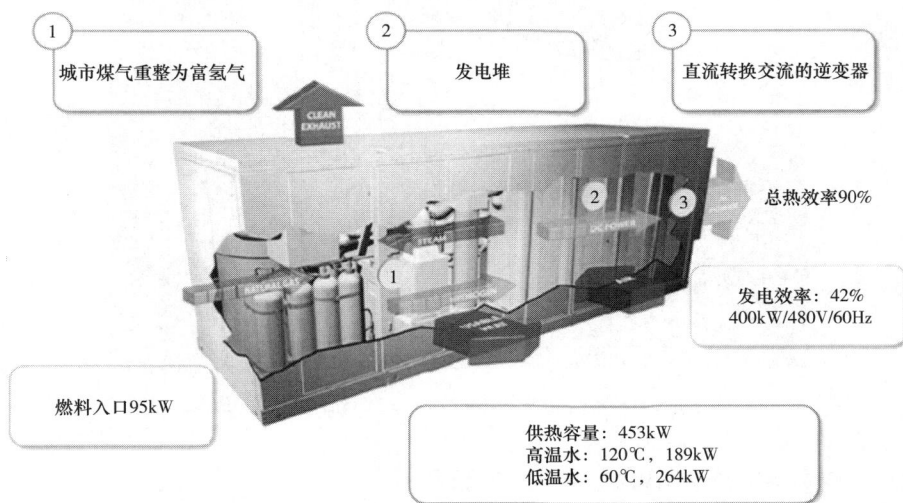

① 城市煤气重整为富氢气   ② 发电堆   ③ 直流转换交流的逆变器

总热效率90%

发电效率：42%
400kW/480V/60Hz

燃料入口95kW

供热容量：453kW
高温水：120℃，189kW
低温水：60℃，264kW

图 3.5-24   400kW 磷酸性燃料电池外形图

（3）磷酸性 400 系列燃料电池组合与布置。400 系列磷酸性燃料电池电站布置及其参数如表 3.5-6、图 3.5-25 所示。

表 3.5-6　　　　　　　　　　400 系列磷酸性燃料电池电站布置及其参数

序号	项目		单位	发电堆机组数量					
				6	12	24	36	48	60
1	发电出力		MW	2.4	4.8	9.6	14.4	19.2	24.0
2	热出力	高温	MW	1.128	2.256	4.512	6.768	9.024	11.280
		低温	MW	1.548	3.096	6.196	9.288	12.384	15.480
3	燃料耗量		MW	6.334	12.668	25.337	38.005	50.673	63.341
4	占地面积		m²	410	830	1650	2480	3310	4140

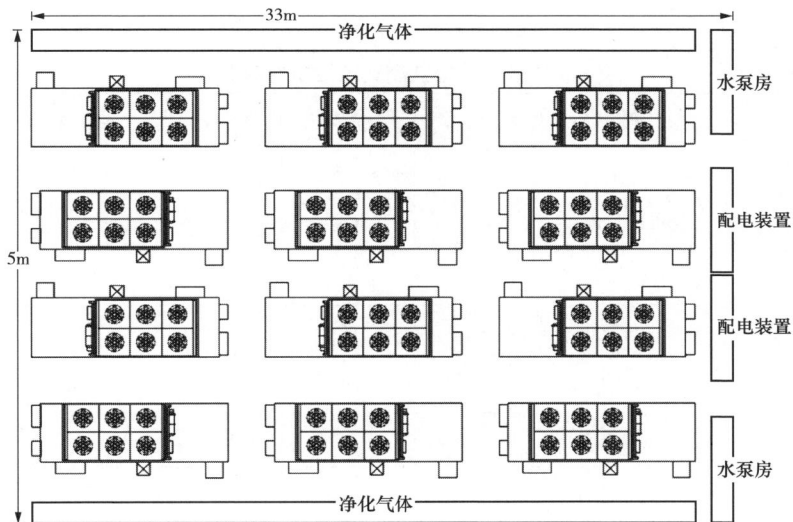

图 3.5-25　12 台机组电站布置平面图

（4）磷酸性 400 系列燃料电池发电厂。韩国世界上第一个、规模最大的氢燃料电池发电厂——大山氢燃料电池发电厂安装了斗山重工 400kW 磷酸性燃料电池 114 组，机组最大发电出力为 440kW，发电厂总发电量为 50MW，2017 年 6 月投入商业运营，年发电量 40 万 MWh，发电厂燃料为石油化工厂来的副产氢。

大山氢燃料电池发电厂全景如图 3.5-26 所示。

图 3.5-26　大山氢燃料电池发电厂全景

（四）熔融碳酸盐燃料电池供能系统

1. 熔融碳酸盐 300kW 燃料电池

POSCO-Fue Cell Energy 300kW 熔融碳酸盐燃料电池机组主要参数如表 3.5-7 所示。

表 3.5-7　　　　　　　　300kW 熔融碳酸盐燃料电池机组参数表

序号	项目		单位	参数
1	额定发电出力		kW	300
2	发电出口电压		VA	480
3	周波数		Hz	50/60
4	发电效率		%	47
5	热出力		kW	238
6	综合热效率		%	80
7	耗水量		kg/h	170
8	污染物	NO_x	μL/L（ppm）	<0.1
		SO_x	μL/L（ppm）	<0.01
9	燃料耗量	城市煤气（标况下）	m^3/h	61.6
		热值（标况下）	kJ/m^3	39450
		按热量	kW	673
10	运行方式		—	全自动、联网、孤网
11	尺寸（长×宽×高）		m	9.0×2.5×6.94

2. 2.8MW 熔融碳酸盐燃料电池机组

POSCO-Fue Cell Energy2.8MW 熔融碳酸盐燃料电池机组已经在世界各地商业运营。从 2008 年开始至 2018 年，在韩国共有 43 台机组运行。

（1）2.8MW 熔融碳酸盐燃料电池机组的技术规范。

POSCO-Fue Cell Energy 的 2.8MW 熔融碳酸盐燃料电池机组的主要技术参数如表 3.5-8 所示。

表 3.5-8　　　2.8MW 熔融碳酸盐燃料电池机组的主要技术参数表

序号	项目		单位	参数
1	额定发电出力		MW	2.8
2	发电出口电压		kVA	138
3	周波数		Hz	50/60
4	发电效率		%	47
5	热出力		MW	2.0
6	综合热效率		%	80.53
7	污染物	NO_x	μL/L（ppm）	<0.1
		SO_x	μL/L（ppm）	<0.01
8	燃料耗量	城市煤气（标况下）	m^3/h	546
		热值（标况下）	kJ/m^3	39450
		按热值	MW	6.00
9	运行方式		—	全自动、联网、孤网
10	尺寸（长×宽×高）		m	32.2×18.3×7.6

（2）2.8MW（型）燃料电池（机组）外形图。

POSCO-Fue Cell Energy 2.8MW（型）熔融碳酸盐燃料电池（机组）外形如图 3.5-27 所示。

（五）固体氧化物燃料电池供能系统

1. 200kW 级 SOFC-MGT 联合循环系统

220kW 级 SOFC-MGT 联合循环系统主要性能指标如表 3.5-9 所示。

图 3.5-27　2.8MW（型）熔融碳酸盐燃料电池（机组）外形图

表 3.5-9　　　　　220kW 级 SOFC-MGT 联合循环系统主要性能指标

序号	项目		单位	主要性能参数
1	燃气轮机		—	微燃机
2	燃料电池形式		—	固体氧化物型（SOFC）
3	燃料	燃料	—	城市煤气 13A/LNG
		燃料耗量（标况下）	m^3/h	最大 50，额定 36
4	发电出力	额定发电出力	kW	220
5	电压		V	200/220
6	热出力	热出力	kW	热水 86（蒸汽 54）
		供热参数（热水）	t/h（℃）	15（88/83）
		供热参数（蒸汽）	t/h（MPa）	80（0.7）
7	发电效率（LHV）		%	55
8	综合效率	回收余热蒸汽 LHV	%	73
		回收余热热水 LHV	%	65
9	SOFC 机组尺寸（长×宽×高）		m	12.4×3.2×3.3
10	SOFC 机组质量		t	43

　　220kW 级 SOFC-MGT 联合循环系统如图 3.5-28 所示。

图 3.5-28　200kW 级 SOFC-MGT 联合循环系统

注 资料来自三菱重工技报 2018，VOL 55 No.4《SOFC-MGTのハイブリッドシステム市场导入向けた取组みについて》。

2. 大型三级联合循环系统

作为大型三级联合循环系统的一个例子，通过 SOFC、燃气轮机和汽轮机的三级梯级利用，这种系统的商业发电机组容量可达几百兆瓦级，包括煤炭等化石燃料的使用，可以实现极高的发电效率。未来，天然气为燃料的 800MW 级三级联合循环发电厂如图 3.5-29 所示，通过 SOFC、燃气轮机（T）和汽轮机（ST）的三级联合循环发电系统，将是最高效率的发电系统，如图 3.5-30 所示。因此，这种三级联合循环系统是对 SOFC 的最终产品理念的追求。在天然气燃烧的几百兆瓦级三级联循环系统中，送电端的发电效率可达到 70%LHV 以上；在以煤炭为燃料的几百兆瓦级煤气化（IGCC）-SOFC 三级联循环系统中，送电端的发电效率可达到 60%LHV 以上，实现超高效率发电。

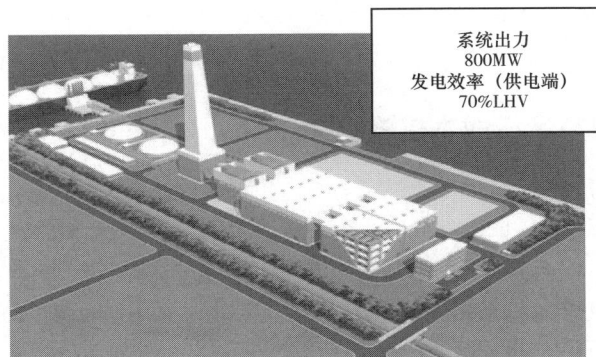

图 3.5-29　天然气 800MW 级三级联合循环发电厂

注 资料来自三菱重工技报 2018，VOL 55 No.4《SOFC-MGTのハイブリッドシステム市场导入向けた取组みについて》。

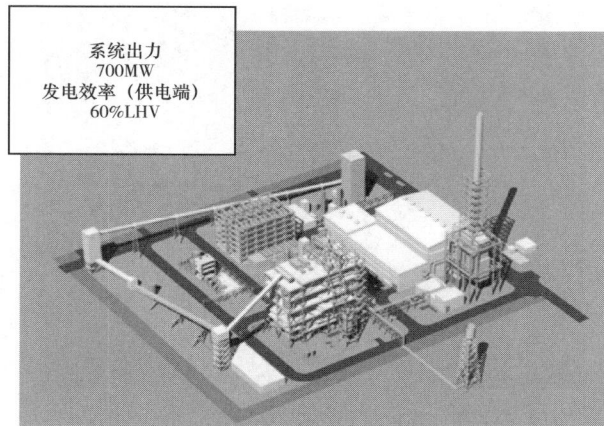

图 3.5-30　煤气化-SOFC 700MW 级三级联合循环发电厂

注 资料来自三菱重工技报 2018，VOL 55 No.4《SOFC-MGTのハイブリッドシステム市場導入向けた取組みについて》。

大型三级联合循环系统的能源平衡之例如图 3.5-31 所示。

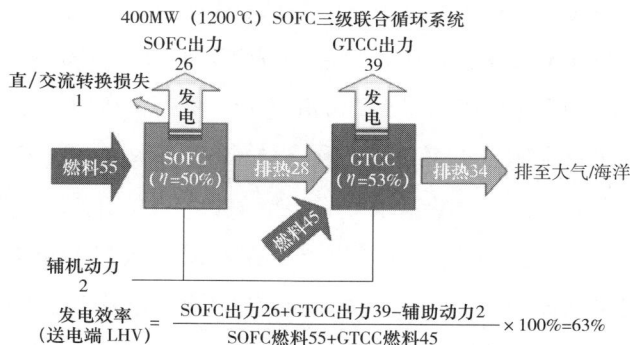

图 3.5-31　大型三级联合循环系统的能源平衡之例图

注 资料来自三菱重工技报 2018，VOL 55 No.4《SOFC-MGTのハイブリッドシステム市場導入向けた取組みについて》。

三、降低投资及运行成本措施

为了进一步提高技术水平和市场开拓，商用燃料电池的技术开发应以实用技术为核心，致力于提高产品生产能力和降低成本。为了在 2030 年后实现新一代技术的实用化开发，特别是发电单元堆的超高发电效率等方面，商用和工业用燃料电池技术的开发路线图指出：为了实现适用于只发电市场的燃料电池系统的飞跃性高效率化，设定了 2040 年以后的性能目标［小容量（数千瓦级）：发电效率 60% LHV 以上，中容量（数十至数百千瓦级）：发电效率 70% LHV 以上等］。此外，作为进一步普及的课题，还涉及系统电力的协作、可再生能源大规模导入时的智能社区开发和对未来低碳化效果气体的应对，以及实现超高发电效率（80%以上）等作为最终目标。

对于商用和工业用燃料电池（SOFC），燃料电池堆及其组件以及构成电池堆组件的部件所要求的技术开发课题，分为中小容量业务用和中容量混合动力系统、大容量联合循环系统等。其中，中小容量商用和工业用 SOFC 的最终目标是进一步实现超高发电效率（80%LHV 以上）的 SOFC。

此外，作为低碳氢分散型能源系统中纯氢型聚合物电解质燃料电池（PEFC）的重要开发领域，还需要解决技术开发问题。与家用 PEFC 相比，商用和工业用的技术开发内容不同，需大幅减少贵金属使用量（0.5g/kW 水平）以降低催化剂活性，实现高密度化（用于降低高发电效率的活化过电压），提高输出密度。随着规模的扩大，将减少发电单元数量和部件使用量，并致力于产品标准化、规范化、紧凑化和轻量化。

（一）商（工业）用燃料电池系统技术经济指标

以下是日本 NEDO 机构提出的商用和工业用燃料电池系统技术经济指标目标，供参考。

1. 商用燃料电池系统的初投资

（1）低压系统：燃料电池系统的初投资约为 180 万日元/kW。

（2）高压系统：燃料电池系统的初投资约为 170 万日元/kW。

2. 商用燃料电池系统的发电成本

（1）低压系统：2025 年燃料电池系统的发电成本约为 50 日元/kWh，而电网发电成本为 24 日元/kWh，即燃料电池系统的成本约为电网发电成本的两倍，即使考虑余热利用，其经济性也并不明显。

（2）高压系统：2025 年燃料电池系统的发电成本约为 40 日元/kWh，即燃料电池系统的成本约为系统发电成本（17 日元/kWh）的 2.3 倍，即使考虑余热利用，其经济性也并不明显。

3. 商用（工业用）燃料电池系统寿命

2020 年，低压和高压系统燃料电池的预计使用寿命为 9 万 h（大约 10 年左右）。而 2025 年，低压和高压系统商用和产业用燃料电池的预计使用寿命将会增加到 13 万 h（大约 15 年）。

4. 商用（工业用）燃料电池系统效率

预计到 2025 年左右，商用（工业用）燃料电池系统的发电效率目标是 55%（以低位热值为基准）。未来，下一代商用（工业用）燃料电池系统有望实现 65% 以上的发电效率（以低位热值为基准）。

（二）为了实现上述目标致力于技术开发和市场开拓

1. 致力于系统的小型化和简化

为了稳定地降低价格，致力于设备的小型化，开发高效率的发电堆技术，并对发电堆的结构和辅助设备部件进行研究，同时也关注系统的小型化和简化。

2. 致力于降低初期投资和运行成本

为了实现尽快与电网价值等同的目标，不仅需要进一步降低初期投资和运行费用，还需要大力开展技术研发。为了实现降低成本的目标，主要致力于降低初期投资的技术研发，其中发电单元堆和燃料处理机约占总成本的60%，辅助设备约占总成本的20%，因此需要构建这种技术开发系统。具体而言，对于发电单元堆和燃料处理系统，致力于开发高效率和高功率密度的技术。

（1）为了降低初期投资。

1）发电单元堆和燃料处理机。致力于开发高效率和高功率密度等技术，以降低发电单元堆和燃料处理机的成本。

2）对辅助设备。应该减少辅助设备的数量，如风机、流量计、阀门和换热器等部件，并使用廉价的常用部件替代可能昂贵的部件，进行参数的修订。

3）对燃料电池系统。提高部分负载效率和负载追踪性能，简化系统构成设备，并进行技术开发和设计。

（2）提高耐久性。为了提高发电单元堆等的耐久性，致力于研究恶化机理，并开发消除恶化的技术。

（3）提高发电效率。作为下一代商用和产业用燃料电池系统，应致力于研发超过最先进燃气轮机联合循环（GTCC）的发电效率，预计达到65%~70%（以低位热值为基准）。

3. 致力于市场拓展

商用（工业用）燃料电池与传统的热电联供系统相比，发电效率高，余热少，适用于电力需求量大、热需求小（低热电比）的用户。然而，当前的初期投资和运营成本在其他地方缺乏吸引力。因此，提高经济性是不可缺少的。

由于商用燃料电池与竞争产品如燃气发动机相比，在初期导入成本和运用优势方面较低，需要进一步提高经济性。然而，最近很难实现这一目标。因此，设想以比现有实证机更低的价格开始，扩大对导入优势较高的潜在用户的市场份额。同时，为了实现自主普及扩大，应继续降低价格。

（三）为了实现碳中和的目标致力于创新技术开发

根据系统发电成本和城市燃气成本在发电容量上的考虑，将大力推进发电装置从燃料电池发电单元堆发展到下一代发电系统，如燃料电池与燃气轮机的混合动力和联合循环系统。

随着技术开发的进展和量产效果的提高，要实现功率高密度化、发电堆的小型化和量产化、催化剂及金属类互相关联的高耐久性等制造工艺的低成本化，以及发电堆及其组件设备的低成本化和高耐久性。

充分发挥商用燃料电池在发电效率方面的优势并持续提高性能和耐久性。另外，在自主普及扩大阶段，要追求与竞争产品基本相当的价格竞争力。

目前，技术开发正在进一步推进，包括高温低加湿运转、MEA 的耐杂质性提高、长期耐杂质性提高、高电流密度化（减少部件使用量）、提高余热回收技术、辅机类和周边设备的低成本化以及高耐久性等。

面向 2030 年的新一代技术开发包括能够预测 15 年耐久性的电解质材料的开发、提高催化剂活性、大幅降低贵金属使用量的技术开发（0.5g/kW）、开发能应对负荷变化的耐久性技术和高电流密度化技术（通过小型化和减少部件使用量）、提高负荷随动性、降低辅机类和周边设备的成本，同时确保高耐久性。

通过简化试运行操作以减少工时、远程运行、设备整体多功能一体化（室外设置）、设备隔间化（屋顶设置）以及远程管理网络（IoT）的应用，利用智能手机在能源网络中进行有效应用，并确保燃料电池系统的稳定性和可靠性，从而确立燃料电池系统的最佳控制技术。

面向 2030 年以后的下一代技术开发包括利用可逆 SOFC 可逆系统（低成本氢气制造和利用高效率发电的电力储藏）、同时供应化学、电、热的部件及其系统的技术开发、材料和化学工艺的开发，以及利用碳中和和甲烷等方法来实现碳中和的远大目标。

第六节　燃料电池与微燃机混合动力
分布式供能系统

一、燃料电池-微燃机混合动力分布式供能系统

固体氧化物燃料电池-微燃机混合动力系统是一种高效且环保的混合动力技术，它

融合了固体氧化物燃料电池（SOFC）和微燃机（MGT）两种发电技术，以实现更高的能源利用率和更少的排放量。

（一）燃料电池-微燃机混合动力分布式供能系统组成

固体氧化物燃料电池（SOFC）是一种通过化学反应产生电能的装置，它将氢气、甲烷等燃料与氧气反应，产生电子和离子，从而发电。SOFC 的核心由电解质、阳极和阴极组成。电解质是一个薄的固体氧化物层，用于将氧气分离成氧离子和电子，电子通过外部电路回到阴极，氧离子通过电解质传递到阳极。阴极和阳极之间的反应会产生电子和气体（如二氧化碳和水蒸气）等副产物。

微燃机（MGT）是一种高效且小型的燃烧发动机，它使用微小的燃烧室和喷嘴，燃烧氢气或甲烷等燃料，产生高温高压气流，驱动涡轮机旋转，从而产生动力和电能。

固体氧化物燃料电池-微燃机混合动力系统由 SOFC 和 MGT 两个主要组成部分组成，此外还包括储氢罐、燃料处理系统、控制系统等。储氢罐用于存储氢气或甲烷等燃料，燃料处理系统用于处理燃料，使其达到适合 SOFC 和 MGT 的质量要求，控制系统用于监测和控制整个系统的运行状态，以保证其正常运行。

固体氧化物燃料电池-微燃机混合动力分布式供能系统示意如图 3.6-1 所示。

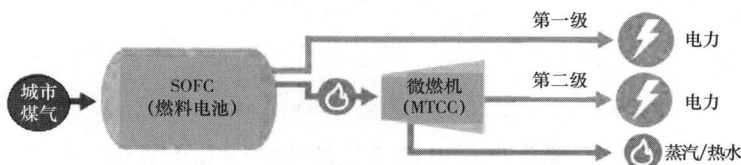

图 3.6-1　固体氧化物燃料电池-微燃机混合动力分布式供能系统示意图

注 资料来自三菱重工技报 2018，VOL 55 No. 4《SOFC-MGT のハイブリッドシステム市场导入向けた取组みについて》，2018 年。

（二）燃料电池-微燃机混合动力发电系统工作原理

固体氧化物燃料电池-微燃机混合动力系统的工作原理如下：

首先，燃料处理系统将氢气或甲烷等燃料处理成适合 SOFC 和 MGT 的质量，然后将燃料输送到 SOFC，经过氧离子和电子的反应，SOFC 会产生电能和副产物。电能通过电路传输到微燃机，微燃机燃烧燃料，产生高温高压的气流，驱动涡轮机旋转，从而产生动力和电能。同时，微燃机的排气被输送回 SOFC，用于提供热量，促进 SOFC 反应的进行，同时也降低了排放物。整个过程中，系统会不断监测和控制各部分的运行状态，以保证整个系统的稳定运行。

（三）燃料电池-微燃机混合动力发电系统特点

固体氧化物燃料电池-微燃机混合动力系统具有以下优点。

1. 能源效率高

固体氧化物燃料电池能够将燃料转化为电能，其效率高达60%以上；而微燃机能够利用固体氧化物燃料电池产生的废气燃烧产生更多的电能和动力，从而提高能量利用率。

2. 低排放

固体氧化物燃料电池只产生水蒸气、二氧化碳和少量氮氧化物等少量污染物，而微燃机的排放也较为清洁。

3. 灵活性

可以根据需要选择不同的燃料，如氢气、甲烷等，适用于不同的能源场景。

4. 高可靠性

由于固体氧化物燃料电池是一种固体电池，无液体流动部件，因此具有较高的可靠性和长寿命。

5. 可扩展性

可以将多个固体氧化物燃料电池和微燃机组成的混合动力系统相互连接，形成更大规模的发电系统。

（四）燃料电池-微燃机混合动力发电系统应用

固体氧化物燃料电池-微燃机混合动力系统可以应用于许多场景。

（1）交通运输：可以用于汽车、船舶等交通工具的动力系统。

（2）住宅、商业等建筑：可以用于供电、供热及空调等能源需求。

（3）工业生产：可以用于工业生产中的电力、热力等需求。

（4）军事设施：可以用于军事设施的能源需求。

（5）新能源领域：可以作为新能源领域的一种新型能源技术，促进可再生能源的开发和利用。

总之，固体氧化物燃料电池-微燃机混合动力系统是一种高效、环保、灵活、可靠的能源技术，具有广泛的应用前景和发展潜力。

值得注意的是，所描述的固体氧化物燃料电池-微燃机混合动力系统是由三菱日立发电系统（株）（MHPS）开发的高温运行固体氧化物燃料电池（SOFC）和微燃机（MGT）融合在一起的加压型SOFC-MGT混合动力系统。该系统连续运行时间达到了

4100h，并且取得了实证研究及基础研究成果。

该混合动力系统是以城市煤气为燃料，在约 900 动的高温下运行的陶瓷制 SOFC 和 MGT 双级发电系统。

该混合动力系统供电效率达到了 55%，实现了高效率的商用、产业用燃料电池（SOFC），并且可以减少建筑物 CO_2 排放量约 47%。

二、固体氧化物燃料电池分布式供能系统

（一）固体氧化物燃料电池（SOFC）工作原理

固体氧化物燃料电池（SOFC）作为一种高效能的能量转换设备，其核心优势在于不依赖传统燃烧过程，而是在高温环境（700~1000℃）下，通过精密的电化学反应直接将燃料（如城市煤气）的化学能转化为电能。这一过程的核心在于电解质层内氧离子的高效传导及燃料与氧气的深度电化学反应。

1. 燃料供给与预处理

SOFC 系统首先将含有甲烷（CH_4）的燃料与再循环废燃料中的水蒸气（H_2O）混合后送入燃料极（又称阳极）。在电池内部，这一混合气体经历水蒸气重整反应（$CH_4 + H_2O \longrightarrow CO + 3H_2$），将甲烷转化为氢气（$H_2$）和一氧化碳（CO），这两种气体随后成为驱动后续电化学反应的关键成分。

2. 电化学反应机制

（1）燃料极反应（阳极）：在燃料极，氢气（H_2）和一氧化碳（CO）分别与通过电解质层迁移而来的氧离子（O^{2-}）发生氧化反应。具体地，氢气生成水蒸气（H_2O）并释放电子，一氧化碳则转化为二氧化碳（CO_2）并同样释放电子。这些电子随后通过外部电路流向空气极，形成直流电，驱动负载工作。

（2）空气极反应（阴极）：在空气极，从外界吸入的氧气（O_2）接收来自外部电路的电子，被还原成氧离子（O^{2-}）。这些新生成的氧离子随后穿越电解质层，逆向迁移至燃料极，与燃料气体继续反应，从而维持整个电化学循环的持续进行。

通过上述过程，固体氧化物燃料电池不仅实现了能源的高效转换，还减少了传统燃烧过程中可能产生的污染物排放，为分布式供能系统提供了清洁、高效的解决方案。

3. 复合发电系统

作为引领未来大型发电项目转型的潜力方案，固体氧化物燃料电池（SOFC）被巧妙地与燃气轮机及蒸汽涡轮机相集成，构建了先进的复合发电系统（SOFC+燃气轮机+

蒸汽涡轮机）。这一创新设计旨在深度挖掘能源转换潜力，显著提升整体发电效率与能源综合利用率，为可持续发展注入强劲动力。

固体氧化物燃料电池（SOFC）发电单元的工作原理详解：

如图 3.6-2 所示，该图示详尽地描绘了 SOFC 发电单元的核心构造与工作流程。图中，燃料极、精密的电解质层以及空气极三者紧密相连，共同构成了一个高效运作的电化学体系。在此体系中，燃料（如天然气或氢气）经过内部重整反应被转化为氢气和一氧化碳，随后这些气体与空气中的氧气在电解质层两侧发生剧烈的电化学反应。这一过程不仅实现了化学能到电能的直接转换，还以其高转换效率与低排放特性，彰显了 SOFC 在清洁能源领域的卓越地位。

综上所述，固体氧化物燃料电池凭借其独特的内部重整机制与高效的电化学转换能力，成功地将化学能直接转化为电能，展现了其作为未来能源领域核心技术的巨大潜力。其高效、清洁的发电特性，不仅为解决当前能源危机提供了新思路，更为实现全球绿色可持续发展目标贡献了重要力量。随着技术的不断进步与应用场景的持续拓展，SOFC 及其复合发电系统有望成为推动能源结构转型升级的关键力量。

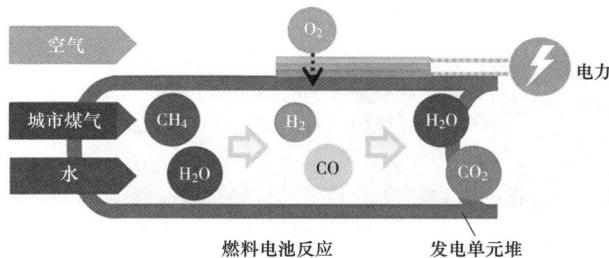

图 3.6-2　固体氧化物燃料电池（SOFC）发电原理

注 资料来自三菱重工技报 2018，VOL 55 No.4《SOFC-MGTのハイブリッドシステム市場導入向けた取組みについて》。

（二） SOFC 型圆筒式发电单元结构设计深度剖析解析

图 3.6-3 所呈现的是 SOFC 型圆筒式发电单元，该设计标志着固体氧化物燃料电池技术的一次重大革新。该单元的核心在于其创新的圆筒电池结构，该结构以高性能陶瓷材料打造的基体管为核心骨架，展现了前所未有的设计巧思。

基体管的外壁被精心规划，用以承载一个多层且高度集成的元件系统，该系统由燃料极、电解质层及空气极等关键组件通过精密的堆叠工艺构建而成。这些组件通过先进的并联互连技术紧密相连，共同编织成一张高效、紧凑的圆筒状电池网络，实现了能量的最大化利用与转换。

在材料选择上，秉持着严苛的标准，精选了热膨胀系数相互匹配的材料组合，这一举措有效缓解了因温度变化而产生的内部应力问题，从而大幅提升了发电单元的长期运行稳定性与使用寿命。此外，创新性地引入了一体化制造技术，这一技术不仅简化了烦琐的生产流程，降低了制造成本，更关键的是，它显著增强了各组件之间的结合强度，为发电单元的持续、稳定、高效运行奠定了坚实的基础。

综上所述，SOFC 型圆筒式发电单元凭借其独特的设计理念、卓越的材料选择以及高效的一体化制造工艺，在能源转换效率、系统稳定性及经济成本等方面均展现出了显著的优势。这一创新设计不仅为固体氧化物燃料电池的商业化应用开辟了新的道路，更为推动全球能源结构的绿色转型贡献了重要力量。

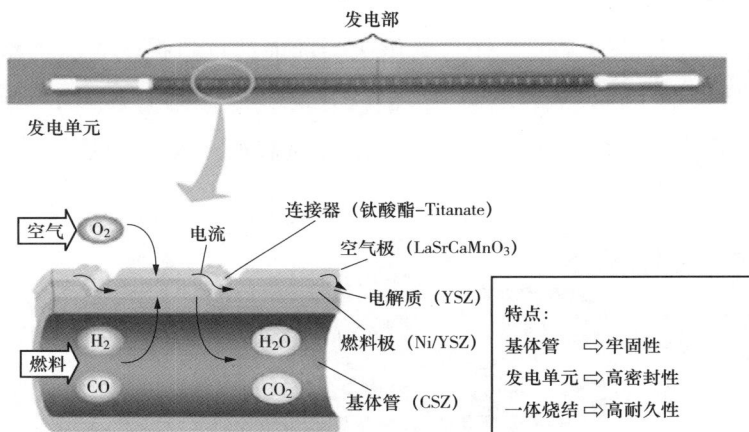

图 3.6-3　SOFC 型圆筒式发电单元

注 资料来自三菱重工技报 2018，VOL 55 No. 4《SOFC-MGTのハイブリッドシステム市场导入向けた取组みについて》。

为了加速燃料电池技术的广泛应用与普及，已将规模化生产与成本控制视为核心战略议题。通过持续精进生产工艺、推动技术创新，我们正积极应对挑战，旨在实现燃料电池技术的经济可行性与广泛适用性。

在市场推广的启动阶段，战略性地聚焦于中小型系统解决方案的部署，首要任务是构建 SOFC（固体氧化物燃料电池）的规模化生产能力。这涵盖了专为中等规模热电联产设计的电源系统，同时也着眼于作为提升现有燃气轮机联合循环发电效率的关键补充。不断拓展市场边界，推出灵活多变的 SOFC 系统，以满足多样化的需求场景，并提供针对既有设施的定制化升级服务，从而加速燃料电池技术在各行业中的渗透与融合。

展望未来，GTFC（燃气轮机燃料电池复合循环）系统作为大型火力发电站转型升级的理想选择，将深度融合氧化物型燃料电池、燃气轮机与汽轮机的技术优势，打造出超高效的复合发电系统。该系统预期将达到并超越 70%（基于低位热值计算）的输电端发电效率，同时大幅度削减火力发电过程中的二氧化碳排放量，预计减少幅度可高达约 20%，为应对全球气候变化提供有力支持。

（三）高性能 SOFC 型圆筒式发电单元的革新之路

三菱日立发电系统（MHPS）在固体氧化物燃料电池（SOFC）技术领域取得了重大突破，成功推出了高性能的 10 型发电单元。该型号通过两大核心优化策略实现了性能的显著提升：首先，通过增加发电单元数量至 85 组，并对连接体进行精细化设计，以及对空气极进行微调，这些综合改进措施共同促使发电单元堆的总出力提高了 30%。在此基础上，MHPS 并未止步，而是继续向更高目标迈进，全力研发 15 型发电单元。

15 型发电单元在全面继承 10 型优势的基础上，进一步聚焦于电极与电解质界面接触的深度改良，旨在实现出力密度相对于 10 型的飞跃性提升，预计增幅可达 50%。如图 3.6-4 所示，这一设计不仅展现了其卓越的性能潜力，更预示着 SOFC 技术在高效能、高密度方向上的重大进展。

为实现单位体积内更高的出力密度并促进系统的小型化趋势，MHPS 对发电单元堆的传热与冷却系统进行了深度设计与优化。该设计精妙地平衡了热效率与热管理，有效减少了不必要的热损失，确保了发电部及前后热交换位置的热传递效率维持在最优水平。同时，通过精细调整单元堆尺寸，15 型发电单元在保持高效能的同时，实现了单位体积出力密度的显著提升，满足了系统小型化、集成化的迫切需求，为 SOFC 技术在更广泛领域的应用开辟了新的道路。

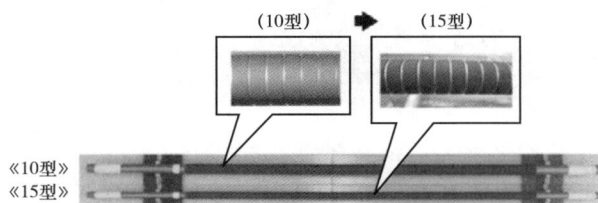

图 3.6-4　圆筒型 SOFC10 型、 15 型发电单元

注 资料来自三菱重工技报 2018，VOL 55 No. 4《SOFC-MGT のハイブリッドシステム市场导入向けた取组みについて》。

图 3.6-5 直观地展示了 10 型与 15 型发电单元之间的性能对比，从图中可以清晰

地看到，15 型发电单元在出力密度、系统效率及整体尺寸上的显著优势，标志着 SOFC 技术在高效能、紧凑化方向上的又一重要里程碑。

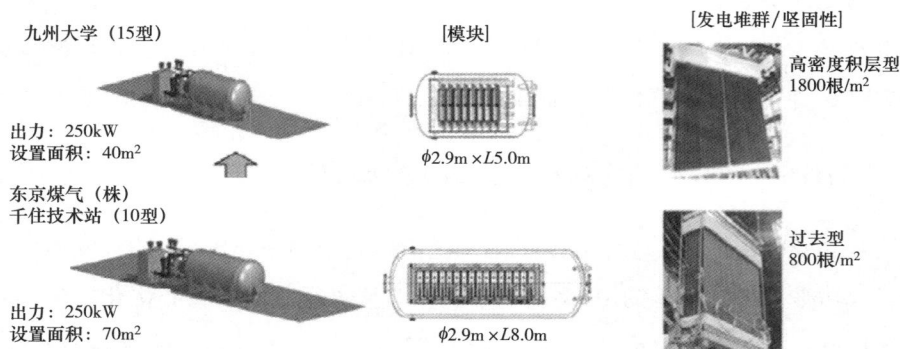

图 3.6-5　发电单元堆 10 型与 15 型比较

注　资料来自三菱重工技报 Vol. 52 No2（2015）、三菱日立电力系统特集 VOL 52 No. 2《水素社会向けた大型燃料电池 SOFCの展开》。

（四）高性能 SOFC 型圆筒式发电堆模块

SOFC-MGT 混合动力系统的构成如图 3.6-6 所示。

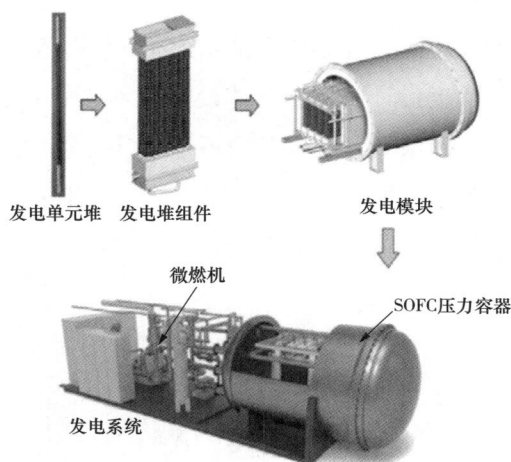

图 3.6-6　SOFC-MGT 混合动力系统的构成

注　资料来自三菱重工技报 Vol. 52 No2（2015）、三菱日立电力系统特集 VOL 52 No. 2《水素社会向けた大型燃料电池 SOFCの展开》。

发电单元堆并联连接形成发电组件，实现数十千瓦的发电输出，并将该发电组件放入压力容器中，构成发电堆模块。致力于实现层叠结构的模块化，以便于运输、组装和维修。此外，根据发电堆组件和模块的数量可以调节发电输出，以适应不同范围的发电需求能力。

（五）分布式混合动力分布式供能系统

混合动力分布式供能系统由固体氧化物燃料电池（SOFC）和微型燃气涡轮机（MGT）两阶段发电组成，如图3.6-7所示。同时，在排气系统上安装余热回收装置（余热锅炉），可以实现同时供应蒸汽和热水的热电联供。

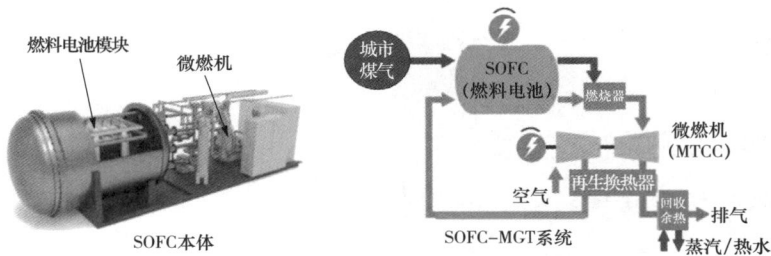

图3.6-7 SOFC-MGT混合动力分布式供能系统组成图

注 资料来自三菱重工技报2018，VOL 55 No.4《SOFC-MGTのハイブリッドシステム市场导入向けた取组みについて》，2018年。

三、致力于SOFC-MGT混合动力分布式供能系统实证

（一）250kW级SOFC-MGT混合动力分布式供能系统实证

考虑SOFC-MGT混合动力系统具有高效率、热电联供、低噪声和环保等优点，可以应用于商业和工业领域，例如医院和数据中心。系统的主要参数如表3.6-1所示。

表3.6-1　　　　　　　　　　　　系统主要参数

序号	项目	单位	SOFC-MGT混合动力系统
1	额定出力	kW	250
2	送电效率（LHV）	%	55
3	综合效率（LHV）	%	73（热水），65（蒸汽）
4	外形尺寸	m	长×宽×高（12×3.2×3.2）

如表3.6-1所示，长12m、宽3.2m、高3.2m，则混合动力发电装置设置占地面积大约为70m^2。送电端发电效率为55%，综合热效率为65%~73%。

固体氧化物燃料电池（SOFC）压力容器如图3.6-8所示，燃料电池（SOFC）置于压力容器中。

图 3.6-8　固体氧化物燃料电池（SOFC）压力容器

注 资料来自三菱重工技报 2018，VOL 55 No. 4《SOFC-MGTのハイブリドシステム市场导入向けた取组みについて》。

1. 燃料电池 SOFC 的运行、实证

燃料电池 SOFC 的运行、实证状况如表 3.6-2 所示。

表 3.6-2　　　　　　　　　　燃料电池 SOFC 的运行、实证状况

编号	项目	布置方式	运行开始时间	运行小时数（h）	其他
1	九州大学	室外布置	2015 年 3 月	20000	—
2	大成建设	室外布置（回收热水型）	2015 年 3 月	20000	验证试验
3	J-POWER 若松	室外布置	2017 年 11 月	—	—
4	MHPS 长崎工厂	厂内布置	2017 年	—	1MW 级一半运行
5	日本特殊陶瓷	室外布置（回收热水型）	—	—	连续运行试验
6	丰田汽车	室外布置（回收蒸汽型）	—	—	启停试验（1月1次）
7	三菱丸之内大厦	室内布置	2020 年 3 月	—	正常运行中
8	东京煤气	室外布置（回收热水型）	2011~2014 年	—	启停试验（1周1次）、负荷追踪试验

2. 燃料电池 SOFC 运行实证情况的实施与评估

在各实施现场，根据特定的研究课题和验证项目，深入开展了实证试验，旨在全面评估 SOFC 在应对电力需求波动及频繁启停过程中的性能表现与耐久性。以下是各现场实证运行的具体情况：

（1）丰田汽车实证机：已完成既定的启停试验计划（每月一次），当前正处于稳定运行状态，验证了其在实际应用中的可靠性和耐用性。

（2）日本特殊陶瓷实证机：在经历了连续的耐久性试验后，该实证机已顺利进入持续运行状态，为后续的性能优化与市场推广提供了宝贵数据。

（3）东京煤气实证机：成功实施了高频次的启停试验（每周一次），累计达31次，现已转入正式运行阶段，展示了其在复杂工况下的适应能力。

（4）大成建设实证机：圆满完成了自给自足功能试验，并持续运行中，进一步验证了SOFC技术在特定应用场景下的可行性与经济性。

基于上述四个实证现场所积累的丰富数据与经验，自2017年起推出了250kW级模块化设计的SOFC机型，旨在加速商业化进程。首个商用机已安装于三菱地所（株）丸之内大厦，并于2018年8月完成了主体安装工作，计划自2020年起正式投入商业运行。

此外，电源开发（株）作为NEDO研究开发项目"燃料电池模块的可商用性研究"的承担方，自2017年起全力推进250kW级机型的市场化进程，为行业注入了新的活力。

值得一提的是，东京煤气（株）技术站还成功开发了10号250kW级SOFC-MGT混合动力实证机，并进行了全面的评估。该实证机中的MGT部分采用了丰田涡轮技术的先进设计（见图3.6-9），展现了高度的技术集成与创新。

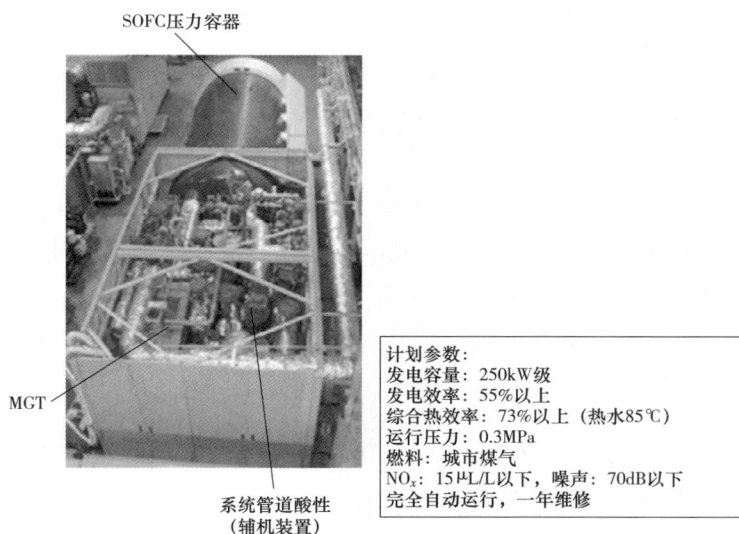

计划参数：
发电容量：250kW级
发电效率：55%以上
综合热效率：73%以上（热水85℃）
运行压力：0.3MPa
燃料：城市煤气
NO_x：15㏙L/L以下，噪声：70dB以下
完全自动运行，一年维修

图3.6-9 10型SOFC-MGT混合动力系统实证机

注 资料来自三菱重工技报2018，VOL 55 No.4《SOFC-MGTのハイブリッドシステム市场导入向けた取组みについて》。

针对SOFC-MGT混合动力系统的初步引入，深入探讨了与现有规范要求相适应的放宽措施。鉴于该系统的高压燃料气体特性（压力高于100kPa），特别关注了系统的持续监测要求，并进行了相应调整，以确保其在商业化推广中的合规性与安全性。为此，修订了技术数据规范，包括系统安全设计、长期耐久性试验数据以及启停、负载变化等异常工况下的紧急运行数据，从而全面验证了实证系统的可靠性与安全性。

在系统长期性能验证方面，计划了在特定负载条件下连续运行4100h的测试，结果显示系统性能稳定，未出现性能恶化迹象，且电压下降率仅为0%/1000h（见图3.6-10），充分证明了SOFC-MGT混合动力系统的高稳定性与可靠性。

SOFC-MGT混合动力系统耐久性试验状况如图3.6-10所示。

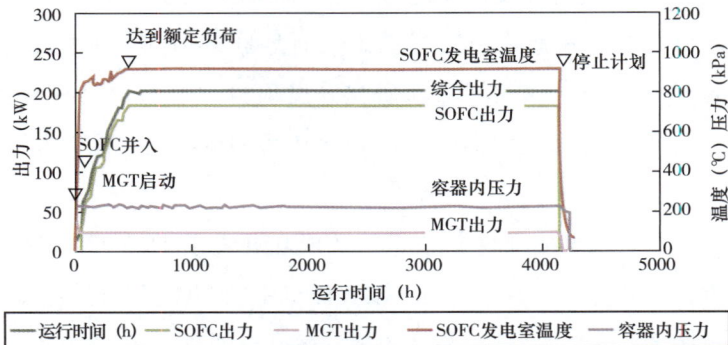

图3.6-10　SOFC-MGT混合动力系统耐久性试验状况

注 资料来自三菱重工技报2018，VOL 55 No.4《SOFC-MGTのハイブリドシステム市场导入向けた取组みについて》。

（二）　1MW级SOFC-MGT混合动力分布式供能系统实证

1. SOFC-MGT混合动力系统实证状况

在2015年7月确定的"下一代火力发电有关技术发展路线图"中，将SOFC与燃气轮机相结合的GTFC，推进小型GTFC（1MW级）的商用化和批量生产，以降低SOFC的成本。通过中小型GTFC（10万kW级）的实证项目，预计在2025年左右将实现技术上完善，将正式投入国际市场。

在MHPS长崎工厂进行1MW级实证机的设置，需要两套SOFC模块容器。基于1MW级所需的一半容量的SOFC模块容器进行基础实验，称为半模块试验（见图3.6-11）。

截至2018年9月，半模块实证机已安装完毕，在发电之前进行运行调整（见图3.6-12所示）。今后将进行半模块实证运行，并研究系统性能参数，为1MW级实证机做准备。

2. 实证结果

作为CO_2排放量削减和稳定供电的有效技术，MHPS的SOFC联合循环发电系统在

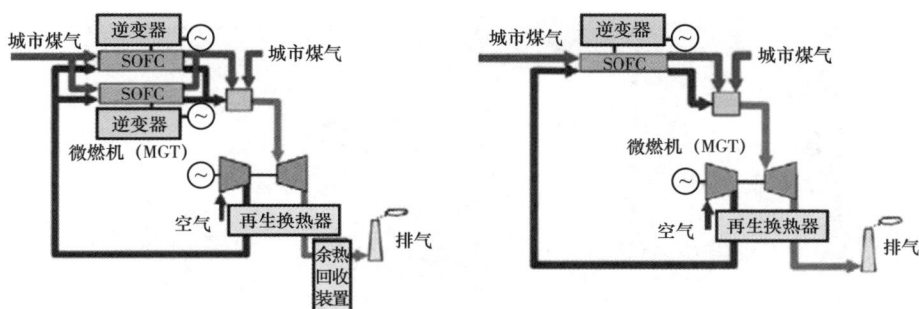

图 3.6-11　1MW 及实证机及其构成

注 资料来自三菱重工技报 2018，VOL 55 No.4《SOFC-MGTのハイブリドシステム市场导入向けた取组みについて》。

图 3.6-12　1MW 及半模块实证机安装情况

注 资料来自三菱重工技报 2018，VOL 55 No.4《SOFC-MGTのハイブリドシステム市场导入向けた取组みについて》。

其中扮演着重要角色。从 2016 年开始，通过验证 250kW 级别的机组以及 1MW 级别的大型化机组，MHPS 目前正在长崎工厂进行实证试验。这些实证试验不仅旨在确立技术的稳定性，还推动该技术的早期实用化。从而为构建一个"安全可持续的能源环境社会"做出巨大贡献。

四、 SOFC-MGT 混合动力分布式供能系统实例

丰田汽车公司在爱知县丰田市的原町工厂设置了一个由圆筒形固体氧化物燃料电池（SOFC）和微型燃气轮机（MGT）组成的"加压型混合动力发电系统"，并开始实施验证（见图 3.6-13）。

图 3.6-13　混合动力发电系统的外景

五、SOFC-MGT 混合动力分布式供能系统实例分析

（一）丰田汽车原町工厂SOFC-MGT混合动力分布式供能系统实践

丰田汽车公司在其位于爱知县丰田市的原町工厂，成功部署了一套由圆筒形固体氧化物燃料电池（SOFC）与微型燃气轮机（MGT）创新融合的"加压型混合动力发电系统"，并启动了全面的实证运行与验证工作（见图3.6-13）。

此系统被设计为工厂内部的自供能解决方案，旨在通过实际应用场景下的测试，全面评估其能源转换效率、操作稳定性及长期运行耐久性。这一举措不仅标志着丰田对清洁能源技术的深入探索，也旨在加速 SOFC 技术的商业化进程及其系统优化。

作为以氢气为清洁能源载体的燃料电池技术，SOFC 以其卓越的能源效率和环保特性，在减少碳排放、降低能源消耗方面展现出巨大潜力。为推动燃料电池技术的广泛应用，日本政府经济产业省特别制定了"氢燃料电池发展蓝图"，而日本新能源产业技术综合开发机构（NEDO）则携手丰田汽车，共同实施了这一商用 SOFC 系统的实证项目。

在丰田汽车元町工厂的实践中，该混合动力发电系统作为工厂内部的自备电源，通过实际运行数据的收集与分析，对能源利用效率、系统运行稳定性及长期运行可靠性进行了全面而深入的评估。这一过程不仅为 SOFC 技术的进一步优化提供了宝贵的数据支持，也为未来分布式供能系统的广泛应用奠定了坚实基础。

系统示意图（见图3.6-14）清晰展示了 SOFC 与 MGT 的协同工作原理，进一步凸显了其在提高能源综合利用率、促进节能减排方面的独特优势。

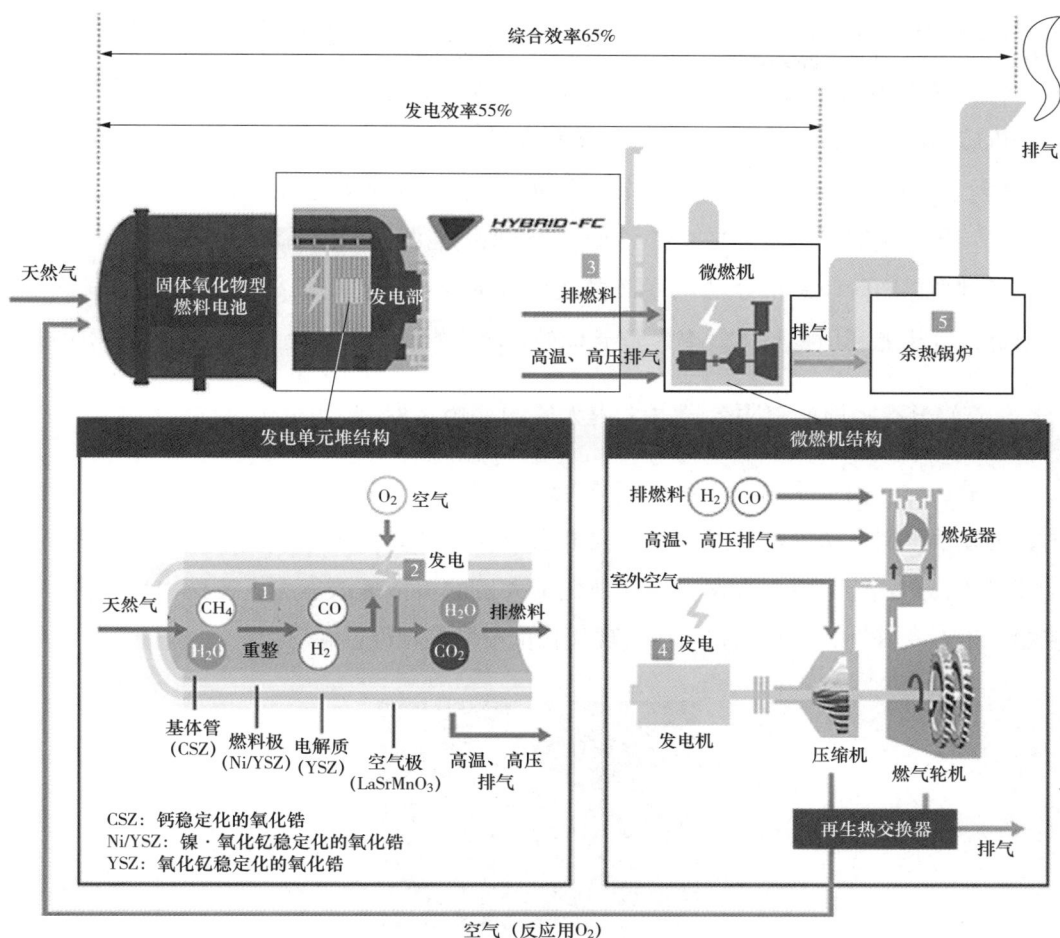

图 3.6-14　混合动力发电系统示意图

该系统巧妙地结合了天然气重整技术、燃料电池与微型燃气轮机（MGT）的两级发电架构，实现了高效能源转换与利用。其采用天然气重整后的氢气和一氧化碳作为燃料，经由额定功率达 250kW 的发电系统，不仅进行电力生产，还充分利用发电余热进行热电联供。

具体而言，该系统的运作流程如下：

（1）天然气重整制氢：系统首先利用先进的重整技术将天然气（CH_4）转化为富含氢气（H_2）和一氧化碳（CO）的混合气体，作为后续发电过程的主要燃料。

（2）燃料电池发电：经过微燃机加压处理的空气（O_2）被送入燃料电池，与重整后产生的氢气（H_2）和一氧化碳（CO）发生高效的化学反应，释放能量并驱动燃料电池进行发电，这一过程显著提升了能源利用效率。

437

（3）余热回收与再利用：燃料电池发电过程中产生的尾气，富含未完全反应的氢气等可燃成分，以高温高压状态被送入微型燃气轮机，实现燃料的进一步利用。

（4）微型燃气轮机发电：在微型燃气轮机内，尾气中的剩余燃料继续燃烧，推动涡轮机旋转产生电力，进一步提升了系统的整体发电效率。

（5）热电联产与余热回收：整个发电过程中产生的余热被精心回收，通过热交换等方式转化为热能，用于供热或热水供应，实现了能源的综合利用与节能减排。

通过上述两阶段发电及热电联产模式，该系统不仅实现了高达55%的供电效率，更通过综合热能利用将整体效率提升至65%，成为推动低碳社会建设的重要技术手段。

（二）三菱房地产有限公司丸之内大厦的绿色转型

三菱房地产有限公司在其标志性建筑——位于东京繁华丸之内区域的丸之内大厦内，创新性地引入了先进的混合动力发电系统（见图3.6-15）。该系统作为一款高效且环保的分布式能源解决方案，不仅强化了大厦的清洁排放能力，还极大地提升了其节能与生态友好性，与东京站周边的现代化都市风貌相得益彰。

图3.6-15　三菱房地产公司在丸之内大厦

该系统自2020年3月正式投入运营以来，以稳定的200kW发电功率持续为大厦供电，其供电效率高达55%，展现了卓越的性能表现。更值得一提的是，在热电联产模式下，该系统能够将发电过程中产生的余热有效转化为蒸汽或热水，进一步提升了整体能源利用效率65%~73%的区间，实现了能源的最大化利用。与此同时，系统的年天然气消耗量（标准状态下）控制在40万 m^3 以内，相较于传统发电方式，其 CO_2 排放量显著降低约47%，为推动东京市中心乃至全球低碳社会的建设贡献了重要力量。

丸之内大厦，这座于2002年落成的现代化建筑，不仅是三菱房地产公司在丸之内地区重建计划中的开篇之作，更是其致力于绿色建筑与可持续发展理念的生动实践。随着时间的推移，尽管大厦已历经近二十载春秋，但三菱房地产公司始终保持着对创新与环保的不懈追求。此次引入的混合动力发电系统，正是公司积极响应节能减排号召，推动建筑能源结构转型升级的重要举措，旨在为东京市中心的低碳生活注入新的活力。

（三）多种能源互补分布式供能系统

1. 多功能综合分布式能源系统

（1）热电联供系统。

以城市煤气为燃料，用内重整产生的氢气和一氧化碳，生产电力和热能，实现热电联供，如图3.6-16所示。

（2）热、电及氢气联合供给系统。

以城市煤气为燃料，通过固体氧化物燃料电池不仅实现热电联供，同时氢气直接供给燃料电池汽车，如图3.6-17所示。

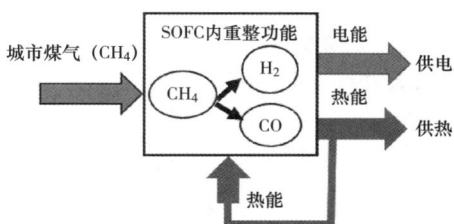

图 3.6-16 燃料电池热电联供系统　　图 3.6-17 热、电及氢气供给系统示意图

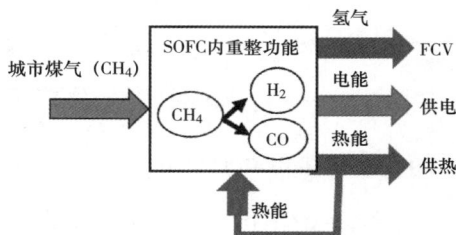

（3）综合能源分布式供能系统。

利用城市煤气不仅生产电力和热能实现热电联供，而且一部分直接利用，作为多种能源分布式供应站供应给城市煤气。这样不仅氢气供给燃料电池汽车（FCV）、电能供给电动汽车（EV），而且天然气供给压缩天然气汽车（CNGV），实现综合能源供给，如图3.6-18所示。

2. 可再生能源分布式供能系统

可以利用城市污水处理厂产生的沼气发电。特别是由于沼气中约60%是甲烷，利用 CO_2 分离技术可以获得高纯度的甲烷作为燃料，实现高效率的沼气发电。也可以生产"城市生产的氢气"，期待也可以生产城市里出来的能源的地产地销产氢气。

利用这些混合动力系统，创出附加价值，加速导入SOFC的市场。沼气发电分布式

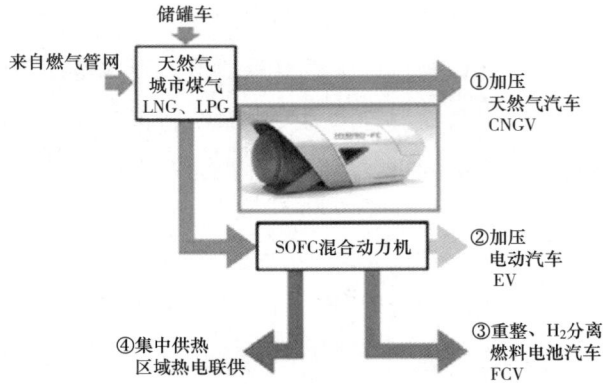

图 3.6-18　综合能源分布式供能系统

供能系统示意如图 3.6-19 所示。

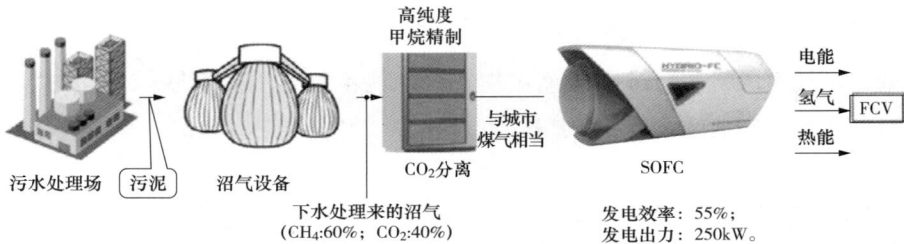

图 3.6-19　沼气发电分布式供能系统的示意图

　　MHPS 致力于提升燃料电池系统等的电池组耐久性评估技术，以缩短电池组的开发周期，并实现高效率化。目标是在考虑成本和耐久性的前提下，推动燃料电池系统的正式普及。从 2018 年起，计划实现固体氧化物电池组概念的发电效率达到 65%（LHV）以上。

　　在普及的初期阶段，考虑 SOFC 批量生产体制等，首先考虑提供中小型系统。不仅是中型规模电源用热电联产系统，作为改善现有燃气轮机联合循环发电设备效率的措施，包括部分追加设置设备容量小于燃气轮机容量的 SOFC、致力于改造等开拓市场在内，正在加速推进普及。

　　作为未来大型火力发电厂的替代机型，在天然气燃烧数百兆瓦级燃气轮机燃料电池复合发电（gas turbine fuel cell combined cycle，GTFC），氧化物型燃料电池+燃气轮机+汽轮机复合发电系统中，作为输电端发电效率，可期待 70% 以上（LHV），火力发电厂的二氧化碳排放量可减少约 20%。

第四章

氢能与新一代火力发电技术

第一节　氢能与碳中和及火力发电

一、氢能与碳中和技术

（一）碳中和

如今，世界正面临着一个可以称之为"脱碳革命"的巨大变革。全球能源商业整体朝向脱碳方向发展，各国纷纷表明了解决碳中和问题的决心。另一方面，由于人口增加和经济发展的推动，电力需求不断增加，而可再生能源如风电、太阳能发电的普及也使得对稳定供电的需求进一步上升。

碳中和是指在 2050~2070 年期间，使温室气体排放在整体上达到零的概念。所谓"整体排放为零"，是指排放量减去消除量后的结果为零。由于目前完全实现零排放非常困难，因此碳中和的目标是通过吸收或消除等量的排放，实现净零排放。这就是所谓的"碳中和"。

碳中和实际上是指减少二氧化碳的排放，或将已经排放的二氧化碳从地球大气层中移除，从而降低大气中二氧化碳浓度，以控制全球气候变化。碳中和是一个涉及多个方面的概念，包括减少二氧化碳排放、增加二氧化碳的吸收和移除等行动。这个概念涵盖了能源、工业、交通、农业、森林管理和城市规划等广泛领域。碳中和是一个长期的过程，需要全球范围内的共同努力，确保二氧化碳的减排和吸收达到平衡。

值得注意的是，发达经济体计划在 2050 年实现碳中和目标，我国的目标是 2060年，而其他国家和地区的目标是 2070 年。

（二）碳中和的目标及其措施

1. 碳中和目标

（1）必须目标（即 2℃目标）。2015 年巴黎气候变化会议通过的《巴黎协定》于2016 年正式生效，为 2020 年以后应对全球气候变化制定了行动方针。其中提出了将全球平均温度相较于工业革命前控制在"适度低于 2℃"以内的必须目标（即 2℃目标）。

（2）努力目标（即 1.5℃目标）。根据《巴黎协定》下的联合国政府间气候变化专门委员会（IPCC）发布的《IPCC 1.5℃特别报告》，努力将全球升温控制在 1.5℃以内

（即 1.5℃目标）。该报告指出，要实现碳中和，全球需要在 2070 年左右达到这一目标。

在这样的背景下，各国纷纷提高目标力度，致力于在 2050 年（或 2060 年）实现碳中和目标，同时也努力控制升温在 1.5℃范围内。实现 1.5℃和 2℃温升目标分别要求在 2050~2070 年之间达到碳中和，即净零排放。全球已有 80 多个国家和地区提出了碳中和目标。因此，各国努力尽早达到温室气体排放峰值，并在 21 世纪后半期实现碳中和。

2016 年，我国经全国人大常委会批准成为《巴黎协定》的缔约国之一。我国力争在 2030 年前实现碳达峰，2060 年前实现碳中和目标。这是中央经过深思熟虑做出的重大战略决策，关系到中华民族的持续发展和构建人类命运共同体的大局。

国际能源署（IEA）提出了各类能源利用部门减少二氧化碳排放的贡献值，如图 4.1-1 所示。

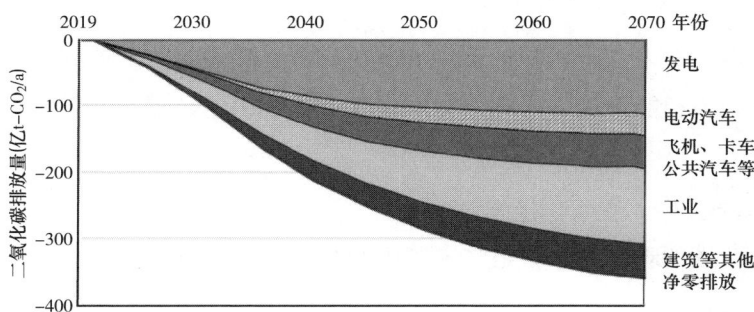

图 4.1-1　世界各类能源利用部门削减二氧化碳排放量的贡献值

注　资料来自 IEA *Energy Technology Perspectives 2020*。

2. 为了实现碳中和目标采取的措施

（1）减少温室气体排放。

1）减少化石燃料的使用，增加清洁能源的比例。

2）提高能源效率，采用低碳技术。

3）在建筑、交通和工业领域实施碳中和解决方案。

（2）增加二氧化碳的吸收和移除。

1）增加森林覆盖率，改善土地管理。

2）采用碳捕集和存储技术。

3）发展碳循环经济，促进二氧化碳的吸收和清除。

（3）提高公众意识和动员全社会行动。

1）推广低碳生活方式，教育公众有关气候变化和碳中和的知识。

2）鼓励政策制定者采取行动，制定并实施有利于碳中和的政策。

（三）碳中和的实现

1. 减少温室效应气体排放

减少温室效应气体排放是实现碳中和目标的一个重要措施。具体可以通过以下方式实现：

（1）增加清洁能源比例。采用可再生能源，如太阳能、风能、水能和地热能等，以替代化石燃料，减少温室效应气体排放。

（2）提高能源效率。通过采用高效设备和技术来减少能源消耗，从而减少温室效应气体排放。

（3）采用低碳技术。采用低碳技术（如碳交换、碳捕集和存储、氢能技术、生物质能源等），以减少温室效应气体排放。

（4）建筑、交通和工业领域的碳中和解决方案。在建筑、交通和工业领域采用碳中和解决方案，如智能建筑、可持续交通和工业过程中的碳捕集和储存，以减少温室气体排放。

2. 增加二氧化碳的吸收和移除

增加二氧化碳的吸收和移除是实现碳中和目标的另一项关键措施。具体可以可通过以下方式实现：

（1）增加森林覆盖率。通过植树造林、森林保护和恢复等措施增加森林覆盖率，从而吸收更多的二氧化碳。

（2）改善土地管理。通过可持续农业和土地管理实践，如养殖管理、土地改良、土壤保护和复制等，增加土壤中的有机质和生物多样性，以吸收更多的二氧化碳。

（3）采用碳捕集和存储技术。采用碳捕集和存储技术，将二氧化碳气体从排放源头捕集并储存到地下储存库，以减少温室气体排放。

（4）发展碳循环经济。发展碳循环经济，通过将废弃物和生物质转化为能源和产品，以减少二氧化碳排放和提高资源利用率。

3. 提高公众意识和动员全社会行动

提高公众意识和动员全社会行动是实现碳中和目标的另一个重要步骤。以下措施可以帮助实现这一目标：

（1）推广可持续生活方式。通过教育和宣传，鼓励公众采取可持续的生活方式，例如节约能源和水资源、减少食物浪费、使用环保产品以及减少私人汽车使用，从而减少温室气体排放。

（2）加强政策和法规支持。政府可以采取一系列措施，如税收、补贴和减排目标，来激励企业和个人减少温室气体排放。

（3）促进国际合作。在全球范围内促进国际合作，通过技术转让和知识共享，推动碳中和目标的实现。

（4）加强技术创新和研发。通过加强技术创新和研发，开发新的低碳技术和解决方案，加快碳中和的实现。

4. 碳中和的挑战和解决方案

碳中和是一项艰巨的工程，实现碳中和是一项艰巨的工程，涉及克服许多技术、经济和政治方面的难题。以下是一些主要挑战及其相应的解决方案：

（1）技术难题。实现碳中和需要采用各种低碳技术和解决方案，但目前这些技术还面临诸多问题，例如成本高、可靠性差、容量有限等。解决这些问题的方法包括加强研究和开发、促进技术创新和降低成本。

（2）经济难题。实现碳中和需要巨额投资和支出，对国家和企业的财务稳定性造成压力。解决这个问题的方法包括：获得政策和法规支持，鼓励私人企业投资，采用市场机制等。

（3）政治难题。实现碳中和需要全球范围内的政治合作和协调，但一些国家可能缺乏对碳中和的政治意愿，影响国际合作的进展。解决这个问题的方法包括：加强政治沟通，制订共同的减排目标和计划，鼓励企业参与碳中和行动。

通过综合运用上述解决方案，可以更有效地应对碳中和过程中的各类挑战，从而推动全球向低碳未来迈进。

5. 碳中和的意义和影响

碳中和对环境、经济和社会都具有重要的意义和深远的影响。

（1）环境意义。碳中和的实现可以显著减少大气中的温室气体排放，从而有效应对气候变化和全球变暖问题。碳中和还可以促进自然资源的保护和可持续利用，减少环境污染和生态破坏，提高生态系统的弹性和适应能力。

碳中和还可以促进自然资源的保护和可持续利用，减少环境污染和生态破坏，提高生态系统的弹性和适应能力。

（2）经济意义。碳中和有助于推动经济的可持续发展，创造新的就业机会，促进技术创新和产业升级。通过减少能源消耗和环境污染，碳中和可以降低企业的运营成本和风险，增强企业的竞争力和市场地位。

（3）社会意义。碳中和有助于促进社会公平和可持续发展，提高人们的生活质量和福利水平。通过倡导可持续生活方式和减少能源消耗，碳中和还可以促进社会和谐，提升人民的幸福感。

（四）氢能与碳中和

随着全球经济和人口的持续增长，能源需求也在快速上升。然而，石化燃料的使用已导致全球变暖和气候变化的加剧。因此，碳中和已成为全球关注的重要议题，氢能也被广泛认为是可行的替代方案。本部分将详细探讨氢能与碳中和的关系。

1. 氢能概述

氢是宇宙中最常见的元素之一，广泛存在于自然界中，主要以水的形式存在。氢气作为一种清洁、高效的燃料，可以通过加压或液化进行储存和运输。氢能可以通过电解水制备，其唯一副产品是水蒸气，对环境造成污染。因此，氢能被广泛视为未来可持续发展的重要能源，被称为"梦中能源"。

2. 氢能主要应用领域

如前几章所述氢能应用领域非常广泛，如包括钢铁、石化等工业领域，以及交通、发电、能源、建筑等部门。

（1）燃料电池汽车。氢能燃料电池汽车是一种新型的绿色交通工具。其排放物只有水，能够有效减少空气污染和温室气体排放。

（2）发电厂燃料。氢能可以作为在火力发电厂的混烧和专烧燃料，成为减少温室效应气体排放的一种方法。它能够替代化石燃料，显著降低少空气污染和温室气体排放。

（3）能源储存。由于可再生能源具有不稳定性，能源储存已成为其发展的重要问题。氢能可以通过电解水制备，并存储在燃料电池或储氢罐中，随时提供能量。

（4）工业生产。氢气是许多工业生产过程中的重要原料，例如合成氨、加氢裂化和金属加工等。

3. 氢能与碳中和的关系

（1）氢能的低碳特性。与化石燃料相比，氢气燃烧几乎不产生的二氧化碳。因此，被广泛认为是一种低碳能源，可以显著地减少碳排放。

（2）氢能的应用。氢能在交通、能源储存和工业生产等领域都有广泛应用。在交通领域，氢能燃料电池汽车可以有效地减少汽车尾气中的碳排放。在工业生产领域，氢气是许多工艺过程中的重要原料，可以替代部分高碳能源。

（3）氢能与碳捕集技术的结合。氢能的生产过程中，可以通过碳捕集技术捕集并将其储存二氧化碳，从而实现碳中和。例如，利用生物质发酵产生氢气时，可以通过碳捕集技术捕集并储存发酵产生的二氧化碳。

（4）氢能与可再生能源的结合。例如，当风能或太阳能输出过剩时，可以利用氢能技术将多余的能量储存下来，待需要时再进行释放出来。

总的来说，氢能与碳中和密切相关。氢能具有低碳特性，可以显著地减少碳排放。同时，氢能在交通、能源储存和工业生产等领域的应用，使其成为实现碳中和的重要手段之一。在未来，随着氢能技术的不断发展和完善，氢能与碳中和的关系将会更加密切，成为解决能源和环境问题的重要选择之一。

4. 氢能与碳中和的挑战

（1）氢能生产成本高。目前，氢能的生产成本仍然较高，难以与传统燃料竞争。这主要是因为氢气生产需要消耗大量电能，电价的高低直接影响氢气生产的成本。

（2）氢气存储难度大。氢气具有极高的挥发性和易燃性，需要进行高压储存或液化储存，导致存储和运输成本较高。

（3）碳捕集和储存技术不成熟。目前，碳捕集和储存技术还不够成熟，技术成本高、安全性难以保障，加之政策支持不足，这些因素都成为碳中和实现的难点。

（4）需要大量的清洁电力。氢气生产需要消耗大量清洁电力，但当前可再生能源的输出波动性较大，难于稳定供应足够的电力，这限制了氢能在碳中和中的应用。

（五）碳中和与火力发电

火力发电是指通过燃烧化石燃料（如煤炭、天然气、石油等）产生高温高压的蒸汽或燃气，带动汽轮机或燃气轮机旋转发电的过程。火力发电是目前全球电力生产的主要方式之一，但同时也是温室效应气体排放的主要来源之一。

1. 火力发电与碳中和

（1）各类发电系统的二氧化碳排放量。电力是工业的核心，也是国民经济中不可缺少的重要"产品"，同时也是排放二氧化碳最大的关键行业。因此，电力部门面临严峻的形势：一方面需要满足社会日益增长的电力需求，另一方面需要大幅减少二氧化碳的排放。

通过调整发电结构、提高能效，以及推广可再生能源，电力行业可以在满足电力需求的同时，逐步实现碳中和目标。

根据日本中央电力研究所的数据，各类发电系统的二氧化碳排放量指标如表 4.1-1 所示。

表 4.1-1 各类发电系统二氧化碳排放量指标

序号	项目名称		二氧化碳排放指标（g/kWh）		
			间接	直接	总量
1	风力发电	40MW 海上	24.0	—	24.0
		40MW 陆上	26.5	—	26.5
		陆上一台机组	25.7	—	25.7
2	光伏发电	商用光伏发电	58.6		58.6
		家用光伏发电	38.0		38.0
3	地热发电		13.1	—	13.1
4	中等规模水力发电		10.9	—	10.9
5	核电站		19.4	—	19.4
6	LNG 火力发电		128.9	470.1	599.0
7	LNG 联合循环发电	≤1200℃	105.5	405.7	511.2
		1300℃	93.9	362.0	455.9
		1500℃	83.6	346.5	430.1
8	燃油火力发电		42.4	695.6	738.0
9	燃煤火力发电	燃煤超临界火力发电	80.0	886.1	966.3
		燃煤超超临界火力发电	71.3	809.7	881.0

（2）化石燃料污染物排放量。化石燃料燃烧时，污染物排放量比例如表 4.1-2 所示。

表 4.1-2 化石燃料燃烧时污染物排放量比例

序号	燃料	二氧化碳 CO_2（%）	硫氧化物 SO_x（%）	氮氧化物 NO_x（%）
1	煤炭	100	100	100
2	石油	80	68	71
3	天然气	57	0	30
4	LNG	44	0	20

如表 4.1-1、表 4.1-2 所示，燃煤发电是二氧化碳等污染物最多的发电形式。在我国电力行业中，煤炭需求约占总需求的比例高达 43%；而钢铁和其他工业占 35%；建筑业占 14%。特别是在火力发电系统中，燃煤火力发电占据主导地位，大约占 60%。

值得注意的是，燃煤火力发电产生的二氧化碳排放量占我国总排放量的比例高达45%～50%。

2020年，我国的发电量为77790.6亿kWh，其中火力发电量为53302.5亿kWh。若以燃煤火力发电的二氧化碳排放量指标平均为900g/kWh计算，火力发电所产生的二氧化碳排放量约为48亿t。基于这些数据，我国的总二氧化碳排放量约为100亿t。

此外，还可以从煤炭消耗量来估算二氧化碳的排放量。2020年，国内煤炭产量为39亿t，消费量为40.4亿t，将这些煤炭折算为标准煤后约为30亿t。若以每吨标准煤燃烧产生2.65t二氧化碳为基准，那么由此产生的二氧化碳排放量约为82亿t。考虑到我国的二氧化碳排放主要来源于化石能源，占比约90%，而煤炭在化石能源中的二氧化碳排放量又占据约90%的比例，因此可以估算出我国的总二氧化碳排放量也大约是100亿t。

通过两种不同的估算方法，得出的结果非常接近，都指向了约100亿t的二氧化碳排放量。

鉴于我国能源结构长期以煤炭为主导，这一状况导致了极高的二氧化碳排放量，使我国成为全球二氧化碳排放的主要贡献者，约占2020年全球排放总量的29%，排放量超过美国的两倍，更是欧盟的三倍之多。面对如此严峻的形势，电力行业作为我国能源消费和排放的主要领域之一，在实现碳中和目标的道路上无疑面临着巨大的挑战。这不仅要求深刻反思当前的能源利用模式，更需要积极寻求创新解决方案，推动能源结构的绿色转型，以实现电力行业的可持续发展。

2. 火力发电系统减少二氧化碳排放

为了长期保障能源供需，提高火力发电的效率，大幅度减少燃煤火力发电的二氧化碳排放是当务之急。为了实现火力发电系统的碳中和，国内外已经出现了一些减少二氧化碳排放的措施，包括提高火力发电的效率、减少二氧化碳的排放量，以及采用封存二氧化碳及碳循环技术。

（1）提高发电效率。为了尽力减少二氧化碳的排放量，首先需要减少能源的消耗量，即节能。可以考虑采取节约用电等措施，即使是对于能源效率高的产品，也可以抑制能源消耗。但仅凭此方法很难将能源使用量降至零，因此无法实现碳中和。

（2）减少CO_2排放指标。在电力部门，为了实现电源的脱碳化，可以利用可再生能源、核电以及二氧化碳捕集、封存和利用技术以及碳循环的火力发电等方法。为了达到电力部门的碳中和目标，即单位二氧化碳排放为零，需要大力削减二氧化碳的排放量。若能够降低二氧化碳排放系数，则也能够减少总体的二氧化碳排放量。

（3）大力引进可再生能源发电。截至2020年，我国新能源发电装机容量累计达到5.2亿kW，同比增长29%，占全国总装机容量的比重达到24.3%，连续五年位居世界第一。其中，风电并网容量为28153万kW，太阳能并网容量为25343万kW，分别占全部发电并网容量的12.8%和11.5%。

3. 火力发电系统的二氧化碳排放整体为零

为了实现碳中和的目标，以下几个方面至关重要：①节约能源，提高能源效率；②减少二氧化碳排放；③推动工业和商业领域的电气化；④应用负排放技术。此外，关键技术是将火力发电厂排放的二氧化碳量减少至接近零，通过开发二氧化碳分离、回收和再利用的循环技术来实现。燃煤火力发电和天然气火力发电是共同的基础技术。为了加快整体技术发展，需要综合各自的技术优势，推进与火力发电相关的技术开发。同时，通过综合管理新一代火力发电技术的相关项目，并共享开发成果，优化资源配置，利用这些项目的开发成果，以提高火力发电效率及减少二氧化碳排放量。

同时，促进可再生能源的大规模利用以及安全可靠的核能发电，为减少温室气体排放，实现碳中和目标做出应有的贡献。

4. 积极推进氨、氢等能源的利用

为了推动脱碳型火力发电，需要积极推进氨、氢等能源的利用。火力发电在应对可再生能源负荷变化和保障能源安全方面发挥了关键作用。为实现脱碳型火力发电的目标，应该着力发展氢、氨等替代能源。此外，碳循环产业也是实现碳中和的重要领域。

为了确立提高发电效率的技术和应对负荷变化的调节能力，需要研发新一代火力发电技术，并提升二氧化碳分离回收技术的效率和降低成本。目标是减少二氧化碳排放，推动碳循环技术的创新，实现二氧化碳的有效利用。这需要转变思维方式，与新技术发展联系起来，促进产业结构和社会的变革。

绿色成长战略是实现这一目标的关键。要实现碳中和，需要从根本上改变产业界的商业模式和战略。企业应抓住这个机遇，进行创新。政府在支持创新挑战的企业方面扮演着不可或缺的角色。

在电力部门，脱碳化是至关重要的。应最大限度地利用可再生能源，降低成本，并积极利用蓄能技术和蓄电池等进行调节。因此，培育太阳能和风能，尤其是海上风电和蓄能产业，变得至关重要。

总之，回收二氧化碳对于火力发电至关重要。需要根据地方情况开发技术，努力降低成本。扩大可再生能源的使用，并将氢能及其载体发电作为首选。在增加供给和

需求的同时，需要建设基础设施并降低成本。因此，需要创造氢能产业，并发展碳循环产业和氢能载体燃料氨等相关产业。

5. 国际能源署发布的承诺设想（APS）

国际能源署（IEA）发布的承诺设想（APS）提出了一个未来的能源世界，强调了已宣布的各项承诺和目标的及时充分执行。还参考了最新的《到2050年净零排放设想》，该设想详细描述了能源部门实现净零排放的成本有效途径，并设法限制到2100年全球平均气温上升1.5℃的可能性达到50%。将这些设想与国家既定政策（STEPS）情景进行了比较，后者反映了当前政策和措施。

6. 国际能源署发布的净零排放设想（NZE）

国际能源署发布的净零排放设想（NZE）显示，在这一情景下，低排放的电力来源，如可再生能源、核能、CCUS技术的化石燃料发电厂、氢和氨等，将迅速扩张。到2025年之后，化石燃料的使用量不会减少，到2030年将占总发电量的3/4，几乎是2021年的两倍。

针对发达经济体的电力部门，在2035年净零排放（NZE）情景下的排放量，以及全球范围内2040年的排放量来源，提供了几乎所有发电需求（见图4.1-2）。这使得电力成为在净零排放情景下达成净零排放目标的关键部门，有助于实现其他部门的减排。因为其他部门越来越多地依赖电力来满足不断增长的能源需求。

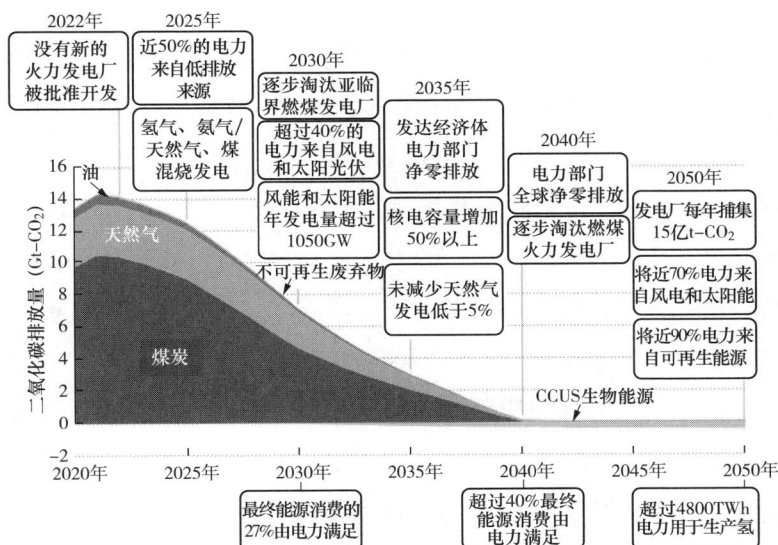

图 4.1-2　电力行业的 CO_2 排放源变化设想

注　资料来自 IEA World Energy Outlook 2022。

根据国际能源署（IEA）2020～2050 年净零排放情景设想，电力行业的 CO_2 排放源变化如图 4.1-2 所示。

在净零排放情景下，可再生能源将迅速成为全球电力部门的主要能源来源。可再生能源在发电中的比例预计将从 2021 年的 28% 增加到 2030 年的 60% 以上，并在 2050 年接近 90%。

到 2030 年，可再生能源的总装机容量预计将增加两倍，到 2050 年将增加至现有的 7 倍。每年可再生能源发电能力的增长预计将呈现出指数级增长，从 2021 年的 290GW 增加到 2030 年的接近 1200GW，随后从 2031 年到 2050 年的平均增长将超过 1050GW。

太阳能光伏和风能将成为减少电力行业排放的主要手段。它们占全球发电量的比例预计将从 2021 年的 10% 增加到 2030 年的 40%，并在 2050 年增加至 70%。到 2030 年，太阳能光伏发电容量预计将增加至四倍以上，达到 650GW；风能发电容量将超过 400GW，其中 20% 以上来自于发展中的海上风电行业。

到 2030 年，水电和其他可调度可再生能源的容量预计将增加至两倍以上，超过 125GW。这将有助于减少排放，并提供低排放的方式来整合越来越多的太阳能光伏和风能。

目前，燃煤火力发电是主要的火力发电方式，同时也是二氧化碳排放的主要来源之一。每吨煤炭燃烧所产生的二氧化碳排放量约为 2.65t-CO_2/t 标煤。此外，燃煤火力发电还会排放大量的二氧化硫、氮氧化物、颗粒物等其他污染物，对环境和人类健康造成严重的影响。

为了减少二氧化碳排放并应对全球气候变化的挑战，必须逐步解决燃煤发电厂排放温室气体的问题。但实现这一目标并不容易，因为煤炭一直是发电的基本组成部分。截至 2021 年，煤炭火力发电厂提供了全球 36% 的发电量，占全球煤炭消费量的 65%；排放了 105 亿 t 二氧化碳，占全球能源相关二氧化碳排放量的 29%。2021 年，电力部门使用的煤炭消费量中，90% 以上用于发电，其余用于生产热能。全球趋势主要由新兴市场和发展中经济体推动，这些国家对电力的需求继续强劲增长，目前全球煤电厂容量的四分之三位于这些国家，其中一半以上位于我国。

最近的趋势凸显了电力部门摆脱煤炭的挑战。由于新冠肺炎疫情，电力需求减少了 5%，但煤炭火力发电量并未减少，反而在 2021 年增加了 7%，达到 10200TWh，创下历史最高纪录。煤炭满足了 2021 年电力需求增长的约一半。

2022 年上半年的预测显示，全球煤炭发电量保持稳定，有迹象表明，全球煤炭发电量可能在 2022 年下半年上升，因此，2022 年有可能创下煤炭火力发电量连续增长的新纪录。

（六）我国发展可再生能源措施

我国为了实现碳中和，制定了一系列发展可再生能源的措施。国家发展改革委、国家能源局等 9 个部门共同印发了《"十四五"可再生能源发展规划》（发改能源〔2021〕1445 号），提出了两个主要方面的目标：

（1）夯实能源转型基础，在不到 10 年的时间内，我国必须优先考虑可再生能源的发展，加快其发展速度，使其成为能源消费增量的主力军。

（2）提升技术和市场竞争力：可再生能源领域需实现技术的持续进步、成本的持续下降、效率的持续提高和竞争力的持续增强，达到无补贴平价甚至低价的市场化发展。同时，加快解决高比例消纳、关键技术创新及产业链供应链的安全、稳定性和可靠性等关键问题，进一步提高质量和效益。

（3）在高质量跃升发展的新阶段，我国可再生能源发展将展现新气象。在"十四五"时期，我国可再生能源已经站在新的历史起点上，将呈现以下特征：

1）大规模发展：进一步加快提高发电装机占比。

2）高比例发展：将能源电力消费增量的主要部分转变为可再生能源，快速提升其在能源电力消费中的占比。

3）市场化发展：从依靠补贴支撑转变为平价低价发展，从政策驱动转变为市场驱动。

4）高质量发展：既要大规模开发，又要高水平消纳，以确保电力的稳定可靠供应。

为实现可再生能源的高质量跃升发展，《规划》明确锚定碳达峰和碳中和目标，紧紧围绕 2025 年非化石能源消费比重达到约 20% 的要求展开工作，目标是 2025 年可再生能源消费总量达到约 10 亿 t 标准煤，占一次能源消费的约 18%。

规划明确，到 2025 年，可再生能源年发电量达到约 3.3 万亿 kWh，风电和太阳能发电量实现翻倍；全国可再生能源电力总量和非水电消纳责任权重分别达到约 33% 和 18%，利用率保持在合理水平；太阳能热利用、地热能供暖、生物质供热、生物质燃料等非电能利用规模达到 6000 万 t 标准煤以上。

这些目标是综合考虑了各类非化石能源的资源潜力、重大项目前期工作进度以及开发利用经济性等多种因素确定的，为实现 2025 年非化石能源消费占比约 20% 和 2030 年约 25% 的目标奠定了坚实基础。

二、新一代火力发电技术概要

目前，全球范围内都在积极探索新一代发电技术，以提高发电效率并降低二氧化碳排放。以下是对几种关键技术的简要介绍：

（一）先进的超超临界燃煤火力发电技术（A-USC）

（1）技术特点：A-USC 技术作为超超临界技术的升级版，采用高温、高效率汽轮机，使蒸汽温度超过 700℃。该技术的关键在于耐高温大口径管道的研发和应用。

（2）技术成熟时间：该技术在 2016 年（日本）得到了实质性突破和应用。

（3）送电端效率：A-USC 技术的送电端效率高达 46%，相较于传统燃煤发电技术有了显著提升。

（4）CO_2 排放指标：虽然 A-USC 技术相较于传统燃煤发电技术更为环保，但其 CO_2 排放指标仍为 710g-CO_2/kWh，仍需要进一步降低。

（5）建设成本：由于 A-USC 技术采用了先进的耐高温大口径管道等关键设备，其建设成本与传统超超临界发电技术相近。

先进的超超临界 A-USC 发电系统示意如图 4.1-3 所示，高温大口径管道如图 4.1-4 所示。

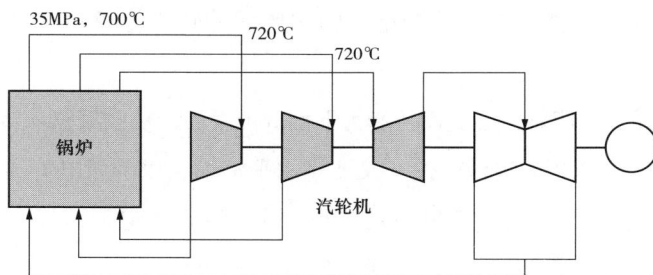

图 4.1-3　先进的超超临界 A-USC 发电系统示意图

注　资料来自日本次世代火力発電の早期実現に向けた協議会"次世代火力発電に係る技術ロードマップ 技術参考資料集"2017 年。

图 4.1-4　高温大口径管道

注　资料来自日本次世代火力発電の早期実現に向けた協議会"次世代火力発電に係る技術ロードマップ 技術参考資料集"2017 年。

（二）煤气化-燃料电池联合循环（IGFC）发电技术

煤气化-燃料电池联合循环发电技术（IGFC）系统示意图如图 4.1-5 所示。

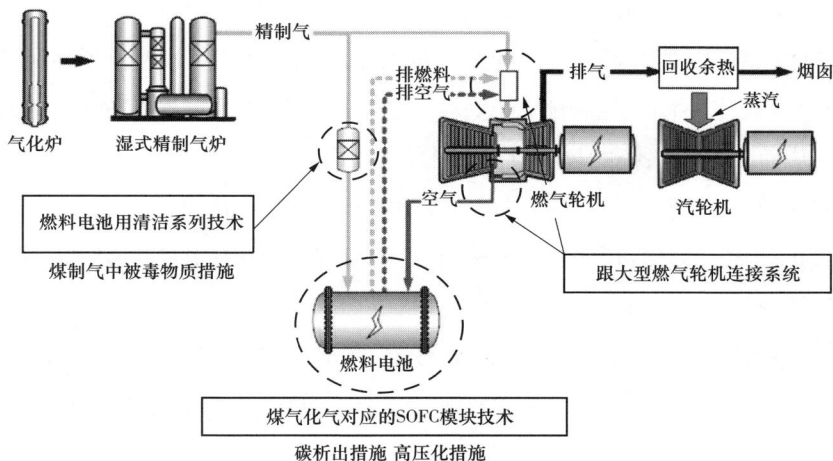

图 4.1-5　煤气化-燃料电池联合循环发电技术（IGFC）系统示意图

注 资料来自日本次世代火力発電の早期実現に向けた協議会"次世代火力発電に係る技術ロードマップ 技術参考資料集"2017 年。

（1）技术概要：IGFC 技术是一种先进的发电系统，它采用煤气化后的气体作为燃料，通过燃料电池、燃气轮机和汽轮机的三重联合循环，实现高效能源转换和发电。

（2）技术特点：在燃煤火力发电技术中，IGFC 技术能够实现最高的能源转换效率，并且在广泛的负荷范围内仍能维持高效率运行。这种技术不仅提高了发电效率，还减少了能源浪费。

（3）技术确立时期：预计 IGFC 技术将在 2025 年达到商业化应用的阶段，届时将成为电力工业的重要选择之一。

（4）送电端效率：IGFC 技术的送电端效率高达 55%，这意味着它能够更有效地将燃料中的化学能转化为电能，减少能源损失。

（5）CO_2 排放指标：采用 IGFC 技术发电时，其 CO_2 排放指标为 590g-CO_2/kWh，相较于传统火力发电技术，有着更低的碳排放，有利于应对全球气候变化挑战。

（6）建设成本：随着技术的不断成熟和规模化生产，IGFC 技术的建设成本将逐渐降低，最终与常规火力发电相当。这将进一步推动该技术的普及和应用。

（三）闭合式 CO_2 回收型新一代 IGCC 技术

（1）技术概要：该技术包括燃气轮机（GT）、汽轮机（ST）、发电机（G）和二氧化碳再循环技术。通过该技术，废气中的二氧化碳被高效回收并用作氧化剂，在气化炉或燃气轮机中参与联合循环发电过程。

（2）技术特点：这种创新型发电系统具备在二氧化碳回收的同时保持高效率发电的能力。该技术通过在气化炉和燃气轮机中利用水蒸气与主要由二氧化碳组成的循环废气混合（O_2/CO_2 废气吹煤气化炉和循环废气中的混合氧气），显著提高了气化效率。与传统的 IGCC 技术不同，这种闭合式 CO_2 回收型 IGCC 技术无需额外的回收设备和移位反应器，从而降低了系统的复杂性和成本。

（3）技术确立时期：预计该技术将在 2035 年实现商业化应用。

（4）发电效率：即使进行二氧化碳回收后，该技术的发电效率仍能达到 42%，体现了其高效能源转换的能力。

（5）二氧化碳分离和回收成本：随着技术的不断成熟和优化，二氧化碳的分离和回收成本已经从原先的 3 日元/kWh 降低到了 2 日元/kWh，为大规模应用提供了经济上的可行性。

下一代闭式 CO_2 回收型 IGCC 技术系统示意图如图 4.1-6 所示。

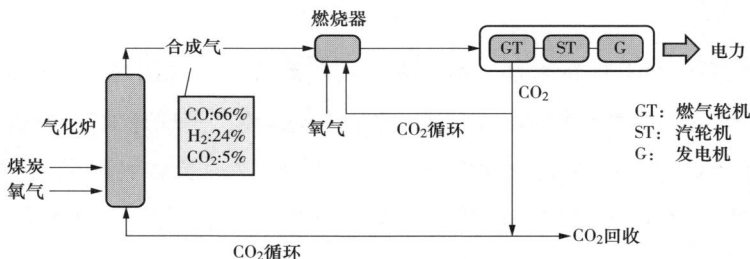

图 4.1-6　下一代闭式 CO_2 回收型 IGCC 技术系统示意图

注　资料来自日本次世代火力発電の早期実現に向けた協議会"次世代火力発電に係る技術ロードマップ 技術参考資料集"2017 年。

（四）蒸汽喷流床气化发电技术

（1）技术概要：蒸汽喷流床气化发电技术是一种创新的 IGCC 系统应用技术，该技术将燃气轮机排放的热量产生的水蒸气直接添加到喷流床气化炉中，以提高整个系统的能源利用效率。

（2）技术特点：通过将水蒸气作为气化剂送入喷流床气化炉中，该技术能够显著降低氧气消耗比，从而有效提高煤气化的效率。这不仅减少了能源消耗，还降低了生产成本，提高了系统的经济性。

（3）技术确立时期：经过持续的研发和试验，预计蒸汽喷流床气化发电技术将在

2030 年左右实现商业化应用，为能源行业带来革命性的变化。

（4）二氧化碳排放指标：该技术在提高能源利用效率的同时，也注重环保性能。根据初步评估，其二氧化碳排放指标约为 $570g\text{-}CO_2/kWh$，相较于传统发电技术，具有更低的碳排放水平。

（5）送电端效率（HHV）：蒸汽喷流床气化发电技术的送电端效率（基于高位热值计算）预计将达到约 57%，这一高效能源转换效率将使得该技术成为能源行业的重要选择之一。

（6）发电成本：预计商用机器的发电成本将与超临界机组相当，这意味着该技术不仅具有环保优势，还具有良好的经济性和市场竞争力。随着技术的不断成熟和规模化生产，其成本有望进一步降低，为更广泛的应用提供可能。

蒸汽喷流床技术系统示意图如图 4.1-7 所示。

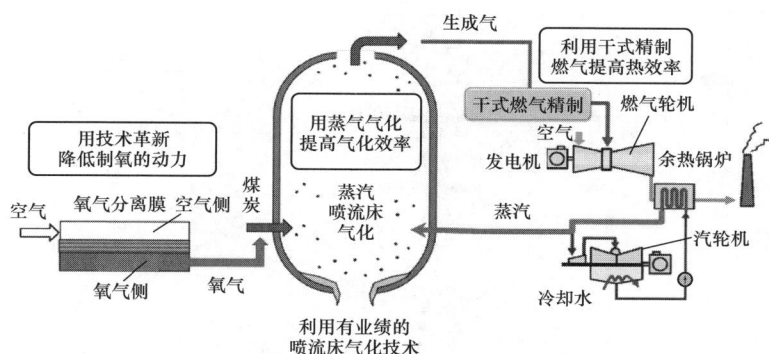

图 4.1-7　蒸汽喷流床技术系统示意图

注 资料来自日本次世代火力発電の早期実現に向けた協議会 "次世代火力発電に係る技術ロードマップ 技術参考資料集" 2017 年。

（五）燃气轮机-燃料电池联合循环发电技术（GTFC）

（1）技术概要。燃气轮机-燃料电池联合循环发电技术（GTFC）是一种先进的能源转换技术，它巧妙地结合了燃料电池和燃气轮机的工作原理。该技术首先利用燃料电池将氢气转化为电能，并将燃料电池发电后产生的残余气体供给燃气轮机进行二次发电。同时，该技术还利用燃气轮机发电过程中产生的废热来驱动汽轮机，实现燃料电池、燃气轮机和汽轮机的三重复合发电，从而大大提高了能源利用效率。

（2）技术特点。GTFC 技术在特征气体火力发电技术中实现了最高效率化，其独特的能源转换方式使得该技术能够在广泛的功率范围内保持高效率。这一特点使得 GTFC 技术在电力供应中具有较强的灵活性和适应性。

（3）技术确立时期。随着科技的不断进步和能源需求的日益增长，预计 GTFC 技术将在 2025 年左右实现商业化应用，为能源行业带来新的变革。

（4）CO_2 排放系数。GTFC 技术注重环保性能，其 CO_2 排放系数约为 280g-CO_2/kWh，相较于传统发电技术具有更低的碳排放水平，有助于减缓全球气候变化。

（5）送电端效率（HHV）。基于高位热值（HHV）计算，GTFC 技术的送电端效率预计将达到约 63%，这一高效能源转换效率使得该技术成为能源行业的重要选择之一。

（6）成本预测。随着技术的不断成熟和规模化生产，预计 GTFC 技术的成本将进一步降低。根据初步预测，批量生产后的 GTFC 技术与现有机型的初始成本相当，这使得该技术具有较强的市场竞争力。

燃气轮机-燃料电池联合循环发电技术如图 4.1-8、图 4.1-9 所示，展示了其独特的能源转换流程和高效能源利用方式。

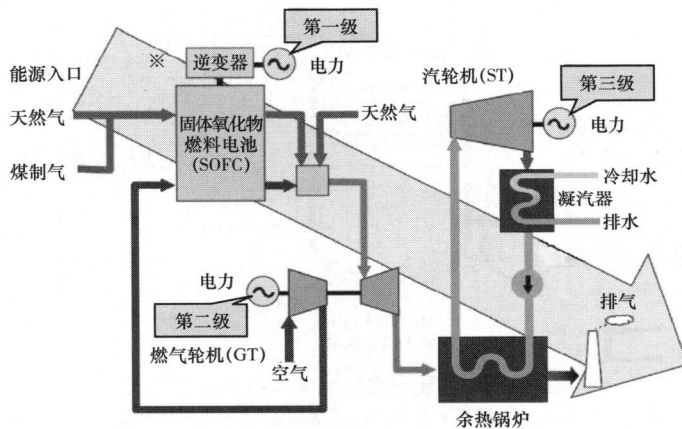

图 4.1-8　燃气轮机-燃料电池联合循环发电技术（GTFC）

注 资料来自日本次世代火力発電の早期実現に向けた協議会《次世代火力発電に係る技術ロードマップ 技術参考資料集》2017 年。

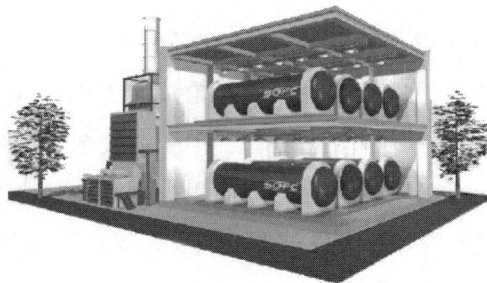

图 4.1-9　燃气轮机-燃料电池联合循环发电技术

注 资料来自日本次世代火力発電の早期実現に向けた協議会"次世代火力発電に係る技術ロードマップ 技術参考資料集"2017 年。

三、氢能及氢能载体发电技术概要

（一）氢能混烧发电技术概要

（1）技术概要：氢能混烧发电技术是一种创新的发电方式，它通过将氢气与天然气混合后进行燃烧以产生电能。这种技术结合了氢能的清洁性和天然气的广泛可用性，旨在提高能源利用效率和降低环境污染。

（2）技术特点：该技术采用干式低氮（DLN）混合燃烧方式，这种燃烧方式能够显著降低燃烧过程中产生的氮氧化物排放，同时大幅减少二氧化碳的排放量。这种环保特性使得氢能混烧发电技术成为应对气候变化和推动绿色能源发展的重要选择。

（3）技术确立时期：随着环保意识的日益提高和清洁能源技术的不断发展，氢能混烧发电技术已经逐渐成熟，预计将在 2020 年左右实现商业化应用。

（4）CO_2 排放系数：氢能混烧发电技术的 CO_2 排放系数约为 $305g-CO_2/kWh$，相较于传统火力发电技术具有更低的碳排放水平，有助于减少温室气体排放并应对全球气候变化。

（5）送电端效率（HHV）：基于高位热值（HHV）计算，氢能混烧发电技术的送电端效率约为 52%，这一高效能源转换效率使得该技术具有较高的经济效益和市场竞争力。

（6）成本预测：随着技术的不断成熟和规模化生产，预计氢能混烧发电技术的成本将进一步降低。批量生产后，该技术将与以往机型具有相同的发电效率，但具有更低的碳排放和更好的环保性能，从而为用户带来更大的价值。

（二）氢能专烧发电技术概要

（1）技术概要：氢能专烧发电技术是指完全使用氢气作为燃料进行燃烧以产生电能的技术。这种技术充分利用了氢气的清洁能源属性，为实现零碳排放的电力生产提供了可能。

（2）技术特点：氢能专烧发电技术的燃烧器采用先进的多簇喷嘴燃烧方式，这种方式能够确保氢气的充分燃烧，提高能源利用效率。更重要的是，由于氢气燃烧只产生水蒸气，因此该技术完全没有二氧化碳排放，具有极高的环保性能。

（3）技术确立时期：氢能专烧发电技术的燃烧器采用先进的多簇喷嘴燃烧方式，这种方式能够确保氢气的充分燃烧，提高能源利用效率。更重要的是，由于氢气燃烧只产生水蒸气，因此该技术完全没有二氧化碳排放，具有极高的环保性能。

（4）CO_2 排放系数：由于氢能专烧发电技术完全不产生二氧化碳排放，因此其 CO_2 排放系数为 0，这是该技术最显著的环保优势。

（5）送电端效率（HHV）：基于高位热值（HHV）计算，氢能专烧发电技术的送电端效率约为 55%，显示出该技术高效能源转换的特点。

（6）成本预测：当氢气出厂价格为 30 日元/m^3（标况下）时，经过详细分析预测，氢能专烧发电技术的发电成本约为 17 日元/kWh，这使得该技术在经济上也具有较强的竞争力。

三菱日立动力公司在氢能专烧发电技术方面取得了重要进展，其 500MW 级氢混烧试验燃气轮机及其系统、500MW 级氢混烧试验设备（见图 4.1-8、图 4.1-9）展示了该公司在氢能技术领域的研发实力和创新能力。这些设备和系统的成功试验，为氢能专烧发电技术的商业化应用奠定了坚实基础。

三菱日立动力公司的 500MW 级氢混烧试验燃气轮机及其系统、500MW 级氢混烧试验设备见图 4.1-10、图 4.1-11。

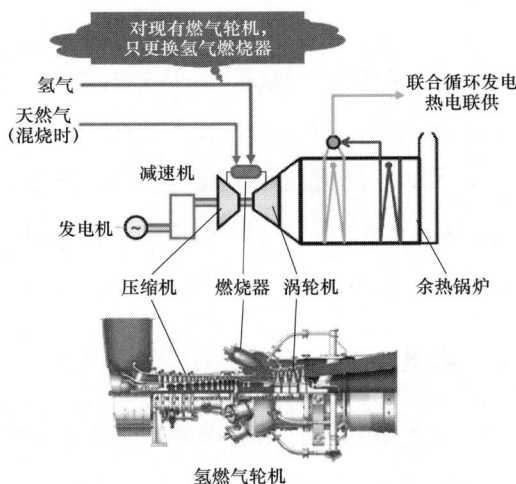

图 4.1-10　三菱日立动力公司的 500MW 级氢混烧试验燃气轮机及其系统

（三）氢能载体氨混烧、专烧发电技术概要

1. 燃气轮机氨混烧专烧发电技术概要

（1）技术概要：该技术主要涉及燃气轮机对氨气和天然气的混合燃烧，以及纯氨的燃烧发电。通过优化燃烧过程，实现了氨气和天然气的高效转换，以产生电能。

图 4.1-11 三菱日立动力公司的 500MW 级氢混烧试验设备

（2）技术亮点：三菱燃气轮机公司已于 2020 年 10 月成功实现了氨气与天然气70% 混烧比例的稳定燃烧，并显著抑制了 NO_x 的产生。该公司仍在持续研发中，致力于实现氨气的完全专烧于燃气轮机，以进一步减少有害排放并推动技术的商业化进程。

（3）技术成熟预计时间：2025 年。

（4）CO_2 排放系数：理论上，氨气燃烧过程中产生的 CO_2 排放系数极低，接近 0。然而，实际排放系数可能受多种因素影响，具体数值需根据实际应用场景进行评估。

（5）送电端效率（HHV）：在标准高热值（HHV）条件下，该技术的送电端效率预计约为 55%。这一效率水平在同类技术中属于较高水平，有助于提升整体能源利用效率。

（6）成本预测：随着技术的不断成熟和批量生产，预计该技术的发电效率将与以往机型相当，同时成本也将逐渐降低至与现有技术相当的水平。这将有助于推动该技术的广泛应用和市场竞争力。

2. 大型燃气轮机氨专烧发电技术概要

（1）技术概要：大型燃气轮机采用氨气热分解技术，通过分解氨气产生氢气，进而利用氢气进行燃烧发电。这种技术提供了一种高效且环保的能源转换方式。

（2）技术特点：本技术采用催化剂，在燃气轮机的高温余热条件下进行氨气分解，由于该反应会增加生成氢气的热量，这部分热量能够进一步增加生成氢气的能量，从而从原理上不会降低燃气轮机的整体效率。

（3）技术成熟预计时间：预计该技术将在 2025 年实现商业化应用，并在市场中确立其地位。

（4）CO_2 排放系数：由于该技术采用氨气作为燃料，其燃烧过程中几乎不产生二氧化碳排放，因此 CO_2 排放系数接近 0。

（5）送电端效率（HHV）：在标准高热值（HHV）条件下，该技术的送电端效率预计约为 55%，这一效率水平在同类技术中处于领先水平。

（6）成本预测：随着技术的不断成熟和批量生产，预计该技术的成本将逐渐降低，同时保持与以往机型相同的发电效率。这将有助于推动该技术的广泛应用，提升市场竞争力。

3. 燃煤发电厂氨混烧 20% 发电技术概要

（1）技术概要：本技术通过在已有的 1000MW 级商用煤炭火力发电设备中引入氨燃烧器，实现了与煤的混烧。这一创新方法不仅保留了燃煤发电的高效性，同时有效减少了约 20% 的二氧化碳排放量，为燃煤发电厂的环保转型提供了可行方案。

（2）技术特点：本技术通过在已有的煤炭火力发电设备中引入氨燃烧器，实现了与煤的混烧。这一创新方法不仅保留了燃煤发电的高效性，同时有效减少了约 20% 的二氧化碳排放量，为燃煤发电厂的环保转型提供了可行方案。

（3）技术成熟预计时间：该技术的商业化应用和推广计划设定在 2025 年，届时将有望在全球范围内得到广泛应用。

（4）CO_2 排放系数：采用 20% 氨混烧技术后，燃煤发电厂的 CO_2 排放系数预计约为 650g-CO_2/kWh（超超临界火力发电），相较于传统燃煤发电，减排效果显著。

（5）送电端效率（HHV）：该技术保持了现有的燃煤火力发电效率，即在保证环保减排的同时，不牺牲发电效率，确保了电力供应的稳定性和经济性。

（6）成本预测：随着技术的不断成熟和批量生产，预计该技术的成本将与以往机型相当，同时能够达到相同的发电效率。这将有助于推动燃煤发电厂的环保转型，提升整体竞争力。

（7）成本预测：随着技术的不断成熟和批量生产，预计该技术的成本将与以往机型相当，同时能够达到相同的发电效率。这将有助于推动燃煤发电厂的环保转型，提升整体竞争力。

燃煤发电厂氨混烧发电系统示意图如图 4.1-12 所示。

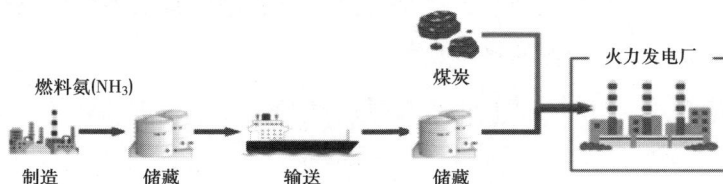

图 4.1-12　燃煤发电厂氨混烧发电系统示意图

四、新一代火力发电效率与 CO_2 排放系数汇总

（一）燃煤火力发电

汇总国内外新一代燃煤火力发电技术的发电效率及二氧化碳排放系数如表 4.1-3 所示。

表 4.1-3　　新一代燃煤火力发电技术的发电效率及二氧化碳排放系数

序号	名称	说明	送电效率（%）	CO_2 排放系数（g-CO_2/kWh）	技术确立时期（年）
1	超超临界燃煤火力发电	汽轮机发电	40	820	已实现
2	先进超超临界燃煤发电	高温高压汽轮机发电	46	710	已实现
3	煤气化-燃料电池联合循环发电	燃料电池、燃气轮机、汽轮机联合循环发电	55	590	2025
4	蒸汽喷流床煤气化发电	气化炉中添加水蒸气作气化剂，可以降低氧气比，提高气化效率	57	570	2030

（二）燃气轮机火力发电技术

汇总国内外新一代燃气轮机火力发电技术的送电效率及二氧化碳排放系数如表 4.1-4 所示。

表 4.1-4　　新一代燃气轮机火力发电技术的送电效率及二氧化碳排放系数

序号	名称	说明	送电效率（%）	CO_2 排放系数（g-CO_2/kWh）	技术确立时期（年）
1	利用高湿空气燃气轮机发电（AHT）	中小型单循环 LNG 发电	51	350	已实现
2	燃气轮机-燃料电池联合循环发电（GTCC-FC）	SOFC-MGT 混合动力系统	55	320	已实现
3	超高温燃气轮机发电（GTCC）	利用超高温（1700℃）联合循环发电	57	310	已实现
4	燃气轮机燃料电池联合循环发电（GTFC）	燃料电池、燃气轮机与汽轮机联合循环发电	63	280	2025

（三）氢能及氢能载体火力发电

汇总国内外新一代氢能及氢能载体发电技术送电效率及二氧化碳排放系数，见表 4.1-5。

表 4.1-5　　新一代氢能及氢能载体发电技术送电效率及二氧化碳排放系数

序号	名称	说明	送电效率（%）	CO₂ 排放系数（g-CO₂/kWh）	技术确立时期（年）
1	氢气 30% 混烧新型燃气轮机发电	燃烧器采用 DLN 混合燃烧方式	52	305	已经实现
2	氢气专烧新型燃气轮机发电	采用多簇预混合燃烧喷嘴燃烧器	55	0	2030
3	氨专烧燃气轮机	中小型机组氨专烧	55	0	2025
4	超超临界燃煤火力发电厂20%氨混烧发电	1000MW 现有燃煤锅炉煤和氨混烧	40	650	2025

第二节　二氧化碳捕集、封存及利用

随着全球人口和经济的不断增长，能源需求也在增加。当前，化石燃料仍是全球能源供应的基石。然而，化石燃料的燃烧不仅会产生大量的二氧化碳，还是导致温室效应和全球气候变化的主要元凶之一。二氧化碳作为主要的温室气体，其减排已成为全球范围内备受瞩目的议题。

火力发电，特别是依赖煤、石油等化石燃料的发电方式，是能源稳定、安全供给不可或缺的重要组成部分。然而这类发电方式同样伴随着高额的二氧化碳排放。如何在确保能源供应稳定与安全的同时，减少二氧化碳的排放，成为摆在我们面前的重大挑战。

为了应对这一挑战，众多国家和组织已经开始积极投入研发，并大力推广二氧化碳捕集、封存、利用及其再循环技术。这些技术旨在从源头上减少二氧化碳的排放，或者将其转化为有价值的资源加以利用，进而减缓气候变化，推动可持续发展的进程。

本节将详细介绍二氧化碳捕集、封存、利用及其再循环技术的核心原理、实施方法以及实际应用案例。还将分析这些技术在减缓气候变化、推动可持续发展等方面所发挥的积极作用，以期为全球能源结构的优化和环境保护提供有力的技术支撑。

一、二氧化碳捕集、封存、利用及其再循环技术

（一）二氧化碳捕集、封存、利用及其再循环技术概述

二氧化碳捕集、封存及利用的主要内容示意图如图 4.2-1 所示。

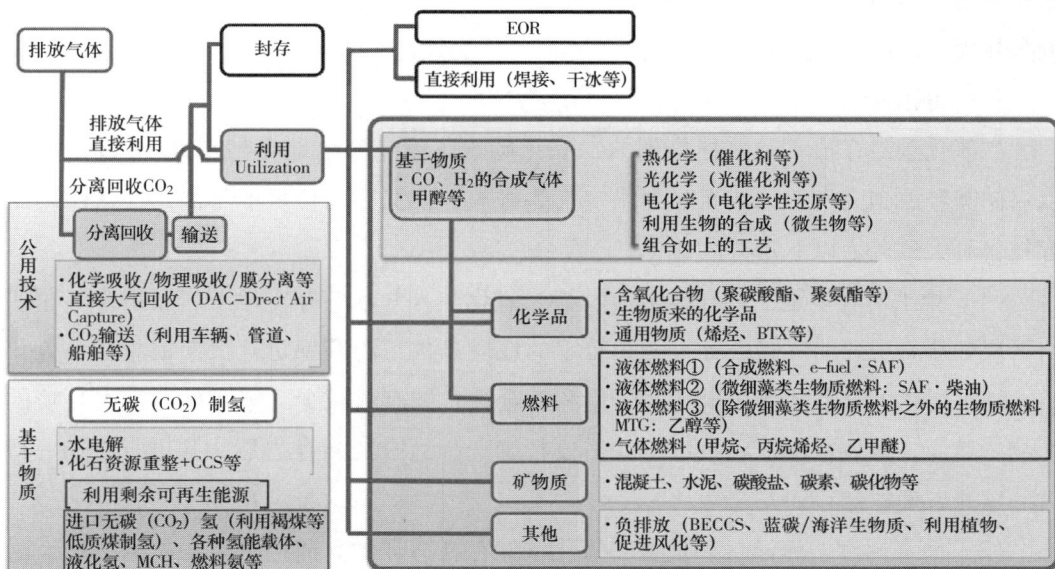

图 4.2-1　二氧化碳捕集、封存及利用的主要内容示意图

注 1. 资料来自日本经济産業省《カーボンリサイクル技術ロードマップ》2019 年 6 月。

2. EOR：石油增产（Enhanced Oil Recovery）；SAF：可持续航空燃料（Sustainable aviation fuel）；MTG：甲醇制汽油（Methanol to Gasoline）。

1. 二氧化碳捕集技术

二氧化碳捕集技术是通过化学或物理手段从燃料燃烧产生的废气中分离出二氧化碳，并将其转化为可封存或利用的形式。根据不同的分离方法，二氧化碳捕集技术可分为以下几种：

（1）吸收法。吸收法指的是一种技术，它利用吸收剂（如氨、二乙醇胺等）将废气中的二氧化碳捕集并转化为二氧化碳富集液。这种方法在化学工厂、发电厂等大型工业设施中尤为常见。其显著优势在于能够高效捕集大量的二氧化碳，且适应性强，可应对不同的工业流程和废气排放条件。然而，吸收剂的成本相对较高，且捕集后的二氧化碳需要经过进一步处理，方可进行封存或利用。

（2）膜分离法。膜分离法是利用特殊材料制成的半透膜，实现了废气中二氧化碳与其他气体的有效分离。该方法在小型至中型工业设施中颇受欢迎。其优点在于分离二氧化碳的效率高，同时操作简便、维护方便。然而，当处理大量气体时，需要更多的膜材料，导致成本上升。此外，膜材料在使用一定时间后需定期更换。

（3）沸石吸附法。沸石吸附法主要依沸石等吸附剂吸附废气中的二氧化碳。这种技术多应用于小型工业设施和船舶。沸石吸附法的优势在于吸附效率高，且操作简便、维护方便。然而，吸附剂在吸附饱和后需经常更换，且处理大量气体时，所需的吸附剂数量庞大，成本较高。

2. 二氧化碳封存技术

二氧化碳封存技术是将捕集到的二氧化碳永久地、安全地存储在地下或海洋中，以遏制其释放到大气中，从而减少温室气体排放。根据存储位置的不同，二氧化碳封存技术可大致分为以下几类：

（1）地下封存。地下封存技术涉及将二氧化注入并碳储存在地下岩石层中。这些岩石层如盐岩层、油气储层等，因其特定的地质条件，能够稳定且长期地封存二氧化碳。地下封存的显著优势在于其大容量和安全性，能有效减少二氧化碳对大气环境的影响。然而，该技术也面临挑战，如需要精确选择适合的封存岩层，并进行长期、持续的监测以确保储存的安全性。

（2）海洋封存。海洋封存是将二氧化碳储存在海洋中。通过特定的技术手段，通过将二氧化碳转化为液态或固态形式，随后释放到深海区域。这种封存方式的一大优势在于其不会对陆地环境产生直接影响，并可能对某些海洋生态系统产生积极效果。然而，海洋封存同样面临诸多挑战，包括需要深入研究海洋生态系统对二氧化碳输入的响应，以及如何确保储存过程的长期稳定性和安全性。长期、细致的监测和研究将是海洋封存技术成功的关键。

3. 二氧化碳利用技术

二氧化碳利用技术旨在将捕集到的二氧化碳转化为具有实际应用价值的化学品或燃料。根据利用方式的不同，二氧化碳利用技术可以细分为以下几类：

（1）化学品生产。二氧化碳可以作为重要原料用于化学品的生产原，例如合成氨、尿素、甲醇等。这些化学品在农业、化工等领域具有广泛的应用。通过催化等转化等化学反应，二氧化碳可以有效地转化为这些化学品的原料。化学反应，二氧化碳可以有效地转化为这些化学品的原料。

（2）燃料生产。二氧化碳可以与水反应，生成一氧化碳和氢气，随后，这些气体可用于生产燃料，例如甲醇、甲烷等。这种过程被称为人工光合作用，它需要外部能量的输入以推动反应的进行。通过这种方式，二氧化碳可以转化为可再生燃料，从而降低对化石燃料的依赖。

（3）建筑材料生产。二氧化碳可以用于生产建筑材料，例如钢筋混凝土、石膏板等。二氧化碳可以与氢氧化钙反应形成碳酸钙，然后利用碳酸钙生产建筑材料。这种方法可以将二氧化碳转化为有用的建筑材料，减少对传统建筑材料的依赖，有助于推动建筑行业的可持续发展。

4. 二氧化碳循环利用技术

二氧化碳循环利用技术是一种创新方法，旨在回收并重复利用已捕集的二氧化碳，从而最大限度地减少对环境的影响，并降低对新鲜二氧化碳的依赖。

二氧化碳循环利用技术的主要方法包括以下几种：

（1）生物循环。生物循环通过模拟自然过程，利用植物的光合作用将二氧化碳转化为有机物，并在后续的生态系统中通过呼吸作用或分解过程再次释放为二氧化碳。人们可以通过植树造林、保护森林和草地等生态修复措施来增强生物循环的效果，从而有效促进二氧化碳的回收与再利用。

（2）化学循环。化学循环通过化学反应将二氧化碳转化为有用的化学品，如甲醇、尿素等，并在后续的化学过程中再次将这些化学品转化为二氧化碳。这种方法需要催化剂和能量的支持，虽然成本较高，但能够有效实现二氧化碳的循环利用，减少对新鲜二氧化碳的需求，并降低环境污染。

（3）工业循环。工业循环则专注于在工业过程中将二氧化碳转化为有用的化学品或燃料，并在后续的工业过程中实现二氧化碳的再次利用。这通常需要高温、高压等特定条件来驱动反应，成本也相对较高。然而，通过工业循环，可以将二氧化碳转化为高附加值的产品，实现资源的有效利用和环境的可持续发展。

总的来说，二氧化碳捕集、封存、利用及其再循环技术是一种重要的环保策略，有助于减少对新鲜二氧化碳的需求，降低温室气体排放，并促进可持续发展。随着全球对气候变化问题的日益关注，这些技术的研究和应用将变得越来越重要。

然而，这些技术目前仍面临着一系列挑战。首先，二氧化碳的捕集成本高昂，这不仅需要庞大的能源投入，还依赖于先进的设备支持。其次，尽管二氧化碳的封存和利用技术展现出巨大的潜力，但它们的实际应用范围仍然有限，需要更深入的研究和技术突破。最后，二氧化碳的再循环技术也面临着规模化和商业化的挑战，这需要更多的投资和政策支持来推动其广泛应用。

尽管如此，二氧化碳的捕集、封存、利用及其再循环技术依然是减少碳排放和应对气候变化的关键工具。通过不断的研究和发展，这些技术有望在未来成为推动可持续发展的重要组成部分。

为了有效减少二氧化碳的排放量，并在其产生时进行回收、管理、封存和再利用，二氧化碳的回收再利用（CCU）方法成为应对人类活动导致的大量二氧化碳排放的重要手段。据估算，全球每年二氧化碳排放量高达约 300 亿 t，然而目前以尿素等原料形式有效利用的二氧化碳仅约为 2 亿 t，与巨大的排放量相比显得极为有限。

为了促进二氧化碳的回收和再资源化，迫切需要开发各种低成本且高效的转化技术。这将有助于更有效地应对气候变化挑战，推动社会的可持续发展。

5. 我国在碳捕集、封存和利用方面的努力

我国一直在积极探索碳捕集、封存和利用技术。2022 年 4 月 15 日，我国正式发布了《第四次气候变化国家评估报告》的特别报告——《中国碳捕集利用与封存技术评估报告》。该报告指出，碳捕集、利用与封存（CCUS）技术可以推动我国向低碳多元供能体系平稳转变，实现大规模、低碳的煤炭利用，对于满足减排需求并确保我国能源安全具有重要意义。CCUS 技术适用于电力、化工、水泥、钢铁等多个行业，在强力减排条件下，能够促进行业的低碳、可持续、稳定发展。

报告强调，CCUS 技术不仅是各国实现减排、加强气候治理、达成碳中和目标的关键技术，也是我国传统行业实现低碳转型的重要手段。近年来，我国在 CCUS 技术各个环节都取得了显著进展，但与国外相比，仍存在一些关键技术上的差距。目前，我国二氧化碳捕集技术的热耗量、电耗量和设备投资较高，导致总成本偏高。尽管我国已经陆续出台了一些政策，但激励政策、产业部署和管理体系仍有待完善。虽然 CCUS 技术在理论上具有巨大的减排潜力，但受制于各个环节关键技术的成熟度和经济性，目前减排潜力难以完全释放。然而，报告预测，在未来 10 年内，随着 CCUS 技术的不断发展和政策激励力度的增加，减排潜力有望逐步释放，到 2060 年，减排贡献将进一步增加。

同时，有关专家指出，《报告》全面评估了 CCUS 技术体系，对正确认识该技术的发展现状和指导下一步工作具有重要意义，并建议尽快编制中长期发展规划与年度计划，完善政策环境，推动 CCUS 技术的发展。

（二）利用催化剂转化二氧化碳的前沿技术

首先，让深入了解一下催化剂的基础概念及其在化学反应中的核心作用。随后，将详细探讨不同类型催化剂在二氧化碳转化中的独特作用与效果。

接下来，将聚焦在几种主要的催化剂上，包括高效稳定的氧化物催化剂、具有大比表面积和高度可调性的金属有机框架催化剂、具有出色吸附和催化性能的碳材料催化剂，以及环保且可持续的生物质催化剂。这些催化剂在二氧化碳转化过程中展现出不同的优势和潜力。

最后，将展望这一技术的未来发展方向。随着科研技术的不断进步和环境保护意识的提高，利用催化剂转化二氧化碳的技术将在未来得到更广泛的应用和发展，为解

决全球气候变化问题作出重要贡献。

1. 催化剂

催化剂是一种能够加显著速化学反应速率，而不参与反应最终产物生成的的物质。在化学反应中，催化剂充当了媒介的角色，它通过降低反应的活化能，从而更容易地启动并促进反应的进行。因此，使用催化剂可以显著降低反应所需的能量输入，同时提高整体反应速率。

催化剂的选择是一个精细的过程，它主要取决于特定的反应类型和反应物质的化学性质。催化剂可以是固体、液体或气体，但在许多工业应用中，固体催化剂因其易于操作、回收和再利用的特性而占据主导地位。

在选择催化剂时，还需要综合考虑其活性、稳定性和选择性。活性指的是催化剂促进反应进行的能力，稳定性则关系到催化剂在长时间操作或极端条件下的持久性。而选择性则是指催化剂在多种可能的反应路径中，优先促进某一特定反应路径的能力。这些属性共同决定了催化剂在实际应用中的性能和效率。

二氧化碳是碳化合物燃烧的最终产物之一，具有低反应性和高稳定性。从能量角度来看，物质的稳定性可以通过自由能来表征。如图 4.2-2 所示，二氧化碳的反应自由能 $\Delta G_{0f} = -394kJ/mol$，相较之下，甲醇 $\Delta G_{0f} = -166kJ/mol$，甲烷 $\Delta G_{0f} = -51kJ/mol$，乙烯 $\Delta G_{0f} = +68kJ/mol$。二氧化碳的自由能较低，表明其非常稳定。

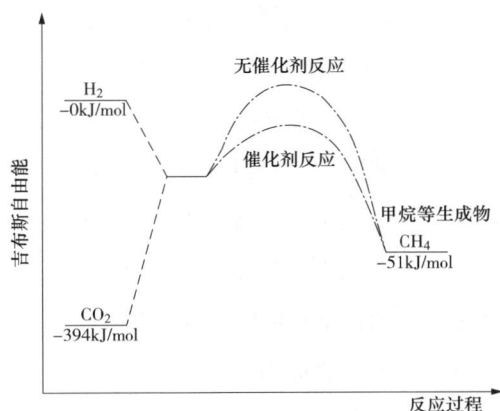

图 4.2-2　二氧化碳的能位及催化剂反应

注 资料来自大板煤气技术开发本部综合开发中心化学系统开发部，田博之，《二酸化炭素（CO₂）の再资源化に向けた触媒技术》。

为了从稳定的二氧化碳中合成高能位的碳化氢类物质，需要利用催化剂来提高二氧化碳的活性。如图 4.2-2 所示，化学反应的速率通常由能垒来决定，当能垒高时反应几乎无法进行，因此使用催化剂可以降低能垒，使反应更容易进行。此外，不同类型的催化剂会导致反应路径的变化，选择合适的催化剂可以控制反应过程，实现高效合成。

为了从稳定的二氧化碳中合成高能位的碳氢化合物，需要利用催化剂来提高。

例如，我们研究了以一氧化碳（CO）和氢（H_2）为原料合成甲烷和甲醇的反应。在这个反应中，一氧化碳原子会吸附在作为催化剂的金属表面上，当金属原子供给电子与一氧化碳结合时，反应会更容易进行。使用镍（Ni）作为催化剂时，电子供给较多，容易断开一氧化碳的结合，从而与氢反应，生成甲烷（CH_4）。另一方面，如果用铜（Cu）和锌（Zn）替代镍（Ni），由于断开一氧化碳的结合较困难，反应也就较难进行，无法生成甲烷，而是生成一些仍与一氧化碳结合的甲醇。通过改变催化剂的类型，较可以控制反应路径，从而高效合成所需的物质。在使用二氧化碳作为原料时，由于其反应性较低，需要使用催化剂来有效地断开二氧化碳中的 CO 键，这对于促进反应至关重要。

为了实现二氧化碳的资源化利用，致力于开发将天然气的主要组成部分甲烷转化为塑料和树脂原料，以及制造乙烯、丙烯等烯烃类化合物的技术。

2. 不同类型的催化剂在二氧化碳转化中的作用

不同类型的催化剂在二氧化碳转化中发挥着重要的作用。以下是一些常见的催化剂类型及其在二氧化碳转化中的应用。

（1）氧化物催化剂。氧化物催化剂是广泛使用的一类催化剂，在二氧化碳转化反应中常被采用。这些催化剂通常由过渡金属和非金属氧化物组成，例如铜、锌、铝等。氧化物催化剂能够促进二氧化碳的还原反应，将其转化为有机物。例如，铜催化剂是最为常见的氧化物催化剂之一，已被广泛用于二氧化碳的还原反应中。在这种反应中，铜催化剂通过捕集并激活二氧化碳分子，将其还原为甲酸或甲醇等有机化合物。

（2）金属有机框架催化剂。金属有机框架催化剂（MOF）是一种结构复杂的材料，由金属离子和有机分子组成。由于具有高度表面积和孔隙结构，MOF 催化剂在二氧化碳转化中表现出很高的活性。例如，Zr-MOF 和 Cr-MOF 等催化剂可以将二氧化碳转化为丙烯酸、苯甲酸等化合物。相比其他催化剂，金属有机框架催化剂具有更高的选择性和催化活性。

（3）碳材料催化剂。碳材料催化剂是一种新型的催化剂，能够将二氧化碳转化为烷烃、甲醇等高附加值的化学品。这些催化剂通常由活性炭、碳纳米管、碳纤维等碳材料组成。碳材料催化剂的优点在于其低成本、高效性和环境友好性。此外，通过调整碳材料的结构和表面化学性质，可以实现催化反应的选择性和稳定性。

（4）生物质催化剂。生物质催化剂是一种新型的催化剂，主要成分为天然材料和生物质化合物。与其他催化剂相比，生物质催化剂具有更高的环境友好性和生物兼容性。例如，使用生物质催化剂可以将二氧化碳转化为丁二酸、琥珀酸等有机酸。此外，生物质催化剂还可以通过生物转化来实现更高的选择性和催化效率。

3. 几种主要的催化剂

（1）铜催化剂。铜催化剂是最常用的催化剂之一，已被广泛用于二氧化碳转化反应中。在这种反应中，铜催化剂通过捕集并激活二氧化碳分子，将其还原为有机物，如甲酸、甲醇等。铜催化剂的反应机理包括以下步骤：

1）吸附：铜催化剂的表面具有许多活性位点，可以吸附二氧化碳分子。

2）活化：铜催化剂可以将吸附在其表面的二氧化碳分子激活，并转化为一种类似于羰基的中间体。

3）还原：通过添加还原剂，可以将中间体还原为有机化合物。铜催化剂具有很高的催化活性和选择性，但由于易受氧化的影响，需要在高纯度气体或惰性气体中使用。

（2）金属有机框架催化剂。金属有机框架催化剂（MOF）是一种结构复杂的材料，由金属离子和有机分子组成。MOF 催化剂具有高度的表面积和孔隙结构，因此具有很高的催化活性和选择性。MOF 催化剂的反应机理与铜催化剂类似，通过捕集、活化和还原二氧化碳分子来实现催化反应。例如，Zr-MOF 和 Cr-MOF 等催化剂可以将二氧化碳转化为丙烯酸、苯甲酸等化合物。与其他催化剂相比，MOF 催化剂具有更高的选择性和催化活性，但其制备成本较高，需要使用特殊的合成方法。

（3）碳材料催化剂。碳材料催化剂是一种新型催化剂，能将二氧化碳转化为烷烃、甲醇等高附加值的化学品。通常，碳材料催化剂通常由活性炭、碳纳米管、碳纤维等碳材料组成。其反应机理包括以下步骤：

1）吸附：碳材料催化剂的表面具有许多活性位点，可以吸附二氧化碳分子。

2）活化：通过控制碳材料的结构和表面化学性质，可以激活吸附在碳材料催化剂中的二氧化碳分子，并转化为类似羰基的中间体。

3）还原：通过向中间体中添加还原剂，可以将其还原为有机化合物。碳材料催化剂具有高催化活性和选择性，且成本较低。此外，碳材料催化剂还具有很好的稳定性和耐久性，因此被广泛应用于二氧化碳转化反应中。

（4）生物质催化转化二氧化碳。生物质催化剂是一种技术，将生物质与催化剂结合，用于将二氧化碳转化为有用的化学品。生物质催化剂包括以下几种类型：

1）物质基金属催化剂：通过将生物质与金属催化剂结合，可以制备高催化活性和选择性的物质基金属催化剂。

2）生物质基碳材料催化剂：将生物质转化为碳材料，并加入催化剂，可以制备高催化活性和选择性的生物质基碳材料催化剂。

3）酶催化剂：利用酶催化剂催化促进二氧化碳的转化反应，可实现高效、可持续和环保的二氧化碳转化。生物质催化剂具有低成本和更好的环境友好性，但也存在一些技术难题，如催化剂的稳定性、重复利用和催化剂与生物质的相容性等。

催化剂转化二氧化碳的技术在各个领域得到广泛应用，主要包括以下几个方面：

（1）工业化学品制备。二氧化碳转化为合成化学品的原料，如丙烯酸、甲醇、甲酸、苯甲酸等，这些化学品被广泛应用于制药、化妆品、农药等工业领域。通过催化剂将二氧化碳转化为可燃气体，如烷烃、甲醇等，可以实现绿色化学合成，提高工业化学品的产量和质量。

（2）能源领域。利用催化剂将二氧化碳转化为可燃气体，实现可持续能源生产，降低对传统化石能源的依赖，减少二氧化碳的排放量。

（3）环保治理。二氧化碳是一种主要的温室效应气体，对地球气候造成负面影响。将二氧化碳转化为有用的化学品或燃料，可以实现减排和资源利用的双重效益。

（4）建筑材料制品。二氧化碳还可以用来制造建筑材料，如水泥和混凝土。已有部分商业化应用。

（5）污水处理。二氧化碳可以作为氧化剂，用于有机物降解，在污水处理中具有潜在应用，催化剂转化二氧化碳可提高氧化剂的效率，实现更高效的污水处理。

（6）生物医学领域。利用二氧化碳进行呼吸治疗，并通过催化剂转化二氧化碳实现对生物体内的二氧化碳进行高效转化和利用。

（7）碳捕集和储存。利用催化剂转化二氧化碳可以实现对二氧化碳的捕集和储存。将二氧化碳转化为稳定的、不易泄漏的化学品或燃料，有效地降低二氧化碳的排放和环境污染风险。

综上所述，催化剂转化二氧化碳的技术具有广泛的应用前景，可以实现对二氧化碳的高效转化和资源利用。需要在催化剂的设计和合成上进行研究和优化，解决催化剂的稳定性、与反应物的相容性等技术难题，以实现催化转化二氧化碳的可持续发展和应用。

为了利用火力发电厂排放的二氧化碳资源，关键在于分离回收排气中的二氧化碳并提高其浓度。分离回收技术是通用技术。

另外，为了二氧化碳资源化所需的氢气，可以利用太阳能、风力等可再生能源发电，通过水电解制氢，也可以利用石化工厂副产氢作为氢气源。

将从排气中回收的二氧化碳和氢气合成甲烷，若能利用现有的天然气管道供应，则可作为发电用燃料或城市煤气。同时，使用回收的二氧化碳和氢气合成烯烃类产品时，所合成的含碳化合物可以经由石化工厂处理，用作塑料的原材料，并将二氧化碳固定化。

4. 二氧化碳资源化工艺系统

二氧化碳资源化工艺系统示意图 4.2-3 所示。

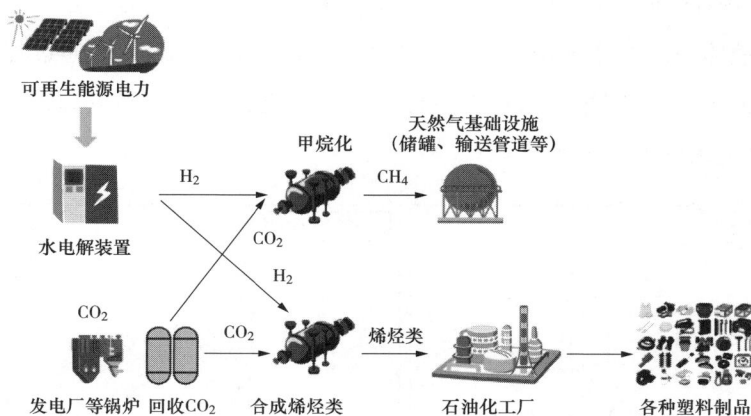

图 4.2-3　二氧化碳资源化工艺系统示意图

注 资料来自大板煤气技术开发本部综合开发中心化学系统开发部，田博之，《二酸化炭素（CO₂）の再资源化に向けた触媒技术》。

甲烷反应和烯烃合成反应的化学方程式如下：

甲烷化反应

$$CO_2 + 4H_2 \longrightarrow CH_4 + 2H_2O \quad \Delta G_0 = -165kJ/mol$$

烯烃反应（以乙烯为例）

$$2CO_2 + 6H_2 \longrightarrow C_2H_4 + 4H_2O \quad \Delta G_0 = -128kJ/mol$$

甲烷化反应、烯烃合成反应均为发热反应，需要除掉所发生的余热。在工艺中，将有效消除反应热，提高甲烷等的回收率。

二、二氧化碳分离与回收技术

为了实现二氧化碳分离回收利用的同时，将二氧化碳分离回收的成本大幅降低到每吨 1000 日元（70 元人民币）。

（一）物理吸收法和化学吸收法

（1）技术概述。

1）化学吸收法：化学吸收法是一种利用气体分子与液体中的特定反应成分发生化

学反应来实现气体分离的技术。化学吸收法原理示意图见图 4.2-4（a）。以胺吸收液为例，二氧化碳分子与胺类化合物发生化学反应，形成稳定的化合物，从而有效地从气体混合物中分离出二氧化碳。

2）物理吸收法：物理吸收法则是一种基于气体分子在液体中的溶解性来实现气体分离的方法。物理吸收法原理示意图见图 4.2-4（b）。在这种方法中，目标气体成分（如 CO_2）在液体中的溶解度决定了其被吸收（即分离）的能力。通过控制操作条件（如温度、压力等），可以影响气体在液体中的溶解度，进而调整分离效果。二氧化碳分压与吸收量关系见图 4.2-5。

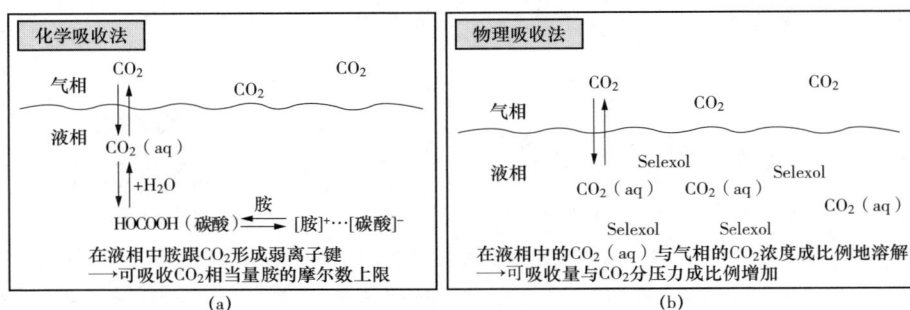

图 4.2-4　物理、化学吸收法原理示意图

（a）化学吸收法；（b）物理吸收法

注 1. 资料来自日本次世代火力発電の早期実現に向けた協議会《次世代火力発電に係る技術ロードマップ 技術参考資料集》2017 年。
2. selexol：赛莱克索尔，一种用于气体分离的溶剂；CO_2（aq）表示二氧化碳的水溶液，也就是二氧化碳溶解在水中后形成的状态，在这里，"aq"是英文"aqueous"（水溶液的）的缩写，用于化学方程式或化学符号中，以指明某物质处于水溶液状态。

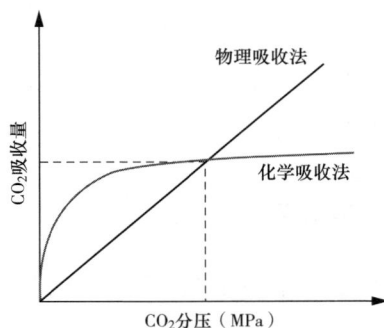

图 4.2-5　二氧化碳（CO_2）分压与吸收量关系

（2）技术特点。

1）化学吸收法：化学吸收法有后缓冲和预缓冲两种方式。其中，后缓冲方式使用胺类吸收液等，已有化工设备等实际应用案例。而预缓冲方式以 N-甲基二乙醇胺

（MDEA）为主的吸收液已实现实用化。该方法不仅能处理低二氧化碳分压的气体，还可吸收更多的二氧化碳。

a. 二氧化碳回收成本高达每吨 3000~4000 日元。为实现低成本的二氧化碳回收，需要进一步改进。

b. 化学吸收法的回收成本目标为每吨约 2000 日元。

c. 从二氧化碳回收技术安全性角度考虑，为了未来实际应用的需要，有必要研究二氧化碳回收后燃烧废气中胺的安全性。

2）物理吸收法：物理吸收法的效率受溶解度影响，因此较高的二氧化碳分压更为有利。为此，已研发出适用于预处理的冷甲醇吸收液和聚乙二醇二甲醚等吸收液，并已投入实际应用。

（3）技术确立时期：2020 年。

（4）二氧化碳吸收成本目标：2000 日元/t。

（二）固体吸收法

（1）技术概述。固体吸收法是利用固体吸收材料或吸附材料来分离和回收二氧化碳的技术。这种方法可以通过将氨吸收剂浸渍在多孔载体中，或者使用具有吸收二氧化碳能力的固体剂，或者直接利用具有吸收二氧化碳能力的固体粒子来实现。

（2）技术特点。由于固体吸收材料几乎不需要水，因此可以预期在可再生能源方面降低能源消耗。固体吸收材料的种类繁多，包括浸渍胺吸收液、吸附 K_2CO_3 等物质的多孔质载体，以及利用具有吸收二氧化碳能力的氧化钙粒子等。其中，吸附法 RITE（日本地球环境产业技术研究机构）作为胺类固体吸收材料，具有顶级的吸收性能。未来的目标是实现每吨二氧化碳分离回收能源低于 $1.5GJ/t\text{-}CO_2$。

（3）技术确立时期：大约在 2020 年。

（4）二氧化碳吸收成本：目标是 2000 日元/t。

固体吸收材料方法之例及固体吸收材料如图 4.2-6 所示。

（三）膜分离法

膜分离法是一种高效的气体分离技术，其原理如图 4.2-7 所示。

（1）技术概要。膜分离法采用具有高效分离性能的固体薄膜，从混合气体中精准地分离出目标气体——二氧化碳（CO_2）。这种技术基于气体在膜两侧的浓度差或分压差，使得二氧化碳能够选择性地通过膜层，从而达到分离的目的。

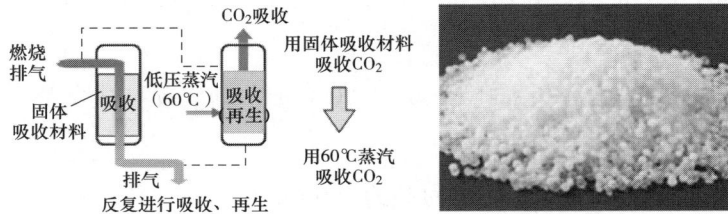

图 4.2-6　固体吸收材料方法之例及固体吸收材料

注 资料来自日本次世代火力発電の早期実現に向けた協議会 "次世代火力発電に係る技術ロードマップ 技術参考資料集" 2017 年。

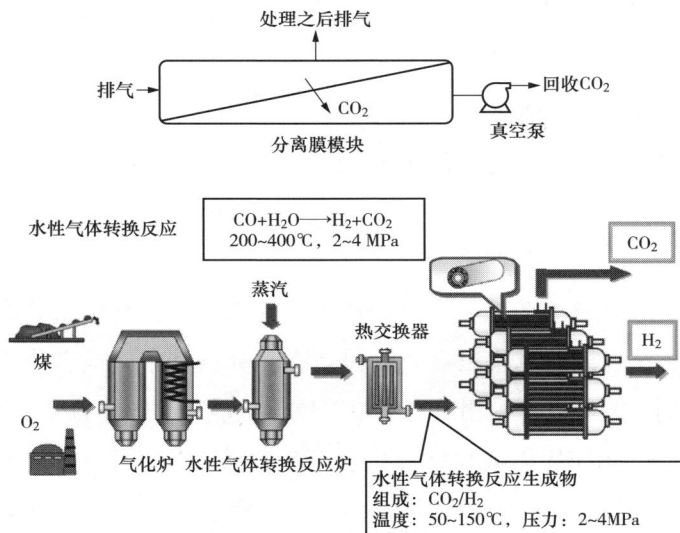

图 4.2-7　利用分离膜分离二氧化碳原理示意图

注 资料来自日本次世代火力発電の早期実現に向けた協議会 "次世代火力発電に係る技術ロードマップ 技術参考資料集" 2017 年。

（2）技术特点。①驱动力基于分压差，适用于多种气体分离场景，特别是在预转换方式中表现出色；②与吸收法相比，膜分离法利用气压差作为驱动力，具有潜在的节能和低成本优势；③分离膜主要包括 H_2 透过膜和 CO_2 透过膜两种，能够根据实际需求选择适合的膜材料。

（3）目前技术进展如下：

1）在 2015 年，膜分离法的成本目标已达到每吨二氧化碳约 1500 日元，并在常压条件下实现了高分离效率（分离系数大于 500）。

2）当前，研发的重点在于开发能承受 3MPa 压力的螺旋模块、大面积制膜技术，以及水蒸气扫描型模块，同时建立和优化工艺过程系统的运行技术。

3）为了实现 2020 年设定的成本目标——每吨二氧化碳成本降至约 1000 日元，膜分离法将继续作为未来主要的研发课题。

（4）技术确立时期：预计膜分离法将在 2030 年左右得到广泛的确立和应用，成为气体分离领域的重要技术之一。

（5）二氧化碳回收成本目标：通过不断的研发和优化，膜分离法的目标是将二氧化碳的回收成本降低至每吨约 1000 日元，从而提高其经济性和竞争力。

（四）氧气燃烧技术

氧气燃烧技术是一种先进的燃烧方式，其与传统空气燃烧的区别如图 4.2-8 所示。

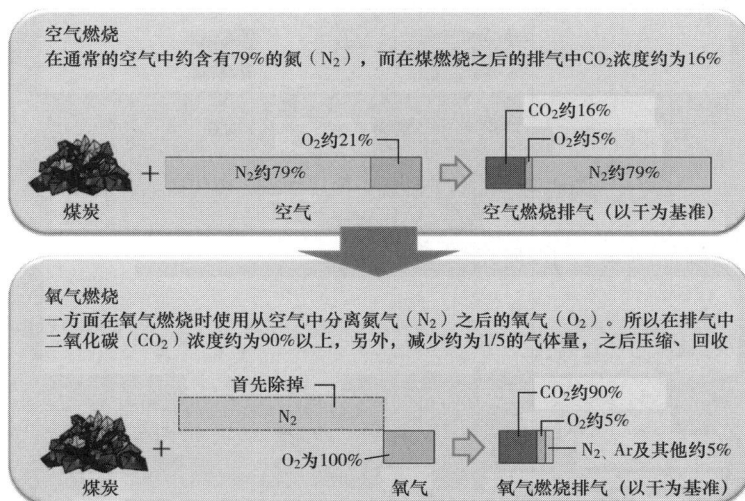

图 4.2-8 氧气燃烧技术的空气燃烧与氧气燃烧区别

注 资料来自日本次世代火力発電の早期実現に向けた協議会《次世代火力発電に係る技術ロードマップ 技術参考資料集》2017 年。

（1）技术概要。氧气燃烧技术是指从燃烧所需的空气中分离出纯氧，并利用纯氧来燃烧燃料的技术。这种方法去除了空气中的氮气（N_2），使得燃烧过程更加高效和纯净。

（2）技术特点。

1）由于燃烧用气体中不含氮气，因此燃烧产生的气体总量较小，从而减少了排放和后续处理的负担。

2）由于燃烧过程中没有氮气参与，排气中的二氧化碳浓度显著提高，通常可以达到约 95%，这极大地简化了二氧化碳的回收和纯化过程，无需额外的回收设备。

3）氧气燃烧技术已在多个知名项目中得到应用，如美国的 Future Gen 2.0 项目、日本和澳大利亚的卡拉伊德项目以及英国的 White Rose 项目，这些项目均展示了该技术的可行性和潜力。

（3）技术确立时间。氧气燃烧技术已经于 2015 年实现并成功应用于实际项目中，证明了其技术的成熟度和实用性。

（4）二氧化碳回收成本目标。通过采用氧气燃烧技术，二氧化碳的回收成本目标被设定为每吨二氧化碳约 3000 日元，这将使得该技术在经济上更加可行，并为全球减排事业作出贡献。

锅炉排气中直接回收二氧化碳示意图如图 4.2-9 所示。

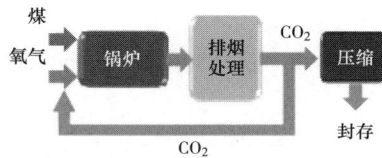

图 4.2-9　锅炉排气中直接回收二氧化碳

氧气燃烧示例如图 4.2-10 所示。

图 4.2-10　氧气燃烧示例（澳大利亚卡莱德 A 电厂 4 号机）

注　资料来自日本次世代火力発電の早期実現に向けた協議会"次世代火力発電に係る技術ロードマップ 技術参考資料集" 2017 年。

（五）化学环路燃烧技术

（1）技术概要。化学环路燃烧技术特别适用于中小型煤炭火力发电厂（100～500MW），提供了一种高效且环保的发电方式。

（2）技术特点。化学环路燃烧技术无需空气分离装置，其排放物几乎仅为二氧化碳，从而大大简化了后续的二氧化碳处理流程，省去了专门的二氧化碳分离回收设备。在回收二氧化碳的同时，该技术以送电端效率达到 46% 为目标，确保了能源的高效利用。

（3）技术确立时期。预计化学环路燃烧技术将在 2030 年左右得到确立和广泛应用，成为未来煤炭火力发电领域的重要技术之一。

（4）CO_2 分离、回收的成本。化学环路燃烧技术通过优化设计和新的技术开发，旨在大幅降低二氧化碳分离回收的成本。预计该技术能够将成本从每千瓦时 4 日元降低到 2 日元，极大地提高了技术的经济性和市场竞争力。

为了进一步降低二氧化碳分离回收的成本，尤其是二氧化碳分离和回收技术的成本，该技术持续进行新的技术开发。由于传统的利用吸收液进行二氧化碳回收的方法消耗大量能源，因此化学环路燃烧技术采用不使用吸收液的方法，显著减少了能源消耗和成本。

化学环路燃烧技术系统示意图如图 4.2-11 所示，详细展示了该技术的运行原理和关键组件。通过该系统示意图，可以更加直观地了解化学环路燃烧技术的工作原理和优势。

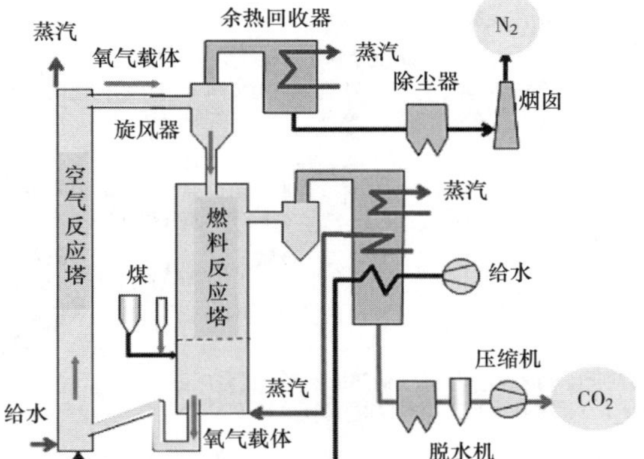

图 4.2-11　化学环路燃烧技术系统示意图

注　资料来自日本次世代火力発電の早期実現に向けた協議会"次世代火力発電に係る技術ロードマップ 技術参考資料集"2017 年。

目前，研究重点集中在固体吸收法和膜分离法。固体吸收法通过开发能够从燃烧后的废气中分离二氧化碳的固体吸收材料来实现，目前这一方法正在实验室规模下进行试验。而膜分离法则是通过开发能够在燃料气体燃烧之前分离二氧化碳的膜材料来实现的，并在煤气化实际气体中进行适应性实验。研究发现，这些优质的固体吸收材料和分离膜材料对于火力发电技术的开发至关重要，有望确立一种全新的二氧化碳分离回收技术。

图 4.2-12 展示了东芝在发电厂中用于分离和回收二氧化碳的实证设备。

图 4.2-12　东芝在发电厂分离回收二氧化碳实证设备

日本 CO_2 分离回收技术及其成本预测如图 4.2-13 所示。

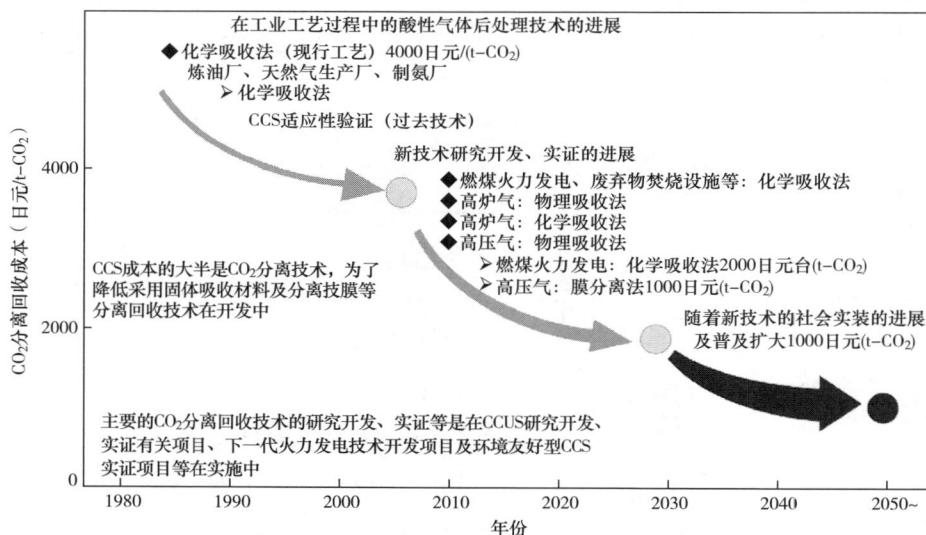

图 4.2-13　日本 CO_2 分离回收技术及其成本预测

注 资料来自日本月经济产业省 资源エネルギー厅《CCUS/カーボンリサイクル関係の技術動向》2020 年 7 月。

（六）大气中直接回收二氧化碳技术

大气中直接回收（DAC）技术是一种前沿的方法，用于直接从大气中回收并固定低浓度的二氧化碳。与传统的森林碳固定相比，DAC 技术展现出了数千倍的碳固定能力，同时它不受水资源条件的限制。然而，目前 DAC 技术在能源消耗和成本方面仍面临挑战。

从大气中回收的二氧化碳具有广泛的应用前景，可以高效用于化学品制造、燃料生产、增强油藏的碳循环以及构建碳循环经济。这些应用不仅有助于减缓全球气候变化，还能推动可持续产业的发展。

技术目标是开发新型的、低能耗的吸附材料，并优化 DAC 技术，以应对未来大规模发电厂等排放源的增加。期望通过技术创新，实现每吨二氧化碳的回收成本不超过 100 美元，并且回收过程中 90% 以上的能源来自二氧化碳脱碳能源。为此，新型吸收技术的研发及其在实际应用中的推广显得尤为关键。

在技术开发方面，目标是开发和验证一套最佳的 DAC 工艺系统及相关设备，并进行示范运行。DAC 技术的优势在于其不受地理位置的限制，并且无需像燃烧废气那样进行复杂的预处理（如脱硫等）。然而，该技术也受气温、湿度和天气等环境因素的影响。因此，在研发过程中，将充分考虑这些因素，致力于开发低成本、可回收的工艺流程和设备技术，以推动 DAC 技术的广泛应用和可持续发展。

大气中直接回收二氧化碳的技术示意如图 4.2-14 所示。

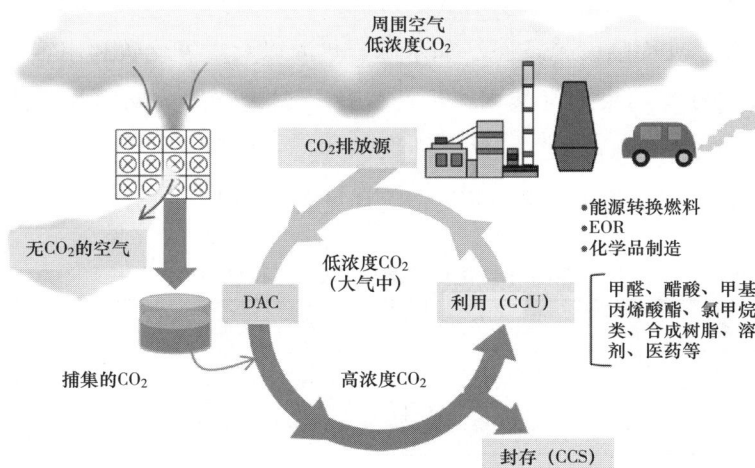

图 4.2-14　大气中直接回收二氧化碳技术示意图

注 资料来自日本"カーボンリサイクル技術事例集"2020 年，地球環境産業技術研究機構（RITE）"Direct Air Capture（DAC）技術開発"。

在项目推进过程中，对项目的经济性、技术可行性以及社会接受度的研究至关重要。为此，需要进行关于高效回收二氧化碳的深入模拟研究，这包括对设备周边浓度变化的精准模拟，以确保技术实施的有效性和可靠性。

这些研究的核心目标是实现能源的有效分离与回收，并期望每吨二氧化碳的回收成本能够控制在 100 美元以内，同时回收过程中能够产生至少 3kJ/t-CO$_2$ 的能量。这不仅有利于提升项目的经济效益，还能促进能源的可持续发展。

最终，这些研究成果将为减少飞机、汽车等交通工具排放到大气中的二氧化碳提供切实可行的解决方案。若实验性装置经过验证并成功实现规模化应用，当规模扩大到 10 倍（即每年处理 4 万~10 万 t 二氧化碳），并引入 1000 台这样的装置时，预计到 2050 年，每年可以固定化高达 1 亿 t 的二氧化碳。这将对全球应对气候变化、推动绿色发展产生积极而深远的影响。

在传统的使用氨类固体吸收剂的工艺中，脱碳需要 100℃ 以上的温度下进行，而 RITE 固体吸收剂则能在工厂中以 60℃ 进行脱碳。采用这种新型能源技术可以减少约 40% 的能源消耗，从而减少化石资源消耗和二氧化碳排放。

在直接回收大气中低浓度 400μL/L（400ppm）的二氧化碳方面，专注于降低能源消耗，并将回收与碳循环的利用紧密结合，以探索更高效、低能耗且成本优化的解决方案。为了实现碳中和的宏伟目标，致力于加快从基础研究到实际应用的转化速度，积极推进最前沿的研发工作。

与从排放源分离回收二氧化碳的传统方法不同，直接从大气中吸收二氧化碳的技术同样需要创新。在面临设施条件（如水源、热源以及二氧化碳利用客户等）的诸多限制时，需要在资源约束的框架内，精心优化二氧化碳的分离回收方式及整个系统架构。

各国（公司）二氧化碳分离回收的情况详见表 4.2-1。

表 4.2-1　　　　各国（公司）二氧化碳分离回收情况

序号	国家	企业	产品及生成物	开发阶段
1	美国	UOP 化学	有机分离膜法	实证到商用化
2	德国	BBASF 化学	化学吸收法（氨液）	实证到商用化
3	日本	三菱重工工程公司	化学吸收法（氨液）	商用化
4	日本	日本制铁工程公司	化学吸收法（氨液）	商用化
5	法国	壳牌石化	化学吸收法（氨液）	商用化
6	英国	Drax 电力	生物质发电 CO$_2$ 回收	实证
7	日本	住友化学	有机分离膜法	实证
8	日本	川崎重工	化学吸收法（固体）	实证

三、二氧化碳封存技术

（一）二氧化碳封存技术的具体实施步骤

二氧化碳封存技术是应对二氧化碳排放过量的一种措施，主要就是在工业等产生大量二氧化碳的地方，捕集并储存二氧化碳在地下或海洋地底，以减少其对大气的排放，从而降低全球气候变化的影响。

1. 捕集二氧化碳具体实施步骤

（1）捕集二氧化碳。二氧化碳可以来自燃烧化石燃料、石油天然气开采及钢铁冶炼等工业过程产生的废气。捕集二氧化碳可以采用吸收、吸附、膜分离等方法。

（2）运输二氧化碳。捕集后的二氧化碳需要经过运输才能到达封存地点，常用的运输方式包括管道输送、公路运输和船运等。

（3）封存二氧化碳。封存地点可以选择地下储层或海洋底部，将二氧化碳封存在地下或海底，防止其进入大气层。常见的封存地点包括油气田、盐穴、地层水等地下岩石层。储层的选址需要考虑岩石类型、地质构造、地震地质等多种因素。封存后，需要在封存地点对二氧化碳进行监测和管理，以防止泄漏。

2. 二氧化碳封存技术的优点

二氧化碳封存技术具有多种优点，包括减少温室气体排放、延长化石燃料的使用寿命以及减缓气候变化的影响。然而，该技术也面临一些挑战，例如封存地点选址难度大，以及二氧化碳泄漏的风险等。因此，二氧化碳封存技术通常被视为综合排放减少措施的一部分。

此外，CCS 技术可以与现有的化石能源发电厂等设施结合，提高其环保性能，降低能源成本，并利用已有的基础设施和技术。例如，通过将二氧化碳注入旧油田，在压力下挤出油田中残留的原油的同时，还可以将二氧化碳安全地储存在地下。这种利用二氧化碳增产油（EOR）的方法示意图如图 4.2-15 所示。

二氧化碳的回收、封存流程示意图如图 4.2-16 所示。

这种 CCUS 技术在整体上实现了二氧化碳的减少，同时还能促进石油的增产。利用 EOR 技术，可以增加油田的产量，通过注入一些药品来改善油层的流动性，提高油井的产油量。

固体燃料（煤、生物质）和天然气的典型预燃捕集工艺系统示意图如图 4.2-17 所示。

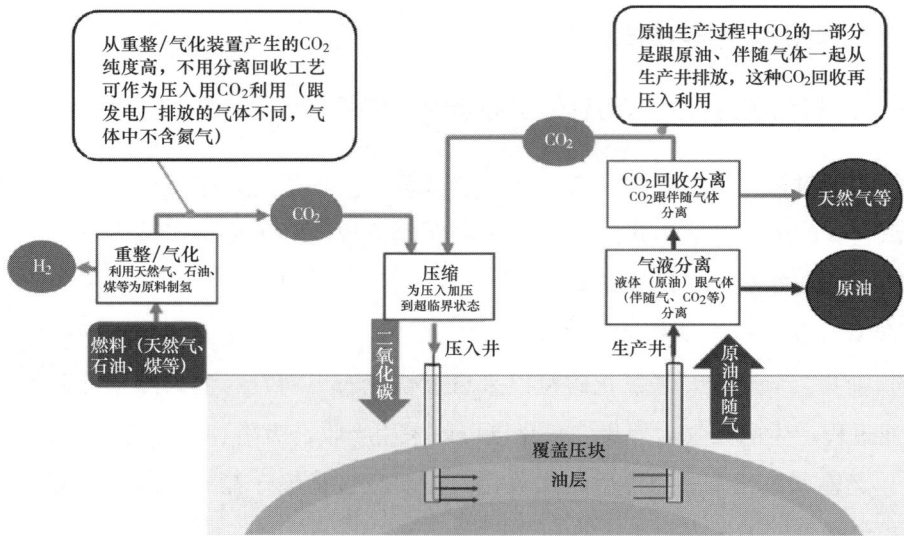

图 4.2-15　利用二氧化碳增产油（EOR）示意图

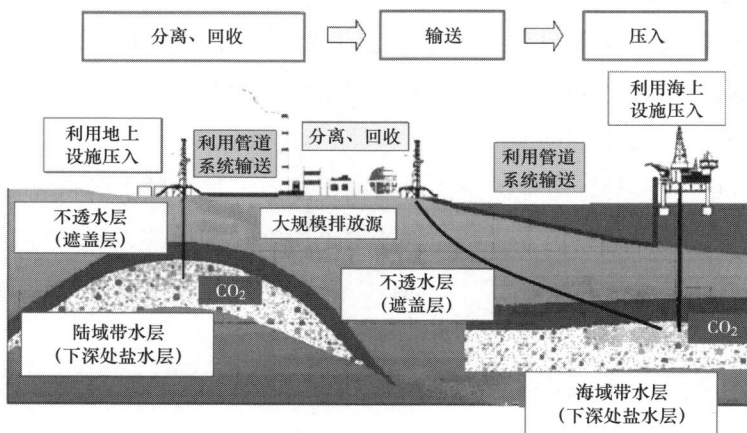

图 4.2-16　二氧化碳的回收、封存流程示意图

注 资料来自日本地球環境産業技術研究機構（RITE）化学研究グループ、革新的環境技術シンポジウム中尾 真一"CO₂の分離回収技術の現状と 排出削減技術開発への取り組み"。

　　然而，CCS 技术也面临一些挑战和难点。首先，CCS 技术本身需要大量的能源投入，而且捕集、输送和储存二氧化碳都需要消耗大量的能源和资金。其次，CCS 技术的储存阶段存在一定的风险，如二氧化碳泄漏、地震和地质变化等问题，这些都要求对储存地点的选择和安全性进行充分考量。此外，CCS 技术的推广需要得到政策支持和法律法规的保障，同时也需要公众和利益相关者的参与和支持。

　　总之，作为一种有望减缓全球气候变化影响的技术，CCS 技术在技术、经济、政策

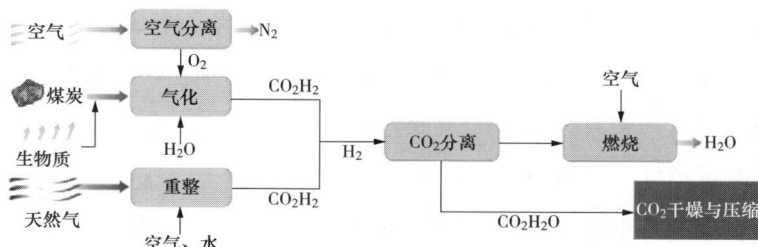

图 4.2-17　固体燃料（煤、生物质）和天然气的典型预燃捕集工艺系统示意图

注　资料来自 ICEF *Industrial Heat Decarbonization Roadmap 2019*。

和社会等多个方面仍需进一步研究和实践。

（二）我国的二氧化碳封存技术

我国的二氧化碳封存技术专注于捕集并封存工业过程中产生的二氧化碳气体，以减少大气中温室气体的排放，对全球气候变化的应对具有重要意义。

在二氧化碳封存技术方面，我国已取得了显著进展。主要技术路线涵盖管道输送和地下封存两大方面。

管道输送技术通过专门的管道网络，将捕集的二氧化碳气体安全、高效地运输至封存地点。我国已成功建设并运营了多条此类管道，如陕西铜川煤化工有限责任公司与西安热力集团公司之间的二氧化碳输送管道，这些管道为我国的二氧化碳封存工作提供了坚实的物流保障。

地下封存技术则是将捕集的二氧化碳气体注入深层地下的岩层中，通过岩层的自然封存能力，防止其逸出至大气中。我国已实施多个地下封存项目，包括醴陵热电厂二氧化碳封存试验项目和南京极化物理研究所地下储气库二氧化碳封存试验项目等，这些项目不仅为我国的二氧化碳减排做出了贡献，也为全球范围内的碳封存技术提供了宝贵经验。

此外，我国还致力于研发新型的二氧化碳封存技术，如海底二氧化碳封存技术和岩浆岩氧化及矿化技术等。这些技术旨在进一步提高封存效率和安全性，为我国的碳减排工作提供更为全面和有效的技术支持。

总之，我国的二氧化碳封存技术正稳步向前，不断完善，并在应对气候变化方面展现出巨大的潜力。经过多年的不懈努力和积极探索，我国在二氧化碳封存领域取得了显著的进展和成果。我国不仅在二氧化碳封存技术的研究上取得了突破，更在实践中积极实施多个示范项目，这些项目为我国在碳减排领域树立了标杆。

特别值得一提的是，渤海湾地区的二氧化碳封存示范项目，作为我国规模最大的封存项目之一，充分展示了我国在二氧化碳封存技术方面的实力和成果。此外，我国政府也高度重视二氧化碳封存技术的发展，提供了相应的扶持政策和资金支持，为这一领域的创新与发展注入了强劲动力。

展望未来，随着技术的不断进步和政策的持续支持，我国的二氧化碳封存技术将在应对气候变化、推动绿色发展中发挥更加重要的作用。

1. 技术研发阶段

在技术研发阶段，我国先后建立了一批国家和地方级别的研究机构和实验室，如中国科学院地质与地球物理研究所、中国石油化工股份有限公司等，在二氧化碳捕集、输送和封存技术方面进行了一系列的研究和开发。此外，我国也加强了与国际组织和国外企业的合作，通过技术引进和交流，不断提升自身的技术水平和能力。

2. 实验室和示范项目阶段

在实验室和示范项目阶段，我国开展了一批二氧化碳封存的示范项目，如内蒙古呼伦贝尔地区的塔布地区和辽宁抚顺的多个示范项目。这些示范项目主要目的是验证和优化二氧化碳捕集、输送和封存技术，同时提高公众对这些技术的认知和支持。

3. 商业应用阶段

虽然我国的二氧化碳封存技术起步较晚，但近年来发展迅速。我国主要聚焦二氧化碳捕集、输送和封存等关键技术的研发。先后建立了一批国家和地方级别的研究机构和实验室，如中国科学院地球环境研究所和中国石油化工股份有限公司。此外，中国还与多个国家和国际组织合作，共同推进二氧化碳封存技术的研发和应用。例如，中国与挪威合作建设了海上封存示范项目，这是我国在海上封存领域的里程碑。

在商业应用阶段，我国逐渐将二氧化碳封存技术拓展至工业和发电领域。例如，以国家电投青海省海东地区的二氧化碳封存项目为例，该项目地将发电厂排放的二氧化碳进行捕集、输送和封存，从而降低二氧化碳的排放量，对缓解全球气候变化的影响起到了积极作用。

我国的二氧化碳封存示范项目主要聚焦于海上封存领域。与挪威合作建设的海上封存示范项目位于黄海南部的北部湾盆地，该项目不仅是中国目前规模最大的海上二氧化碳封存示范项目，更展现了我国在海上封存技术方面的领先地位。自2020年底开始注入二氧化碳以来，该项目预计将在2022年完成注入任务，为我国的二氧化碳减排事业再添新功。

尽管我国的二氧化碳封存技术商业应用尚处于起步阶段，但已有众多企业和机构开始积极探索相关的商业模式。中国石化与华泰证券携手设立了碳捕集与封存产业基金，旨在推动相关业务的投资和开展。同时，多个国有企业和地方政府也在积极布局，加快二氧化碳封存技术的商业化进程。

根据《中国碳捕集利用与封存技术评估报告》发布的最新数据，吉林、大庆等油田示范工程中的 CCUS-EOR 技术展现出显著的优势。该技术可提高采收率 10%~25%，每注入 2~3t 二氧化碳即可增产 1t 原油，实现了增油与减碳的双重目标。

从全球视角来看，二氧化碳驱油技术发展迅猛，已逐步进入商业化应用阶段。然而，在国内，该技术仍处于工业示范阶段。相较之下，美国在二氧化碳驱油技术方面已相当成熟，年产石油量高达 1500 万 t，成为其重要的提高采收率技术。国内方面，中国石油在吉林油田建成了首个涵盖二氧化碳分离、捕集和驱油等全产业链的基地，截至 2021 年底，已累计实现二氧化碳封存量超过 250 万 t，为我国的二氧化碳减排事业作出了积极贡献。

4. 二氧化碳封存成本挑战

二氧化碳封存技术，特别是针对燃煤电厂、钢铁厂、水泥厂等低浓度排放源的应用，目前面临的主要挑战之一是成本较高。这些行业的二氧化碳捕集成本仍然相对较高，限制了其广泛应用的步伐。未来，要降低碳利用成本，关键在于技术创新和规模效应的发挥。由于捕集和转化过程中的能耗是成本的主要组成部分，因此，能否获得清洁廉价的能源成为决定技术成本能否大幅下降的关键。

"二氧化碳回收封存"技术的核心挑战在于成本。在 CCS（碳捕集与封存）的总成本中，二氧化碳从其他气体中分离回收所需的成本占比超过 60%，这是导致技术整体成本高昂的主要原因。CCS 项目的成本组成如表 4.2-2 所示，详细列出了各个环节的成本分配。

表 4.2-2 　　　　　　　　　CCS 项目成本组成 　　　　　　　　%

编号	项目	新建	
		新建项目	老厂改造
1	分离回收	58	63
2	输送	11	10
3	压入	31	27

为了降低二氧化碳分离回收的成本，并确立包括成本在内的实用技术，需要加大

研究与开发的力度。目前，分离回收的方法主要包括使用吸收二氧化碳的液体进行化学分离，以及使用特殊膜仅分离二氧化碳等。通过不断的技术创新和优化，有望在未来降低二氧化碳封存技术的成本，推动其在更多领域的应用。

此外，在推进 CCS（碳捕集与封存）时，确保找到具备储存足够量和适宜地质条件的地层以储存二氧化碳是至关重要的。为此，需开展详尽的实地勘察与调查，并与地质、环境等相关部门紧密合作，共同开展适合二氧化碳储存的地层深入调查研究。封存之后，严密的监控机制也是必不可少的，以确保及时发现并处理潜在的二氧化碳泄漏风险。

总体来看，我国在二氧化碳封存技术方面虽已取得一定进展，但仍面临诸多挑战与难题。技术成本高昂、政策法规体系尚不完善、公众对 CCS 技术的认知度不足等问题亟待解决。为了推动 CCS 技术的进一步发展，我国应加大技术研发力度，持续优化技术成本，完善相关政策法规，提升公众对 CCS 技术的认知和接受度。同时，积极探索二氧化碳封存技术的商业化应用路径，促进其在能源和环保领域的广泛应用，为实现碳达峰和碳中和目标贡献力量。

（三）世界各国二氧化碳封存技术发展现状

二氧化碳封存技术是一种应对气候变化的方式，它可以将二氧化碳从大气中分离出来并储存起来，从而减少对温室效应的贡献。配备碳捕集、利用和储存的煤炭设施能够生产低排放电力、氢燃料以及工业产品。CCUS 为拥有大量煤炭储备的国家提供了一个机会，使其在减少碳排放、保护现有战略资产以及帮助煤炭依赖社区过渡的同时，继续利用煤炭作为国内能源来源。

尽管如此，迄今为止，与煤炭相关的 CCUS 应用发展仍然有限。目前，全球共有 5 个与煤炭相关的 CCUS 项目在运行，每年捕集约 500 万 t 二氧化碳。在这些项目中，中国有三个涉及煤基电力、化工和化肥的运营项目，而美国则拥有世界上规模最大的 CCUS 设施。这些设施的运营情况和应用领域详见表 4.2-3。

表 4.2-3　　　具有经营与商业规模相关的 CCUS 设施煤炭及其应用

国家	项目	项目开发者	应用	容量（万 t/y）
我国	南京化工 CCUS	中石油	化工	20
	齐鲁石化厂	中石油	化工	100
	国华电力金街	中国能源	发电	15

国家	项目	项目开发者	应用	容量（万 t/y）
加拿大	边界坝 CCS	Saskpower	发电	100
美国	大型合成燃料厂	Dakota 燃气	燃料供应	300

目前有 23 个与煤炭相关的 CCUS 项目正在开发中，其中包括 15 个是电力项目，4 个是工业部门项目和 4 个是燃料供应部门项目。在这些项目中，我国正在开发 7 个项目，美国正在开发 5 个，其他国家包括澳大利亚、巴林、印度、印度尼西亚、日本、韩国、挪威和俄罗斯也在进行开发。如果这 23 个项目得到充分开发，到 2030 年，它们将每年捕集约 3500 万 t 二氧化碳。

1. 世界各国二氧化碳封存技术发展现状

（1）美国。美国是全球最早和最活跃的二氧化碳封存技术研究国家之一。其主要包括美国国家二氧化碳封存中心项目和美孚石油二氧化碳封存项目等。此外，美国还出台了相关法规和政策，积极推动二氧化碳封存技术的发展。

（2）挪威。挪威是世界上最早开展二氧化碳封存技术实验的国家之一，其在北海实施的 Sleipner 封存项目是全球最著名的二氧化碳封存项目之一。挪威政府还提供了相关的补贴和扶持政策，支持企业和项目的发展。

（3）日本。日本是在能源短缺的背景下开展二氧化碳封存技术研究。其在鹿儿岛县实施的岛津二氧化碳封存项目是世界上最大的陆上二氧化碳封存项目之一。日本政府也出台了相应的政策和法规，支持二氧化碳封存技术的发展。

（4）加拿大。加拿大是世界上最大的二氧化碳排放国之一，但也是二氧化碳封存技术的重要研究国家。其主要项目包括埃伯哈特二氧化碳封存项目和 Vancouver Island 地下储气库等。此外，加拿大政府也提供了相应的支持和资助，以推动二氧化碳封存技术的发展。

（5）澳大利亚。澳大利亚是二氧化碳封存技术研究和实践领域较为活跃的国家之一。主要项目包括 Peel 地区二氧化碳封存项目和 Otway 地区二氧化碳封存项目等。同时，澳大利亚政府也出台了相关政策和法规，以促进二氧化碳封存技术的发展。

世界各国致力于二氧化碳回收和封存技术，取得了巨大的进展和变化。例如，从法律和制度方面推进 CCS 已成为世界性的趋势。欧洲于 2009 年 4 月通过了 "EU CCS 指令"，要求各国完善相关法律。英国要求新建的一定规模以上的发电站具备 CCS 准备设施，特别是对燃煤火力发电厂提出了更苛刻的条件。在北美和澳大利亚也出现了类似的情况。

除了持续努力降低碳捕集成本，进行低能耗、高附加值的二氧化碳资源化利用是 CCU/CCUS 技术商业化的必然选择。通过优化开发高附加值碳利用技术和创新拓展应用场景，实现碳价值增值，使该技术更具市场竞争力。

日本制定了碳循环路线图，第一阶段（2030 年之前）致力于技术开发和实证，研究开发利用二氧化碳制造化学品、燃料及混凝土等。第二阶段（2040 年之前）致力于这些产品的普及和低成本化，进一步扩大市场。日本从 2012 年开始在北海道苫小牧进行了 CCS 的大规模实证实验。从 2016 年度开始，在港口内海底以高压力封存二氧化碳；计划从炼油厂供应的气体中分离出二氧化碳和其他气体，然后在海底深挖的井中埋入每年 10 万 t 规模的二氧化碳；完成后将在 2 年内进行防止二氧化碳泄漏的监控。

总的来说，各国对二氧化碳封存技术的研究和实践活动非常活跃，并相继出台了相应的政策和法规以促进这一技术的发展。随着二氧化碳排放问题日益严重，二氧化碳封存技术将发挥越来越重要也日益凸显。政策创新对于二氧化碳产业发展至关重要，得意于支持性政策和激励措施，到 2030 年，欧洲和北美将主导碳捕集与封存（CCS）／碳捕集、利用与封存（CCUS）市场，贡献约 4.5 亿 t/年的碳捕集能力，占全球总量的 80%以上。

在美国，若"重建更好"法案获得参议院通过，其中的 45Q 条款提供的税收抵免额，从每吨二氧化碳 50 美元增加到 85 美元。此外，2020 年年底通过的美国基础设施法案将为 CCS/CCUS 市场提供额外的推动力。日本政府制定了"伴随 2050 年碳中和成长战略"及"碳循环发展路线图"，出台了减税、免税、奖励等机制，并为碳循环项目研究开发提供总额为 1262 亿日元的预算。

新的商业模式可带来规模经济效益并降低项目的商业风险。在全球范围内，CCS/CCUS 技术已进入早期商业化发展阶段。CCS/CCUS 项目由专注于开发大型独立设施转向开发具有共享二氧化碳运输和存储能力的工业集群（侧重运输和存储服务）。各国石油公司加速布局二氧化碳绿色应用，将二氧化碳驱油提高石油采收率和二氧化碳在地质体中安全长期埋存有效结合，兼顾温室气体减排效益和驱油经济效益，其现有业务与 CCS/CCUS 系统中的地质评价、捕集、输送、利用和封存各环节高度契合，因此发展 CCS/CCUS 业务具有独特优势。

国际石油公司普遍在二氧化碳驱油方面具有丰富经验，壳牌在 1958 年率先在美国二叠纪盆地实施了井组规模的二氧化碳驱油试验。在当前全球加速迈向碳中和的背景下，国际石油公司高度重视 CCS/CCUS 在应对气候变化时的商业机遇，将其作为油气行业的战略发展方向之一。埃克森美孚在二氧化碳捕集环节拥有独特的受控凝固专利技术，并对碳注入和封存领域进行了深入研究。道达尔承诺每年将科研经费的 10%投入 CCS/CCUS 技术研发。由 PB、中国石油等 12 家油气企业组成的油气行业气候倡议组织（OGCI）于 2016 年设立了 10 亿美元的气候投资基金，将总投资的 50%用于开展 CCS/CCUS 技术研究和示范工程，共同降低成本、增强商业潜力。

国外 CCS 项目及其投资如表 4.2-4 所示。

表 4.2-4　　　　　　　　　　国外 CCS 项目及其投资

序号	国家	项目	成本	备注
1	加拿大	Quest	135 万加元→1100 亿日元	阿尔伯塔中州 Shell 油层及增值项目，附带的 CCS 项目在运行中
2	挪威	Longship	2510 万挪威克朗→3000 亿日元	挪威全套项目（从 Nor 水泥厂、斯陆瓦尔姆堡垃圾焚烧厂回收送到北极光封存）
3	美国	Petra Nova	10 亿美元→约为 1050 亿日元	从克斯州火力发电厂回收 CO_2 用于 EOR
4	澳大利亚	Gorgon	25 亿澳元→约为 25 亿日元	西澳大利亚天然气开发项目附带设施 CCS 中

2. 世界各国致力于二氧化碳封存技术的开发

在全球气候变化日益严峻的背景下，世界各国纷纷将目光投向了二氧化碳封存技术，视其为减缓温室气体排放、应对气候变化的重要策略之一。本文将从全球视角出发，概述各国在二氧化碳封存技术领域的研发现状、示范项目进展、商业应用趋势、政策法规框架以及面临的挑战与未来发展前景。

首先，技术研发方面，各国正投入大量资源进行二氧化碳封存技术的创新研究。这包括提高捕集效率、优化封存方法、探索新的封存地点等，旨在降低技术成本，提高封存效率，确保环境安全性。

其次，示范项目方面，全球范围内已涌现出多个二氧化碳封存示范项目。这些项目不仅验证了技术的可行性，还为商业化应用提供了宝贵的经验。同时，示范项目的成功运行也增强了各国对二氧化碳封存技术的信心。

在商业应用方面，尽管目前二氧化碳封存技术仍处于起步阶段，但已有一些企业开始探索其商业化应用的可能性。随着技术的不断进步和成本的降低，预计未来将有更多的企业加入二氧化碳封存技术的商业化应用中来。

政策法规方面，各国政府也在积极制定和完善相关法规政策，以推动二氧化碳封存技术的发展和应用。这些政策包括提供资金支持、税收优惠、技术标准制定等，旨在为企业和科研机构提供有力保障，促进技术的快速发展。

然而，二氧化碳封存技术仍面临一些挑战和难题。例如，技术成本仍然较高、封存地点的选择存在限制、公众对技术的认知度不足等。因此，各国需要继续加大研发力度，完善政策法规体系，提高公众认知度，以克服这些挑战，推动二氧化碳封存技术的进一步发展。

展望未来，随着全球对气候变化问题的关注度不断提高和各国政府对二氧化碳封存技术的重视，预计该技术将在全球范围内得到更广泛的应用和发展。同时，随着技术的不断进步和创新，相信二氧化碳封存技术将为全球应对气候变化作出更大的贡献。

（1）技术研发。

1）美国。美国在全球二氧化碳封存技术方面一直处于领先地位。自 20 世纪 90 年代起，美国就开始大力投资研究和开发二氧化碳封存技术。截至 2021 年，美国的二氧化碳封存技术已进入第四代，主要分为浅层封存和深层封存两大类。其中，浅层封存主要包括地表封存、岩石封存和用于增强石油采收的 EOR（增强石油采收）技术等；深层封存则包括海洋封存和地下封存等。美国政府在技术研发方面投入巨大，不仅成立了国家碳捕集与封存中心，还通过联邦法规和税收激励措施推动技术研发和应用。

2）欧洲。欧洲的二氧化碳封存技术也非常发达。2008 年，欧盟通过了《碳捕集与封存法案》，将 CCS（碳捕集与封存）技术列为减少温室气体排放的重要途径。欧洲的二氧化碳封存技术主要包括陆上封存和海上封存两种。海上封存是欧洲的重点研究领域之一，已经建成了多个海上封存示范项目，如挪威的 Snøhvit 项目、荷兰的 Road 项目等。此外，欧洲还加强了与国际组织和国外企业的合作，提高了自身的技术水平和能力。

（2）示范项目。

1）美国。美国有多个二氧化碳封存示范项目，包括位于得克萨斯州的 Texas Clean Energy Project、位于路易斯安那州的 St. James Parish CO_2 Storage Project 等。这些项目不仅有助于推动技术的发展和应用，还能够促进能源产业的转型升级。

2）欧洲。欧洲也建立了多个二氧化碳封存示范项目，如挪威的 Sleipner 和 Snøhvit 项目、荷兰的 Road 项目、英国的 White Rose 项目等。这些项目不仅能够证明二氧化碳封存技术的可行性和可靠性，还有助于欧洲国家实现碳中和目标。

（3）商业应用。

1）美国。美国有多个二氧化碳封存示范项目，包括位于得克萨斯州的 Texas Clean Energy Project 和位于路易斯安那州的 St. James Parish CO$_2$ Storage Project 等。这些项目不仅有助于推动技术的发展和应用，还能够促进能源产业的转型升级。

2）欧洲。欧洲也建立了多个二氧化碳封存示范项目，如挪威的 Sleipner 和 Snøhvit 项目、荷兰的 Road 项目以及英国的 White Rose 项目等。这些项目不仅能够证明二氧化碳封存技术的可行性和可靠性，还有助于欧洲国家实现碳中和目标。

3. 挑战与机遇

（1）技术挑战。二氧化碳封存技术的应用受到多方面的技术挑战，包括封存层位的选择、注入方案的设计、地下水系统对封存的影响等。这些问题需要通过持续的研究和示范项目的推进来解决。

（2）政策支持。二氧化碳封存技术的商业应用需要政策支持。政策层面，需要制定相关的法规和标准，明确二氧化碳封存项目的技术要求、安全要求和环境要求，同时通过税收政策、补贴政策等方式推动技术的商业应用。

（3）产业链建设。二氧化碳封存技术的商业应用需要建立完整的产业链。产业链中包括碳捕集技术、碳运输技术、二氧化碳封存技术和后续利用技术等环节。这需要企业和政府共同努力，建立产业链合作机制，推动技术的商业化应用。

总的来说，二氧化碳封存技术的发展面临多重挑战，但也有着广阔的应用前景。各国需要加强合作、共享经验，共同推进技术研发和示范项目，推动二氧化碳封存技术的发展和应用，为全球应对气候变化挑战作出贡献。

四、二氧化碳利用与再循环技术

（一）二氧化碳的利用方法

二氧化碳是一种广泛存在于地球大气中的温室气体。随着人类活动的增加，二氧化碳的排放量逐渐增加，导致全球气温升高和气候变化加剧。因此，为了减少二氧化碳的排放并缓解气候变化的影响，需要找到有效的方法来利用和循环二氧化碳。

二氧化碳的利用可以分为两种类型：直接利用和间接利用。

1. 直接利用方法

直接利用包括将二氧化碳转化为有用的化学品和燃料。例如，二氧化碳可以与氢气（H_2）反应，生成甲烷（CH_4）和水（H_2O），这是天然气的重要组成部分。二氧化碳还可以转化为碳酸根离子（CO_3^{2-}）和碳酸（H_2CO_3），这些化合物可用于制造玻璃、建筑材料和肥料等。此外，二氧化碳还可通过光合作用和微生物代谢生产食物、生物燃料和化学品。

2. 间接利用方法

间接利用二氧化碳的方法包括通过碳捕集与封存（CCS）技术将其从排放源捕集，并注入地下地质层或海底，以长期封存二氧化碳。此外，还可以利用二氧化碳提高油田采收率（CO_2-EOR），即将二氧化碳注入老油田中，增加油井的压力，从而提高原油的产量。

通过这些方法，不仅可以减少大气中的二氧化碳浓度，还能将其转化为有价值的资源，助力实现可持续发展目标。

碳循环是指在生态系统中，碳通过各种生物、地球化学和气候变化过程不断地在地球上循环过程。这个循环包括二氧化碳的吸收和释放、有机碳的储存和分解，以及碳在地球的不同部分之间的转移和交换。碳循环是地球上生态系统和气候变化之间复杂相互作用的核心要素之一。

二氧化碳的利用和碳循环之间存在密切联系。通过利用二氧化碳，可以减少其在大气中的浓度，并将其转化为有用的化学品和能源。这些利用方式也可以促进碳循环的加速，进一步缓解气候变化的影响。未来，需要持续发展和推广二氧化碳的利用技术，并探索新的碳循环机制，以更有效地应对气候变化的挑战。

（二）二氧化碳转化为有用产品

二氧化碳转化为矿物制品是一种被称为碳捕集和存储（CCS）的技术。其基本原理是将二氧化碳从大气中捕集并封存在地下，或将其转化为稳定的矿物制品，从而减少其在大气中的浓度，降低对气候的影响。

二氧化碳转化为矿物制品的过程通常分为两个阶段：第一阶段是将二氧化碳与金属离子或碱性溶液反应，形成碳酸盐化合物；第二阶段是将碳酸盐化合物转化为稳定的矿物制品，例如方解石、白云石和菱镁矿等。

1. 二氧化碳转化为矿物制品

（1）矿物催化。利用天然或人工合成的矿物催化剂促进 CO_2 转化为碳酸盐化合物。例如，一些天然矿物如菱铁矿和芙蓉石，具有促进 CO_2 转化为碳酸盐的催化作用。

（2）碱性溶液催化。利用碱性溶液，如 $NaHCO_3$ 或 $NaOH$，在高温高压下与 CO_2 反应，形成碳酸盐化合物。

（3）生物矿化。利用微生物或植物催化 CO_2 转化为碳酸盐化合物。例如，细菌和藻类可以利用 CO_2 和阳离子（如钙和镁离子）生成碳酸盐。

（4）二氧化碳转化为矿物制品的优点包括：

1）减少大气中 CO_2 的浓度，缓解气候变化的影响。

2）利用 CO_2 生产有用的矿物制品，如建筑材料和肥料。

3）可以将 CO_2 封存在地下或深层地质层中，减少对大气的影响。

该技术是可持续发展的解决方案，可帮助实现碳中和及减排。总之，将二氧化碳转化为矿物制品是一项有潜力的技术，可助力应对气候变化的挑战并实现可持续发展。

2. 二氧化碳转化为燃料

二氧化碳转化为燃料是一项前沿科技研究，旨在将这一温室气体的排放转化为有用的化学物质，从而减少碳排放量并开发可持续能源。目前有许多种方法可以将二氧化碳的燃料转化，以下是几种常见的方法：

（1）电解水制氢。通过水电解，将二氧化碳转化为氢气。在这种方法中，水分子分解为氧气和氢气，二氧化碳则还原为甲醇或甲烷等化合物。

（2）甲烷重整。该方法通过将二氧化碳与甲烷在高温高压下反应生成一氧化碳和氢气，常需使用催化剂来促进反应。这种技术主要用于合成气生产。

（3）光催化还原。利用太阳能或人造光源激发电子，使二氧化碳还原为化学物质，例如甲烷、乙烯和乙醇。这种方法需要高效的光催化剂和适宜的反应条件，以提高转换效率。

（4）电催化还原。通过催化剂使电流流过二氧化碳，将其还原为燃料。这种方法需要高效的电催化剂和优化的反应条件，以实现有效的能量转换。

总之，将二氧化碳转化为燃料是一项极具挑战性的技术，需要高效的催化剂和特定的反应条件，同时，还需要可再生能源或核能提供所需的高能量输入。这项技术有望成为减少碳排放和实现可持续能源方面发挥关键作用。

3. 二氧化碳转化为化学品

除了转化为燃料，二氧化碳还可以转化为一些有用的化学品，这些化学品可以用于制造化学品、材料、药物和化肥等。

二氧化碳转化为化学品的常见方法包括：

（1）碳酸酯的合成。碳酸酯是一种可以通过二氧化碳制备的化合物。在这种方法中，二氧化碳与环氧化合物反应，形成碳酸酯。

（2）聚合反应。二氧化碳可以作为聚合反应的单体。例如，环氧化合物可以与二氧化碳反应，形成聚碳酸酯。

（3）水热合成。水热合成是一种将二氧化碳转化为高分子化合物的方法。在这种方法中，二氧化碳与水在高温高压条件下反应，形成有机物。

（4）光化学反应。在光化学反应中，二氧化碳与有机物或金属络合物反应，产生具有特定功能的有机化合物或金属有机框架。

（5）电化学还原。在电化学还原过程中，二氧化碳和催化剂的作用下通过电流转化为有机物或其他化合物。

总之，将二氧化碳转化为化学品是一项具有挑战性的技术，需要高效的催化剂和适宜的反应条件。这项技术有望成为减少碳排放和实现可持续化学工业的关键。

4. 降低二氧化碳再利用成本

为了降低CCUS（碳捕集、利用与封存）/二氧化碳再利用的成本，需要确立相应的技术，并继续通过研究开发和实证来提高二氧化碳的利用效率。

（1）目前，大多数二氧化碳再利用产品仍处于国际研究开发和实证阶段，与现有产品相比成本较高。

（2）为了实现社会实际应用，需要通过进一步的研究开发和实证，降低成本、提高生产效率和产品性能。

表4.2-5展示了日本降低CO_2再利用成本方面的目标。

表4.2-5　　　　　　　　　　　　日本降低CO_2再利用的成本目标

序号	名称		现状成本	目标成本（跟现有产品价格相同）
1	化学产品	对二甲苯	几万日元/kg	约100日元/kg
2	燃料	合成燃料（e-fuel）	—	100~150日元
		喷射燃料	约1600日元/L	100日元/L
		甲烷	约350日元/m^3（标况下）	40~50日元/m^3（标况下）
3	矿物	混凝土	100~150日元/kg	30日元/kg

（三）世界各国对二氧化碳的利用与循环

除了利用二氧化碳驱油提高采收率，国际石油公司还在二氧化碳化工、生物和矿化利用领域积极布局。雪佛龙加强了传统二氧化碳驱油技术的创新与应用，还投资了高科技企业 Blue Plant，探索直接从空气中捕集和浓缩二氧化碳，并将其转化成石灰石等建筑材料。2020 年，壳牌宣布利用二氧化碳、水和可再生能源合成 500L 航空煤油，可取代传统航空煤油。该技术可以利用来自炼厂或沼气设施的废气二氧化碳等任何来源的二氧化碳。壳牌计划开展更大规模的工业试验，并扩展到采用该技术生产化工原料。

道达尔能源 2021 年 7 月 6 日，与威立雅集团宣布将联手加速开发利用二氧化碳培养微藻类的技术。在该技术下，微藻类借助阳光和来自大气或工业流程中的二氧化碳完成生长。成熟后，这些微藻类可以转化为低碳强度的新一代生物燃料。BP 正在部署利用二氧化碳、二氧化硫等作为氧化剂生产芳烃的技术，并通过电化学还原二氧化碳以减少碳排放。

在欧洲和美国，国家项目和初创企业在开发和实证二氧化碳转化利用技术方面也变得越来越活跃。世界各国公司在化学品、燃料、矿物质二氧化碳转化利用方面的情况如表 4.2-6~表 4.2-8 所示。

表 4.2-6　　　　　　　　世界各公司二氧化碳转化利用情况（化学品）

序号	国家	企业	产品及生成物	开发阶段
1	美国	纽莱特科技	聚合物（利用生物体催化剂）	商用化
2	德国	BASF 化学	丙烯酸	基础研究
3	日本	旭化成	聚碳酸酯	商用化
4	日本	日本制铁千代田化工	对二甲苯	基础研究
5	日本	东京工大	丙烯酸	基础研究
6	日本	东曹·产总研	聚氨酯原料	基础研究

表 4.2-7　　　　　　　　世界各公司二氧化碳转化利用情况（燃料）

序号	国家	企业	产品及生成物	开发阶段
1	美国	Lanzatech（初创企业）	乙醇	实证
2	美国	Opus1，2	甲烷、乙烷、乙醇	实证
3	日本	INPEX、日立造船	甲烷	实证
4	日本	欧格丽娜（Euglena）	喷射燃料（微细藻类燃料）	实证
5	德国	奥迪汽车	甲烷、合成燃料（e-fuel）	实证
6	日本	IHI	喷射燃料（微细藻类燃料）	基础技术研究开发

表 4.2-8　　　　　　　　　世界各公司二氧化碳转化利用情况（矿物质）

序号	国家	企业	产品及生成物	开发阶段
1	美国	Solidia 科技公司	CO_2 吸收混凝土	商用化
2	美国	Blue Planet	轻量骨材	商用化
3	英国	O. C. O 科技公司	轻量骨材	商用化
4	加拿大	Carbon Cure	水泥原料	商用化
5	日本	中国电力、鹿岛建设	CO_2 吸收混凝土	商用化
6	日本	宇部与产、日辉、出光	水泥原料	实证
7	法国	LafargeHolocim 等	水泥原料	基础研究、实证

二氧化碳的资源化利用无疑是一个具有潜力的减排策略，但要实现这一目标，需要探寻合适的路径并应对多重挑战。从整个产业链的视角来看，碳的有效利用是 CCU/CCUS 技术创新中的核心难题。虽然二氧化碳在自然界中广泛存在，但其化学性质相对稳定，不易被激活，而且其反应过程错综复杂且选择性不高，这无疑加大了其转化和利用的难度。现阶段，全球科研人员都在努力突破高温高压环境下的技术瓶颈，并致力于寻找能够提升反应效率的催化剂。

相较于单纯的捕集与封存技术，应当更加注重二氧化碳的利用环节。捕集后的二氧化碳若仅仅进行封存，将面临存储空间、泄漏风险、安全隐患及成本高昂等诸多限制，这并不能从根本上解决碳排放的问题。例如，在油气开采过程中，二氧化碳常被用作驱油介质，但开采结束后，这些二氧化碳仍然会大量释放到大气中，无法实现长期稳定的封存。因此，将这些难以削减的二氧化碳转化为可利用的资源，不仅有助于减少碳排放，还能产生可观的经济效益。

理论上，二氧化碳具有转化为多种化学品的潜力。然而，目前仅有少数技术达到了经济可行性和工业化放大的可拓展性要求。目前，最大规模的化学利用案例是生产尿素，我国每年利用于尿素生产的二氧化碳量高达 1.4 亿 t。展望未来，利用二氧化碳生产燃料具有巨大的潜力，预计其规模可能达到数亿吨级别，这一前景令人期待，但同样伴随着不确定性。

许多相关的技术都展现出了其先进性，对这些技术的研究和探索无疑值得鼓励和支持。然而，在推动这些技术向前发展的同时，也需要关注其是否能够扩大规模、成本是否可控以及对减少碳排放的实际贡献度。

二氧化碳的捕集、封存和利用，无疑是人类面临的长期、艰巨且必须面对的挑战。这条路虽然曲折，但只要迈出了第一步，就必须坚定地继续前行。对于人类而言，这是一个无法回避的挑战，也是实现可持续发展的必经之路。通过深入的基础研究、长期不懈的技术开发和实用化推广，逐步将这些技术应用于社会，这是人类解决困难并实现发展的历史经验。在CCUS（碳捕集、利用与封存）的广阔领域中，二氧化碳的利用对象正在不断地被研究和开发，期待着这些努力能够逐步推动这一领域向前发展。

五、利用二氧化碳合成有用物质

（一）循环经济

当前，全球经济正逐步迈入循环经济的新纪元，这对于实现碳中和目标具有举足轻重的意义。在应对温室效应、减少温室气体排放的征程中，不仅要致力于减少排放量，更要从根本上减少对化石燃料的依赖。为此，提出了物质的再利用、燃料的循环使用等创新方式。

这一转变标志着经济模式从传统的线性经济逐步向再利用经济演进，并最终形成了如今的循环经济。循环经济相较于过去的再用经济，其核心理念在于实现资源的最大化利用和废弃物的最小化产生。通过优化资源利用流程、创新回收技术，循环经济几乎能够消除废弃物的产生，实现了经济与环境的和谐共生。

循环经济的发展示意图（见图4.2-18）清晰地展示了这一转变过程，从资源的开采、利用到废弃物的回收、再利用，形成了一个闭合的循环链条，有效促进了资源的可持续利用和环境的保护。

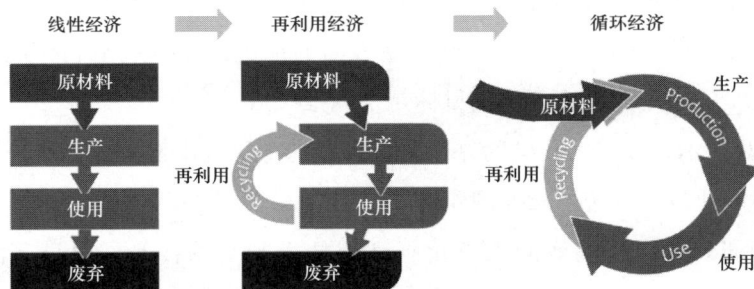

图 4.2-18 循环经济发展示意图

也就是说，排放的二氧化碳可以被循环再利用，转换为有价值的物质，也就是废物变为宝。

如塑料再循环示意图如图 4.2-19 所示。

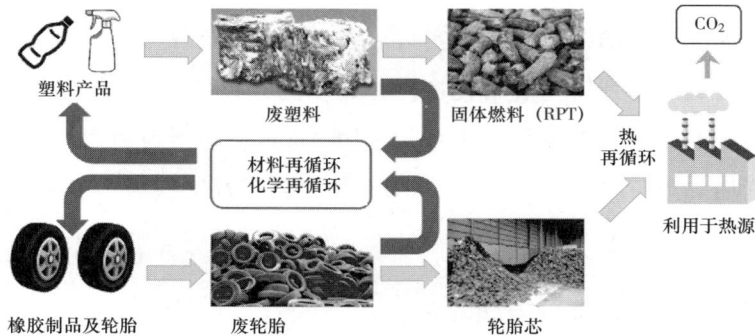

图 4.2-19　塑料再循环示意图

（二）以二氧化碳为原料合成的主要有用物质

利用可再生能源生成的氢气，将从固定源排放的二氧化碳转化为甲醇、甲烷、乙烯等用于大规模制造化学品原料和燃料的物质。通过结合二氧化碳捕集和浓缩技术，旨在实现将大气中释放的二氧化碳再资源化，构筑综合的大规模碳循环系统。通过制造基础化学品和燃料，将实现摆脱化石资源的目标，并大幅度削减二氧化碳排放。

为了减少二氧化碳的排放，将广泛开发碳循环技术，在多个领域有效利用捕集的二氧化碳作为碳化合物产品。除了用于化学原料生产的基础技术外，还在特定地区利用太阳能将二氧化碳转化为燃料的藻类培育，并研究将其用作生物燃料的应用。致力于构建从基础研究到实证应用技术的完整体系，以实现碳循环技术的实用性。碳循环是将二氧化碳作为资源有效利用的关键技术，也是实现碳中性社会的关键。

碳循环产业包括碳循环技术在主要产品方面的推进，降低成本和拓展用途的技术开发以及社会实际应用的推广等，其目标是全球推广。

图 4.2-20 展示了以二氧化碳为原料可以合成的主要有用物质。

二氧化碳产业技术系统示意如图 4.2-21 所示。

需要积极研发并应用高效的二氧化碳利用技术和基础技术，以显著降低火力发电过程中产生的二氧化碳排放。同时，通过实施地下封存技术来储存大量排放的二氧化碳，并结合碳循环技术，将分离回收的二氧化碳转化为碳化合物产品，以实现其有效再利用。此外，应加速二氧化碳的分离回收进程，并推动多种碳化合物的循环利用，采用如矿物碳化、混凝土生产等创新方法，有效抑制二氧化碳向大气中的

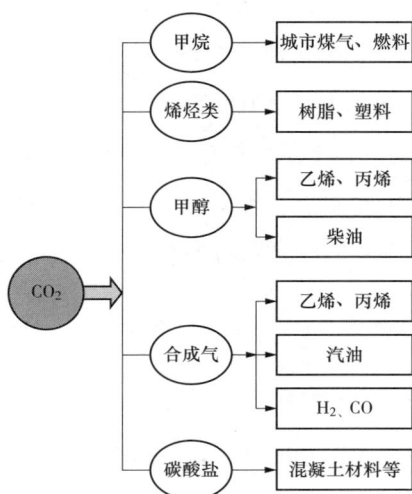

图 4.2-20　以二氧化碳为原料可以合成的主要有用物质

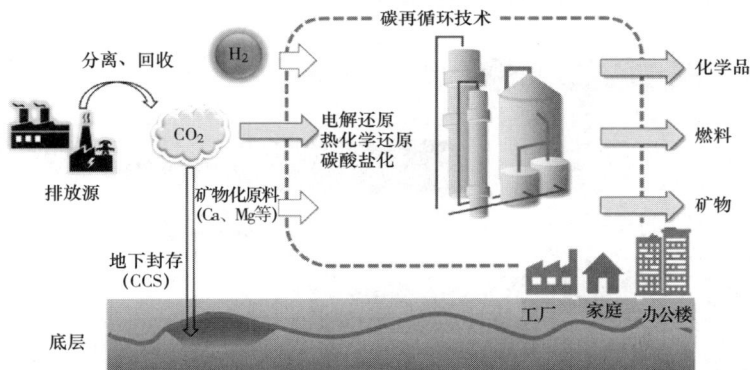

图 4.2-21　二氧化碳产业技术系统示意图

注 资料来自日本 NEDO 环境部"カーボンリサイクル・次世代火力推進事業/ 共通基盤技術開発"2022 年。

排放。

如前所述，二氧化碳可以转化为以下物质：

（1）矿物制品。例如混凝土制品、混凝土构造物、碳酸盐和水泥等。

（2）燃料。包括藻类喷射燃料、藻类柴油燃料、合成燃料、生物质燃料和甲烷化气体燃料等。

（3）化学品。在化学领域涉及聚碳酸酯、聚氨酯等含氧化合物、生物质来源的化学品、烯烃和石蜡等通用物质。

利用二氧化碳作为碳素源捕集的燃料及化学物质，可以得到乙醇等各种有价物质。

如乙醇。例如，通过氢还原剂处理二氧化碳，可以生产甲烷和甲醇等重要基础化学品，液体燃料以及碳氢化合物等大分子物质。全球每年需要的甲醇约 7500 万 t，如果能够以二氧化碳为原料廉价地合成这些有价值的物质，将会有巨大的需求量。

甲烷为主要成分的天然气世界上总生产量为 300 万 m^3/a，丙烯世界需要量 120Mt/a，甲醇世界需要量 7500 万 t，主要用于各种诱导体的塑料及树脂生产。

未来，为了促进二氧化碳的回收及再资源化，需要各种低成本高效转换技术。

（三）矿物制品

1. 二氧化碳回收型水泥制造工艺

在水泥厂的制造过程中，大约 60% 的二氧化碳是由石灰石等主要原料产生的。在预烧炉中，当主原料加热到约 900℃ 时，会产生二氧化碳（$CaCO_3 \longrightarrow CaO + CO_2$）。因此，人们一直致力于研究和开发"$CO_2$ 回收型预烧炉"。

利用二氧化碳的水泥制造技术示意如图 4.2-22 所示。

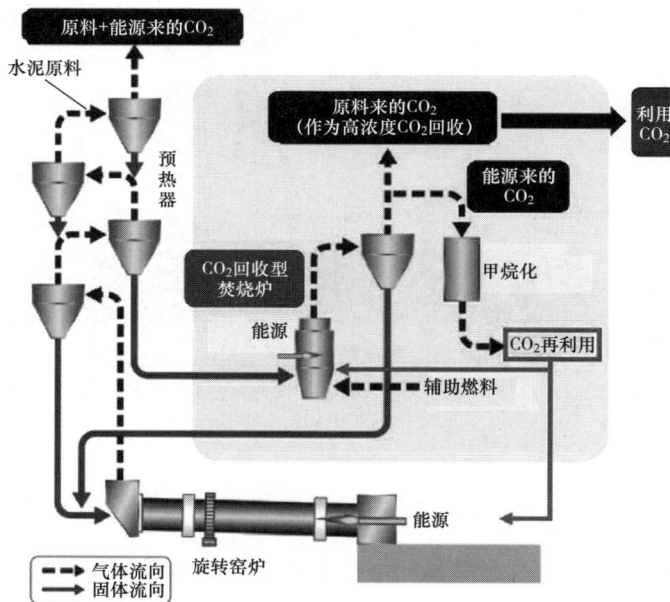

图 4.2-22　利用二氧化碳的水泥制造技术示意图

在这种先进的预烧炉设计中，采用了氧气作为辅助燃料，替代传统的大气，以实现高浓度二氧化碳的回收。同时，结合现有的预加热器和旋转窑技术，能够在维持高热效率的同时，确保原料的循环利用。为了提高预烧炉旋转窑的烧结效率，在预热器内部增设了燃烧装置。

对于水泥制造业来说，开发适用于整个制造工序的二氧化碳回收和碳循环技术是其未来发展和成长战略的关键。在水泥制造过程中，原料（如石灰石）首先通过预加热器进行预热，随后在1450℃高温下的旋转窑中进行烧结。值得注意的是，大部分二氧化碳的排放发生在预热器内部。通过优化和改造预加热器，能够回收超过80%的水泥制造过程中产生的二氧化碳。更令人振奋的是，这项创新技术可以直接利用现有的窑等设备进行开发，无需大量额外投资。

除了预加热器的二氧化碳回收技术，还在研发一种新型技术，该技术以回收的二氧化碳为原料，结合各种社会废弃物和副产品（如废轮胎、废塑料、木屑、建筑废土、炼铁矿渣、污泥等），甚至是灾害废弃物（如东日本大地震等产生的废弃物），来制造水泥原料。

在新的技术探索中，致力于从废混凝土等废料中提取钙，并将水泥生产过程中排放的二氧化碳吸附于其中，形成碳酸盐（$CaCO_3$），这种人工合成的碳酸盐将作为水泥的主要原料（人工石灰石）使用。如果这一技术成功应用，将能够生产出完全不依赖天然石灰石的"碳再循环水泥"，从而极大地减少水泥生产过程中的二氧化碳排放量。

预计在未来，通过这项技术，水泥制造业将能够几乎完全回收由石灰石产生的二氧化碳，并将其转化为水泥原料。有望在2030年之前开发出能够最大限度吸收二氧化碳的水泥制造技术，为环保事业作出重要贡献。

2. 二氧化碳回收型混凝土制造工艺

混凝土是一种重要的建筑材料，它是由水泥等主要原料与砂砾、碎石等骨料以及水等混合材料混合而成的。近年来，科研人员已经开发出一种技术，能够将二氧化碳注入混凝土中并使其固定，这项技术已经开始在铺装砌块等领域得到应用。

展望未来，目标是实现二氧化碳在混凝土中固定量的最大化，同时尽可能降低生产成本。目前，市场上部分利用二氧化碳的水泥产品价格是普通混凝土产品的2~3倍，这在一定程度上限制了其广泛应用。因此，急需研发出与现有产品成本相同或更低的二氧化碳固定混凝土，并逐步推向市场。例如，需要将预制混凝土产品的价格降低到与普通混凝土（约8日元/kg）相近的水平，或者更低。

为了解决这些问题，需要深入研发能够最大程度固定二氧化碳的材料（如骨料、混合材料等），并开发出综合利用这些材料的技术。这样，才能在确保二氧化碳固定量最大化的同时，找到降低混凝土制造成本的有效方法。如图4.2-23所示，这是一个通过削减二氧化碳排放量并最大化固定量来制造混凝土的示例，它为我们指明了未来的研发方向。

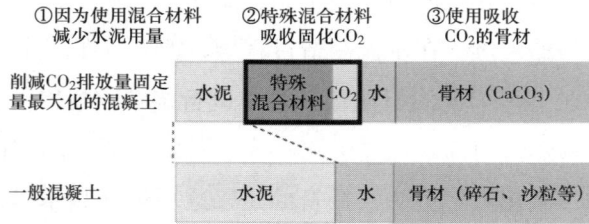

图 4.2-23　削减二氧化碳排放量和最大化固定量的混凝土制造示例

利用 CO_2 及废弃物等再循环、制造碳循环水泥等技术示意如图 4.2-24 所示。

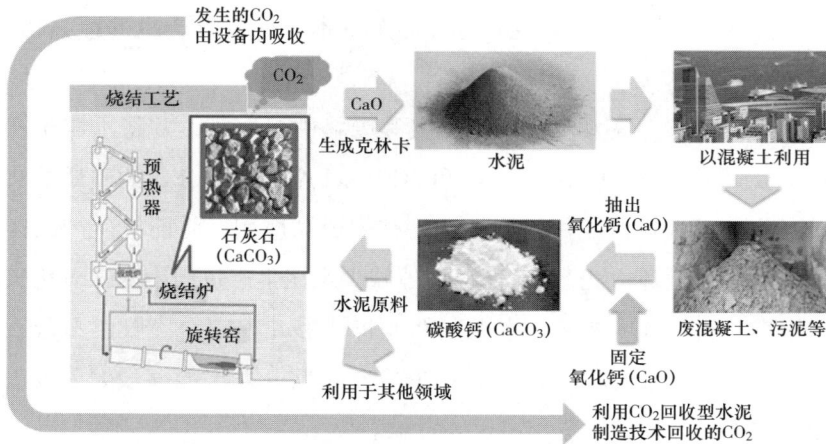

图 4.2-24　利用 CO_2 及废弃物等再循环、制造碳循环水泥等技术示意图

　　此外，作为大型结构物的材料，混凝土要具备足够的强度，还需展现出色的长期耐久性，从而确保结构的长期安全性，在追求最大化在二氧化碳固定量的混凝土中，同样需要建立品质管理方法和二氧化碳固定量的评估体系。目前，针对二氧化碳固定量的标准尚未统一。因此，未来将聚焦于验证、数据收集等方面，以实现评价方法的标准化。计划通过降低混凝土的生产成本，争取在 2030 年前实现品质管理方法的完善与国际标准的接轨。

　　除了回收水泥制造过程中排放的 CO_2 和抑制其排放到大气中，还在探索从回收的 CO_2 和废弃混凝土中提取钙，并将其作为水泥原材料进行再利用的可能性。这一创新方法旨在构建零 CO_2 排放的建筑结构。此外，从水泥生产过程中回收的 CO_2 或碳循环水泥，不仅可以作为减少 CO_2 排放和提高固定量的重要混凝土原材料，当建筑物解体时，这些材料还可以作为原料进行再利用，实现资源的最大化利用，避免任何形式的浪费。

在国外的工业化进程中，二氧化碳固定化技术已经取得了显著进展。例如，瑞典的 Solidia Tech 公司和 O. C. O Technologie 公司在此领域表现卓越。Solidia Technologie 公司研发了一种创新技术，强制使混凝土吸收 CO_2，而 O. C. O Technologie 公司则通过生产人工骨料的方式有效固定 CO_2。具体的技术应用可见图 4.2-25 所示。

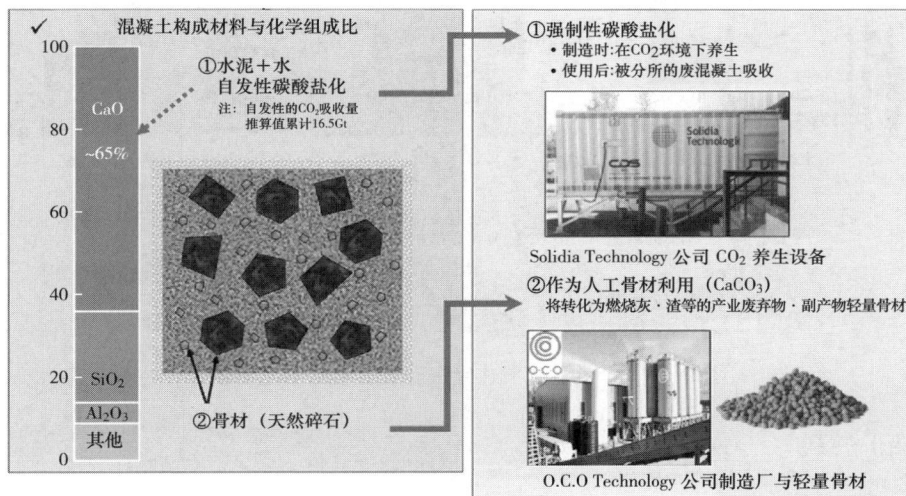

图 4.2-25　CO_2 吸收及固定化混凝土之例

在回收的 CO_2 有效利用技术中，致力于开发将废弃混凝土进行碳酸氯化，并将其作为水泥原材料的碳循环技术。同时，还致力于开发适合水泥制造工艺的熔化系统。该项计划从 2021 年到 2030 年进行验证，并最终扩展到实际应用。

日本企业已成功实现了 CO_2 吸收性混凝土（CO_2-SUICOM）的实用化。他们利用从化工厂排放的石灰石制造出能吸收 CO_2 的材料，并将其用于混凝土生产中。具体来说，通过在制造过程中吸收 CO_2，并减少水泥用量，可以减少混凝土的 CO_2 排放量。

同时，在其他国家中，如美国和英国，也有企业开发了同类技术，并实现了实用化，各国之间存在竞争。有关 CO_2 吸收性混凝土的国际市场规模预计到 2030 年将达到 15 万~20 万亿日元，市场将扩大，企业需要争取市场份额以降低价格。

然而，目前 CO_2 吸收性混凝土的成本较高，比现有产品高出约 3 倍，价格为 100 日元/kg。由于混凝土中的钢筋容易锈蚀（CO_2 吸收氧气，易氧化），因此使用受到限制，这是需要解决的问题。

利用二氧化碳生产矿物质的循环示意图如图 4.2-26 所示。

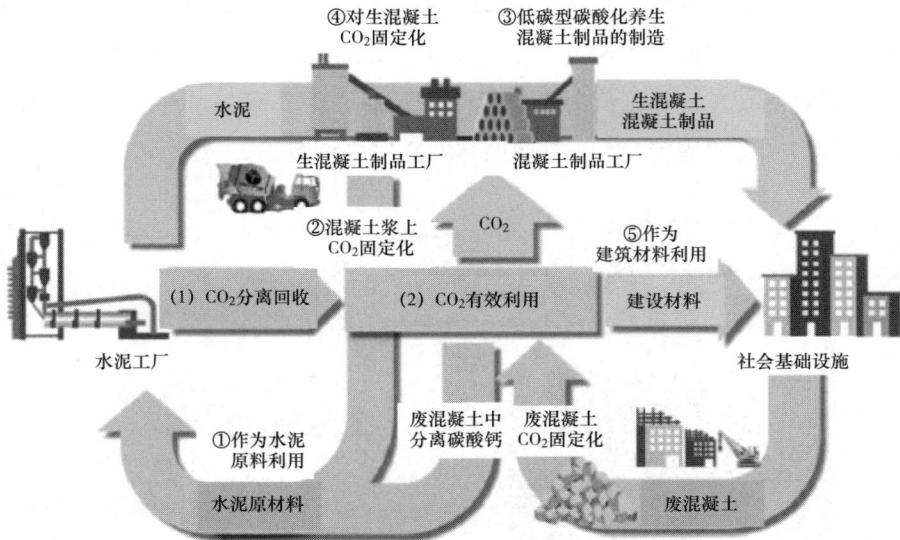

图 4.2-26　利用二氧化碳生产矿物质的循环示意图

（四）燃料

为了实现碳中和，必须确定回收、储存、利用 CO_2 的结构，特别关注以 CO_2 为原料的液体燃料的制造技术，作为有效利用 CO_2 的方法。液体燃料可以通过现有的石油供应链供应，因此新的基础设施相对容易完善，然而，制造方面存在生产效率低和成本高的问题，为了实现普及，各方面必须齐心协力进行技术开发。

结合来自可再生能源的氢气、电力和合成技术，高效率地将二氧化碳转化为可替代汽车汽油、轻油、喷射燃料等内燃机用液体燃料，这项研究开发在全球尚属首次。此次研究中，采用了直接合成和选择性控制等下一代费托（Fisher-Tropsch，FT）反应的技术，并利用可再生能源电力进行液体合成燃料的制造工艺。这不仅有助于促进 CO_2 的有效利用和碳再循环，还能减少 CO_2 的排放量。

在德国，包括 CRI（冰岛）在内的九家企业已经开发研究了从燃煤火力发电排放的二氧化碳生产甲醇的试验，试验的生产规模为 1t/d。图 4.2-27 展示了用二氧化碳生产甲醇的试验示意图。

1. 利用藻类培养的生物质燃料

国际民用航空组织（ICAO）致力于减少航空界的温室气体排放，推出了 CNG2020（碳中和 2020）计划。旨在实现碳排放不增长。液体燃料在航空领域中是不可或缺的，因此需要开发温室气体排放量较低的替代喷射燃料。

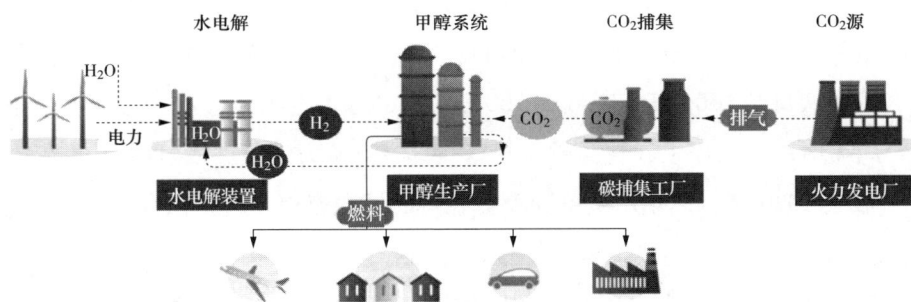

图 4.2-27　用二氧化碳生产甲醇的试验示意图

注 资料来自欧洲德国 Mef CO$_2$ 公司在冰岛实施的 CCU-甲烷实证项目。

在本项目中，利用微细藻类进行光合作用来生产油脂，从而开发和生产喷射燃料。通过利用自然能源和废气中的 CO$_2$，此方法旨在减少温室气体排放。微细藻类光合作用生产燃料油的过程如图 4.2-28 所示。

图 4.2-28　微细藻类光合作用生产燃料油示意图

注 资料来自カーボンリサイクル技術事例集（2020 年）IHI 公司"微细藻類バイオ燃料技術開発"。

因此，欧洲企业开始致力于开发替代喷射燃料的技术，利用藻类培养生物质喷射燃料，各国在这方面展开了激烈竞争，日本企业正在进行基础技术开发，并开始实施实证研究。

目前，主要技术问题如下：

（1）藻类 CO$_2$ 吸收效率低，增殖速度缓慢（生产性）：藻类的二氧化碳吸收效率较低，导致其增殖速度缓慢，从而影响生产效率。

（2）因藻类对外部环境的耐受性差，稳定性低，增值困难（生产稳定性脆弱）：藻类对外部环境的适应能力较差，导致其稳定性低，难以实现大规模增殖。因此，生产成本高，目前仍停留在小规模实证阶段（现阶段净制造成本为 1600 日元/L，现阶段产品价格为 100 日元/L）。

生产喷射燃料时，可以基于化石燃料和混合生物质原料。在使用净燃料时，需要在喷射燃料中混合一定比例的化石燃料，并将其搭载在航空器上。

正在研究和开发高效 CO_2 吸收、加速藻类增值技术（藻类培养技术），以及提高藻类耐性的品种改良。通过这些技术，计划在 2030 年左右领先全球，实现大规模实证，并将生产成本从每升 1600 日元降低到 100 日元，以实现实用化。此外，为满足国际市场对生物质喷射燃料的需求，将为航空器提供具有竞争力的藻类喷射燃料。

（1）截至 2020 年，建立从微藻到喷射燃料的生产流程：包括微藻培养、构建完整的提取油脂成分的燃料化生产流程，并进行样品燃料的试飞。

（2）随着国际民航组织（ICAO）引入碳偏置义务，从 2027 年开始，全球范围内将强制实施 CORSIA 制度，构建稳定批量生产和供应微藻喷射燃料的体系。

（3）通过与石油来源的喷射燃料进行比较，实现合理的生产成本，通过提高生产效率和改进工艺，到 2030 年左右实现经济资源供应并将温室气体排放量控制在石油来源燃料的 50% 以下。可再生能源对碳循环做出积极贡献，不需要与粮食资源竞争，可持续创造能源。

2. 利用碳循环技术生产生物质燃料和合成燃料等相关技术

（1）汽车领域。根据国际能源署（IEA）的《能源技术前瞻 2017》报告，到 2040 年，世界范围内使用汽油等燃料的内燃机汽车预计将超过 80%，因此需要致力于燃料的脱碳化。为实现这一目标，重点开发将排放的 CO_2 转化为液体合成燃料的技术，计划在 2030 年左右确立实证水平的制造技术，并将制造成本目标设定为与生物质甲醇相当或更低，为全球减少约 60 亿 t 二氧化碳做出贡献。

（2）航空领域。目标是将生物质喷射发动机燃料的成本（目前微细藻类每升 1600 日元）降低到 2030 年每升 100~200 日元，并将其二氧化碳排放系数设定在目前火箭燃料的一半以下。此外，争取在 2050 年之前以更低成本实现目标，并为航空领域的二氧化碳排放削减贡献力量，目标是减少 50%。合成燃料也也将在航空领域使用，预计全球减少约 20 亿 t 的二氧化碳排放量。

（3）船舶领域。国际海事组织（IMO）的温室气体（GHG）减排战略旨在实现"到 2050 年将二氧化碳减排量提高 50% 以上，并尽早实现零排放"的目标，致力于开发下一代燃料所需的相关技术，并在 2030 年之前实现商业化的零排放船舶目标。这将有助于全球减少约 26 亿 t 二氧化碳排放。

在研发方面，需要优化 CO_2 合成燃料制造工艺，提高反应工艺的效率，并降低成本。同时，还需开发创新技术和工艺流程，以实现高效率生产。

航空领域则推动开发可替代喷射发动机燃料的生物质燃料和合成燃料。

1）生物质燃料。为了建立天然环境下廉价、大规模培养池设备（PBR），需要在多种条件下进行大规模实证。包括利用火力发电厂吸收的 CO_2，控制光量、温度和微藻种类的使用，进行大规模实验和试验点建设。通过最大化火力发电厂吸收的 CO_2 来解决大规模实证中的问题，并进行相关研究。

同时，需要确立高效率利用微藻生产生物质燃料的低成本基因改造技术，并开发基因组编辑技术。

2）合成燃料。在船舶领域，认真进行下一代燃料使用的相关技术开发。为减少运输部门的 CO_2 排放，需要考虑到未来能源构成和基础设施建设，开发包括电气化和燃料脱碳在内多种技术方案。

由于这些原料的氢和 CO_2 是不用担心耗尽的资源，所以可持续地制造，这是合成燃料的一大特征。另外，与原油相比，所含的有害物质的量较少，因此可以说在燃烧时也是更清洁的燃料。

利用可再生能源生产合成燃料等技术示意如图 4.2-29 所示。

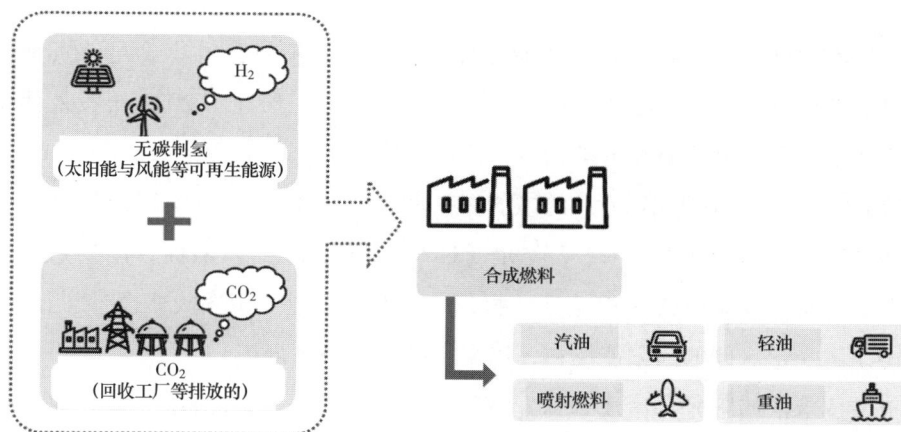

图 4.2-29 可再生能源生产合成燃料的技术示意图

注 资料来自日本经济产业省资源能源厅 2023 年 1 月 24 日出版《可再生能源及新能源》"ガソリンに代わる新燃料の原料は、なんとCO₂!?"

（五）利用太阳能和空气生产航空燃料的案例

1. 迷你太阳能融资项目

瑞士苏黎世理工大学（ETH Zurich）在 2019 年发布了迷你太阳能融资项目。该项目利用太阳能将大气中的二氧化碳和水分解成由氢和一氧化碳组成的合成气体，然后将该合成气体转化为煤油、甲醇等烃类燃料。

位于 ETH 苏黎世屋顶的太阳能炼油厂通过热化学生产技术，生产碳中和烃燃料。

高温的太阳能反应器通过聚集的太阳能，直接从周围空气中提取和分解二氧化碳和水，生成煤油和甲醇等碳氢化合物的合成气体。提取的燃料在燃烧过程中只排放与提取时分解的二氧化碳等量的二氧化碳，因此对可持续的航空和可持续的海运的发展作出了重要贡献。

该融资项目在实际太阳能条件下运行稳定，为进一步研究开发提供了独特的平台，成功地验证了通过全热化学过程将太阳能和空气转化成燃料的技术可行性。不同于生物燃料受土地限制生产，该技术仅利用不到全球干旱地区 1% 的土地，即可满足喷射燃料的全球需求，不与粮食和其他产品竞争。该技术利用可再生能源，将二氧化碳排放量几乎降至零。

由瑞士苏黎世理工大学 ETH 可再生能源教授 Aldo Steinfeld 领导的研究团队开发了一种工业装置，从空气中提取二氧化碳和水分，然后利用太阳能分解这些化合物，生成氢气和一氧化碳的混合物，进一步加工后可生产煤油和甲醇，用作传统燃料的替代品。

这项技术现已相当成熟，具备商业化操作的潜力。项目已筹集到足够资金，用于在德国建造世界上第一座太阳能燃料工业规模生产工厂，预计于 2023 年投入使用。然而，要使新工艺具有竞争力和可扩展性，仍面临挑战。

该项研究发表在 2021 年 11 月的《自然》杂志上，估计一旦实现规模化生产，太阳能煤油每升的成本将在 1.35~2.2 美元（1.20~2.00 欧元）。然而，高初始投资成本是一个主要障碍，商业模式尚待验证。报告作者建议欧盟等机构采用配额制度，要求航空公司使用一定比例的太阳能燃料，以帮助扩大该技术规模。

由于该技术依赖阳光，沙漠地区是理想的生产地点，同时保留宝贵农地用于作物种植和畜牧业。与生物燃料形成鲜明对比，后者依赖于将作物种植用于燃料生产。

国际航空运输协会（IATA）表示，可持续航空燃料在实现到 2050 年全球二氧化碳净排放目标方面至关重要。可持续航空燃料是该行业脱碳计划的关键组成部分，其可持续发展设想预计到 2030 年，可持续喷气燃料将占航空燃料需求的 10%，到 2040 年将接近 20%。

根据国际航空运输协会（IATA）的数据，到 2035 年，全球乘客人数预计将达到 75 亿人，超过 2019 年的 45 亿人。因此，投资开发和采用与现有飞机兼容的更清洁燃料是实现这些雄心目标的关键。虽然可持续航空燃料的商业案例仍在开发中，但扩大这项技术将降低成本。

西班牙的太阳能热塔利用二氧化碳、水和阳光作为唯一输入，生产碳中和型柴油和喷气式飞机燃料。这个项目由苏黎世理工大学 ETH 的研究人员建造和测试，展示了其巨大潜力，是一种前景广阔的清洁燃料方案。虽然汽车和卡车可以用电池或氢替代化石燃料，但飞机的替代方案更为复杂。目前有超过 25000 架商用飞机在服役，平均使用寿命约为 25 年，航空公司正在寻求碳中和燃料以降低排放。在清洁航空技术全面成熟并全球机队能够转向其他解决方案之前，这一进展是一个重要的过渡步骤。

碳中和燃料是当今煤油喷气式 A 型燃料的替代品，它与普通燃料混合，并按正常方式在喷气式发动机中燃烧，产生正常数量的碳排放。不同之处在于，碳中和燃料并非直接来自，而是从其他地方获取二氧化碳。尽管最终二氧化碳仍会进入大气层，但在此之前，碳中和燃料已经发挥了一些有益的作用。每加仑燃烧的碳中和燃料相当于减少了同量的常规燃料燃烧，这是其独特之处。

制造碳中和燃料有多种方法，但并非所有方法都可取。例如，从专门种植的玉米作物中提炼生物燃料会使用自身产生的排放物，同时这些作物占用了本可用于粮食生产的土地。砍伐森林并利用木材作为生物质资源的做法也较为常见，尽管原因显而易见，但这一做法已经受到严格规定的限制。这表明，即使在可持续发展理念下，仍存在不诚实的经营者。此外，还有许多工厂利用垃圾填埋场中的城市垃圾或废食用油制造合成气体，再提取出合成燃料。然而，热解过程通常需要大量能源，并排放大量温室气体。

另一种方法是直接从其他排放源捕集二氧化碳，并将其转化为燃料。这可以通过使用绿色电力为电解槽供能，然后将产生的氢气和一氧化碳混合生成合成气体，最终精制为燃料。然而，每个步骤都会导致能量损失。这引出了苏黎世理工大学 ETH 在西班牙 IMDEA 能源研究所建造和测试的新设计，它可能克服这些挑战。

2. 试验工厂

试验工厂位于索内格街苏黎世理工大学 ETH 大楼的屋顶上，地址在索内格街。该工厂配置了如图 4.2-30 所示的二氧化铈基热化学氧化还原循环水与二氧化碳分离太阳能反应器。在天气允许的情况下，研究人员在该试验工厂进行了为期 9 天的试验，每天进行 6~8 个循环。每个循环平均持续 53min，总实验时间为 55h。由于反应堆过热，当温度超过目标 1450℃并达到 1500℃临界温度时，不得不停止若干循环。

在这 9 天内，试验工厂总共生产了 5191L 的合成气体。然而，研究人员没有明确指出这些合成气体可加工成多少煤油和柴油量，因此无法提供该试验工厂每天产量。即使可以提供，扩大规模的方式也不会是线性的。

该研究小组表示，这个系统的整体效率（以合成气的能量占太阳能总投入的百分

图 4.2-30　位于索内格街 ETH 大楼的屋顶试验工厂

比衡量）只有约 4%，但他们认为通过回收和循环更多的热量，并优化铈的结构，效率有望提高超过 20% 的。

苏黎世理工大学（ETH Zurich）教授 Aldo Steinfeld 表示，他们在一个完全集成的太阳能塔系统中，首次展示了从水和二氧化碳到煤油的整个热化学过程链。这座太阳能塔式燃料工厂的运作与工业实施有关，为生产可持续航空燃料树立了技术里程碑。

研究报告指出，这座太阳能塔式燃料工厂充分证明了实现在全球范围内太阳能燃料生产的可行性。该研究已在《焦耳》期刊上发表。

3. 50kW 试验反应堆

苏黎世理工大学（ETH Zurich）在西班牙安装了一座 50kW 的试验反应堆，利用太阳能塔的热量驱动热化学氧化还原循环。ETH 苏黎世的多合碳中和燃料塔是一个专门使用太阳能的试验厂，包括 169 个太阳跟踪反射板，每个反射板的表面积为 $3m^2$。这些反射板将阳光引导到 15m 高的中央塔顶上的太阳反应堆，反应堆的孔径为 16cm。该反应堆平均每秒能够接收相当于 2500 倍太阳能量的辐射，大约为 50kW 的太阳能热能。

合成气被通过这种热能，可以驱动两步热化学氧化还原循环。将水和纯二氧化碳被注入以铈为基础的氧化还原反应中，反应同时产生氢和一氧化碳，即合成气。由于所有反应都在单个室内进行，可以调整水和二氧化碳的输入速率，以实现对合成气的精确控制。

合成气被输送到塔底的一个气液两用机组中，该机组生产出液相燃料，其中含有 16% 的煤油和 40% 的柴油，以及蜡相燃料，其中含有 7% 的煤油和 40% 的柴油。这证明了以铈为基础的陶瓷太阳能反应堆生产的合成气确实足够纯净，可以转化为合成燃料。

碳中和燃料对于航空和海运的可持续性至关重要。ETH 的研究人员已经开发出一种太阳能发电站生产的合成液体燃料，这种燃料在燃烧过程中释放的二氧化碳量与之前从空气中提取的二氧化碳量相等。二氧化碳和水直接从周围的空气中提取，并利用太阳能进行分解。这个过程产生合成气，即氢和一氧化碳的混合物，然后被加工成煤油、甲醇或其他碳氢化合物。

苏黎世理工大学（ETH）的可再生能源载体教授 Aldo Steinfeld 和他的研究小组开发了这项技术。他解释说："该工厂证明，太阳能和空气可以在实际野外条件下制造出碳中和碳氢化合物燃料"。热化学过程利用整个太阳光谱进行高温反应，速度快且效率高。这个试验工厂位于苏黎世市中心，推动了 ETH 对可持续燃料的研究，是一个潜力巨大的小型示范工厂。

苏黎世理工大学 ETH 的屋顶上建有一个太阳能小型炼油厂，证明了即使在苏黎世流行的气候条件下，这项技术仍然可行。它每天可以生产大约 1L 的燃料。斯坦菲尔德（Steinfeld）和他的团队已经在马德里附近的一座太阳能塔进行了大规模太阳能反应堆试验。如今，这座太阳能塔和苏黎世的小型炼油厂同时在马德里向公众展示。

项目的目标是扩大该技术的工业实施规模，使其具备经济竞争力。Synhelion 的首席技术官（CTO）Philipp Furler 表示："一个占地 $1km^2$ 的太阳能发电厂每天可以生产 2 万 L 煤油。从理论上讲，一个相当于瑞士大小的工厂，或者加州莫哈韦沙漠的 1/3，可以满足整个航空业对煤油的需求。未来目标是利用我们的技术有效地生产可持续燃料，从而减少全球二氧化碳排放。"

新系统的过程链包括三个热化学转换过程：

（1）从空气中提取二氧化碳和水；

（2）进行二氧化碳与水的热化学分解；

（3）将它们液化成碳氢化合物。

通过吸附/解吸过程，二氧化碳和水可以直接从周围空气中提取。然后，这两者被抛物面反射镜聚焦到太阳反应堆中。太阳辐射的浓度是 3000 倍，可以在太阳反应堆内部产生 1500℃的过程热。太阳能反应堆的核心是由氧化铈构成的陶瓷结构，它允许水和二氧化碳通过氧化还原循环分解成合成气体。这种氢和一氧化碳的混合物可以通过常规的甲醇或菲舍尔-特罗普希合成过程转化为液态烃燃料。

反射镜阵列由 169 个反射镜组成，将阳光聚焦在太阳能反应堆顶部（见图 4.2-31）。阳光与二氧化碳和水蒸气发生反应，形成一种混合物，可以转化为煤油和柴油。

喷气式飞机的燃料现在可以通过从空中吸收来获取。在西班牙的莫斯托莱斯，研

图 4.2-31　反射镜组成的阵列将阳光聚焦在这座塔顶的太阳能反应堆

究人员展示了一种室外系统，该系统通过阳光、二氧化碳和水蒸气三种简单的成分来生产煤油。2022 年 7 月 20 日，研究人员在《焦耳》杂志上报告称，太阳能煤油可以替代石油来源的航空喷气燃料，并有助于稳定温室气体排放。

苏黎世理工大学 ETH 公司的工程师斯坦菲尔德指出，尽管燃烧太阳能转化而来的煤油会释放二氧化碳，但这种释放的二氧化碳量与制造煤油过程中所使用的二氧化碳量相当。煤油作为航空业的首选燃料，占据了人为温室气体排放的大约 5%。

在 2015 年，斯坦菲尔德与他的团队在实验室中成功合成了太阳能煤油，但这一技术尚未实现全面的户外生产。因此，为了推进这一研究，斯坦菲尔德和他的研究小组安装了 169 面太阳跟踪镜，这些镜子能够反射并聚焦相当于 2500 个太阳的辐射能量至一座高达 15m 的太阳反应塔顶部。这座反应塔内部设有一个窗口，允许光线进入，同时还有一个进料口，用于提供二氧化碳和水蒸气。此外，塔内还包含一种多孔铈材料，用于催化关键的化学反应。

在太阳能反应塔内，多孔铈材料被阳光加热，与塔内的二氧化碳和水蒸气发生化学反应，生成了合成气——这是一种一氧化碳和氢气的混合物。当多孔铈受到太阳辐射的强烈加热时，它会促进与二氧化碳和水蒸气的反应，从而高效地产出合成气。随后，这些合成气通过精心设计的管道被输送到反应塔的底部，经过特定的机器处理，它们被转化为煤油以及其他碳氢化合物。

经过连续 9 天的运行测试，该反应塔成功地将大约 4% 的太阳能转化为约 5191L 的合成气，这些合成气被用于生产煤油和柴油。斯坦菲尔德对此表示，每天能够生产出约 1L 的煤油是一个显著的里程碑，这标志着太阳能向液态燃料转化的技术取得了实质性的进展。

尽管当前的转化效率尚需进一步提升以适应工业级别的应用，但研究人员对此充满信心。他们指出，通过回收系统中未充分利用的热量，并优化铈材料的吸热性能，反应塔的效率有望提升至超过 20%，这将使该技术更具经济实用性和市场竞争力。

（六）化学品（利用人工光合成塑料原料）

当前，塑料制品的主要原料来自石油提炼得到的石脑油（也称为粗制汽油）。石脑油在高温（约 850℃）环境下经历热分解过程，生成乙烯、丙烯、丁二烯等关键化学品（烯烃），这些正是制造塑料和橡胶所必需的基础原料。然而，这一制造流程不可避免地会产生二氧化碳排放，特别是石脑油分解炉作为热源时排放的二氧化碳尤为显著。

化工产业，由于其对原材料价格的敏感性和外部因素的影响，其二氧化碳排放量在行业中处于较高水平，仅次于钢铁和有色金属等行业。面向未来，为了推动化工产业的可持续发展并构建低碳社会，必须积极探索并多样化原料来源，减少对化石资源的过度依赖，同时采取切实有效的措施来降低二氧化碳的排放量。这不仅有助于降低生产成本，还能为全球环境保护和可持续发展贡献一份力量。

例如，在功能性化学品（如聚碳酸酯、聚氨酯）的生产过程中，如果能够高效地将二氧化碳等气体作为资源加以利用，将极大地减少二氧化碳的排放量。因此，人们对于开发能够有效利用二氧化碳等气体的技术寄予了厚望。

尽管每年约有 80% 的废塑料被回收利用，但其中大约 50% 仅被用作垃圾焚烧发电和水泥制造的热源（即热回收利用）。然而，即使在废塑料的再利用过程中，最终的废弃物处理环节仍然无法避免二氧化碳的排放。为了从根本上减少碳排放，需要确立化学再利用等先进技术，将废塑料转化为原始的塑料原料。

此外，有人提议使用廉价的煤炭和页岩气替代石脑油作为塑料原料的制造来源。然而，煤炭在燃烧过程中会产生大量的二氧化碳，对环境造成负面影响；而页岩气在橡胶原料丁二烯的生产过程中也面临着技术难题。这些挑战都需要我们在未来寻找更加环保和可持续的解决方案。

对于以上问题，有以下解决方案：

（1）热能转换。石脑油分解时会产生废气，这些废气除了乙烯、丙烯和丁二烯等烯烃外，还可以作为热源利用，并最终生成二氧化碳。为了减少二氧化碳排放量，可以考虑使用无碳燃料（如氨和氢气）来替代废气作为石脑油分解炉的热源。同时，需要开发和应用高效利用无碳燃料的石脑油分解炉技术。

（2）原料循环。废塑料和废橡胶的化学再循环有两种方法，一种是在氧气存在下进行气化，以合成气体制造基础化学品；另一种是在无氧条件下进行热分解，生成烯烃或油。然而，化学再利用的比例仅为约4%，应用范围也有限。为减少二氧化碳排放，增加化学再利用的比例是非常重要的。

（3）原料转换。利用二氧化碳制造塑料原料的技术是大幅削减 CO_2 的关键，同时从脱石油资源的观点来看也很重要。含氧化合物如聚碳酸酯或聚氨酯等不需要氢气，而可以以 CO_2 为原料进行合成，形成功能性化学品。此外，在削减 CO_2 的基础上，还致力于提高这些材料的电气特性、光学特性、力学特性等功能，开拓新的市场。

人工光合作用技术，作为一项前沿科技，已成功在基础研究（实验室环境）中实现突破，通过高效光催化剂将水和二氧化碳转化为塑料等化学原料的初步原料。展望未来，为了推动该技术从实验室走向社会实际应用，核心目标应聚焦于效率的大幅提升与批量化生产的实现。

1. 二氧化碳资源化基础化学品制造技术的研发

依托于先进的光催化剂，这一创新过程被命名为"人工光合成"技术，它深刻改变了传统化学工业依赖化石资源的现状，成为支撑生活与工业发展不可或缺的新兴力量。该技术模拟并超越了自然界的光合作用过程，通过捕获太阳能分解水产生氢气和氧气，进而利用这些氢气与工业排放的二氧化碳，合成包括烯烃在内的塑料前驱体及其他重要化学品，这一过程不仅高效且环保。

为实现资源循环利用与环境保护的双重目标，全球范围内正加速推进基于太阳能、水与二氧化碳的化学品制造项目。这些项目不仅着眼于淀粉、葡萄糖等基础有机物的生产，更致力于探索更广泛、更高价值的化学品合成路径，如塑料原料的直接制备。

尽管人工光合作用技术前景广阔，但其商业化应用仍面临诸多挑战，首要难题在于光催化剂的转换效率尚待提高，以及伴随而来的高制造成本问题。此外，为实现规模化生产，还需突破氢气高效分离膜、碳化氢转化催化剂等关键材料的研发瓶颈，并进行充分的技术验证与优化。

为解决上述问题，科研界与产业界需紧密合作，加大研发投入，探索新型高效光催化剂材料，优化生产工艺流程，降低生产成本。同时，加强国际合作，共享研究成果，共同推动人工光合作用技术向更加成熟、经济、环保的方向发展，为全球可持续发展贡献力量。

2. 推动光催化剂技术实现大面积应用与成本降低

全球范围内，科研力量正集中于光催化剂、高效分离膜及先进合成催化剂的研发，旨在通过太阳能与光催化剂的协同作用，高效分解水生成氢气与氧气，并进而将这些气体转化为塑料原料等基础化学品。其中，核心挑战在于开发出一种既安全又高效的光催化剂，能够显著提升水分解为氢气和氧气的效率。日本已在这一领域取得显著进展，实现了 7% 的太阳能转换效率，并正积极研发成本更低、效率更高的新型催化剂，目标直指 10% 的转换效率，以满足实际应用的需求。

在氢气与氧气分离环节，研究聚焦于开发高选择性分离膜，确保在混合气体（具有潜在的爆炸性）中稳定、高效地分离出氢气。自 2019 年起，日本 NEDO 机构与东京大学合作，进行了光催化制氢的现场测试，通过模块化设计提升系统的安全性与耐用性，为人工光合作用的商业化应用铺平道路。

合成催化剂领域同样传来喜讯，科学家成功利用氢气和二氧化碳合成的甲醇作为原料，首次实现了烯烃的高效、耐久合成。此外，针对高温高压环境下的烯烃合成，还开展了基于超高耐久性沸石催化剂的实证试验，展现了其卓越的催化性能。

在可再生能源合成燃料及化学品的进程中，绿色氢作为传统能源的替代品备受瞩目。相较于传统的太阳能发电-水电解制氢路径，直接利用太阳光进行制氢的技术正逐步崭露头角，其简化流程、提升效率、降低成本的优势日益明显。图 4.2-32 直观展示了这一过程，即通过人工光催化剂将氢气和二氧化碳转化为低级烯烃等化学品原料。

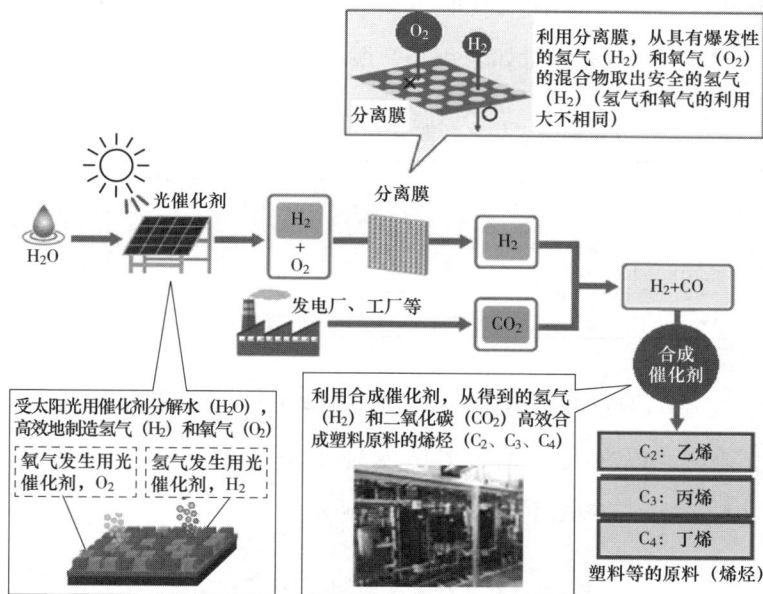

图 4.2-32 使用人工光催化剂从氢和二氧化碳制造低级烯烃化学品原料的示意图

注 资料来自日本 ARPChem 人工光合成 PJ について（2012~2021、NEDO-PJ）

目前，各国已掌握利用光催化剂从水中分离氢气，并结合氢气与二氧化碳制造塑料原料的技术。然而，光催化剂在人工光合作用中生产绿色氢的转化效率尚待提升，目前普遍低于7%，且仅能利用太阳光中的部分波长。因此，本项目致力于开发能够捕获更宽波长光的光催化剂，预计至2030年，其转换效率将突破10%大关。通过这一综合技术路径——光催化剂分解水制氢、氢气安全分离、合成催化剂转化烯烃，旨在构建一套独立于化石资源的人工光合作用化学工艺体系，为解决全球资源短缺与环境污染问题提供创新方案。

该工艺过程通常包括三个阶段：

（1）利用光催化剂高效地将水分解为氢和氧

$$光催化剂 + H_2O \longrightarrow H_2 + O_2$$

目标是实现太阳能转换效率达到10%。

（2）利用分离膜将氢和氧分离。

（3）利用氢和二氧化碳制造低级烯烃

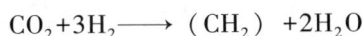

$$CO_2 + 3H_2 \longrightarrow (CH_2) + 2H_2O$$

目标是实现低级烯烃转换效率大于等于80%。

3. 人工光合作用项目制氢量估算

（1）一般地区。以在太阳光照射下实现10%的能量转换效率为目标（10%，1400kWh/a，1900h/a）时制氢量如表4.2-9所示。

表4.2-9　　　　　　　　　一般地区转换效率为10%的目标下制氢量

项目名	制氢（H_2）量规模（t/a）		
	20	100	500
反应器面积（×0.01km²）	0.5	2.4	11.8
年制氢量（×100t/km²）	40	41.7	42.4

在一般地区，1km²反应器面积一年可以制氢4000~4200t。

（2）赤道地区。以在太阳光照射下实现10%的能量转换效率为目标（10%，2600kWh/a，4000h/a）的制氢量如表4.2-10所示。

表4.2-10　　　　　　　　赤道地区转换效率为10%的目标下制氢量

项目名	制氢（H_2）量规模（t/a）			
	1000	10000	50000	100000
反应器面积（×0.01km²）	10	13	63	127

项目名	制氢（H$_2$）量规模（t/a）			
	1000	10000	50000	100000
年制氢量（×100t/km^2）	100	769	794	787

在赤道地区，1km^2 反应器面积一年可以生产 10000~78700t。

（3）太阳光氢站。300~500m^3/h（27~45kg/h）规模太阳光氢站示例如图 4.2-33 所示。NPEX 公司太阳光制氢及烯烃类示例示意图如图 4.2-34 所示。

（4）太阳光产氢成本。目前，光催化剂面板的制造成本低于 5000 日元/m^2，使用寿命超过 1 万 h，预计制氢成本将低于 30 日元/m^3。同时，还进行了研究，以提高同时产生的氢氧分离系统的安全性。然而，对于这项技术，有人认为其社会实现的不确定性较大。

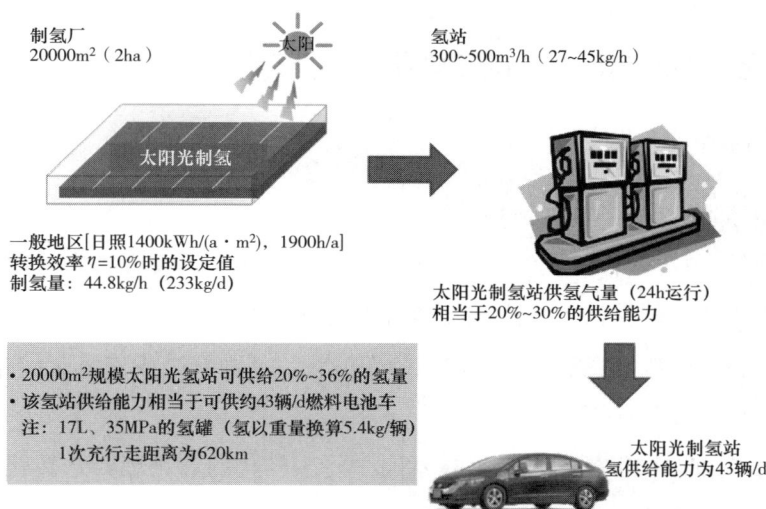

图 4.2-33　300~500m^3/h（27~45kg/h）规模太阳光氢站示例

注 资料来自日本 ARPChem 人工光合成 PJ について（2012~2021、NEDO-PJ）。

在合成催化剂方面，首先确定了通过甲醇生产氢气和二氧化碳的高耐久、高效率方法，这是全球首创。此外，还进行了使用能够在高温、高压条件下反应的超高耐久性沸石催化剂的小型先导实证试验。

日本产业技术综合研究所（产综研）与零排放国际共同研究中心合作，开发出高转换效率的光催化剂，预计到 2030 年，人工合成塑料的制造成本将降低约 20%。随着光催化剂开发的加速，还讨论了相关规章制度，如放宽高压气体安全法，并制定了处

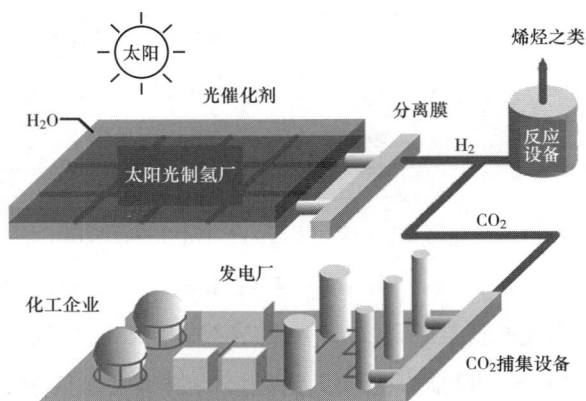

图 4.2-34 INPEX 公司太阳光制氢及烯烃类示例示意图

理氢气和氧气混合气体的保护和安全标准。计划在 2050 年进行大规模实证，以实现与现有产品相同的价格（100 日元/kg）。

六、利用火力发电厂排放的二氧化碳再循环最新技术

（一）二氧化碳转换技术

1. 含钙废弃物中的矿物固定化技术

日本产业综合技术研究所（产综研）成功研发了从含钙废弃物中提取钙并进行二氧化碳矿物固定化的创新技术。该技术通过促使含钙废弃物中的钙与废气中的二氧化碳发生化学反应，生成可直接用于多领域的碳酸钙，从而在减少二氧化碳排放的同时，实现资源的有效回收与利用。

（1）技术基础与碳循环工艺。该技术通过将多样化的含钙废弃物转化为二氧化碳矿物，实现了钙的高效回收，为新型碳循环工艺的开发提供了坚实的技术基础。这不仅有助于推动环境保护的进程，更为未来的可持续发展提供了有力的技术支持。

（2）碳酸钙的多领域应用。该技术能够将废气中的二氧化碳固定化为碳酸钙，这种材料不仅可用于水泥增量材料和原料，提高水泥产业的生产效率，还能在多个领域实现广泛应用。此外，对于提取钙后产生的残渣，研究团队也致力于探索其在水泥产业等其他领域中的有效利用途径。

（3）节能与资源节约的碳循环新工艺。为了更加高效地提取含钙废弃物中的钙，并构建一个既节能又资源节约的碳循环新工艺，产综研团队开发了二氧化碳电解可逆固体氧化物单元。这一技术的实施，将进一步推动碳循环经济的发展，实现环境与经

济双赢的目标。

含钙废弃物中矿物固定化技术示意如图 4.2-35 所示。通过图 4.2-35 所示，可以更直观地了解这一技术的原理与操作流程。

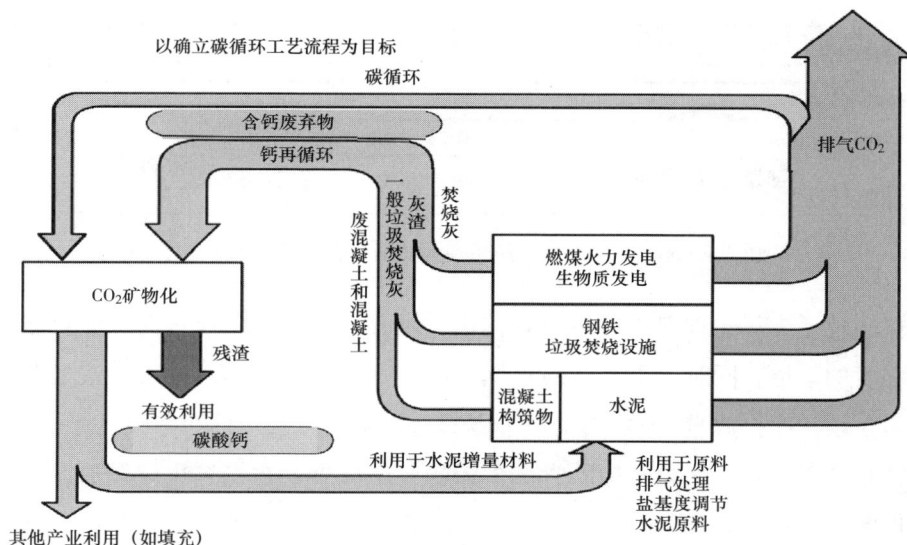

图 4.2-35 含钙废弃物中矿物固定化技术的示意图

2. 开发二氧化碳电解可逆固体氧化物单元

日本电力中央研究所和东京工业大学合作开发了二氧化碳电解可逆固体氧化物单元。在该研究中，通过直接电解将二氧化碳转化为有价值的一氧化碳（CO）或合成气的同时，开发了一种能够调节电力供需的系统基础技术——可逆固体氧化物单元（rSOC）。他们对现有最先进的固体氧化物燃料电池（SOFC）制造单元进行了评价，并将其用作可逆单元，同时明确了相关技术问题。

此外，研究团队还开发了大面积、低成本的金属支撑 rSOC，作为下一代电池，并提出了 rSOC 的系统概念。二氧化碳电解可逆固体氧化物单元技术的示意图如图 4.2-36 所示。

3. 乙烯生产中二氧化碳转化技术的新突破

2022 年 9 月 9 日，伊利诺伊大学芝加哥分校（UIC）的梅内什·辛格教授领衔的研究团队取得突破，成功开发出一种能将捕集的二氧化碳几乎 100% 转化为乙烯的技术，并已将这一成果发表于《细胞报告物理科学》上。

乙烯，作为塑料制品的主要成分，其生产过程的碳足迹一直是科研人员关注的焦点。多年来，众多团队尝试将二氧化碳转化为乙烯，但成效有限。而此次 UIC 的研究

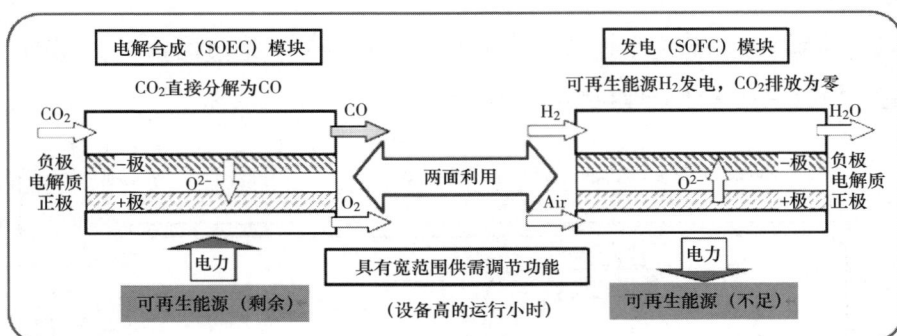

图 4.2-36　二氧化碳电解可逆固体氧化物单元技术示意图

团队不仅实现了二氧化碳到乙烯的高效转化，还通过电解法将捕集的二氧化碳气体转化为高纯度的乙烯，同时产生其他碳基燃料和氧气作为副产品。这一方法显著减少了工业二氧化碳的净排放量，远远超出了传统碳捕集和转化技术的净零碳目标。

以往将二氧化碳转化为乙烯的尝试多依赖于反应堆，在二氧化碳排放源流内产生乙烯，但转化率往往只有 10% 左右。而在 UIC 的方法中，电流通过特制的电池，其中一半充满捕集的二氧化碳，另一半则是水基溶液。通过带电催化剂的作用，水分子中的氢原子与二氧化碳分子中的碳原子结合，直接生成乙烯。

乙烯在全球化工行业中占据重要地位，其碳排放量仅次于氨和水泥。目前，乙烯的生产主要依赖蒸汽裂解过程，该过程不仅能耗高，且每生产 1t 乙烯就会产生约 1.5t 二氧化碳。全球每年约 1.6 亿 t 的乙烯产量，意味着超过 2.6 亿 t 的二氧化碳排放。

值得一提的是，UIC 的科学家们不仅成功将二氧化碳转化为乙烯，还通过电解方法生产了其他对工业有益的富碳产品。此外，该方法的太阳能转换效率极高，能够将太阳能电池板 10% 的能量直接转化为碳产品的产量，远超当前 2% 的行业标准。对于乙烯的生产，太阳能转换效率更是达到了约 4%，接近自然光合作用的效率。

4. 用二氧化碳制造生物塑料的新系统

美国得克萨斯 A&M 大学的 AgriLife 研究所开发出了一种利用二氧化碳和细菌制造生物塑料的综合系统。该系统通过使用二氧化碳来生产生物可降解塑料，能够取代目前使用的不可降解塑料，解决不可降解塑料堆积和温室气体排放这两个问题。

这项研究由得克萨斯州植物病理学和微生物学系的副教授戴秀智博士及其团队进行，成果于 2022 年 9 月 28 日发表在《化学》杂志上。经过约两年的研究和开发，他们设计出一种新系统：首先，在第一个单元中通过电催化反应将二氧化碳转化为乙醇和含两个碳原子的分子；然后，在第二个单元中，细菌利用这些乙醇和碳分子生成生物塑料。

通过利用二氧化碳和细菌生成化学物质中的生物塑料，已有成功的例子，新系统设计提供了一个高效、顺畅的过程流程，能够将二氧化碳转化为生物塑料。

利用二氧化碳不仅有助于减少温室效应气体排放，还应对可持续性挑战，有望改变未来的二氧化碳减排策略。新系统的主要优点是反应速度快于自然光合作用，且能能源效率较高。由于细菌生长缓慢，该系统适应产业规模的条件。

为了扩大新系统的功能，用于燃料和通用化学品等，该研究成果证实了"脱碳生物制造"设计在当前制造业中的可行性。

虽然目前生物塑料的价格仍高于基于化石燃料的塑料，但如果能够通过新系统实现经济规模的生产，工业界将可以用环境负荷更小的塑料产品替代现有的塑料产品。此外，这也将有助于减少燃气、电气设备等能源部门的二氧化碳排放。

用二氧化碳制造生物塑料的新工艺示意图如图 4.2-37 所示。

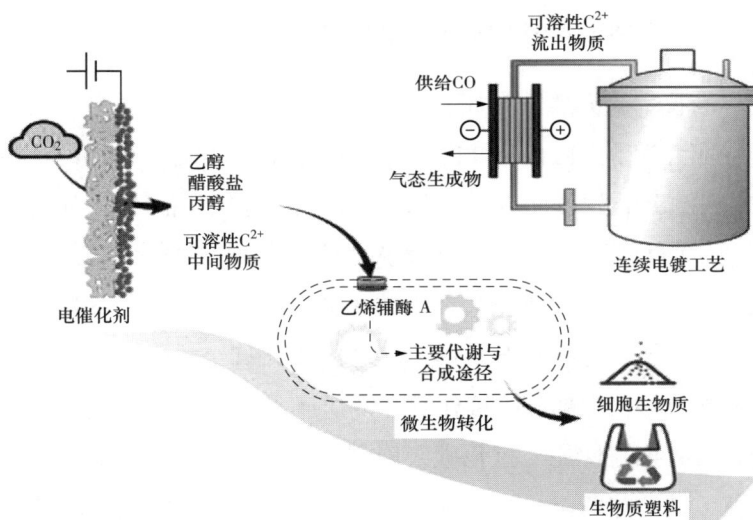

图 4.2-37 用二氧化碳制造生物塑料的新工艺示意图

美国特拉沃大学利用氢氧化物交换膜燃料电池（HEMFC）的电化学系统，开发了大量分离和去除大气中二氧化碳的技术。

HEMFC 有望成为目前基于酸的燃料电池的经济环保替代品，但解决二氧化碳高反应性导致的性能和效率下降问题是仍是一个挑战。在过去的 15 年里，该大学一直致力于研究这一问题，并认识到通过适当的设计和结构，可以将这一缺点转化为捕集空气中二氧化碳的优势。

通过将燃料电池的隔膜短路作为分离二氧化碳的电化学系统的动力源，并通过复杂的系统功能，开发出一种能够持续吸收空气中二氧化碳的电化学装置，如气体分离过滤膜。此外，使用这种短路隔膜，不需要体积较大的电池组双极板、集电装置或电线等构成部件，从而降低成本并扩大商业化规模的可行性。

基于较小容量、较大表面积的小型螺旋膜模块的实证电化学电池以约每分钟 2% 的速度持续去除空气中约 99% 的二氧化碳。在初期原型设备（容量相当于 355mL 碳酸饮料罐大小）中，每分钟去除 98% 的二氧化碳，处理量达到 10L。

当将该设备应用于汽车时，其尺寸相当于一个约 4L 的容器。此外，还可以制造更轻便、更高效的二氧化碳去除装置，用于需要频繁启动过滤器的宇宙探测器或潜水艇。随着氢经济的发展，该设备有望在空气循环的飞机和建筑物等领域中作为节能措施得到应用。本研究由美国能源部（DOE）能源高级研究计划局（ARPA-E）提供资金支持。

（二）从发电厂排烟中去除 CO_2 的简单材料

美国国家标准技术研究所、新加坡国立大学、新加坡科学技术研究厅、特拉华大学以及加利福尼亚大学圣巴巴拉分校证实，金属有机框架结构（MOFs）中的一种甲酸铝（ALF）在去除二氧化碳方面表现出色。具有三维笼结构的 ALF 可以被期望作为一种经济且可再利用的材料，用于去除燃煤火力发电厂废气中含有的二氧化碳。同时，它还具有无数微细孔，可去除燃烧气体中的氮分子。在微观上，ALF 就像一个带有无数小孔的三维铁丝笼。这些孔洞足够大，可以让二氧化碳分子进入和捕集；但又足够小，足以排除构成烟气大部分的氮分子。

总的来说，与其他高性能二氧化碳吸附剂相比，在简单性、整体稳定性和制备易度方面表现出色。其纯粹的组成提供了高耐久性，并且容易制造，使其比其他高性能二氧化碳吸附物质更具性能优势。由于它可以使用易获取的丰富氢氧化物和甲酸制造，成本潜力极低。

多孔质 MOFs 具有过滤和分离化石燃料中多种碳氢化合物的卓越功能。这种材料也可以应用于天然气精制、汽油辛烷成分的分离及降低塑料制造成本等领域。然而，由于燃烧废气中混合了多种气体并且含有腐蚀性水蒸气，在极高温度下难以制造高效且廉价的洗涤器。其他 MOFs 表现出色，但使用昂贵材料的问题仍然存在。因此，现有的除湿工艺需要一种成本较低且能提高整体除湿效率的解决方案。

为了使 ALF 成为实用材料，需要解决以下几个问题：

（1）除湿问题：需要解决燃煤火力发电厂燃烧废气的除湿过程，以避免使 ALF 的使用成本过高。正在寻求应对该问题的解决措施。

（2）二氧化碳利用问题：捕集的二氧化碳的利用方法也是一个主要问题。通过使用这些去除的 CO_2 制造甲酸，可以进一步制造 ALF，实现物质循环和成本降低。

（3）环保解决方案：虽然有很多关于利用捕集的二氧化碳的方法的研究，但最终可以通过太阳能水电解获得氢气，然后将其与捕集的 CO_2 制造甲酸。与 ALF 的组合，可以成为一种环保解决方案。

该技术于 2022 年 11 月 2 日在《科学进步》杂志上在线发表。

（三）直接从大气中回收二氧化碳的最新技术

1. 从空气中去除低浓度二氧化碳的新方法

麻省理工学院（MIT）研发了一种新的方法，可以从空气中去除低浓度的二氧化碳。该方法由 MIT 化学工程教授 Ralph Landau 和 T. Alan Hatton 等人开发，能够有效处理低至约 400μL/L（400ppm）的二氧化碳浓度。研究成果于 2019 年 10 月 1 日发表在《能源与环境科学》杂志上。

目前，去除大气中二氧化碳的大部分方法只能在高浓度条件下发挥作用，例如火力发电厂等气体排放管道。此外，为了实现热能源的分离和释放循环，这些方法需要调整压力和添加化学物质，导致成本较高。MIT 研发的研发的装置则不同，它类似于一种大型特殊电池，可以在充电过程中从通过电极的空气（或其他气流）中吸收二氧化碳，并在放电时释放二氧化碳。整个系统在室温和常压下运行，无需额外添加化学物质。

在电池充电时，电极表面发生电化学反应。电极涂有与碳纳米管结合的聚醌，对二氧化碳具有很高的亲和力。即使在大气中二氧化碳浓度较低的情况下，它也能与气流中的二氧化碳分子进行反应。当电池放电时，反应逆转，设备释放纯浓缩的二氧化碳，同时为系统提供一部分所需电力。

据研究小组透露，现有的二氧化碳去除技术捕集 1t 二氧化碳需要消耗 1~10GJ 的能量。具体取决于二氧化碳浓度。而 MIT 的新系统与二氧化碳浓度无关，仅需要约 1GJ 的能量，能源效率非常高。此外，研究确认该系统至少能承受 7000 次充放电循环，效率下降约 30%。研究人员认为可以轻松改进到 2 万~5 万个循环。

此外，电极本身可以通过标准的化学处理方法进行制造，未来可以利用类似于报纸印刷机的辊对辊生产工艺进行大规模生产，预计每平方米的电极造价约为几十美元。研究小组认为该装置将成为减少二氧化碳排放的重要工具，并成立名为 Verdox 的公司，计划在今后几年内建立试验规模的工厂，推进整个工艺的商业化。

2. 以氢为动力源的电化学系统回收空气中99%二氧化碳的新技术

美国特拉华大学研发了一种利用氢为动力源的新型电化学系统，成功回收了空气中99%的二氧化碳。这项研究于2022年2月3日发表在《自然能源》杂志上。研究小组一直致力于改良目前使用的基于酸的燃料电池，以实现经济环保的氢氧化物交换膜型燃料电池（HEMFC）。然而，由于HEMFC对空气中的二氧化碳非常敏感，燃料电池的性能和效率最多会下降20%，与汽油发动机相近。

几年前，研究小组发现了这一缺点可以成为消除二氧化碳的解决方法。通过彻底研究其机理，他们发现该燃料电池几乎能够回收所有进入其内部的二氧化碳，并具有很强的分离二氧化碳的能力。研究小组认为，如果燃料电池堆上游的设备中利用这一自净化过程，那么该设备就可以变成高效的二氧化碳分离装置。

此外，还发现了将电化学技术用电源嵌入隔膜中的方法，即通过在内部装短路装置的方式，在膜内埋入电线，从而创建了一个使二氧化碳分子容易从一侧移动到另一侧的捷径。通过这种方法，可以制造出体积小而表面积大的小型螺旋形模块。该模块从一端的两个入口吸入氢气和空气，通过两张催化剂涂层的大面积短路膜后，从另一端的两个出口排出不含二氧化碳和含二氧化碳的空气。当为该装置提供氢气时，氢气即成为去除二氧化碳的能源。该电化学装置看起来像是常规的气体分离滤膜，但具有从空气中连续捕集微量二氧化碳的能力。

研究表明，使用 $25cm^2$ 的短路膜的电化学驱动 CO_2 分离装置（EDCS）能够持续450h内持续去除流量为 $2000cm^3/min$ 的空气中99%以上的二氧化碳。此外，螺旋形的EDCS模块可以过滤 $10000cm^3/min$ 的空气，去除98%以上的二氧化碳。

由于该设备可以以更小的尺寸处理大量空气过滤，将其用于燃料电池时，能够变得更加高效和经济。此外，通过使用内部短路膜，可以减少燃料电池堆中常用的大体积部件，如双极板、集电体和电线。由于零件数量减少，成本也会降低，而且可以轻松扩大市场规模。

据报道，如果将该设备用于汽车，其尺寸将与约3.8L的牛奶容器相当。此外，在需要持续过滤的宇宙飞船和潜水艇等场合，这种设备未来可能成为更轻便、更高效的二氧化碳分离装置。结合氢气作为能源，随着氢能经济的发展，它可以作为一种节能措施，用于需要空气循环的飞机或建筑物。

第三节　分布式供能系统及虚拟发电厂

一、分布式供能系统

（一）分布式供能系统的概念

分布式供能系统（DES）是一种侧重于可再生能源利用的小型、分散式能源供应方案。该系统集成了发电、能量储存和能源管理等多个组成部分，旨在与传统能源系统互补运行，以更高效地满足能源需求。

分布式供能系统的核心特点在于其分散性，即能源设备通常安装在接近用电设备的区域，从而将能源供应从大型中心化的发电厂转移到更为小型、分散的能源设备上。这种设计使得分布式供能系统能够更有效地利用可再生能源，如太阳能、风能、水能等。这样的能源利用方式不仅降低了对化石能源的依赖，减少了二氧化碳的排放量，还有助于节约能源成本，提升能源供应的可靠性和安全性。

通过分布式供能系统，可以实现能源的本地化和自给自足，减少能源传输过程中的损耗和排放，为环境保护和可持续发展作出贡献。

分布式供能系统是相对于传统的集中式供电、供热系统的一种革新。该系统采用小型模块式发电单元，规模从几千瓦至几十兆瓦不等，以分散的方式部署在用户周边，能够独立供应电力、热能（或冷能）。同时它具备与电网的互联功能，在自身发电量不足时不可以从电网购电力，而当电力富余时，则能向电网售电力。

分布式供能系统以其独特的优势，实现了热电联产机组发电后的余热的高效利用，从而实现了冷、热、电联供的集成化服务。该系统通过减少能源在传输和转换过程中的损失，实现了能源的充分梯级利用，显著提高了能源的整体利用率。

分布式供能系统不仅能够生产出高品位的电能，满足电力需求，同时还能生产低品位的热能，用于供暖或制冷等用途，实现了能源的多重利用。这种集发电、蓄电、供暖和制冷过程于一体的系统，正是基于能源梯级利用概念的先进清洁能源综合利用系统。通过该系统，能够更加高效、环保地利用能源，推动能源产业的可持续发展。

分布式供能系统是对传统集中式供电、供热系统的一种革新。该系统采用小型模块式发电单元，规模从几千瓦至几十兆瓦不等，以分散的方式部署在用户周边，能够独立供应电力、热能（或冷能）。同时，它具备与电网的互联功能，在自身发电量不足时可以从电网购买电力，而当电力富余时，则能向电网销售电力。

分布式供能系统巧妙地利用热电联产机组在发电过程中产生的余热，实现冷、热、电三联供，从而大幅减少能源损耗，实现能源的梯级高效利用。该系统不仅能生产高品质的电能，还能提供低品位的热能，显著提升能源的整体利用率。

分布式供能系统是一个集发电、蓄电、供暖、制冷于一体的综合系统，它基于能源梯级利用的概念，是清洁能源多联产综合利用的典范。

（二）分布式供能系统的组成与分类

1. 分布式供能系统的组成

（1）分布式发电系统。该系统集成了太阳能光伏发电、风力发电、小水电发电、生物质发电、燃料电池发电等多种可再生能源发电设备，能够直接向用户供电或将多余的电力注入电网，从而实现能源的多元化利用和自给自足。

（2）能量储存系统。该系统采用先进的储能技术，如锂离子电池、钠硫电池、流量电池等，用于存储发电系统产生的过剩能量。在能源需求高峰或能源供应不足时，这些储存的能量能够向用户供电或注入电网，确保能源的稳定供应。

（3）能源管理系统。该系统集成了电能管理、能量存储管理、能源预测等，多项功能，能够全面监控和管理能源系统的运行状态。通过智能化的调度和控制，该系统能够确保能源系统的高效、稳定运行，提高能源利用效率，降低能源浪费。

（4）智能电网系统。该系统利用智能电能表、智能开关等先进设备，实现了用电需求的智能调度和控制。通过实时的数据分析和预测，该系统能够优化能源分配，提高用电效率，减少能源浪费，为用户带来更加便捷、智能的用电体验。

总之，分布式供能系统是一种集多元化能源利用、高效储能、智能管理于一体的可持续发展能源模式。它充分利用可再生能源和分散式的能源设备，提高能源利用效率，减少能源消耗和二氧化碳排放，为实现可持续能源的发展作出了重要贡献。

2. 分布式供能系统分类

分布式供能系统（DES）是一种一种创新的能源供应模式，通过在多个地点生产和消费能源，有效降低能源传输损耗，提高能源利用效率。该系统涵盖了风力发电、太阳能发电、燃气发电、微型燃气轮机发电、燃料电池发电以及储能系统等多种技术。

根据能源和技术特点的不同，分布式供能系统可以细分为以下几类：

（1）太阳能供能系统。该系统利用太阳能将转换为电能，主要包括太阳能光伏发电和太阳能热利用两种形式。太阳能光伏发电利用光电效应直接将太阳能转换为电能，而太阳能热利用则是利用太阳能进行热能转换以产生电能。太阳能供能系统既可以独立运行，也可以与电网互联实现互补供能。

（2）风能供能系统。该系统利用风力发电机将风能转换为电能。风力发电机主要分为垂直轴风力发电机和水平轴风力发电机。风能供能系统需要在风能资源丰富的地区建立风力发电站，以获取稳定的能源供应。

（3）燃料电池供能系统。燃料电池系统通过氢气和氧气的化学反应直接产生电能，具有发电效率高、综合能源效率高以及零排放等优点。燃料电池可用于住宅、商业和工业领域的大规模发电。

（4）生物质供能系统。该系统利用生物质资源，如木材、秸秆、沼气等，通过热能转换、化学转换和生物化学转换等过程将其转换为能源。生物质供能系统可以用于供热、发电等多种应用场景。

（5）燃气供能系统。该系统利用燃气发电机将天然气等燃气资源转换为电能。燃气供能系统需要在燃气资源丰富且交通便利的地区建立燃气发电站，以确保能源的稳定供应。

（6）储能供能系统。该系统采用各种能量储存技术，如电池储能、超级电容储能、压缩空气储能、蓄热储能等，将多余的能量储存起来，在需要时释放出来利用。储能供能系统可以提高能源的利用效率和稳定性具有重要意义。其中，蓄电池作为化学能源储存的代表，在电力网络供需平衡调整、需求方峰值切断和停电时的紧急用电源等方面具有广泛应用。此外，电动汽车上搭载的蓄电池也作为电力储存系统的一部分被不断推广使用。

总的来说，分布式供能系统可以根据能源来源、技术特点和应用领域等多个维度进行分类。在实际应用中，不同类型的分布式供能系统可以根据具体需求进行组合应用，以实现更加高效、稳定和环保的能源供应。

（三）分布式供能系统的特点及其意义

1. 分布式供能系统的特点

分布式供能系统（DES）是一种创新的能源供应模式，相较于传统的集中式能源供应系统，它具备以下显著特点：

（1）灵活性。DES可根据实际能源需求灵活配置，支持多种能源的混合使用，以适应不同应用场景的能源需求。

（2）强可靠性。DES 由多个多个小型能源系统构成，具备分散化的特点，单个系统的问题不会影响整体运行，从而极大提高了能源供应的可靠性和稳定性。

（3）高效率性。DES 通常建设在用电负荷集中的区域，实现能源供应与用电需求的近距离匹配，减少了能源传输过程中的损失，提高了能源利用效率。

（4）优良环保性。DES 倾向于使用可再生能源如太阳能、风能等，减少了对化石能源的依赖，降低了碳排放，对环境保护具有积极意义。

（5）智能化管理。DES 运用智能化技术进行管理，包括能源储存、调度、优化等方面，提高了系统管理的智能化水平，降低了运维成本。

综上所述，分布式供能系统以其高灵活性、强可靠性、高效率性、优良环保性和智能化管理等特点，展现出广阔的应用前景和发展潜力。

2. 分布式供能系统的意义

（1）实现能源多元输入。DES 不仅利用天然气等清洁能源，还广泛吸收可再生能源，如太阳能、风能等，形成能源互补的多元输入系统，为能源供应提供了多样化的选择。

（2）提供能源多元输出。DES 不仅限于电力供应，还能提供供暖、制冷、制氢等多种能源服务，满足用户多样化的能源需求，提升能源系统的综合效益。

（3）构建多维供能体系。相较于传统的集中能源系统，DES 具备多维供能的特点，它不仅能够满足用户的能源消费和生产需求，还能向集中能源系统提供富余的能源，实现能源的优化配置和高效利用。图 4.3-1 展示了分布式供能系统的示意结构，进一步体现了其多维供能的特点。

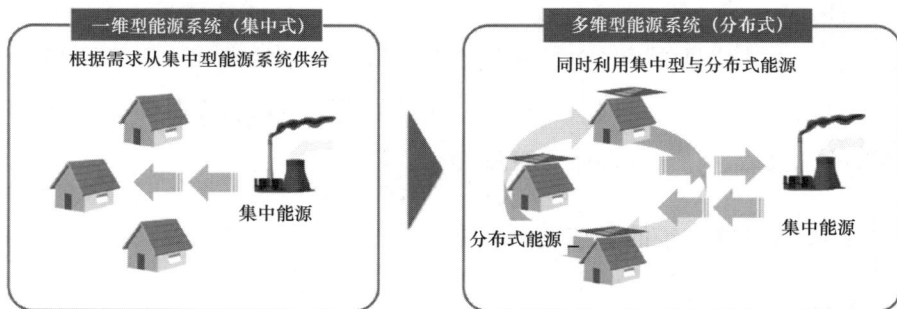

图 4.3-1　分布式供能系统示意图

分布式供能系统是一种跨区域的、广域整合能源资源、电网与负荷的综合性系统，它包含储能聚合器。随着分布式能源技术（如电动汽车、太阳能光伏、风力发电、燃料电池、储能设备及微网）的迅猛发展，分布式供能系统不仅有助于提升分布式能源的运行管理效率，增强经济效益，而且能够确保分布式能源的稳定普及和持续发展。

（4）分布式供能系统显著体现了能源梯级利用的原则。在该系统中，燃气发电机组、燃料电池等通过做功或化学反应产生的排气，被巧妙地引导至余热锅炉或其他热能回收装置中设。这些排气根据用户需求，可以直接用于供热或通过吸收式冷热水机组进行制冷、加热或制氢的能量。这种方式不仅实现热、电和氢三种能源的联合供应，而且显著提高供能系统的热效率和燃料的能源综合利用率。

分布式供能系统拥有独立生产并供应电力、热能和氢能的能力，为周边用户提供了多元化的能源选择。简而言之，它是一个多输出的系统，能够最大化地利用能源，产出高品质的电力和氢能，以及满足需求的热能。

值得一提的是，分布式供能系统通过实现能源从高品位到低品位的梯级利用，展现了其高效节能的特性。电能和氢能作为高品位能源，在系统中得到了有效的利用，而能源品位的高低，实质上是由其温度所决定的。

（四）分布式供能系统的优势

（1）邻近用户区域发电，因此电力输送损失较低，无需建设大规模输送设施，降低了能源损耗和成本。

（2）用户能够自主参与能源供给过程，系统具有高度的灵活性和可扩展性可适应从家庭到大型公共产业等不同规模的能源需求。

（3）结合燃料电池和燃气发电等热电联产系统，能欧高效利用发电过程中产生的废热，实现能源的综合高效利用，显著提升整体能源效率。

（4）分布式供能系统能有效整合利用可再生能源和尚未充分开发的能源资源，减少对化石燃料的依赖，从而降低环境污染，助力环境可持续发展。

（5）在发生自然灾害或能源危机等紧急情况下，分布式供能系统可以作为可靠的应急电源和热源，确保关键设施和服务的正常运行。

（6）分布式供能系统侧重于可再生能源的利用，这类能源几乎不排放或仅排放少量温室气体，对实现碳中和目标具有重要意义。

（五）分布式供能系统在能源系统中的核心作用

分布式供能系统（DERs），即分布式能源资源，是指分布在电力需求侧或电网侧的小型、模块化能源设施，这些设施涵盖太阳能、风能、小水电等多种可再生能源。

与传统的集中供电模式相比，DERs 凭借其独特的优势，在能源体系中扮演着越来越重要的角色。以下是 DERs 在能源体系中的核心作用：

（1）增强电网韧性：DERs 的分散布局可以降低电网的负荷，减轻电网高峰时段的压力，显著增强电网的韧性和可靠性。

（2）优化资源配置：DERs 能够根据实际需求灵活调节能源产出，实现能源的高效配置和最大化利用，有效减少能源浪费。

（3）降低能源费用：DERs 通过就近的地方生产和使用电力，大幅减少了输电和配电过程中的能源损失，进而降低了整体的能源费用。

（4）推动能源转型：DERs 作为可再生能源的重要组成部分，对于推动能源结构的转型，减少对化石燃料的依赖，实现绿色、低碳的能源发展目标具有重要意义。

（5）提升能源安全：DERs 的分散化布局降低了对单一能源的依赖，提升了能源供应的多样性和安全性，使得能源供应更为可靠。

综上所述，分布式供能系统在能源体系中的作用日益凸显，其对于提高能源效率、推动能源转型、提升能源安全等方面具有不可替代的作用。未来，DERs 有望成为能源发展的重要趋势，引领能源行业的变革。

二、可再生能源发展

（一）可再生能源的现状

可再生能源，源自自然，具有无限可持续性和环保特性，能在使用过程中不减少且不对环境造成永久性破坏。这类能源包括太阳能、风能、水能、生物能和地热能等。随着全球能源消耗的增长和环境污染问题的日益严重，各国已加大对可再生能源的投资与利用。下面将深入剖析可再生能源的现状。

1. 太阳能

太阳能作为可再生能源的重要组成部分，通过太阳辐射进行能量收集与利用。其主要应用形式包括光热发电和光伏发电。光热发电利用太阳能产生热能，进而转化为电能；而光伏发电则利用光伏电池直接将太阳能转化为电能。

近年来，全球太阳能产业发展迅猛。据国际能源署（IEA）报告显示，2019 年全球太阳能新增装机容量超过 110GW，总装机容量达 620GW。其中，中国、美国和印度在太阳能市场占据主导地位，分别拥有 204、76GW 和 35GW 的装机容量。同时，欧洲、日本和澳大利亚等国也持续加大对太阳能的投资与开发力度。

太阳能产业的飞速发展得益于技术的不断进步和成本的显著降低。当前，光伏发电成本已降至 0.07~0.10 美元/kWh，光热发电成本则在 0.15~0.20 美元/kWh 范围内。随着技术的不断创新和产业链的持续完善，太阳能成本有望进一步下降，未来有望成为全球能源供应的主力军。

2. 风能

风能作为另一种举足轻重的可再生能源，其收集和利用主要依赖于风力。风能的主要利用形式是风力发电，通过风轮机将风能高效地转化为电能。

当前，全球风能产业正呈现出迅猛发展的态势。据国际能源署（IEA）发布的数据，2019 年全球风能新增装机容量突破 60GW 大关，总装机容量则攀升至 651GW。在此中，中国、美国和德国是风能市场的三大领军者，它们的风能装机容量分别达到238、105GW 和 61GW。此外，印度、英国、西班牙和法国等国家也在积极布局，加大对风能的投资与开发力度。

与太阳能的发展相似，风能产业也受益于技术的持续进步和成本的显著降低。近年来，风力发电的成本已降至 0.04~0.05 美元/kWh 的范围内。随着技术的不断创新和产业链的日益完善，风能的成本有望进一步降低，预示着风能将成为未来全球能源供应体系中的关键组成部分，甚至可能成为全球能源供应的主要来源之一。

3. 水能

水能作为可再生能源的另一种重关键形式，通过水流的自然力量进行收集和利用。其主要的应用领域在于水力发电，即利用水轮机将水能转化为电能。

当前，全球水能的发展势头稳健。根据国际能源署（IEA）发布的最新数据，2019 年全球水能装机容量达到了 1325GW，其中，我国作为全球水能市场的领军者，其水能装机容量更是高达 352GW。此外，巴西、加拿大以及美国等国家也在持续加大对水能资源的投资与开发力度。

与太阳能和风能相比，水能的开发确实受地理位置和特定水文条件的限制。然而，随着技术的不断进步和对水资源的科学合理利用，水能将继续在可再生能源的领域中扮演举足轻重的角色，并为全球的可持续发展贡献重要力量。

4. 生物能

生物能源自植物、动物等生物体在生长和代谢过程中产生的能量，是重要的能源之一。生物能的主要形式涵盖了生物质能、生物油和生物气等。其中，生物质能指的是利用植物、农作物等有机物质进行热能和电能的生产；生物油则是基于植物油、动物油等转化而成的燃料；而生物气则是利用有机废弃物、污泥等原料进行气体化生产所得。

全球生物能的发展态势积极向好，稳步增长。据国际能源署（IEA）发布的数据显示，截至 2019 年，全球生物质发电的总装机容量已达到约 130GW。其中，欧洲和美洲作为全球生物质发电的主要市场，其生物质发电总装机容量分别占据显著地位，分别约为 59GW 和 45GW。此外，生物油和生物气的应用范围和应用领域也在逐步拓宽。

随着全球对可持续发展理念的深入理解和追求，生物能被广泛认为是未来可再生能源的重要组成部分。然而，生物能的发展同样面临一些挑战，如生物资源的过度开采和土地资源的过度利用等，这些问题需要通过科技创新和政策引导来妥善解决，以实现生物能的健康、可持续发展。

5. 地热能

地热能作为一种独特的能源形式，源于地球内部深处所蕴含的热能。其主要的利用方式是通过地热发电技术，即将地热资源开采并转化为电能。在地热发电站中，地热能被高效地转化为电能，供人们日常使用。

目前，全球地热能的发展虽然相对缓慢，但已展现出不容忽视的增长势头。据国际能源署（IEA）发布的数据，2019 年全球地热发电的总装机容量已接近 14GW。其中，美国凭借其丰富的地热资源和先进的技术，成为全球地热市场的主要力量，其地热发电总装机容量达到 3.9GW。与此同时，菲律宾、印度、冰岛等国家也在积极布局，加大对地热能的投资和开发力度。

尽管地热能的开发受到地理位置和地质条件的限制，但其独特的优势仍然不容忽视。地热能具有稳定、可靠、长期的特性，可以为能源供应提供坚实的基础。特别是在面对传统能源日益枯竭和环境污染日益严重的背景下，地热能的发展显得尤为重要。

展望未来，随着技术的不断进步和政策的持续支持，地热能有望成为可再生能源领域的重要支柱之一。将继续探索地热能的潜力，为人类创造更加清洁、可持续的能源未来。

6. 海洋能

海洋能是指通过对海洋潮汐、波浪、海流等自然现象所蕴含的能量进行收集与利用的技术。这种能源的利用形式涵盖潮汐能、波浪能以及海流能等多种方式。

当前，尽管全球海洋能的发展仍处于初级阶段，但其增长势头已然显现。据国际能源署（IEA）统计，至 2019 年底，全球范围内潮汐能、波浪能以及海流能的总装机容量分别接近 0.5、0.5GW 和 0.1GW。

海洋能作为一种清洁、可再生的能源，具有巨大的发展潜力。然而，在其发展过程中，技术和经济方面的挑战也不容忽视。为了加速海洋能的研究与应用，需要不断推进技术创新，同时制定并执行有力的政策支持措施。

（二）可再生能源的璀璨前景

可再生能源正日益成为未来能源体系的核心支柱，其发展前景无比广阔。以下是关于可再生能源发展的几点展望：

（1）能源需求的绿色转型。全球经济与人口的增长对能源的需求愈发旺盛，与此同时，环境保护和应对气候变化的紧迫性也使得人们更加倾向于选择可再生能源。因此，可再生能源的需求将持续增长，并逐渐成为主导能源。

（2）成本效益的显著提升。随着技术的不断革新和规模化效应的实现，可再生能源的成本正稳步下降。预计在未来，其成本将进一步降低，甚至有可能与传统能源成本相媲美或更低，从而大大提升其市场竞争力。

（3）政策驱动与科技创新。各国政府纷纷出台一系列政策，以推动可再生能源的发展，并投入大量资金和资源进行支持。同时，科技创新也为可再生能源的进一步发展提供了源源不断的动力。

（4）市场规模的迅速扩张。随着可再生能源技术的不断完善和市场的不断开拓，其市场规模将持续扩大。在不远的将来，可再生能源将成为主流的能源形式，为全球能源结构的绿色转型作出巨大贡献。

综上所述，可再生能源的发展前景光明，它不仅具有良好的经济效益，还能有效保护环境，应对气候变化。随着技术的不断进步和成本的进一步降低，可再生能源有望在未来取代传统能源，成为支撑全球经济社会发展的重要力量。

（三）全球范围内大量导入可再生能源

根据国际能源署（IEA）发布的《2020年全球可再生能源现状报告》，全球可再生能源的发展在新冠肺炎疫情的大背景下仍然保持了强劲的增长势头。2020年，尽管全球能源行业面临诸多挑战，但可再生能源新增装机容量依然超过256GW，成为唯一实现总装机容量净增长的能源类型。

截至2020年底，全球至少有19个国家的非水电可再生能源装机容量超过10GW，这标志着可再生能源在全球能源结构中的地位日益凸显。多个国家和地区正积极兴建新的风能和太阳能光伏电站，这些新能源项目的经济性已经超过现有的燃煤发电厂，进一步证明了可再生能源的竞争力在不断提高。

从 2019、2020 年的数据来看，可再生能源的各种指标均呈现出稳步增长的态势。例如，风力发电和太阳能光伏发电的装机容量持续增加，同时，可再生能源的发电量也在逐年上升。这些增长不仅体现在总量上，更体现在质量和效率上。随着技术的进步和成本的降低，可再生能源的发电效率不断提高，而成本则持续下降，这使得可再生能源在全球能源市场中的竞争力越来越强。

值得一提的是，许多国家和地区在推动可再生能源发展的同时，也在积极应对气候变化和环境保护等全球性挑战。通过大力发展可再生能源，这些国家和地区不仅实现了能源结构的优化和升级，也为全球可持续发展作出了积极贡献。

总之，全球范围内大量导入可再生能源已成为不可逆转的趋势。随着技术的进步和政策的支持，未来可再生能源的发展将更加迅速和广泛。

2019、2020 年的可再生能源各种指标如表 4.3-1 所示。

表 4.3-1　　　　　　2019、2020 年的可再生能源各种指标

项目	单位	2019 年	2020 年
投资			
可再生能源和燃料的新投资（每年）	×10 亿美元	298.4	303.5
发电			
可再生能源能力（包括水力发电）	GW	2581	2838
可再生能源能力（不包括水力发电）	GW	1430	1668
⊙水力发电量	GW	1150	1170
⊙太阳光伏发电量	GW	621	760
⊙风电发电量	GW	650	743
⊙生物质发电量	GW	137	145
⊙地热发电量	GW	14.0	14.1
⊙集中太阳热能（CSP）容量	GW	6.1	6.2
⊙海洋能发电量	GW	0.5	0.5
热能			
现代生物热需求（估计）	10^9 GJ	13.7	13.9
太阳能热水需求（估计）	10^9 GJ	1.5	1.5
地热直接使用热需求（估计）	10^6 GJ	421	462
交通运输			
每年乙醇生产量	亿 L	111	114

续表

项目	单位	2019 年	2020 年
每年 FAME 生物柴油生产量	亿 L	41	47
每年 HVO 生物柴油生产量	亿 L	6.0	6.5

注　资料来自 IEA *Renewables 2021 Analysis and forecast to 2026*。

根据 IEA 的《2021~2026 年可再生能源分析及预测》报告，2021~2026 年，我国将继续领先全球可再生能源增长，占据 43% 的份额，其次是欧洲、美国和印度。仅这四个市场就占全球可再生能源扩展的 80%（见图 4.3-2）。

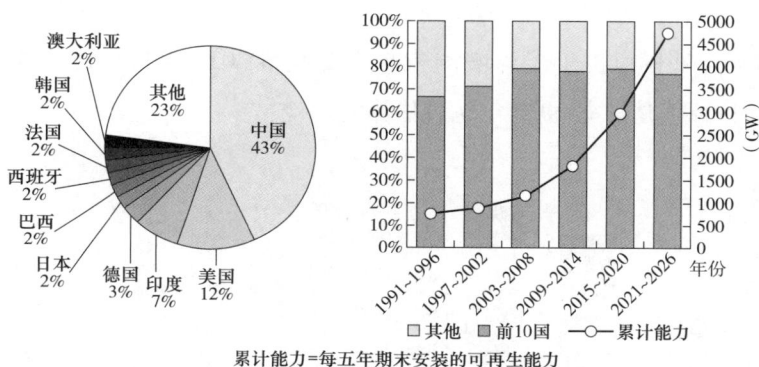

累计能力=每五年期末安装的可再生能力

图 4.3-2　1991~2026 年十强国家在总装机再生能力中所占份额、历史和主要案例预测

注　资料来自 IEA *Renewables 2021 Analysis and forecast to 2026*。

（四）我国可再生能源发展

自 1990 年以来，全球可再生能源产能的增长速度令人瞩目，已经实现了超过四倍的增长。然而，值得注意的是，尽管其他国家在资源和经济潜力方面有着巨大的优势，但全球可再生能源市场份额的前十名市场增长却相对稳定，自 2000 年代初以来一直保持着这一趋势。

在这一大背景下，我国和欧盟的表现尤为突出。两者均表现出超越当前目标的决心，为更具雄心的增长轨迹奠定了基础。特别是我国，承诺在 2060 年之前实现碳中和，这一宏伟目标已经转化为近期的具体行动，如到 2030 年实现 1200MW 的风能和太阳能光伏总装机容量。值得注意的是，预测显示中国将提前四年实现这一目标，这主要得益于长期合同供应、电网整合的改善以及多个省份陆上风能和太阳能光伏发电相对于煤炭发电的成本竞争力。

从具体数据来看，在 2021~2026 年期间，我国的可再生能源发电能力预计将增加近 800MW，即增长 85%。其中，太阳能光伏和风电将是最主要的增长动力。这一增长不仅将有力推动我国的能源结构转型，也将为全球应对气候变化和推动可持续发展作出重要贡献。

我国设定的到 2030 年实现非化石发电占 40% 用电量的目标，显示了其推动绿色能源发展的坚定决心。此前，在"十二五"和"十三五"规划中，我国已经超额完成了可再生能源目标，这为未来的能源转型奠定了坚实的基础。

综上所述，全球可再生能源市场的增长前景广阔，但市场格局相对稳定。我国和欧盟等领先市场将继续发挥引领作用，推动可再生能源的快速发展，为全球应对气候变化和推动可持续发展作出积极贡献。

2009~2026 年我国可再生能源增产和非化石燃料 2030 年目标建议如图 4.3-3 所示，2026 年的目标值是根据 2030 年轨迹估算的。

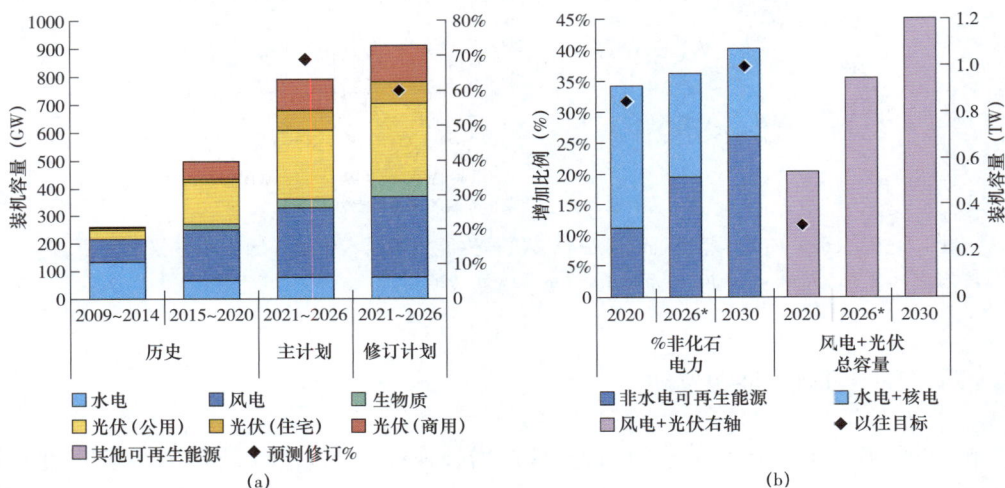

图 4.3-3　2009~2026 年我国可再生能源增产和非化石燃料 2030 年目标建议

（a）2009~2026 年我国可再生能源增产；（b）非化石燃料 2030 年目标建议

注　资料来自 IEA Renewables 2021 Analysis and forecast to 2026。

我国《"十四五"可再生能源发展规划》明确了到 2025 年的具体发展目标，其中可再生能源消费总量将达到约 10 亿 t 标准煤，预计可减少二氧化碳排放 26.5 亿 t，占一次能源消费的约 18%。同时，规划还指出可再生能源年发电量将达到约 3.3 万亿 kWh，风电和太阳能发电量将实现翻倍。在电力结构方面，全国可再生能源电力总量和非水电消纳责任权重将分别达到约 33% 和 18%，并维持合理利用率。此外，太阳能热利用、地热能供暖、生物质供热、生物质燃料等非电利用规模将超过 6000 万 t 标准煤，相当于减少 1.6 亿 t 二氧化碳排放。

三、可再生能源对电力系统的影响

（一）大量导入可再生能源对电力系统的影响

1. 大量导入对电力系统能源质量问题

大量导入可再生能源对电力系统的影响主要体现在能源质量问题上，具体来说有以下几个方面：

（1）稳定性和可靠性。可再生能源的波动性和不可预测性对电力系统的稳定性和可靠性产生了影响。风能和太阳能等可再生能源的发电输出容易受到风速、日照时间等自然因素的影响，导致电网中的电压和频率发生变化。这种变化可能会影响到用户的用电质量和电力设备的寿命。

（2）运行复杂度和成本。由于可再生能源的波动性，电力系统需要更多的调节和平衡工作，这增加了电力系统运行的复杂度和成本。此外，为了应对可再生能源的波动性和不确定性，可能需要增加储能系统、备用电源等设施，这些都会增加电力系统的投资成本。

（3）负荷和年运行小时数。与常规火力发电相比，可再生能源的负荷是可变的，同时年运行小时数较小。例如，光伏电站的利用小时数一般在1240~1400h，风力发电的全国利用小时数为1891h，而常规火力发电的年运行小时数一般在4500~6000h。这意味着可再生能源在电网中的占比增加时，电网需要更频繁地调整其运行状态以应对可再生能源的波动。

（4）能源供给和电网稳定性。可再生能源的引入可以减少对传统化石能源的依赖，从而降低电网的能源供给风险。然而，由于可再生能源的波动性和不可预测性，其发电的波动性较大，给电网的稳定性带来一定挑战。为了解决这一问题，需要采用储能技术对可再生能源进行平衡，并将其与传统能源发电技术相结合，以确保电网的稳定运行。

综上所述，大量导入可再生能源对电力系统的影响主要体现在能源质量问题上，包括稳定性和可靠性的挑战、运行复杂度和成本的增加、负荷和年运行小时数的限制等。为了应对这些挑战，需要采取相应的技术和管理措施，如提高可再生能源的预测准确性、优化储能系统的配置和调度、加强电网的监控和调度等。

2. 电力市场问题

（1）竞争格局变化。大量引入可再生能源将显著改变电力市场的竞争格局。由于可再生能源（如太阳能和风能）具有零边际成本的特点，其在电力市场上的竞争力逐渐增强，对传统发电方式（如燃煤、燃气和核电）形成了挑战。这种变化可能导致传统发电方式的利润下降，甚至在某些情况下无法盈利。

（2）市场调整与政策变化。为了应对可再生能源的竞争压力，电力市场可能需要进行相应的调整。这包括改变电力交易规则、优化市场结构、提高市场透明度等。同时，政府也可能出台相关政策，如提供可再生能源补贴、设定绿色能源配额等，以支持可再生能源的发展。这些政策变化将影响整个电力产业的发展方向和竞争格局。

3. 电力系统规划问题

（1）规划和设计复杂性增加。大量导入可再生能源使得电力系统的规划和设计变得更加复杂。传统电力系统规划主要围绕大型发电站展开，而可再生能源的分布式特性要求电力系统在规划时考虑更多因素。例如，需要考虑可再生能源的分布情况、接入电网的方式、储能设备的配置等。

（2）技术和设备适应性。为了应对可再生能源的波动性和不确定性，电力系统需要采用更加灵活和高效的技术和设备。这包括储能技术、智能电网技术、分布式能源技术等。同时，还需要研发适应各种环境条件的可再生能源发电设备，以确保电力系统的稳定运行。

（3）大规模储能问题。由于可再生能源的波动性，电力系统需要配置足够的储能设备来平衡供需。然而，目前储能技术的成本仍然较高，且储能设备的容量和效率有限。因此，如何实现大规模储能是电力系统规划面临的重要挑战之一。

综上所述，大量引入可再生能源对电力市场和电力系统规划都带来了深远的影响。为了应对这些挑战，需要政府、企业和社会各界共同努力，加强技术研发、优化市场规则、完善政策体系等，以实现电力产业的可持续发展。

（二）可再生能源发展对电力系统推动的积极作用

尽管大量引入可再生能源会带来一系列的问题和挑战，但其对电力系统推动的积极作用同样显著，为电力系统的可持续发展提供了强大动力。

（1）环境保护与可持续发展。可再生能源的广泛应用显著减少了对传统化石能源的依赖，从而降低了温室气体排放，有助于缓解全球气候变化问题。这种转型对于环境保护和可持续发展具有重要意义，符合全球对于绿色、低碳能源发展的共同追求。

（2）技术创新与产业升级。可再生能源的发展推动了电力产业的技术创新和转型升级。为了应对可再生能源的波动性和不可预测性，电力系统需要采用更先进的技术和设备，如储能技术、智能电网技术等。这些技术的研发和应用不仅提高了电力系统的灵活性和可靠性，也为电力产业带来了新的增长点和发展机遇。

（3）储能技术的发展。可再生能源发电的波动性和不可预测性推动了储能技术的迅速发展。储能技术作为平衡能源供需差异的重要手段，已经成为电力系统不可或缺的一部分。随着技术的不断进步和成本的降低，储能技术的应用将更加广泛，为电力系统的稳定运行提供有力保障。

（4）网络建设的需求。随着可再生能源在电力系统中的应用越来越广泛，电力系统的网络建设也面临着更大的挑战。为了满足可再生能源的接入和利用需求，需要建设更多的电力输电线路和配电设施，提高电力系统的容量和稳定性。这不仅能够促进电力基础设施的完善，还能够推动相关产业的发展和就业。

（5）政策和法律法规的推动。随着可再生能源的大规模利用，政府和相关机构也在积极调整政策和法律法规，以推动可再生能源的发展。政策方面，政府提供了更多的资金支持和优惠政策，鼓励企业和个人投资可再生能源项目。法律法规方面，也制定了相应的政策和法规，规范电力市场的运行和发展，保障可再生能源的合法权益。

总的来说，可再生能源的发展对电力系统产生了深远的影响，不仅推动了电力系统的技术创新和产业升级，还促进了环境保护和可持续发展。随着技术的不断进步和政策的不断完善，可再生能源将成为电力系统的主要能源来源之一，引领电力系统向更加绿色、低碳、智能的方向发展。

（三）提高电力系统调节能力

电力系统调节能力是指系统在面对负荷波动、突发事故等外部因素时，能够迅速、有效地作出响应的能力。为了提升电力系统的调节能力，可以从以下几个方面进行考虑和实施：

（1）扩大调节设备规模。在电力系统中，调节设备承担着调整电压、频率、有功及无功功率等重要参数的职责，如发电机调节器、电容器组、静止无功补偿装置等。通过增加这些设备的容量，可以显著提升系统的调节能力，使系统能够更快速地适应负荷变化和应对故障情况。

（2）提升调节设备反应速率。除了增加设备容量外，提高调节设备的反应速度也是增强系统调节能力的关键。采用先进的调节技术、高灵敏度的传感器等手段，能够确保调节设备在电力系统发生变化时迅速作出反应。

（3）优化系统控制策略。通过持续优化电力系统的控制策略，可以使其更加智能、灵活。例如，引入先进的控制算法、提升自动化水平、强化分布式控制等方法，能够有效提升系统的调节能力，使其在面对各种挑战时更加从容。

（4）强化系统稳定性评估与监测。对电力系统的稳定性进行深入研究和评估，可以帮助运营人员更加精准地把握系统的调节性能和响应能力。基于这些评估结果，可以制定更加有针对性的措施，进一步提升系统的调节能力。

（5）增强系统备用容量。提升电力系统的备用容量也是增强其调节能力的重要措施。通过增加备用发电机、备用变压器等设备的容量，可以确保在负荷变化或故障发生时，系统有足够的应对能力，保证电力供应的连续性和稳定性。

综上所述，提升电力系统调节能力需要综合考虑多个方面，采取综合性的措施。只有这样，才能确保电力系统在面对各种挑战时，始终保持高效、稳定的运行状态。

（四）通过市场配合充分挖掘新能源消纳能力

在新能源快速发展的背景下，如何提升电力系统的调节能力，从而有效消纳新能源，成为业内关注的焦点。当前，煤电企业普遍亏损，火电机组灵活性改造投入大且动力不足，这无疑增加了新能源消纳的难度。

"中国电力圆桌"课题组发布的《建设多层次市场机制促进西北新能源高比例发展》报告指出，新能源消纳受阻的因素复杂多样。特别是在高比例新能源接入电网后，系统的稳定特性会发生变化，电力电量平衡可能受阻，安全稳定约束也可能受限。同时，系统还面临腰荷时段的能量消纳和晚高峰的供应保障双重压力。在这一背景下，如何提升系统消纳新能源的能力，成为亟待解决的问题。

业内专家建议，通过市场之间的配合充分挖掘新能源消纳能力。具体而言，可以构建竞争充分、开放有序、高效运行、健康发展的市场体系，以最大程度提升西北地区新能源消纳水平。虽然市场本身不能创造新的灵活性，但通过对不同市场中交易机制的合理调整，可以使系统中已有的灵活性潜力得到充分释放，进而激励电力系统灵活性的提升。

然而，在供需紧张时，火力发电作为不可或缺的领域，其重要性不容忽视。但随着脱碳化的发展，资源燃料开发的垄断化也在不断上升，这给能源安全供给带来了新的挑战。特别是随着经济恢复和局部地区战争带来的需求增加，油价和气价开始暴涨。在无法完全消除价格暴涨可能性的情况下，如何确保能源的安全供给，成为燃料采购中更加重要的考量因素。

因此，在推动新能源消纳能力提升的同时，还需要关注能源市场的稳定与安全。

通过市场机制的优化和配合，以及能源政策的科学制定与实施，可以更好地应对新能源消纳面临的挑战，促进能源行业的可持续发展。

然而，我国部分地区在可再生能源消纳方面仍面临挑战，特别是在甘肃和新疆等西北地区，出现了弃风弃光的现象。这两个省份由于工业发展等用电水平有限，严重影响了其完成消纳指标的能力。专家分析指出，要完成消纳指标，甘肃和新疆需要在增加绿色高载能的工作体系上下功夫，同时妥善处理自用电与电力外送之间的关系。

据了解，西北地区的电力外送交易发展相对滞后，跨区输电通道的运营效率有待提高。2021 年数据显示，西北地区的直流外送量远低于其外送能力，反映出运营效率受限的问题。此外，随着新能源发电项目的大规模引入，电网的调峰和调频难度增加，电热矛盾在供暖季节尤为突出。

除了技术和经济方面的挑战外，电力市场化改革和市场主体地位的明确也是西北地区可再生能源消纳需要关注的问题。完善的市场机制和明确的市场主体地位将有助于优化资源配置，提高可再生能源的消纳能力。

未来，我国将继续加大可再生能源的发展力度，推动能源结构的绿色转型。同时，也需要关注并解决部分地区在可再生能源消纳方面存在的问题，确保可再生能源的可持续发展。

（五）电力系统运用人工智能（AI）等进行数字化改造

电力系统的数字化改造是当前电力行业发展的重要趋势，通过运用先进的信息技术手段，实现电力系统的信息化、智能化和自动化管理。其中，人工智能（AI）技术在此过程中扮演了关键角色。

以下是电力系统运用 AI 技术进行数字化改造的详细介绍：

（1）电力系统状态监测与诊断。利用 AI 技术对电力系统的运行状态进行实时监测和诊断，能够大幅提高系统的稳定性和可靠性。例如，通过机器学习算法对系统的负荷预测、故障诊断等进行优化，能够显著提升预测准确率和故障检测效率。这种技术的应用使得电力系统能够提前预测潜在问题，并及时采取相应措施，从而减少故障发生的可能性。

（2）电力系统自动调节。AI 技术在电力系统中的广泛应用，使其能够实现自动化调节和控制。这不仅可以提高系统的调节能力和响应速度，还能够根据实时的负荷变化和能源情况进行智能化调节，从而提高系统的效率和经济性。通过 AI 算法对电力系统进行优化调度，可以确保系统始终运行在最佳状态，满足用户的需求。

（3）电力系统风险管理。AI 技术能够识别和管理存在于电力系统中的潜在风险，从而提高系统的安全性和可靠性。通过应用深度学习算法对电力设备进行风险评估和预测，可以提前发现潜在的故障，并采取相应的措施进行预防。这有助于减少系统故障和停运时间，保障电力系统的稳定运行。

（4）电力系统智能化运营。AI 技术还在电力系统智能化运营中发挥着重要作用。利用大数据技术对电力系统进行全面分析和优化，可以提高系统的运行效率和能源利用率。通过智能化运营，电力系统能够更好地适应市场变化和用户需求，实现可持续发展。

（六）利用预测单元和随机过程分析单元有效处理不确定性

在电力系统中，不确定性因素众多，如负荷变化、新能源出力波动等。为了有效处理这些不确定性，可以引入预测单元和随机过程分析单元。

预测单元能够利用历史数据和机器学习算法对电力系统的未来状态进行预测，从而为系统的调度和控制提供重要参考。而随机过程分析单元则能够对系统中的随机过程进行建模和分析，评估不确定性因素对系统的影响，并制定相应的应对策略。

通过结合预测单元和随机过程分析单元，电力系统可以更加准确地预测未来的运行状态，并制定相应的调度和控制策略，以应对不确定性因素的影响。这将有助于提高电力系统的可靠性和经济性，实现更加安全、高效的运行。

风电场可以提供频率响应、惯性响应和调节。储能技术开始逐步部署或投入使用以提供辅助服务。频率调节市场已经吸引了越来越多的电池存储和新的储能应用方式，主要包括蓄电池在内的快速启动和快速响应资源。

1. 提高需求侧响应速度

将间歇性可再生能源的生产与旨在提高需求侧响应速度的措施结合起来。新趋势的好处和作用已得到认可，但尚未完全成熟和实现标准化。这些技术和方法已经被广泛采用，并在电力公用事业中继续推广应用。而在技术指南材料的适当位置还包含了一些已经开始影响公用事业格局的 VRE 相关新技术的讨论（例如，动态储能、在故障电流限制装置中实现超导材料、先进预测方法、风电场综合惯性和调节响应）。

2. 电网调节响应

对电网事件的调节和自动响应、电能质量、保护系统、预测和分析，以便为不同成熟度的电网实施导则情形下的 VRE 项目提供指导和参考。对技术要求和电网导则的遵守情况进行了一系列广泛的互连研究（如稳态分析、短路和断路器负荷审查、动态稳定性和设施）。

3. 对电力系统稳定的影响

间歇性可再生能源接入电力系统对电力系统的稳定性有影响。这种影响因分布式可再生能源电厂的规模大小、接入位置以及是输电系统还是配电系统而异。在互连过程中成功地融入电力系统中需要进行电力系统规划，以满足互连新电源的足够能源资源和消纳能力，并确保其可靠性和高效性。此外，相关研究还证明，拥有足够的储能和必要的系统资源有助于在发电机组、变压器或输电设施出现故障时保障能源安全，应对意外事故。

4. 增加预测系统成本

利用预测系统降低成本，提高间歇性可再生能源的调度水平以及预测能力与系统运营商和大规模发电厂更加密切相关。良好的预测方法有助于缩小合同供电与实际供电之间的差距，降低发电机组的不平衡成本。有效的预测系统有助于使整个电力系统更接近于完全优化的调度系统，从而降低了间歇性发电供应的不确定性和成本。天气预报方面的技术进步，加上越来越多的可再生能源历史性能数据，大大提高了可再生能源发电的预测准确性，从而更有效地利用了间歇性可再生能源。

我国 2025 年，可再生能源年发电量预计达到 3.3 万亿 kWh 左右，可再生能源电力总量和非水电消纳责任占比分别约为 33% 和 18%。

可再生能源技术的快速发展对降低成本产生了重大影响，特别是太阳能和风能。如果光伏和风电技术价格继续下跌，相对于竞争电力源，储能技术的出现将进一步提升可再生能源市场的潜力及其在未来能源市场中的作用。

5. 大量可再生能源渗透进入对电网运营和管理带来了显著挑战

大量可再生能源（VRE）渗透进入电网，无疑给电网的运营和管理带来了显著挑战，同时也对可再生能源融入电网提出了更为严格的要求。这些挑战和要求主要体现在以下几个方面：

（1）VRE 的可变性。可再生能源如风能、太阳能等具有间歇性和波动性的特点，这使得其输出电力不稳定，给电网的稳定运行带来了挑战。为了应对这种可变性，电源系统规划方法需要进行相应的调整，以更好地适应 VRE 的波动性和不确定性。

（2）电力系统调度控制。系统调度需要精确控制每个发电站的输出，以确保电力需求和供应的实时平衡。在可再生能源大量接入电网的情况下，这变得更加复杂和困难。例如，在太阳能发电高峰时段，当需求相对较低时，可能会产生大量的剩余电力。因此，需要更加灵活和智能的调度控制策略来应对这种情况。

（3）分散型电源和蓄电系统的应用。为了更好地利用可再生能源并维持电力系统的稳定，需要灵活运用分散型电源和蓄电系统。这些系统可以在电力需求高峰时提供额外的电力支持，在电力供应过剩时存储电力，以平衡电力供需。

（4）发展中发挥着重要作用。它们可以通过对电力系统的全面监控和优化，提高能源利用效率，降低能源消耗和成本，并促进可再生能源的消纳。

（5）电力融合和电力交易所的交易。基于广域运用的电力融合和电力交易所的交易可以促进不同地区之间电力的平衡和优化配置。这有助于更好地利用可再生能源资源，降低对传统能源的依赖，并提高电力系统的整体效率。

（6）抽水发电的利用。抽水发电是一种重要的可再生能源利用方式，它可以在电力需求低谷时利用剩余电力将水抽到高处储存起来，在电力需求高峰时再将水释放发电。这种方式可以有效地平衡电力供需并提高电力系统的稳定性。

（7）标准化和互操作性。为了促进可再生能源的广泛应用和电力系统的稳定运行，需要实现更高水平的标准化和互操作性。这包括制定统一的技术规范和标准、建立统一的通信协议和数据格式等。

总之，大量可再生能源的渗透给电网运营和管理带来了挑战但同时也为电力行业的发展带来了新的机遇。通过技术创新、系统优化和能源管理等方面的努力可以实现可再生能源的最大利用和电力系统的稳定维持。

6. 电力品质的稳定化——频率变动

电力品质的稳定化，尤其是频率的稳定，是电力系统运行的关键。随着大规模太阳能发电和风力发电的引入，电力系统的频率调节能力面临挑战。以下是一些关于如何稳定电力品质的建议：

（1）确保备用电源：备用电源，如火力发电、抽水发电等，可以在可再生能源发电波动较大时提供稳定的电力输出，帮助维持电力系统的频率稳定。

（2）频率调整控制功能：太阳能发电和风力发电设备也需要具备频率调整控制功能，以便在需要时能够调整其输出，协助维持电网频率的稳定。

（3）蓄电系统的应用：蓄电系统可以在电力需求低时储存电力，在需求高时释放电力，从而平衡电力供需，有助于稳定电网频率。

（4）加强配电系统设备：分散型电源的逆送可能导致配电线电压变动。为了应对这一问题，需要加强配电系统设备，如增设柱上变压器、设置系统电压调整装置等。

（5）使用分散型电源用功率调节器：这些调节器具有自动电压调整功能和功率因数控制功能，可以有效应对分散型电源逆送引起的电压上升问题。

（6）运营商之间的协调：电网运营商和发电运营商需要密切协调，共同应对可再生能源发电带来的频率调节挑战。通过共享信息、优化调度策略等方式，可以更好地维持电力系统的频率稳定。

总的来说，稳定电力品质需要综合考虑多种因素，包括备用电源、频率调整控制功能、蓄电系统的应用、配电系统设备的加强以及运营商之间的协调等。通过这些措施的实施，可以更好地应对可再生能源发电带来的挑战，确保电力系统的稳定运行。

四、虚拟发电厂

（一）虚拟发电厂（VPP）的概念

虚拟发电厂（VPP）是一种创新的电力系统概念，它将多个分散的分布式能源（DER）设备（如太阳能光伏、风能、微型水电、燃料电池等）集成到一个虚拟的平台上，通过智能控制系统和先进的通信技术进行集中管理和优化调度。这一模式的目的是实现能源的高效利用、降低成本、提高能源安全性和促进清洁能源的广泛应用。

虚拟发电厂概念示意图如图 4.3-4 所示。

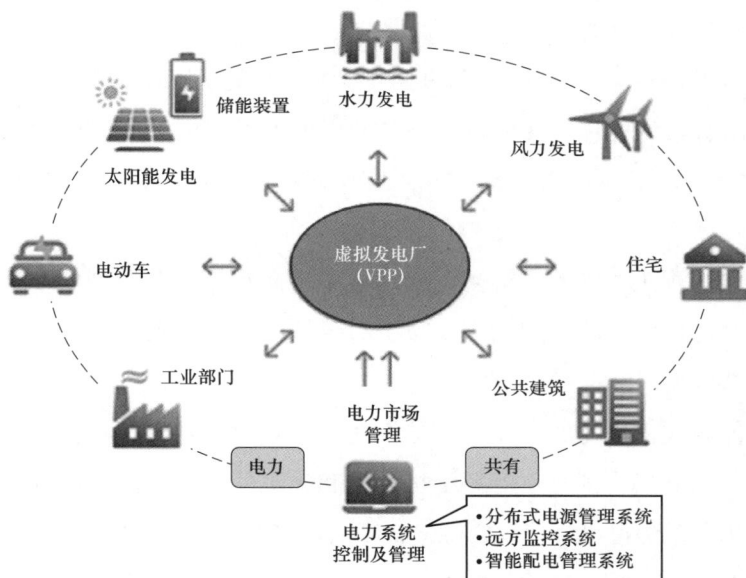

图 4.3-4 虚拟发电厂概念示意图

1. 虚拟发电厂的组成

虚拟发电厂由多种类型的分布式能源设备和相关系统组成，包括但不限于：

（1）太阳能光伏发电系统：利用太阳能转化为电能的系统，是 VPP 中常见的可再生能源设备。

（2）风力发电系统：通过风力驱动涡轮机转动发电机发电，适用于风能资源丰富的地区。

（3）微型小水电站：利用水流能量转化为电能，适用于具备水资源条件的地区。

（4）燃料电池发电系统：通过化学反应产生电能，具有高效、环保等特点。

（5）储能系统：如电池储能系统、超级电容器等，用于储存电能并在需要时释放，以平衡电力系统的供需。

（6）能量管理系统（EMS）：是VPP的核心部分，负责实时监测电网的电力需求和供给状况，通过优化算法和通信技术对分布式能源设备进行调度和控制，实现电力系统的平衡和优化。

通过智能控制系统和EMS的集成管理，虚拟发电厂能够实时响应电力系统的需求变化，提高能源利用效率，降低能源成本，并增强能源系统的稳定性和安全性。此外，VPP还能促进清洁能源的整合和普及，为可持续能源发展做出贡献。

2. 虚拟发电厂推动分布式能源系统进入电力市场

虚拟发电厂（VPP）确实在推动分布式能源系统进入电力市场方面发挥了关键作用。以下是对您描述的补充和扩展：

VPP通过物联网（IoT）和高级能源管理技术，实现了地理位置分散的各种分布式能源资源的聚合和协调优化。这种整合不仅使得原本孤立的分布式能源设备能够更高效地参与电力市场，还通过统一控制和远程管理，使得整个系统的运行更加稳定和高效。

VPP的出现，促进了能源供给从大规模集中型向小规模分散型的转变。这一转变不仅有助于提升可再生能源的利用率，减少对传统能源的依赖，还有助于构建循环型社会，推动可持续发展。

从我国的能源政策角度来看，VPP同样发挥着重要作用。随着国家对可再生能源的重视和推广，VPP成为了实现能源结构转型和升级的重要手段。通过VPP，可以更好地整合和利用分散的可再生能源资源，推动清洁能源的发展和应用。

此外，VPP作为一种新型的供需调节思路，在电力市场中发挥着重要作用。它可以通过物联网化并统一控制分布在电力系统中的太阳能发电、燃料电池、蓄电池、电动汽车等各种设备，实现能源供需的实时平衡和优化。这不仅有助于降低电力交易中的电价，还有助于提高电力系统的稳定性和可靠性。

总之，虚拟发电厂（VPP）通过物联网和高级能源管理技术，实现了分布式能源资源的聚合和协调优化，推动了分布式能源系统进入电力市场，促进了能源供给从大规模集中型向小规模分散型的转变，为构建循环型社会、推动可持续发展做出了重要贡献。

（二）虚拟发电厂具有的几个主要优势

1. 提高能源利用效率

虚拟发电厂通过集成多种类型的分布式能源设备（如太阳能、风能、水力等），实现了能源的高效利用和分配。这种整合可以优化能源的配置，减少能源的浪费和损失，特别是针对可再生能源的消纳问题，VPP 提供了一个有效的解决方案。

2. 降低能源成本

虚拟发电厂通过电力市场机制和能源贸易平台，将分散的分布式能源设备产生的电力进行统一管理和交易。这种整合不仅降低了电力交易的成本，还通过优化调度和能源储存等方式，提高了电力系统的运行效率，进一步降低了能源成本。对于电力消费者来说，这意味着更低的电价和更高的能源使用效率。

3. 增加能源安全性

虚拟发电厂实现了能源的多元化和分散化。与传统的集中式能源系统相比，VPP 中的分布式能源设备分布在不同的地理位置，减少了能源系统的脆弱性和依赖性。即使某个设备出现故障或受到外部影响，整个系统也能保持稳定运行，提高了能源的安全性。

4. 促进清洁能源的发展和普及

虚拟发电厂是清洁能源发展的重要推动力量。通过集成多种类型的分布式清洁能源设备，VPP 为清洁能源的大规模应用和普及提供了可能。这种整合不仅有助于提升清洁能源在能源结构中的比重，还有助于推动清洁能源技术的创新和进步，促进清洁能源产业的可持续发展。

综上所述，虚拟发电厂在提高能源利用效率、降低能源成本、增加能源安全性以及促进清洁能源的发展和普及等方面具有显著的优势。随着技术的不断进步和市场的不断发展，VPP 将在未来的能源领域发挥越来越重要的作用。

（三）虚拟发电厂的运营管理系统及场景

1. 虚拟发电厂的运营管理系统

虚拟发电厂的运营管理系统是一个复杂而关键的系统，它负责整个虚拟发电厂的高效、稳定和安全运行。以下是该系统的几个核心功能：

（1）预测需求：通过先进的预测模型和算法，系统能够分析历史数据和实时数据，从而预测电力系统的电力需求。这为制定优化的电力调度方案提供了基础，有助于实现供需平衡和能源的高效利用。

（2）设备控制：虚拟发电厂中的分布式能源设备通过智能控制系统进行控制和调度。系统根据实时电力需求和设备状态，自动调整设备的运行状态，确保能量的高效利用和分配。

（3）能量储存：储能设备在虚拟发电厂中扮演着重要角色。系统利用储能设备对能量进行储存和释放，以满足电力系统的需求波动。这不仅可以平衡供需关系，还可以提高能源利用效率。

（4）系统监测：系统对电力系统的关键参数进行实时监测，包括电压、频率、功率等。这有助于及时发现并解决潜在问题，确保电力系统的稳定和可靠运行。

2. 虚拟发电厂的应用场景

虚拟发电厂具有广泛的应用场景，以下是几个主要的应用领域：

（1）面向电力市场的应用：虚拟发电厂可以通过电力市场机制和能源贸易平台的方式，将分布式能源设备产生的电力进行整合，并参与电力市场的交易和竞争。这有助于降低能源成本，提高电力市场的竞争力。

（2）面向用户的应用：虚拟发电厂可以为用户提供可靠、高效、环保的能源服务。通过集成多种类型的分布式能源设备，系统可以满足用户的个性化能源需求，提高能源利用效率，降低能源成本。

（3）面向能源系统的应用：虚拟发电厂有助于实现能源的多元化和分散化，提高能源系统的韧性和可靠性。通过集成多种类型的分布式能源设备，系统可以降低对传统能源的依赖，减少能源系统的脆弱性。

总之，虚拟发电厂是一种高效、可靠、环保的电力系统管理方式，具有广泛的应用前景和市场价值。随着技术的不断进步和市场的不断发展，虚拟发电厂将在能源领域发挥越来越重要的作用。

虚拟发电厂运用场景如图4.3-5所示。

（四）虚拟发电厂的作用

1. 推动清洁能源资源整合与高效利用

虚拟发电厂通过整合和优化分布式能源设备，不仅提高了清洁能源的利用效率，还显著增强了减排效果，进一步推动了清洁能源的广泛应用和持续发展。

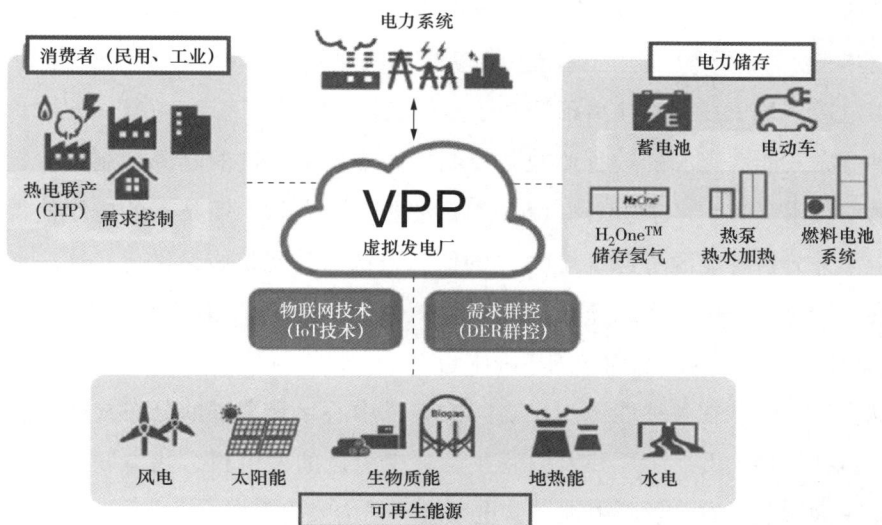

图 4.3-5 虚拟发电厂运用场景

清洁能源资源涵盖多种可再生能源，如太阳能发电、燃料电池、蓄电池及电动车等用户设备。资源聚合器发挥核心作用，负责整合并控制这些能源资源，根据能源运营商的需求进行电力调节，同时为能源所有者提供电力交易中介服务。

分布式能源资源的可视化管理和虚拟电厂的协调控制优化，显著减少了分布式能源并网对主网的冲击，降低了因分布式能源增长带来的调度难度，使配电管理更加合理有序，从而大幅提升了系统运行的稳定性。

2. 虚拟发电厂优化电力供需平衡

虚拟发电厂运用物联网技术，对分散在电力系统中的太阳能发电、燃料电池、蓄电池、电动车等分布式能源设备进行统一控制，形成一个高效的虚拟发电站。

这一创新模式有效优化了电力需求和供应之间的平衡，使得用户之间可以相互利用剩余电力，即使是像太阳能发电这样发电量不稳定的能源，也能得到高效利用。

每一个分布式能源设备虽然规模有限，但通过虚拟电厂的整合与控制，它们能够发挥等同于大规模发电设备的作用。电力需求和供应在虚拟电厂的协调下，始终保持动态平衡。

3. 虚拟电厂实现与发电厂相当的功能

虚拟电厂（VPP）是由用户侧能源资源、直接接入电力系统的发电和蓄电设备拥有者或第三方（如资源聚合器）组成。通过控制这些能源资源（包括来自用户侧的逆向潮流），虚拟电厂能够提供与传统发电站相当的功能。这一创新模式不仅为用户和电网运营商带来了诸多便利，也为能源市场的多元化和可持续发展注入了新的活力。

4. 虚拟电厂（VPP）与人工智能（AI）技术的融合

虚拟电厂（VPP）的构建离不开基于整体最优化的人工智能（AI）技术。为了实现对各种分布式能源资源的远程监视与控制，需要采用先进的电源控制技术，并结合信息和通信技术（ICT）与物联网（IoT）的先进通信技术。AI技术的应用使得虚拟电厂能够汇集并分析各能源资源（电力）的信息，从而实现整体最优化。这一创新模式不仅提高了能源的利用效率，降低了能源成本，还有效减少了能源浪费和损失。

5. 虚拟电厂是分散能源用户的集成中心

虚拟电厂是分散在各种能源用户之间的集成中心。其主要的分布式能源资源广泛而多样，包括高楼大厦、工厂和大型商业设施中引进的发电机、热电联产系统，以及商用和家用太阳能发电、燃料电池、蓄电系统、风力发电等。

虚拟发电厂通过先进的技术和算法，对这些分散的分布式能源设备的电力进行整合和优化，实现电力的集中调度和管理。这使得虚拟电厂能够积极参与电力市场的交易和竞争，为电力市场带来更加多元化和灵活的能源供应，从而改善电力市场的竞争格局，增加市场的透明度和效率。

同时，虚拟发电厂还能够根据用户的需求和偏好，集成多种类型的分布式能源设备，为用户提供可靠、高效和环保的能源服务。无论是对于需要稳定电力供应的工业用户，还是对于追求绿色能源的家庭用户，虚拟电厂都能够提供个性化的能源解决方案，满足用户多样化的能源需求。

6. 虚拟电厂——引领新型电力需求模式与系统稳定调整

虚拟电厂作为一种前沿的电力需求模式，不仅改变了传统的电力消费方式，更被寄予厚望成为维护系统稳定调整力的关键机构。其技术实证工作涵盖了构建与分布式电源和中央供电指令所之间双向连接的"高级输出监视控制"相关解决方案。

在这一系统中，发电运营商的功率调节器和再生能源监视服务器进行实时双向通信，实现了对输出控制、发送和发电电力等信息的即时收集。这种双向通信的架构显著提高了发电预测精度，有助于制定更为稳定的供需计划，并加强了对系统保护的能力。

VPP在创造调整力方面的技术开发，对于应对因大量可再生能源导入而可能引发的频率波动问题尤为关键。资源聚合器在此扮演了核心角色，负责汇总多个蓄电池和电动汽车（EV）的蓄电和放电状态信息。通过与电力公司的直接通信，资源聚合器能够接收来自中央供电指令所的控制信息，并据此向各个蓄电池和EV发送精确的充放电动作控制指令。

这一系统的实施，不仅提升了电力市场的灵活性和效率，也为可再生能源的广泛应用和电力系统的稳定运行提供了强有力的技术支持。虚拟电厂正逐步成为推动能源革命和构建绿色能源体系的重要力量。

7. 提升能源系统的灵活性和可靠性

虚拟发电厂以其多元化和分散化的特性，显著提升了能源系统的灵活性和可靠性，有效降低了能源系统的风险和脆弱性。这一模式通过整合和优化分散的能源资源，为能源系统带来了前所未有的灵活性和韧性。

8. 虚拟电厂——智能能源系统的融合创新

虚拟电厂是能源与信息技术深度融合的杰出代表，它作为一种智能能源系统，具备强大的资源整合与优化能力。该系统能够聚合不同空间的可调负荷、储能侧与电源侧等一种或多种能源资源，实现自主协调及优化控制，进而积极参与电力系统运行和电力市场交易。

虚拟电厂的本质在于其跨空间的广域能源资源、网、负荷储藏聚合能力。随着分布式能源、电动汽车、燃料电池、储能设备、微网等技术的快速发展，虚拟电厂在能源领域的应用价值日益凸显。它不仅能够充分挖掘各类能源资源的潜力，促进各种资源间的协调发展，还能够助力现货交易市场的建立，提升分布式能源的运行管理水平，进而实现经济效益的提升和分布式能源的安全普及。

综上所述，虚拟发电厂作为一种新型的电力系统管理方式，展现了其多方面的优势。它不仅能够提高能源利用效率、降低能源成本，还能增加能源安全性，促进清洁能源的广泛发展和普及。随着技术的不断进步和市场的逐步成熟，虚拟发电厂无疑将拥有更为广阔的应用前景和巨大的市场价值。

国外虚拟电厂系统组成如图 4.3-6 所示。

（五）需求响应

1. 需求响应（DR）是电力系统中的重要概念

需求响应（DR）是电力系统中至关重要的概念，它涉及能源资源的拥有者、消费者或第三方（如资源聚合商）通过调整其能源资源的使用来主动响应并改变电力需求模式。通过实施需求响应，能够实现对电力需求的精准控制，进而有效平衡电力供需关系。

需求响应主要分为两大类别：

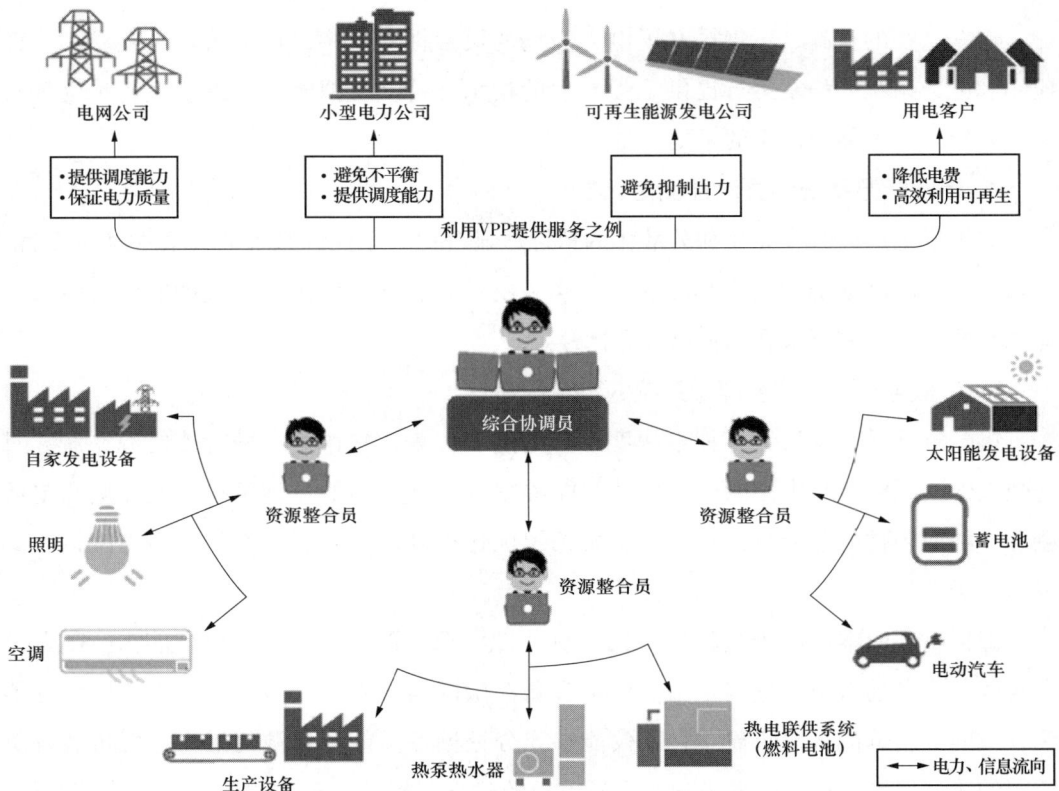

图 4.3-6　国外虚拟电厂系统组成

（1）"削减型 DR" 主要侧重于减少电力需求，特别是在电力供应紧张或电价高峰时段。通过激励用户减少或调整用电时间，可以有效缓解电力供需矛盾，提高电网的韧性和稳定性。

（2）"增加型 DR" 则侧重于在电力供应过剩或电价低谷时段增加电力需求。这一策略通过提供激励措施鼓励用户增加用电，从而有效利用过剩的电力资源，提高电力市场的运行效率。特别是在新能源大发、电力供应过剩时，鼓励用户增加用电，有助于减少能源浪费，如弃风弃光等现象。

实施需求响应的方式多种多样，包括价格信号、激励措施以及直接控制等手段。随着智能电网和先进通信技术的不断进步，需求响应的实施变得更加灵活、高效。

需求响应在电力系统的稳定运行中发挥着关键作用。特别是在电力供需平衡调整较为困难的时段，如白天电力过剩或傍晚需求激增时，通过实施适当的需求响应策略，可以显著减少剩余电力、降低系统的不稳定因素，并优化供需平衡。

此外，需求响应还有助于推动电力市场的竞争和效率提升。通过引入市场机制，让用户根据电价信号或激励措施自主调整用电行为，不仅能够降低用户的用电成本，还能引导电力资源的优化配置，提升电力系统的整体运行效率。

随着电力市场的持续发展和电力需求的不断增长，需求响应将在电力系统中扮演越来越重要的角色。展望未来，随着智能电网、物联网等技术的不断演进，需求响应的实施将更加智能化、自动化，为电力系统的稳定运行和电力市场的健康发展提供强有力的支撑。

2. 面向 DR 运营商和 RA 运营商的解决方案

在面向 DR（需求响应）运营商和 RA（资源聚合器）运营商的解决方案中，有效利用能源设备的 RA 云服务是至关重要的。考虑到各种分布式能源资源（如发电机组、蓄电池、电动车等）的性能有时无法被充分利用，构建一种灵活且快速的解决方案对于创造客户的业务附加价值至关重要。

该解决方案的核心在于将 RA 业务所需的功能部署到云端，并结合多种能源控制技术，以满足客户的多样化需求。通过这种方式，可以实现快速、经济实惠地构建虚拟电厂，并有效实施需求响应。

在这个过程中，通信技术、网络知识和虚拟电厂的实证事业经验都发挥着重要作用。这些技术和经验为解决方案提供了坚实的基础，支持客户业务的顺利实现。

具体而言，通过云端部署的 RA 服务，可以实现对分布式能源资源的实时监控、数据分析和优化调度。利用先进的通信技术和网络技术，可以确保数据的高效传输和实时处理，为决策提供支持。同时，结合虚拟电厂的实证事业经验，可以制定出更加符合实际需求的解决方案，提高能源利用效率，降低运营成本。

此外，该解决方案还可以为客户提供灵活的服务模式，如定制化的需求响应方案、能源管理咨询等。这些服务可以帮助客户更好地管理能源资源，提高能源利用效率，同时降低对环境的影响。

总之，面向 DR 运营商和 RA 运营商的解决方案是一种创新的能源管理模式，通过有效利用能源设备的 RA 云服务，结合先进的通信技术和网络技术，可以实现对分布式能源资源的实时监控和优化调度，为客户创造更多的业务附加价值。

虚拟电厂聚合器等能源资源协调交易示意如图 4.3-7 所示。

3. 需求响应与能源平衡的关系

在电力系统中，供需平衡是至关重要的。由于电力具有不能储存的特性，其生产和消费必须同时进行。发电站不仅生产电力，还通过即时调节发电量来维持整个电力系统的供需平衡。一旦供需失去平衡，电力质量中的频率也会发生变化，可能引发事故。

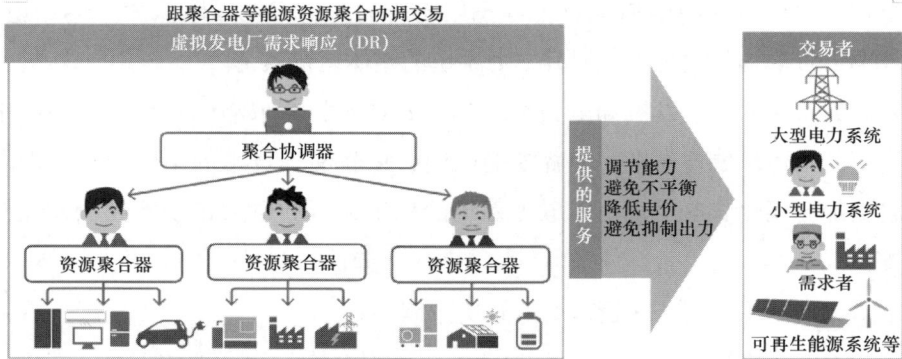

图 4.3-7　虚拟电厂聚合器等能源资源协调交易示意图

近年来，随着太阳能发电、燃料电池等小型发电设备的普及，电力市场的格局发生了变化。这些设备广泛分散在住宅、办公室等地方，使得传统的电力消费者也可以成为电力生产者。此外，燃料电池、蓄电池、电动汽车、热泵等设备的普及，使得能量储存和分散利用成为可能。

需求响应（DR）是电力系统中维持供需平衡的一种有效手段。通过控制需求侧的能源资源，DR 可以改变电力需求模式，平衡电力供应和需求。例如，在电力供应过剩时，可以实施"上升 DR"，鼓励用户增加用电；在电力需求高峰时，可以实施"下降 DR"，引导用户减少用电或转移用电时间。

需求响应（DR）和虚拟电厂（VPP）是能源管理领域中的关键概念，它们共同为电力系统的稳定性、效率和可持续性提供了重要支持。

需求响应与能源平衡的示意如图 4.3-8 所示。

图 4.3-8　需求响应与能源平衡示意图

4. VPP 与 DR 的结合

VPP 和 DR 的结合可以进一步提高电力系统的稳定性和效率。通过 VPP 集成各种 DER 资源，并利用 DR 改变电力用户的需求模式，可以实现更加灵活和高效的电力管理。这种结合可以在保证电力供应稳定的同时，提高电力市场的效率和可再生能源的消纳率。

在能源世界实现100%可再生能源电力供应的目标之前，VPP和DR的结合将发挥重要作用。它们可以集合和协调电网下的各个发电单元、终端负荷和储能中转设备，形成一个灵活、高效、可持续的能源系统。这个系统不仅可以取代传统的发电厂角色，还可以改变电力市场的运行和作用方式、收益与运营模式以及存在和出现的形式。

5. 虚拟电厂的角色

虚拟电厂是利用先进技术和信息通信技术，将分散的能源资源整合成一个统一的能源管理系统。它不仅可以实现能源的灵活调度和协调控制，还可以参与电力市场的交易和竞争，为电力系统提供稳定、可靠的能源支持。

在我国国电投深圳能源发展有限公司的案例中，虚拟电厂平台通过调度新能源充电站，实现了电量的有效转移和利用。这不仅为深圳能源带来了经济收益，也证明了虚拟电厂在电力现货市场中的潜力和价值。

需求响应和虚拟电厂是电力系统中维护能源平衡和促进可持续发展的关键工具。随着技术的不断进步和市场的不断发展，它们将在未来的电力市场中发挥更加重要的作用。

（六）虚拟发电厂的国际实例

虚拟发电厂（VPP）在全球范围内已成为能源领域的创新焦点，通过整合分散式能源资源，提高能源利用效率和可靠性，同时降低能源成本和碳排放量。以下是几个国外虚拟发电厂项目的实例：

1. 韩国虚拟发电厂项目

该项目由韩国电力公司主导，致力于整合风能、太阳能、燃料电池等多种能源形式。虚拟发电厂系统集成了这些分散式能源资源，显著提高了能源利用效率和可靠性。该项目的成功实施，不仅降低了能源成本和碳排放量，还为韩国的能源可持续发展提供了有力支持。

2. 德国虚拟发电厂项目

德国电力公司RWE主导的这一项目，成功整合了风能、太阳能、水力等多种类型的分布式能源设备。通过优化能源配置和统一调配，该项目提高了能源利用效率，降低了弃风弃电现象，并成功参与了德国电力市场的交易和竞争。这不仅为电力公司带来了经济效益，也促进了德国能源市场的健康发展。

3. 美国虚拟发电厂项目

该项目由美国能源公司 NREL 主导，集成了多种类型的分布式能源设备，实现了能源的多元化和分散化。这不仅提高了能源系统的韧性和可靠性，还为用户提供了可靠、高效、环保的能源服务。该项目的成功实施，展示了虚拟发电厂在促进能源转型和应对气候变化方面的巨大潜力。

这些国外虚拟发电厂项目显示了虚拟发电厂在对外呈现的功能和效果、更新的运营理念以及产生的社会经济效益。虚拟发电厂的基本应用场景是电力市场，它无需对电网进行大规模改造，便能聚合分布式能源以稳定地向公网输电，并提供快速响应的辅助服务。作为分布式能源加入电力市场的有效方法，虚拟发电厂降低了在市场中孤立运行的失衡风险，并获得了规模经济的效益。这些成功案例为全球范围内的能源转型和可持续发展提供了宝贵的经验和启示。

（七）我国虚拟发电厂的发展展望

我国的虚拟发电厂正经历着迅猛的发展。在中电联的引领下，它通过集成光伏、风电、储能等多种分布式能源设备，显著提升了能源利用效率与可靠性，并成功融入了中国电力市场的交易与竞争之中。这一模式不仅推动了能源行业的智能化、绿色化转型，也为电力市场的稳定与可持续发展注入了强劲动力。

在虚拟电厂平台的建设上，国家电投上海发电设备成套设计研究院（简称"上海成套院"）发挥了关键作用，领导并完成了多项关键性项目。该平台已在江苏、山东、广东等地全面上线，并成功完成了"虚拟电厂+电力需求响应""虚拟电厂+电力辅助服务""虚拟电厂+电力现货"等核心功能测试，标志着其已逐步迈入商业化运营的新阶段。这一成果不仅代表了中国在虚拟电厂技术领域的重大突破，也为该技术的广泛应用奠定了坚实基础。

虚拟电厂的平台建设与示范应用，由国家电投营销中心统一规划，上海成套院主导，并得到了江苏公司、广东公司、山东分公司、中国电力等二级单位的紧密配合。这一行动充分彰显了中国在探索新技术、新产业、新业态、新模式方面的坚定决心与强大实力，为能源行业的转型升级注入了新的活力。

展望未来，中国虚拟发电厂的发展前景极其广阔。随着技术的不断进步与市场的持续完善，它将在能源行业的可持续发展与电力市场的稳定运行中发挥更加重要的作用。

作为一种创新的电力管理理念，虚拟电厂正逐步成为维护电网平衡的关键力量。

它借助工业互联网、智能控制及智能物联感知技术，将电力用户的可调负荷、分布式储能、分布式电源等资源整合为一个协调可控的整体，实现了对电力资源的高效管理与优化调度。

虚拟电厂的"虚拟性"是其最显著的特点。它并非一个实体电厂，而是一个依托先进技术与软件系统实现资源聚合与协调优化的平台。这一特性使得虚拟电厂能够灵活响应市场需求，释放用户群的电力功率升降裕量，有效缓解新能源消纳与电力供需不平衡的问题。

在盈利方面，虚拟电厂通过参与电力现货市场，实现了创新售电业务的盈利点。以深圳能源为例，其虚拟电厂已成功接入 150MW 的负荷用户，并通过现货模块运营平台的连续运行，提高了用户用电负荷预测精度与电力现货价格预测精度，从而提升了售电公司现货交易的工作效率与市场收益。此外，虚拟电厂还能根据价格信号自动调节用户的可控负荷，实现电力负荷的优化配置，为售电公司及用户带来额外收益。

值得一提的是，虚拟电厂在支撑电网平衡方面也发挥着举足轻重的作用。它通过对资源的有效整合与优化调度，提高了电网的稳定性与可靠性，降低了电网运行成本。同时，虚拟电厂还促进了可再生能源的消纳与利用，推动了能源结构的优化与转型升级。

综上所述，虚拟电厂作为一种新型的电力管理理念与技术手段，正逐步成为支撑电网平衡与推动能源转型的重要力量。随着技术的不断进步与市场的不断完善，其应用前景将更加广阔。

第四节　煤气化-燃料电池发电系统

一、煤气化联合循环发电技术

煤气化联合循环发电技术（IGCC）是一种结合了煤气化技术和燃气-蒸汽联合循环发电技术的先进发电系统。该技术旨在提高燃煤发电的效率和环保性能，通过一系列复杂的工艺过程，实现煤的高效转化和清洁利用。

（一）工艺流程

（1）煤气化：将煤送入气化炉中，在高温高压环境下与氧气或空气反应，生成合成气（主要由一氧化碳和氢气组成）。

（2）气体净化：通过一系列净化步骤，如脱硫、脱氮、除尘等，去除合成气中的有害物质，得到清洁的合成气。

（3）气体变换：根据需要，通过水煤气变换反应等过程，调整合成气的组成，使其更适合后续燃烧发电。

（4）燃气发电：将清洁的合成气送入燃气轮机中燃烧，产生高温高压气体，驱动燃气轮机转动，进而驱动发电机产生电能。

（5）蒸汽发电：燃气轮机排出的高温废气进入余热锅炉，产生蒸汽，驱动蒸汽轮机转动，再通过蒸汽轮机驱动另一台发电机产生电能。这种配置实现了能量的梯级利用，提高了发电效率。

（6）废气处理：对燃气轮机和蒸汽轮机排出的废气进行进一步处理，确保排放符合环保标准。

（二）优势

（1）高效率：IGCC 技术能够实现较高的发电效率，一般在 45% 以上，且有望进一步提高至 50%~52%。

（2）低污染：通过煤气化和气体净化等步骤，能够大幅减少二氧化硫、氮氧化物等污染物的排放，有利于环境保护。

（3）适应性强：IGCC 技术能够燃用各种品位的煤种，包括高硫煤、劣质煤等，具有较强的煤种适应性。

（4）耗水量少：与常规燃煤发电相比，IGCC 技术的耗水量较低，有利于在缺水地区推广应用。

（5）综合利用：通过煤气化过程，可以生产出多种化工产品，如甲醇、氨等，实现煤的综合利用。

（三）应用前景

随着全球对环境保护和能源效率的日益重视，IGCC 技术作为一种清洁高效的燃煤发电技术，具有广阔的应用前景。特别是在煤炭资源丰富但环境压力较大的地区，IGCC 技术将成为火力发电行业技术升级的重要方向之一。同时，随着技术的不断进步和成本的降低，IGCC 技术的市场竞争力将逐渐增强，有望在未来得到更广泛的应用。

（四）高效率煤气化发电原理

常规燃煤火力发电系统示意图如图 4.4-1 所示。将燃料煤送入锅炉，通过燃烧产生高温高压蒸汽驱动汽轮机，汽轮机通过旋转驱动发电机产生电能。

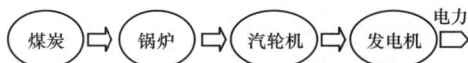

煤炭 ⇨ 锅炉 ⇨ 汽轮机 ⇨ 发电机 ⇨ 电力

图 4.4-1　常规燃煤火力发电系统示意图

煤气化燃气轮机复合发电系统示意图如图 4.4-2 所示。首先煤通过气化生产燃气，煤制气进入燃气轮机驱动发电机组发电，同时利用燃气轮机排汽余热，在余热锅炉生产蒸汽，利用蒸汽驱动汽轮机，利用汽轮机驱动发电机组生产电能。即以燃气、蒸汽为动力，燃气轮机和汽轮机通过两个阶段发电，称为复合发电，也称为联合循环发电。

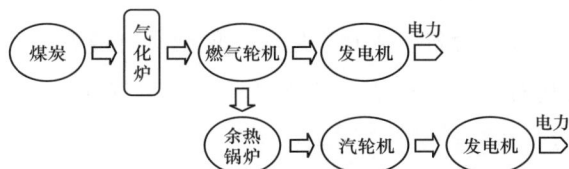

煤炭 ⇨ 气化炉 ⇨ 燃气轮机 ⇨ 发电机 ⇨ 电力
　　　　　　　⇩
　　　　余热锅炉 ⇨ 汽轮机 ⇨ 发电机 ⇨ 电力

图 4.4-2　煤气化燃气轮机复合发电系统示意图

（五）煤气化技术简介

三菱重工拥有两种方式的气化技术，分别是空气吹和氧气吹气化方式，其各具特点。空气吹和氧气吹气化方式的比较图如图 4.4-3 所示。

这个问题主要讨论了两种气化方式：空气吹方式和氧气吹方式。以下讲述这两种方式的区别，以及它们对气化效率和热效率的影响。

首先，空气吹方式是一个早期的开发方式，它不需要制氧设备，因此节省了设备费用和厂用电。但是，这种方式没有直接提高气化效率或热效率。

其次，氧气吹方式具有较高的热值，这意味着在相同的条件下，它能产生更多的热量。此外，氧气吹方式还能将空气中占 70% 的氮气含量从 56% 减少到 12%，这大大减少了空气用量。由于氮气在气化过程中不参与反应，减少氮气含量实际上提高了有效气体的浓度，从而提高了气化效率。

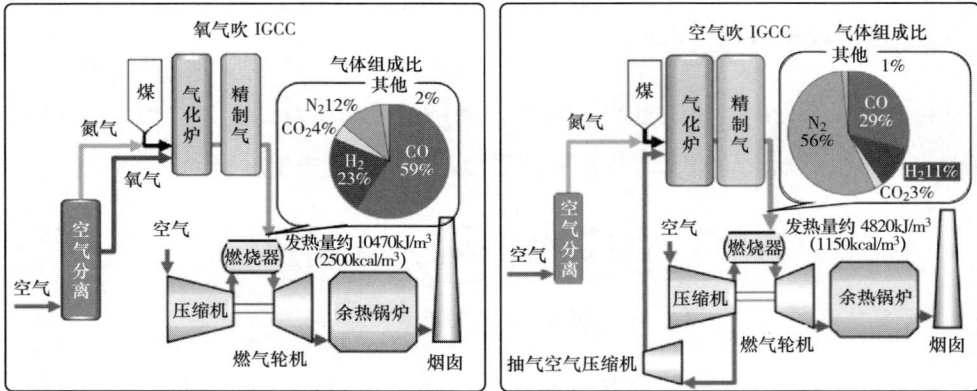

图 4.4-3　空气吹和氧气吹气化方式比较图

注 资料来自日本综合科学技术及创新会议评估专门调查报告《石炭ガス化燃料電池複合発電実証事業》。

最后，这两种方式对总的热效率的影响。总的热效率是指从原料到最终产品的能量转换效率。由于氧气吹方式提高了气化效率和热值，因此它提高了总的热效率。

综上所述，可以得出以下结论：

（1）空气吹方式节省了设备费用和厂用电，但没有直接提高气化效率或热效率。

（2）氧气吹方式具有较高的热值，并能通过减少氮气含量来提高气化效率，从而提高了总的热效率。

1. 空气吹煤气化

三菱日立动力系统（MHPS）在煤气化领域掌握着先进的空气吹和氧气吹技术，这些技术在全球范围内都处于行业领先地位。展望未来，随着全球对煤炭资源高效利用和环境友好性需求的不断提升，预计 IGCC（整体煤气化联合循环）技术将受到全球范围内的广泛关注。

IGCC 发电系统是一个集煤炭气化、煤气精制、燃气轮机发电以及余热利用于一体的综合系统。具体来说，该系统首先通过气化炉将煤炭转化为煤气，随后经过煤气精制工艺去除其中的大气污染物质，确保排放的清洁性。接着，清洁的煤气被送入燃气轮机进行发电，同时产生的余热则通过余热锅炉转化为蒸汽，进一步供给汽轮机进行发电，实现了能量的高效利用。

图 4.4-4 直观地展示了煤气化燃气轮机复合发电系统（IGCC）的工艺流程，清晰地描绘了从煤炭气化到最终电力输出的整个过程，体现了 IGCC 技术在提高能源利用率和减少环境污染方面的卓越表现。

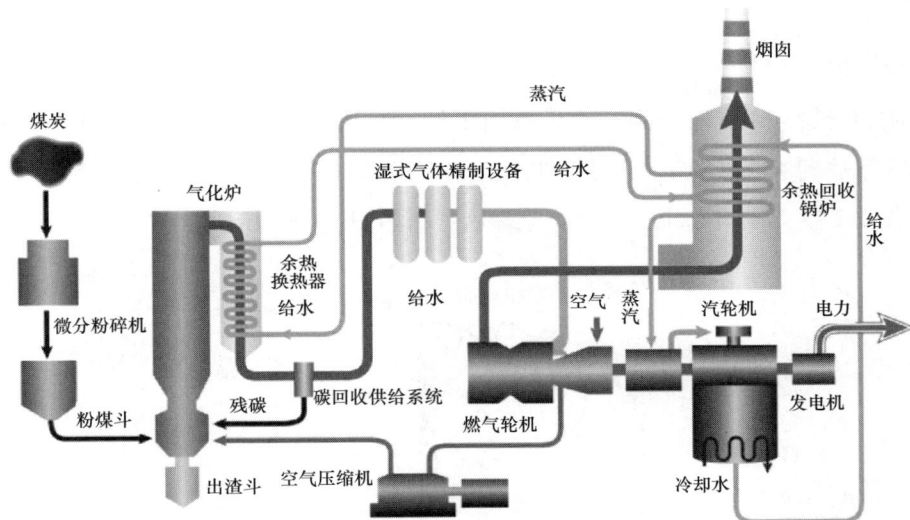

图 4.4-4　煤气化燃气轮机复合发电系统（IGCC）的工艺流程

注 资料来自日本配管技术 2017 年 9 期增刊，三菱日立动力系统，石井 宏实、多田 宏明《空气吹 IGCC 技术の实用化状况》。

IGCC（整体煤气化燃气-蒸汽联合循环发电）系统是一种高效的发电技术，它使用微细煤粉作为燃料，通过一系列复杂的工艺过程将煤转化为电力。以下是关于 IGCC 系统主要工艺步骤的详细解释：

IGCC 系统的主要燃料是经过精细破碎的微煤粉。首先，这些煤粉需经过细致的破碎处理，随后被输送到专用的粉煤仓中。鉴于微细煤粉的高易燃性，为确保系统安全，需同时加压并供给惰性气体（如氮气），随后通过压力系统将其输送至气化炉下部的燃烧器。

在气化炉的下部，微粉煤与空气接触并快速燃烧，产生高温热量。而在气化炉的上部，煤灰与空气发生气化反应，生成富含 CO 和 H_2 的高温煤气。这些高温煤气随后通过余热换热器 SGC（煤制气冷却器）进行冷却，同时回收的余热与余热锅炉产生的蒸汽共同为汽轮机提供动力以发电。

值得注意的是，SGC 中的煤制气可能含有未反应的残碳。这些残碳通过专门的回收装置进行回收，并再次被送回到气化炉中进行二次利用。去除残碳和灰分后的煤制气会被传输至气体净化设备，进一步去除其中的硫化合物等大气污染物质。经过净化的煤制气最终作为清洁燃料，供给燃气轮机发电机组进行发电。

此外，燃气轮机在燃烧过程中产生的高能排气，因其含有大量热能，被导入余热锅炉以产生蒸汽。这些蒸汽与 SGC 中产生的蒸汽共同供给汽轮机，实现电能的进一步生产。

因此，IGCC 系统通过高效的能量回收和再利用，使得系统中的各个设备得以充分利用物质和能量。燃气轮机和汽轮机协同工作，通过两阶段发电工艺，使得系统的整体送电效率达到 48%~50%，展现出其作为一种高度高效的发电技术的优越性。

空气吹 2 室 2 段喷流床式气化炉原理示意图如图 4.4-5 所示。

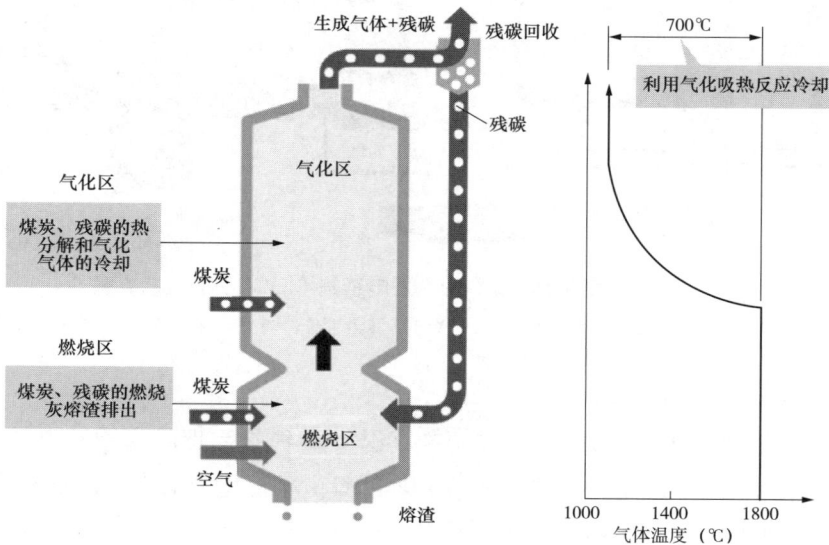

图 4.4-5　空气吹 2 室 2 段喷流床式气化炉原理示意图

注 资料来自日本配管技术 2017 年 9 期增刊，三菱日立动力系统，石井 宏实、多田 宏明，《空气吹 IGCC 技术の实用化状况》。

在燃烧室中，特别设计了一个燃烧残碳的燃烧器，其主要功能是回收反应炉中未完全反应的残碳。在这个燃烧器中，微粉煤和残碳被点燃，释放出高达 1800℃ 的高温热能，这些热能随后被输送到气化区的上部，为煤气化过程提供必要的热量。

在气化区内，微煤粉和残碳被投入，并在此进行燃烧。同时，燃烧产生的旋转气流也在该区域形成。随着这些物质逐渐上升到气化区的上部，它们受到高温热能的作用，其中的灰成分开始融化。随后，由于离心力的作用，这些融化的灰成分附着在气化炉的水冷壁上，形成熔融渣。这些熔融渣最终会落入炉底的排渣口，并进入一个滞水渣斗。

在滞水渣斗中，渣会迅速冷却，进而转变为玻璃状物质，最终通过特定的排放系统被安全地排出。这种设计不仅确保了气化炉的高效运行，同时也有效处理了气化过程中产生的废弃物。

气化炉内燃烧气化反应的分析过程如图 4.4-6 所示，该图直观地展示了整个气化过程中的关键环节和物质转换。

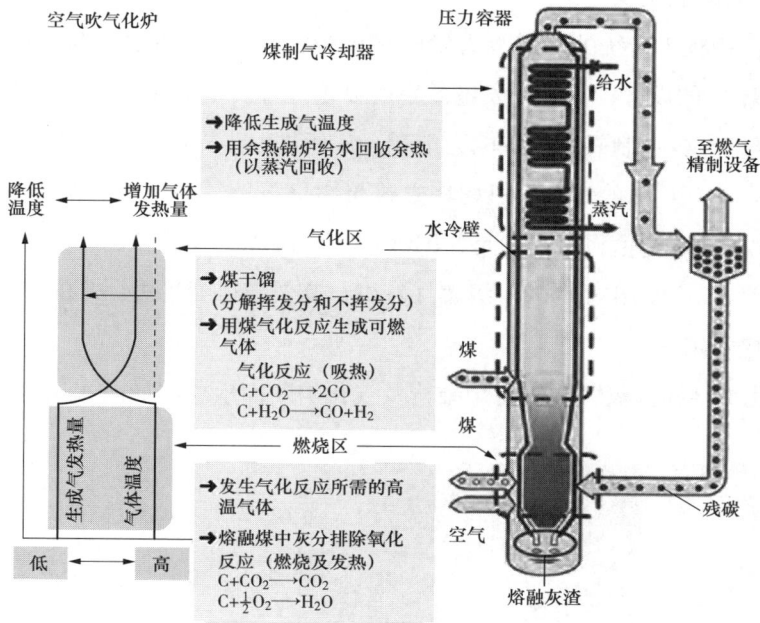

图 4.4-6　气化炉内燃烧气化反应分析图

注 资料来自日本配管技术 2017 年 9 期增刊，三菱日立动力系统，石井 宏实、多田 宏明，《空气吹 IGCC 技术の实用化状况》。

一方面，气化区燃烧产生的高温气体向上流动至气化区的上部，其中一部分与通过气化区燃烧器吹入的微粉煤发生气化反应，进而生成剩余的残碳。这些残碳在气化区内会与产生的 CO_2 和 H_2O 进一步反应，进行深度气化。

因此，气化炉在系统中扮演着双重角色：一方面它负责煤的气化过程，将煤转化为可燃气体；另一方面，它还需要有效地排除气化过程中产生的熔灰，并使其冷却形成渣，以确保系统的稳定运行。为了提高气化效率和确保熔渣的顺利排出，气化炉采用了 2 室 2 喷流床的设计方式。

2. 关于空气吹煤气化燃气轮机复合发电系统的特点

该系统通过引入空气吹煤气化技术，结合燃气轮机发电，形成了一种高效、环保的能源利用方案。其主要特点包括：高效能转换，即能有效地将煤的化学能转化为电能；低排放，气化过程中的燃烧反应可以在较高的温度下进行，有利于减少污染物的生成；以及操作灵活，系统可以根据实际需求调整运行参数，实现高效、稳定的能源供应。

此外，相较于传统的燃煤火力发电，气化炉在灰渣处理方面具有显著优势。在气化炉中，灰渣以玻璃形态排出，这种处理方式不仅提高了整体效率，而且有效减少了灰渣的容积，大约能减少一半。

IGCC 技术相较于传统的燃煤火力发电（朗肯循环），通过引入联合循环（朗肯循环+布雷顿循环）的设计，实现了发电效率的显著提升。更重要的是，采用空气吹代替氧气吹的方式，减少了制氧系统的电力消耗，从而进一步提高了送电效率。

与此同时，IGCC 中的燃气轮机燃烧方式与燃烧天然气的 GTCC 相似，都通过高温燃烧来提高发电效率。值得一提的是，IGCC 中使用的燃气轮机为 1700℃ 级，相较于燃烧天然气的 GTCC 所使用的 1600℃ 级燃气轮机，其效率得到了进一步的提升。

3. 氧气吹气化炉

（1）气化炉结构。氧气吹气化炉结构及气化炉断面示意图如图 4.4-7 所示。

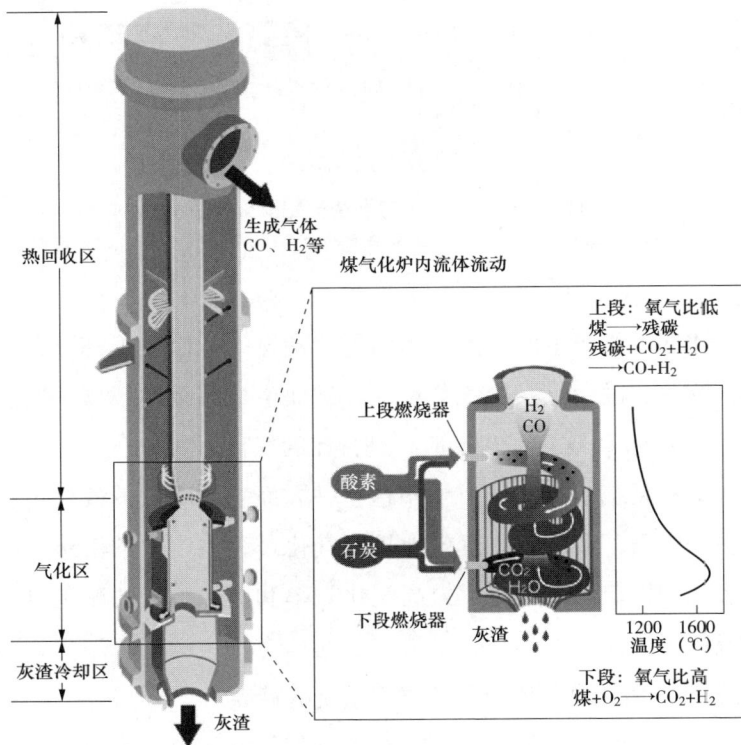

图 4.4-7　氧气吹气化炉结构及气化炉断面示意图

注　资料来自日本 配管技术 2018.10，大崎 Coolgen（株）绀野 亚纪子、榷屋 光照，《酸素吹 IGCC プロジェクト》。

氧气吹气化炉是一个圆筒形设计的炉子，其上下两段均设有多个燃烧器，采用创新的 1 室 2 段旋流型喷流床技术。这种设计使得下段熔融的煤灰渣能够顺畅地流入并排除在炉底，同时在整个过程中保持高温状态。更重要的是，通过调节氧气供应量，气化炉可以实现最佳运行状态。此外，燃烧器喷出的火焰以错开的切线方向引入煤粉，从而在炉内形成漩涡流，这确保了煤颗粒的停留时间，也即气化反应时间，进而实现高气化性能并有效抑制飞散灰的产生。

在优化运行方面，采取了多项措施。首先，通过精确调节上下段的氧/煤比、气化炉出口（节流部）的设计以及改进尾气供应方法，有效防止了节流部灰渣的附着。其次，采用窄间距的炉水冷壁管以强化冷却效果，同时结合材料喷镀等手段，保护局部高温区的耐热性。最后，利用炉内高温气体流（自循环流）或炉渣的自然流下，对喷嘴和熔融灰（炉渣）排出孔进行保温和加热，确保炉渣能够稳定流动。这些技术改进成功解决了氧气吹气化炉在实际应用中遇到的技术问题。

值得一提的是，EAGLE 项目的先导性试验已经取得了显著成果，实现了高达 82% 的高气化效率。这充分证明了氧气吹气化炉技术的先进性和实用性。

此外，氧气吹气化炉还具备广泛的适用性，可以适应多种不同的煤种，无论是灰渣熔点较低的煤炭还是传统燃煤火力发电所用的煤种，都能实现高效气化。这一特点使得氧气吹气化炉在煤炭资源利用领域具有广泛的应用前景。

（2）燃烧器。在本项目中，特别选用了多簇燃烧器系统，其设计示意图如图 4.4-8 所示。鉴于煤气化燃气作为一种富氢燃料，具有极快的燃烧速度，这增加了火焰高度回流的风险。为了应对这一挑战，参考了国内外 IGCC 项目的经验，采用了在燃烧室外部独立供应燃料和空气的策略，有效防止了火焰回流的扩散燃烧现象。

在传统的扩散燃烧器中，由于燃料和空气的混合不够充分，往往会在局部区域形成高温区，这些区域是氮氧化物（NO_x）产生的主要来源。为了降低 NO_x 的排放，通常需要投入氮气等不活性气体作为稀释剂。

而本项目中采用的多簇燃烧器，通过结合火焰浮上技术，旨在实现低 NO_x 排放和高燃烧效率的双重目标。其核心技术包括燃料气体与空气的快速混合以实现稀薄燃烧，以及精确的喷出方向调整。这种设计确保了燃料和空气的均匀混合，避免了局部高温区的形成，从而大幅降低了 NO_x 的生成。

多簇燃烧器的详细结构如图 4.4-9 所示，通过精确的设计和工程实现，该燃烧器系统将为本项目提供高效、环保的燃烧解决方案。

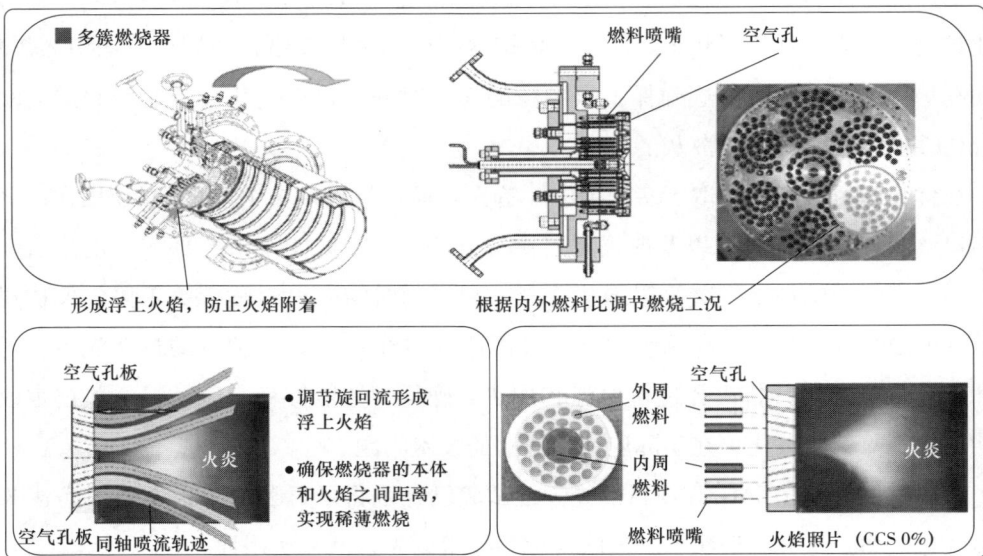

图 4.4-8　多簇燃烧器及其系统示意图

注 资料来自日本 配管技术 2018.10，大崎 Coolgen（株）纽野 亚纪子、榗屋 光照，《酸素吹 IGCC プロジェクト》。

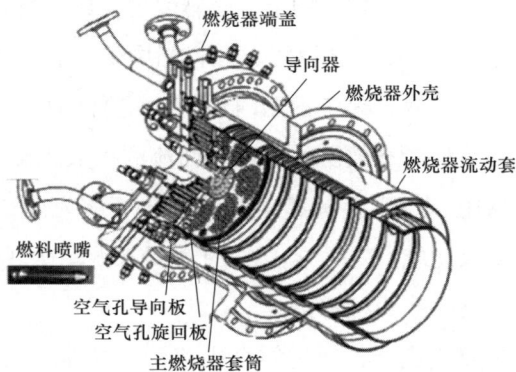

图 4.4-9　多簇燃烧器的详细结构

注 资料来自日本 配管技术 2018.10，大崎 Coolgen（株）纽野 亚纪子、榗屋 光照，《酸素吹 IGCC プロジェクト》。

二、煤气化燃料电池联合循环发电系统

（一）煤气化燃料电池联合循环发电技术（IGFC）的原理及组成

煤气化燃料电池联合循环发电（IGFC）技术是一种集成化、多级联合循环发电技术，其核心组成包括煤气化系统、燃料电池系统、燃气发电系统、蒸汽发电系统和余

热回收系统。

1. 煤气化系统

IGFC 技术的煤气化系统主要由煤气化炉、气体净化装置、制氢装置和废气处理装置组成。煤气化炉是这一系统的核心，负责在高温环境下将煤炭转化为煤气。气体净化装置则用于去除煤气中的杂质，以满足后续燃料电池的使用要求。制氢装置将煤气中的一氧化碳与水反应，生成高纯度的氢气。废气处理装置则确保煤气化过程中产生的废气达到环保排放标准。

2. 燃料电池系统

燃料电池系统由燃料电池堆、电池管理系统、热管理系统和氢气供应系统构成。燃料电池堆是电能产生的关键部件，通过氢气与氧气的化学反应产生电能。电池管理系统负责监控和调节电池的电压、电流和温度等参数，确保燃料电池的稳定运行。热管理系统则负责散热，防止燃料电池过热。氢气供应系统将制氢装置产生的氢气输送到燃料电池堆中。

3. 燃气发电系统

燃气发电系统主要由燃气轮机和发电机组成。在煤气化过程中，煤炭被转化为富含氢气的气体，经过二氧化碳分离后，这些气体被送入燃气轮机中燃烧发电。

4. 蒸汽发电系统

蒸汽发电系统由余热锅炉、汽轮机和发电机组成。余热锅炉利用燃气轮机排出的高温废气产生蒸汽，蒸汽再驱动汽轮机旋转，进而带动发电机发电。这一系统有效利用了燃气轮机排出的余热，提高了整体发电效率。

5. 余热回收系统

余热回收系统包括烟气余热回收装置和燃气轮机排气及气化炉冷却器余热回收装置。这些装置能够回收和利用发电过程中产生的余热，用于预热制氢过程中的水、回收制氢产生的废热等，进一步提高了能源利用效率。

IGFC 技术通过这五个系统的紧密协作，实现了煤炭的清洁高效利用，显著降低了 CO_2 等排放物的产生，对于促进环保和可持续发展具有重要意义。

（二）煤气化燃料电池联合循环发电技术特点

1. 燃料灵活性

IGFC 技术具备卓越的燃料灵活性，不仅能够高效利用煤炭作为原料，还能兼容生物质等其他可再生能源。这种多样性确保了 IGFC 技术能够适应各种复杂的能源环境，为能源供应提供了更多的选择。

2. 高效节能

IGFC 技术通过煤气化技术制氢，利用燃料电池将氢气与氧气发生反应产生电能，同时，燃气轮机能够回收废热进行蒸汽发电，形成了燃料电池、燃气轮机、汽轮机三重联合循环。这种高效的能量转化过程能够最大限度地提高能源利用效率，显著降低能源消耗，实现高效节能的目的。

3. 低碳环保

IGFC 技术以其独特的发电方式，显著降低了对环境的影响。燃料电池发电堆在运行过程中仅产生水和少量 CO_2，与传统燃煤发电相比，大幅减少了 CO_2 等有害气体排放。这种低碳排放的特性使得 IGFC 技术成为推动绿色能源发展的重要力量。

4. 安全可靠

IGFC 技术中的燃料电池发电堆具有自动化控制、快速响应、低温运行等特点，确保了高安全性和可靠性。在运行过程中，燃料电池堆不会产生大量的噪声和振动，也不会产生辐射性物质，对环境和人体健康不构成威胁。同时，燃气轮机和汽轮机作为成熟的技术，其安全性和性能稳定性也得到了充分保证。

5. 综合利用

IGFC 技术通过煤气化、制氢、燃料电池、燃气发电、蒸汽发电等多种技术手段实现了能源的综合利用。这一过程中，废热被有效回收并转化为能源，大幅度提高了能源利用效率。这种综合利用方式不仅减少了煤炭等能源的浪费，还实现了资源的最大化利用，对推动可持续发展具有重要意义。

煤气化燃料电池联合循环发电系统（IGFC）的示意图如图 4.4-10 所示，清晰地展示了其复杂的结构和高效的能源转化过程。

6. 广阔的市场前景

IGFC 技术凭借其清洁、高效、低碳和安全的显著优势，已经引起了政府及企业的高度关注与积极推广。在我国，随着国家能源政策的深入实施以及对清洁能源需求的日益增长，IGFC 技术展现出了极为广阔的市场前景。展望未来，IGFC 技术将在煤炭的清洁高效利用、能源转换以及环境保护等多个关键领域发挥不可或缺的作用，为我国的可持续发展贡献力量。

（三）煤气化燃料电池联合循环发电技术（IGFC）的挑战与展望

作为一种前沿的能源转换技术，IGFC 技术在为能源领域带来巨大潜力的同时，也

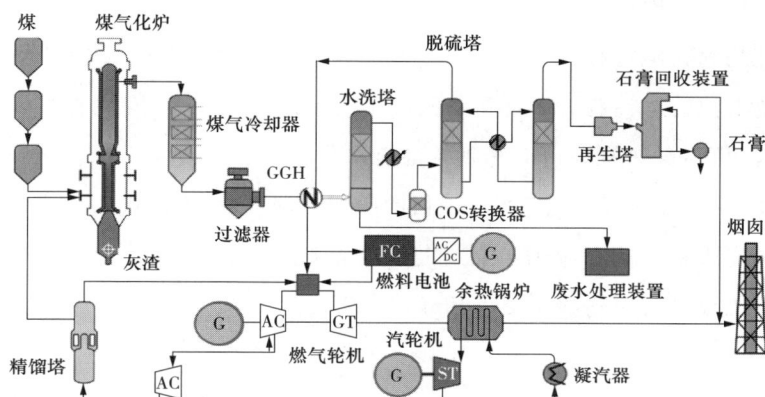

图 4.4-10　煤气化燃料电池联合循环发电系统（IGFC）示意图

注 资料来自日本综合科学技术及创新会议评估专门调查报告"石炭ガス化燃料電池複合発電実証事業"。

面临着一些不容忽视的挑战和困难。以下是当前 IGFC 技术面临的主要问题：

（1）煤气化技术瓶颈：尽管煤气化技术已取得显著进展，但在煤质适应性、反应器设计优化、气体清洁和废气处理等方面仍存在诸多技术难点。为解决这些问题，需要持续进行技术研究和创新，以实现更高效、更环保的煤气化过程。

（2）燃料电池性能提升：燃料电池作为 IGFC 技术的核心部件，其寿命和稳定性直接影响到整个系统的运行效率和成本。因此，需要加强对燃料电池材料、结构和制造工艺的研究，以提高其性能并降低成本。

（3）电力市场机制完善：电力市场的开放和竞争机制对于 IGFC 技术的推广和应用至关重要。为充分发挥 IGFC 技术的优势，需要进一步完善电力市场机制，鼓励清洁能源技术的创新和应用。

展望未来，IGFC 技术的发展和应用仍然具有巨大的潜力和机遇。随着全球能源结构的转型和清洁能源技术的不断发展，IGFC 技术将在能源领域发挥更加重要的作用。为实现 IGFC 技术的广泛应用，需要持续加强煤气化技术和燃料电池技术的研究和创新，同时推动电力市场机制的完善和发展。相信在不久的将来，IGFC 技术将成为推动能源领域可持续发展的重要力量。

三、煤气化燃料电池联合循环发电系统实证试验

（一）燃料电池实证应用

实证项目已经步入第三个阶段，于 2022 年 4 月 18 日正式开始。在这一阶段中，特别针对固体氧化物燃料电池（SOFC）设备进行了详尽的实证试验。此次试验主要聚焦

于测试两台燃料电池模块并联运行的稳定性和可靠性。

除了单纯的燃料电池模块性能测试，还深入研究了与燃气轮机系统的联动效果。通过调整燃料电池的运转压力，详细调查了在不同工况下的性能表现，以此预测未来在机组容量为 500MW 级别时可能达到的性能水平。

图 4.4-11 展示了用于 IGFC 实证项目的燃料电池（SOFC）设备，它代表了在这一领域的最新研究成果和技术应用。通过此次实证试验，期待能够为燃料电池技术的进一步发展和应用提供有力的数据支持和经验参考。

图 4.4-11　IGFC 实证用燃料电池（SOFC）

注 资料来自日本综合科学技术及创新会议评估专门调查报告 "石炭ガス化燃料電池複合発電実証事業"。

在实证试验中，成功实现了对 IGCC 气化的气体总量进行了 90% 的二氧化碳分离和回收，同时预测电力输送端的效率可达到约 47%（以高位发热量计）。值得一提的是，该实证试验也是全球首次组装兆瓦级固体氧化物型燃料电池（SOFC）的实验。

燃料电池中熔融碳酸盐燃料电池（MCFC）和固体氧化物型燃料电池（SOFC）具有高工作温度特性，特别适合于与燃气轮机组合使用。这类燃料电池能够有效利用煤气作为燃料，因此，它们被视为下一代高效率大型发电厂的有力候选者。它们通过空气中的氧与燃料发生电化学反应，产生电能，这一过程与水的电解反应相反。与现有的先燃烧燃料产生热能再转换为电能的发电方式不同，SOFC 可以直接将化学能转化为电能，减少了中间环节的能量损耗，从而实现了高发电效率。SOFC 由离子传导性陶瓷构成，在化学反应时会产生 $900 \sim 1000℃$ 的高温热能，因此与燃气轮机复合发电可以获得比其他燃料电池更高的发电效率。

在燃料的选择上，可以采用煤制气化气体、液化天然气、甲醇、沼气等多种类型。

煤气化燃料电池复合发电系统（IGFC）是一种高效能的发电解决方案，该系统集成了煤气化、燃料电池、燃气轮机及蒸汽轮机四种发电技术，构建了一个三重联合循环的发电体系。该系统不仅实现了超过 55% 的发电效率（送电端效率），而且相比现有的超超临界燃煤火力发电技术，其二氧化碳排放量降低了约30%，彰显出其卓越的环保性能。尽管 IGFC 的商业化推广仍面临如开发更经济高效的燃料电池等挑战，但其作为未来煤炭火力发电技术的潜力依然被广泛认可。

SOFC（固体氧化物燃料电池）的工作原理是在 700~1000℃ 的高温环境下，通过向燃料极供应燃料气体（如氢气和一氧化碳），并向空气极供应空气（主要含氧气）来实现电力产生。输入的燃料气体主要源自甲烷（CH_4）的再重整过程以及再循环废燃料中的水蒸气（H_2O），这些气体在 SOFC 内部经过重整反应转化为氢（H_2）和一氧化碳（CO）。

在 SOFC 内部，来自空气极的氧离子（O^{2-}）通过电解质层移动到燃料极，在燃料极与电解质的界面处与燃料中的氢（H_2）和一氧化碳（CO）发生反应，生成水蒸气或二氧化碳，并释放出电子。这些电子随后通过外部电路进行电能的转换工作，最终抵达空气极。在空气极与电解质的界面中，空气中的氧（O_2）与移动过来的电子结合，形成氧离子，这些氧离子再次进入电解质层，并向燃料极侧移动，形成一个连续的循环。

在技术的普及初期，即使采用煤炭作为燃料，大型的数百兆瓦级煤气化燃料电池复合发电系统（结合煤气化炉、燃料电池、燃气轮机及汽轮机）也能实现输电端发电效率超过60%（以低位发热量计算），并且能显著减少约30%的二氧化碳排放量。

致力于持续引领燃料电池技术的研发，以追求更大的发电容量和更高的能源转换效率，为未来的商业发电系统提供切实可行的解决方案。

（二）实证项目计划

本项目是由中国电力（株）和电源开发（株）共同出资的项目，旨在实现革新的低碳燃煤火力发电技术。项目于 2009 年 7 月建立。主要目标是通过实施验证试验，大力削减燃煤火力发电排放 CO_2 排放，并推动 IGFC（综合煤气化燃料电池）技术与 CO_2 分离、回收技术的融合，最终实现高效率的低碳燃煤发电。

实证试验计划精心划分为三个阶段。

在第一阶段（2012~2018 年），将主要进行基于 IGFC 基础技术的氧气吹 IGCC（整体煤气化联合循环）验证试验，以全面验证该基础技术的可行性和可靠性。

第二阶段（2019~2023 年，已调整时间以确保与前后阶段连贯）将专注于实施带有 CO_2 分离回收设备的验证试验，目的是测试和优化 CO_2 的分离和回收技术，以确保其在实际运行中的高效性和稳定性。

进入第三阶段（2022~2027 年，已调整时间以确保与第二阶段无缝衔接），将进行最终的 CO_2 分离回收型 IGFC（这里指的是集成了煤气化、燃料电池技术与 CO_2 分离、回收技术的综合系统）验证试验。这一阶段的主要目标是验证整个系统的集成效果，以及 CO_2 的分离回收效率，从而确保项目最终能够达到预期的高效率和低碳排放目标。

系统的集成效果和 CO_2 的分离回收效率，以达到项目的最终目标。

1. 第一阶段目标

氧气吹 IGCC 验证试验系统的主要技术目标如下：

（1）电厂基本性能的送电效率需达到 40.5%（HHV），确保在行业内保持领先地位。

（2）基本环境指标需满足并超越相关环境标准，以体现环保责任。

（3）系统需展现出对多种煤种的适应性，确保在实际运行中具备灵活性。

（4）年运行小时数需达到商用机标准的 6000h，且长时间耐久试验需超过 5000h，以确保系统的稳定性和可靠性。

（5）系统需具备商用机所需的运行特性及控制性，确保在实际操作中高效且易于管理。

（6）经济性需达到燃煤发电机组商用机的同等水平，确保项目的经济效益。

在放大第一阶段氧气吹扫先导性试验中所验证的特定工艺比例尺之后，成功构建了一个模拟最终发电系统的验证平台，该平台旨在全面测试系统的性能、可靠性以及控制性。

此外，基于对各设备最佳型式的精心选定，成功验证试验设备的发电量出力为 166MW。验证试验系统的整体构造如图 4.4-12 所示。该图详细展示了整个系统的组成和流程。

在基本性能方面，送电效率为 40.5%（HHV），这一效率在世界上 170MW 级机组中处于领先地位。若验证试验规模下的效率能够稳定达到 40.5%，那么可以预期，在采用 1500℃级燃气轮机的商用机中，火力发电效率有望进一步提升。根据下一代火力发电有关技术发展路线图（2015 年 7 月中旬归纳），IGCC 的送电效率预测将实现 46%。

在环境性能方面，系统展现出与新型燃煤粉火力发电相当的水平，成功验证了其符合严格环境规定的能力。这一成就不仅彰显了在技术创新方面的实力，也体现了对环境保护的坚定承诺与不懈努力。

对设备可靠性这一燃煤火力发电的核心追求，以燃煤粉火力发电的可靠性为标杆，通过长时间耐久性试验进行了全面的验证。

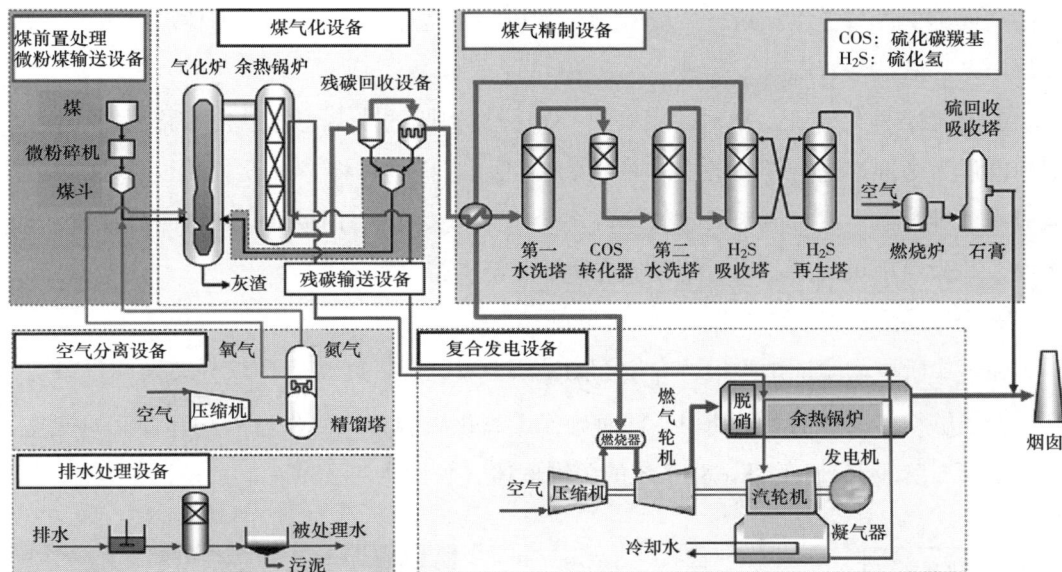

图 4.4-12 氧气吹 IGCC 验证试验系统示意图

注 资料来自日本 配管技术 2018.10，大崎 Coolgen（株）绀野 亚纪子、榷屋 光照，《酸素吹 IGCCプロジェクト》。

在第一阶段实际取得的成果如下：

首先，成功验证了多煤种的适应性，确保了它们与氧气吹先导性试验中的性能特性相吻合。为了更全面地了解其基本性能，精心设计了针对各种煤种的试验计划。

此外，也高度重视发电厂的控制性和运行特性。以行业内同等水平的控制性和运行特性为目标，经过严格测试，确认了在氧气吹先导性试验中开发的气化设备和燃气轮机相关控制系统，完全达到了作为包含汽轮机的 IGCC 发电厂的最终控制要求。

氧气吹 IGCC 验证试验项目及其达到目标如下：

（1）新的商用机（1500℃级 IGCC）基本性能验证。

1）送电效率：达到约 40%（基于高热值 HHV）的同时，实现了 90% 的能源回收率。

2）CO_2 分离回收装置：回收率为超过 90% 的 CO_2 能够被有效回收，回收的 CO_2 纯度高达 99% 以上。

（2）发电厂运用性及可靠性验证。针对发电厂特有的负荷变化等特性，将进行追踪分析，并确立 CO_2 分离回收设备的最佳运用方法。同时，将对设备的可靠性进行全面验证，以确保其在各种运行条件下都能稳定、高效地工作。

这一验证过程将涵盖设备的性能评估、负荷适应性测试、故障模拟与恢复等多个方面，以确保设备在实际运行中能够满足发电厂的需求，并有效降低 CO_2 排放，实现环保与经济效益的双赢。

（3）经济性的验证。针对商用机中 CO_2 分离回收的成本，将以技术路线图所设定的标准作为基准，进行详细的成本评估和验证。这一过程将考虑设备的投资成本、运营成本、维护成本以及能源回收效率等多个因素，以全面评估 CO_2 分离回收技术的经济性，并为商用机的商业化运营提供有力的经济支持。

2. 第二阶段（2016~2020 年）验证试验

在第二阶段的验证试验中，专注于测试当 IGCC 电厂集成了 CO_2 分离回收设备后，其是否能够维持高效的发电能力，同时确保二氧化碳的分离回收过程具有较低的能耗。以下是第二阶段 IGCC 验证试验系统的关键概述（见图 4.4-13）。

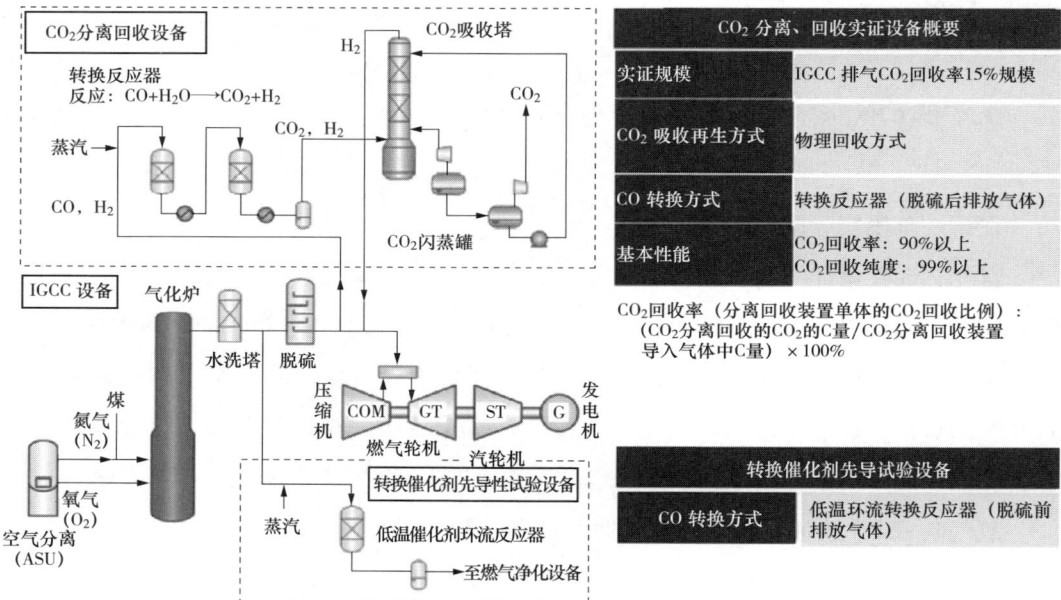

图 4.4-13　第二阶段 IGCC 验证试验系统概要图

注 资料来自日本 配管技术 2018.10，大崎 Coolgen（株）绀野 亚纪子、椎屋 光照，《酸素吹 IGCCプロジェクト》。

对于 CO_2 的分离回收技术，参考了 EAGLE 项目中实施的方法，并对化学吸收法与物理吸收法进行了深入研究。在电源开发（株）和中国电力（株）作为 NODE 的委托下，进行了详尽的技术对比与评估。基于这些全面的评估结果，决定采用物理吸收法作为首选技术路线，并配置了专门设备以处理 17% 的煤气化气，这足以应对 IGCC 整个工艺中产生的相当于 15% 的 CO_2 量。目标是将 CO_2 的回收率提高到 90%，以确保实现高效且稳定的二氧化碳减排目标。

在探索燃烧前 CO_2 回收策略的过程中，计划通过氧气吹气化炉生产合成气，并随后进行化学吸收法和物理吸收法的最优化验证试验。与常规的吸收方法相比，预计能节省 30% 的能耗，其中物理吸收法更被寄予厚望，预计将带来更为突出的节能效果。

在第二阶段的验证试验中，不仅要验证 CO_2 分离回收装置的性能，还将全面评估其在火力发电系统中的实用性、经济性和环境效益。特别地，将通过实证数据来详细分析，当 IGCC（整体煤气化联合循环）与 CO_2 分离回收装置相结合后，对发电效率产生的具体影响。这将提供宝贵的数据支持，以便进一步优化系统配置，提升整体性能。

3. 第三阶段（2018~2023 年）

在当前阶段，正积极开发适用于适合于 IGCF 系统的大型燃料电池，该燃料电池以燃烧煤气化气作为燃料气体。同时，也在研发与之配套的燃气净化技术。一方面，将密切关注燃料电池的开发进展，并评估其成果；另一方面，计划构建一个最佳的 IGFC 系统，该系统将充分利用现有的技术和资源。

在第三阶段（2018~2023 年）中，工作重心将聚焦于实证煤气化燃料电池联合循环发电系统（IGFC）中燃料电池的 CO_2 分离回收型技术。本阶段的核心目标是验证 CO_2 分离回收型 IGFC 系统的实用性和效率。

目前，正全力推进适用于 IGFC 系统的大型燃料电池的研发工作，这种燃料电池将采用煤气化气作为其主要燃料气体。与此同时，也在同步研发与之相匹配的燃气净化技术，以确保系统的高效稳定运行。

在研发过程中，将持续跟踪燃料电池的开发进展，并对其技术成果进行严格的评估。此外，还将构建一个优化的 IGFC 系统模型，该系统将充分整合现有的技术和资源，以实现最佳的能源利用效率和环境效益。

（1）燃料电池性能验证。在燃料电池（由两个并联的固体氧化物燃料电池模块组成）中，将利用高浓度氢气进行基本性能验证。在确立和优化运行、控制方法的同时，将全面掌握其发电特性，确保燃料电池系统的高效稳定运行。

（2）燃料电池运用性验证。本次验证旨在全面评估燃料电池系统的运用性能。具体内容包括：

1）燃料电池模块并联扩张的验证：将测试多个燃料电池模块并联运行时的性能，确保系统能够顺利扩展并满足更高的能源需求。

2）与 CO_2 分离回收设备联动运行的协调性验证：将验证燃料电池系统与 CO_2 分离回收设备之间的联动协调性，确保二者在运行过程中能够相互配合，实现高效、环保的能源利用。

3）假定燃气轮机联动的高压运行试验：为了模拟实际运行环境中可能遇到的高压情况，将进行假定燃气轮机联动的高压运行试验，以检验燃料电池系统在高压环境下的稳定性和性能。

4）系统整体效率探讨：基于以上验证结果，将对燃料电池系统的整体效率进行深入探讨，分析影响效率的关键因素，并提出优化建议，以进一步提升系统的能源利用效率和经济效益。

5）燃料电池模块并联扩张验证及与 CO_2 分离回收设备联动运行的协调性探讨：在当今日益关注清洁能源和可持续发展的背景下，燃料电池作为一种高效、环保的能源转换技术，受到了广泛关注。为了实现燃料电池系统的大规模应用，其模块的并联扩张以及与其他能源设备的联动运行成为研究的重点。本文旨在探讨燃料电池模块并联扩张的验证、与 CO_2 分离回收设备联动运行的协调性，以及假定燃气轮机联动下的高压运行试验，进而分析系统整体效率。

（3）燃料电池可靠性验证。进行可靠性验证时，通过累积运行时间约 3000h 的实验，以确认在高浓度氢气运行条件下燃料电池的电压下降率。

（4）为实现 CO_2 分离回收型 IGFC 的商业化应用。在深入探讨 CO_2 分离回收型 IGFC（煤气化燃料电池联合循环发电）技术的细节及其商业化潜力时，不仅要全面整理相关的技术难题和发展动向，更要深入剖析其经济性的考量。

首先，需要针对 CO_2 分离回收型 IGFC 技术进行全面而细致的研讨，明确其技术原理、操作流程以及可能遇到的技术挑战。同时，也要关注该技术的最新发展动向，了解行业内的前沿研究和创新实践。

其次，在确立了技术基础后，将进一步探讨 CO_2 分离回收型 IGFC 技术的商业化课题。这包括但不限于技术的规模化应用、设备的生产制造成本、运营维护成本以及市场推广策略等方面。将对这些问题进行逐一分析，并探讨如何通过技术创新和成本控制等手段，提高 CO_2 分离回收型 IGFC 技术的经济性。

最后，将结合行业内的实际情况和市场需求，提出针对性的建议和措施，为 CO_2 分离回收型 IGFC 技术的商业化应用提供有力的支持。

（5）系统整体效率探讨。在系统整体效率方面，综合考虑了燃料电池模块的并联扩张、与 CO_2 分离回收设备的联动运行以及假定燃气轮机联动的高压运行试验等因素。通过对比分析不同运行模式下的系统效率数据，发现优化后的系统在能源转换效率、CO_2 排放以及系统稳定性等方面均表现出较好的性能。

综上所述，燃料电池模块的并联扩张、与 CO_2 分离回收设备的联动运行以及假定燃气轮机联动下的高压运行试验均对系统整体效率产生了积极影响。

（三）煤气化燃料电池联合循环发电系统的实证成果

1. 第一阶段目标及实际达成成果

氧气吹 IGCC 验证试验系统主要设备概要如表 4.4-1 所示。

表 4.4-1　　　　　　　　　氧气吹 IGCC 验证试验系统主要设备概要

序号	项目	目标	至今实际业绩	备注
1	电厂基本性能	送电效率 40.4%（HHV）	送电效率 40.8%（HHV）	达到目标
2	基本环境指标	SO_2：8μL/L（8ppm）； NO_2：5μL/L（5ppm）； 粉尘：3mg/m³（O_2：16%换算） （标准状态下）	SO_2：小于 8μL/L（8ppm）； NO_2：小于 5μL/L（5ppm）； 粉尘：小于 3mg/m³（O_2：16%换算）（标准状态下）	达到目标
3	多煤种适应性	掌握多种煤适应范围	通过 4 种煤试验确认了适应性良好，即使机组运行中更换煤种，设备运行也处在良好状态	达到目标
4	设备可靠性	年运行小时达到商用机的 70% 的水平；长时间耐久试验 5000h	长时间耐久试验 5119h；连续运行 2168h	达到目标
5	电厂控制性、运营性	作为商用发电厂所必要的运行特性及控制性（负荷变化率：1%/min～3%/min）	（1）在极端条件下的停运试验中，确认了系统能够安全、稳定地执行停运操作。 （2）经过测试，系统展现出了良好的负荷响应能力，其变化率稳定在 16%/min。 （3）验证了在送电出力调整至 0MW 的极端工况下，系统持续稳定运行，证明了其高度的稳定性和可靠性。 （4）确认了在控制送电出力的过程中，系统运行出色，操作顺畅，确保了电力调度的灵活性和高效性。 （5）预估黄金启动时间约为 7h，这体现了系统快速响应市场需求和高效启动的能力	达到目标
6	经济性	以商用机水平发电成本，燃煤火力发电同等水平	确认了商用机水平发电成本，燃煤火力发电同等水平	达到目标

首先，煤炭在气化炉中与空气分离器（ASU）制造的纯氧（O_2）进行化学反应，生成主要由一氧化碳（CO）和氢气（H_2）组成的合成气体。随后，合成气体通过余热换热器（SGC）进行热回收，从而提高整个系统的能源利用效率。接下来，气体进入燃气净化装置，经过精密处理去除硫等杂质，以确保后续发电设备的稳定高效运行。

经过净化的合成气体进入燃气轮机（GT），驱动燃气轮机进行高效发电。燃气轮机工作后的排气被导入余热锅炉（HRSG），进一步回收余热并产生蒸汽。蒸汽随后驱动汽轮机（ST）进行发电，这种燃气轮机和汽轮机的联合循环发电方式，极大地提高了燃煤发电的发电效率。

在基本性能方面，该系统的送电效率高达 40.5%（HHV），这一效率在全球 170MW 级机组中处于领先地位。若试验规模能够成功验证这一效率，预计采用 1500℃ 级燃气轮机的商用机组，火力发电效率有望达到 46% 的新高度，这与下一代火力发电技术发展路线图（2015 年 7 月中旬发布）中对于 IGCC 送电效率的预测相吻合。

在环境性能方面，该系统展现了与新型燃煤粉火力发电相当的环保水平，充分验证了其应对严格环境规定的能力。同时，该系统还继承了氧气吹先导性试验的多种煤炭适应性，显示了在实际应用中的广泛适用潜力。

在设备可靠性方面，该系统以燃煤火力发电的可靠性为标杆，经过长时间耐久性试验的严格验证，确保了与燃煤粉火力发电同等的可靠性水平。

最后，在发电厂的控制性和运行特性方面，该系统也达到了行业内的先进标准。通过验证在氧气吹先导性试验中搭建的气化设备和燃气轮机相关控制系统，该系统展现了作为包含汽轮机的 IGCC 发电厂所需的最终控制特性，为发电厂的高效、稳定运行提供了有力保障。

2. 第二阶段（2016~2020 年）验证试验

在第二阶段的验证试验中，专注于测试当 IGCC 电厂集成了 CO_2 分离回收设备后，其是否能够维持高效的发电能力，同时确保二氧化碳的分离回收过程具有较低的能耗。以下是第二阶段 IGCC 验证试验系统的关键概述（见图 4.4-13）。

对于 CO_2 的分离回收技术，参考了 EAGLE 项目中实施的方法，并对化学吸收法与物理吸收法进行了深入研究。在电源开发（株）和中国电力（株）作为 NODE 的委托下，进行了详尽的技术对比与评估。基于这些全面的评估结果，决定采用物理吸收法作为首选技术路线，并配置了专门设备以处理 17% 的煤气化气，这足以应对 IGCC 整个工艺中产生的相当于 15% 的 CO_2 量。目标是将 CO_2 的回收率提高到 90%，以确保实现高效且稳定的二氧化碳减排目标。

在探索燃烧前 CO_2 回收策略的过程中，计划通过氧气吹气化炉生产合成气，并随后进行化学吸收法和物理吸收法的最优化验证试验。与常规的吸收方法相比，预计能节省 30% 的能耗，其中物理吸收法更被寄予厚望，预计将带来更为突出的节能效果。

在第二阶段的验证试验中，不仅要验证 CO_2 分离回收装置的性能，还将全面评估其在火力发电系统中的实用性、经济性和环境效益。特别地，将通过实证数据来详细分析，当 IGCC（整体煤气化联合循环）与 CO_2 分离回收装置相结合后，对发电效率产生的具体影响。

3. CO_2 的分离回收型 IGCF 验证试验

在第三阶段（2018~2023 年）的实证项目中，将安装并验证 CO_2 分离回收型的煤气化燃料电池联合循环发电系统（IGFC），旨在最终完成 CO_2 分离回收型 IGFC 的验证试验。图 4.4-14 展示了 CO_2 分离回收型 IGFC 实证试验系统的示意图。

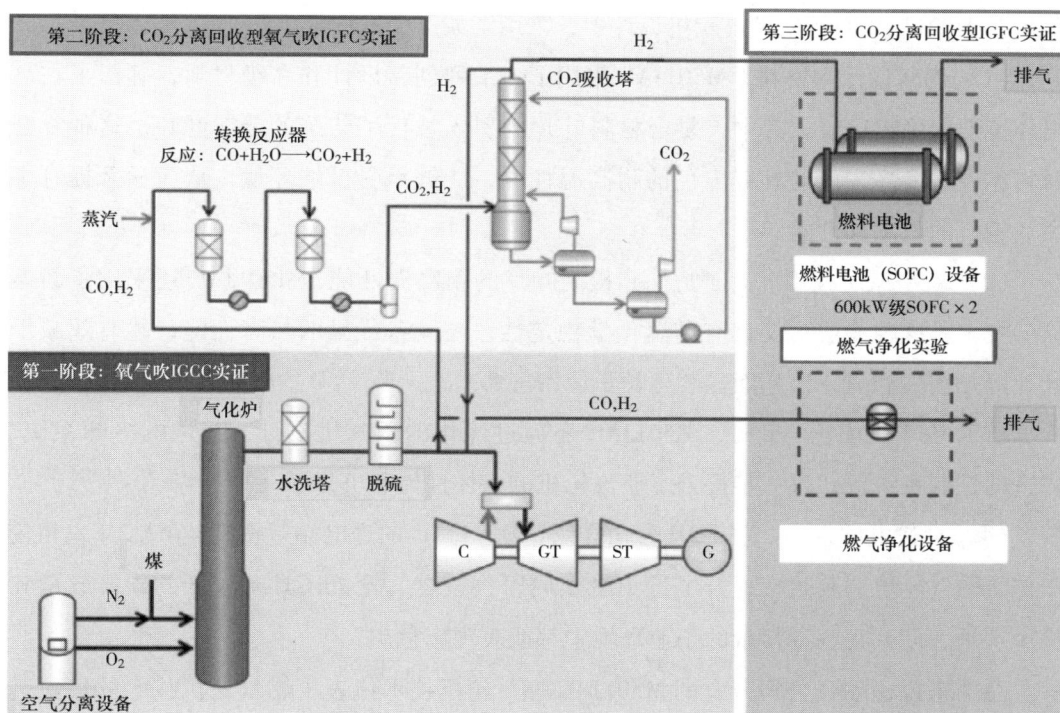

图 4.4-14 CO_2 分离回收型 IGFC 实证试验系统示意图

注 资料来自日本 配管技术 2018.10 大崎 Coolgen（株）绀野 亚纪子、椹屋 光照 "酸素吹 IGCC プロジェクト"。

目前，正处于开发阶段，专注于确定适用于燃烧煤气化气的大型燃料电池类型，以及与之相匹配的燃气净化技术。在此过程中，将密切关注燃料电池的研发进展，并基于这些进展来选择最佳的 IGFC 系统配置。同时，计划在验证试验阶段选择合适的燃料电池，以确保整个系统的性能达到最优。

四、高温高效率燃气轮机技术

（一）三菱重工开发的 M501JAC 的新型燃气轮机

2017 年，三菱重工 MHI 成功研发了一款开发了一种名为 M501JAC 的新型燃气轮机，该燃气轮机以其卓越的性能，特别是能够达到 1700℃的高温，而备受瞩目 M501JAC 作为 MHI 公司"M 系列"燃气轮机的重要一员，旨在通过提升效率和可靠性，同时降低燃料成本和碳排放量，为能源工业带来革命性的变化。

在 M501JAC 的新型燃气轮机设计中，采用了如下先进技术：

（1）创新设计和材料。M501JAC 采用了一系列创新设计和高级材料，确保了在高温环境下的稳定运行。其中，复合材料叶片的引入替代了传统的金属叶片，这种复合材料不仅强度高，而且具有出色的耐高温性能，能够承受极端环境，从而显著提升了燃气轮机的效率和性能。

（2）新型涂层技术。为了进一步提高叶片的耐高温性能，M501JAC 还采用了新型涂层技术。这种涂层不仅具有高温化学稳定性，还具备优异的热障性能，能有效减少叶片的热损失和氧化，从而显著延长了使用寿命。

（3）压气机优化。此外，M501JAC 还通过优化的压气机设计、改进的冷却系统、先进的控制系统等，进一步提升了燃气轮机的整体性能和可靠性。

（4）高送电端效率。据 MHI 公司介绍，M501JAC 的送电端效率高达 62.2%，相较于传统燃气轮机，其效率提升了近 10%。同时，该燃气轮机还具有较低的碳排放量和噪声水平，使其在各种复杂的工业环境中都能表现出色。

总的来说，MHI 公司开发的 M501JAC 燃气轮机技术代表了燃气轮机技术的最新进展，具有重要的意义和广泛的应用前景。该技术的成功开发将有助于推动燃气轮机在能源、工业等领域的广泛应用，为实现可持续发展和环境保护做出贡献。

在天然气及其他气体燃料发电领域，燃气轮机发挥核心作用。作为高新技术密集型产品，燃气轮机不仅广泛应用于舰船、飞机和能源等领域，更是被誉为"工业皇冠"。作为 21 世纪的先导技术，燃气轮机已成为国家高技术水平和科技实力的重要标志之一，在国家发展中占据着举足轻重的战略地位。而 M501JAC 燃气轮机的成功研发，无疑为发电领域注入了新的活力，成为该领域重要的关键设备。

发电用重型燃气轮机发电主要分为三个等级，分别是 E、F、H 级，具体而言，E级燃气轮机的功率在 100～200MW，F 级燃气轮机的功率则在 200～300MW 之间，而 H

级燃气轮机的功率则超过 300MW。

全球四大燃气轮机巨头分别是德国西门子、美国的通用电器、法国阿尔斯通以及日本的三菱重工。日本作为燃气轮机领域的佼佼者，在发电用燃气轮机技术上一直处于世界前列。日本作为燃气轮机领域的佼佼者，在发电用燃气轮机技术上一直处于世界前列。

目前，世界上最高热效率发电用燃气轮机是由日本三菱重工制造的 M501J 燃气轮机。其单循环功率高达 470MW，联合循环功率更是达到 680MW。H 级燃气轮机以其卓越的效率在全球范围内备受瞩目，而三菱重工的 M501J 燃气轮机无疑是 H 级中的佼佼者，代表了最先进的技术水平。

三菱重工的 J 系列燃气轮机以其巨大的发电功率而著称，其中 M501J 燃气轮机在 50% 负荷工况下依然保持着 55% 的出色热效率。其性能卓越，实现了透平进口温度超过 1600℃ 的壮举。而最新型的 M501JAC 燃气轮机更是将入口温度提升至 1650～1700℃，使得发电效率高达 57%，进一步巩固了其在燃气轮机领域的领先地位。

（二）1700℃燃气轮机技术革新

在燃气轮机发电技术的演进中，高温化对提升 GTCC（燃气轮机联合循环）效率至关重要。三菱日立发电系统（MHPS）依托"1700℃高效率级超高温燃气轮机要素技术开发"项目，成功开发了世界首款燃气轮机入口温度达 1600℃ 的高效机型 M501J，并积累了丰富的运行经验。

为了进一步增强 GTCC 的效率和实用性，MHPS 在 M501J 型燃气轮机的基础上，引入了创新的强制空冷系统。该强制空冷系统于 2015 年在 MHPS 高砂工厂内的实证验证机进行了实证测试，并验证了其在长期运行中的稳定性与可行性。

同时，为了应对超厚膜 TBC（热障涂层）技术的挑战，高压比压缩机技术的开发提升 GTCC 高效率和实用性的关键。基于这些先进技术，MHPS 正积极开发以强制空冷系统为核心的 1650℃ 级下一代机型——JAC 燃气轮机。目前，该机型已完成现有设备的实证测试，并在高砂工厂内联合循环发电厂 2 号机组的建设中逐步实施。

2020 年 1 月，JAC 燃气轮机开始试运行，并经历了约 2800 点的详尽特殊测试，成功验证了其在 1650℃ 运行条件下的可靠性和性能。同年 4 月 2 日，联合循环额定出力达到 566MW，确认其作为发电设备的各项功能均表现正常。自 7 月 1 日起，JAC 燃气轮机正式投入商业化运行，不断刷新运行时间和启动次数的记录，GTCC 发电效率也稳定在 64% 的高水平。

值得一提的是，J 型燃气轮机的燃烧器冷却方式已从传统的蒸汽冷却系统转变为先进的强制空冷系统，这一变革不仅提升了燃气轮机的效率，也标志着燃气轮机技术的一大飞跃。基于 M501J 型燃气轮机的成功经验，JAC 燃气轮机将强制空冷系统作为核心技术，进一步提升了其在高温环境下的运行效率和稳定性。

自 2015 年起，MHPS 对强制空冷系统进行了全面的验证测试，包括长达 10000 小时以上的长时间运行测试。这些测试充分证明了该技术在燃气轮机入口温度高达 1650℃ 时的高效运行能力。为了验证 JAC 燃气轮机的实际运行效果，MHPS 在高砂工厂内联合循环发电厂推进了 2 号机组的建设，并将 JAC 燃气轮机与新开发的高效汽轮机相结合，形成了一套出力达 566MW 的尖端 GTCC 设备。通过一系列严格的测试和调试，该设备已充分证明其作为发电设备的卓越性能。

（三）M501J 型燃气轮机开发成果与业绩

M501J 型燃气轮机，在继承并优化了已具备卓越运行业绩的 1400℃ 级 F 型、1500℃ 级 G 型、H 型燃气轮机技术的基础上，结合国家项目开发的 1700℃ 级尖端技术成果，实现了涡轮入口温度高达 1600℃ 的重大突破。通过这一技术的创新应用，GTCC（燃气-蒸汽联合循环）发电端热效率相比传统机组有了显著提升。

与过去燃煤火力发电转换为天然气燃烧的 J 型联合循环发电厂相比，M501J 型燃气轮机在燃烧过程中 CO_2 排放量可削减约 60%，展现了显著的环保优势。这一技术的成功应用，不仅提升了燃气轮机的运行效率，同时也为电力行业实现低碳发展、促进绿色能源利用贡献了重要力量。

M501J 型燃气轮机的技术特点如图 4.4-15 所示，充分体现了其在燃气轮机领域的先进性和创新性。

在 M501J 型燃气轮机的开发过程中，首先进行了详尽的基本，并逐一实施了各核心技术的验证实验，随后，将这些实验结果全面融入详细设计中，并通过最终的实证检验在发电设备中的整体性能。

对 M501J 型燃气轮机的 1 号机进行了严苛的 2300 点及特殊计测。经过全面的测试，该燃气轮机的性能、机械特性、燃烧特性均达到了预期的实证要求，因此成功出厂了商用机。

迄今为止，J 型燃气轮机在国内外共计供应了 45 台，按顺序出厂，已有 23 台进入商用运行阶段，累计运行小时数超过 40 万 h。在这一过程中，实证试验充分验证了强制空冷系统的稳定运行。该系统采用了先进的中核技术，为下一代燃气轮机——JAC 燃

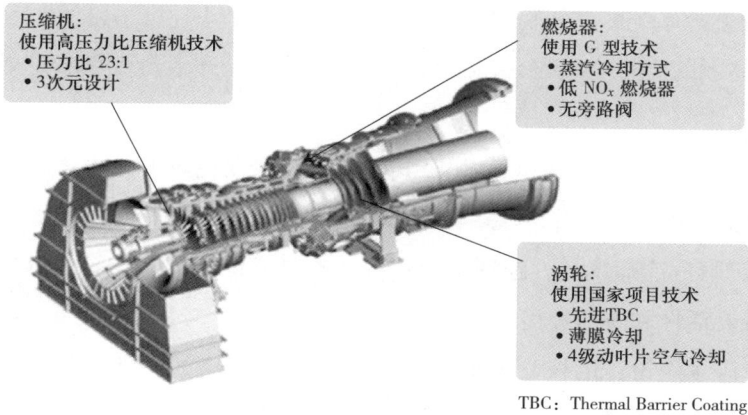

TBC：Thermal Barrier Coating

图 4.4-15　M501J 型燃气轮机的技术特点

注　资料来自 Mitsubishi Power *Hydrogen Power Generation Handbook*（*Fourth Edition*）2023。

气轮机的开发奠定了坚实基础。

对于 JAC 燃气轮机，其涡轮入口温度设计为 M501J 型的基础上再提升 50℃，即 1650℃。为实现这一高温下的稳定运行，采用了基于国家项目技术开发的超厚膜化热屏障涂层，确保了燃气轮机在高性能的同时，也具备出色的可靠性。此外，压缩机部分采用了与 H 型同等的高压力比设计，有效抑制了燃气轮机出口排气温度的上升，进一步提升了整体运行效率。

（四）1700℃超高温、高效率燃气轮机关键技术

1. 燃烧器、强制空冷系统

（1）系统概要。强制空冷系统是通过将压缩机出口（燃烧器室）抽气的空气经过强制冷却器（COOL）冷却后，利用强制冷却空气压缩机进行升压，并用于燃烧器的冷却，最后返回燃烧室冷却系统。强制空冷系统的示意图如图 4.4-16 所示。

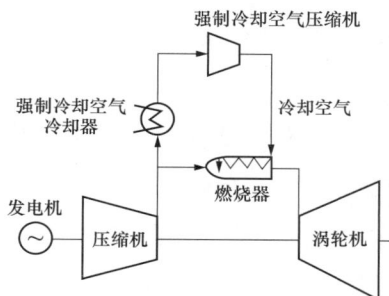

图 4.4-16　强制空冷系统示意图

注　资料来自 Mitsubishi Power *Hydrogen Power Generation Handbook*（*Fourth Edition*）2023。

（2）强制空冷系统的核心优势：

1）通过高效的废热能回收，强制空气冷却器显著提升了热效率，有效降低了能源损耗。

2）燃烧器冷却机构经过精心优化，其冷却性能已超越现有蒸汽冷却的水平。为燃气轮机提供了更为稳定的工作环境。

3）相较于蒸汽冷却系统，强制空冷系统能够显著缩短 GTCC 整体的启动时间，提高机组的运行灵活性和响应速度。

该强制空冷系统设计的核心理念在于，通过减少 30% 的冷却空气用量，降低强制空冷器的废热损失并提高回收率，同时降低强制空冷压缩机的功耗，实现高效、节能的冷却效果。

（3）强制空冷系统的实机验证成果：

在 2015 年进行的实机验证试验中，强制空冷系统经历了包括启停、负荷变化和负荷切断等多种实际工况下的运用性验证。经过严格的测试，系统整体运行正常，未出现任何故障或问题。特别是在燃气轮机跳闸试验中，强制空冷空气压缩机运行情况良好，从 100% 负荷的跳闸过程中，其运行稳定，顺利完成了停车过程。

这一系列的验证试验不仅证实了强制空冷系统的优越性能和良好的运用性，还证明了该系统在极端工况下的可靠性和稳定性。目前，这种强制空冷系统已在现有 T 地点投入运行，并积累了超过 10000h 的运行经验，充分证明了其在实际应用中的卓越表现。

2. 超厚膜化热障涂层（TBC）

1650℃级 JAC 型燃气轮机的涡轮入口温度相较于传统的 J 型涡轮入口温度+50℃。这一显著提升主要归功于采用了超厚膜化热障涂层（TBC）技术，它同时实现了高性能化和高可靠性。通常，TBC 的厚度与其耐久性成反比，即涂层越厚，其耐久性往往越低。然而，基于国家项目技术的深度开发，所采用的超厚膜化 TBC 具有前所未有的耐久性。

这种突破性的耐久性提升，得益于超厚膜化技术的精湛应用。在验证超厚膜化 TBC 的性能时，采用了精密的试验片，详细调查了其微小组织结构和气孔率，并进行了严格的热循环试验。这些详尽的测试确保了在实际叶片应用之前，超厚膜化 TBC 的耐久性得到了充分的验证，并确认其在实际应用中不存在问题。

3. 高压比压缩机

（1）JAC 型燃气轮机的高压比压缩机。1650℃级 JAC 型燃气轮机所配备的压缩机，其设计采用了与三菱日立发电系统（MHPS）H 型燃气轮机相同的压力比技术。通过将压力比从 J 型的 23 提升至 25，成功抑制了因燃气轮机入口温度提升而导致的排气温度上升。这款压力比为 25 的大风量压缩机已在现有的 T 地点（燃气轮机联合循环发电厂设备）经过验证，并基于 J 型设计进行了实机测试，展现了卓越的启动特性和空气动力性能。

（2）高效燃气轮机技术。为实现 GTCC（燃气轮机联合循环电厂）的高效率运行，燃气轮机的高温化技术至关重要。MHPS 自 2004 年起便参与了国家项目 "1700℃ 高效率级超高温燃气轮机要素技术开发"，成功研制出世界上首款燃气轮机入口温度达1600℃ 的高效率 M501J 型燃气轮机，并积累了丰富的运行经验。

（3）强制空冷系统。为了进一步提升 GTCC 的效率和运行性能，MHPS 采用了创新的强制空冷系统，实现了高温燃气轮机的空冷化。该系统在 MHPS 高砂工厂的实证验证机上进行了测试，并成功验证了其运行的可靠性和稳定性。自 2015 年以来，该系统已长期稳定运行。

（4）下一代 JAC 燃气轮机。随着对超厚膜 TBC（热障涂层）技术的适应，高压比压缩机技术成为了核心。MHPS 目前正全力推进以强制空冷系统为核心的 1650℃ 级别下一代 JAC 燃气轮机的开发。现有的实证设备已完成，并在高砂工厂内的联合循环发电厂 2 号机组中进行了发电设备建设。自 2020 年 1 月起，该设备开始试运行，并进行了约 2800 点的详细测试，最终确认了 1650℃ 运行条件下 JAC 型设备的可靠性和性能稳定性。2020 年 4 月 2 日，联合循环额定出力达到 566MW，确认了其作为发电设备的全面功能。自 2020 年 7 月 1 日起，该设备正式投入商业化运行，至今仍然保持稳定运行。

4. JAC 型燃气轮机的商用化及技术进步

JAC 型燃气轮机已完成实证测试，现正顺利开始其在北美等地的商用化及出厂进程。在美国犹他州规划的 GTCC 发电项目中，计划将独自开发的燃烧器技术与氢气混烧计划相结合，实现 JAC 型燃气轮机以 30% 的氢气混烧率运行，并设定了未来达到 100% 氢气运行的目标。

长时间的实证运行将通过先进的远程监视中心（RMC）进行操作，这不仅涵盖燃气轮机等主要设备，还包括辅机，旨在提高整个工厂的可靠性，缩短启动时间。此外，实施了数码式的 "TOMONI" 系统，以优化运行参数数据等各种应用方式，为实现未来全自动化运行奠定坚实基础。

空冷系统的采用不仅提升了性能，还使得 J 型燃气轮机入口温度有所上升。采用了基于国家项目技术开发的超厚膜化 TBC（热障涂层），进一步提高了燃气轮机入口温度，同时确保了其高性能和可靠性。此外，与 H 型相同的高压比设计压缩机有效抑制了燃气轮机出口温度的上升。

在实现 1700℃ 要素技术的过程中，耐热材料贡献了 100℃ 的提升，冷却系统贡献了 50℃，而先进的热屏障涂层也贡献了 50℃。这一技术的突破并非一蹴而就，而是从 1350℃ 开始，经过逐步发展到 1400、1500、1600℃，最终实现了燃气轮机在发电领域的地位显著提升。这一进步不仅提高了发电效率，还有效减少了二氧化碳排放量，为碳中和目标做出了积极贡献。

（五）超高温燃气轮机应用领域展望

展望未来，1700℃ 燃气轮机将以其卓越的性能和广泛的适应性，成为煤气化发电 IGCC 技术的核心动力装置。通过燃料的多样化利用，不仅能确保能源供应的安全稳定，还能在削减二氧化碳排放、提升发电效率、实现成本效益显著的二氧化碳回收等方面发挥重要作用。这一转变将进一步提升发电系统的经济性，并增强发电厂的调节能力，以适应日益复杂的能源需求。

具体而言，1700℃ 燃气轮机将在以下领域展现其应用价值：

（1）煤气化燃料电池联合循环发电系统：利用高温燃气轮机的优势，提高整个联合循环系统的能源转换效率，推动绿色、高效能源的发展。

（2）氢能及其载体发电燃气轮机：作为新能源发电领域的关键技术之一，1700℃ 燃气轮机将为氢能及其载体的利用提供强有力的动力支持，推动新能源产业的快速发展。

（3）下一代高效率煤气化联合循环发电系统：结合先进的煤气化技术和超高温燃气轮机技术，实现更高效、更环保的能源利用，为电力行业带来革命性的变革。

（4）天然气超高效率联合循环发电及排气再循环二氧化碳回收系统：利用 1700℃ 燃气轮机的高效性能，结合先进的二氧化碳回收技术，实现天然气发电的超高效率和环保目标，为应对全球气候变化贡献力量。

第五节　氢（氨）混烧专烧发电

一、氢能供应链的发展

在全球面临日益严峻的环境挑战，如全球变暖、化石燃料枯竭等问题的背景下，确保能源供应的稳定性、降低环境负担并实现可持续经济发展已成为我们共同的目标。为了实现碳中和及减少对化石燃料的依赖，引入并发展可再生能源成为必由之路。致力于推广可再生能源，同时充分考量环境负荷，并优化化石燃料等资源的利用。

（一）氢能主要应用的场景

如前所述氢能是一种绿色、清洁、高效的能源形式，展现出了广泛的应用潜力。以下是氢能的主要应用场景：

（1）能源存储和转换。氢气能够有效储存和转换成电力和热能，解决可再生能源波动性和间歇性的问题。同时，氢气还可以用于制备合成气和合成燃料，为汽车、飞机等交通工具提供动力。

（2）工业领域。氢气在工业生产中发挥着重要作用，可以用于生产氨、甲醇、烯烃等化学品，以及钢铁、玻璃、半导体等工业生产过程的加热及炉燃烧。此外，氢气作为燃料可以替代传统的天然气、煤炭等化石燃料，降低工业生产的碳排放。

（3）火力发电。氢能作为燃料，可用于火力发电厂的混烧和专烧发电，推动发电厂的清洁能源转型，为实现碳中和目标贡献力量。

（4）交通领域。氢能作为交通领域的绿色燃料，可以用于推动燃料电池汽车、燃料电池公交车等交通工具发展。与传统燃油车相比，燃料电池车具有零排放、高效率、安静运行和续航里程长等优势。

（5）建筑和家庭应用。在建筑和家庭领域，氢气可以用于供暖和热水生产。通过燃料电池发电机和热泵技术，可以利用氢气为建筑和家庭提供清洁能源，提高能源利用效率并降低碳排放。

（6）航空与航天。氢气作为高能量密度的燃料，可用于推动飞机、火箭等航空和航天器。与传统燃料相比，氢气具有零排放的优势，有助于推动航空和航天工业向更环保的方向发展。

综上所述，氢能具有广阔的应用前景，在能源存储、工业、交通、建筑等多个领域均展现出巨大的潜力。将继续致力于氢能供应链的发展和完善，推动氢能产业的快速进步，为实现绿色能源发展和可持续经济贡献力量。

（二）氢能生产、储存、运输产业的崛起

随着全球对可持续能源解决方案的迫切需求，氢能作为一种绿色、清洁、高效的能源形式，正逐渐崭露头角。氢能产业的崛起需要攻克三个核心领域：生产、储存和

运输。

（1）氢能生产。氢气的生产途径多样，涵盖水电解、天然气重整、生物质转化等多种方法。其中，作为主流技术，通过电解反应，生成氢气和二氧化碳，而生物质转化则是利用微生物或化学方法将生物质转化为氢气。

当前，全球范围内已建立起众多的氢气生产设施，包括基于工业、太阳能、风能、核能等多种能源类型的制氢厂。随着氢能技术的持续进步，氢气生产成本正逐步降低，为氢能产业的广泛应用奠定了坚实基础。

（2）氢能储存。氢气的储存是氢能产业链中至关重要的一环。当前，压缩储氢、液化储氢和吸附储氢是三种主要的储存方式。压缩。压缩储氢技术通过高压将氢气压缩至储罐中，方便运输和存储；液化储氢则是将氢气冷却至低温状态，以液态氢存储。而吸附储氢则是利用高表面积的吸附剂将氢气吸附储存。

随着技术的不断创新，新型的氢气储存方式如固态储氢、化学储氢等逐渐崭露头角，这些新技术有望进一步提高氢气储存的效率和安全性。

（3）氢能运输。氢气的运输面临安全性和成本两大挑战。鉴于氢气的高度易燃易爆性，其运输过程必须采用高度安全的方式。目前，氢气运输主要依赖管道、压力罐车和液氢运输罐等方式。管道是虽然便捷，但建设成本高昂；压力罐车通过道路或铁路运输氢气，但需严格控制氢气泄漏和安全性问题；液氢运输罐则通过铁路或公路运输，但成本和安全性均较高。

随着氢能产业的迅速发展，氢气运输技术也在不断创新。新型的氢气运输方式如氢气输送管道、氢气气体运输船等逐渐进入人们的视野，这些新技术有望在未来提高氢气运输的效率和安全性。

综上所述，氢能产业的崛起离不开生产、储存和运输三个关键环节的突破。随着氢能技术的不断进步和创新，氢能产业将进一步拓展其应用领域，为全球的可持续发展贡献力量。

氢能制造、输送、利用示意如图4.5-1所示。

（三）氢能在发电厂燃料应用中的重要性

1. 氢能的双重角色——发电厂燃料

氢能作为发电厂燃料，具有混烧和专烧两种模式，每种模式都展现了其独特的价值和重要性。

（1）混烧模式：降低碳排放与提升灵活性。在混烧模式下，氢能与传统化石燃料

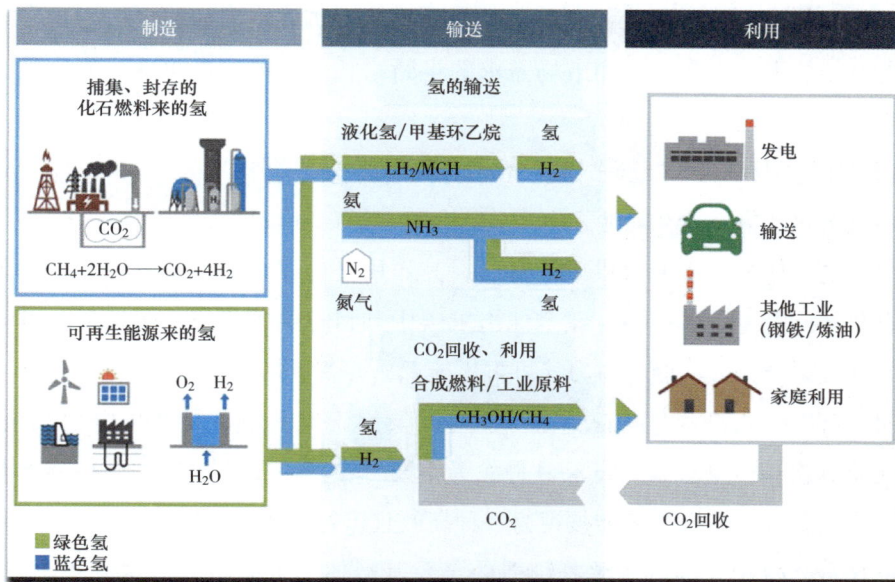

图 4.5-1 氢能制造、输送、利用示意图

相结合进行燃烧，这不仅可以显著降低化石燃料的使用量，还能有效降低碳排放量。由于这种模式可以利用现有的化石燃料发电厂进行改造，因此其投资成本相对较低。此外，混烧模式还提高了发电厂的灵活性，使其能够根据不同的氢气供应和需求情况进行调整。

混烧模式不仅有助于缓解能源供应紧张和环境污染等问题，也为氢能产业的逐步过渡和发展提供了良好的平台，有助于推动氢能市场的扩大。

（2）专烧模式：实现清洁能源发电。在专烧下，氢能作为唯一的燃料进行燃烧，实现了零碳排放，是清洁能源的理想选择。虽然建设新的氢气发电厂需要较大的投资成本。但随着氢能技术的不断进步和成熟，专烧模式的成本也在逐渐降低。

专烧模式为环境保护和能源问题提供了有效的解决方案，其清洁、高效的特性使得氢能发电成为未来能源发展的重要方向。同时，专烧模式也进一步推动了氢能产业的发展和普及，提高了氢能的市场地位。

2. 氢能：未来能源体系的关键组成部分

氢能作为未来期望的二次能源之一，其在能源体系中的地位日益凸显。除了电能和热能外，氢能也在火力发电等领域发挥着重要作用。在氢能供应链中，氢能用于火力发电是其中的关键环节，其应用和发展对于推动氢能产业的整体进步具有重要意义。

综上所述，氢能在发电厂燃料应用中的重要性不言而喻。无论是混烧模式还是专烧模式，氢能都为降低碳排放、提高能源利用效率和实现清洁能源发电做出了重要贡献。随着氢能技术的不断进步和市场需求的不断增长，氢能发电将成为未来能源发展的重要方向。

3. 氢燃料发电是清洁能源发电

利用氢燃料发电是清洁能源发电方式，具有显著的环境优势。

火力发电厂作为国家电力供应的基石，其作用是确保电力供应的稳定性、调节电力供应以及维持电力供需平衡。在全球追求碳中和目标的背景下，各国纷纷开发环境负荷低的新能源，如太阳能、风力等可再生能源，并积极推进其规模化应用。

然而，可再生能源发电设备受天气、时间等因素等影响，易产生电力剩余问题。为了有效应对这一挑战，储能技术显得尤为重要。在面临变化周期长、储能容量大的情况时，将剩余电力转换为氢能被视为一种高效且可行的解决方案。

通过化石能源和可再生能源等制造的氢及其载体，可以将其输送到火力发电厂，实现零二氧化碳排放的氢能发电。这种发电方式不仅可以驱动发电设备、交通设备以及热电联供设备，同时产生的二氧化碳也被循环利用，实现环保与效益的双赢。

4. 氢燃料发电是有前景的发电方式

氢燃料发电作为一种有前景的发电方式，其中氢燃气轮机发电技术尤为引人注目。传统燃气轮机多使用天然气作为燃料，燃烧过程中会产生二氧化碳，加剧地球温暖化。而氢燃气轮机则采用氢气作为燃料，燃烧时几乎不产生二氧化碳，大幅降低了对环境的负面影响。因此，推动氢能发电技术的发展，对于实现火力发电无 CO_2 排放、促进氢能社会的构建具有重要意义。

日本的氢能基本战略旨在到2030年实现氢能发电的商业化。然而，尽管已规划了设备改造和氢气发电设备的引进，但完成氢能发电的转换工作不仅需要时间，还涉及复杂的技术开发，同时面临着多重挑战。鉴于此，目前更为实际的策略是优先考虑对现有的燃气轮机设备进行改造升级，将可再生能源产生的剩余电力高效地转换为氢能，进而在发电以及其他领域中得到应用。

5. 国际能源机构（IEA）氢能综合评估报告

2019年6月14日，国际能源机构（IEA）公布的氢能综合评估报告"The Future of Hydrogen"中，IEA多次强调了提日本等世界各国在氨直接利用技术方面取得的显著成果。氨直接利用技术在煤炭火力发电锅炉、发电用燃气轮机、工业炉、燃料电池等多个关键领域均展现出其重要性，被视为有效降低火力发电中 CO_2 排放的关键技术。

尽管今后将逐渐降低燃煤火力发电的占比，但目前它仍然是全球发电的主力，且鉴于设备的寿命和稳定性，预计在未来一段时间内，它仍将继续承担相当一部分的发电量。

此外，氨混烧技术以及将氨作为氢载体的利用技术，在推动电力系统脱碳化的进程中发挥着不可或缺的作用。随着可再生能源在发电领域所占比例的日益提升（特别是太阳能和风力发电，它们的负荷变化较大），火力发电如何作为调节电源并实现低碳化仍是一个亟待解决的重要课题。

6. 氢燃料发电：驱动氢能大规模应用的引擎

氢能及其载体在发电领域的应用，对于推动无碳（CO_2）氢能源的需求起到了关键作用，并在构建氢能供应链中占据了举足轻重的地位。

举例来说，对于可实现氢气 20% 混烧、功率为 1000MW、发电效率为 60% 的燃气轮机而言，其每小时的氢气消耗量约为 2.8t/h，这一数量足以供应 20 万~25 万台燃料电池汽车所需的氢气。若进一步提升至氢气 30% 混烧，氢气消耗量将增至约为 4.2t/h，相当于供应 30 万~38 万台燃料电池汽车的氢气需求。

因此，需积极加快采用氢气燃气轮机等设备的步伐，以扩充氢气的供应规模。同时，加强氢气基础设施的建设也是至关重要的。预计氢气燃气轮机将成为氢能社会的重要推动力量。到 2025 年，随着技术的不断进步，预计可以实现 100% 氢气专烧技术的突破，并建设规模达到 1000MW 的氢气专烧发电厂，届时将需要约 1 亿吨氢气（相当于约 11 亿 m^3 氢气）。

7. 氢燃料发电现状

当今氢在电力部门中，氢能的地位确实微不足道，其发电量不到总发电量的 0.2%。这一现状主要归因于氢在钢铁工业、石油化工厂和炼油厂的气体使用中的特定角色。然而，展望未来，这种局面有可能发生显著的变化。

首先，氨的混燃技术有望显著降低现有常规燃煤电厂的碳强度，进而促进电力生产的绿色转型。其次，氢气涡轮机和联合循环燃气轮机作为新兴技术，它们将成为电力系统灵活性的重要来源，尤其是在可变负荷（VRE）可再生能源份额不断增加的背景下。

此外，氢能以压缩气体、氨或合成甲烷的形式出现，也为电力领域提供了一种长期储存的解决方案。这一方案能够有效平衡电力需求和可再生能源产生的季节性变化，对于电力系统的稳定运行具有重大意义。

综上所述，尽管氢能在当前电力部门中占比极小，但随着技术的进步和能源结构的转型，其地位和作用有望在未来得到显著提升。

8. 氢燃料发电的未来展望

在当前的电力领域，氢能的身影几乎难以察觉，其发电量仅占全球总发电量的不到 0.2%。这一现状在很大程度上是由于氢在钢铁工业、石油化工厂和炼油厂等传统行业中被用作原料或能源。然而，放眼未来，不难预见氢能在电力部门中的角色将会发生翻天覆地的变化。

首先，随着全球对气候变化和环境保护的日益关注，电力行业正面临绿色转型的迫切需求。在这一背景下，氨的混燃技术应运而生，为传统燃煤电厂的低碳化改造提供了新的可能。通过引入氨的混燃，不仅可以显著降低电厂的碳强度，还能有效减少有害气体的排放，推动电力行业向更加绿色、环保的方向发展。

其次，氢气涡轮机和联合循环燃气轮机作为新兴技术，正逐渐成为电力系统灵活性的重要支撑。随着可再生能源如风电、太阳能等份额的不断增加，电力系统的波动性也随之加剧。而氢气涡轮机和联合循环燃气轮机能够迅速响应电力需求的变化，为电网提供稳定的电力支持，保障电力系统的安全稳定运行。

此外，氢能的长期储存能力也为电力领域带来了新的解决方案。以压缩气体、氨或合成甲烷的形式储存的氢能，可以有效平衡电力需求和可再生能源产生的季节性变化。在电力需求高峰时段，可以释放储存的氢能以满足电力需求；在可再生能源产量过剩的时段，则可以将多余的电能转化为氢能进行储存，以备不时之需。

综上所述，尽管氢能在当前电力部门中占比极小，但随着技术的进步和能源结构的转型，其地位和作用有望在未来得到显著提升，氢能将成为电力领域的重要支柱之一，为人类社会的可持续发展贡献力量。

氢和氢基产品在发电中的作用如表 4.5-1 所示。

表 4.5-1　　　　　　　　　氢和氢基产品在发电中的作用

序号	项目	现在情景	需求角度	今后部署	
				机会	挑战
1	燃煤电厂混烧氨	迄今除日本之外，尚未部署氢能发电。在日本商业燃煤混烧氢的发电厂，氢能发电在实证中	如 2030 年全球煤电厂 20% 混烧氨，会导致氨需求量高达 670Mt-H_2 或相应的氢需求量为 120Mt-H_2	在短期内现有燃煤电厂减少二氧化碳的排放	二氧化碳减排成本较低，主要依靠低成本的氨，必须注意氮氧化物排放，需要进一步处理氮氧化物。过渡性措施，还仍大量剩余 CO_2 排放

续表

序号	项目	现在情景	需求角度	今后部署	
				机会	挑战
2	灵活的发电	很少有商业燃气轮机使用富氢气体。全球已安装约50万套燃料电池单元（约2000MW）	假设到2030年，全球1%的燃气发电能力将依靠氢气发电，这将产生25GW的发电能力，产生90TWh的发电量，消耗450Mt-H_2	将支撑可变负荷（VRE）融入电力系统。一些燃气轮机设计已经能够使用高混烧氢气	低成本低碳氢和氨的可用性。与其他灵活的发电选择以及其他灵活性选择（如需求响应、存储）竞争
3	备用离网电源	村庄电气化示范项目。燃料电池与储存结合的系统	随着电信的日益发展，对可靠电源的需求也日益增长	燃料电池系统与储能相结合，作为柴油发电机的成本效益和污染较小的替代品。比电池系统更坚韧	与柴油发电机相比，往往初始投资需求更高
4	长期大规模储能	美国的三个盐穴储氢工程、英国三个盐穴储氢工程	从长远来看，由于可变负荷（VRE）比例高，需要大规模，以及用于季节性不平衡或更长时间的长期储存，可以解决产生可变负荷（VRE）的难题。结合长途国际贸易，可利用全球可变负荷（VRE）供应的季节性差异	由于氢的能量密度高，以相对较低的资本支出存储。用于长期和大规模存储的替代技术很少。如果满足，可以降低转换损耗，储存的氢或氨可以直接用于最终需求	高转换损耗。盐洞的地质可利用性，在贫乏的油气田或储氢含水层方面缺乏经验（例如污染问题）

注 1. VRE 为可变可再生能源。

2. 资料来自 IEA *The Future of Hydrogen 2019*。

（四）氢混烧、专烧发电厂项目

在电力行业中氢燃料的应用尚未成为多数国家的明确目标。然而日本和韩国在氢能发电的开发和应用上表现积极。日本旨在到2030年实现30万t/a的发电量，这相当于1GW的电力容量，长远规划指向500万~1000万t/a。韩国的氢气路线图则设定了到2022年电力领域燃料电池容量为1.5GW的目标，到2040年更是期望达到8GW。此外，德国国家氢能委员会的行动计划预计，电力部门的氢能需求量将在2030年达到60万t，到2040年则增至900万t。

短期内，氢气和氨气联合燃烧可以作为一种策略，用于减少现有燃气和燃煤电厂排放。从长远来看，随着可变可再生能源占比的增加，氢和氨燃烧发电厂有望成为低碳且灵活的能源选择。

与氢燃料相关的电力容量预计在 2030 年将达到 30GW，而在某些"承诺方案"中，预计到 2050 年达到 480GW，在更为激进的"净零排放方案"中，预计 2030 年将达到 140GW，并在 2050 年达到惊人的 1850GW。尽管如此，氢燃料预计在 2050 年仅占全球总发电量的 1%~2%。通过适度追加投资，燃料联合燃烧的目标在于增强电力系统的稳定性和灵活性，而非提供大规模电力，尽管其燃料成本相对较高。

为实现现有火力发电厂向低碳燃料转型的经济吸引力，必须满足一个核心条件：电厂改造和低碳燃料的总成本必须低于化石燃料的总成本及燃烧产生的 CO_2 排放的相关罚款。由于煤炭的含碳量高，燃煤电厂对碳价格更为敏感，但这两种情况都需要极高的碳价格或廉价的低碳燃料来驱动转型。尽管在现有燃气或燃煤发电厂中，实现氢或氨的混合燃烧所需的改造相对较小，但若发电厂在低容量系数下运行，这种改造的成本会显著增加。然而，当发电厂以类似调峰电厂的方式运行时，产生的能量价值可以显著提高，从而补偿增加的成本。

全球电力部门正在开发的氢能发电项目如表 4.5-2 所示。

表 4.5-2　　全球电力部门正在开发的氢能发电项目

电厂项目	国家	启动日期	容量（MW）	叙述
大山绿色能源（Daesan Green Energy）	韩国	2017 年	50	磷酸型燃料电池（PAFCs）燃料来自石油化学工业副产氢燃料
长岭能源终端（Long Ridge Energy Terminal）	美国	2021 年	485	最初将 15%~20% 的氢气与天然气混合 CCGT；在未来 10 年内转向 100% 氢气
努能源公司（N.V. Nuon）马格南（Magnum）	荷兰	2023 年	440	改造现有的燃天然气 CCGT；氢来自天然气+CCUS；目前处于等待状态
Keadby Hydrogen	英国	2030 年	1300	与 gasfired 天然发电厂 keadby 3+ccus 共同开发
JERA 碧南（Hekinan）	日本	2024 年	200	1GW 燃煤 4 号机组氨气 20% 混燃
Air Products' Net zero Hydrogen Energy Complex	加拿大	N.A	N.A	以天然气为燃料的 ATR+CCUS 制氢
蔚山（Ulsan）	韩国	2027 年	270	天然气 CCGT 系统转换到氢气燃烧系统
Hyflexpower	法国	2023 年	12	将可再生能源制氢、储氢和燃气轮机制氢结合起来
山间动力项目（Intermountain Power Project）	美国	2025 年	840	将 1.8GW 的燃煤发电厂改造成 840MW 的 CCGT，逐步增加氢混合燃烧，从 2030 年的 30% 增加到 2045 年的 100%

注　资料来自 IEA *Global Hydrogen Review 2021*。

二、氢/天然气混烧、专烧燃气轮机发电技术

在全球能源需求持续增长与环境保护标准日益严格的背景下，燃气轮机凭借其高效、灵活且环保的特性，在电力、工业和交通等领域占据重要地位。然而，燃气轮机主要依赖化石燃料，其产生的碳排放量和对空气质量的影响成为亟待解决的问题。为应对这一挑战，氢/天然气混烧，以及专烧燃气轮机技术逐渐受到业界的关注与研究。本部分将深入探讨氢/天然气混烧、专烧燃气轮机发电技术的核心内容。

（一）氢/天然气混烧技术

氢/天然气混烧技术，即将氢和天然气混合后作为燃料，供给燃气轮机中进行燃烧发电的一种技术。氢气作为一种高效、清洁、可再生的能源，其燃烧产物主要为水蒸气，不会产生二氧化碳等有害气体，具有极低的环境影响。因此，通过混合使用氢/天然气，该技术能显著降低燃气轮机的碳排放和环境影响，为电力生产带来更为绿色的解决方案。

（1）混烧模式：降低碳排放与提升灵活性。在混烧模式下，氢能与传统化石燃料相结合进行燃烧，这不仅可以显著降低化石燃料的使用量，还能有效降低碳排放量。由于这种模式可以利用现有的化石燃料发电厂进行改造，因此其投资成本相对较低。此外，混烧模式还提高了发电厂的灵活性，使其能够根据不同的氢气供应和需求情况进行调整。

混烧模式不仅有助于缓解能源供应紧张和环境污染等问题，也为氢能产业的逐步过渡和发展提供了良好的平台，有助于推动氢能市场的扩大。

（2）专烧模式：实现清洁能源发电。在专烧模式下，氢能作为唯一的燃料进行燃烧，实现了零碳排放，是清洁能源发电的理想选择。虽然建设新的氢气发电厂需要较大的投资成本，但随着氢能技术的不断进步和成熟，专烧模式的成本也在逐渐降低。

专烧模式为环境保护和能源问题提供了有效的解决方案，其清洁、高效的特性使得氢能发电成为未来能源发展的重要方向。同时，专烧模式也进一步推动了氢能产业的发展和普及，提高了氢能的市场地位。

（二）实现氢/天然气混烧技术需解决的关键技术

1. 燃烧特性调控技术

鉴于氢与天然气在燃烧特性上的差异，如氢的燃烧速度及着火温度均显著高于天

然气，这可能导致燃烧不稳定、火焰闪烁等问题。因此，需通过精准控制氢气体积分数、优化混合比例、燃烧室结构设计等方法，以实现对燃烧特性的有效调控，确保燃气轮机的稳定运行。

2. 燃料供应系统安全设计

氢气因其极高的燃烧速度和易爆性，要求燃料供应系统必须高度安全。这涉及气体混合器的精确配置、阀门控制器的精准调节、火花探测器的及时响应、快速关闭系统的可靠运行等多重安全保障措施，以保障氢气和天然气混合后燃料供应的绝对安全。

3. 燃气轮机专项调试与优化

针对氢/天然气混烧技术的特殊性，燃气轮机需经过专项调试与优化。这包括氢气体积分数与混合比例的精细调整、燃烧室结构的创新设计与优化、燃气轮机控制系统的精确调试等，以确保燃气轮机在混烧模式下的高效、稳定运行。

4. 氢气储存与运输安全保障技术

氢气的高储能密度和可再生性使其具有巨大潜力，但其气态特性和易燃性也带来了储存与运输上的挑战。需采用压缩、液化等先进技术实现氢气的安全储存，并通过管道、压缩气体运输车辆等安全可靠的方式进行运输，以确保整个氢气供应链的安全与高效。

（三）专烧氢燃气轮机技术

专烧氢燃气轮机技术是一种针对高纯度氢气燃料而专门设计和制造的燃气轮机技术。与氢气和天然气混烧技术相比，专烧氢燃气轮机技术更能充分发挥氢气燃料的燃烧特性，从而实现更高的效率和更低的碳排放。

实现专烧氢燃气轮机技术需解决以下关键技术问题：

（1）燃烧技术。由于氢气的燃烧特性与天然气不同，因此专烧燃气轮机的燃烧室和燃烧控制系统需要重新设计和优化。需要实现稳定的高温燃烧，同时保证氢气燃料的完全燃烧，以提升燃气轮机的效率和降低排放。

（2）材料技术。专烧燃气轮机的涡轮叶片、燃烧室等核心部件需要在高温高压的工作环境下工作，因此需要选择和制备适合氢气燃料的高温材料，确保燃气轮机的长寿命和高可靠性。

（3）控制技术。专烧燃气轮机的控制系统需要精准控制和调节氢气燃烧过程，以实现高效稳定的运行。这要求实现自适应控制、故障检测和诊断等技术，以增强燃气轮机的安全性和可靠性。

（4）应用技术。专烧燃气轮机技术需要在实际应用中验证其性能和可靠性。为推动该技术的普及和应用，需要开展试验验证和应用推广等工作。

在基于 J 型燃气轮机的预混合燃烧器条件下，对于 700MW 出力的燃气轮机入口温度为 1600℃，验证了氢气混合比为 30% 时，NO_x（氮氧化物）排放量、燃烧时振动等均满足运行条件，并保持稳定燃烧。

大型燃气轮机稳定的氢气混烧技术是利用了该公司的天然气燃烧器技术，改良开发了 DLN（干式低氮氧化物）燃烧器，这种燃烧器采用干烧低氮排放燃烧方式，通过其丰富的燃烧器设计经验，实现了混合燃烧。通过燃烧器的燃料喷嘴，形成空气回旋流，形成更均匀的混合气流，进而实现低氮氧化物的燃烧。此改进主要集中于燃烧器本身，无需对燃气轮机其他部分进行大规模改造，从而有效控制了从天然气燃烧发电厂转换为氢气燃烧发电厂的改造成本。

燃气轮机以氢气作为燃料的研究开发不仅适用于分布式发电及地区热电联供的小型火力发电厂，同样也为当前中小型燃气轮机的发展注入了新的活力。此次大型火力发电厂成功以氢气为燃料的试验，为减轻发电过程中的环境负荷做出了显著贡献，为迈向无 CO_2 排放的氢能社会奠定了坚实的基础。

展望未来，MHPS（三菱日立电力系统有限公司）将继续深化氢气燃气轮机的开发，以满足火力发电行业对氢气利用日益增长的需求。三菱重工凭借其领先的 CO_2 捕集与封存技术，为无碳氢气供给提供了不可或缺的保障。这些技术与产品紧密相连，并与国际氢气供应链形成紧密的合作关系，共同推动氢能社会的构建。

在全球努力实现碳中和目标的背景下，开发低环境负荷的新能源成为当务之急。三菱重工致力于开发能够混烧和专烧的燃气轮机，以适应天然气和氢气混合燃料的需求，实现燃气轮机的双重适应性。目前，已经成功通过新开发的燃烧器（喷嘴）进行了氢气 30% 混烧试验。相较于常规天然气火力发电，这一技术使发电时的二氧化碳排放量减少了 10%。

MHPS 研制成功一种可在燃气火力发电中混烧 30% 氢气的燃气轮机用燃烧器，它结合了 LNG。这一技术有效抑制了氢气燃烧时产生的氮氧化物排放，使其排放水平达到甚至超越了现有燃气火力发电的标准。此项技术无需对除燃烧器之外的发电设备进行大规模改造。三菱重工的战略目标是通过降低氢能转换的成本和障碍，推动氢能社会的顺利过渡。然而，将氢气混入现有设备并非易事，因此深入研究氢气的特性至关重要。

氢，作为原子序数 1 的最轻元素。此燃烧时仅产生水，是一种极为清洁的能源。然而，与其清洁性形成鲜明对比的是其处理难度。由于其高度易燃性，给人一种易爆的印象。此外，氢气的燃烧性极强，即使在静电作用下也能迅速点燃，且燃烧范围广泛。要实现30%的氢气混烧，必须攻克诸多技术难关。

为实现这一技术目标，需要解决众多课题。例如，当氢气混烧比例达到20%时，现有的燃气轮机仍能正常运行。但将混烧比例提升至30%则对燃气轮机提出了严峻挑战。这要求对燃烧特性要有深入的理解，并精确控制氢气与空气的混合比例。即使是优质的能源，如果不能有效控制其使用，即使设备再耐用，也无法持续获得理想效果，更无法称之为实用技术。

（四）解决燃烧中的回火及振动等技术挑战

针对燃烧过程中出现的回火、振动以及氮氧化物排放等问题，三菱日立动力公司进行了深入研究和改进。这些问题一直是阻碍氢气混烧比例提升至30%的主要技术障碍。

首先，氢气的燃烧特性使得"回火"现象频发。当燃烧速度超过燃料流速时，火焰会沿着燃料流动的方向逆向传播，即产生回火。为了有效解决这一问题，公司采用了螺旋状喷嘴（尖端喷嘴）设计，显著减少了喷嘴中心部位的低流速区域，显著提高了防回火性能。这一改进确保了燃料在燃烧器内部稳定燃烧，为氢气燃气轮机突破技术壁垒提供了有力保障。

其次，燃烧振动是另一个需要重点关注的技术难题。燃烧器内部的高温和特定声学特性使得燃烧振动现象尤为突出。当燃烧产生的火焰振动频率与燃烧器外壳筒的声学特征值相匹配时，振动会被放大并产生巨大力量。为了避免燃烧振动对燃烧器造成损坏，公司不仅优化了燃料的燃烧位置和燃烧方法，还研究了吸音装置等减振措施。这些措施确保了燃气轮机在高速旋转和长时间运行条件下能够稳定运行，不出现故障。

此外，氮氧化物排放问题也是氢气燃烧过程中需要关注的环境问题。公司通过改进燃烧方式和采用先进的尾气处理技术，成功降低了氮氧化物的排放量。这体现了公司在追求高效能源转换的同时，也积极承担环保责任。

三菱日立动力公司利用生产工艺副产氢（如炼油厂等排放的尾气）作为燃料含氢燃料，已经在实际应用中取得了显著成果。公司还积极参与了"World Energy NET WORK"等活动，成功进行了氢气专烧燃烧试验。然而，要实现氢气在发电领域的广泛应用，还需要进一步研发大规模、高效率的能源转换技术。

综上所述，三菱日立动力公司通过技术创新和优化设计，成功解决了燃烧中的回火、振动及氮氧化物排放等问题，为氢气在发电领域的应用奠定了坚实基础。

（五）氢燃气轮机用燃烧器

如上所述，实现氢混烧和专烧技术的核心在于开发一款专为氢气燃烧设计的燃烧器。以下是关于预混合燃烧干式低氮燃烧器（DLN）的详细介绍。

1. 预混合燃烧干式低氮燃烧器

预混合燃烧干式低氮燃烧器（DLN）作为一种先进技术类别，在大型燃气轮机的发展中占据了重要位置。为了应对由于燃烧温度提升而导致的 NO_x 排放量增加的问题，业界采用了预混合燃烧方式的干式低氮燃烧器。预混合燃烧方式通过预先将燃料和空气混合后再送入燃烧器，实现了火焰温度的均匀分布。相较于传统的扩散燃烧器，预混合燃烧器无需喷射蒸汽或水，即可保持较高的循环效率。

然而，预混合燃烧器也面临一些挑战。其稳定燃烧范围相对较窄，使得燃烧振动和回火现象成为潜在的风险。图 4.5-2 展示了回火现象的示意图，揭示了这一技术难题的严峻性。因此，针对氢气燃烧的特性，需要进一步优化预混合燃烧器的设计，以确保其稳定、高效地运行，同时降低 NO_x 的排放量。

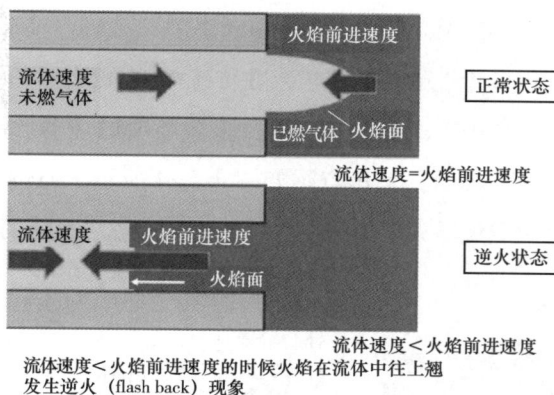

图 4.5-2 回火现象的示意图

注 资料来自三菱重工技报 VOL 55 No. 2《水素混烧·天然ガスタービンの技術開発》，2018 年。

当天然气和氢气混烧或专烧氢气时，燃料组成和成分的变化会直接影响火焰的性质。与天然气相比，氢气的燃烧速度更为迅速；因此在混烧或专烧氢气时，回火故障的风险相对更高。

在燃烧技术的选择上，预混合燃烧相较于扩散燃烧，能有效降低火焰温度，进而减少 NO_x 排放，即便不额外喷射蒸汽或水也能达到降低排放的效果。目前，低 NO_x 燃烧器已得到广泛应用。然而，预混合燃烧器相较于传统燃烧器，其稳定燃烧范围较窄，更易产生回火现象。所谓"回火"，即当火焰前进速度（燃烧速度）超过燃料流速时，火焰会沿着流体逆向传播，形成火焰往上翘的现象。若燃气轮机燃烧器内发生回火，可能会对上游未冷却部分造成损坏，因此防止回火现象的发生至关重要。

因此，专为氢气燃气轮机设计的燃烧器应该以防止回火现象为核心，同时追求低NO_x排放和稳定燃烧，此外，还需开发低成本、长寿命等商品化技术，以提高燃烧器的整体性能和经济效益。图 4.5-3 展示了混烧氢气的燃气轮机用燃烧器的示意图，这一设计旨在实现上述目标。

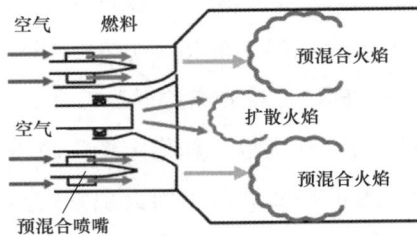

图 4.5-3　混烧氢气的燃气轮机用燃烧器示意图

注　资料来自三菱重工技报 VOL 55 No. 2，《水素混焼・天然ガスタービンの技術開発》，2018 年。

2. 氢气混烧用干式低氮（DLN）多簇喷嘴燃烧器

针对氢气混烧中回火危险性的预防需求，在传统 DLN 燃烧器的基础上进行了创新设计，开发了新型的氢气混烧用干式低氮（DLN）多簇喷嘴燃烧器。该燃烧器的设计旨在确保氢气混烧过程的安全与高效，其示意图如图 4.5-4 所示。通过这一设计，期望在保障低氮排放的同时，有效避免回火现象的发生，从而提高燃烧系统的整体性能和安全性。

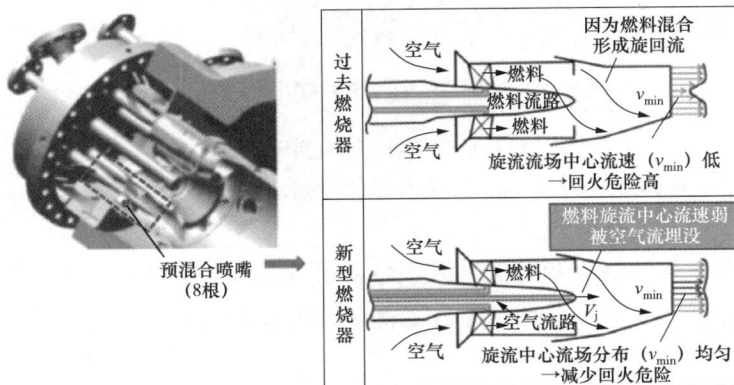

图 4.5-4　氢气混烧新型燃烧器示意图

注　资料来自三菱重工技报 VOL 55 No. 2，《水素混焼・天然ガスタービンの技術開発》，2018 年。

在燃烧器内部通过压缩机供给的空气经由旋流叶片（旋转涡流）的引导形成旋转流动。燃料通过叶片（旋转）表面的小孔均匀供给，由于旋涡流效应，燃料迅速与周围空气混合。值得注意的是，在旋涡流的中心部分（即旋流芯），存在一个流速相对较低的区域。

为了解决这个问题，在新型燃烧器的设计中，特别关注并优化了旋涡中心的流速。通过喷嘴前端喷射空气的方式，增加了旋涡中心的流速。这样，被喷射的空气能够有效地穿过低速区域，从而显著降低了回火现象的发生概率。

在实际压力下，对全尺寸的新型燃烧器组进行了燃烧试验。即使在30%体积混合条件下，NO_x 排放也保持在可接受的范围内，并且整个燃烧过程未出现明显的回火和燃烧振动现象。这一结果表明，新型燃烧器的设计不仅有效降低了回火风险，还确保了燃烧过程的稳定性和环保性。

3. 氢气专燃烧用多簇燃烧器

氢气专燃烧用多簇燃烧器结构示意如图 4.5-5 所示。

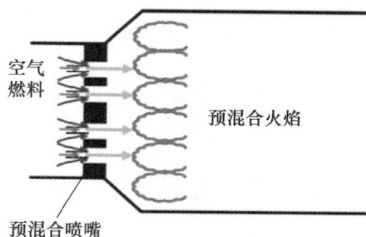

图 4.5-5 氢气专燃烧用多簇燃烧器结构示意图

注 资料来自三菱重工技报 VOL 55 No.2，《水素混烧・天然ガスタービンの技術開発》，2018 年。

当氢气高浓度时，回火危险性会显著增加。在将氢气混烧于 DLN 燃烧器中的过程中，由于回火危险性较高，通常需要更大的空间来确保氢气与空气在狭窄的空间内快速混合。为了解决这一问题，采用了分散火焰的方法，即通过喷射更为细小的燃料混合方式来实现氢气的有效燃烧。

与传统的旋流结构不同，不再依赖旋流来实现空气和氢气的混合，而是通过更小尺寸的喷嘴来实现。这种方式不仅提高了回火的耐性，还有助于实现低 NO_x 燃烧室。通过优化喷嘴结构和燃烧器设计，成功地将回火危险性的降低与低 NO_x 排放的目标相结合，两者不再相互制约。

目前，正对燃料喷嘴结构进行深入研究，以进一步优化燃烧器的性能和效率。图 4.5-6 展示了新型多簇燃烧器，通过这一设计，能够更好地应对高浓度氢气混烧所带来的挑战。

图 4.5-6　新型多簇燃烧器

注 资料来自三菱重工技报 VOL 55 No. 2《水素混烧·天然ガスタービンの技術開発》，2018 年。

4. 扩散式燃烧器

扩散燃烧器是一种独特的燃烧设备，其工作原理是将燃料和燃烧所需的空气分别喷射到燃烧器内部。与预混合燃烧方式相比，扩散式燃烧器由于其燃烧特性，容易在燃烧室内形成火焰温度较高的区域，这在一定程度上会增加氮氧化物的生成。为了降低氮氧化物的排放，通常需要采取额外的措施，如通过蒸汽或水喷射来降低火焰温度，从而抑制氮氧化物的形成。

尽管存在氮氧化物排放的问题，但扩散式燃烧器也有其独特的优点。首先，它的稳定燃烧范围较宽，这意味着在各种工况下都能保持较好的燃烧稳定性。其次，它对燃料性质变化的容忍度较高，这使得它能在不同种类的燃料下正常工作。图 4.5-7 展示了扩散式燃烧器。

图 4.5-7　扩散式燃烧器

注 资料来自三菱重工技报 VOL 55 No. 2《水素混烧·天然ガスタービンの技術開発》，2018 年。

目前，扩散式燃烧器已广泛应用于各种领域，特别是在利用含氢气（体积占比高达90%）的废气（如炼油厂等产生的排气）作为燃料的小型到中型燃气轮机发电设备上。这些废气经过处理后，不仅作为环保的再利用资源，还能有效推动燃气轮机发电，提高能源利用效率。此外，在国际绿色能源系统技术研究开发项目中，成功进行了专燃氢气的试验，这标志着扩散式燃烧器在氢气利用领域也具有广阔的应用前景。

5. 几种燃烧器比较

三菱氢气燃气轮机燃烧器比较如表4.5-3所示。

表4.5-3　　　　　　　　　　三菱氢气燃气轮机燃烧器比较

序号	项目	燃烧器		
		多喷嘴燃烧器	多簇燃烧器	扩散式燃烧器
1	燃烧方式	预混合燃烧方式	预混合燃烧方式	扩散式燃烧方式
2	结构			
3	燃气轮机入口温度	1600℃	1650℃	1200~1400℃
4	低氮（NOₓ）	干式低氮，由于预混合喷嘴火焰温度均匀，NO_x排放量低	干式低氮，由于细小预混合喷嘴火焰温度均匀，NO_x排放量低	燃料和空气各自喷射，火焰温度在高区NO_x排放量大
5	返回火焰	火焰移动领域广，专烧氢时故障概率大	火焰移动领域窄，专烧氢时故障概率小	由于预混合方式不具预混合部位，故障概率小
6	影响效率	由于不喷射蒸汽，不降低效率	由于不喷射蒸汽，不降低效率	为了降低NO_x，喷射蒸汽，降低效率
7	氢混烧比	约为30%体积	约为100%体积，开发中	约为100%体积器

在国外，特别是在利用化石燃料制取氢气的过程中，所产生的二氧化碳排放问题日益受到重视。为此，采用碳捕集与储存（CCS）处理系统等先进技术对二氧化碳进行有效处理已成为一种可行的解决方案。从氢气的供给源头开始，直至其输送、储藏以及最终利用的各个阶段，都已将氢气利用计划纳入全面的考虑之中，致力于实现清洁、高效的能源利用方式。

（六）氢燃烧燃气轮机

三菱燃气轮机在氢燃烧燃气轮机领域处于世界领先地位，其 M701JAC 型燃气轮机特别设计用于氢燃烧，如图 4.5-8 所示。

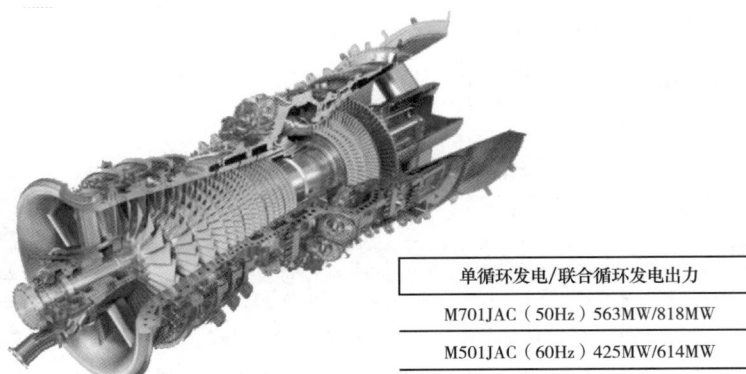

| 单循环发电/联合循环发电出力 |
| M701JAC（50Hz）563MW/818MW |
| M501JAC（60Hz）425MW/614MW |

图 4.5-8　三菱氢燃烧 M701JAC 型及 M701JAC 型燃气轮机

注　资料来自 Mitsubishi Power *Hydrogen Power Generation Handbook*（*Fourth Edition*）2023。

1. 燃气轮机特点

（1）高效性能：该燃气轮机展现了卓越的性能，联合循环换热发电效率高达 64%，并拥有高压缩比（25∶1）。此外，它采用了强制空冷燃烧器和先进的 TBC 超厚膜技术。

（2）高可靠性。三菱燃气轮机以其 99.5% 的可靠性著称，累计运行时间超过 107 万 h，截至 2020 年 6 月，已供货 71 台燃气轮机，其中 45 台正在商业运行中。

（3）燃料灵活性。这款燃气轮机可以适应多种燃料，包括天然气、石油等化石燃料，以及清洁燃料氢及其载体。三菱电力凭借其世界领先的氢气燃烧技术。使得该氢气燃气轮机可以通过有限度的改造来适应现有的发电厂设备。到 2018 年，该燃气轮机已经实现了 30% 的氢气混燃，并计划在 2025 年之前实现 100% 的氢气专燃。面对全球温室效应气体的持续关注，大规模氢气发电是实现可持续社会的重要途径之一。尽管绿色制氢和氢气流通等方面的费用目前仍是挑战，但随着技术的进步和政策的支持，这些障碍将逐步得到解决，绿色制氢成本和流通成本有望降低。

2. 完成混燃 30% 氢气燃气轮机实证试验成功

三菱已成功完成混燃 30% 氢气燃气轮机技术的实证试验，实现了无二氧化碳（CO_2）排放的路线。随着全球对氢能技术的期待和追求，能源需求持续增长，同时减碳脱碳的挑战也日益紧迫。电力作为产业的基石，其发电设备必须不断适应社会对减排二氧化碳的严格要求。

电力是人类生活中不可或缺的能源，但为了满足可持续发展的需求，必须逐步转向零二氧化碳排放的发电方式。这是火力发电行业肩负的重要历史使命。

为了开发不排放二氧化碳、以氢气为燃料的燃气轮机，三菱深知这一设备作为一次能源转换的核心设备对于电力的重要性。过去，通过技术创新，已经显著减少了二氧化碳的排放，特别是采用化石燃料的火力发电设施。新型燃气轮机联合循环（GTCC）的二氧化碳排放量已经远低于燃煤火力发电。然而，必须认识到，即使是燃气火力发电，仍然会产生二氧化碳排放，这是必须面对并努力克服的挑战。

全球对发电设备有着极高的期望，旺盛的能源需求和减排二氧化碳的挑战对电力行业构成了巨大的考验。为了实现氢能社会的愿景，三菱致力于氢燃气轮机的研发，并已经取得了显著的成果。混燃30%氢气燃气轮机实证试验的成功，为未来的氢能发电技术奠定了坚实的基础。

3. 推动氢能发电商用化

氢能的基本战略规划是力争在2030年前实现氢能发电技术的商用化。然而，即使技术开发的进展令人鼓舞，但未来十余年内氢能发电能否成功商业化仍存在诸多不确定性。是否能实现氢能发电的商用化仍然存在不确定性。即使成功引进氢气发电设备，短时间内对现有发电厂进行全面更新改造也是一个值得深思的问题。因此，一个可行的方案是考虑在现有的燃气轮机设备基础上，集成氢气发电系统。

目前，已成功研发出适用于燃气火力发电中掺入30%氢气的燃气涡轮机燃烧器。这种技术能够确保在氢气燃烧过程中，氮氧化物排放水平被控制在传统燃气火力发电的水平以内。采用此技术，可支持高达700MW（涡轮入口温度1600℃）的功率输出，同时相较于传统的燃气轮机联合循环（GTCC），二氧化碳的排放能降低约10%。

该技术的另一大优势在于，它无需对除燃烧器以外的发电设备进行大规模改造或更新。这一战略旨在降低氢能转换的成本和难度，从而促进氢能社会的平稳过渡。不过，值得注意的是，将氢气融入现有设备中并非易事，因为氢气的混合、燃烧特性与液化天然气（LNG）截然不同，因此需要采用特定的处理方法。

实现氢气混合燃烧技术的关键在于成功实现30%的氢气混烧比例，这一突破将为氢能社会的建设奠定坚实基础，并推动相关技术的进一步发展。

如果将氢气混合燃烧比例控制在20%，则现有的燃气轮机可以继续使用。然而，要实现30%的混烧比例，对于燃气轮机设计者而言是一个巨大的挑战。他们不仅需要深入了解氢气的燃烧特性，还需要精准控制燃料与空气的混合比例，以及妥善处理可能产生的其他特性问题。

技术人员在研发过程中必须克服燃烧回火、燃烧振动和氮氧化物排放等难题。氢气的燃烧特性及其与空气的混合方式容易导致回火现象，即火焰沿燃料流返回至燃烧器内部。由于氢气燃烧速度极快，回火现象的风险相应增加。此外，不同的燃料混合方式也会对防止回火产生不同影响。

三菱电力公司曾试图采用"扩散式燃烧"方法，即分别将燃料和空气输入燃烧器，以实现100%氢气的使用，但在该技术下氮氧化物的排放值升高。而预混合燃烧方式虽然能实现低氮氧化物的燃烧，但含有氢气的燃料容易引发回火。为了平衡这两方面的需求，技术人员通过改进螺旋式喷嘴的设计，成功消除了喷嘴中心部位的低流速问题，从而显著提高了抵抗回火的能力。

4. 燃气轮机的安全稳定运行

对于燃气轮机用户发电商而言，确保安全、稳定的电力供应以及控制成本是其核心诉求。稳定的燃料供给、低故障率、延长的定期检查间隔以及较低的运转成本，都是实现电力稳定供应不可或缺的要素。特别是在每年连续运转超过8000小时的严苛条件下，要求燃气轮机能够保持高速旋转状态连续运转三年而不出现故障，这种出色的耐久性和可靠性至关重要。

此外，燃气轮机还应具备高度的灵活性，即使在液化天然气（LNG）作为单一燃料的情况下，也能确保稳定发电。特别是在氢气供应暂时中断的情况下，燃气轮机仍能继续运行，为客户提供持续的电力保障，这无疑是一项巨大的优势。

为了应对燃料供应和价格变动带来的挑战，采用了耐腐蚀、耐磨损和耐振动的氢气涡轮机技术。通过集成各种先进技术，成功打造出具有卓越性能的燃气轮机，确保了其在各种条件下的稳定运行，为电力供应提供了坚实可靠的保障。

5. 氢燃料发电的二氧化碳排放量

氢燃料发电技术，特别是在燃气轮机中实现专门燃烧氢气的应用，为无碳（CO_2）火力发电提供了切实可行的方案。以下是对每发电1kWh时不同发电系统二氧化碳排放量的指标比较，包括超超临界燃煤发电、燃气轮机联合循环、氢混烧以及氢专烧联合循环发电的二氧化碳排放量。这些发电系统的二氧化碳排放量对比可参照图4.5-9。具体数据如下：

这种零排放的发电技术对于应对全球气候变化、实现可持续发展具有重要意义。

（1）一般燃煤火力发电系统的CO_2排放量为863g/kWh。

（2）采用超超临界燃煤火力发电系统，其CO_2排放量为820g/kWh，相较于传统燃煤发电有所降低。

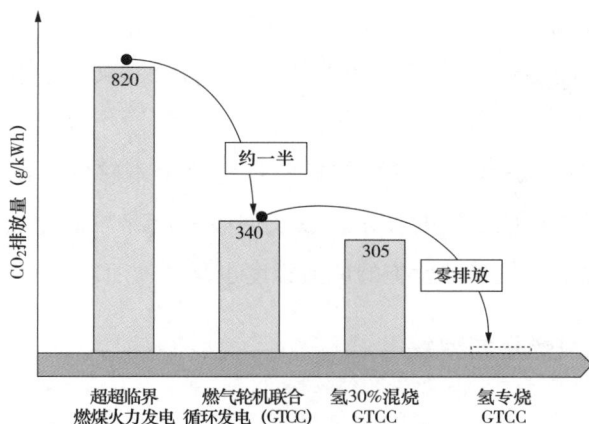

图 4.5-9　各种发电系统的二氧化碳排放量比较

注 资料来自 Mitsubishi Power *Hydrogen Power Generation Handbook*（*Fourth Edition*）2023。

（3）燃气轮机联合循环发电系统的 CO_2 排放量为 340g/kWh，显示出相对较低的碳排放水平。

（4）当燃气轮机使用 30%氢气混烧时，其 CO_2 排放量降低至的燃气轮机发电为 305g/kWh，表明氢气混烧技术有助于减少碳排放。

（5）当燃气轮机使用 30%氢气混烧时，其 CO_2 排放量降低至 305g/kWh。

（6）最后，氢专烧燃气轮机发电技术实现了二氧化碳排放为零的目标，真正实现了无碳发电的愿景。

这种零排放的发电技术对于应对全球气候变化、实现可持续发展具有重要意义。

在成功开发出 30%氢气混烧的燃气轮机之后，面临的下一个重大挑战是实现二氧化碳零排放的火力发电以及 100%氢气专烧技术。然而，高浓度的氢气不仅增加了回火的风险，还可能导致氮氧化物（NO_x）的产量增加。因此，氢气专烧所使用的燃烧器必须能够高效混合氢气和空气，并确保燃烧的稳定性。

氢气与空气的混合是一个关键步骤，因为在大空间内，两者的混合效果并不理想。为了实现均匀混合，通常需要较大的空间，但这会增加回火的危险。若要在短时间内实现混合，则需要在有限的空间内尽可能地进行混合。然而，这可能导致燃料出口与火焰的距离缩短，从而增加回火的可能性。因此，考虑采用分散火焰、喷射更细、更小燃料的方法来解决这一问题。

燃料供给喷嘴是实现这一目标的关键技术。技术人员设计了一种带有多个喷嘴簇的燃烧器，每个燃烧器包含 8 个部位。这种方法通过缩小一个喷嘴孔径，在输送空气的同时向孔内吹入氢气混合物。这种设计不需要回旋流，因此可以在较小的规模内饰線混合，并降低 NOₓ 排放。这种技术有效地解决了氢气作为优质燃料但难以处理的问题。技术人员在艰苦的工作条件下，通过改进喷嘴设计和转变混合方式，不断推动这一技术的发展。

要实现 100% 氢气燃烧技术，仅仅依靠燃气轮机是不够的。还需要考虑氢气的来源，开发从原料物质中提取氢气的技术，以及回收和储存二氧化碳的技术。此外，氢气网络、电力网络以及氢气基础设施的成熟程度也是必须面对的问题。

（七）氢能与氧气燃烧新型发电

日本正在致力于开发一种全新的闭式循环系统，该系统结合了能够在开发 1400℃ 下运行的布莱顿循环和朗肯循环，并利用氧气与氢气的燃烧来驱动。这种系统的发电效率和环境指标相较于过去的发电系统实现了划时代的提升。具体而言，其发电效率高达 68%（送电端效率），而二氧化碳排放系数则低至 250g/kWh。预计该技术的确立时期将在 2040 年之后。

氢气和氧气在燃烧发电过程中，唯一的产物是水蒸气。这种燃烧方式通过最大限度地利用水蒸气，实现了高效率的发电，从而有助于电力部门的低碳化转型。同时，大量使用氢气也促进了氢能供应链的构建，为未来的能源结构转型作出了积极贡献。

氧气与氢气燃烧燃气轮机发电原理示意图如图 4.5-10 所示。新型燃烧燃气轮机入口温度与发电效率如图 4.5-11 所示。

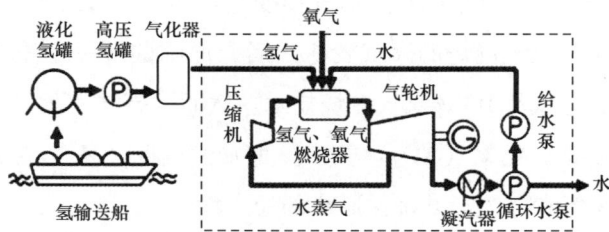

图 4.5-10　氧气与氢气燃烧燃气轮机发电原理示意图

三、氢能混烧和专烧实证项目

（一）荷兰能源企业——努能源公司氢能发电项目

荷兰能源巨头努能源公司正在与三菱合作，推进一项重要的氢能发电项目。该项目位于荷兰北部格罗宁根（Groningen）州的马格南（Nuon Magnum）发电厂，旨在将现有的 1320MW 级天然气燃气轮机联合循环（GTCC）系统转换为氢气燃烧发电系统。

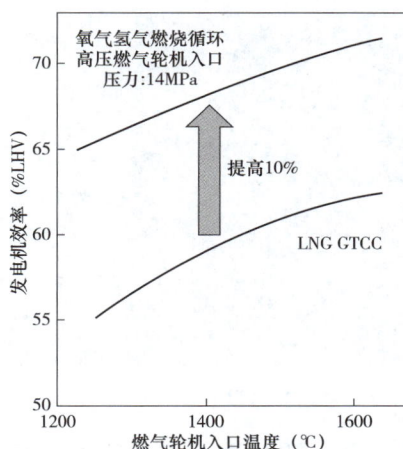

图 4.5-11 新型燃烧燃气轮机入口温度与发电效率

项目采用了三菱的 M701F 燃气轮机，其联合循环出力可达 440MW。根据计划，该项目将于 2025 年在荷兰 Eemshaven 启动氢气专烧模式。届时，这座发电厂将成为荷兰乃至欧洲范围内氢能发电的重要里程碑。

如图 4.5-12 所示，该项目的规划示意图详细展示了氢气发电的流程和布局。同时，图 4.5-13 则呈现了荷兰北部格罗宁根州 Nuon Magnum 发电厂的全貌。

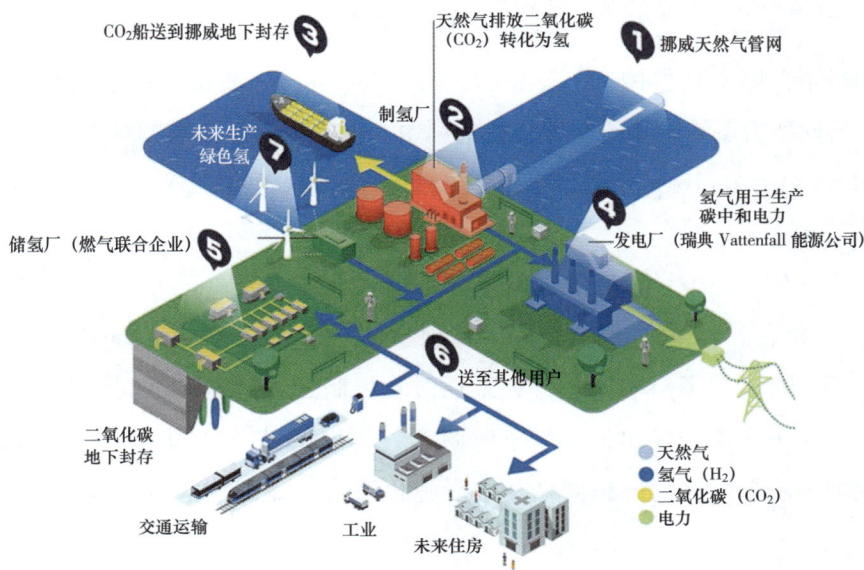

图 4.5-12 荷兰北部 Groningen 州 Nuon Magnum 发电厂氢气发电规划示意图

注 资料来自 Mitsubishi Power *Hydrogen Power Generation Handbook*（*Fourth Edition*）2023。

图 4.5-13　荷兰北部格罗宁根州 Nuon Magnum 发电厂

注　资料来自 Mitsubishi Power *Hydrogen Power Generation Handbook*（*Fourth Edition*）2023。

目前，这个 GTCC 发电设备主要依赖天然气燃烧产生电力，拥有 440MW 的发电能力。然而，每年会排放高达 1.3×10^6t 的二氧化碳。通过实施氢气燃烧技术，该项目将大幅减少二氧化碳排放，推动火力发电企业向更环保、更可持续的能源利用方式转型。

这一项目的成功实施，不仅有助于减少温室气体排放，还将为火力发电企业利用氢气的需求增长提供有力支持。随着氢能技术的不断发展和应用，未来的能源结构将更加清洁、高效和可持续。

（二）美国先进清洁能源储存项目

该项目正在稳步推进中。三菱公司与美国 Magnum Development 公司以及犹他州政府合作，共同致力于将能源储存于岩盐空洞中。以实现能源的高效利用和储存。美国 Intermountain 电力公司已选定两台三菱公司燃烧氢的 JAC 型燃气轮机，作为该项目的核心设备。

作为全球最早的综合绿色氢能解决方案，三菱电力公司正为多个项目提供与电力平衡调节和燃料储藏等相关技术。该项目解决方案包括"Hydaptive™"方案和"Hystore™"方案。"Hydaptive™"方案通过现场制造和储存绿色氢气作为燃气涡轮机的燃料，实现了电力输出的几乎实时调节。"Hystore™"方案则将"Hydaptive™"方案与大规模场外氢气制造和储藏基础设施相结合，确保在电力需求高峰期提供无碳燃料氢气。

这些创新措施综合解决了可再生能源、燃气涡轮机、绿色氢气、燃料储藏等多方面的课题，推动电力发电和输电项目的 100% 无碳化方向迈进。"Hydaptive™"方案还能加速大容量储能技术的 100% 无碳发电，提供了脱碳和成本降低的标准方案，提高了现有可控负载发电的灵活性。

绿色储氢方面，该项目选址在犹他州的岩盐空洞中，地点位于岩盐空洞中，与美国 Magnam Development 公司合作，共同推进名为"先进的清洁能源储藏项目"的计划。该计划利用风能和太阳能发电后进行水电解，将产生的绿色氢气储存于位于犹他州 Magnam Development 公司的岩盐空洞中，并供发电厂等使用。储能容量达到 150GWh，为实现大规模氢能发电能力奠定了基础。

三菱电力拥有世界领先的氢气燃烧技术，其氢气燃气轮机可以最小规模改造现有发电厂设备以适配氢气燃烧。到 2018 年，三菱电力已经实现了 30% 的氢气混烧，且计划在 2025 年前实现 100% 的氢气单独燃烧。

面对日益严重的温室效应气体问题，这一项目的成功实施将为解决这一问题带来希望。为了构建可持续发展的氢能社会，必须大力发展大规模的氢气发电能力，三菱公司与合作伙伴们正为此不懈努力。

这个能源储存项目的容量为 1000MW，其核心设备为 M501JAC 型号的燃气轮机。该项目位于美国犹他州的 Intermountain 电厂，该电厂的两台燃气轮机组成的联合循环系统总共可产生 840MW（即两台各 420MW）的电力输出。项目规划在 2025 年实现氢气与天然气的混烧比例达到 30%，并计划在 2045 年实现完全转型，即 100% 依赖氢气进行独立燃烧发电。美国犹他州 Intermountain 发电厂氢气发电储能项目的示意图参见图 4.5-14。

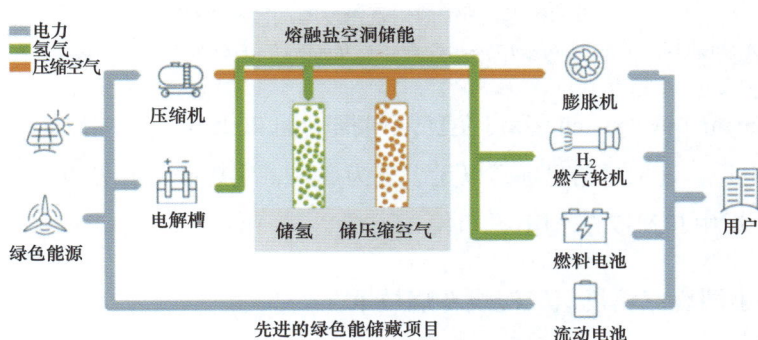

图 4.5-14 美国犹他州 Intermountain 发电厂氢气发电储能项目示意图

注 资料来自 Mitsubishi Power *Hydrogen Power Generation Handbook*（*Fourth Edition*）2023。

美国犹他州 Intermountain 发电厂氢气发电项目示意图如图 4.5-15 所示。

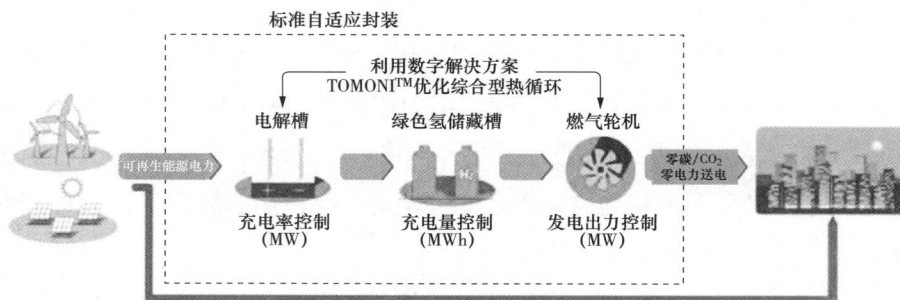

图 4.5-15　美国犹他州 Intermountain 发电厂氢气发电项目示意图

注　资料来自 Mitsubishi Power *Hydrogen Power Generation Handbook*（*Fourth Edition*）2023。

美国犹他州氢气发电项目布置俯视图如图 4.5-16 所示。

图 4.5-16　美国犹他州氢气发电项目布置俯视图

注　资料来自 Mitsubishi Power *Hydrogen Power Generation Handbook*（*Fourth Edition*）2023。

美国 Magnam Development 公司在犹他州推进的 2025 年至 2045 年计划旨在运行 100%氢能发电厂，该项目的目标是以无碳氢为燃料，实现碳中和发电，并且在美国西部的可再生能源中起到核心作用。

（三）中小型燃气轮机氢气混烧专烧技术

NEDO 携手川崎重工和大林组，共同研发了基于"微燃机混合燃烧"技术的干烧低氮（NO_x）氢专烧燃气轮机。通过深入的技术开发研究和实证试验，该项目取得了显著的成功。与传统的发电方式相比，这种干烧低氮氢专烧方式不仅显著提升了发电效率，而且有效减少了氮氧化物的排放量，为环保和可持续发展做出了积极贡献。

川崎干烧低氮（NO_x）氢专烧燃气轮机实证试验电站如图 4.5-17 所示。

图 4.5-17 川崎干烧低氮（NO$_x$）氢专烧燃气轮机实证试验电站

注 资料来自川崎重工技报 第 182 号水素サプライチェーン特集号 2020 年。

作为实现氢能社会的重要一环，日本新能源产业的技术综合开发机构（NEDO）作为实现氢能社会的努力的一环，在 2017 年至 2018 年期间，川崎重工和大林组共同探索了氢气与天然气并用的发电方式，以期满足日益增长的氢气发电需求。在神户市和关西电力株式会社的协助下，为了减少局部高温燃烧产生的氮氧化物（NO$_x$），采用了"喷射水方式"，并成功进行了从天然气与氢气混烧到氢气专烧的实证试验。此次试验在神户市波特岛首次实现了向市区同时供应热电的氢气专烧。

从 2019 年开始，他们实施了干式低氮（NO$_x$）氢气专烧燃气轮机的技术开发。这次川崎重工开发的干式低氮氢气专烧燃气轮机的技术实证试验中取得了世界范围内的首次成功。此次试验的目标是通过干式燃烧方式提高氢发电的效率、降低环境负荷，即减少氮氧化物的排放。与传统的水喷射方式相比，干式燃烧方式不仅避免了因喷水导致的发电效率下降，还显著降低了氮氧化物的排放量。

自 2019 年起，他们进一步专注于干式低氮（NO$_x$）氢气专烧燃气轮机的技术研发。川崎重工开发的干式低氮氢气专烧燃气轮机在实证试验中取得了世界范围内的首次成功。此次试验的目标是通过干式燃烧方式提高氢发电的效率、降低环境负荷，即减少氮氧化物的排放。与传统的水喷射方式相比，干式燃烧方式不仅避免了因喷水导致的发电效率下降，还显著降低了氮氧化物的排放量。

在燃烧速度较快的氢燃烧中，如何确保火焰的稳定燃烧成为一个技术挑战。因此，他们利用川崎重工研发的微小氢火焰燃烧技术——"微混合燃烧"，成功开发出干式低氮氢气专烧燃气轮机。自 2020 年 5 月起，在神户市波特岛进行了技术可向周边公共设施提供约 1100kW 的电能和约 2800kW 的热能。图 4.5-18 展示了这一干式低氮氢气专烧燃气轮机及其核心技术"微燃机混合燃烧"的示意图。实证试验。该氢气燃气轮机与余热锅炉结合的热电联产系统。

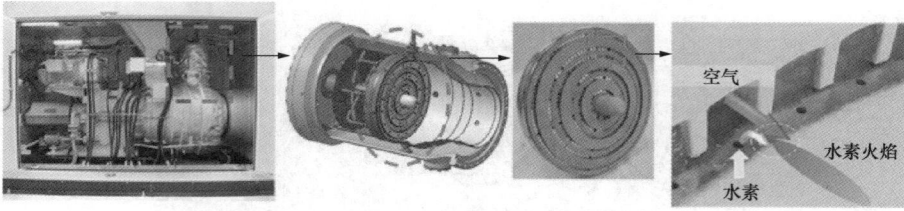

图 4.5-18　干式低氮氢气专烧燃气轮机和"微燃机混合燃烧"示意图
注　资料来自川崎重工技报，第 182 号水素サプライチェーン特集号 2020 年。

图 4.5-19 则展示了氢气专烧运行状态控制流程图。

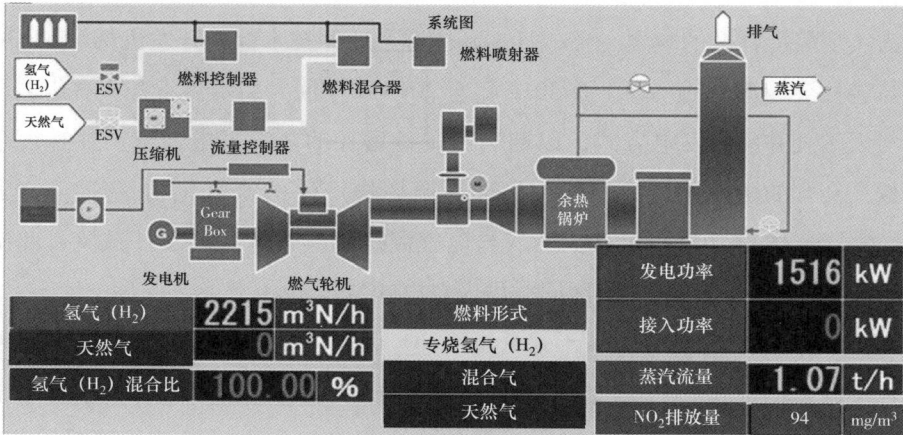

图 4.5-19　氢气专烧运行状态控制流程图
注　资料来自川崎重工技报，第 182 号《水素サプライチェーン特集号 2020 年》。

这是世界上首次成功实现的氢 100%专烧运行。

（1）利用以氢和天然气为燃料的 1MW 级燃气轮机发电设备，深入开展了电能、热能和氢能高效利用的系统技术开发和实证工作。

（2）2017～2018 年，采用扩散式燃烧器，进行了对天然气专烧、氢专烧以及天然气和氢气混合燃烧的 0～100%氢气涡轮机实证试验。在此过程中，成功将氮氧化物的值控制在大气污染防治法所规定的限制值以下。

（3）2019～2020 年，进一步开发并验证了采用低氮干燃烧器 DLE 的氢气专烧燃气轮机。这一创新技术显著降低了氢气专烧燃气轮机的氮氧化物排放量。

川崎重工与德国电力公司 RWE 已经启动了 30MW 级燃气涡轮机 100%氢燃料发电的验证试验。该试验旨在 2024 年内进行实证运行，以实现碳中和（即温室效应气体排放量实际为零）的目标。在德国下萨克森州的 RWE 运营的氢气公园内，特别设置了适用于氢燃料的燃气轮机"L30A"的热电联供系统。预计在 2024 年内，将启动湿法扩散燃烧器，进行氢气和天然气混合燃烧以及纯氢燃料 100% 的发电试验运行。

氢能与氧气燃烧提供了一种清洁、高效的发电方式。通过布莱顿循环和朗肯循环的组合，形成了全新的闭式循环，这一系统在发电效率和环境指标方面均有了显著提升。具体而言，发电效率高达 68%（送电端效率），二氧化碳排放系数低至 250g/kWh。预计这项技术将在 2040 年之后得到广泛应用。

氢气和氧气燃烧发电的主要产物仅为水蒸气，通过充分利用这一副产品，实现了高效率的发电。这不仅推动了电力部门的低碳化进程，还有助于推动氢能的使用，对构建氢能供应链作出了重要贡献。此外，这一技术还有望为可再生能源的整合和存储提供新的解决方案，进一步推动全球能源结构的转型。

四、氢能载体氨混烧燃气轮机发电技术

在全球气候变化问题日益严峻的背景下，绿色能源的应用变得至关重要。氢能，以其高能源密度和清洁环保的特性，已成为全球瞩目的焦点能源。而作为氢能的载体，氨因其高氢气含量和出色的安全性，成为氢能应用领域的重要角色。氨与天然气的混烧技术不仅能提升燃烧效率，还能显著降低排放。

燃气轮机，以其快速启停和灵活调节的优势，是发电领域的得力助手。将氨混烧技术与燃气轮机相结合，形成的氨混烧燃气轮机技术，不仅能够高效利用氢能，还有助于实现显著的碳减排。

本部分将全面阐述氢能载体氨混烧燃气轮机发电技术，内容涵盖氨的制备工艺、氨混烧技术的核心原理、氨混烧燃气轮机的设计与优化策略等多个方面。通过对这些关键技术的深入剖析，将为读者呈现一个全面、系统的氢能载体氨混烧燃气轮机发电技术图景。

（一）氨的制备

氨是由氮气和氢气组成的化合物，通常采用哈伯-薄世（Haber-Bosch）法进行制备，即将氢气和氮气经过一系列化学反应合成氨。哈伯-薄世法制备氨的反应方程式如下

$$N_2 + 3H_2 \longrightarrow 2NH_3$$

制备氨的过程中，氢气的消耗量是巨大的，因此，确保氢气的来源稳定且成本可

控是至关重要的。目前常用的氢气生产方法包括煤制氢、天然气制氢和水电解制氢等。

在这些方法中，水电解制氢以其环保和可持续的特性备受青睐。然而，这种方法需要消耗大量的电力资源，因此，如何优化电解过程、提高能源利用效率是未来发展的关键。

在制备氨的过程中，氢气的消耗量是巨大的，因此，确保氢气的来源稳定且成本可控是至关重要的。目前，氢气的主要生产方法包括煤制氢、天然气制氢和水电解制氢等。

除了氢气的来源和成本，氨的制备还需要特别关注氮气和氢气的纯度。一般而言，为确保氨的品质和后续应用的顺利进行，氮气和氢气的纯度需达到 99.99% 以上的高纯度标准。这要求在制备过程中采用先进的纯化技术，严格控制杂质含量，确保氨的纯净度。

氨的制备部分详见第二章氢能载体氨的有关内容。

（二）氨混烧技术

氨混烧技术是一种创新的燃烧方式，它通过指将氨和天然气按一定比例混合后进行燃烧，旨在提高燃烧效率并降低排放。氢能的高效利用，还在减少碳排放方面显示出巨大的潜力，因此在发电和工业领域具备广泛的应用前景。

1. 氨混烧技术的主要优点

（1）提高燃烧效率。氨混烧可以增加燃气的氢气含量，显著提高了燃烧效率，这不仅减少了燃料消耗，还降低了能源浪费，从而提高了能源利用效率。

（2）降低氮氧化物排放。氮氧化物是一种常见的大气污染物，对环境和人体健康都有害。氨混烧技术通过优化燃烧过程，有效降低了氮氧化物的排放量，有助于减少环境污染。

（3）减少二氧化碳排放。氨混烧技术利用氢气的高效能性，减少二氧化碳的排放，这对于实现碳减排和环保目标具有重要意义，有助于应对全球气候变化挑战。

2. 氨混烧技术面临的主要挑战

（1）精确的混烧比例控制。氨混烧技术中，氨与天然气的混合比例必须得到精确控制。这一比例的失衡将直接影响燃烧效率和排放性能，因此需要采用先进的混合比例调控系统和技术手段。

（2）确保燃烧稳定性。在氨混烧过程中，可能会出现火焰不稳定、燃烧不完全等问题，这不仅影响燃烧效率，还可能产生有害排放物。因此，需要对燃烧室的设计进行优化，同时加强燃烧控制系统的精准性和可靠性。

（3）燃烧产物的全面分析。由于氨混烧产生的燃烧产物与天然气燃烧有所不同，可能包含一些新的或特殊的成分。为确保环境安全，必须对这些燃烧产物进行全面分析，并进行严格的排放检测，以满足环保法规和标准的要求。

3. 氨混烧燃气轮机的设计和优化

氨混烧燃气轮机是一种采用氨和天然气混合燃烧的燃气轮机，主要应用于发电、工业等领域。氨混烧燃气轮机具有高效、灵活、可靠等优点，可以实现氢能的高效利用和碳减排，是一种理想的氢能利用技术。

氨混烧燃气轮机的主要组成部分包括：

（1）燃气轮机。燃气轮机是氨混烧发电系统的核心部件，负责将混合气体燃烧产生的热能转化为机械能，驱动发电机发电。

（2）燃烧室。燃烧室是氨混烧燃气轮机中用于混烧氨和天然气的空间，需要具备良好的燃烧稳定性和混烧比例控制能力。

（3）氢气供应系统。氢气供应系统主要负责将氢气供应给氨的制备过程，需要具备高效的氢气制备和输送能力。

（4）控制系统。控制系统负责对燃烧室内的氨和天然气混烧比例进行实时控制，以保证燃烧效率和排放性能。

氨混烧燃气轮机的设计和优化需要考虑以下几个因素：

（1）燃烧室设计。燃烧室的设计需要充分考虑氨和天然气的混烧特性，优化混烧比例和燃烧过程，提高燃烧效率和排放性能。

（2）燃烧控制系统。燃烧控制系统需要具备高精度的混烧比例控制能力，以确保燃烧稳定和高效。

（3）氢气制备技术。氢气制备技术对氨混烧燃气轮机的性能和经济性有重要影响。要选择高效、可靠的氢气制备技术，并优化氢气供应系统。

（4）燃烧产物分析和排放控制技术。燃烧产物分析和排放控制技术对保障环境安全和合规排放非常重要。要建立完善的燃烧产物分析和排放控制体系。

4. 氨混烧燃气轮机应用案例分析

氨混烧燃气轮机技术已在国内外多个领域得到成功应用，以下是两个典型案例的详细介绍：

（1）日本新潟电力氨混烧燃气轮机发电站。该项目坐落于日本新潟县，采用了富士电机生产的氨混烧燃气轮机，其发电容量高达 4500kW。该项目结合了先进的氢气制备技术和氨混烧控制技术，不仅确保了发电过程的高效性，也确保了其运行的可靠性。该电站的成功运行，为氨混烧燃气轮机技术在全球范围内的推广和应用提供了有力的实践支持。

（2）北京北大方正集团氨混烧燃气轮机项目。该项目位于北京市，选用了英国劳斯莱斯生产的氨混烧燃气轮机，发电容量达到2000kW。在此项目中，废弃的合成氨制备设备和余热回收技术得到了有效应用，实现了氨混烧燃气轮机发电的高效与环保。同时，该项目还成功引入了智能控制技术，实现了对氨混烧燃气轮机的精细化管理和优化运行，显著提高了发电效率和经济性。此项目的成功实施，不仅为氨混烧燃气轮机技术的应用提供了宝贵的经验，也展示了该技术在中国市场的广阔前景。

5. 氨混烧燃气轮机发电技术的未来展望

氢能，作为清洁能源的杰出代表，其应用潜力巨大。作为氢能的有效载体，氨混烧燃气轮机技术在发电领域展现出了令人瞩目的前景。以下是氨混烧燃气轮机技术的主要优势及其未来展望：

（1）环保性能卓越。相较于传统化石燃料，氨混烧燃气轮机技术显著减少了碳排放，并实现了 NO_x、SO_x 等有害气体的零排放，为环境保护做出了积极贡献。

（2）可持续性强。氨混烧燃气轮机技术所使用的氢气来源于可再生能源，具有高度的可持续性，符合全球能源转型的长远规划。

（3）保障能源安全。氨作为氢能的有效载体，其制备来源广泛，既可以通过国内废弃的合成氨生产设备获得，也可以通过进口氨制备设备得到。这种多元化的供应方式，相较于依赖进口的化石能源，如天然气，具有更高的能源安全性。

（4）转化效率高效。相较于传统的燃气轮机技术，氨混烧燃气轮机技术展现出了更高的转化效率，能够更有效地利用氢气的能量，提升能源利用效率。

（5）应用领域广泛。氨混烧燃气轮机技术不仅适用于发电领域，还可以广泛应用于城市燃气供应、工业加热等多个领域，展现出其广泛的应用前景。

随着氢能产业的蓬勃发展，氨混烧燃气轮机技术有望在未来得到更广泛的应用。氨混烧燃气轮机技术将成为清洁能源发电领域的重要技术之一，为推动低碳经济发展、促进能源结构转型和环境保护作出重要贡献。

（三）燃料氨产业的重要性和需要解决的课题

1. 燃料氨产业的重要性

（1）为了在2050年实现碳中和目标，需要大力推广脱碳燃料的使用，并积极推进电力行业的脱碳化。在这一背景下，氨水凭借其独特的性质，成为脱碳燃料的潜在候选者之一。

（2）尽管目前氨水主要用作肥料或工业原料（即原料氨水），但其燃烧过程中不产生排放二氧化碳（CO_2）排放的特性，使其在发电等领域具有作为零排放燃料的巨大潜力。特别是在发电领域，火力发电因其调节能力和惯性力功能，对于提高整个电力系统的稳定性至关重要。因此，采用氨气以替代化石燃料来推动火力发电的脱碳化进程，不仅具有技术可行性，而且具有重要的战略意义。

（3）此外，氨气还可以作为氢能源的媒介使用，即使不转化为氢气，也能直接作为直接燃料使用。更重要的是，利用现有基础设施，可以相对低廉地生产和利用氨气。鉴于这些显著优势，全球范围内对燃料氨的关注度日益提升，预计未来亚洲地区将成为燃料氨需求的主要增长极，推动其需求迅速扩大。

2. 燃料氨产业需要解决的课题

（1）目前尚未在燃料领域得到广泛应用。为了创造燃料氨的大规模需求并实现稳定且廉价的供应，需要构建一个全面的社会实施模型。这个模型应涵盖扩大燃料氨的利用范围、确保稳定供应以及降低成本等多个方面，从而形成一个从各个市场角落到燃料氨供应链的全方位支持体系。

（2）为了实现燃料氨需求和供应的一体化，需要解决一系列技术议题，包括扩大氨气的利用范围、提高制造效率以及降低成本等。

3. 围绕项目现状和课题解决的具体方案

（1）针对燃料氨的社会化实施模式，提出以下具体方案：首先，可以考虑从海外引进大量廉价燃料氨，以满足火力发电和船舶等大规模应用的需求。在燃料氨的使用上，首先在国内火力发电领域推广混烧和专烧两种方式。同时，也需要考虑未来可能继续保持煤炭火力为主要电源的构成比例，并探索如何将燃料氨与现有电力系统有效结合。

（2）在构建这一社会化实施模式，关键在于推动制造、输送、储存技术的研发和创新。需要加大投入，提高这些技术的成熟度和可靠性。同时，扩大对燃料氨的需求也是至关重要的，只有形成大规模的市场需求，才能推动供应链的建立和完善。为此，电力公司等用户应扮演积极的角色，推动供应商的发展，促进燃料氨在大规模火力发电等领域的利用技术发展。这将有助于克服技术瓶颈，形成稳定的燃料氨供应链，为实现碳中和目标提供有力支持。

对所采取措施的意义、当前进展以及面临的挑战进行了如下整理：

1）为了满足燃料氨不断增长的市场需求（特别是至 2030 年及之后），并以合理的价格向需求者供应足够数量的燃料氨，是当前的重要任务。考虑到全球氨的年贸易量约为 2000 万 t，以及在每期混烧煤炭火力发电厂（100 万 kW）中混合 20%燃料氨，每年需求将达到 50 万 t，这要求必须建立新的、大规模的燃料氨供应链。

2）为了与现有氨制造厂竞争并确保成本优势，目标是通过提升氨合成工艺的效率来实现低成本氨的制造。目前，氨的合成主要依赖在高温高压条件下使用 Harbersh 法（简称"HB 法"），但为了降低成本，已成功开发出中国具有优势的氨制造催化剂技术（相当于技术就绪水平 TRL 4），并与原料气体重整工艺相结合，进行了大规模实证。这一创新技术已在产气国等地的大规模蓝氨制造中实现了新市场。

3）在氨的生产过程中，已从过去的"灰色氨"（未经 CO_2 处理）转向更环保的选项，包括利用 CCUS 等处理技术生产的"蓝色氨"以及完全源自可再生能源的"绿色氨"。随着可再生能源成本的逐渐降低，能够利用可再生能源进行直接氨合成的电解技术（技术就绪水平相当于 TRL 3）将成为未来重要的技术方向。

4）尽管国外也进行相关研究，但目前尚未取得显著成果。因此，针对未来扩大燃料氨市场的目标，进行先行技术开发显得尤为重要。这将有助于保持技术领先地位，并为燃料氨市场的未来发展奠定坚实基础。

（四）扩大氨利用

1. 增强需求侧的氨利用

（1）氨的大规模需求主要体现在火力发电领域，特别是煤炭火力中，氨混烧、专烧以及作为船舶燃料等方面均有着显著应用。由于氨的燃烧特性与煤炭相近，它是煤炭火力发电的有力补充。同时，氢气和天然气火力发电也与氨的利用相辅相成。

（2）随着发电领域对氨的利用不断扩大，预计到 2030 年日本对燃料氨的需求量将达到年均 300 万 t，而到 2050 年，这一数字预计会激增预计将增长至年均 3000 万 t（以年均 3000 万 t 为例，相当于单独燃烧 10~20 台、高混烧 20~40 台）。

（3）鉴于氨水的高毒性，其使用应主要限于工业领域，并且必须实施严格的安全管理措施，以确保人员安全和环境稳定。

（4）在火力发电方面，已经确认了在煤炭火力发电中，当燃料氨与煤炭混烧比例达 20%时，能有效抑制氮氧化物（NO_x）的排放。计划在 100 万 kW 级大型煤炭火力方实际设备上进行实证试验，以实现燃料氨在煤炭火力中 20%的混烧目标。从 2020 年开始，这项技术开始在实际生产中应用。此外，在 2000kW 级燃气轮机中已经成功实现了

70%的氨混烧。为实现碳中和目标，高混烧率和单独燃烧技术仍是当前研发的重点，这需要解决抑制氮氧化物排放、确保发电热量回收、维持燃料稳定性等一系列问题。

（5）日本计划在火力发电中成功应用的技术向海外得到推广的同时，也将扩大全球对燃料氨的需求并开拓市场。

2. 供给侧氨生产的扩大

（1）为了实现燃料氨的需求和供给双向发展的社会实施模式，需要工程项目企业、催化剂制造商、发电企业等需求方展开紧密合作。鉴于燃料氨市场尚处于发展初期，价格和交易量尚未稳定，单独进行技术开发存在挑战。因此，在开拓市场的技术开发阶段，国家将积极提供支持，并引导企业作出明确承诺。

（2）此外，除了本项目的推进，政府还将作为推动去碳化转型合作伙伴，通过双边会谈、政策对话和国际会议，深化对燃料氨有效性的认识。同时，利用 JOGMEC 提供的风险资金支持策略，以及 NEXI 和 JBIC 的融资合作，实施上游资源如氨原料天然气的支援措施，并积极开展国际合作。

（3）为了加速企业在社会实施方面的工作进度，将同步探讨国内制度框架的优化（包括非化石能源价值的合理评估和市场流通的规范等），以及国际标准的制定（包括燃料规格、燃烧技术的国际标准化）。

（4）当前项目进展如下：①除了已经开始实施的火力发电中燃料氨混烧20%的实证试验外，还针对热需求较高的工业炉领域进行了设计和燃烧器开发工作，这些领域在脱碳化过程中面临较大难度和规模限制。②针对本项目，将充分利用现有的混烧技术知识，推动技术开发和实证研究的深入，致力于提高混烧率和实现专烧化；同时，加强降低成本的高效制造技术的研发与实证工作。

（五）混烧氨燃气轮机发电

基于氨（NH_3）的燃烧机理的深入研究，已成功开发出针对燃气轮机、内燃机、燃煤混烧锅炉和工业炉等领域的氨燃烧技术。已经掌握了煤炭火力中当燃料氨混烧20%时有抑制氮氧化物排放的技术。从 2020 年开始，这项技术在 1000MW 级实际设备上进行实证试验，从而推动燃料氨在煤炭火力中20%混烧的实用化进程。

此外，在 2000kW 级燃气轮机中成功实现了高达70%的氨混烧比例。然而，要实现更高的混烧率和专烧化技术，仍需解决一系列挑战，如氮氧化物排放的进一步抑制、发电热量的高效回收以及燃料的稳定性提升等。

氨的直接利用技术具有显著降低多个领域化石燃料使用中的二氧化碳排放的潜力，

特别是在火力发电领域。因此，IEA 的《氢的未来》报告对该技术给予了高度评价，认为它是减少现有煤炭火力发电二氧化碳排放的关键手段。尽管预计随着清洁能源的发展，该技术的作用将逐渐减弱，但鉴于煤炭火力发电目前仍是全球主要的发电方式，并且设备寿命普遍较长，氨的直接利用技术仍将在未来相当长一段时间内扮演重要角色。

在燃气轮机发电领域，NH_3 专烧燃气轮机发电机已经在小型燃气轮机领域商业化。而在数兆瓦级联合循环燃气轮机领域，NH_3 混烧燃气轮机发电机已经开发并得到验证；而在数百兆瓦级联合循环燃气涡轮机领域，NH_3 混烧技术的开发工作也正在进行中。

展望未来，随着太阳能和风能等再生能源在发电中所占比重的增加，火力发电作为电力将作为重要的调整手段日益重要。因此，NH_3 混烧燃气轮机发电技术将成为调整电源、实现火力发电低碳化的关键手段之一，IEA 也对此表示高度关注。

全球每年氨的生产量约为 2 亿 t，其中大部分用于肥料。然而，当前正面临着资源短缺的挑战。若在煤炭火力发电中实施 20% 的氨混烧，每台 100 万 kW 机组每年将需要约 50 万 t 氨。若全球有 40 台这样的机组采用此技术，每年将需要约 2000 万 t 氨，这相当于当前全球氨总贸易量的规模。因此，需要寻求更多的氨生产来源和高效的利用方式，以满足这一日益增长的需求。

（六）中、小型燃气轮机发电

（1）小型燃气轮机。在小型燃气轮机领域，丰田能源公司与东北大学共同取得了显著进展，成功开发出 300kW 级的专烧 NH_3 微燃机。这款微燃机基于对 NH_3 燃烧技术的深入研究，并结合了 50kW 级 NH_3 燃料微燃机的技术积累。

在研发过程中，丰田能源公司和东北大学团队对氨直接燃烧在 50kW 级微燃机中的发电效能进行了详细分析，并进行了氨-甲烷混烧试验，以研究不同燃料供给对发电出力的影响。如图 4.5-20 和图 4.5-21 所示，这些试验为后续的 NH_3 燃烧技术优化提供了重要数据支持。

在福岛可再生能源研究所（FREA）进行的发电试验中，研究团队验证了煤油/NH_3 混烧和 CH_4/NH_3 混烧条件下发电的可行性。更为引人注目的是在 NH_3 专烧试验中，通过在启动燃气轮机供给煤油，随后逐步增加氨的供给量，实现了稳定的功率输出。在达到额定转速 80000r/min 下，发电输出功率稳定保持在 41.8kW，同时有效地抑制了NO_x的生成，达到了无需额外脱硝装置即可实现的低排放水平。基于这些卓越的研究成果，丰田能源公司进一步开发出 300kW 级的 NH_3 专烧微燃机，为中小型燃气轮

图4.5-20 氨直接燃烧50kW级微燃机发电装置

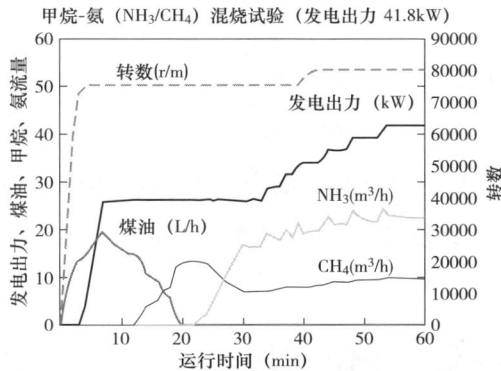

图4.5-21 氨-甲烷混烧试验燃料供给与发电出力的变化

注 资料来自日本产经院、东北大学,《メタン-アンモニア混合ガスと100%アンモニアのそれぞれでガスタービン発電に成功》。

机领域带来了新的技术突破。

(2)中型燃气轮机。随着全球对解决能源、气候变化和就业等社会问题的日益关注,各国正积极推进"可持续发展目标(SDGs)"措施,期望在能源领域扩大不产生CO_2的氢能的利用。其中,氢能载体氨(NH_3)因为高氢含量,易液化、易运输及储藏,以及作为肥料和化学原料流通的现有优势,以及成熟的运输基础设施,成为了实现低碳社会的潜力巨大的新能源。

IHI公司以构建从氨的制造到利用的价值链为目标,专注于将氨作为燃料利用的燃气轮机、煤炭火力锅炉的燃烧技术以及固体氧化物型燃料电池(SOFC)的系统化研究。同时,IHI公司已经开发了高效且环境性能优良的燃气轮机及锅炉,掌握了适应不同市场需求的燃烧技术。

在当前分散型电源日益普及为背景下,燃气轮机的需求预计将持续增长。本技术不仅有助于减少二氧化碳排放量,还针对天然气和氨混烧时燃烧速度不同导致的燃烧稳定性问题,以及燃烧过程中可能产生的氮氧化物(NO_x)排放问题进行了深入研究。在此次实验中,利用在氨燃烧方面的丰富经验和积累的燃烧技术,对现有燃烧器进行了改良，使其适用于氨混烧，成功实现了稳定燃烧，并有效地抑制了 NO_x 的生成。

今后 IHI 将持续优化燃烧器的设计，并确立先进的运行控制技术，以探讨进一步降低氮氧化物（NO_x）排放的可行性。IHI 今后将继续致力于氨能源利用技术的开发，以实现低碳社会的目标。

1）成功实现 2MW 级燃气轮机氨混烧 20% 热量比率。2018 年 3 月，IHI 在神奈川县横滨市实施了新燃料的氨和天然气的混烧试验，在 2MW 级燃气轮机中，首次成功实现了 20% 的热量比率的混燃。这一成果标志着氨气作为燃气轮机燃料的燃烧技术向实用化迈出了重要一步。

中型燃气轮机是由 IHI 公司开发的 CH_4/NH_3 混烧用低氮氧化物的燃烧器，利用 2MW 级的燃气轮机进行 CH_4/NH_3 混烧发电实验（氨混烧 20% 燃气轮机试验设备如图 4.5-22 所示）。结果表明，利用 NH_3 混烧，不仅减少了 CO_2 的排放量，同时 NO_x 的排放量可以通过一般的脱硝装置控制在环境规定值以下，并且确认了投入的 NH_3 几乎完全燃烧。

图 4.5-22　氨混烧 20% 燃气轮机试验设备

IHI 公司致力于通过开发高效率的发电技术减轻环境负荷。他们正在推进燃气轮机联合循环（GTCC）技术的研发，该技术是目前火力发电中二氧化碳排放量最小的技术。他们的目标是将 GTCC 的燃料从天然气转换为燃烧时不排放二氧化碳的氢，以实现更加环保的能源利用。

2）IHI 成功实现 2MW 级燃气轮机氨混烧 70% 技术突破。在 2018 年 3 月，IHI 公司成功验证了其在证实了在 2MW 级燃气轮机中稳定混烧 70% 比例氨和天然气的燃烧技术，有效降低了 NO_x 排放量。为了进一步减少二氧化碳排放量，提高氨的混烧比例成为研究重点。然而，由于向燃气轮机供给大量氨气需要增加蒸发器、控制阀等附带设备的规模，这无疑增加了设备成本。因此，自 2019 年 5 月开始，IHI 与东北大学的小林秀昭教授以及产业技术综合研究所展开合作，共同开发了将液态氨直接喷雾到燃烧器以实现稳定燃烧的技术。该技术无需额外的辅助设备，且提高了控制性，展现了显著的优势。

三菱动力推动 100%氨燃气轮机系统研发。三菱动力公司正致力于研发以 100%氨为燃料的 2MW 级燃气轮机系统。他们基于成熟的 H-25 型燃气轮机技术，旨在开发低氮氧化物排放的燃烧器，并结合脱硝装置，以实现燃气轮机系统的实用化。氨作为燃料时，其燃烧过程中不产生二氧化碳，因此具有无碳发电的潜力。三菱动力计划通过燃烧试验等手段，争取在 2025 年后将该技术推向实用化。这种直接使用 100%氨燃料的直接燃烧燃气轮机技术的实用化，在全球范围内尚属首次，对产业领域及中小规模发电厂的碳减排将产生深远影响。

如图 4.5-23 和图 4.5-24 展示了氨供给设备以及燃烧液体氨的 2.0MW 级燃气轮机。

图 4.5-23　氨供给设备

由于氨的燃烧速度相对较慢，且液氨的气化潜热高，会导致燃烧器内温度急剧下降。因此，混烧液氨与天然气的混烧技术曾被认为难以实现稳定燃烧和氮氧化物排放的抑制。然而，IHI 公司成功地将该技术应用于 2MW 级燃气轮机，并在 2020 年 10 月进行一系列开发试验，最终实现了混烧率为 70%的稳定燃烧，并有效抑制了氮氧化物的排放。尽管仍面临一些挑战，但 IHI 在仅使用液氨方面已取得了重要进展，并继续致力于实现更稳定的燃烧和 NO_x 等有害成分的抑制，计划在 2025 年前实现氨专烧燃气轮机的商业化。

图 4.5-24　燃烧液体氨的 2.0MW 级燃气轮机

氨作为一种可燃气体，其应用前景广阔，不仅可以直接用于发电等领域，而且燃烧过程中不排放二氧化碳，被认为是实现碳中和社会的关键能源之一。此外，氨在肥料和化学原料领域已有广泛应用，其供应基础设施也相对完善，因此，氨作为能源的社会实施具备较高的可行性。

展望未来，为实现氨燃料的广泛应用，需要构建大规模、低成本、清洁的氨气供应体系。IHI 公司正积极推进各项措施，通过建立"绿色氨"和"蓝色氨"的供应网络，致力于实现供应链的整体碳中和。同时，IHI 通过燃烧技术的研发，不仅扩大了氨的需求，还积极参与供应链的构建，并通过早期实施氨气技术，为实现脱碳循环型社会贡献力量。

2021 年 3 月，日本 IHI 公司成功开发了一种创新的燃气轮机技术，该技术允许将液体氨气直接喷入燃烧器，与天然气进行混合燃烧。与天然气进行混合燃烧。此次试验中，首次以高达 70% 的比例实现了液体氨气的混烧，不仅成功达成了稳定燃烧的目标，而且有效抑制了氮氧化物（NO_x）的排放。更进一步，该技术还成功实现了 100% 纯氨气的燃气轮机运行，标志着燃气轮机技术的一大进步。图 4.5-25 展示了这款液体氨/天然气混烧的 2MW 级燃气轮机。

鉴于氨气的燃烧速度较慢，实现稳定燃烧颇具挑战，同时液体氨气的高汽化潜热可能导致燃烧器内温度骤降。在这个项目中，IHI 公司充分利用了在航空发动机开发中累积的丰富经验，对燃烧器进行了改良，成功开发了液体氨气与天然气混合燃烧技术。技术该技术特别适用于适用于 2000kW 级燃气轮机，在 2020 年 10 月进行了各种试验中，不仅实现了 70% 混烧比例下的稳定燃烧，而且有效控制了 NO_x 的生成。尽管目前

图 4.5-25 液体氨/天然气混烧 2MW 级燃气轮机

还存在一些待解决的问题，但液体氨气的运行试验已取得了显著成果。IHI 正继续致力于提升燃烧稳定性并减少有害排放，以期在 2025 年实现氨气专用燃气轮机的商业化。

氨气作为一种可燃气体，在发电等领域具有直接应用潜力，且燃烧过程中不会排放二氧化碳，因此被视为实现碳中和社会的理想能源。为了实现氨气的广泛应用，必须确保大规模、低成本的绿色氨气供应。为此，IHI 正积极研究绿色氨气和蓝色氨气的供应网络，旨在实现整个供应链的碳中和。

在燃烧技术研发方面，IHI 不仅致力于扩大氨气的需求，还在积极构建与供应链相关的技术体系，并努力将这些技术早日应用于社会，为实现脱碳循环型社会贡献力量。

IHI 的燃气轮机技术已经取得了重要突破，最初利用 100% 液氨作为燃料成功实现了无碳（CO_2）发电，并在燃烧过程中将温室效应气体的排放削减了 99%。进一步地，在 2.0MW 级燃气轮机中，IHI 成功实现了仅使用液氨作为燃料进行无二氧化碳发电，且燃烧过程中产生的温室效应气体削减率超过 99%。

由于氨（NH_3）不含碳（C），因此可作为燃烧时不排放二氧化碳的燃料，适用于现有发电设备。IHI 开展的将液氨直接喷雾燃烧技术具有简化供给系统、提高控制性等显著优点。然而，液态氨的燃烧性较天然气低，因此在提升氨混烧率时，稳定氨的燃烧和抑制废气中温室效应气体的排放成为技术挑战。尤其是在超过 70% 的高氨混烧率下，会产生氧化亚氮（N_2O），这是一种温室效应气体，其温室效应约为二氧化碳的 300 倍。因此，即使削减了二氧化碳的排放量，温室效应气体的总量仍可能无法有效减少，这成为一个亟待解决的问题。图 4.5-26 展示了 N_2O 浓度以及温室效应气体削减率的相关数据。

在 IHI，公司正在适宜的可再生能源地区推进绿色氨项目，旨在实现无二氧化碳排

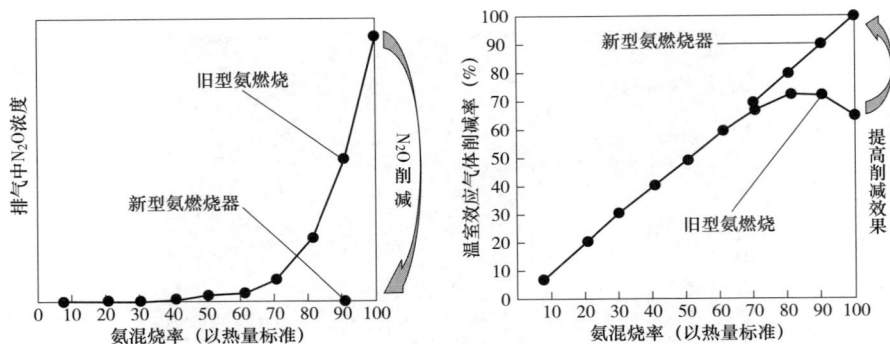

图 4.5-26　N_2O 浓度以及温室效应气体削减率

放的生产过程。同时，IHI 也在积极构建氢氨价值链，并通过提供有效利用二氧化碳的碳循环技术等解决方案，为实现 2050 年碳中和的社会目标贡献力量。

（七）大型燃气轮机氨混烧发电技术

鉴于大型燃气轮机可以稳定地利用氢气进行高效发电，构建一套完整的，因此构建氢气的制造、输送、储存等供应链体系至关重要。目前，氢气的制造、输送、储存策略已涵盖液化氢、氨以及有机氢化物等多种能源媒介。

由三菱重工设计工程公司和三菱日立动力公司共同研发的几百兆瓦级大型燃气轮机系统，创新性地采用氨作为氢气媒介。该系统利用氨的易储存、易运输特性，开发了甲烷/氢混合燃料燃气轮机供氢系统。相较于中小型燃气轮机，大型燃气轮机在燃烧氨时面临燃烧器尺寸限制更为严格和高温燃烧条件下 NO_x 控制更为复杂的技术挑战。因此，该系统并未直接利用氨作为燃料，而是通过分解氨产生氢气供给燃气轮机使用。

氨作为氢能源的载体，在甲烷/氢混烧的燃气轮机供氢系统中展现出显著优势。该系统巧妙地利用了大型燃气轮机联合循环发电（GTCC）中的燃气轮机排气余热与催化剂，将氨分解为氢气，并直接供给燃气轮机使用。经过精心的设计研究和验证，该系统的可行性已得到确认，同时其能源效率在保持 GTCC 系统整体效能的同时，实现了小幅提升。

尽管甲烷/氨混烧的燃气轮机技术已经得到验证，但如何最优化地分配燃气轮机的排气余热，使其既能满足汽轮机发电的需求，又能高效地进行氨分解产生氢气，仍是一个待解的问题。此外，如何在高温高压条件下稳定、高效地运行氨分解装置，也是当前研究的重点。

自 2017 年起，三菱日立动力公司便对氨作为能源载体的燃气轮机系统进行了深入研究。氨不仅拥有液化氢 1.5 倍的体积氢气密度，还能充分利用现有的基础设施，如液化石油气（LPG）的储存与运输系统。在此基础上，公司还积极探索了氨作为燃料在微型燃机和小型燃气轮机中的直接燃烧技术，并总结了氨燃烧在大型燃气轮机中的应用特点（见表4.5-4）。

同时，三菱日立动力公司还致力于研究氨的热分解技术，将其转化为氢气并应用于燃气轮机的燃烧系统。在氨热分解燃气轮机原理中（见图4.5-27），原料氨需在催化剂作用下加热至高温以促进分解反应。虽然每摩尔原料氨需消耗46kJ/mol的反应热，但生成的氢气具有较高的发热量（化学再生，228.6kJ/mol），因此从理论上讲，该过程并不会降低系统效率。为确保氨分解过程中的环境友好性，公司还研发了高效的分解装置，以显著降低残留氨的含量，从而避免NO_x的生成。

表4.5-4　　　　　　　　　　氨燃烧及其用于大型燃气轮机特点

氨燃烧特点	用于大型燃气轮机特点
燃烧速度迟缓 （甲烷的1/5）	为了确保完成燃烧所需的时间，燃烧器尺寸偏大。 因为大型燃气轮机是多缸式燃烧器，加大燃烧器尺寸受制约
燃烧中含有氮气	在燃烧过程中，NO_x（氮氧化物）的产生是一个重要的问题。对于大型燃气轮机来说，热力型NO_x的排放量通常在规定的允许范围之内，但由于燃烧气体的高温化，燃烧过程中产生的NO_x的允许余量变得相对较小。 为了降低NO_x的排放，常采用二段燃烧技术。然而，在大型燃气轮机中实施二段燃烧技术时，会面临燃烧器大型化和复杂化等技术挑战。这些挑战包括燃烧器的设计、制造、安装和运行等多个方面，需要综合考虑各种因素，以确保燃烧过程的高效、稳定和环保。 因此，在设计和运行大型燃气轮机时，需要充分考虑NO_x排放的控制问题，采取合适的技术措施，如优化燃烧器设计、调整燃烧参数、使用低氮燃烧器等，以降低NO_x的排放量，满足环保要求

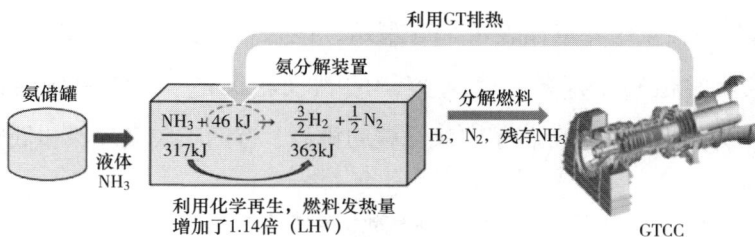

图4.5-27　氨热分解燃气轮机原理示意图

注　资料来自日本 配管技术 2018.10 大崎 Coolgen（株）绀野 亚纪子、椎屋 光照 "酸素吹 IGCCプロジェクト"。

鉴于大型燃气轮机能够稳定地利用氢气进行高效发电，构建一套完整的氢气制造、输送、储存的供应链体系至关重要。目前，氢气的制造、输送、储存策略已涵盖液化氢、氨以及有机氢化物等多种能源媒介。

由三菱重工设计工程公司和三菱日立动力公司共同研发的几百兆瓦级大型燃气轮机系统，创新性地采用氨作为氢气媒介。该系统利用氨的易储存、易运输特性，开发了甲烷/氢混合燃料燃气轮机供氢系统。相较于中小型燃气轮机，大型燃气轮机在燃烧氨时面临燃烧器尺寸限制更为严格和高温燃烧条件下 NO_x 控制更为复杂的技术挑战。因此，该系统并未直接利用氨作为燃料，而是通过分解氨产生氢气供给燃气轮机使用。

作为氢能源的载体，氨在甲烷/氢混烧燃气轮机供氢系统中发挥了关键作用。该系统利用大型燃气轮机联合循环发电（GTCC）系统中燃气轮机的排气余热和催化剂，有效分解氨产生氢气，进而实现氢能的高效利用。经过深入研究与设计验证，该系统的能源效率略高于传统的天然气（CH_4）燃烧的 GTCC 系统。

自 2017 年起，三菱日立动力公司便针对氨作为能源载体的燃气轮机系统展开深入研究。氨以其 1.5 倍于液化氢的体积氢气密度，以及能够利用现有基础设施（如液化石油气 LPG 的储存与运输系统）的优势，成为理想的氢能载体。此外，该公司还积极探索氨作为燃料的微型燃机和小型燃气轮机的直接燃烧技术，以及氨的热分解转化为氢气并用于燃气轮机燃烧系统的技术路径。

在氨热分解转化为氢气的技术中，原料氨需在催化剂作用下加热至较高温度以促进分解反应。尽管此过程需要投入反应热（每摩尔原料氨约 46kJ/mol），但生成的氢气具有较高的发热量（化学再生，228.6kJ/mol），因此理论上不会降低系统效率。为防止氨分解过程中残留微量氨产生 NO_x，需选用合适的分解装置以降低残留氨含量。通过综合研究与实践，三菱日立动力公司成功验证了氨热分解燃气轮机的技术可行性，为氢能源在大型燃气轮机领域的应用提供了有力支持。

氨分解燃气轮机系统特点如表 4.5-5 所示，该系统最大的优势在于其改造工程量相对较小，且非常适用于高效率和大容量的燃气轮机系统。该系统通过利用无碳（CO_2）的氨作为能源，显著降低了二氧化碳的排放，有助于实现环保和低碳的目标。

表 4.5-5　氨分解燃气轮机系统特点

项目	系统特点
高效率	在分解过程中所需的热能，由于采用了通过化学反应（化学再生）生成氢的方法，使得产生的发热量增加。从原理上讲，这种方法并不会降低系统的效率。相反，它可以支持构建更高效率的 GTC 组合，从而实现整体高效率的能源系统
导入性	主要开发设备是氨分解装置，燃气轮机侧的改造部分工程量较少

续表

项目	系统特点
灵活性	氨分解氢气专烧、与天然气混烧等多种燃烧方式均支持，可根据燃烧器性能的变化、现有基础设施的构建状况以及当地特定条件，灵活构建并调整出最适合的系统配置
CO_2 排放效果	GTCC 出力 500MW 设备利用率为 70%，当 100% 利用氨时，年削减 $80 \times 10^4 t$ 的 CO_2 的排放量
发展性	分解装置所需的热源并不仅限于燃气轮机排气余热，它同样可以适用于常用氢气供应链的构成设备上，展现出其广泛的适用性和灵活性

在使用氨分解燃气轮机系统时，不仅可以充分利用当前正在开发中的燃气轮机用氢气燃烧器，还能有效地将已开发的氨分解装置集成到系统中，作为常用氢气供应链的重要组成部分。这种灵活性和兼容性使得氨分解燃气轮机系统成为一个既高效又环保的能源解决方案。

五、氨/煤直接混烧锅炉

（一）燃煤火力发电锅炉氨直接混烧

燃煤火力发电锅炉氨直接混烧技术是一种创新的燃烧策略，旨在减少二氧化碳及氮氧化物的排放。该技术通过将氨（NH_3）与煤粉直接混合并喷入锅炉燃烧室，在高温条件下进行化学反应。在这一过程中，氨气分解生成氮和水蒸气，从而避免了传统燃烧方式产生的大量 NO_x。

氨直接混烧技术的原理在于，其能在不增加其他污染物的前提下，显著降低 NO_x 的排放。此外，该技术还具备降低燃料成本和提高燃烧效率的优势。相较于传统的 SNCR（选择性非催化还原）或 SCR（选择性催化还原）技术，氨直接混烧技术无需额外添加脱硝剂，因此具有显著的成本效益。同时，它还能提高煤粉的燃烧效率，减少能源浪费。

总的来说，氨直接混烧技术是一种极具潜力的燃烧技术，它在减少燃煤火力发电锅炉的 NO_x 排放的同时，还具备成本效益和节能优点。目前，该技术正受到广泛关注和研究，被认为是降低火力发电 CO_2 排放的重要手段。

通过氨的直接利用技术，可以在各领域化石燃料的利用过程中降低 CO_2 排放。根据国际能源署（IEA）的 *The Future of Hydrogen* 报告，该技术被视为减少现有煤炭火力发电 CO_2 排放的关键手段。尽管报告认为在未来，该技术的作用可能会逐渐减弱，但考虑到煤炭火力发电目前仍是全球主要的发电方式，并且从设备寿命来看，至少在未来二十年内，它仍将在全球发电量中占据相当大的比例。因此，氨直接混烧技术对于推动火力发电行业的绿色转型具有重要意义。

1. 氨/煤直接混烧技术的原理

氨/煤直接混烧技术是在传统燃煤锅炉基础上，引入氨供应系统的一种创新技术。该技术通过精确控制氨和煤的混合比例和喷射位置，实现氨和煤的混合燃烧。氨和煤的混合与高效燃烧。在这一过程中，氨与煤的混合燃烧能够降低氮氧化物（NO_x）和二氧化碳（CO_2）等气体排放量。

氨/煤直接混烧技术的原理主要包括可以下步骤：

（1）氨的制备。制备好的氨/煤混合物之前，首先需要先制备氨。氨可通过哈伯-博斯特法（Haber-Bosch Process），在高温高压条件下通过氮气和氢气的催化反应合成氨气。

（2）氨/煤混合。制备好的氨气随后与煤粉进行混合。混合的比例根据实际的应用需求和锅炉特性进行调整。在某些情况下，可能需要增加氨的比例以提高燃烧过程中的氮气含量；而在其他应用中，可能更侧重于煤的燃烧以产生更多的热能。

（3）燃烧过程。混合好的氨和煤粉进入燃烧室，在高温条件下点燃。燃烧过程中，氨分解产生氮气和水蒸气，而煤则通过燃烧释放热能。这一过程中，氨的加入能够有效抑制氮氧化物的生成，从而降低 NO_x 的排放。

总而言之，氨/煤直接混烧技术的核心原理是通过氨和煤的混合燃烧，在提供能源的同时显著降低污染物排放。该技术不仅提高了能源利用效率，还有助于推动火力发电等行业的绿色转型。

2. 氨/煤直接混烧技术的显著优势

（1）显著降低氮氧化物排放。氨/煤直接混烧技术通过在锅炉内进行混合燃烧过程，能够极大地减少氮氧化物（NO_x）的排放。在燃烧过程中，氨在高温条件下仅分解氮气和水，不产生 NO_x。因此，相较于传统燃煤锅炉，氨/煤直接混烧技术能显著地将 NO_x 的排放量降低至50%以上。

（2）有效抑制二氧化碳排放。该技术通过混合燃烧的方式，提高了燃烧效率，使得煤的利用率更高。这不仅减少了煤的消耗，同时也降低二氧化碳的排放量，对环境保护起到了积极作用。

（3）提升能源利用效率。氨/煤直接混烧技术通过优化燃烧过程，提高了煤的燃烧效率，从而增加了发电厂的能源利用效率。相较于传统燃煤锅炉，该技术能够实现3%

至 4% 的能源利用效率提升。

（4）降低发电成本。虽然氨的初始成本可能较高，但由于氨/煤直接混烧技术显著提高了能源利用效率，减少了煤的消耗，从而降低了整体的发电成本。综合来看，该技术相较于传统燃煤发电厂，在成本控制方面具有一定的优势。

3. 氨/煤直接混烧技术的关键

（1）氨的供应和控制技术。需要在锅炉中加装氨供应系统，通过控制氨的喷射位置和供应量等参数，实现氨和煤的混合燃烧。氨的供应和控制技术是氨/煤直接混烧技术中的关键技术之一，需要具备较高的技术水平和经验。

（2）混烧比例的控制技术。氨和煤的混烧比例对混烧效果和排放减排效果具有重要影响。如果混烧比例过低，将不能有效降低氮氧化物的排放量；如果混烧比例过高，将会影响锅炉的安全性和稳定性。因此，混烧比例的控制技术也是氨/煤直接混烧技术中的关键技术之一。

（3）锅炉改造技术。需要对传统燃煤锅炉进行改造，采用加装氨供应系统、改变燃烧方式等。因此，锅炉改造技术也是氨/煤直接混烧技术的关键技术之一。

4. 氨/煤直接混烧技术的关键

（1）氨的供应和控制技术。需要在锅炉中加装氨供应系统，通过控制氨的喷射位置和供应量等参数，实现氨和煤的混合燃烧。氨的供应和控制技术是氨/煤直接混烧技术中的关键技术之一，需要具备较高的技术水平和经验。

（2）混烧比例的控制技术。氨和煤的混烧比例对混烧效果和排放减排效果具有重要影响。如果混烧比例过低，将不能有效降低氮氧化物的排放量；如果混烧比例过高，将会影响锅炉的安全性和稳定性。因此，混烧比例的控制技术也是氨/煤直接混烧技术中的关键技术之一。

（3）锅炉改造技术。需要对传统燃煤锅炉进行改造，采用加装氨供应系统、改变燃烧方式等。因此，锅炉改造技术也是氨/煤直接混烧技术的关键技术之一。

5. 氨/煤直接混烧中减少 NO_x 排放的策略

氨/煤直接混烧是一种将氨和煤混合后进行燃烧的一种工艺。在此过程中，氨在高温下分解产生氢气和氮气，这些气体与煤燃烧时产生的氮氧化物（NO_x）进行反应，从而降低 NO_x 的排放。

为了进一步提升 NO_x 的减排效果，以下是一些推荐的氨/煤直接混烧策略：

（1）优化燃烧器设计。通过改变燃烧器结构和设计，能够精确控制煤的燃烧温度以及混合气体的分布，从而有效降低 NO_x 的排放。

（2）应用 SNCR 技术。选择性非催化还原（SNCR）技术通过在燃烧过程中注入氨。使氨与 NO_x 发生化学反应，在 SNCR 过程中，注入氨，使氨与 NO_x 发生化学反应，生成氮气和水，显著降低 NO_x 的排放。

（3）实施 SCR 技术。选择性催化还原（SCR）技术通过催化剂的作用，使氨与 NO_x 在较低的温度下反应，生成氮气和水，实现 NO_x 的高效减排。

（4）引入氧化剂注入技术。通过精确控制氧气在燃烧过程中的注入量和位置，改善煤的燃烧过程，进而降低 NO_x 的排放。

综上所述，氨/煤直接混烧过程中降低 NO_x 排放的策略具有多样性，可结合实际情况选择合适的策略或策略组合，以实现最佳的减排效果。

6. 煤粉与氨混烧的燃烧特性分析

氨作为一种潜在的燃料，被探索与煤粉混烧的可能性，特别是在燃煤火力发电厂中。由于氨的燃烧速度相对较慢，它与煤粉混烧能够降低火力发电厂的 CO_2 排放。大阪大学的研究团队对煤粉与氨混烧的燃烧特性进行了深入研究。

在煤粉与氨混烧的过程中，人们主要关注的一个问题是 NO_x 排放量的增加。为了寻求降低 NO_x 排放量的方法，电力中央研究所进行了煤粉/氨混烧试验，其中氨混烧率为 20%，并通过注入氨的策略来减少 NO_x 的排放。

研究表明，氨可以在燃煤火力发电设备的锅炉中稳定燃烧。在实证试验炉（10MW）中，即使氨的混烧率达到 20%（热量等价），排气中的 NO_x 值也能保持在与单独燃烧煤炭相同的水平。

水岛火力发电厂 2 号机组在 120MW 输出功率中，成功地将相当于 10MW 的燃煤置换为氨进行发电，且未出现 NO_x 排放增加的问题。目前，正在开发能够混烧高达 60% 氨的燃烧器（在 10MW 级试验炉上进行测试）。

基于这些基础研究结果，日本中国电力在该公司现有商用机的水岛火力发电厂 2 号机（出力 15.6MW）上进行了利用实际煤炭进行煤粉/氨的混烧试验。使用了实际煤炭作为原料，试验结果显示，氨的混烧不仅成功减少了 CO_2 的排放量，而且作为燃料的氨被完全燃烧，无残留排放。NO_x 的排放量与单独燃烧煤炭时相差无几，符合环境排放标准。混烧率通过发电厂现有的氨气化器能力控制在 0.6%~0.8% 之间。

煤粉与氨的混合燃烧技术作为减少二氧化碳排放的有效策略，在火力发电厂的商业运行中展现出良好的兼容性与稳定性，这一重大突破具有里程碑意义。水岛火力发电厂 2 号机组成功实施的煤炭与氨（NH_3）混合燃烧发电试验，不仅避免了对脱硝系统的复杂改造，还高效利用了现有设备资源，开辟了低成本减排 CO_2 的新途径。

进一步地，在1000MW级的大型商用煤炭火力发电设施中，采用氨混烧燃烧器进行的20%氨混烧实证运行也取得了显著成效。具体而言，若一家配备有100万kW机组的燃煤火力发电厂引入此技术，实现20%的氨混烧比例，预计每年将消耗约50万t氨，同时能够相应地减少约20%的CO_2排放量。这一实际案例不仅验证了煤粉与氨混烧技术在减排方面的巨大潜力，也为其在更广泛范围内的推广和应用奠定了坚实基础，展现了广阔的绿色发展前景。

7. 利用氨在火力发电的混烧技术

在火力发电领域，为了降低碳排放并探索更为环保的能源解决方案，日本一直在努力研究并开发新型混烧技术。从2014年到2018年，日本通过其"战略创新创造计划（SIP）"，针对煤炭火力发电的混烧技术，成功开发了能够有效抑制NO_x产生的20%混烧燃烧器。而在随后的2018~2020年间，此技术又在大容量燃烧试验设备中进行了深入的混烧试验，以验证其在实际应用中的性能。

然而，随着对零碳能源解决方案的深入探索，氨作为一种无碳燃料，逐渐成为研究的焦点。相较于煤炭，氨在燃烧时具有较低的火焰温度和较少的辐射热量。为了充分利用氨的这些特性，并进一步提高其在火力发电中的混烧率，以实现未来的专烧化目标，日本正致力于开发新的收热技术，以确保发电所需热量的稳定供应。

在2030年之前，日本设定的目标是为燃煤火力发电导入并普及20%的氨混烧技术。为实现这一目标，从2021年开始的四年间，日本通过利用实际设备进行了20%氨混烧的实证测试，成功确立了这一技术的可行性和实用性。接下来，通过与电力公司的合作，日本计划将经过验证的、能够有效抑制NO_x产生的混烧燃烧器安装到现有的发电厂中，并逐步引入燃料氨作为新的能源供应方式。

然而，在推广和使用燃料氨的过程中，日本也面临着一些法律和政策方面的挑战。目前，燃料氨的法律地位尚未明确，这在一定程度上影响了其在能源领域的应用和推广。为此，日本正在通过修订《能源供给结构高度化法》和《节能法》等相关法律，对燃料氨的非化石价值和能源投入量进行科学的评估和法律上的评价，以确保其能够在能源政策中得到适当的定位和推广。

综上所述，日本在火力发电领域利用氨进行混烧技术的研究和应用取得了显著的进展。通过不断的研发和实践，日本正逐步将氨作为一种新型的无碳燃料引入到火力发电中，为实现能源结构的转型和碳排放的降低做出积极的贡献。

在推进全球能源转型的道路上，除了加大燃料氨的利用外，还需全力构建稳固的全球燃料氨供应链。为实现全球脱碳社会的宏伟目标，需摒弃传统的化石燃料框架，积极推动综合资源外交。以下是具体的实施策略：

（1）提高国际机构（如 IEA 和 IRENA 等）对燃料氨的认知与重视，提升其在全球能源转型中的地位。

（2）通过与石油、天然气生产国及可再生能源富集地（如北美、澳大利亚、中东、亚洲等）以及潜在需求国（特别是亚洲国家）双边和多边会谈与政策对话，增进合作，共同推进燃料氨的国际合作项目。

为实现国际燃料氨的流通和利用的顺畅，标准化是不可或缺的一环。这包括与氨管理方法、燃烧设备性能等方面的标准制定。应设立专门的工作组，在清洁燃料氨协会（CFAA）的框架内，与国际合作伙伴共同制定和完善与氨为燃料的规格、燃烧过程中氮氧化物排放等相关的国际标准和规范。

同时，还应积极探索燃料氨的新应用领域，如船舶运输、工业应用等。鉴于国际海事组织（IMO）在 2018 年已制定温室气体减排战略目标，推动国际海运业的脱碳化，燃料氨作为潜在的船舶燃料，其应用前景广阔。

在技术创新方面，应着重推动氨与煤的混烧技术发展。至 2050 年，应积极研发热回收技术，并确保在煤炭火力发电实际机组中至少实现 50% 的氨混烧技术应用。同时，针对这一技术，还应开发专用的燃烧技术，以期实现对现有火力发电方式的逐步替代。这不仅将助力全球脱碳进程，还将极大推动我国绿色产业的发展。

（二）氨/煤直接混烧技术的发展现状

1. 氨与煤直接混烧技术现状

目前，氨与煤的直接混烧技术已成为全球能源领域的研究热点和实际应用技术。在中国，浙江金华燃煤发电厂、内蒙古乌拉特前旗燃煤发电厂等多个火力发电厂已成功采用氨与煤的直接混烧技术。此外，国际知名企业，如德国西门子公司、美国通用电气公司、日本三菱等也在研究开发和应用该技术。

在技术研究方面，降低氨的生产成本是氨与煤直接混烧技术的关键挑战之一。研究者们正在致力于探索利用风能、太阳能等可再生能源生产氢气，并通过氮气与氢气反应来制备氨，以降低氨的成本。

同时，为了进一步优化燃烧效率和减少碳排放，研究者们还在探索使用生物质、垃圾焚烧等其他替代燃料与氨混烧的方法。这些方法旨在进一步降低碳排放量和氮氧化物排放量。

总体而言，氨/煤直接混烧技术作为一种清洁能源技术，在能源利用效率和减排方面表现出色。随着技术的不断进步和广泛应用，相信它将在未来能源领域发挥更加重要的作用。

2. 煤粉跟氨混烧时的燃烧特性

在煤粉与氨混烧的过程中，氨作为一种燃料在燃煤火力发电厂中展现出独特的燃烧特性。由于氨的燃烧速度较慢，它适合与煤粉混烧，有助于减少火力发电厂的二氧化碳排放。大阪大学的研究小组对煤粉与氨混烧时的燃烧特性进行了深入研究。

在混烧过程中，人们普遍关注氮氧化物（NO_x）的排放问题。然而，通过电力中央研究所进行的煤粉/氨混烧试验（氨混烧率为20%），证实了通过改进氨的注入方法，可以有效减少 NO_x 的排放。

氨气在燃煤火力发电设备的锅炉中能够稳定燃烧。在一项实证试验中，即使在氨混烧率达到20%（热量等价）的情况下，排放的 NO_x 值也能保持与纯煤燃烧相同的水平。

在水岛火力发电站的 2 号机组中，已经成功进行了将相当于 10MW 的煤炭替换为氨的发电试验（输出功率为 120MW），且 NO_x 排放值与无氨混烧时相同。目前，研究团队正在开发可实现高达 60% 混烧比例的燃烧器（在 10MW 级试验炉中进行测试）。

（三）氨混烧火力发电技术研究与实证项目

在氨混烧火力发电技术研究和实证项目中，成功研发了在燃料氨混烧20%时有效抑制氮氧化物排放的技术。这项技术从 2020 年开始，被实际应用于 1000MW 级的发电设备中。

1. 项目时间跨度

该项目 2021 年持续至 2024 年。

2. 项目内容概述

项目主要涵盖以下两方面：

（1）探索并发展无碳（CO_2）氨燃料技术在火力发电厂中的高效利用方法；

（2）在 1000MW 级燃煤火力发电系统中，进行 20% 氨混烧技术的实证研究预测试。

日本已规划在 2030 年前，将国内 300 万 t 氨气作为混烧燃料，应用于煤炭火力发电中，以此减少二氧化碳的排放量。具体规划如下：

1）直至 2030 年，预计使用燃料氨的总量为 300 万 t。在单台 100 万 kW 的煤炭火力发电机中，若混烧 20% 的氨，每年大约需要 50 万 t 的燃料氨。按此推算，相当于在 6 台煤炭火力发电机中实施混烧技术。

2）氨的标准高位发热量达到 22.5MJ/kg。

3）煤炭火力发电（超临界压力）的发电效率为 40%。

4）煤炭火力发电（超临界压力）的 CO_2 排放系数为 0.82kg/kWh。

预计，到 2050 年，该措施有望显著减少约 11.5 亿 t 的二氧化碳排放量。将氨作为无碳（CO_2）发电燃料，不仅为现有燃煤电厂提供了一种经济且切实可行的减排方案，更超越了生物质燃料的限制。

根据实证试验结果，在评估燃煤火力发电中的煤粉/氨的混烧技术时，发现了无需依赖脱硝装置等现有设备，就能以较低成本实现 CO_2 排放削减的潜在技术。

另外，为了在实际燃煤火力发电燃煤锅炉中实施煤粉/氨混烧技术，并研发出减少产生氮氧化物（NO_x）排放的煤粉/氨混烧燃烧器，IHI 公司深入分析了煤粉/氨混烧过程中的受热特性变化。由于氨的火焰温度相对较低，还减少了炉内烟气和粉煤灰颗粒，这可能会改变炉内壁的受热分布。研究结果证实，在 20% 混烧率下，新开发的煤粉/氨混烧燃烧器能够控制 NO_x 排放至与专烧煤相同的水平，同时锅炉的受热特性变化并不显著。

预计这一策略的实施将在 2050 年减少约 11.5 亿 t 的二氧化碳排放量。引入氨作为无碳（CO_2）发电燃料，为现有燃煤电厂提供了一种经济且切高效的减排方案，其潜力远超越生物质燃料。

根据实证试验结果，在燃煤火力发电中评估煤粉/氨混烧技术时，发现了无需依赖脱硝装置等现有设备，即可通过低成本实现显著的 CO_2 排放削减。

燃煤火力发电厂锅炉氨混烧燃料氨的示意图详见图 4.5-28。

此外，为了成功在实际燃煤火力发电燃煤锅炉中实施煤粉/氨混烧技术，并降低氮氧化物（NO_x）排放，IHI 公司深入分析了煤粉/氨混烧燃烧过程中受热特性的变化，由于氨的火焰温度较低，该技术还减少了炉内烟气和粉煤灰颗粒的产生，对炉内壁的受热分布影响较小。研究结果表明，在 20% 的混烧率下，新开发的煤粉/氨混烧燃烧器能够控制 NO_x 排放的至与专烧煤相同的水平，同时锅炉的受热特性变化不大。

日本中国电力水岛发电厂锅炉混烧氨试验现场如图 4.5-29 所示。

这种煤粉/氨的混烧技术在燃煤火力发电锅炉中的应用，显著地减少了对现有设备进行大规模改造的需求。因此，除了生物质燃料外，这一技术作为现有燃煤火力发电厂削减 CO_2 排放的经济性有效手段，也受到了电力公司的广泛关注和认可。

氨气在燃煤火力发电设备的锅炉中能够稳定燃烧。在 10MW 实证试验炉中，即使将氨的混烧率提高到 20%（以热量计算），废气中的氮氧化物（NO_x）排放值仍能保持与煤炭专烧时相同的水平。目前，他们正积极研究自 2021 年开始实施 JERA 碧南火力

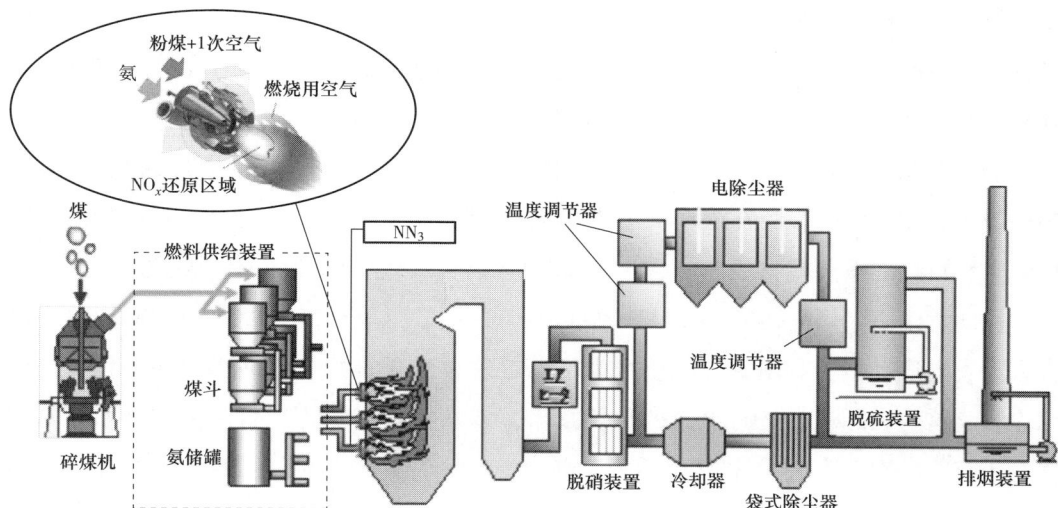

图 4.5-28　燃煤火力发电厂锅炉氨混烧燃料氨示意图

注 资料来自日本资源エネルギー庁"燃料アンモニアサプライチェーンの構築"プロジェクトの 研究開発・社会実装の方向性 2021 年。

图 4.5-29　日本中国电力水岛发电厂锅炉混烧氨试验现场

注 资料来自日本资源エネルギー庁"燃料アンモニアサプライチェーンの構築"プロジェクトの 研究開発・社会実装の方向性 2021 年。

发电厂 1000MW 煤炭火力 20% 混烧实证试验。

为了将在"能源载体"中产生的煤粉/氨的混烧技术的研发成果与实际社会应用紧密结合，NEDO 计划大力推动在实际火力发电厂锅炉中进行长期技术实证。同时，相关企业也为了实际应用进行详细设计和经济性分析工作。

如果每台 1000MW 的机组每年能实现混烧煤炭火力发电的 20% 混烧，那么将需要大约 50 万 t 燃料氨。因此，在扩大燃料氨利用方面，建立新型且大规模供应链显得至关重要。此举不仅能减少 20% 的二氧化碳排放量，还能为环境保护作出显著贡献。

氨的大规模需求主要体现在火力发电领域，特别是利用煤炭火力的氨混烧和专烧，以及作为船舶燃料中利用（因氨的燃烧速度接近煤炭，故与煤炭火力发电形成良好互补）。此外，氢气和天然气火力发电也构成了重要的能源组合。

经济产业省与相关部门合作，共同制定了"2050年碳中和绿色增长战略"。该战略展望了氨作为脱碳燃料在煤炭火力发电站中与煤炭混烧的潜在用途，并将其视为实现碳中和目标的重要燃料之一。为此，战略将燃料氨产业定位为关键领域之一。

在此背景下，国立研究开发法人新能源・产业技术综合开发机构（NEDO）以在煤炭火力发电厂燃料中利用氨气的技术为目标，致力于开展两个相关联的开发和实证研究主题。这些主题包括氨与煤炭的混烧技术，以及构建以氨为燃料的使用体系。基于这些研究，NEDO计划从2030年开始，进一步减少煤炭火力发电厂的 CO_2 排放，并推动氨在氢能社会实际应用中的相关技术开发，为实现碳中和目标贡献力量。

（四）氨/煤直接混烧工业锅炉

氨/煤直接混烧工业锅炉是一种创新的燃烧技术，它结合使用氨和煤炭作为混合燃料氨，以产生蒸汽或热水。这种技术通常被称为氨燃煤技术。旨在推动工业锅炉向更加环保和高效的方向发展。

在氨燃煤技术中，核心目标是显著降低燃烧过程中产生的氮氧化物（NO_x）排放。在高温下，氨可以分解成氢气和氮气，氢气与煤炭共同燃烧，而氮气则不参与燃烧反应，因此能够有效减少了 NO_x 的生成。

氨燃煤技术通常采用先进的喷射燃烧方式，将氨和煤粉混合后喷入锅炉燃烧室。在燃烧室内，混合物迅速雾化并形成燃料云团，随后在高温条件下燃烧，释放出高温高压的热气体，这些气体进一步用于产生蒸汽或热水。

该技术具有显著的优势，不仅能够大幅降低二氧化碳及氮氧化物的排放，实现环保目标，还能够提高燃烧效率，减少烟尘排放。相较于传统燃煤锅炉，氨燃煤技术可将 NO_x 排放降低到 $10\mu L/L$（10ppm）以下，展现出极高的环保性能。

总之，氨/煤直接混烧工业锅炉是一种高效、环保的燃烧技术，逐渐被工业领域广泛应用。

此外，随着工业炉的多样化和复杂化，化石燃料在制造业中的消耗量巨大。在这一背景下，直接利用氨作为燃料的技术也取得了重要成果。

传统的工业炉在燃烧化石燃料时，产生的煤烟（微粒碳成分）能有效辐射热能，增强炉内传热效果。然而，由于氨燃料不含碳原子，无法利用煤烟的固体辐射来传递热能。为了克服这一挑战，并同时提升火焰辐射和抑制 NO_x 生成，大阪大学的研究小组提出了富氧燃烧的组合方式。

大阪大学的研究项目"工业炉中燃料氨的燃烧技术的开发"主要涵盖以下内容：

1. 项目目标

（1）研发辐射传热增强与低氮氧化物（NO_x）排放的燃烧技术。

1）为了深入探索氨燃烧的辐射传热增强和低 NO_x 燃烧机制，计划精确测量氨氧燃烧与富氧燃烧的燃烧速率，并经过严格的测试，从众多反应模型中遴选出最符合实际且效果最优的模型。

2）为确保燃烧器在提供辐射强化效果的同时降低 NO_x 排放，将对 16 个燃烧器的性能进行全面评估。为此，将详细确定 50kW 模型炉的规格，并准备齐全且先进的试验设备，以确保试验的准确性和可靠性。

（2）开发并设计一款高效燃烧器。

1）针对 200kW 级模型炉，将研发并设计一款专用的燃烧器。这款燃烧器将着重在辐射传热性能上实现突破，并具备显著降低 NO_x 排放的能力。同时，该燃烧器还需具备对燃烧性能进行准确评价的功能。

2）在燃烧器的设计过程中，将完成 200kW 级氨-氧试制燃烧器的详细设计工作，确保其在理论上的可行性和实际应用中的高效性。

（3）进行工业炉中燃料氨燃烧的实证评价试验。为验证燃烧器在实际工业炉中的性能，将进行一系列实证评价试验。这些试验将确立氨燃烧的影响评价方法，并为优化燃烧气氛的条件和具体规格提供重要依据。

2. 项目开发内容

（1）实验室喷流扩散火焰研究。深入开展了喷流扩散火焰的实验研究，成功研发了辐射传热增强与低 NO_x 燃烧的尖端技术。通过细致分析实验数据，详细解读了气体辐射机制以及 NO_x 生成的抑制原理，并基于此建立了高精度的数值模拟模型。此外，对 50kW 级模型炉试验设备进行了全面的维护和升级，详细剖析了 50kW 级标准燃烧器的排气特性，为后续研究提供了坚实的基础。

（2）200kW 级模型炉项目。圆满完成了 200kW 级模型炉的辐射传热和低 NO_x 燃烧特性的评价工作，并成功制作了 200kW 级试制氨-氧燃烧器。为了精确掌握试制燃烧器的燃烧特性，在 200kW 模型炉中安装了 17 个排气测量装置，确保数据的准确性和可靠性。

（3）工业炉实证评价试验。针对工业炉中燃料氨的燃烧效果，进行了实证评价试验，特别关注了玻璃熔解实炉中的应用。为此，精心制作了专门用于评价氧燃烧窑炉材料和燃烧气氛的炉具，并制定了详尽的实证试验燃烧条件。从氨气供给设备的设计到整体设备的导入，均按照高标准、严要求圆满完成，为工业炉的燃烧优化提供了有力的数据支持。

（4）大阪大学研究小组的成果。该课题由大阪大学的研究小组主导，利用10kW的模拟燃烧炉进行了深入研究。研究涵盖了氨专烧和甲烷/氨混烧（混烧率为30%）两种工况。他们成功解决了富氧化燃烧强化火焰辐射与火焰温度均匀化的多级燃烧问题，通过基础实验和数值计算，他们明确了在氨燃烧中应用富氧的有效性，并发现水蒸气辐射在传热中起主导作用。

（5）100kW级模拟工业炉的实证。类似的结果也在接近工业炉实际规模的100kW级模拟工业炉的实证研究中得到了进一步确认。大阳日酸公司设计的富氧燃烧器在氨专烧及与甲烷混烧时均表现出色，阐明了燃烧过程中的火焰温度、传热效率和废气成分等关键特性。通过多级燃烧与富氧燃烧的结合，该技术有效控制了氮氧化物的排放，同时实现了火焰辐射的强化。

（6）技术验证与效果。排放浓度，使其符合现行环境标准。这一成果验证了富氧燃烧在强化火焰辐射、降低氮氧化物排放方面的有效性，并展示了其在氨燃烧工业炉中的广泛应用前景。

大阳日酸和日铁日新制钢公司对熔融镀锌钢板生产线前置处理工艺中的脱脂炉进行了深入的实证研究。该研究成功展示了，通过采用甲烷燃料与氨的混烧（混烧率为30%），在不牺牲锅炉传热性能和脱脂性能的前提下，显著减少了30%的二氧化碳排放量。

本项目专注于尚未广泛采用燃料氨利用技术的工业炉，致力于开发氨的燃烧技术，旨在为产业领域的脱碳化提供有力支持。此外，在蓝氨制造领域，已经验证了在小规模工厂中采用低碳合成技术代替传统制造工艺的可行性，即脱碳化及哈伯-博世法，为未来的大型化制造技术开发和制造工艺的整体优化奠定了基础。

通过这两项研究开发工作，为燃料氨的供应链构建提供了关键的支持，包括利用技术和制造技术的建立，为产业领域的脱碳化贡献了重要力量。

与传统燃烃系燃料燃烧器相比，开发的工业炉中燃料氨燃烧技术展现了相媲美的辐射性能，并成功研发出符合环境规定的低氮氧化物排放水平的氨燃烧器。经过在工业炉中的长时间连续燃烧试验，对燃料氨的燃烧特性、安全性、经济性及其对产品质量的影响进行了全面评估，并据此对燃烧器和工业炉进行了优化。

在此，基于上述显著成果，他们已成功设计出了1MW级氨燃烧器及其配套技术，并深入探讨了这些技术在大型工业炉中的实际应用潜力。

附 录

附录 A　国际能源署（IEA）能源情景模块

国际能源署（IEA）为深入探究能源行业的未来发展，制定了三种主要情景分析。每个情景的构想均基于全面的市场与成本数据调研，涵盖了最新的能源市场动态。这些情景对能源服务需求增长背后的经济和人口驱动力有不同的响应，而这些差异往往映射出政府可能采取的各种政策选择，这些选择将直接影响投资决策以及家庭和企业满足能源需求的方式。

这些预测基于全球能源与气候（GEC）模型，该模型是国际能源署（IEA）开发的大型模拟框架。该模型横跨多个国家和地区，将能源需求与供应进行匹配，考虑了多样化的燃料和能源技术，包括当前广泛应用的以及预期即将商业化的技术。GEC 模型通过模拟真实世界中的政策、成本和投资选择间的互动关系，为理解某一领域变化如何影响其他领域提供了洞察。

需要强调的是，这些情景并非预测。它们的目的并非引导读者对未来形成单一预期，而是鼓励深入理解不同因素如何产生不同结果，以及不同行动方案对能源系统安全性和可持续性的潜在影响。

在当前背景下，一个显著的特点是，所有情景均纳入了能源和气候相关政策，以及产业战略，这些战略影响着不同技术可能融入能源组合的速度。这意味着清洁能源系统各组件的制造能力及其地理布局已成为情景构建和设计中的重要考量因素。

这些情景包括：

以下是三种情景的概述：

（1）既定政策情景 STEPS（state policies scenario）。既定政策情景（STEPS）是基于对当前政策前景的细致评估而构建，旨在展现能源系统在当前政策和私营部门动力下的主要发展方向。此情景并不假设额外政策的实施，而是专注于探究在既有政策和市场驱动力作用下，能源系统将如何演变。这一设想并非预测特定结果，而是为政策制定者提供一个参考，以了解当前努力可能引导全球能源系统走向何方。

值得注意的是，STEPS 情景并不预设所有政府目标都将顺利实现。它基于截至2023 年 8 月底的现有政策和措施，进行了逐部门的细致分析。对于新出台的政策，也考虑了行业内的行动，包括清洁能源技术的制造能力，以及这些行动对已出台或宣布的政策之外的市场吸收产生的潜在影响。

在当前分析框架下，STEPS 情景与 2100 年全球气温上升约 2.4℃（概率为 50%）的情景相关联。这一数据为政策制定者和利益相关者提供了一个重要的参考点，以便更全面地评估当前政策对全球气候变化的影响。

（2）宣布承诺情景 APS（announced pledges scenario）。在宣布承诺情景（APS）中，我们假设各国政府将全面、及时地履行其已宣布的气候承诺，包括国家自主贡献（NDCs）和长期净零排放目标。与既定政策情景（STEPS）相似，APS 情景并非旨在实现某一特定结果，而是从自下而上的角度评估各国如何兑现其气候承诺。

在此情景下，那些尚未设定雄心勃勃长期承诺的国家被认为将从清洁能源技术成本的加速下降和更广泛的供应中受益。这些额外的气候和能源目标通过各国的行动计划得以实现，其中包含了所有已包含在 IEA 气候承诺浏览器中的净零排放承诺。

除了政府承诺外，企业和其他利益相关方的承诺也将被纳入考虑，因为它们对政府设定的目标起到了补充和增强的作用。鉴于多数国家的政府尚未全面宣布或制定政策来履行其承诺和保证，APS 情景可以被视为一种激励，表明要实现全球气候目标还需要取得显著的进展。

在 APS 情景下，预计到 2100 年，全球气温上升将被控制在约 1.7℃（可能性为 50%）。这一预测为各国政府、企业和公众提供了一个重要的参考点，以评估当前承诺对于减缓气候变化的实际效果。

（3）到 2050 年净零排放情景 NZE（net zero emission scenario）。净零排放情景（NZE）描绘了一条具有挑战性但切实可行的道路，通过广泛部署清洁能源技术组合，实现全球能源部门在 2050 年前达到与能源相关的净零排放，且不依赖土地使用的额外措施。这一情景认识到，实现能源行业二氧化碳净零排放需要全球公平有效的合作，特别是发达经济体应率先行动，在 NZE 情景中比新兴市场和发展中经济体更早实现净零排放。

此外，NZE 情景还致力于在 2030 年前实现与联合国可持续发展目标中能源相关的具体目标，即普及可靠的现代能源服务，并确保空气质量得到显著改善。这一规范性情景展示了能源部门如何助力将 2100 年全球气温上升限制在比工业化前水平高 1.5℃以内（至少有 50% 的可能性），并超越这一目标限制。

NZE 情景已经得到全面更新，并作为最近发布的净零排放路线图的重点，详细阐述了实现 1.5℃目标的全球路径。尽管每年较高的排放量和实现可持续发展目标的有限进展增加了实现 NZE 情景目标的难度，但根据 IEA 的分析，近期清洁能源过渡的加速意味着实现其目标的道路仍然是可行的。这一情景为各国政府、企业和公众提供了一个清晰的行动框架，以应对气候变化带来的挑战。

附录 B　世界各地区及国家主要能源指标

附表 B-1 列出了选定地区/国家的主要经济和能源指标。同时世界各地区、国家主要能源指标见附表 B-2~附表 B-10 所示。

这些资料均来自国际能源署（IEA）*World Energy Outlook 2023*。

附表 B-1　　　　　　　　　2022 年按地区/国家分列的主要经济和能源指标

国家和地区	人口（百万人）	能源供应总量（EJ）	人均电力需求（kWh/人均）	每千人拥有车辆（辆/千人）	CO_2 排放量（Gt）	人均 CO_2 排放量（t/人）
美国	336	94	12133	682	4.7	14
拉美及加勒比海	658	37	2253	137	1.7	3
欧盟	449	56	5521	557	2.7	6
非洲	1425	36	508	25	1.4	1
中东	265	36	4190	175	2.1	8
欧亚大陆	238	42	5051	193	2.4	10
中国	1420	160	5612	201	12.1	9
印度	1417	42	926	31	2.6	2
日本和韩国	177	29	8703	490	1.7	9
东南亚	679	30	1592	63	1.7	3

附表 B-2　　　　　　　　世界各地区、国家能源供应总量　　　　　　　　　　　　EJ

项目		历史数据			既定政策情景（STEPS）		宣布的承诺情景（APS）	
		2010 年	2021 年	2022 年	2030 年	2050 年	2030 年	2050 年
世界		541.3	624.0	632.0	667.9	725.0	627.7	622.9
北美	总计	112.4	111.6	114.5	108.3	101.2	103.4	87.5
	美国	94.0	91.7	93.8	87.3	79.2	83.4	70.4
中美洲和南美洲	总计	26.6	28.5	29.1	32.6	40.7	32.2	38.4
	巴西	12.2	13.8	14.0	16.0	19.2	16.1	19.1

续表

项目		历史数据			既定政策情景（STEPS）		宣布的承诺情景（APS）	
		2010 年	2021 年	2022 年	2030 年	2050 年	2030 年	2050 年
欧洲	总计	89.2	82.1	78.2	74.5	66.6	71.2	57.6
	欧盟	64.5	58.9	56.2	51.7	43.1	49.5	38.0
非洲		28.6	35.9	36.4	41.1	57.6	34.6	48.6
中东		27.1	34.8	36.4	42.0	54.6	40.0	49.7
欧亚大陆	总计	36.9	35.2	42.0	41.6	40.4	42.5	38.6
	俄罗斯	28.5	34.6	34.0	31.9	31.6	30.7	27.6
亚太地区	总计	206.9	276.1	281.0	309.5	334.8	289.0	286.7
	中国	107.3	157.6	159.7	167.7	156.9	157.5	132.9
	印度	27.9	39.7	42.0	53.7	73.0	47.6	60.3
	日本	20.9	16.7	16.6	15.2	12.5	14.8	11.3
	东南亚	22.8	29.6	30.3	37.6	52.0	36.1	46.0

附表 B-3　　　　　世界各地区、国家可再生能源供应量　　　　　EJ

项目		历史数据			既定政策情景（STEPS）		宣布的承诺情景（APS）	
		2010 年	2021 年	2022 年	2030 年	2050 年	2030 年	2050 年
世界		43.3	71.1	75.5	120.0	227.1	142.1	327.0
北美	总计	8.8	12.0	12.8	18.7	34.5	25.3	51.2
	美国	6.6	9.5	10.1	15.2	29.1	20.5	42.5
中美洲和南美洲	总计	7.7	9.5	10.0	12.9	19.6	14.9	28.0
	巴西	5.6	6.6	7.0	8.9	11.9	9.9	15.4
欧洲	总计	9.9	14.5	14.9	21.3	30.3	24.4	37.7
	欧盟	7.7	10.8	11.1	15.8	22.3	17.9	26.6
非洲		3.7	5.5	5.8	8.7	17.3	9.2	26.3
中东		0.1	0.2	0.3	1.2	5.3	1.5	12.5

续表

项目		历史数据			既定政策情景（STEPS）		宣布的承诺情景（APS）	
		2010 年	2021 年	2022 年	2030 年	2050 年	2030 年	2050 年
欧亚大陆	总计	1.0	1.3	1.3	1.6	3.1	2.0	5.1
	俄罗斯	0.7	1.0	1.0	1.2	2.3	1.4	2.9
亚太地区	总计	12.1	28.0	30.5	55.3	115.9	64.1	162.1
	中国	4.6	13.7	14.9	29.7	59.3	33.8	76.1
	印度	2.8	5.7	6.2	10.6	26.4	11.5	34.2
	日本	0.8	1.2	1.4	2.2	3.5	2.5	5.0
	东南亚	2.8	5.5	5.8	8.6	16.7	10.5	29.7

附表 B-4　　世界各地区、国家发电量　　TWh

项目		历史数据			既定政策情景（STEPS）		宣布的承诺情景（APS）	
		2010 年	2021 年	2022 年	2030 年	2050 年	2030 年	2050 年
世界		21533	28346	29033	35802	53985	36370	66760
北美	总计	5233	5377	5524	5945	8381	6235	10986
	美国	4354	4354	4491	4805	6855	5042	9013
中美洲和南美洲	总计	1129	1347	1389	1646	2626	1723	3930
	巴西	516	656	677	779	1199	779	1428
欧洲	总计	4119	4126	3996	4708	6419	4989	7964
	欧盟	2955	2885	2795	3256	4403	3473	5441
非洲		686	874	890	1203	2294	1327	3859
中东		829	1246	1276	1716	2956	1694	3919
欧亚大陆	总计	1251	1446	1476	1540	1923	1502	2023
	俄罗斯	1036	1158	1170	1177	1376	1143	1380
亚太地区	总计	8285	13930	14483	19043	29385	18900	34079
	中国	4236	8597	8912	11743	16527	11454	17589
	印度	972	1635	1766	2672	5694	2581	6605
	日本	1164	1040	1062	1054	1076	1083	1358
	东南亚	685	1162	1220	1709	3292	1759	4498

附表 B-5　　　　　　　　世界各地区、国家可再生能源发电　　　　　　TWh

项目		历史数据			既定政策情景（STEPS）		宣布的承诺情景（APS）	
		2010 年	2021 年	2022 年	2030 年	2050 年	2030 年	2050 年
世界		4209	7964	8599	16915	37973	19295	55057
北美	总计	856	1374	1497	2828	6526	3538	9261
	美国	441	867	973	2205	5510	2807	7683
中美洲和南美洲	总计	752	896	1018	1296	2320	1428	3768
	巴西	437	508	594	700	1102	732	1378
欧洲	总计	954	1601	1620	3081	5180	3438	6834
	欧盟	653	1081	1085	2177	3713	2407	4720
非洲		16	201	210	486	1505	711	3453
中东		18	38	45	216	1041	233	2577
欧亚大陆	总计	226	287	277	339	537	380	844
	俄罗斯	167	221	205	243	380	254	456
亚太地区	总计	1287	3568	3932	8669	20863	9568	28321
	中国	782	2448	2681	6074	12664	6419	14836
	印度	161	351	399	981	4149	1090	5660
	日本	106	212	225	385	651	412	797
	东南亚	104	310	340	541	1630	738	3773

附表 B-6　　　　　　　　世界各地区、国家氢需求　　　　　　PJ

项目		历史数据		既定政策情景（STEPS）		宣布的承诺情景（APS）	
		2021 年	2022 年	2030 年	2050 年	2030 年	2050 年
世界		11129	11425	13219	16631	13915	35590
北美	总计	1788	1906	2182	2866	2666	8214
	美国	1466	1570	1743	2317	2228	7252
中美洲和南美洲	总计	333	356	483	776	597	2499
	巴西	43	52	82	109	101	397

项目		历史数据		既定政策情景 （STEPS）		宣布的承诺情景 （APS）	
		2021 年	2022 年	2030 年	2050 年	2030 年	2050 年
欧洲	总计	1029	969	1001	1138	1248	2860
	欧盟	779	714	742	836	936	1936
非洲		349	358	468	711	526	1930
中东		1386	1479	1859	2404	1789	4300
欧亚大陆	总计	850	824	881	899	851	850
	俄罗斯	778	774	806	807	777	744
亚太地区	总计	5394	5515	6453	8184	6373	15361
	中国	3278	3290	3623	3763	3549	6772
	印度	963	1006	1321	2123	1227	2902
	日本	211	230	216	259	274	901
	东南亚	418	447	538	812	544	2340

附表 B-7 低排放氢平衡 Mt

项目		2022 年	既定政策情景 （STEPS）		宣布的承诺情景 （APS）		零排放情景 （NZE）	
			2030 年	2050 年	2030 年	2050 年	2030 年	2050 年
低排放 制氢	总计	1	7	30	25	246	70	420
	水电解	0	05	22	16	189	51	327
	CCUS 的化石燃料	1	2	8	8	56	18	8
	生物能源和其他	0	0	0	0	1	0	2
氢的转化	总计	0	5	15	14	116	40	200
	用于发电	—	1	3	4	23	17	51
	用于氢基燃料	—	0	4	6	83	16	142
	用于炼油工艺	0	2	7	4	7	6	6
	用于生物燃料	0	0	1	2	4	1	1
最终用途部门的氢气需求		0	3	16	10	130	30	220

续表

项目		2022 年	既定政策情景（STEPS）		宣布的承诺情景（APS）		零排放情景（NZE）	
			2030 年	2050 年	2030 年	2050 年	2030 年	2050 年
低排放氢基燃料	总计	—	0	3	3	62	12	104
	最终消费总额	—	0	1	3	47	7	84
	发电	—	0	2	0	15	4	20
贸易	总量	—	1	6	5	42	14	58
	贸易占需求份额		18%	21%	18%	17%	21%	14%

附表 B-8　　　　　　　　　二氧化碳排放总量　　　　　　　　　Mt

项目		历史数据			既定政策情景（STEPS）		宣布的承诺情景（APS）	
		2010 年	2021 年	2022 年	2030 年	2050 年	2030 年	2050 年
世界		3288	36589	36930	32125	29696	30769	12043
北美	总计	6470	5631	5702	4570	2892	3683	277
	美国	5456	4669	4697	3608	1982	2900	10
中美洲和南美洲	总计	1153	1185	1178	1205	1333	1044	542
	巴西	411	479	452	448	473	374	172
欧洲	总计	4720	3990	3826	2961	1846	2390	346
	欧盟	3311	2744	2662	1885	882	1515	81
非洲		1168	1364	1385	1468	1991	1328	1171
中东		1637	2056	2119	2333	2737	2151	1868
欧亚大陆	总计	2153	2330	2348	2193	2144	2066	1644
	俄罗斯	1688	1864	1856	1645	1470	1569	1192
亚太地区	总计	14450	19051	19260	18982	14883	16788	52264
	中国	8799	12110	12135	11261	6897	9949	1946
	印度	1685	1462	2627	3252	3363	2875	1481
	日本	1201	1057	1062	763	442	684	42
	东南亚	1163	1690	1733	2047	2530	1836	982

附表 B-9 　　　　　电力和热能部门二氧化碳排放量　　　　　　Mt

项目		历史数据			既定政策情景（STEPS）		宣布的承诺情景（APS）	
		2010 年	2021 年	2022 年	2030 年	2050 年	2030 年	2050 年
世界		12511	14598	14822	12302	8217	10597	3004
北美	总计	2596	1859	1835	991	343	712	−32
	美国	2346	1627	1599	813	206	558	−102
中美洲和南美洲	总计	235	262	222	171	111	126	34
	巴西	46	88	50	37	30	11	2
欧洲	总计	1732	1213	1210	602	361	465	67
	欧盟	1188	805	827	302	74	244	−5
非洲		421	464	468	418	329	360	153
中东		550	694	701	719	776	680	486
欧亚大陆	总计	1034	1019	1041	911	873	853	686
	俄罗斯	892	834	850	710	621	676	546
亚太地区	总计	5943	9087	9346	8490	5425	7401	1610
	中国	3509	5967	6141	5331	2817	4643	761
	印度	785	1166	1227	1408	998	1218	321
	日本	500	482	501	266	85	250	−6
	东南亚	398	705	726	879	1115	792	350

附表 B-10 　　　　　最终消费二氧化碳排放总量　　　　　　Mt

项目		历史数据			既定政策情景（STEPS）		宣布的承诺情景（APS）	
		2010 年	2021 年	2022 年	2030 年	2050 年	2030 年	2050 年
世界		18668	20191	20293	21046	19950	18876	8952
北美	总计	3455	3343	3419	3128	2182	2697	436
	美国	2850	2783	2820	2529	1596	2201	245
中美洲和南美洲	总计	807	834	861	952	1137	858	482
	巴西	342	371	382	396	433	356	172

项目		历史数据			既定政策情景（STEPS）		宣布的承诺情景（APS）	
		2010 年	2021 年	2022 年	2030 年	2050 年	2030 年	2050 年
欧洲	总计	2813	2628	2476	2236	1399	1859	281
	欧盟	2009	1839	1736	1498	749	1227	80
非洲		561	723	743	886	1496	835	993
中东		924	1104	1155	1329	1690	1251	1227
欧亚大陆	总计	924	1174	1172	1163	1180	1102	901
	俄罗斯	672	905	900	847	787	810	609
亚太地区	总计	8057	9403	9355	9939	8997	8957	3653
	中国	5027	5818	5664	5584	3811	5023	1208
	印度	866	1224	1325	1751	2280	1595	1144
	日本	672	558	543	484	368	423	69
	东南亚	690	901	930	1124	1363	1013	621

附录 C　能源系统常用单位及其换算

单位名称	单位表示法	英文名称	中文名称	换算
距离（Distance）	m	metre	米	
	km	kilometre	千米	1km = 1000m
	mil	mile	海里	1mile = 1.609km
	n mil	Nautical mile	英里	1nmile = 1.852km
面积（Area）	m^2	square metre	平方米	
	km^2	square kilometre	平方公里	$1km^2 = 10^6 m^2$
	ha	hectares	公顷	$1ha = 10^4 m^2$
	Mha	million hectares	百万公顷	$1Mha = 10^6 ha$

单位名称	单位表示法	英文名称	中文名称	换算
质量（Mass）	kg	kilogramme	千克	
	t	tonne	吨	$1t = 10^3 kg$
	kt	kilotonnes	千吨	$1kt = 10^3 t$
	Mt	million tonnes	兆吨	$1Mt = 10^6 t$
	Gt	gigatonnes	吉吨	$1Gt = 10$ 亿 t
能源（Energy）	J	joule	焦耳	
	kJ	thousand joule	千焦耳	$1kJ = 10^3 J$
	MJ	Mega joule	兆焦耳	$1MJ = 10^6 J$
	GJ	Giga joule	吉焦耳	$1GJ = 10^9 J$
	TJ	Tera joule	万亿焦耳	$1TJ = 10^{12} J$
	PJ	Peta joule	皮塔焦耳	$1PJ = 10^{15} J$
	EJ	Exa joule	艾卡焦耳	$1EJ = 10^{18} J$
	Btu	British thermal units	英制热单位	$1Btu = 1055J$
	MBtu	million British thermal units	百万英制热单位	$1MBtu = 10^6 Btu$
	Wh	watt-hour	瓦时	$1Wh = 3.6 \times 10^3 J$
	kWh	kilowatt-hour	千瓦时	$1kWh = 1 \times 10^3 Wh$
	MWh	megawatt-hour	兆瓦时	$1MWh = 1 \times 10^6 Wh$
	GWh	gigawatt-hour	吉瓦时	$1GWh = 1 \times 10^9 Wh$
	TWh	terawatt-hour	太瓦时	$1TWh = 1 \times 10^{12} Wh$
	Gcal	gigacalorie	吉卡	$1Gcal = 1 \times 10^9 cal$
油（Oil）	bbl	barrel	桶油	
	bbl/d	barrels per day	日桶油	
	kb/d	thousand barrels per day	日千桶油	$1kb/d = 10^3 bbl/d$
	mb/d	million barrels per day	日百万桶油	$1mb/d = 10^6 bbl/d$
天然气（natural gas）	bcm	billion cubic metres	十亿标立	
	tcm	trillion cubic metres	万亿标立	
	bcm/y	billion cubic metres per year	十亿立方米/年	

单位名称	单位表示法	英文名称	中文名称	换算
燃料当量 （Fuel equivalent）	tce	coal equivalent	吨煤当量（标煤）	1tce=0.7toe
	toe	tonne of oil equivalent	吨油当量	1toe=1.43tce
	Ktoe	thousand tonnes of oil equivalent	千吨油当量	1k toe=10^3toe
	Mtoe	million tonnes of oil equivalent：	百万吨油当量	1Mtoe=10^6toe
	bcme	billion cubic metres of natural gas equivalent：bcme	十亿立方米天然气当量	
	LNG（t）	LNG equivalent	吨LNG当量	1LNG（t）=1.75tce
电力（Power）	W	watt	瓦	
	kW	kilowatt	千瓦	1kW=1×10^3W
	MW	megawatt	兆瓦	1MW=1×10^6W
	GW	gigawat	吉瓦	1GW=1×10^9W
	TW	terawatt	太瓦	1TW=1×10^{12}W
排放量 （Emissions）	ppm	parts per million（by volume）	按体积百万分之一	1ppm=$1\mu L/L$
	g-CO_2	gramme of carbon dioxide	克二氧化碳	
	t-CO_2	tonnes of carbon dioxide	吨二氧化碳	
	Mt-CO_2	megatonne of carbon dioxide	100万吨二氧化碳	
	Gt-CO_2	gigatonne of carbon dioxide	10亿吨二氧化碳	
	g-CO_2/kWh	grammes of carbon dioxide per kilowatt-hour	1度电CO_2排放量（g）	
	Kg-CO_2/kWh	kilogrammes of carbon dioxide per kilowatt-hour	1度电CO_2排放量（kg）	
	Gt-CO_2/yr	gigatonnes of carbon dioxide per year	年CO_2排放量10亿吨	
货币管理 （Monetary）	USD M	USD million	百万美元	USD1M=1×10^6do
	USD b	USD billion	10亿美元	USD1b=1×10^9do
	USD t	USD trillion	万亿美元	USD1t=1×10^{12}do

附录 D 能源单位换算系数

换算单位	单位转换					
	EJ	Gcal	Mtoe	MBtu	Bcme	GWh
EJ（艾卡焦耳）	1	$2.388×10^8$	23.88	$9.478×10^8$	27.78	$2.778×10^5$
Gcal（吉卡）	$4.1868×10^{-9}$	1	10^{-7}	3.968	$1.163×10^{-7}$	$1.163×10^{-3}$
Mtoe（百万吨油当量）	$4.1868×10^{-2}$	10^7	1	$3.968×10^7$	1.163	11630
MBtu（百万英热单位）	$1.0551×10^{-9}$	0.252	$2.52×10^{-8}$	1	$2.932×10^{-8}$	$2.932×10^{-4}$
Bcme（1亿 m^3 天然气当量）	0.036	$8.60×10^6$	0.86	$3.41×10^7$	1	9999
GWh（吉瓦时）	$3.6×10^{-6}$	860	$8.6×10^{-5}$	3412	$1×10^{-4}$	1

注 十亿立方米天然气当量（Bcme）的换算是代表性的乘数，但可能与换算天然气量获得的平均值不同。由于使用特定国家的能源密度，国际能源机构之间的余额，整个过程都使用较低的加热值（LHV）。

参考文献

［1］李善化．分布式供能系统设计手册．北京：中国电力出版社，2018.

［2］毛宗强，毛志明．氢气生产及热化学利用．北京：化学工业出版社，2015.

［3］李善化，康慧．实用集中供热手册．北京：中国电力出版社，2006.

［4］中国科学院能源领域战略研究组．中国至2050年能源科技发展路线图．北京：科学出版社，2009.

［5］国网能源研究院有限公司．中国新能源发电分析报告2021．北京：中国电力出版社，2021.

［6］孙秋野，马大中．能源互联网与能源转换技术．北京：机械工业出版社，2017.

［7］王赛，郑津洋．氢能技术标准体系与战略．北京：化学工业出版社，2013.

［8］徐世森，程建．燃料电池发电系统．北京：中国电力出版社，2005.

［9］吴玉厚，陈士忠．质子交换膜燃料电池的水管理研究．北京：科学出版社，2005.

［10］日本机械学会．热力学．北京：北京大学出版社，2011.

［11］［美］费朗诺·巴尔伯．PEM燃料电池：理论与实践．2版．李东红，连晓锋，等译．北京：机械工业出版社，2016.

［12］［丹］本特·索伦森（Bent Sorensen）．氢与燃料电池——新兴的技术及其应用．2版．隋升，郭雪岩，李平，等译．北京：机械工业出版社2015.

［13］肖钢．燃料电池技术．北京：电子工业出版社，2008.

［14］李星国，等．氢与氢能．北京：机械工业出版社，2012.

［15］陆天虹，等．能源电化学．北京：化学工业出版社，2014.

［16］王庚，郑津洋．氢能技术标准体系与战略．北京：化学工业出版社，2013.

［17］李发旺，斯钦德力根．甲醇生产工艺与操作．北京：北京理工大学出版社，2013.